Edward A. Birge

Bakterien- und Phagengenetik

Eine Einführung

Übersetzt von
H. Matzura und E. Zyprian

Mit 111 Abbildungen

Springer-Verlag
Berlin Heidelberg New York Tokyo 1984

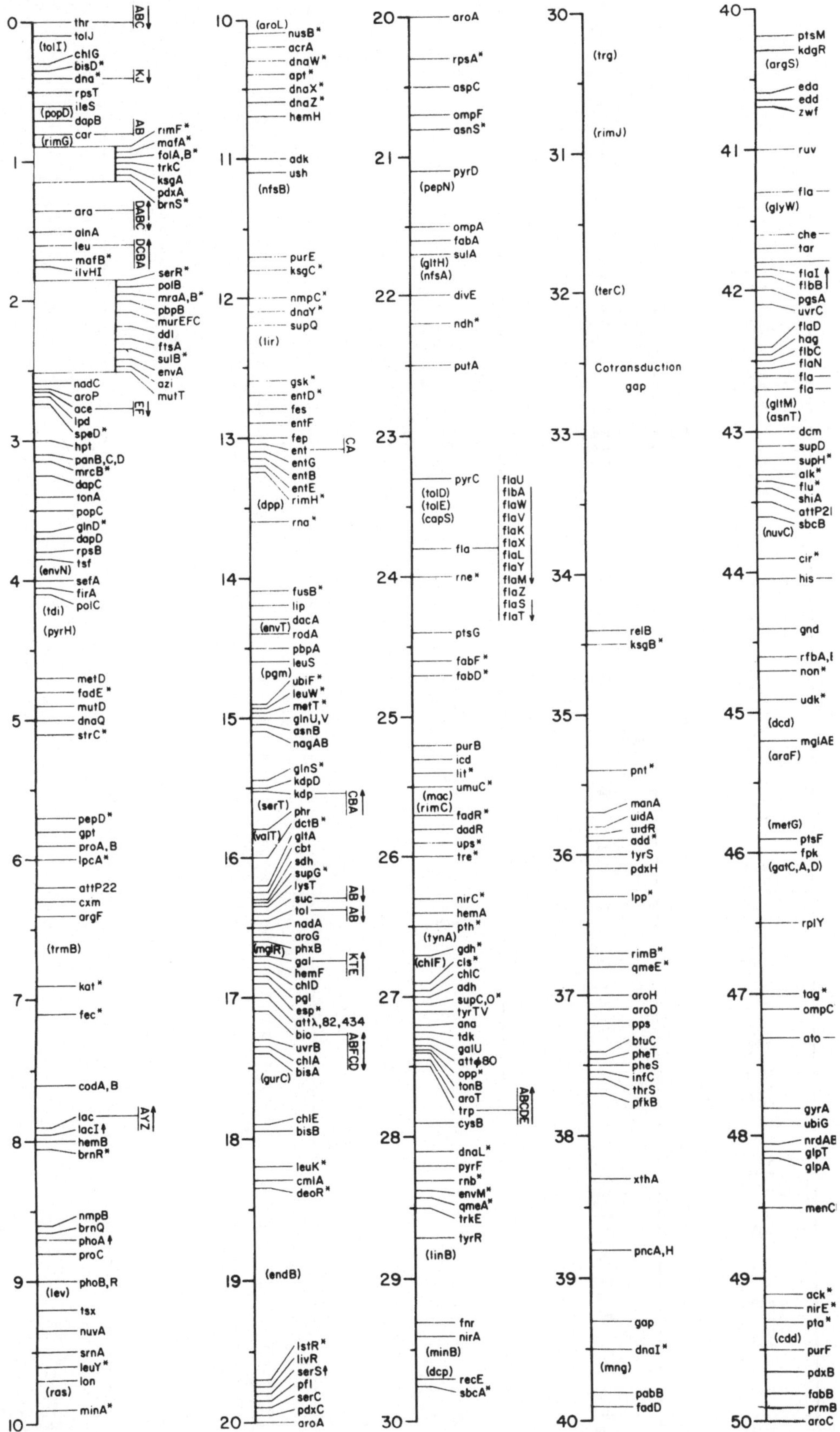

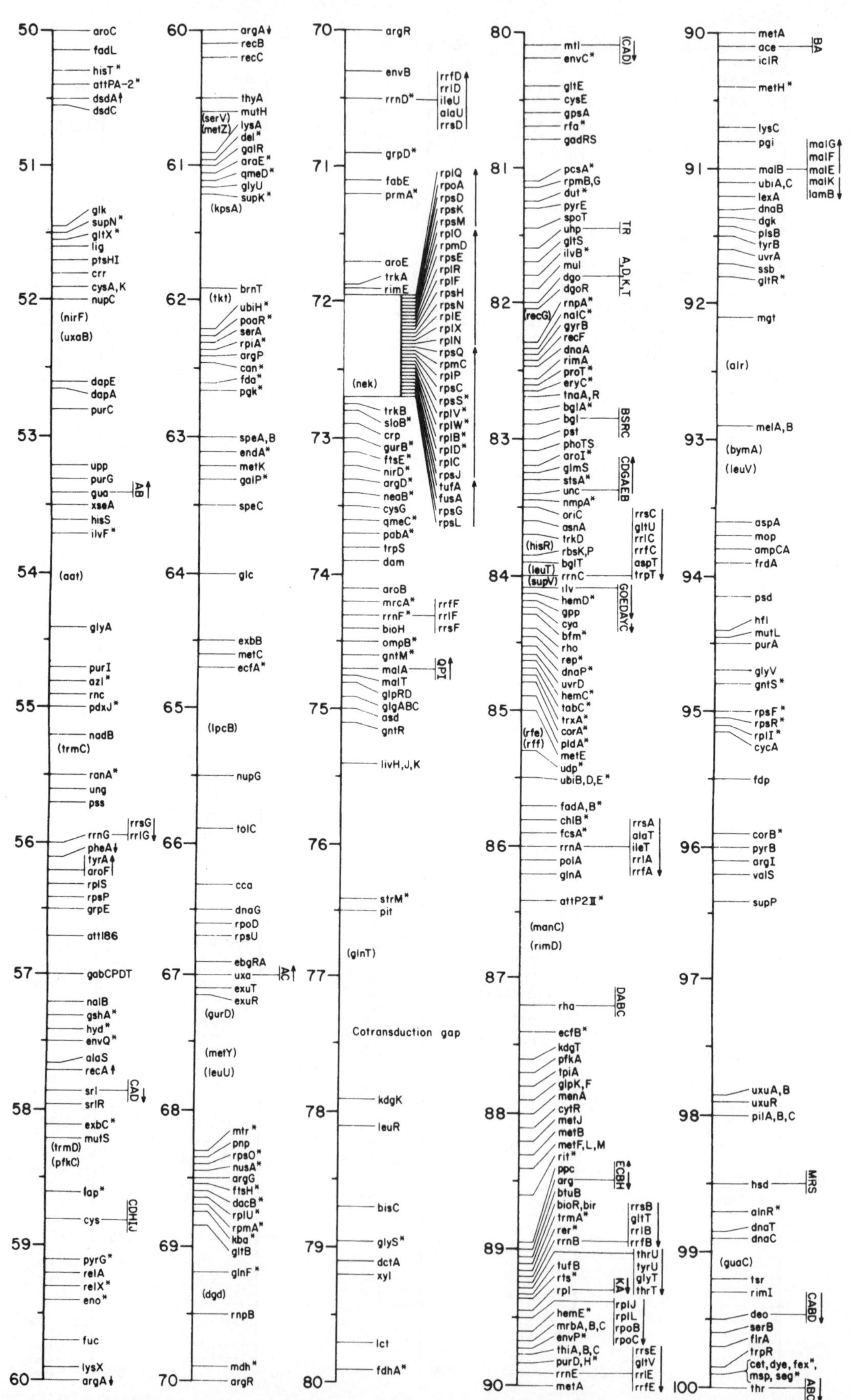

50
aroC
fadL
hisT*
attPA-2*
dsdA
dsdC
51
glk
supN*
gltX*
lig
ptsHI
crr
cysA,K
52
nupC
(nirF)
(uxaB)
dapE
dapA
purC
53
upp
purG
gua
AB
xseA
hisS
ilvF*
54
(aat)
glyA
purI
azl*
rnc
55
pdxJ*
nadB
(trmC)
ranA*
ung
pss
56
rrnG
rrsG
rrlG
pheA
tyrA
aroF
rplS
rpsP
grpE
att186
57
gabCPDT
nalB
gshA*
hyd*
envQ*
alaS
recA
srl
CAD
58
srlR
exbC*
mutS
(trmD)
(pfkC)
fap*
cys
CDHIJ
59
pyrG*
relA
relX*
eno*
fuc
lysX
60
argA
60
argA
recB
recC
thyA
mutH
(serV)
(metZ)
lysA
del*
galR
61
araE*
qmeD*
glyU
supK*
(kpsA)
brnT
62
(tkt)
ubiH*
poaR*
serA
rpiA*
argP
can*
fda*
pgk*
63
speA,B
endA*
metK
galP*
speC
64
glc
exbB
metC
ecfA*
65
(lpcB)
nupG
66
tolC
cca
dnaG
rpoD
rpsU
ebgRA
67
uxa
AC
exuT
exuR
(gurD)
(metY)
(leuU)
68
mtr*
pnp
rpsO*
nusA*
argG
ftsH*
dacB*
rplU*
rpmA*
kba*
69
gltB
glnF*
(dgd)
rnpB
mdh*
70
argR
70
argR
envB
rrnD*
rrfD
rrlD
ileU
alaU
rrsD
grpD*
71
fabE
prmA*
rplQ
rpoA
rpsD
rpsK
rpsM
rplO
rpmD
rpsE
rplR
rplF
rpsH
rpsN
aroE
trkA
rimE
72
rplE
rplX
rplN
rpsQ
rpmC
rplP
rpsC
(nek)
rpsS*
rplV*
rplW*
trkB
sloB*
73
crp
gurB*
ftsE*
nirD*
argD*
neaB*
cysG
qmeC*
pabA*
trpS
dam
rplB*
rplD*
rplC
rpsJ
tufA
fusA
rpsG
rpsL
74
aroB
mrcA*
rrnF*
bioH
rrfF
rrlF
rrsF
ompB*
gntM*
malA
QPI
malT
glpRD
glgABC
75
asd
gntR
livH,J,K
76
strM*
pit
77
(glnT)
Cotransduction gap
78
kdgK
leuR
bisC
79
glyS*
dctA
xyl
lct
80
fdhA*
80
mtl
(CAD)
envC*
gltE
cysE
gpsA
rfa*
gadRS
81
pcsA*
rpmB,G
dut*
pyrE
spoT
uhp
TR
gltS
ilvB*
mul
dgo
A,D,K,T
dgoR
82
rnpA*
(recG)
nalC*
gyrB
recF
dnaA
rimA
proT*
eryC*
tnaA,R
bglA*
bgl
BSRC
83
pst
phoTS
aroI*
glmS
stsA*
unc
CDGAEB
nmpA*
oriC
asnA
trkD
(hisR)
rbsK,P
bglT
84
(leuT)
(supV)
rrnC
rrsC
gltU
rrlC
rrfC
aspT
trpT
ilv
GOEDAYC
hemD*
gpp
cya
bfm*
rho
rep*
dnaP*
uvrD
hemC*
tabC*
85
trxA*
(rfe)
(rff)
corA*
pldA*
metE
udp*
ubiB,D,E*
fadA,B*
chlB*
fcsA*
86
rrnA
rrsA
alaT
ileT
rrlA
rrfA
polA
glnA
attP2II*
(manC)
(rimD)
87
rha
DABC
ecfB*
kdgT
pfkA
tpiA
glpK,F
menA
88
cytR
metJ
metB
metF,L,M
rit*
ppc
arg
ECBH
btuB
bioR,bir
trmA*
rer*
89
rrnB
rrsB
gltT
rrlB
rrfB
thrU
tyrU
glyT
thrT
tufB
rts*
rpl
KA
rplJ
rplL
rpoB
rpoC
hemE*
mrbA,B,C
envP*
thiA,B,C
purD,H*
90
rrnE
rrsE
gltV
rrlE
rrfE
metA
90
metA
ace
BA
iclR
metH*
lysC
pgi
91
malB
malG
malF
malE
malK
lamB
ubiA,C
lexA
dnaB
dgk
plsB
tyrB
uvrA
ssb
gltR*
92
mgt
(alr)
melA,B
93
(bymA)
(leuV)
aspA
mop
ampCA
frdA
94
psd
hfl
mutL
purA
glyV
gntS*
95
rpsF*
rpsR*
rplI*
cycA
fdp
96
corB*
pyrB
argI
valS
supP
97
98
uxuA,B
uxuR
pilA,B,C
hsd
MRS
alnR*
dnaT
dnaC
99
(guaC)
tsr
rimI
deo
CABD
serB
flrA
trpR
cet, dye, fex*,
msp, seg*
100
thr
ABC

EDWARD A. BIRGE, Department of Botany and Microbiology,
Arizona State University, Tempe, Arizona 85287

Übersetzer
Prof. Dr. HANS MATZURA, Dr. EVA ZYPRIAN,
Molekulare Genetik der Universität,
Im Neuenheimer Feld 230, 6900 Heidelberg

Titel der englischen Originalausgabe:
EDWARD A. BIRGE, Bacterial and Bacteriophage Genetics
Published by the Springer-Verlag New York Inc.

ISBN-13: 978-3-540-13125-0 e-ISBN-13: 978-3-642-95450-4
DOI: 10.1007/978-3-642-95450-4

CIP-Kurztitelaufnahme der Deutschen Bibliothek
Birge, Edward A.:
Bakterien und Phagengenetik : e. Einf. /
Edward A. Birge, Übers. von H. Matzura and E. Zyprian.
- Berlin ; Heidelberg ; New York ; Tokyo : Springer, 1984.
Engl. Ausg. u.d.T.: Birge, Edward A.: Bacterial and bacteriophage genetics
ISBN-13: 978-3-540-13125-0

2131/3130-543210

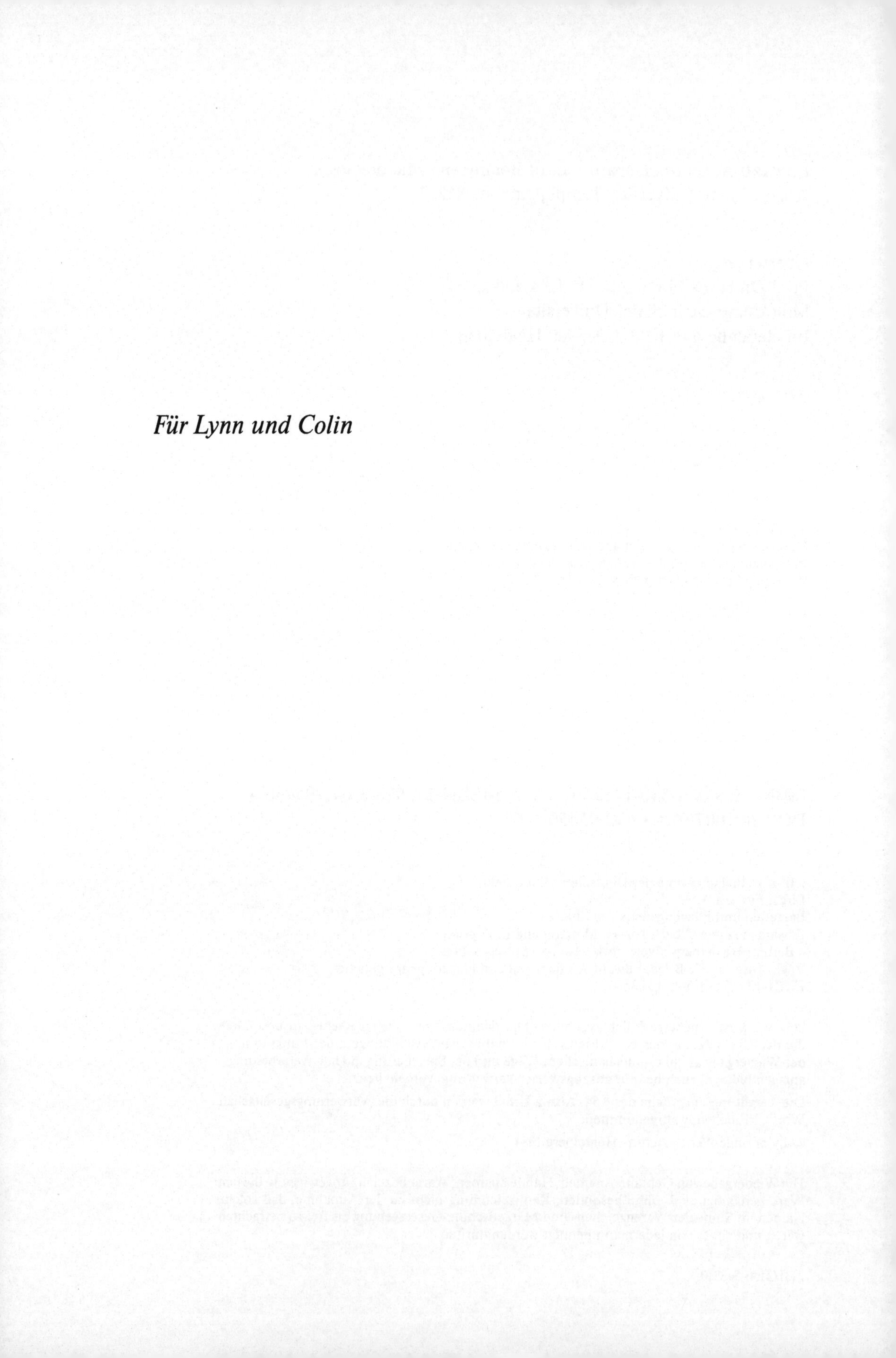

Für Lynn und Colin

Vorwort

Dieses Buch ist für Studenten gedacht, die ihre erste Vorlesung in Bakterien- oder Bakteriophagengenetik hören. Es setzt sowohl das Wissen der Grundlagen der Biologie als auch der allgemeinen Genetik voraus. Besondere Kenntnisse der Mikrobiologie, wenn auch hilfreich, sind für ein gutes Verstehen des dargestellten Stoffs nicht unbedingt erforderlich.

Um das Grundkonzept der Bakterien- und Bakteriophagengenetik in einem Buch vernünftigen Umfangs zu entwickeln, habe ich mich bemüht, sowohl den rein molekularen Weg als auch die für Übersichtsartikel charakteristische zusammenfassende Behandlung zu vermeiden. Aus Einfachheit und Kontinuität habe ich deswegen vorwiegend *Escherichia coli* und seine Phagen behandelt, es sei denn, andere Bakterien können einen bestimmten Aspekt besser illustrieren. Das soll jedoch nicht heißen, daß nur *E. coli* des Studiums wert wäre. Eher hoffe ich, daß der Student in die Lage versetzt wird, von den hier erörterten Grundlagen allgemeine Schlüsse auf ein spezielles bakterielles System zu ziehen, das ihn direkter interessiert.

Das Buch ist nicht dafür gedacht, individuelle Aspekte der Bakteriengenetik besonders tief auszuloten, denn das würde ein Übermaß an Details erfordern und seinen Rahmen sprengen. Dagegen sollte der Student nach sorgfältiger Lektüre des Buchs fähig sein, die aktuellen Veröffentlichungen seines speziellen Interesses mit Verständnis zu lesen. Um das zu erreichen, habe ich versucht, die Bakteriengenetik als logische Entwicklung von Vorstellungen darzulegen, wobei es gelegentlich nötig war, bestimmte Punkte, deren theoretische Grundlagen noch nicht behandelt waren, zu übergehen oder auf spätere Kapitel zu verschieben. Dies ist im Text durch entsprechende Hinweise angezeigt.

Am Ende jedes Kapitels finden sich Literaturzitate, die dem ernsthaften Studenten weitere Information zu bestimmten Punkten geben. Sie sind in zwei Klassen eingeteilt: solche Artikel, die allgemeine Grundlagen geben, und solche, die als Beispiele für Forschungsarbeiten ausgewählt wurden und spezielle Themen eines Kapitels vertiefen. Die Auswahl einer begrenzten Zahl von Zitaten ist gezwungenermaßen willkürlich, und es ist selbstverständlich, daß die Arbeiten vieler ausgezeichneter Forscher allein aus Platzmangel nicht zitiert werden konnten. Verzeichnisse wie der *Science Citation Index* können dem Leser helfen, die Liste der Veröffentlichungen zu erweitern.

Zwei Bücher sollten als besonders hilfreiche Quellen für detaillierte Informationen genannt werden: Das eine ist der Klassiker auf dem Gebiet, nämlich William Hayes' *Genetics of Bacteria and Their Viruses.* Wenn auch ein wenig bejahrt, wurde doch die Breite seiner Darstellung nie wieder erreicht. Das andere Buch, das sich als nützliche Beschreibung bestimmter Verfahren der Bakteriengenetik erweisen mag, ist David Freifelders *Physical Biochemistry*.

Wenn der Leser meines Buchs etwas von derselben Faszination empfindet, die ich schon lange in der Bakteriengenetik gefunden habe, so haben sich die Arbeit und Mühen des Schreibens gut gelohnt.

Tempe, Arizona Edward A. Birge

Danksagung

Ein Buch wie dieses wäre ohne die Kooperation vieler Leute nicht möglich. Besonders gern danke ich für die Unterstützung und Ermutigung von Dr. Mortimer Starr, ohne dessen Anregung das Buch nie geschrieben worden wäre. Zu dem Stil des Buchs und der Präsentation der Fakten trugen die Bemühungen von Dr. Elizabeth M. Haines und Dr. Lynn E. Birge wesentlich bei. Die Beteiligung von Bernhard und Ruth Weber sowie die Kommentare von Dr. William F. Burke und Dr. Winifred Doane erleichterten mir die ersten Kapitel sehr. Viele Abbildungen im Text stammen aus wissenschaftlichen Veröffentlichungen, und ich danke den vielen Autoren, die ihre Abbildungen freundlicherweise zur Verfügung stellten. Bei der Manuskriptherstellung half Regina Derose, die einen Großteil der ersten Fassungen tippte.

Vorwort der Übersetzer

I once thought that progress in science was orderly and logical. I learned over time that instead it is dictated in large measure by fashion. The events of the last decade illustrate this clearly. In our field of science, the crest of excitement over molecular biology in the 1950s, based largely on microbial systems, drifted in the 1960s toward an interest in more complex eukaryotic systems. In the 1970s this drift turned into a stampede from microbes to mice, flies, worms, and slime molds. Now, the students we interview for graduate school all want to work on eukaryotic gene expression and they pronounce it as one word.

Of course I share in the curiosity and excitement of eukaryotic mechanisms. In fact some of my best friends are eukaryotes. What concerns me is the hysteria and the abandonment of fertile areas of microbiology in which the geese would still be laying golden eggs if only they were fed. So the theme of my talk this morning is a call to support basic studies in microbiology.

Arthur Kornberg

Zu einer Zeit, in der sich das Interesse der Molekulargenetiker immer mehr von den Prokaryonten den Eukaryonten zuwendet, scheint ein Buch über Bakterien- und Bakteriophagen-Genetik ein gewagtes Unterfangen. Jedoch sollten wir – besonders die Jüngeren – uns alle klar darüber sein, daß die Erfolge beim Verstehen von komplizierten Vorgängen in eukaryontischen Zellen, beim Verstehen von Krankheiten wie Krebs, die sich in unseren Tagen abzuzeichnen beginnen, ohne die Grundlagenforschungen der 50er und 60er Jahre an Bakterien, im Wesentlichen an *Escherichia coli,* undenkbar wären. Und wenn auch Bakterien heute langsam wieder an Interesse gewinnen, dann eher als Fabriken der Gentechnologen denn als reine Forschungsobjekte. Dabei wäre es gut, sich zu erinnern, daß – wie Arthur Kornberg in seiner Vorrede zu einer Konferenz über „Molekulare Klonierung und Genregulation in *Bacilli*" 1982 betont – auch die Grundlagen der Gentechnologie nicht etwa geplant oder programmiert waren, sondern aus den grundlegenden Studien der Bakteriengenetik, der DNA-Chemie und DNA-Enzymologie erwuchsen.

Obgleich es – wie man sagt – leichter sein soll, ein Buch neu zu schreiben als eines zu übersetzen, haben wir uns die Mühe gemacht – nicht zuletzt auf Veranlassung von Herrn Czeschlik vom Springer-Verlag hin – Birges „Bakterien- und Bakteriophagen-Genetik" ins Deutsche zu übertragen und an manchen Stellen dem derzeitigen Wissensstand, wenn er mit neuen Aspekten verbunden war und das Buch nicht zu sehr erweiterte, anzupassen. Auch die Literaturzitate wurden auf neueren Stand gebracht.

Die Gründe für die Übersetzung waren einmal das Fehlen eines entsprechenden Lehrbuchs in deutscher Sprache, wie wir aus zahlreichen Lehrveranstaltungen und Prüfungen wissen. Zum andern ist zu hoffen, daß sich das Interesse an Grundlagenforschung wieder mehr den Prokaryonten zuwende. Es gibt nicht nur *Escherichia coli.* An verschiedenen Stellen seines Buchs beschreibt Birge andere Bakterien mit hoch interessanten Eigenschaften, die man bei *E. coli* nicht kennt. Und wenn man bedenkt, wie wenig über die Genetik und Biochemie medizinisch wichtiger, pathogener Bakterien bekannt ist, so erscheint deren Erforschung nicht weniger interessant und erfolgversprechend als die von Eukaryoten.

Heidelberg, Februar 1984

Hans Matzura
Eva Zyprian

Kopplungskarten

Bucheinband vorne. Die Darstellung im Bucheinband vorne ist die lineare, maßstabgetreue Zeichnung der zirkulären Kopplungskarte von *E. coli* K-12. Die Zeitskala von 100 min, die an dem willkürlichen Nullpunkt beim *thr*-Locus beginnt, basiert auf den Ergebnissen unterbrochener Paarungen bei der Konjugation. Die meisten in dieser Abbildung benutzten genetischen Symbole sind in der Tabelle 1-2 definiert. Klammern um ein Gen-Symbol bedeuten, daß die Position dieses Merkmals nicht genau bekannt und nur innerhalb von 5 bis 10 min bestimmt ist. Ein Stern bedeutet, daß ein Merkmal genauer kartiert, aber seine Position zu den benachbarten Markern nicht bekannt ist. Die kleinen vertikalen Pfeile geben die Transkriptionsrichtungen bestimmter gutuntersuchter Loci an. Der *rrnD*-Locus sollte statt bei 70,5 min eigentlich bei 71,7 eingezeichnet sein. Eine ähnliche Genkarte für *Salmonella typhimurium* befindet sich im hinteren Bucheinband. Aus: Bachmann, B.J., Low, K.B. (1980) Linkage map of *E. coli* K-12, edition 6. Microbiological Reviews 44:1–56.

Bucheinband hinten. Die Darstellung im hinteren Bucheinband ist eine lineare, maßstabgetreue Zeichnung der zirkulären Kopplungskarte von *Salmonella typhimurium.* Die Skala von 100 min wurde gewählt, um die Ähnlichkeiten mit der *E. coli*-Genkarte (Bucheinband vorne) hervorzuheben. Eine Längeneinheit entspricht der DNA-Menge, die von den transduzierenden Phagen P22, KB1 oder ES18 übertragen werden kann, während eine Länge von zwei Einheiten die DNA-Menge darstellt, die vom transduzierenden P1-Phagenpartikel getragen werden kann (Kap. 7). Die segmentierten Linien rechts von den Cistron-Symbolen zeigen Cistren, die zusammen transduziert werden, und die mit dieser Methode bestimmten linearen Abstände. Die meisten der genetischen Symbole in der Abbildung sind in der Tabelle 1-2 erklärt. Klammern um ein Cistron-Symbol bedeuten, daß dessen Lokalisation nur ungefähr bekannt ist, meist aus Konjugationsuntersuchungen. Ein Stern bedeutet, daß das Merkmal genauer lokalisiert ist, normalerweise durch Transduktion mit Phagen, aber seine Position relativ zu benachbarten Merkmalen nicht bekannt ist. Pfeile ganz rechts von den Cistren und Operons geben die Richtung der mRNA-Transkription an diesen Loci an. Eine Linie ohne Pfeil ganz rechts von einem Cistron oder Operon bedeutet, daß die Orientierung der betreffenden Cistren auf der Kopplungskarte nicht bekannt ist. Aus: Sonderson, K.E., Hartman, P.E. (1978) Linkage map of *Salmonella typhimurium,* edition V. Microbiological Reviews 42: 471–519.

Inhaltsverzeichnis

Kapitel 1

Besonderheiten der Prokaryonten und ihrer Genetik

Befaßt man sich mit der Genetik von Bakterien und Bakteriophagen, so muß man sich darüber klar werden, wie diese Prokaryonten und ihre Viren genetische Prozesse organisieren, und wie sich diese von den Vorgängen bei Eukaryonten unterscheiden.

Das erste Kapitel gibt einen kurzen Überblick über wichtige Zellfunktionen, zeigt ihre Besonderheiten auf und faßt dann die genetischen Grundprozesse zusammen, die in diesem Buch besprochen werden sollen.

I Durch Haploidie bedingte Probleme

Der Hauptunterschied zwischen prokaryontischen und eukaryontischen Organismen liegt im Fehlen des Zellkerns bei den Prokaryonten. Außerdem treten keine organisierten Chromosomen auf, es fehlen Mitose und Meiose. Prokaryontische Zellen besitzen auch keine der membrangebundenen Organellen wie Mitochondrien oder Chloroplasten, die für Eukaryonten charakteristisch sind. Bedingt durch diese Unterschiede war es notwending, den üblichen genetischen Ausdrücken einige neue hinzuzufügen. Der Ausdruck **Chromosom** z.B., wie er cytologisch im Zusammenhang mit pflanzlichen und tierischen Zellen benutzt wird, bezeichnet eine präzis organisierte Struktur aus DNA und bestimmten basischen Proteinen, den Histonen, die in regelmäßigem Abstand globuläre Regionen bilden, die **Chromomere**. Jedes Chromomer setzt sich aus einem Oktamer mit je zwei Kopien eines jeden der vier verschiedenen Histone zusammen, die H2a, H2b, H3 und H4 genannt werden. Die Region zwischen den Chromomeren wird von einem anderen Histon, H1, besetzt. Bei „niederen" Eukaryonten wie Algen oder Pilzen liegt in vielen, aber nicht allen Fällen eine ähnliche Situation vor. Wo hier Chromomere beobachtet wurden, zeigen sie durchwegs kürzere Abstände voneinander und sind nicht immer aus den gleichen Proteinen aufgebaut wie die Chromomere „höherer" Eukaryonten.

Obwohl auch Bakterien Proteine an ihrer DNA gebunden zu haben scheinen, besitzen sie nicht die daraus resultierende hoch geordnete Struktur, auf die die Cytologen den Begriff Chromosom anwenden. Von Ris und Chandler wurde daher ein neuer Ausdruck geschaffen, das **Genophor**, der die verknäuelte Masse an bakterieller DNA, RNA und Protein bezeichnet, wie sie in vivo vorliegt. Zur Betonung der Einmaligkeit der genetischen Anordnung bei Bakterien wird in diesem Buch der Ausdruck Genophor verwendet. In der gängigen wissenschaftlichen Literatur werden die Bezeichnung Genophor und bakterielles Chromosom allerdings nebeneinander verwendet. In einigen Fällen wird auch der Ausdruck **Nukleoid** (Abschn. II) synonym mit Genophor benutzt.

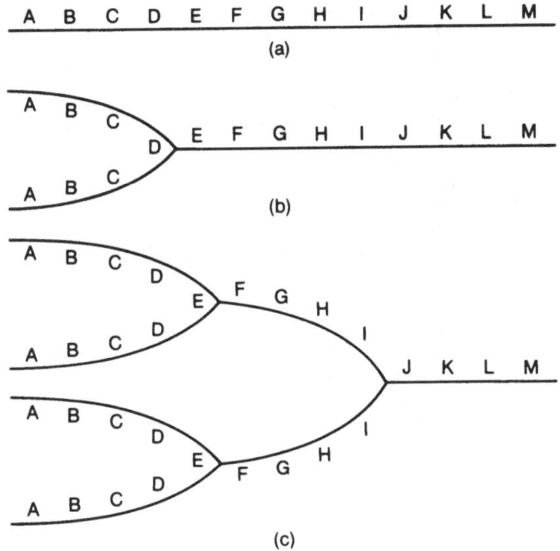

Abb. 1-1a–c. Die Auswirkung der Replikation auf die Gendosis. **a** Ein nicht replizierender DNA-Duplex; **b** Die erste Replikationsrunde hat begonnen, die Initiation erfolgte am linken Ende des Duplex; **c** Die zweite Replikationsrunde wurde gestartet, bevor die erste abgeschlossen war. Wieder erfolgte die Initiation am linken Ende und ließ zwei neue Replikationsgabeln entstehen. Der gleiche Effekt würde bei einer Zelle mit einem zirkulären Genophor auftreten, wobei allerdings der DNA-Duplex länger und in sich selbst zurückgefaltet wäre

In eukaryontischen Zellen sorgt der Prozeß der Mitose dafür, daß nach einer Zellteilung jede Tochterzelle den vollständigen Chromosomensatz erhält. Bei der diploiden Zelle bedeutet dies, daß von jedem Chromosomentyp zwei Kopien vorliegen, je eine von jedem Elter. Da den Bakterien die Fähigkeit zur Mitose fehlt, sind sie gezwungenermaßen **haploid**. Streng genetisch bedeutet der Ausdruck haploid, daß von jedem Teil der genetischen Information nur eine Kopie pro Zelle vorliegt. In diesem Kapitel wird später darauf hingewiesen, daß die DNA in einer Bakterienzelle grundsätzlich die Form eines geschlossenen Rings hat. Man erwartet daher von einer haploiden Bakterienzelle, daß sie außer bei der Vorbereitung zur Teilung ein zirkuläres DNA-Molekül enthält. Bei einem Bakterium, das sich durch Zweiteilung vermehrt, wären direkt vor der Septenbildung und Teilung zwei zirkuläre DNA-Moleküle pro Zelle zu erwarten.

Die Beschreibung des haploiden Zustands wird aber noch dadurch kompliziert, daß viele Bakterien mit einer Rate wachsen können, bei der die Generationszeit – der durchschnittliche Zeitabstand zwischen zwei Zellteilungen – kürzer ist als die Zeit, die nötig ist, um das ganze DNA-Molekül in der Zelle zu replizieren (eine Runde der DNA-Replikation). Dieses Problem löst die Zelle dadurch, daß sie eine zweite Replikationsrunde beginnt, bevor die erste abgeschlossen ist. Nimmt die Generationszeit ab, so verkleinert sich auch der Zeitabstand zwischen der Initiation neuer Replikationsrunden.

Aus diesen Vorgängen folgt, daß eine schnell wachsende Bakterienzelle in Wirklichkeit mehrfache Kopien des meisten Teils der genetischen Information enthält. Die genetische Information, die nahe dem **Replikationsstart (Origin)** liegt, ist in entsprechend größerer Menge vorhanden, als die nahe am Terminationspunkt (Abb. 1-1).

Streng genommen ist es daher nicht möglich, von der Anzahl der Informationssätze **(Genome)** pro Zelle zu sprechen, da die meisten unvollständig repliziert vorliegen. Statt dessen wird im allgemeinen der Ausdruck **Genomäquivalent** verwendet; er entspricht der Menge an Nukleotiden in einem vollständigen Bakteriengenom. Auch eine Zelle, die mehrere Genomäquivalente trägt, ist trotzdem haploid, da die gesamte DNA gezwungenermaßen identisch ist, denn sie stammt vom gleichen Ursprungsmole-

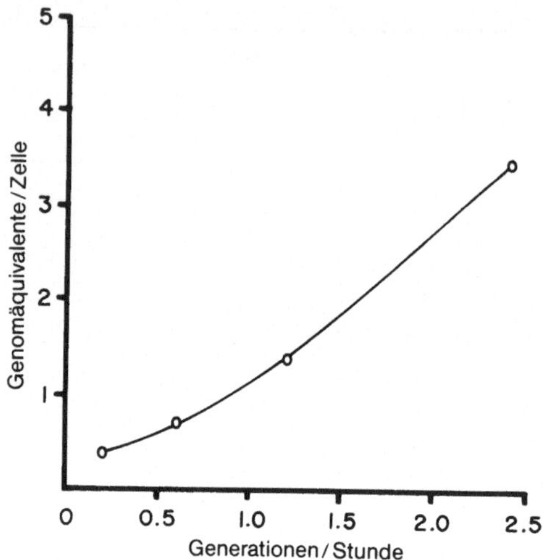

Abb. 1-2. Die Beziehung zwischen der DNA-Menge pro Zelle und der Wachstumsrate der Zelle. Daten nach Maaløe, O., Kjeldgaard, N.O. (1966) The control of macromolecular synthesis. Reading, MA: Addison-Wesley

kül ab. Ein Beispiel hierzu zeigt die Abb. 1-1c, wo vier Kopien von A, aber nur eine von J vorliegt. Dies ähnelt dem Fall der diploiden eukaryontischen Zelle direkt vor der Zellteilung, wenn diese anstatt zwei vier Chromosomen jeden Typs enthält, aber trotzdem als diploid zu betrachten ist. Die Abb. 1-2 zeigt die Beziehung zwischen der Zahl der Genomäquivalente und der Wachstumsrate für *Escherichia coli.*

Hat eine Bakterienzelle durch irgendeinen genetischen Prozeß ein neues Stück DNA erhalten (Abschn. IV), so können zwei ganz verschiedene Sätze genetischer Information im gleichen Cytoplasma vorliegen. Eine solche Zelle ist tatsächlich für die betreffende Information diploid. Da aber bei den meisten genetischen Übertragungsprozessen nur ein Teil des Gesamtgenoms transferiert wird, wird die entstehende Zelle nur partiell diploid oder **merodiploid**. Ist das neue DNA-Stück selbst zu seiner Replikation fähig, so kann der merodiploide Zustand auf unbeschränkte Zeit erhalten werden. Fehlt die Fähigkeit zur Selbstreplikation, so wird bei jeder Zellteilung nur eine der Tochterzellen merodiploid, und diese einzelne merodiploide Zelle wird bald in der Masse der vielen haploiden Zellen verlorengehen, es sei denn, die zusätzliche DNA bringt irgendwelche Selektionsvorteile mit sich.

Das Fehlen eines mitotischen Apparats bei prokaryontischen Zellen führt zu der Frage, wie die Zellen ihre DNA-Moleküle so verteilen, daß jede Tochterzelle den richtigen Anteil erhält. Die allgemein anerkannte Theorie von Jacob und Mitarbeitern hierzu lautet, daß die replizierenden DNA-Moleküle an der Plasmamembran angeheftet sind. Beginnt eine neue Replikationsrunde, so wird an der Membran ein neuer Anheftungspunkt geschaffen. Die Plasmamembran von Bakterien scheint zuerst an der Stelle zu wachsen, wo sich das neue Septum bildet. Der Einbau von Membranmaterial läßt darauf schließen, daß zwei Punkte, die in der Membran beieinander liegen und am Anfang nahe zusammen sind, sich allmählich trennen, wenn die Membran wächst. Elektronenmikroskopische Untersuchungen ergaben, daß die Bindungspunkte replizierender DNA-Moleküle in der Ebene liegen, in der die künftige Teilung erfolgt. Dieser Mechanismus schiebt die DNA-Moleküle anscheinend auseinander, um eine saubere Trennung zum Zeitpunkt der Zweiteilung zu gewährleisten (Abb. 1-3).

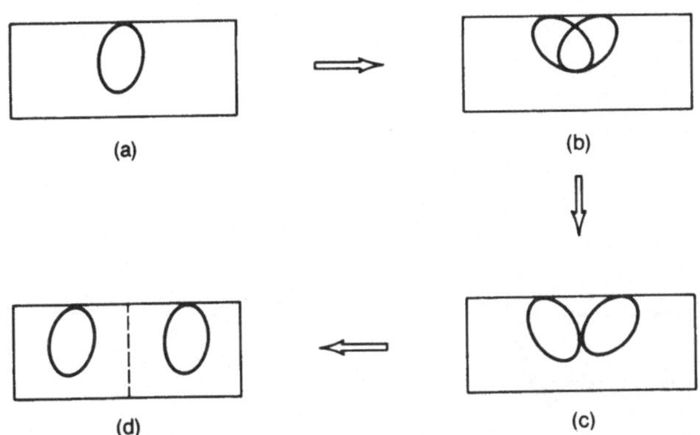

Abb. 1-3a–d. Die Segregation replizierender DNA. **a** Ein einzelnes DNA-Molekül ist an die Membran gebunden. Es läuft keine Replikation ab; **b** Die Replikation hat begonnen, und die Region der DNA mit dem Replikationsbeginn (Origin, einschließlich der Membranbindungsstelle) ist verdoppelt. Der Einbau von neuem Membranmaterial hat zur räumlichen Trennung der beiden Origin-Regionen an der Oberfläche der Zelle geführt; **c** Die Replikation der DNA ist fast abgeschlossen. Die Membranbindungsstellen haben sich weiter getrennt, so daß die physikalische Verbindung zwischen den DNA-Duplices in der zukünftigen Teilungsebene der Zelle liegt; **d** Die DNA-Replikation hat aufgehört, und es wurde noch keine neue Replikationsrunde initiiert. Die Zelle wird sich bald in der Ebene, die durch die gestrichelte Linie gezeigt ist, teilen

II Erhaltung und Umsetzung der genetischen Information

Bei der Beschreibung genetischer Prozesse entsteht häufig der Eindruck, die Zelle befinde sich in einem Ruhezustand, während genau das Gegenteil der Fall ist. Die meisten genetischen Experimente werden mit Bakterienzellen durchgeführt, die sich entweder in der „mittleren" oder „späten" Phase des exponentiellen (log) Wachstums befinden; d.h. diese Zellen synthetisieren DNA, RNA und Protein mit einer Rate, die fast der für das jeweilige Kulturmedium maximal möglichen entspricht. Die DNA und ihre Umgebung befinden sich daher in einem Zustand beträchtlicher Stoffwechselaktivität; daher ist es wichtig, biochemische Grundkenntnisse der beteiligten Synthesewege zu besitzen.

Die über Wasserstoffbrücken verbundenen Basenpaare, dargestellt durch die horizontalen Linien, sind planare Moleküle, die die Mitte der Helix einnehmen (die Region, die in der Schnittzeichnung durch gestrichelte Rechtecke rechts im Diagramm dargestellt ist). Nur die Basen liegen in der Schnittebene, und daher wurden nur die Basenpaare gezeichnet, wobei die Bindung an den Zucker angegeben ist. Die Position des Bands in den beiden Querschnitten ist gezeigt.

Die unterbrochene Linie, die den Kreis bildet, soll die äußeren Abmessungen der Helix bei Betrachtung des Moleküls vom Ende her zeigen. Ein Adenin (A)-Thymin (T)-Paar ist als Beispiel für die Ebene A dargestellt, ein Guanin (G)-Cytosin (C)-Paar für die Ebene B.

Die Oberflächenebenen der Basen liegen senkrecht zur Vertikalachse und sind vom jeweils benachbarten Basenpaar durch einen vertikalen Abstand von 0,34 nm getrennt. Auf eine vollständige Windung in der Helix kommen zehn Basenpaare, so daß jede Windung 3,4 nm hoch ist, und jedes Basenpaar gegen sein direkt benachbartes um 36° gedreht ist. Als Folge dieser Drehung erscheinen die aufeinanderfolgenden Seitenansichten der Basenpaare je nach Betrachtungswinkel als Linien mit variierender Länge. Die Wasserstoffbrücken zwischen den Basen und die hydrophoben Wechselwirkungen, die durch das parallele Stapeln (engl. „stacking") der Basen entstehen, dienen zur Stabilisierung der helicalen Struktur. Aus: Kelln, R.A., Gear, J.R. (1980) A diagrammatic illustration of the structure of duplex DNA. BioScience 30:110–111

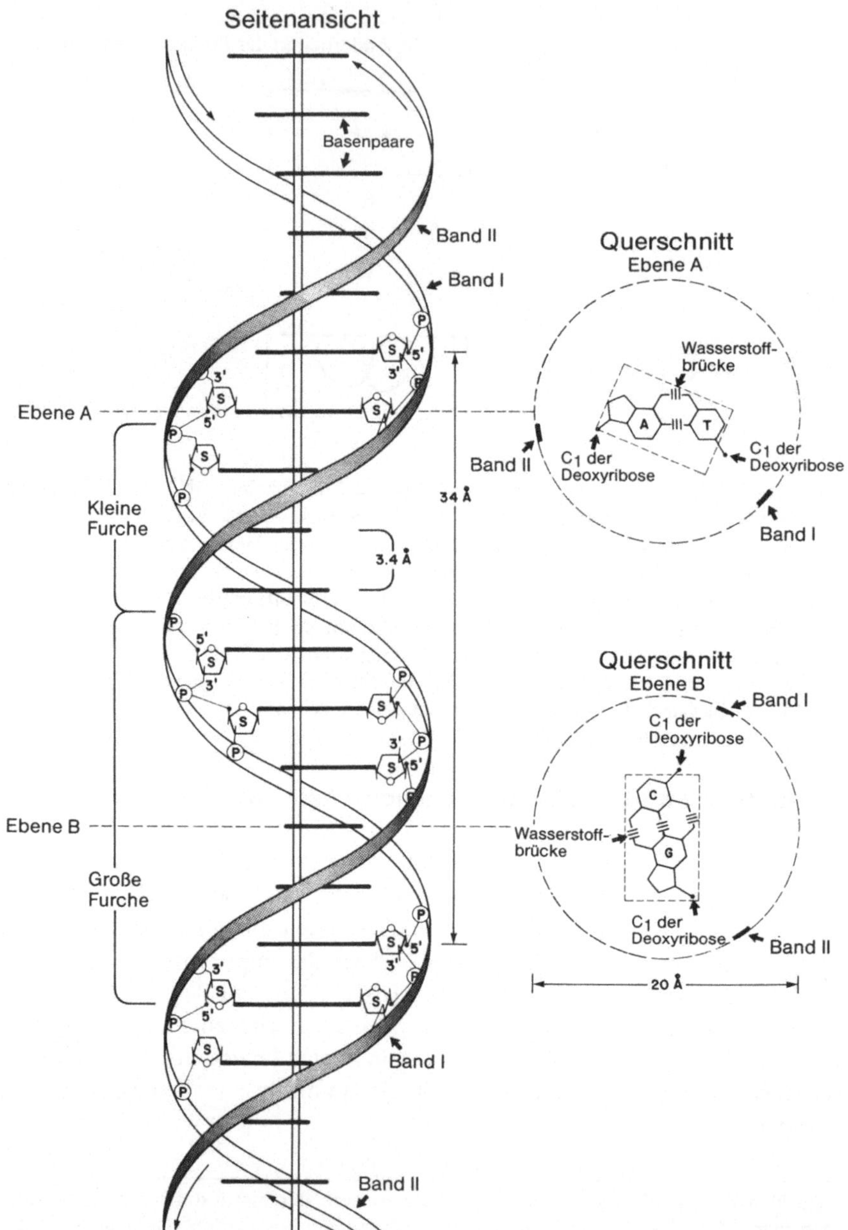

Abb. 1-4. Schematische Darstellung der doppelhelikalen DNA (B-Form). Links ist das Molekül in Seitenansicht gezeichnet, wobei der vertikale Stab die Fibrillenachse darstellt. Das „Rückgrat" des Moleküls besteht aus zwei Polynukleotidketten, die rechtsgängige Helices bilden. Diese Ketten sind plektonemisch umeinander gewunden (d.h. umeinander gewunden und nicht frei trennbar) und bilden so eine Doppelhelix mit zwei Furchen, einer flachen und einer tiefen mit einem Durchmesser von 2 nm.

Jede Kette besteht aus D-2′-Desoxyribose-Zuckeranteilen (S), die durch Phosphatgruppen (P) miteinander durch 3′-5′-Phosphodiesterbindungen verbunden sind und ein langes, unverzweigtes Polymer bilden. Die einzelnen Basen sind durch β-N-glykosidische Bindungen an die Zuckermoleküle gekoppelt. Die beiden Ketten sind antiparallel, wobei die 5′- nach 3′-Richtung bei der einen Kette nach oben verläuft, bei der anderen nach unten. Diese 5′-3′-Polarität wird durch Pfeile oben und unten in der Zeichnung gezeigt. Aus Gründen der Übersicht ist die molekulare Struktur des Zucker-Phosphat-Rückgrats nur über einen kleinen Bereich gezeichnet. Die beiden Bänder sollen die Kontinuität der beiden Ketten zeigen, wobei die dunklen Regionen dem Betrachter zugewandt sind.

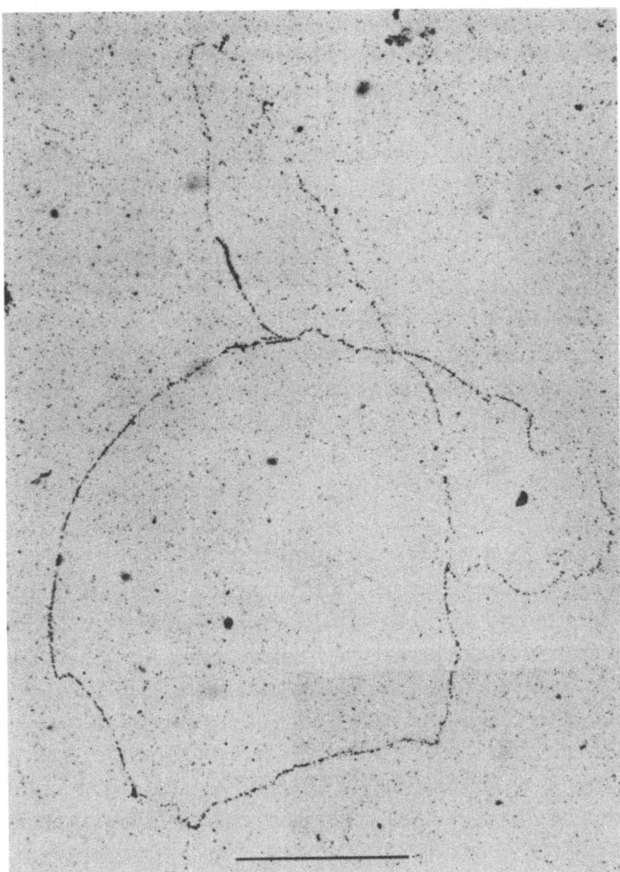

Abb. 1-5. Autoradiogramm des Genophors von *E. coli* Hfr 3000. Die DNA wurde über zwei Generationen mit tritiiertem Thymidin markiert und dann mit Hilfe des Enzyms Lysozym, das die Zellwand angreift, aus der Zelle extrahiert. Der DNA wurde eine Fotoemulsion überschichtet und diese zwei Monate lang radioaktiver Strahlung ausgesetzt. Beim Zerfall des Tritiums werden Silberkörner in der Emulsion gebildet, die die Lage des DNA-Moleküls angeben. Die Skala im unteren Bildteil entspricht 100 μm Länge; die Länge der DNA ohne den replizierten Teil beträgt etwa 1,1 mm. Dabei sollte man sich in Erinnerung rufen, daß die Zelle, aus der die DNA isoliert wurde, wahrscheinlich nur einige Mikrometer lang war. Aus: Cairns, J. (1963) The chromosome of *E. coli*. Cold Spring Harbor Symp. Quant. Biol. 28:43–45

Man geht davon aus, daß DNA-Moleküle in einer Variante der doppelhelikalen Struktur vorliegen, die von Watson und Crick entworfen wurde. In dieser Struktur ist schon durch die Position der verschiedenen Substituenten am Desoxyriboseteil (Abb. 1-4) eine chemische Polarität enthalten. Üblicherweise spricht man vom 5′- oder 3′-Ende einer Nukleinsäure, je nach der Bindungsstelle des letzten Substituenten (Phosphat- oder Hydroxylgruppe) am Pentosering des letzten Nukleotids in der Kette. So entsprechen in Abb. 1-4 z.B. die Pfeilspitzen immer dem 3′-Hydroxylende der Nukleotidkette. Die DNA-Replikation erfolgt semikonservativ, wobei ein neuer Strang mit einem alten gepaart vorliegt. Während der Replikation entsteht eine Y-förmige Struktur; der Verbindungspunkt zwischen den „Armen" des Y und dem „Fuß" wird als Replikationsgabel bezeichnet. Im Watson-Crick-Modell ist die Replikation selbst jedoch nicht erklärt; das Modell wurde daher durch neuere Untersuchungen stark erweitert und verändert.

Die erste Schwierigkeit trat auf, als Cairns vorsichtig DNA aus *E. coli* extrahierte und nachweisen konnte, daß sie normalerweise in Ringform vorliegt. Der Ring bildet während der Replikation eine Struktur, die eher dem griechischen Buchstaben „theta" ähnelt (Abb. 1-5). Dieser Replikationstyp wird auch als „theta" Replikation bezeichnet.

Untersuchungen von vielen anderen Bakterien zeigten, daß sie ebenfalls zirkuläre DNA-Moleküle besitzen und daß bei allen untersuchten Bakterien die Replikation bidirektionell erfolgt. Daraus ergibt sich, daß beide Verzweigungen in der Abb. 1-5 aktiv replizierende Gabeln darstellen.

Noch wichtiger war die Entdeckung von Stonington und Pettijohn, die es möglich machten, intakte bakterielle Genophore (auch **Nukleoide** oder „folded chromosomes" genannt) aus *E. coli* zu extrahieren und elektronenmikroskopisch zu untersuchen. Abbildung 1-6 zeigt ein Photo einer solchen Struktur. Ähnliche Gebilde wurden aus vielen weiteren Bakterien isoliert. Worcel und Burghi konnten zeigen, daß diese komplexe Struktur aus einem DNA-Molekül besteht, das durch RNA und Protein in etwa 50 superhelikalen Schleifen[1] gehalten wird. In Übereinstimmung mit der Theorie der Trennung bakterieller Genophore durch Membranwachstum findet man die „gefalteten Chromosomen" im allgemeinen an Membranfragmente gebunden, wenn sie aus vorsichtig lysierten Zellen isoliert werden.

Auf molekularer Ebene erfolgt die DNA-Replikation mit Hilfe eines ausgeklügelten Komplexes aus Enzymen und verschiedenen Cofaktoren. Diese verwenden Desoxyribonukleotide, die mit Hilfe des Enzyms Ribonukleotid-diphosphatreduktase aus Ribonukleotiden entstehen. Einige der charakterisierten Enzyme und Cofaktoren sind in der Tabelle 1-1 angegeben. In groben Zügen beginnt der Prozeß mit einer komplexen Wechselwirkung, an der die nicht näher charakterisierten Genprodukte von *dnaA, B, C, I* und *J,* sowie RNA-Polymerase beteiligt sind. Er führt zur Bildung einer kurzen Primer-RNA (Starter-RNA, kürzer als 500 Nukleotide), die von Messer und Mitarbeitern den Namen **„Origin-RNA"** erhielt. Dieser Primer, der zum DNA-Strang genau komplementär ist, wird anschließend durch das Enzym DNA-Polymerase III und Tausende von Desoxyribonukleotiden verlängert. Dieser Vorgang wird eventuell so abgebrochen, daß ein DNA-Fragment mit einem RNA-„Schwanz" am 5′-Ende entsteht. Dann werden durch Einwirkung von einem oder mehreren helixdestabilisierenden Enzymen, DNA-entwindendem Enzym und RNA-Polymerase kürzere Primer von 50 bis 100 Nukleotiden Länge initiiert (13.I.D). Die verschiedenen Fragmente werden häufig nach ihrem Entdecker als **„Okazaki-Fragmente"** bezeichnet. Obwohl alle DNA-Fragmente mit RNA beginnen, ist für die Bildung der „Origin-RNA" ein spezieller Satz an Cofaktoren notwendig. Mutationen, die die Synthese der „Origin-RNA" beeinträchtigen, führen daher nicht unbedingt zum Abbruch der Synthese neuer Okazaki-Fragmente an schon bestehenden Replikationsgabeln.

Bei fortlaufender DNA-Synthese besteht das Produkt aus einem durchgehenden Strang „alter" DNA, an den hintereinander liegende Fragmente gepaart sind, die den „neuen" Strang darstellen. Der „neue" Strang enthält sowohl RNA als auch DNA, bis alle Primer entfernt sind; dies erfolgt wahrscheinlich durch das Enzym DNA-Polymerase I, das exonukleolytische und polymerisierende Funktionen besitzt. Nach Ersatz

1 Superhelikale Windungen entstehen dadurch, daß man ein doppelsträngiges helikales DNA-Molekül nimmt und die ganze Schlaufe verdrillt, so wie wenn man ein Band nehmen, verdrehen und dann die Enden miteinander verbinden würde, so daß die zusätzlichen Windungen zum Bestandteil der ganzen Struktur werden. Im Fall der DNA wird dieser Prozeß durch das Enzym DNA-Gyrase katalysiert. Ein Beispiel für das daraus entstehende Molekül ist in der Abb. 13-1 wiedergegeben

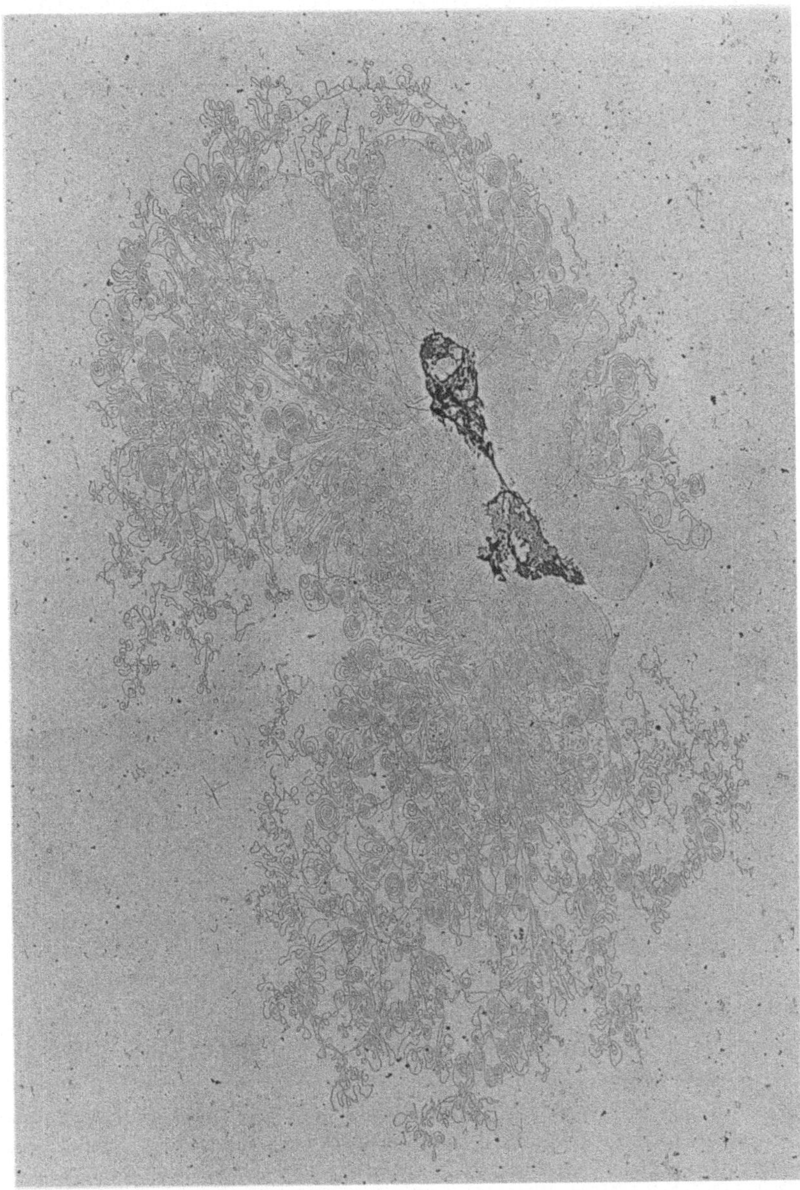

Abb. 1-6. An die Membran angeheftetes *E. coli*-Genophor. Die Zellen wurden mit Lysozym und einem Detergens mild lysiert.

Die DNA wurde durch Sedimentation durch steigende Konzentrationen Sucrose von Zelldebris getrennt und dann für die Elektronenmikroskopie mittels einer einmolekularen Schicht von Cytochrom-C-Molekülen auf der Oberfläche einer Formamid-Lösung gespreitet. Die DNA wurde mit Uranylacetat gefärbt und zur Kontrastverstärkung mit Platin bedampft.

Die Reste der Zellhülle sind nahe der Bildmitte der Fotographie sichtbar. Die feinen, sie umgebenden Partikel sind wahrscheinlich Teile der Membran. Durchgehende DNA-Fibrillen in verschiedenen Stadien der superhelikalen Aufwindung strahlen von der Zellhülle nach außen. Entlang der DNA sind kurze Fibern einzelsträngiger RNA zu erkennen, die eine fortschreitende Transkription darstellen. Aus: Delius, H., Worcel, A. (1974) Electron microscopic visualization of the folded chromosome of *E. coli*. J. Mol. Biol. 82:107–109

Tabelle 1-1. Einige genetische Loci von *E. coli*, die an der DNA-Replikation in *E. coli* und dessen Phagen beteiligt sind

Locus	Synonym	Enzymatische Funktion	Notwendig zur Replikation[a] *E. coli*	λ	T7	T4
cou		DNA-Gyrase: Coumermycinsensitive Untereinheit	+	nt	+	–
dnaA		Initiation am Origin	+	–	–	–
dnaB		ATPase	+	+	–	–
dnaC	*dnaD*	Ketteninitiation und Elongation	+	–	–	–
dnaD	siehe *dnaC*					
dnaE	*polC*	DNA-Polymerase III	+	+	–	–
dnaF	siehe *nrdA*					
dnaG		Rifampicinresistente RNA-Polymerase	+	+	–	–
dnaI		Initiation am Origin	+	–	–	–
dnaP		Membrandefekt bei der Initiation	+	–	–	–
dnaZ		Kettenelongation	+	+	–	–
gyrA	*nalA*	DNA-Gyrase, Nalidixinsäure-sensitive Untereinheit	+	nt	nt	–
lig		DNA-Ligase	+	+	–	–
nrdA	*dnaF*	Ribonukleotidphosphat-Reduktase, Untereinheit B1	+	nt	nt	nt
nrdB		Ribonukleotidphosphat-Reduktase, Untereinheit B2	+	nt	nt	nt
polA		DNA-Polymerase I (nur Polymeraseaktivität)	–	–	–	–
polC	siehe *dnaE*					
rpoB	*rif*	RNA-Polymerase-β-Untereinheit	+	+	–	–

[a] +, das Protein wird für die DNA-Replikation in vivo gebraucht; –, das Protein ist nicht notwendig; nt, nicht getestet. Es ist bemerkenswert, daß die Unabhängigkeit eines Phagen von einer bestimmten Wirtsfunktion bedeuten kann, daß der Phage entweder diese Funktion nicht benötigt, oder aber, daß der Phage ein eigenes Protein herstellen kann, das diese Funktion erfüllt. Verändert nach Wickner (1978)

der RNA-Primer durch DNA werden die Okazaki-Fragmente durch das Enzym DNA-Ligase über Phosphodiesterbindungen miteinander zu einem kontinuierlichen Molekül verknüpft.

Dieses spezielle Replikationssystem verläuft nur in der 5′-Phosphat- nach 3′-Hydroxyl-Richtung der DNA. Da aber nur kurze Stücke synthetisiert werden, kann der gleiche Enzymkomplex beide Stränge eines DNA-Duplex replizieren, auch wenn diese ent-

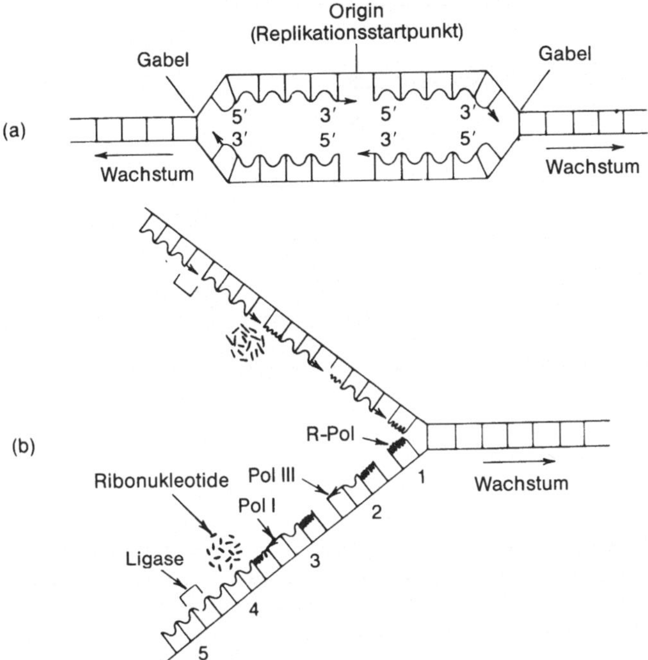

Abb. 1-7a,b. Schematische Darstellung der Replikationsschritte des bakteriellen Genophors. **a** Teil eines replizierenden bakteriellen Genophors in einem Stadium, kurz nachdem die Replikation am Startpunkt (Origin) begonnen hat. Die neue polymerisierten DNA-Stränge (gewellte Linien) werden in 5'- nach 3'-Richtung (Pfeile) synthetisiert, wobei die vorher vorhandenen DNA-Stränge (durchgezogene Linien) als Matrize (engl. „template") benutzt werden. Dabei entstehen zwei Replikationsgabeln, die sich in entgegengesetzten Richtungen fortpflanzen, bis sie an der gegenüber liegenden Stelle des zirkulären Moleküls aufeinandertreffen und den Replikationsprozeß vervollständigen; **b** Ein detaillierter Einblick in eine der Replikationsgabeln, der zeigt, wie kurze Stücke DNA synthetisiert und eventuell miteinander zu einem durchgehenden neuen Strang verbunden werden. Zum Zweck der Darstellung sind vier Segmente von Nukleinsäuren in verschiedenen Stadien gezeigt. Im Stadium I wird durch RNA-Polymerase (R-Pol) Primer-DNA (dick gezeichnete Region) synthetisiert. Dann wird allmählich in Stadium 2 durch DNA-Polymerase III (Pol III) DNA daran synthetisiert; im Stadium 3 wird der vorhergehende Primer hydrolytisch abgebaut, während an dessen Stelle durch die Exonuklease- und Polymeraseaktivitäten der DNA-Polymerase I (Pol I) DNA polymerisiert wird; schließlich wird das vervollständigte kurze DNA-Segment (Stadium 4) durch die Wirkung der DNA-Ligase (Ligase) mit dem durchgehenden Strang verbunden (Stadium 5). Aus: Stanier, R.Y., Adelberg, E.A., Ingram, J.L. (1976) The microbial world, 4th ed., p 233. Prentice-Hall, Englewood Cliffs, NJ

gegengesetzte chemische Polarität besitzen (Abb. 1-7). Die Okazaki-Fragmente sind damit die Lösung eines lang bestehenden biochemischen Problems.

Eine wichtige, unbeantwortete Frage ist, ob der DNA-Strang, an dem die Replikation kontinuierlich erfolgen könnte (der obere Strang in Abb. 1-7b), wirklich kontinuierlich oder diskontinuierlich repliziert wird. Das Problem liegt darin, daß verschiedene Reparaturprozesse, die beschädigte oder falsche Basen aus der wachsenden Kette entfernen, ebenfalls zu Fragmenten führen. Derzeit ist es nicht möglich, den Anteil der Okazaki- und Reparaturfragmente an der gesamten Molekülpopulation abzuschätzen.

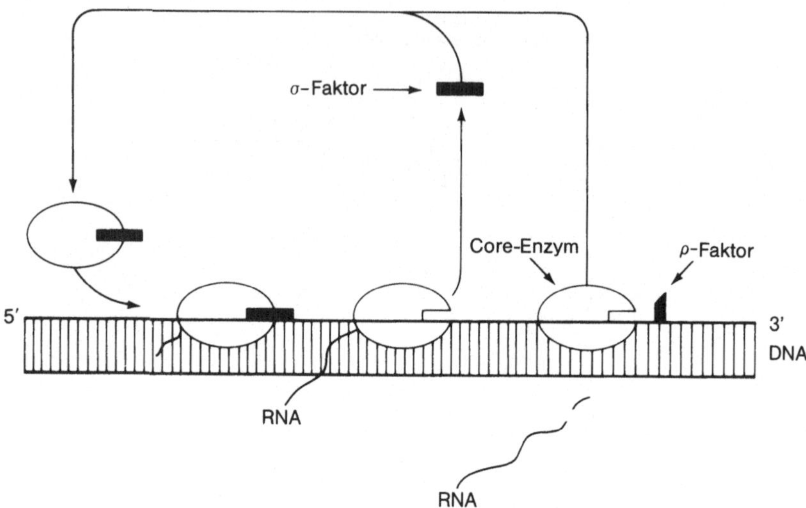

Abb. 1-8. RNA-Synthese. Das Core-Enzym (engl. „core" = Kern) der RNA-Polymerase wird mit dem σ-Faktor kombiniert. Dieser erkennt das Startsignal, das in der DNA kodiert ist. Während der RNA-Synthese wird der σ-Faktor freigesetzt. Die Termination der RNA-Synthese erfordert die Anwesenheit des ρ-Faktors. Aus: Gottschalk, G. (1979) Bacterial metabolism. Springer, New York

Neben ihrer Funktion bei der DNA-Synthese findet man die RNA-Polymerase primär in einem anderen Prozeß aktiv. Die konventionelle Funktion der RNA-Polymerase ist es, von doppelsträngiger DNA einzelsträngige RNA-Kopien (Transkripte) für den Einsatz in der Proteinsynthese herzustellen. Jedes RNA-Transkript ist nur einem der DNA-Stränge komplementär; der kopierte Strang ist daher der, der die genetische Information trägt, und wird als „Sinn-Strang" bezeichnet. Zur Erfüllung ihrer Funktion muß die RNA-Polymerase sowohl den „Sinn-Strang" als auch den exakten Startpunkt des Transkripts erkennen können. Die Information dazu ist offensichtlich in der Basenfolge der DNA enthalten. Die Transkription beginnt mit dem 5′-Ende der RNA. Da die Transkriptlänge begrenzt ist, muß es auch ein Signal für die Termination des transkribierten RNA-Moleküls geben.

Es gibt drei Grundtypen an RNA-Molekülen, die „messenger"-RNA (mRNA), die „transfer"-RNA (tRNA) und die ribosomale RNA (rRNA).

Mit biochemischen Methoden wurde gezeigt, daß die RNA-Polymerase ein Enzym aus mehreren Untereinheiten ist. Eine Untereinheit, der Sigma-Faktor (σ), kontrolliert die Fähigkeit des Enzyms (die enzymatische Haupteinheit oder das „core" Enzym), bestimmte Startsignale zu erkennen.

Da das „core" Enzym nicht matrizenspezifisch arbeitet, lassen sich die RNA-Arten, die von einem Genophor hergestellt werden, dadurch verändern, daß man den Sigma-Faktor variiert (Abb. 1-8).

Stellen, an denen die RNA-Polymerase bindet, werden als Promotoren bezeichnet. Aufbau und Funktion dieser Bindungsorte werden in Kap. 12 vorgestellt. Die Termination der Transkription geschieht am Ende der translatierten Region der mRNA und erfordert unter Umständen einen zusätzlichen Proteinfaktor, Rho (ρ).

Das prokaryontische RNA-Transkript zeigt einige wichtige Unterschiede zum eukaryontischen. Ein bedeutender Unterschied liegt darin, daß es fast immer polyinformationell ist. Dies heißt, daß ein einzelnes Transkript die Information für mehrere, getrennte Genfunktionen enthält. Eine einzige RNA kann z.B. so geschnitten werden, daß sie ein tRNA-Molekül und verschiedene rRNA-Moleküle ergibt, während eine andere RNA in verschiedene Proteine translatiert werden kann.

Obwohl rRNA-Transkripte in Eukaryonten ähnlich synthetisiert werden, gilt dies nicht für mRNAs. Ein Hauptunterschied zwischen Eu- und Prokaryonten liegt in der Prozessierung der mRNA.

In eukaryontischen Zellen werden mRNAs in verschiedener Weise verändert, bevor sie aus dem Kern exportiert werden. Zunächst wird jedes Molekül mit einer Folge von drei Basen versehen, die beginnend mit 7-Methyl-guanosin in umgekehrter Polarität an das 5'-Ende des Moleküls gehängt werden (diese „Kappe" wird im Gegensatz zur normalen 5'-3'-Bindung in Nukleinsäuren durch eine 5'-5'-Bindung angehängt). Zweitens werden einige Hundert Adenin-Reste an das 3'-Ende der mRNA angefügt und bilden den Poly-A-Schwanz, der die meisten eukaryontischen Messenger charakterisiert. Zum Dritten werden viele eukaryontische mRNAs so prozessiert, daß nicht-informationelle Zwischensequenzen („intervening sequences") aus dem informationellen Teil des Moleküls entfernt werden, das dann durch das Enzym RNA-Ligase wieder verbunden wird. Dieser komplizierte Ablauf spiegelt die diskontinuierliche Anordnung der informationstragenden Sequenzen im eukaryontischen Chromosom wieder. Bei Bakterien wurden bisher solche Phänomene nicht beschrieben.

Die eigentliche Proteinsynthese ist ein sehr komplizierter Vorgang, bei dem das Ribosom eine Schlüsselrolle einnimmt. Das Ribosom besteht aus zwei verschieden großen Untereinheiten aus RNA und Proteinen, die danach benannt wurden, wie sie in einem Schwerefeld wandern. Zur Größenbeschreibung der ribosomalen Untereinheiten werden die Svedberg-Einheiten[2] verwendet. Die kleinere 30S-Untereinheit enthält ein 16S-RNA-Molekül und 21 verschiedene Proteine; die größere 50S-Untereinheit dagegen zwei RNAs mit 5S und 23S, sowie 31 verschiedene Proteine. Zusammen ergeben beide Untereinheiten ein 70S-Ribosom. Die entsprechenden Werte für die kleine und große Untereinheit eines eukaryontischen 80S-Ribosoms betragen 40S und 60S.

In Bakterien werden mRNA-Moleküle translatiert, bevor sie vollständig synthetisiert sind. Manche Forscher postulieren daher, daß die Translation für die Ablösung der mRNA von der DNA notwendig sei. Die ribosomale 30S-Untereinheit bindet in Gegenwart von Cofaktoren an eine spezielle Stelle am 5'-Ende der mRNA (Kap. 12). Es kommt dann eine 50S-Untereinheit dazu, es entsteht ein 70S-Ribosom, und die Translation der mRNA mit dem Ribosom als Polymerisationsort beginnt (Abb. 1-9).

Es läßt sich zeigen, daß der genetische Code einen Triplett-Code darstellt (Kap. 3), und daß das Ribosom spezifische Basentripletts (**Codons**) auf der mRNA erkennt. Darauf bindet eine tRNA so an das Ribosom, daß eine komplementäre Basenfolge, das **Anticodon**, dem Codon gegenüberliegt.

---

2 Ein Partikel mit einem Sedimentationskoeffizienten von 1S (eine **Svedberg Einheit**) bewegt sich im Schwerefeld mit 10^{-13} cm/s. In verdünnter Lösung in einem definierten Lösungsmittel und bei bestimmter Temperatur hängt der S-Wert jedes gegebenen Makromoleküls vom Molekulargewicht und der Konformation des Moleküls ab

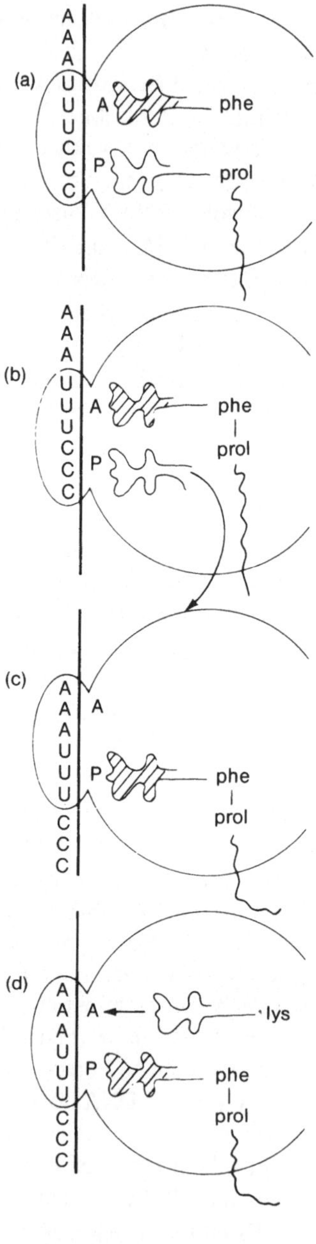

Abb. 1-9a–d. Die Schritte bei der Verlängerung eines Peptids um eine Aminosäure.

Die vertikalen Buchstaben stellen die Basensequenz der mRNA dar; die ovalen Strukturen sind die ribosomalen Untereinheiten. **a** Phe-tRNA mit einem gebundenen Phenylalanin wird in der A-Stelle auf der 50S ribosomalen Untereinheit gebunden. In diesem Schritt wird GTP verbraucht und zu GDP und P_i hydrolysiert; **b** Durch Übertragung des Peptids auf die Phe-tRNA wird die Peptidbindung gebildet, und Prol-tRNA wird freigesetzt; **c** Während der Translokationsreaktion bewegt sich das Ribosom um einen Schritt, so daß die Peptidyl-tRNA in der P-Stelle bindet. Diese Reaktion wird ebenfalls von GTP-Hydrolyse begleitet; **d** Lys-tRNA, mit einem angehefteten Lysin beladen, nähert sich der A-Stelle zur Vorbereitung für die Anlagerung einer anderen Aminosäure. Aus: Gottschalk, G. (1979) Bacterial metabolism. Springer, New York

Die Genauigkeit dieser Einpassung wird zum Teil durch das Ribosom kontrolliert. Jede tRNA trägt kovalent gebunden eine spezielle Aminosäure an ihrem 3′-Ende. Bei der tRNA, die zur Initiation der Translation einer mRNA benutzt wird, ist diese normalerweise ein Methionin, dessen Aminogruppe durch Formylierung blockiert ist. So wird sichergestellt, daß sich diese Aminosäure nur am aminoterminalen Ende eines Polypeptids befinden kann.

Die Proteinsynthese beginnt also am aminoterminalen Ende der Polypeptidkette, das dem 5'-Ende der entsprechenden informationellen Sequenz in der mRNA zugeordnet ist. Damit werden die simultane Transkription und Translation möglich. Ist die erste tRNA gebunden, so wird eine zweite tRNA angelagert, die zum nächsten Codon in der Reihe komplementär ist, und die ribosomale Peptidyltransferase katalysiert die Knüpfung einer Peptidbindung. Das erste tRNA-Molekül wird darauf freigesetzt, die zweite tRNA (an der nun die wachsende Polypeptidkette hängt) wird an die Stelle translociert, die durch die Ablösung der ersten tRNA frei geworden ist, ein neues Codon wird exponiert, und der ganze Vorgang wiederholt sich (Abb. 1-9). Der Ort am Ribosom, an dem die wachsende Peptidkette gebunden ist, wird als Peptidyl-Bindungsort (**P-Ort**) bezeichnet, und die Stelle, an der die Aminoacyl-tRNA bindet als Aminoacylbindungsort (**A-Ort**). Die Energie zur Katalyse der Peptidbindung und zur Translokation der verschiedenen Makromoleküle kommt aus ATP (über die Aktivierung der Aminosäuren vor ihrer Bindung an die tRNA) und aus der Hydrolyse von GTP durch die 50S-Untereinheit.

In eukaryontischen Zellen läuft der gleiche Prozeß ab. Allerdings treten durch die Kernmembran zusätzliche Schwierigkeiten auf, denn die Transkription erfolgt im Nukleus, die Translation dagegen an verschiedenen Stellen im Cytoplasma. Während es bei Bakterien bis jetzt nur einige Beispiele für eine Translationskontrolle gibt (4.II.B und 12.IV.C), erreicht bei den Eukaryonten ein Großteil der im Kern gebildeten RNA nicht einmal das Cytoplasma zur Translation, sondern wird statt dessen abgebaut. Die Kernmembran stellt in eukaryontischen Zellen daher eine wichtige regulatorische Barriere dar.

Selbst wenn die RNA prozessiert ist und das Cytoplasma erreicht, muß sie erst die Ribosomen finden, die primär entlang den Membranen des endoplasmatischen Reticulums lokalisiert sind. Auf diese Weise werden die Prozesse der Transkription und Translation bei Eukaryonten sowohl zeitlich als auch räumlich getrennt, während sie in Prokaryonten gekoppelt sein können.

III Die Selektion als Grundelement der Bakteriengenetik

Das Konzept der Selektion ist zum Verständnis der Bakteriengenetik besonders wichtig und glücklicherweise recht einfach. Bei der Arbeit mit Mikroorganismen schließt die hohe Zahl der Einzelindividuen in der Kultur (normalerweise in der Größenordnung von 10^8 Zellen/ml) die Möglichkeit aus, jede einzelne Zelle bei einem genetischen Experiment zu untersuchen. Statt dessen benutzt man zu solchen Versuchen Zellen, die sich in einem oder mehreren biochemischen Stoffwechselmerkmalen unterscheiden. Bringt man solche Zellen unter bestimmte Bedingungen, so wird die Vermehrung der Ausgangszelle verhindert, und es können sich nur die Zellen teilen und vermehren, die durch einen genetischen Austausch eines oder mehrere neue Merkmale gewonnen haben (**Rekombinanten**). Jede rekombinante Zelle teilt sich mehrfach und ergibt eine Kolonie, ein makroskopisch sichtbarer Zellhaufen auf der Oberfläche einer Agarplatte. Beispiele für selektive Agentien, die das Wachstum der Ausgangszellen beeinflussen können, sind Antibiotika, Bakteriophagen und erforderliche Nährstoffe. Im allgemeinen wird bei jedem Experiment vorausgesetzt, daß es eine Selektion gegen jeden Ausgangstyp an Zellen beinhaltet.

Unter selektiven Bedingungen kann sich die Mehrzahl der Ursprungszellen nicht vermehren; der Begriff der **Rekombinationsfrequenz**, der ursprünglich für die Eukaryontengenetik entwickelt wurde, muß daher neu definiert werden. In der Eukaryontengenetik entspricht die Rekombinationsfrequenz der Zahl der Rekombinanten dividiert durch die Gesamtzahl aller Nachkommen. In der Prokaryontengenetik dagegen können sich nur die rekombinanten Zellen vermehren. Daher definierte man die Rekombinationsfrequenz bei Bakterien als die Zahl der Rekombinanten nach einer Selektion, dividiert durch einen entsprechenden Faktor. Dieser Faktor können die in der Minderheit vorliegende Zahl der Ursprungszellen sein, die Zahl der Phagen bei einer Kreuzung oder die DNA-Menge bei einem Transformationsversuch.

In dieser Definition ist enthalten, daß die Zahl der Rekombinanten nie größer sein kann als die Zahl der seltensten Ausgangszellen.

Die Möglichkeit, auf eine extrem große Individuenzahl strenge Selektionsbedingungen anzuwenden, hat die Bakteriengenetik zum besten Mittel gemacht, sehr seltene Prozesse zu untersuchen. Erwartet man einen bestimmten Vorgang einmal in zehn Millionen Fällen, so treten in der Eukaryontengenetik große Schwierigkeit auf, weil die Zahl der Mäuse oder Erbsenpflanzen, die zum Auffinden eines solchen Prozesses nötig wären, eine Grenze setzt. Selbst die Vorstellung, soviele Fruchtfliegen zu halten, ist abschreckend. Zehn Millionen *E. coli* dagegen entsprechen nur etwa 0,1 ml einer typischen wachsenden Kultur. Selbst eine Milliarde schnell wachsender *E. coli* findet leicht in einer 10 ml Kultur Platz. Darüberhinaus verlangsamt sich die Wachstumsrate auch solange nicht, bis acht- oder zehnmal soviel Zellen im gleichen Volumen vorliegen.

Die Selektion übt jedoch immer einen Einfluß auf die Testpopulation aus. Jede Zelle, die nicht sofort eine vermehrungsfähige Rekombinante ergibt, geht aus der Probe verloren. Entfaltet eine Zelle den rekombinanten Phänotyp nicht innerhalb weniger Generationen nach einem genetischen Austausch und wird die Selektion zu früh angewandt, so verliert man diese Zelle, und der genetische Austausch läßt sich nicht finden, obwohl er stattgefunden hat. Dieses Problem wird in 3.II. genauer diskutiert. Als allgemeine Regel gilt, daß genetische Experimente mit Bakterien nur die Fälle untersuchen, bei denen der gesamte Prozeß des genetischen Austauschs und die Expression erfolgreich abliefen.

IV Überblick über die genetischen Übertragungsprozesse bei Bakterien und Bakteriophagen

Obwohl jeder genetische Austausch in den folgenden Kapitel ausführlich dargelegt wird, ist es von Vorteil, diese Vorgänge jetzt kurz einzuführen. Bücher können zwar in nette Kapitel unterteilt werden, aber nicht die gegenwärtige Forschung. Dies hat zur Folge, daß Wissenschaftler, die die Transduktion untersuchen, gelegentlich auf Konjugationsversuche zurückgreifen müssen, und umgekehrt. Um für die folgenden Besprechungen flexibel zu sein, werden hier die wichtigsten Merkmale der einzelnen Prozesse kurz zusammengefaßt.

A Die Transformation

Die Transformation ist das am längsten untersuchte System in der Bakteriengenetik und von ihrem Aufbau her eine der einfacheren Arten der DNA-Übertragung. Sie beginnt damit, daß eine Bakterienzelle (lebend oder tot) in das umgebende Medium DNA freisetzt. Diese DNA liegt vollkommen ungeschützt vor, kann aber vor ihrem Abbau auf eine andere Bakterienzelle treffen. Die zweite Zelle kann die DNA aufnehmen, durch Zellwand und -membran transportieren und eine Rekombination mit homologen Bereichen des vorhandenen Genophors zulassen. Die entstehende rekombinate Zelle wird als **Transformant** bezeichnet.

Theoretisch kann jedes beliebige Stück genetischer Information so übertragen werden, obwohl die DNA-Menge, die in einem einzelnen Übertragungsschritt transferiert wird, sehr gering ist, etwa in der Größenordnung von 10 000 Basenpaaren (10 Kilobasen[3]) Länge. Die Transformation wird ausführlich in Kap. 8 besprochen.

B Die Transduktion

Bei der Transduktion ist ein bakterielles Virus (Bakteriophage oder Phage) am genetischen Transfer beteiligt. Phageninfektionen beginnen mit der Adsorption des Phagenpartikels an spezielle Rezeptoren auf der Oberfläche der Zelle. Die in der Proteinhülle enthaltene Nukleinsäure wird dann in das Cytoplasma der Bakterienzelle transferiert, wo sie im Stoffwechsel aktiv wird und in die Replikation und Transkription eintritt.

Im typischen Fall gibt es nach einer Phageninfektion zwei Möglichkeiten. Bei der lytischen Antwort produziert des Virus Strukturkomponenten neuer Phagenpartikel, verpackt damit seine Nukleinsäure und verursacht die Lyse der Zellen, wobei neue Phagen freigesetzt werden. Bei der temperenten (gemäßigten) Antwort dagegen geht das Virus mit der Zelle eine stabile Verbindung ein, wobei zwar einige Phagenfunktionen exprimiert werden, aber nicht die, die zu unkontrollierter Phagen-DNA-Replikation oder zu Herstellung und Zusammenbau neuer Phagenpartikel führen.

Stattdessen wird die virale DNA zusammen mit der Wirts-DNA, normalerweise als integraler Bestandteil des gleichen Moleküls, repliziert und an alle Tochterzellen weitergegeben. Gelegentlich geraten Zellen, die einen temperenten Phagen tragen **(Lysogene)** in eine Stoffwechselveränderung, die die virale DNA reaktiviert. Die Folge ist die gleiche wie nach einer sofortigen lytischen Antwort.

Einige Phagen rufen nur die lytische Antwort hervor, andere können beide hervorrufen, wobei die Entscheidung zwischen den Alternativen Lyse oder Lysogenie durch Wachstumsbedingungen erfolgt.

Im Verlauf der Phageninfektion einer Bakterienzelle kann ein Teil oder die gesamte virale DNA in einem Phagenpartikel durch bakterielle DNA ersetzt werden. Dies kann nur selten oder mit hoher Frequenz geschehen. Wird das Phagenpartikel in das Medium freigesetzt, so kann es auf eine neue Bakterienzelle treffen und versuchen, die Infektion zu initiieren. Dabei wird aber das DNA-Fragment aus dem Genophor des vorheri-

---

3 Ein DNA-Fragment von der Größe einer Kilobase (kb) hat ein Molekulargewicht von 6.6×10^5 Dalton oder 0,66 Megadalton

gen Wirts injiziert. Werden die neu infizierten Zellen nicht abgetötet und ist das DNA-Fragment selbst entweder zu Replikation oder zur Rekombination fähig, so entstehen **Transduktanten**.

Die DNA-Menge, die auf diese Weise übertragen werden kann, schwankt beträchtlich in ihrer Größe, entspricht aber im allgemeinen der DNA-Menge, die in einem einzelnen Phagenpartikel normalerweise enthalten ist. In manchen Fällen kann diese 200 Kilobasen betragen.

Die DNA-Menge, die tatsächlich rekombiniert, ist jedoch im allgemeinen etwas geringer und hängt auch davon ab, ob es sich um eine generelle oder spezielle Transduktion handelt.

Bei der generellen Transduktion verursacht der Phage eine Fragmentierung des Wirts-Genophors. Zufällig werden dann einige der Fragmente in virale Kapside verpackt. Als Folge davon kann jedes Stück der genetischen Information des Wirts übertragen werden.

Bei der speziellen Transduktion dagegen ist ein temperenter Phage beteiligt, der seine DNA an einer bestimmten Stelle kovalent in das Bakteriengenophor integriert hat. Wie schon oben erwähnt, kann ein solcher Phage über lange Zeit stabil vorliegen. Wird er jedoch reaktiviert und repliziert er sich unabhängig vom Genophor, so kann etwas von der bakteriellen DNA, die direkt neben dem Ende der viralen DNA liegt, an Stelle der richtigen DNA vom anderen Ende des viralen Genoms ausgeschnitten werden. Durch die Ortsspezifität dieses Vorgangs können in diesem Prozeß nur bestimmte Teile der genetischen Information übertragen werden. Ihre Größe hängt von der Art des Fehlers ab, der sie verursachte. In Kap. 7 wird die Transduktion weiter erläutert.

C Die Konjugation

Die Konjugation ist sehr komplex, unterscheidet sich aber so wesentlich von den beiden bisher geschilderten Vorgängen, daß sie leicht zu verstehen ist. Zwei oder mehr Zellen des entsprechenden Paarungstyps kommen zusammen, und die DNA wird von einem Donor in einen Rezipienten übertragen. Die Übertragung startet an einem festgelegten Punkt des Genophors und verläuft dann linear. Analog zu den anderen Transferprozessen werden die rekombinanten Zellen hier als **Transkonjuganten** bezeichnet. Die DNA-Menge, die bei der Konjugation übertragen werden kann, reicht von einigen Kilobasen bis zum gesamten Genophor. Die Konjugation wird in den Kap. 9 bis 11 ausführlich besprochen.

D Die DNA-Übertragung mit unbestimmten Methoden

In diese Klasse fallen zwei Prozesse, die in dem Buch nicht weiter besprochen werden sollen, und zwar einfach deshalb, da nur wenig über sie bekannt ist.

Der erste Prozeß wird als „**Kapsduktion**" gezeichnet. Obwohl er bei verschiedenen Organismen bekannt ist, ist er bei *Rhodopseudomonas capsulatum* am besten untersucht, vor allem durch die Arbeitsgruppe von Marr. Der Vorgang ähnelt in seinen Grundzügen der generellen Transduktion mit der Ausnahme, daß zwar phagenähnliche Partikel beobachtet werden können, jedoch keiner der Stämme, die zur Kapsduktion fähig sind, irgendein Zeichen für die Produktion lebensfähiger Phagen zeigt. Die Partikel (oder Gen-übertragenden Agentien) sind außerdem sehr klein und enthalten etwa 4,5 Kilobasen DNA, wobei es sich nur oder fast nur um bakterielle DNA handelt.

Der zweite Prozeß ist die künstliche Induktion einer vollständigen Zellfusion und wurde bei *Bacillus, Providencia* und *Streptomyces* durchgeführt. Dazu ist die Herstellung von **Protoplasten** (Zellen, deren Zellwände entfernt sind) notwendig, sowie die folgende Fusion der Zellmembran. Die entstehende diploide Zelle segregiert bald haploide Nachkommen aus, wovon ein Großteil eine weitgehende Rekombination der elterlichen Merkmale zeigt. Diese Technik ist sehr nützlich und wird schon viele Jahre bei Eukaryonten verwendet, war aber erst vor kurzem bei Prokaryonten erfolgreich. Sie ist noch so neu, daß noch nicht sicher ist, ob sie allgemein angewandt werden kann.

E Der genetische Austausch bei Bakteriophagen

Die Genetik der Viren läßt sich sehr gut dadurch untersuchen, daß man das Virus Zelle-Verhältnis so gestaltet, daß eine Zelle zugleich von mehr als einem Phagenpartikel infiziert wird. Die Phagen des Parentaltyps werden durch entsprechende Selektion am erfolgreichen Abschluß der Infektion gehindert. Unter solchen Bedingungen produzieren nur die Zellen Nachkommenviren, in denen Phagen mit rekombinanter DNA entstanden sind. Die Phagenpartikel werden auf ihren Phänotyp getestet, und die Rekombinationsfrequenz wird in der gleichen Weise berechnet wie bei Bakterien. Dieser Sachverhalt wird in 4.II.B ausführlich diskutiert.

V Die Nomenklatur

Vor der Veröffentlichung einer speziellen Arbeit zu diesem Thema durch Demerec und Mitarbeiter (1966) hat sich die Nomenklatur in der Bakteriengenetik rein zufällig entwickelt. Die neuen Regeln sollen alles vereinfachen und die Nomenklatur mehr den Konventionen in der Eukaryontengenetik anpassen. Die wichtigste Bestimmung lautet, daß jeder Genotyp ein Symbol aus drei kursiv geschriebenen Buchstaben erhält, das gleichzeitig eine Abkürzung darstellt. Betrifft eine Mutation z.B. die Prolin-Biosynthese, so wird sie als *pro* bezeichnet. In vielen Fällen läßt sich nachweisen, daß getrennte genetische Loci den gleichen Phänotyp beeinflussen. Diese werden dann dadurch unterschieden, daß man dem Symbol großgeschriebene Buchstaben hinzufügt, z.B. *proA, proB, proC.*

Wird eine neue Mutation isoliert, so muß sie eine einmalige Allelnummer erhalten, die dann verwendet wird, um die Mutation in einem Bakterienstamm nachzuweisen. Für *E. coli* gibt es eine Zuordnung im „E. coli Genetic Stock Center" an der Yale University. Eine vollkommen beschriebene Mutation ist z.B. *proA52.* Einige allgemein gebräuchliche Symbole sind in der Tabelle 1-2 angegeben.

Die Regeln des vorangehenden Paragraphen beziehen sich auf den Genotyp eines Organismus. In der Literatur hat sich der Brauch entwickelt, die gleiche Abkürzung mit drei Buchstaben zu verwenden, wenn man auf den Phänotyp eines Organismus Bezug nimmt, nur werden die drei Buchstaben dann nicht kursiv geschrieben und der erste ist ein Großbuchstabe. Es ist damit möglich, über den „Pro"-Phänotyp eines

Tabelle 1-2. In der Bakteriengenetik häufig benutzte Abkürzungen für den Genotyp[a]

Abkürzung	Phänotyp
ace	Acetat-Nutzung
ade	Adenin-Bedarf
ala	Alanin-Bedarf
ara	Arabinose-Nutzung
arg	Arginin-Bedarf
aro	Bedarf an aromatischen Aminosäuren
asn	Asparagin-Bedarf
asp	Asparaginsäure-Bedarf
azi	Azidresistenz
chl	Chloratresistenz
cys	Cystein-Bedarf
cyt	Cytosin-Bedarf
div	Zellteilung
fla	Flagellen-Biosynthese
gal	Galaktose-Nutzung
glt	Glutaminsäure-Bedarf
gln	Glutamin-Bedarf
glp	Glycerinphosphat-Nutzung
gly	Glycin-Bedarf
gua	Guanin-Bedarf
his	Histidin-Bedarf
hut	Histidin-Nutzung
ile	Isoleucin-Bedarf
ilv	Isoleucin- und Valin-Bedarf
lac	Lactose-Nutzung
leu	Leucin-Bedarf
lys	Lysin-Bedarf
mal	Maltose-Nutzung
man	Mannose-Nutzung
mel	Melibiose-Nutzung
met	Methionin-Bedarf
mtl	Mannitol-Nutzung
nal	Nalidixinsäure-Sensitivität = *gyrA*
nir	Nitratreduktase-Aktivität
pan	Pantothensäure-Bedarf
phe	Phenylalanin-Bedarf
pho	Alkalische Phosphatase-Aktivität
phs	Hydrogensulfid-Produktion
pls	Phospholipid-Biosynthese
pro	Prolin-Bedarf
pts	Phosphotransferase-System
pur	Purin-Biosynthese
put	Prolin-Nutzung
pyr	Pyrimidin-Biosynthese
rec	Rekombinationsfähigkeit
rha	Rhamnose-Nutzung
rif = *rpoB*	Rifampicin-Resistenz (RNA-Polymerase-β-Untereinheit)
rpo	RNA-Polymerase-Aktivität
rpsE	Spectinomycin-Resistenz (ribosomales Protein, kleine Untereinheit)
rpsL	Streptomycin-Resistenz (ribosomales Protein, große Untereinheit)
ser	Serin-Bedarf

Tabelle 1-2 (Fortsetzung)

Abkürzung	Phänotyp
spo	Sporenbildung (*Bacillus*); „magic spot"-Bildung bei *E. coli*
spc	Spectinomycin-Resistenz = *rpsE*
str	Streptomycin-Resistenz = *rpsL*
thy	Thymin-Bedarf
thr	Threonin-Bedarf
thi	Thiamin-Bedarf
ton	T1-Phagen-Resistenz
trp	Tryptophan-Bedarf
tsx	T6-Phagen-Resistenz
tyr	Tyrosin-Bedarf
ura	Uracil-Bedarf
uvr	Sensitivität gegen ultraviolette Strahlung
val	Valin-Bedarf
xyl	Xylose-Nutzung

[a] Manchmal werden eine oder mehrere dieser Abkürzungen mit dem Präfix „Δ" beschrieben. Dies bedeutet, daß die entsprechende DNA fehlt, d.h. aus dem Genophor deletiert ist

Organismus so zu sprechen, daß der Stamm, der *proA52* trägt, phänotypisch Pro^- ist (d.h. unfähig, die Aminosäure Prolin zu synthetisieren).

Von Demerec und Mitarbeitern wurden noch weitere Änderungen vorgeschlagen. Sie sind im Grund alle nur logisch und sollten dem Leser keine Schwierigkeiten bereiten, außer vielleicht der, die frühere Literatur nachschlagen zu müssen. In diesem Fall sollte man sich folgende Punkte merken: Nach dem derzeitigen Gebrauch wird des Hochzeichen + benutzt, um den Wildtyp zu kennzeichnen, und das Zeichen – zur Beschreibung der Mutante. Früher war es üblich, das + Zeichen für die Fähigkeit, etwas zu tun, zu verwenden, z.B. die Herstellung einer Aminosäure, die Vergärung eines Kohlehydrats, die Fähigkeit, ein Virus zur Vermehrung zu bringen usw. Dies ergab Schwierigkeiten, wenn Suppressor-Mutationen auftraten. Das sind Mutationen, die die Expression einer anderen Mutation beeinflussen und den Phänotyp des Organismus normal erscheinen lassen, obwohl das betreffende Gen mutiert ist. Früher wurde ein Stamm mit einem Suppressor als su^+ gekennzeichnet, was bedeutete, daß er die Fähigkeit zu irgendetwas besaß. Der gleiche Stamm würde heute als *sup* bezeichnet, um zu zeigen, daß es sich um eine Abweichung vom Wildtyp handelt.

VI Zusammenfassung

Bakterien sind in ihrer prokaryontischen zellulären Organisationsform einmalig. Sie sind haploide Organismen mit einem einzigen, zirkulären DNA-Molekül, das normalerweise im partiell replizierten Zustand vorliegt. Die Aufteilung der DNA bei der Zellteilung erfolgt durch Membranwachstum statt durch Mitose oder Meiose. Obwohl Bakterien die normalen molekularbiologischen Syntheseprozesse für Makromoleküle nutzen, unterscheiden sich diese Prozesse in Details von denen der Eukaryonten.

Die DNA ist in einer Struktur organisiert, die man eher als Genophor oder Nukleoid bezeichnet denn als echtes Chromosom. Obwohl tRNA- und rRNA-Moleküle in einer Weise hergestellt und prozessiert werden, die der bei Eukaryonten analog erscheint, zeigt die mRNA-Besonderheiten. Sie wird nicht mit der „Kappe" versehen, enthält meistens die Information für mehr als ein Polypeptid und keine nicht-informationellen Zwischensequenzen (Introns).

Der genetische Austausch erfolgt hauptsächlich durch Transformation, Transduktion oder Konjugation, allerdings nicht unbedingt bei allen Bakterien.

Die genetische Nomenklatur basiert auf einem Standard von Abkürzungen mit drei Buchstaben, und man versucht, den gleichen Satz an Abkürzungen für alle Bakterien zu verwenden.

Literatur

Allgemein

Abdel-Monem M, Hoffmann-Berling H (1980) DNA unwinding enzymes. Trends Biochem Sci 5: 128–130

Cohen JS (1980) DNA: is the backbone boring? Trends Biochem Sci 5:58–60

Cozzarelli NR (1980) DNA gyrase and the supercoiling of DNA. Science 207:953–960.

Kurland CG (1977) Structure and function of the bacterial ribosome. Annu Rev Biochem 46:173–200

Low KB, Porter RD (1978) Modes of gene transfer and recombination in bacteria. Annu Rev Genet 12:249–287

Ogawa T, Okazaki T (1980) Discontinuous DNA replication. Annu Rev Biochem 49:421–457

Rich A, RajBhandary UL (1976) Transfer RNA: molecular structure, sequence, and properties. Annu Rev Biochem 45:805–860

Stent GS, Calendar R (1978) Molecular genetics, 2nd ed. Freeman, San Francisco

Tomizawa J, Selzer G (1979) Initiation of DNA synthesis in *E. coli*. Annu Rev Biochem 48:999–1034

Watson JD (1976) Molecular biology of the gene, 3rd ed. Benjamin, Menlo Park, CA

Wickner S (1978) DNA replication proteins of *E. coli*. Annu Rev Biochem 47:1163–1191

Speziell

Coetzee JN, Sirgel FA, Lecatsas G (1979) Genetic recombination in fused spheroplasts of *Providence alcalifaciens*. J Gen Microbiol 114:313–322

Demerec M, Adelberg EA, Clark AJ, Hartman PE (1966) A proposal for a uniform nomenclature in bacterial genetics. Genetics 54:61–76

Donachie WD (1979) The cell cycle of *E. coli*. In: Parish JH (ed) Developmental biology of prokaryotes. University of California Press, Berkeley, Los Angeles, pp 11–35

Hopwood DA, Wright HM (1979) Factors affecting recombinant frequency in protoplast fusions of *Streptomyces coelicolor*. J Gen Microbiol 111:137–143

Ris H, Chandler BL (1963) The ultrastructure of genetic systems in prokaryotes and eukaryotes. Cold Spring Harbor Symp Quant Biol 28:1–8

Rouvière-Yaniv J, Yaniv M (1979) *E. coli* DNA binding protein HU forms nucleosome-like structures with circular double-stranded DNA. Cell 17:265–274

Solioz M, Marrs B (1977) The gene transfer agent of *Rhodopseudomonas capsulata*: Purification and characterization of its nucleic acid. Arch Biochem Biophys 181:300–307

Worcel A, Burghi E (1972) On the structure of the folded chromosome of *Escherichia coli*. J Mol Biol 71:127–147

Kapitel 2

Die Gesetze der Wahrscheinlichkeit und ihre Anwendung auf Kulturen von Prokaryonten

Im vorangegangenen Kapitel wurden auch Probleme diskutiert, die bei der Analyse prokaryontischer genetischer Systeme auftreten. Ein zusätzliches theoretisches Problem ist das der Probenentnahme. Wie schon früher gesagt, ist es unmöglich, die gesamte Nachkommenschaft einer Kreuzung zu untersuchen, da irgendeine Selektionstechnik verwendet werden muß, um unter den vielen Parentaltypen die wenigen rekombinanten Individuen zu finden. Führt man genetische Experimente mit Prokaryonten durch, muß sichergestellt sein, daß eine Probe für die ganze Organismenpopulation repräsentativ und groß genug ist, um zufällige Schwankungen, die bei jedem physikalischen Prozeß auftreten, zu kompensieren. Die erste Bedingung läßt sich erfüllen, indem man gute Kulturtechniken verwendet, die zu einer homogenen Population führen, von welcher man die Probe entnimmt. Mit der zweiten Bedingung befaßt sich dieses Kapitel.

I Die Definition der Wahrscheinlichkeit

Der Begriff der Wahrscheinlichkeit ist in vieler Hinsicht intuitiv. Wir sprechen häufig von der „Chance", daß etwas Bestimmtes stattfinden wird. Wirklich besprochen wird jedoch die Wahrscheinlichkeit des Eintretens dieses Ereignisses. Mathematisch wird die Wahrscheinlichkeit als Bruch oder Dezimalzahl zwischen 1 und 0 angegeben, obwohl sie bei der direkten Anwendung oft in die entsprechende Prozentzahl umgerechnet wird. Die Zahlen Null und Eins haben bestimmte Bedeutungen, wobei Null einem Ereignis entspricht, das niemals eintreten wird, und Eins einem, das mit absoluter Sicherheit geschieht.

Obwohl auch andere Systeme verwendet werden, genügt es für die Zwecke dieses Buchs, alle wahrscheinlichen Vorgänge als Erfolg (*s*, von engl. success) oder Nichterfolg (*f*, von engl. failure) zu charakterisieren. Allerdings kann es in einem bestimmten System viele Wege geben, zum Erfolg oder Nichterfolg zu kommen.

Beispiel 2-1: Bedeutet Erfolg, einen Würfel zu werfen (einen Würfel, der auf jeder Seite eine einmalige Zahl zwischen eins und sechs trägt) und eine gerade Zahl auf der Oberseite zu erhalten, so gibt es drei Möglichkeiten erfolgreich, und drei erfolglos zu sein. Da alle Zahlen des Würfels mit gleicher Wahrscheinlichkeit oben liegen werden (d.h. der Würfel ist nicht einseitig schwerer), sagen wir, alle Zahlen seien gleich wahrscheinlich und die Chance (Wahrscheinlichkeit) für den Erfolg ist dann 50% oder 0,5.

Jeder Wurf des Würfels stellt eine Erprobung dieses Systems dar. Entsprechend der Analyse im Beispiel 2-1 gibt es bei jedem Versuch eine 50%ige Chance zum Erfolg; wie später gezeigt wird, kann eine Serie von fünf Versuchen, die alle geradzahlige Zahlen erbringen, in 3,1% der Fälle erwartet werden. Betrachtet man den Begriff der Wahrscheinlichkeit, so darf man nicht vergessen, daß der berechnete Wert für einen Ausgang nur den Anteil der Fälle angibt, bei denen ein bestimmter Vorgang erwartungsgemäß eintritt. Die Differenz zwischen dem berechneten Anteil und der Gesamtheit ist der Teil der Fälle, bei denen ein Ereignis erwartungsgemäß nicht eintritt. Dennoch entspricht die Erwartung nicht vollkommen der Wirklichkeit, was jeder weiß, der den Wetterbericht liest. Die zufälligen Schwankungen, die zur Physik gehören, können jedes wahrscheinliche Ereignis beeinflussen, so daß eine berechnete Wahrscheinlichkeit nur dann von Wert ist, wenn sie für eine große Zahl von Versuchen gilt. Dies kommt in der Definition der Wahrscheinlichkeit zum Ausdruck, indem man sagt, wenn die Anzahl der Versuche (z) die Unendlichkeit erreicht, ist die Wahrscheinlichkeit des Erfolgs (w) der Grenzwert des Verhältnisses der Zahl der Wege zum Erfolg (s) dividiert durch die Zahl der Wege zum Erfolg plus die Zahl der Wege zum Nichterfolg (f) oder

$$w = \lim_{z \to \infty} \frac{s}{s+f} \tag{2-1}$$

vorausgesetzt, alle Ergebnisse geschehen mit gleicher Häufigkeit. Im Fall des obigen Würfels ist $s = f$, da alle Zahlen gleich wahrscheinlich sind; damit ist $w = s/(s + f) = s/(s + s) = s/2s = 0{,}5 = 50\%$, wie schon gesagt.

Um ein Gefühl für die Daten zu entwickeln, die zur Entwicklung der Gl. 2-1 führten, betrachten wir die Tabelle 2-1, in der die Ergebnisse einer Serie von Münzwürfen dargestellt sind. Geht man davon aus, daß eine Münze nie auf ihrer Schmalseite landet, und daß der Kopf einem Erfolg entspricht, so lassen sich diese Daten so behandeln, daß sie dem vorgestellten Modell entsprechen. Einige Punkte müssen jedoch erwähnt werden. Obwohl es intuitiv völlig klar ist, daß die „Köpfe" genauso oft erscheinen wie die „Zahlen", ist das beobachtete Verhältnis 46/100 statt 50/100. Diese Abweichung zwischen dem beobachteten und dem vorhergesagten Wert ist nicht ungewöhnlich, da nur 100 Versuche betrachtet wurden und keine Zahl, die der Unendlichkeit näher kommt. Betrachtet man nur Untergruppen der Daten, so können die Ergebnisse noch schiefer liegen – in der siebten Kolonne gibt es 80% „Zahlen", in der neunten dagegen 70% „Köpfe". Über kurze Strecken sind also große Schwankungen in der Häufigkeit

Tabelle 2-1. Die Verteilung von „Kopf" und „Zahl" bei 100 getrennten Münzwürfen[a]

Z	Z	Z	Z	Z	Z	K	Z	K	Z
Z	Z	K	K	Z	K	Z	K	Z	Z
Z	Z	K	Z	K	K	Z	K	Z	K
Z	K	Z	K	K	K	K	Z	K	Z
K	K	K	K	K	Z	Z	Z	K	Z
Z	K	K	Z	K	Z	Z	K	K	K
K	Z	K	Z	Z	K	Z	K	K	K
Z	Z	Z	K	Z	Z	Z	Z	Z	Z
K	K	Z	Z	Z	K	Z	Z	K	K
K	K	K	Z	Z	K	Z	Z	K	Z

[a] Z bedeutet, daß die Zahl nach oben zu liegen kam, und K den „Kopf" der Münze. Insgesamt gab es hier 46 „Köpfe" und 54 „Zahlen"

möglich. Diese Schwankungen ändern trotzdem nicht die Grenzfunktion von Gl. 2-1, und selbst nach einer Folge von sieben „Zahlen" ist die Wahrscheinlichkeit, einen „Kopf" zu erhalten, beim nächsten Wurf immer noch nur 50%.

II Abhängige und unabhängige Ereignisse

Die Beispiele für die Berechnungen der Wahrscheinlichkeit wurden bisher nach ihrer Klarheit ausgewählt. Andere Fälle sind jedoch in Wirklichkeit vorherrschender. Häufig muß man sich mit den Ergebnissen einer Serie von Proben (Versuchen) beschäftigen und versuchen, aus der Zusammensetzung der begrenzten Probenzahl auf die Natur der ganzen Population zu schließen.

Hat man es mit dem Fall mehrerer Proben zu tun, so ist es sehr wichtig, zwischen unabhängigen Ereignissen wie dem Werfen einer Münze, oder abhängigen Ereignissen zu unterscheiden. Bei einem abhängigen Versuch wird die Wahrscheinlichkeit des erfolgreichen Ausgangs durch die Ergebnisse vorheriger Versuche beeinflußt. Dies gilt nicht für einen unabhängigen Versuch. Um dies zu zeigen, betrachten wir eine Tüte mit 20 roten und fünf blauen Murmeln. Die Wahrscheinlichkeit, eine rote Murmel aus der Tüte zu ziehen, ist natürlich 20/(20 + 5) oder 80%. Wird vor dem zweiten Versuch die erste Murmel in die Tüte zurückgegeben und diese gut geschüttelt, so nennt man dies „Ziehen mit Zurücklegen". In einem solchen Fall sind die Versuche unabhängig und die Wahrscheinlichkeit für einen Erfolg ist bei jedem Versuch konstant. Gibt man dagegen die erste Murmel nicht in die Tüte zurück, so liegt ein „Ziehen ohne Zurücklegen" vor, und die Ereignisse werden voneinander abhängig. Die Wahrscheinlichkeit, bei einem zweiten Versuch eine rote Murmel aus der Tüte zu ziehen, ist dann nämlich 19/(19 + 5) = 79,2%, wenn eine rote Murmel gezogen wurde, aber 20/(20 + 4) = 83,3%, wenn zuerst eine blaue Murmel entnommen wurde.

Außerdem muß man zwischen solchen Ergebnissen unterscheiden, die sich gegenseitig ausschließen, und solchen, bei denen dies nicht der Fall ist. Das gängige Beispiel für ein sich gegenseitig ausschließendes Ergebnis ist das Ziehen einer Karte aus einem ganzen Kartenstoß. Die Karte kann nicht gleichzeitig eine sieben und eine acht sein, auch wenn man das Ziehen einer sieben oder einer acht als Erfolg ansieht. Solche Fälle zwingen zur Betrachtung einer Berechnungsmethode für die Wahrscheinlichkeit eines bestimmten Ereignisses bei mehrfachen Versuchen.

Beispiel 2-2: Stell dir vor, ein Würfel wird einmal geworfen, und das Ergebnis wird als Erfolg gewertet, wenn eine gerade Zahl auf der Oberseite erscheint. Die Wahrscheinlichkeit, eine zwei zu werfen, beträgt 1/(1 + 5) = 1/6. Ähnlich beträgt die Wahrscheinlichkeit, eine vier zu würfeln 1/6, und auch die Wahrscheinlichkeit für eine sechs ist 1/6. Die Ergebnisse schließen sich gegenseitig aus, aber jedes ist akzeptierbar. Dieses Problem wird mathematisch so ausgedrückt, daß man sagt, die Gesamtwahrscheinlichkeiten für einen Erfolg ist die Summe der einzelnen Wahrscheinlichkeiten für jeden sich ausschließenden erfolgreichen Ausgang, oder 1/6 + 1/6 + 1/6 = 1/2, das gleiche Ergebnis, wie oben.

Beispiel 2-3: Stell dir vor, das Problem in den Beispielen 2-1/-2 wird abgeändert, und anstatt nur eine gerade Zahl bei einem Wurf zu fordern, wollen wir jede gerade Zahl in einer Folge von drei Würfen (zuerst eine zwei, dann eine vier, dann eine sechs). Die Wahrscheinlichkeit, im ersten Wurf eine zwei zu haben, ist 1/6, die Wahrscheinlichkeit, beim zweiten Wurf eine vier zu erhalten, beträgt 1/6, und auch die Wahrscheinlichkeit, im dritten Wurf eine sechs zu haben, ist 1/6. Jede Wahrscheinlichkeit ist von den anderen unabhängig, und die Resultate schließen sich nicht gegenseitig aus. In einem Sechstel aller Fälle wird daher eine zwei erscheinen. Im Fall, daß eine zwei erscheint, folgt nur in einem Sechstel aller Würfe als nächstes eine vier. Die Wahrscheinlichkeit für eine zwei und eine folgende vier ist daher $1/6 \times 1/6 = 1/36$. Wenn wir jetzt noch eine sechs fordern, wird die Wahrscheinlichkeit $1/6 \times 1/6 \times 1/6 = 1/216$. Das gleiche Ergebnis erhält man in den Fällen, wo die gleichen Zahlen in anderer Folge erscheinen, oder wenn eine vorher gewählte Zahl dreimal hintereinander erscheinen soll.

Beispiel 2-4: Angenommen, die Bedingungen sind gleich wie im Beispiel 2-1/-2, aber du willst die Wahrscheinlichkeit dafür wissen, daß eine gerade Zahl fünfmal hintereinander gewürfelt wird. Aus der Erklärung in den Beispielen 2-1/-2 und 2-3 ist die Wahrscheinlichkeit, eine gerade Zahl zu werfen, 1/2. Somit ist die Wahrscheinlichkeit, hintereinander zwei gerade Zahlen zu werfen $1/2 \times 1/2 = 1/4$, die Wahrscheinlichkeit für drei aufeinanderfolgende gerade Zahlen ist $1/2 \times 1/2 \times 1/2 = 1/8$, und die Wahrscheinlichkeit für fünf aufeinanderfolgende gerade Zahlen beträgt $1/2 \times 1/2 \times 1/2 \times 1/2 \times 1/2 = 1/32$.

Zusammenfassend gilt, daß bei mehrstufigen Experimenten die Gesamtwahrscheinlichkeit das Produkt der Wahrscheinlichkeiten für einen erfolgreichen Ausgang bei jedem einzelnen Versuch ist. Schließen sich erfolgreiche Ergebnisse bei einem einzelnen Experiment gegenseitig aus, so ist die Wahrscheinlichkeit eines Erfolgs bei diesem einzelnen Versuch die Summe der Wahrscheinlichkeiten für jedes mögliche Ergebnis.

III Die Anwendung der Binomial-Verteilung auf die Wahrscheinlichkeitstheorie

A Permutation und Kombination

Bis zu diesem Punkt der Diskussion hatten die betrachteten Beispiele alle eine leicht zählbare Anzahl von Ergebnissen, so daß das Verhältnis $s/(s + f)$ einen schnell zu bestimmenden numerischen Wert annahm, und die Benutzung des Grenzwerts war nicht notwendig. Für die Art der Wahrscheinlichkeitsberechnungen in der Bakteriengenetik trifft diese Situation im allgemeinen nicht zu. Die Populationen der Zellen, Viren usw. sind so groß, daß exakte Berechnungen schwieriger werden, wenn nicht unmöglich. Dennoch kann man grob von einigen Arten von Wahrscheinlichkeiten sprechen, indem man das Konzept der Permutation und Kombination einführt.

Die Bezeichnungen Permutation und Kombination kennzeichnen Proben aus einer Population, die aus individuell identifizierbaren Mitgliedern zusammengesetzt ist. Enthält eine Tasche z.B. einen Satz von Murmeln, wovon jede durch eine Zahl einzeln gekennzeichnet ist, gibt es zwei verschiedene Konzepte, diese Population zu untersuchen. Man könnte damit beginnen, die Murmeln einzeln aus der Tasche zu nehmen und in einer Reihe anzuordnen. Stell dir vor, es wird zuerst eine Gruppe von fünf Murmeln aus der Tasche genommen, und ihre Positionen in der Reihe werden notiert. Legt man die Murmeln in die Tasche zurück und entnimmt dann wieder einzelne Murmeln, so ist klar, daß jede einzelne Murmel in verschiedener Folge entnommen werden kann. Die Zahlenfolge kann bei der ersten Probe 12345 lauten, in der zweiten Probe kann sie 54321 sein. Die Zusammensetzung beider Gruppen ist identisch, aber die Reihenfolge, mit der die einzelnen Mitglieder erhalten werden, ist verschieden. Beide Gruppen stellen Permutationen der gleichen Kombination von einzelnen Gegenständen dar.

Wird der Ausdruck **Permutation** benutzt, so gibt er nicht nur die Zusammensetzung einer Probe, sondern auch die Anordnung der einzelnen Komponenten an. Im Gegensatz dazu kennzeichnet der Ausdruck **Kombination** nur die Gesamtzusammensetzung einer Probe ohne Rücksicht auf eine innere Ordnung.

Ist die Gesamtgröße (N) einer zu untersuchenden Population bekannt, und ist die Größe der Proben (n) festgelegt, so läßt sich genau errechnen, wieviele Permutationen und Kombinationen existieren können. Die Zahl der Permutationen läßt sich berechnen nach der Formel

$$P_{N,n} = \frac{N!}{(N-n)!}$$

$$= \frac{N(N-1)(N-2)\ldots(N-n+1)(N-n)(N-n-1)\ldots(3)(2)(1)}{(N-n)(N-n-1)\ldots(3)(2)(1)}$$

$$= N(N-1)(N-2)\ldots(N-n+2)(N-n+1), \tag{2-2}$$

wobei das Zeichen ! Fakultät bedeutet. Die Fakultät einer Zahl ist das Produkt der genannten Zahl und jeder anderen kleineren Zahl bis hinunter zu einschließlich eins. 3! ist daher $3 \times 2 \times 1$. Die dritte Form der Gleichung, die zwar mühsamer zu schreiben aber besser zu rechnen ist, erhält man, indem man Zähler und Nenner durch den Term $(N-n)!$ dividiert. Die Zahl der möglichen Kombinationen (C) ist natürlich kleiner, als die der Permutationen und wird berechnet nach der Formel

$$C_{N,n} = \frac{N!}{n!\,(N-n)!} = \frac{N(N-1)(N-2)\ldots(N-n+2)(N-n+1)}{n!}\,. \tag{2-3}$$

Beispiel 2-5: Betrachte den Fall einer Tasche mit roten und blauen Murmeln, wovon jede eine nur einmal vorkommende Zahl trägt. Es gibt zehn rote und fünf blaue Murmeln, und es soll eine Probe von drei Murmeln zufällig herausgenommen werden. Die Zahl der verschiedenen Permutationen ist

$$P_{N,n} = P_{15,3} = \frac{15!}{12!} = 15 \times 14 \times 13 = 2\,730,$$

während die Zahl der verschiedenen Kombinationen nur

$$C_{N,n} = C_{15,3} = \frac{15!}{3!\;12!} = \frac{15 \times 14 \times 13}{3 \times 2 \times 1} = 455$$

beträgt.

Denke daran, daß eine Probe mit den Murmeln Nr. 15, 1 und 7 (in dieser Reihenfolge) eine andere Permutation von 7, 15 und 1 ist, aber die gleiche Kombination darstellt. In etwa 26% aller Fälle werden alle Murmeln rot sein ($10/15 \times 9/14 \times 8/13 = 0{,}264$), aber man kann auch dann noch die Murmeln anhand ihrer Zahlen unterscheiden.

B Die Binomial-Verteilung

Soll eine große Population untersucht werden, so läßt sich die Theorie weitgehend vereinfachen, wenn es wie oben nur zwei mögliche Ergebnisse, s und f, gibt. Jede Probe kann dann nach einer bestimmten Zahl von Erfolgen und Mißerfolgen in Kategorien eingeteilt werden. Bei der Tasche mit den roten und blauen Murmeln kann z.B. rot als Erfolg betrachtet werden. Hat man eine Probe mit nur einer roten und zwei blauen Murmeln entnommen, so wäre dies ein Erfolg und zwei Mißerfolge. Eine solche Verteilung repräsentiert wahrscheinlich die tatsächliche an roten und blauen Murmeln in der gesamten Population. Sind die Populationen jedoch sehr groß und die Probengröße relativ klein, so wird es wegen der zufälligen Schwankungen schwierig, die Verteilung aus einer einzigen Probe signifikant abzuschätzen. Um über die Gesamtpopulation mehr Information zu erhalten, wären weitere Proben notwendig. Ein Weg, das Verhältnis von roten und blauen Murmeln zu bestimmen, wäre, eine große Zahl von Proben zu nehmen, die Gesamtzahl aller roten und blauen Murmeln zu summieren und aus ihrem Verhältnis das Verhältnis in der größeren Population zu schätzen. Diese Methode kann sehr genau sein, wenn viele Proben entnommen werden, aber sie läßt einen Teil der Information aus der Probenentnahme ungenutzt. Ein besserer und ökonomischerer Weg, die Information aus den Proben auszuwerten, ist, nicht nur nach dem rot/blau Verhältnis in der Probe zu schauen, sondern auch nach der Häufigkeit, mit der eine Klasse von Proben erscheint. Die am häufigsten auftretende Probenklasse ist wahrscheinlich die, die die Gesamtpopulation repräsentiert.

Zur Entwicklung eines mathematischen Wegs für die geschilderte Methode ist es nötig, das Problem umzukehren. Stell dir vor, die Population der Murmeln in der Tasche hat einen bekannten Anteil an roten Murmeln (a) und einen bestimmten Anteil an blauen Murmeln (b). Die Anteile werden aus der Gl. 2-1 bestimmt (z.B. a = Zahl der roten Murmeln/Zahl der roten + blauen Murmeln). Dann ist natürlich $a + b = 1$, da keine anderen Murmelfarben möglich sind. Außerdem setzen wir voraus, daß die Anzahl der Murmeln so groß ist, daß die Entnahme einiger Proben a oder b nicht verändert. Wird dann wie oben eine Probe von fünf Murmeln entnommen, so ist die Wahrscheinlichkeit, die bestimmte Anordnung aus vier roten und einer blauen Murmel zu erhalten, $a \times a \times a \times a \times b$ oder $a^4 b$, da die Ergebnisse sich nicht gegenseitig ausschließen. Die Wahrscheinlichkeit für andere Anordnungen lassen sich ähnlich berechnen. Die Wahrscheinlichkeit für eine Probe aus zwei roten und drei blauen Murmeln wäre $a^2 b^3$. Dennoch sind diese Wahrscheinlichkeiten nur für diese bestimmte Permutation an Murmeln gültig, während wir eigentlich an der Wahrscheinlichkeit bestimmter Kombinationen interessiert sind.

Der Ausdruck läßt sich so korrigieren, daß er die Zahl der möglichen Kombinationen wiedergibt, indem man beachtet, daß die Wahrscheinlichkeit für eine bestimmte Probe mit der Größe n immer gleich ist $a^r b^{(n-r)}$, wobei r die Anzahl der Erfolge in der Probe ist. Die Gl. 2-3 zeigt aber, daß die Zahl der Kombinationen von N Dingen, wovon auf einmal n entnommen wurden, gleich $C_{N,n}$ ist. Die tatsächliche Wahrscheinlichkeit für eine Probe mit einer bestimmten Anzahl an Erfolgen (r) ist daher $C_{N,n}\left[a^r b^{(n-r)}\right]$, wobei r Werte zwischen 0 und n annehmen kann. Der Ausdruck $C_{N,n}\left[a^r b^{(n-r)}\right]$ ist aber nur ein Ausdruck des allgemeinen Binoms $(a + b)^n$, daher ist die gesamte Wahrscheinlichkeit für alle möglichen Proben $(a + b)^n$, oder die Binomial-Verteilung.

Die Binomial-Verteilung stellt damit den mathematisch exakten Weg dar, die Wahrscheinlichkeiten verschiedener Probentypen aus einer gegebenen Population zu erhalten. Proben, die so verteilt sind, daß sie durch die Binomial-Verteilung beschrieben werden können, heißen binomial verteilt. Die Binomial-Verteilung bietet einige wichtige Vorteile. Die mittlere (durchschnittliche) Menge an Erfolgen, die man in einer Serie von Versuchen erhält, ist bei einer bestimmten Population

$$m = np, \tag{2-4}$$

wobei p die Wahrscheinlichkeit für einen Erfolg in einem einzigen Versuch (Entnahme eines einzigen Gegenstands) und n die Zahl der vorgenommenen Versuche ist. Der Ausdruck m wird manchmal auch als Erwartungswert bezeichnet, da mp die erwartete Zahl der Erfolge in einer Probe mit der Größe n angibt. Zufallsschwankungen führen jedoch zu tatsächlichen Proben mit schwankenden Erfolgsanteilen, die um den Mittelwert der Erfolgsmenge in der Gesamtpopulation verteilt sind. Der Grad der Streuung der Zahl der Erfolge in Proben aus der gleichen Population wird normalerweise als Standard-Abweichung (σ) ausgedrückt. Je kleiner der numerische Wert für σ, desto homogener sind die Proben. Für die Binomial-Verteilung läßt sich die Standardabweichung leicht berechnen nach

$$\sigma = \sqrt{npq}, \tag{2-5}$$

wobei n und p wie in Gl. 2-4 definiert sind, und $q = 1 - p$ die Wahrscheinlichkeit eines Mißerfolgs in einem einzelnen Versuch angibt.

IV Die Poisson-Verteilung

Obwohl die Binomial-Verteilung mathematisch präzise ist, ist sie in der Anwendung mühsam. Daher wurden viele Methoden entwickelt, die ihr unter bestimmten Bedingungen nahe kommen. Zwei davon sind die **Normalverteilung** und die **Poisson-Verteilung**. Die Normalverteilung ist jedem Studenten als sogenannte „Glockenkurve" vertraut, die oft benutzt wird, um Noten in Klassen einzuordnen. Obwohl sie weitverbreitet ist, ist sie für die Bakteriengenetik häufig nicht so geeignet wie die Poisson-Verteilung, da die Funktion dann am besten zutrifft, wenn der Wert für p nahe 0,5 liegt, und die Bakteriengenetik nur selten Vorgänge untersucht, die so häufig sind. Die Annäherung von Simeon D. Poisson für die Binomial-Verteilung wurde dagegen speziell für sehr seltene Vorgänge entwickelt, für Fälle, wo p weit unter 0,5 liegt. Dabei werden für m Grenzen eingeführt, wie es in Gl. 2-4 definiert ist.

Ist n sehr groß und p sehr klein, so wird m eine kleine Zahl zwischen 0,1 und 5. Unter diesen Bedingungen wird die Wahrscheinlichkeit für genau r Erfolge in einer Probe von der Größe n

$$P = \frac{e^{-m} m^r}{r!}. \tag{2-6}$$

Die Zahl e ist eine irrationale transzendentale Zahl, gewählt aus philosophischen Gründen, die uns hier nicht zu interessieren brauchen, die die Basis des natürlichen Systems der Logarithmen darstellt. Ihr Wert ist 2,7182828. . . . Die Logarithmen, die auf diesem

Tabelle 2-2. Werte von e^{-m} zur Verwendung in Gl. 2-6[a]

m	e^{-m}	m	e^{-m}	m	e^{-m}	m	e^{-m}	m	e^{-m}
0,1	0,905	0,8	0,449	1,5	0,233	2,4	0,091	3,8	0,022
0,2	0,819	0,9	0,407	1,6	0,202	2,6	0,074	4,0	0,018
0,3	0,741	1,0	0,368	1,7	0,183	2,8	0,061	4,2	0,015
0,4	0,670	1,1	0,333	1,8	0,165	3,0	0,050	4,4	0,012
0,5	0,607	1,2	0,301	1,9	0,150	3,2	0,041	4,6	0,010
0,6	0,549	1,3	0,273	2,0	0,135	3,4	0,033	4,8	0,008
0,7	0,497	1,4	0,247	2,2	0,111	3,6	0,027	5,0	0,007

[a] Genauere Werte findet man in Standardwerken wie dem Handbook of Chemistry and Physics veröffentlicht von der Chemical Rubber Publishing Company

System basieren, werden normalerweise mit ln abgekürzt, um sie von Logarithmen zu unterscheiden, die auf der Zahl 10 basieren und log abgekürzt werden. Einige ausgewählte Werte für e^{-m} sind in Tabelle 2-2 angegeben. Zusätzlich zu den Vorteilen der Binomial-Verteilung ist die Poisson-Näherung darin einmalig, daß die Standardabweichung gleich der Wurzel aus dem Mittelwert ist, da, wenn p sehr klein wird, q den Wert 1 erreicht. $\sqrt{npq}$ kann daher für kleine Werte von p als $\sqrt{np}$ angenähert beschrieben werden, und nach Gl. 2-4 ist dies das gleiche wie $\sqrt{m}$.

Die Poisson-Näherung ist für Bakteriengenetiker besonders vorteilhaft, da es der Forscher in den meisten Fällen mit einer sehr großen Population von Organismen zu tun hat und mit den Mitteln der Selektion nach einem seltenen Vorgang sucht.

Die Auswertung eines Experiments kann durch etwas mathematische Analyse sehr erleichtert werden.

Beispiel 2-5: Ein Forscher will die Nachkommen einer einzigen phageninfizierten Zelle untersuchen, wozu er 10^8 Bakterien mit 10^6 Phagenpartikeln infiziert. Entnimmt er 100 Bakterien aus der Kultur, wie groß ist dann die Wahrscheinlichkeit, daß die Probe keine infizierte Zelle enthält? Eine infizierte Zelle? Zwei infizierte Zellen? Drei oder mehr infizierte Zellen?

Alles, was man für die Anwendung der Gl. 2-6 braucht, ist das Wissen von m und r. Durch Gl. 2-4 ist $m = np$, und aus der Problemstellung wissen wir, daß $n = 100$ Bakterien und $p = 10^6/10^8 = 0{,}01$ Phagen/Bakterium sind. Daher gilt $m = 1$ Phagenpartikel pro Probe. Die Menge des Erfolgs ist durch r repräsentiert, und nach der Problemstellung sehen wir eine phageninfizierte Zelle als Erfolg an. Dann ist r gleich 0, 1, 2, 3 oder mehr. Benutzt man die Formel für den Fall $r = 0$, dann finden wir

$$P = \frac{e^{-m} m^r}{r!} = \frac{e^{-1} \times 1^0}{0!},$$

was nicht schwierig auszurechnen ist, wenn man den Wert von 0! bestimmen kann. Nach der Konvention sind sowohl 1! als auch 0! gleich 1. Da jede Zahl mit dem Exponenten 0 gleich 1 ist, gilt für $r = 0$ $P = e^{-1} = 0{,}367$, wenn man den Wert für e^{-m} benutzt, der in der Tabelle 2-2 angegeben ist. Aus ähnlichen Gründen gilt für $r = 1$

$$P = \frac{e^{-1} \times 1^1}{1!} = e^{-1} = 0{,}367,$$

und für $r = 2$

$$P = \frac{e^{-1} \times 1^2}{2!} = \frac{e^{-1}}{2} = 0{,}184.$$

Jede der bisher berechneten Wahrscheinlichkeiten gibt die Wahrscheinlichkeit für eine exakte Zahl phageninfizierter Zellen (Erfolge) pro Probe an. Der letzte Teil des Problems fragt aber nach dem Fall von drei oder mehr phageninfizierten Zellen. Bei fast all solchen Fragen findet man die Antwort am besten dadurch, daß man die Wahrscheinlichkeiten für all die ausgeschlossenen Möglichkeiten berechnet und diese von eins subtrahiert. Für unseren speziellen Fall von drei oder mehr infizierten Zellen ist die Wahrscheinlichkeit gleich $1 - P_0 - P_1 - P_2 = 1 - 0{,}367 - 0{,}367 - 0{,}184 = 0{,}082$.

In 73,4% aller Fälle kann der Forscher daher erwarten, entweder keine oder eine phageninfizierte Zelle in seiner Probe zu finden. Ist dies nicht häufig genug (wenn es z.B. in zu vielen Fällen mehrfach infizierte Zellen gibt), so können durch Änderung von n oder p die Wahrscheinlichkeiten an das Experiment angepaßt werden. Werden z.B. nur 50 Bakterien pro Probe entnommen, ist $m = np = 50 \times 0{,}01 = 0{,}5$. Dann gilt

$$P_0 = \frac{e^{-0{,}5} \times 0{,}5^0}{0!} = 0{,}607$$

und

$$P_1 = \frac{e^{-0{,}5} \times 0{,}5^1}{1!} = 0{,}303,$$

und der Forscher hat entweder null oder genau eine phageninfizierte Zelle in 91% aller Fälle.

Wenn die Probengröße 100 ist, sind die Wahrscheinlichkeiten für $r = 0$ und den Fall $r = 1$ gleich, aber das gilt nicht für die Probengröße 50. Dies zeigt den Weg auf, wie die Poisson-Verteilung für kleine Werte von m abgeschrägt wird. Abbildung 2-1 zeigt die Poisson-Verteilung für verschiedene Werte von m. Nur wenn $m = 5$, wird die Vertei-

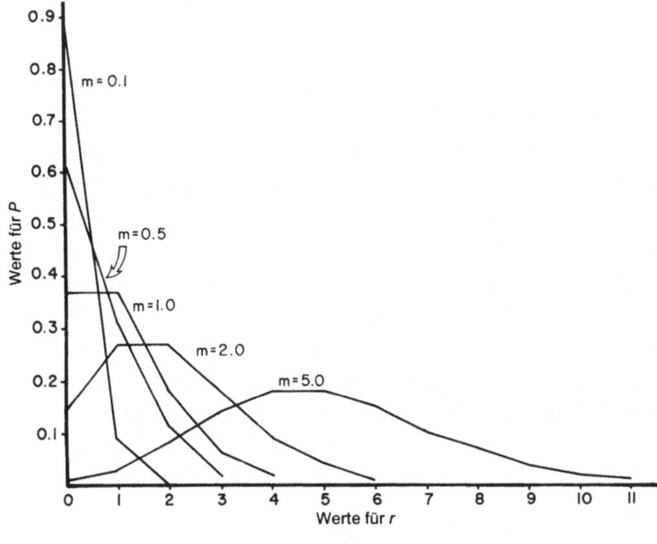

Abb. 2-1. Die Poisson-Verteilung. Die Werte für P wurden mit Hilfe der Gl. 2-6 für ausgewählte Werte von m berechnet

lung symmetrisch. Wird m kleiner, so dominiert natürlich der Null-Erfolg, und die Breite der Kurve nimmt ab, da die Standardabweichung $\sqrt{m}$ ist. Erreicht m den Wert 0,1, so gibt es in 90,5% aller Fälle Null-Erfolge.

Das Problem, aus der Zusammensetzung und der Häufigkeit verschiedener Proben auf Verteilungen innerhalb der größeren Population zu schließen, wurde schon erwähnt. Diese Art der Analyse kann leicht mit der Gl. 2-6 durchgeführt werden.

Beispiel 2-6: Der gleiche Phagenforscher, der im Beispiel 2-5 am Werk war, hat eine Serie von Proben aus einer Kultur entnommen. Bei der Untersuchung der Proben hatten 74,1% davon keine phageninfizierte Zelle. Wie groß ist die durchschnittliche Zahl phageninfizierter Zellen in der Kultur?

In diesem Fall muß Gl. 2-6 nach m aufgelöst werden. Obwohl dies für jeden Wert von r getan werden kann, sind die häufigsten Werte $r = 0$ oder $r = 1$. Beginnt man mit $P = e^{-m} m^r / r!$ und substituiert man $r = 0$, so haben wir $P = e^{-m} \times 1/1$ oder $P = e^{-m}$ oder $-m = \ln P$. P ist aber 0,741 und $\ln P$ somit $-0{,}3 = -m$ und damit $m = 0{,}3$. Im Durchschnitt gibt es daher 3/10 infizierte Zellen pro Probe, oder anders gesagt, man findet drei infizierte Zellen in zehn Proben. Ist m einmal bekannt, so kann natürlich n oder p mit Hilfe der Gl. 2-4 errechnet werden, vorausgesetzt, der jeweils andere Wert ist bekannt.

Gelegentlich wird die Poisson-Näherung auch dazu benutzt, abzusichern, daß eine Serie von Proben tatsächlich eine Zufallsverteilung der Erfolge in einer ganzen Population darstellt. Diese Art von Analyse wird in 4.III.B in Zusammenhang mit einigen Versuchen von Benzer besprochen.

V Zusammenfassung

Die Wahrscheinlichkeit gibt an, wie häufig ein bestimmtes Ereignis eintreten wird. Für den Fall, daß nur zwei Resultate möglich sind, Erfolg und Mißerfolg, kann die Wahrscheinlichkeit grob definiert werden als

$$\lim_{z \to \infty} \frac{s}{s + f},$$

wobei z die Gesamtzahl der Versuche, s die Zahl der verschiedenen Erfolge und f die Zahl der Möglichkeiten eines Mißerfolgs sind.

Die Ausdrücke Permutation und Kombination kennzeichnen Proben, die mehr als ein Ding enthalten. Betrachtet man die Anordnung der einzelnen Dinge in einer Probe, dann stellt sie sich als bestimmte Permutation dar. Ist die Anordnung der Probenteile unwichtig, ist die Probe von einer bestimmten Kombination. Die Zahl der möglichen Permutationen ist $P_{N,n} = N!/(N - n)!$, die Zahl der möglichen Kombinationen dagegen $C_{N,n} = N!/n!(N - n)!$, wobei N die Zahl der Teile in der Population und n die Zahl der Teile in der Probe sind.

Die Häufigkeitsverteilung aller möglichen Kombinationen von Erfolg und Mißerfolg in Proben bestimmter Größe ist durch das Binom $(a + b)^n$ gegeben, wobei a der Anteil der Erfolge in der Gesamtpopulation, b der Anteil der Mißerfolge und n die Probengröße sind. Da diese Menge etwas schwierig auszuarbeiten ist, wird im allgemeinen eine Annäherung benutzt.

Die nützlichste Näherungsmethode für die Bakteriengenetik ist die von Poisson, die $P = (e^{-m}m^r)/r!$ lautet, wobei r die Anzahl der Erfolge in der Probe, e die Basis der natürlichen Logarithmen und $m = np$ sind. Die wichtigsten Voraussetzungen für diese Näherung sind, daß n, die Probengröße, sehr groß ist, während p, der Anteil der Erfolge in der Population, sehr klein sein muß, so daß m, die Erwartung, eine kleine Zahl bleibt.

VI Aufgaben

Zu den ungeradzahligen Aufgaben finden sich die Antworten am Ende dieses Abschnitts.

1. Eine Katze geht in fünf Fällen einmal in den Schrank, wenn die Tür offen steht. Wenn du in einem von vier Fällen vergißt, die Schranktür zu schließen, wie groß ist dann die Wahrscheinlichkeit, daß die Katze im Schrank eingeschlossen wird?

2. Ein Kinderspielzeug besteht aus einem Kegel, auf den sich fünf Ringe verschiedener Durchmesser aufstecken lassen. Es besteht nur eine Möglichkeit, die Ringe so auf den Kegel zu stecken, daß alle gleichzeitig passen. Wie hoch ist die Wahrscheinlichkeit für die richtige Anordnung der Ringe, wenn das Kind die Ringe nach dem Zufallsprinzip auswählt?

3. Bei einer vereinfachten Form des Roulettes gibt es auf einem Rad 36 Zahlen. Ein Auswahlmechanismus zieht nach dem Zufallsprinzip pro Versuch eine Zahl. Wenn du für jeden Versuch einen Dollar zahlen, aber 30 Dollar gewinnen willst, wenn die Zahl auf die von dir gesetzte fällt, wie groß ist dann der erwartete Dollar-Verlust pro Versuch? Wie oft erwartest du spielen zu können, wenn du mit genau 60 Dollar Einsatz anfängst?

4. Du hast ein Röhrchen mit 20 Bakterienzellen und setzst 2 Phagenpartikel zu. Wie hoch ist dann die Wahrscheinlichkeit, daß eine bestimmte daraus entnommene Bakterienzelle von einem Phagen infiziert ist? Wie hoch ist die Wahrscheinlichkeit, daß die entnommene Zelle gleichzeitig von beiden Phagen infiziert ist? Vorausgesetzt, die entnommene Zelle ist phageninfiziert, wie hoch ist die Wahrscheinlichkeit, daß sie von beiden Phagen infiziert wurde?

5. Wie groß ist die Wahrscheinlichkeit, bei einem normalen Kartenspiel ein Ass oder einen König zu ziehen? Wie groß ist die Wahrscheinlichkeit, beim Ziehen von zwei Karten einen König und ein Ass zu haben (unter der Annahme, daß die zuerst gezogene Karte wieder in den Stapel zurückgelegt wird)? Wie hoch ist die Wahrscheinlichkeit, beim Ziehen von zwei Karten zuerst einen König und dann ein Ass zu ziehen (vorausgesetzt, die erste Karte wird nicht zurückgelegt)? Wie groß ist die Wahrscheinlichkeit, zwei Karten zu ziehen (wobei keine zurückgelegt wird) und zwei Könige zu erhalten?

6. Ein Freund hat eine Zuckertüte mit 30 Bonbons, die du magst, und 10 Bonbons, die du nicht magst. Wie groß ist die Wahrscheinlichkeit, daß dir die ersten beiden, die du nimmst, schmecken? Wie groß ist die Wahrscheinlichkeit, daß dir das erste Bonbon schmeckt? Wenn du vier Bonbons nimmst, von wievielen erwartest du dann, daß du sie mögen wirst?

7. Durch eine plötzliche Verwässerung sind alle Bezeichnungen einer Kultursammlung weggewaschen. Du hast einen Ständer mit 20 Bakterienstämmen, und du weißt, daß zehn davon Donor- und zehn Rezipientenstämme sind. Du willst einen Versuch durchführen, bei dem ein Donor mit einem Rezipienten gemischt werden muß. Wie

groß ist die Wahrscheinlichkeit, daß der erste Stamm, den du nimmst, ein Donor ist? Wie hoch ist die Wahrscheinlichkeit, daß du zuerst einen Donor und dann einen Rezipienten nimmst? Wie hoch ist die Wahrscheinlichkeit, daß zwei zufällig ausgewählte Stämme ein Donor und ein Rezipient sind?

8. Stell dir vor, in einem bestimmten Bakterienstamm treten alle Mutationen mit einer Frequenz von 10^{-6} auf, und es gibt drei getrennte mutierbare Stellen auf dem Bakteriengenom, die zum gleichen Phänotyp führen. Wie groß ist die Wahrscheinlichkeit, einen mutanten Phänotyp zu erhalten? Wenn du ein Bakterium brauchst, das zugleich den oben beschriebenen Charakter hat und noch ein anderes phänotypisches Merkmal, wie hoch ist die Wahrscheinlichkeit, dies zu beobachten?

9. Wenn du 15 Billiardkugeln hast und versuchst, sie in 5er-Gruppen anzuordnen wieviele verschiedene Permutationen gibt es dann? Wie viele verschiedene Kombinationen?

10. Die gleiche Verwässerung wie in Aufgabe sieben hat dir auch die Beschriftung von sechs Flaschen weggewaschen. Drei dieser Flaschen sind für einen bestimmten Enzymtest notwendig. Wie viele verschiedene Kombinationen von drei Flaschen lassen sich aus den sechs unbeschrifteten Flaschen machen? Wie hoch ist die Wahrscheinlichkeit, für deinen Enzymtest genau die drei richtigen auszusuchen? Angenommen, der Enzymtest erfordert die Zugabe der Reagentien in einer bestimmten Reihenfolge, und angenommen, du hast dir die drei richtigen Flaschen ausgesucht, wie groß ist die Wahrscheinlichkeit, daß du die Reagentien in der richtigen Reihenfolge zugibst? Wie hoch ist die Wahrscheinlichkeit, daß du die drei richtigen Flaschen aussuchst und die Reagentien in der richtigen Reihenfolge zugibst?

11. Ein etwas exzentrischer modischer Professor verfügt über eine Sammlung von 200 Hemden. Unglücklicherweise sind davon 20 verschmutzt, aber er ist zu verwirrt, dies zu bemerken. Unter der Annahme, daß er sein Hemd morgens zufällig aussucht und es jeden Abend in den Schrank zurückhängt, wie hoch ist die Wahrscheinlichkeit, daß der Professor an einem gegebenen Tag ein verschmutztes Hemd trägt? Wie hoch ist die Wahrscheinlichkeit, daß er genau an einem von fünf Tagen ein beschmutztes Hemd trägt? Wie groß ist die Wahrscheinlichkeit, daß er zwei oder mehr verschmutzte Hemden in fünf Tagen trägt.

12. Ein masochistischer Zweiradfahrer unternimmt einen „Ritt" durch die Wüste. Wenn die Wahrscheinlichkeit für einen Dorn in einem Reifen 0,1 auf 100 m beträgt, die er zurücklegt, wie hoch ist dann die Wahrscheinlichkeit für eine Reise ohne Panne von 100 m? Von 500 m? von 1000 m?

13. Eine Bakterienkultur wurde versehentlich in so einem Ausmaß mit einer anderen Kultur kontaminiert, daß von 10^8 aus der Kultur entnommenen Zellen 10^7 kontaminierende Bakterien sind. Wird die Kultur zur Aufreinigung auf einer Agarplatte ausgestrichen, wie groß ist dann die Wahrscheinlichkeit, daß die erste beobachtete und getestete Kolonie die Verunreinigung statt der richtigen Bakterienzelle ist? Wie groß ist die Wahrscheinlichkeit, daß eine Probe von 10 Kolonien keine kontaminierende enthält? Wie hoch ist die Wahrscheinlichkeit, zumindest eine kontaminierende Kolonie unter 10 zu haben?

14. Wenn du annimmst, daß ein genetischer Austausch einmal bei 10^5 getesteten Zellen beobachtet wird, wie viele Zellen sollten als Probe genommen werden, um eine Wahrscheinlichkeit für einen genetischen Austausch von 50% in der Probe zu haben? Du willst außerdem die Häufigkeit mehrfacher Austausche (zwei oder mehr) pro Probe auf unter 10% einschränken. Wie groß solltest du die Probe wählen?

15. In dem in Aufgabe 14 beschriebenen Experiment beobachtest du bei einer Probengröße von 10^5 Zellen, daß 67% der Proben keinen genetischen Austausch zeigen. Berechne daraus nochmals die Erwartung für einen genetischen Austausch.

16. Kulturproben aus 10^8 Zellen werden daraufhin getestet, ob sie Zellen mit einer bestimmten Mutation beinhalten. Es wird beobachtet, daß 5% der Proben keine mutanten Zellen haben. Wie hoch ist im Durchschnitt die Zahl mutanter Zellen pro Probe? Wie hoch ist die Frequenz, mit der die mutierten Zellen in der Kultur auftreten?

17. Eine Bakterienkultur wird im Verhältnis von 20 Bakterien pro Phagenpartikel mit einem Phagen infiziert, und es werden Proben von 100 Bakterien entnommen. Wie viele phageninfizierte Zellen sind in der Probe zu erwarten? Wie hoch ist die Wahrscheinlichkeit, keine phageninfizierte Zelle in der Probe zu haben? Wie groß sollte die Probengröße angepaßt werden, damit die Wahrscheinlichkeit nicht infizierter Zellen 5% wird?

18. Aus einer Bakterienkultur wurde eine Probenserie entnommen und beobachtet, daß 67% der Proben keine mutierten Zellen enthalten, und 27% genau eine Mutante. Welchen Prozentsatz an Proben würdest du erwarten, die zwei mutante Zellen enthalten? Drei Mutanten? Mindestens vier mutante Zellen?

Antworten zu den ungeradzahligen Aufgaben

1. $\frac{1}{5} \times \frac{1}{4} = \frac{1}{20} = 0{,}05$

3. $\$\frac{1}{6}$; 360 mal

5. $\frac{4}{52} + \frac{4}{52} = \frac{2}{13} = 0{,}154$, $2(\frac{4}{52} \times \frac{4}{52}) = \frac{2}{169} = 0{,}012$; $\frac{4}{52} \times \frac{4}{51} = \frac{4}{663} = 0{,}0060$;

$\frac{4}{52} \times \frac{3}{51} = \frac{1}{221} = 0{,}0045$

7. $\frac{10}{20} = 0{,}5$; $\frac{10}{20} \times \frac{10}{19} = \frac{5}{19} = 0{,}263$; $2(\frac{10}{20} \times \frac{10}{19}) = \frac{10}{19} = 0{,}526$

9. $P_{15,5} = \frac{15!}{10!} = 15 \times 14 \times 13 \times 12 \times 11 = 360.360$;

$C_{15,5} = \frac{15!}{5!10!} = \frac{360.360}{5 \times 4 \times 3 \times 2 \times 1} = 3003$

11. $\frac{20}{200} = 0{,}1$; $P_{5,0} = \frac{e^{-0,5} \times 0{,}5^0}{0!} = e^{-0,5} = 0{,}607$;

$P_{5,1} = \frac{e^{-0,5} \times 0{,}5^1}{1!} = 0{,}308$; $1 - 0{,}617 - 0{,}308 = 0{,}075$

13. $\frac{10^7}{10^8} = 0{,}1$; $P_{10,0} = \frac{e^{-1} \times 1^0}{0!} = 0{,}368$; $1 - 0{,}368 = 0{,}632$

15. $0{,}67 = \frac{e^{-m} m^0}{0!}$ oder $e^{-m} = 0{,}67$; und $m = 0{,}40$;

oder 4 genetische Austausche/10^6 Zellen

17. $\frac{1}{20} \times 100 = 5$; $P_{100,0} = \frac{e^{-5} \times 5^0}{0!} = e^{-5} = 0{,}007$; $0{,}05 = e^{-m}$;

so ist $m = 3 = np$ und $n = \frac{3}{p} = \frac{3}{0{,}05} = 60$ Zellen/Probe

Kapitel 3
Mutationen und Mutagenese

Die erste Aufgabe, die sich den frühen Bakteriengenetikern stellte, war der Nachweis, daß auch Bakterien vererbbare Merkmale besitzen. Die früheste Annahme war die, daß Bakterien und andere Mikroorganismen zu klein seien, um irgendwelche phänotypischen Merkmale zu haben, die man untersuchen könnte. Dieses Konzept wurde durch die Arbeit von Beadle und Tatum verworfen, die zeigten, daß biochemische Reaktionen als phänotypische Merkmale genutzt werden können, und die die berühmte „Ein-Gen-ein-Enzym"-Hypothese erstellten. Dennoch gab es noch Unsicherheit um die Existenz einer Bakteriengenetik. Viele Forscher nahmen an, daß die Lamarck'sche Hypothese von der Vererbbarkeit erworbener Merkmale für Bakterien gültig sei, obwohl sie für höhere Eukaryonten schon widerlegt war. Es war daher die erste Aufgabe für die entstehende Wissenschaft der Bakteriengenetik zu beweisen, daß die gleichen Prozesse der Mutation, die für Eukaryonten schon nachgewiesen waren, auch in Prokaryonten vorkommen.

I Bakterielle Variation

A Der Fluktuationstest

Die Kontroverse konzentrierte sich auf Experimente, die den Erwerb der Resistenz gegen irgendeine Art von Agens betrafen, sei es Bakteriophage oder ein Antibiotikum wie Streptomycin. Über die grundlegenden Beobachtungen war man sich einig. Alle stimmten darin überein, daß bei Bakterien, die auf der Oberfläche einer Agarplatte mit einem selektiven Agens behandelt werden, die große Mehrzahl der Zellen abstirbt und einige resistente Kolonien wachsen. Die Nachkommen dieser resistenten Kolonien waren ebenfalls resistent, was bedeutet, daß die Veränderung stabil und vererbbar war (d.h. genetisch).

Die theoretische Interpretation dieser Ergebnisse war jedoch strittig. Die Lamarckisten bestanden darauf, daß jede Zelle in der Kultur eine kleine, aber endliche Wahrscheinlichkeit besäße, die Selektionsbehandlung zu überleben. Hatte eine Zelle überlebt, so wurde das erworbene Merkmal der Resistenz an alle nachfolgenden Mitglieder des Klons weitergegeben.

Die Gegentheorie war die der präexistierenden Mutationen. Bestimmte Bakterien in einer Kultur waren natürlicherweise resistent gegen das Selektionsmittel, weil sie schon zuvor eine Veränderung in ihrem genetischen Material besaßen (eine Mutation), die in Abwesenheit des Selektionsmittels aufgetreten war. Die Behandlung mit dem selektiven Agens hat die Veränderung nicht verursacht, sondern nur aufgezeigt, da alle sensitiven Zellen eliminiert wurden.

Luria und Delbrück entwickelten zur Lösung des Problems eine sehr elegante theoretische und experimentelle Analyse. Sie arbeiteten ein experimentelles System aus, das als **Fluktuationstest** bekannt ist und nicht nur zur Lösung der Mutationsfrage beitrug, sondern auch heute noch gelegentlich Anwendung findet. Das Grundprotokoll war sehr einfach. Eine kleine Zahl Zellen aus ein und derselben Kultur wurde in eine große Zahl von Röhrchen mit sterilem Medium übertragen, normalerweise zwischen 10 und 100. Die Röhrchen wurden solange inkubiert, bis die Zellen die stationäre Wachstumsphase erreicht hatten. Darauf wurden entweder Aliquots oder der gesamte Inhalt der Röhrchen Selektionsbedingungen ausgesetzt, indem man sie auf Agarplatten brachte, die zuvor mit dem Phagen T1 gesättigt worden waren, und die Zahl der resistenten Kolonien wurde bestimmt. Die Interpretation dieser Daten ist klar. Induziert die selektive Behandlung eine Veränderung in den Zellen (erworbene Immunität), so sollte es keinen Unterschied geben, wenn das Selektionsmittel auf zehn Proben einer Kultur oder auf eine Probe aus zehn Kulturen angewandt wird. In beiden Fällen ist die Zahl der behandelten Zellen etwa gleich, und es wäre daher die gleiche Zahl resistenter Kolonien zu erwarten. Repräsentieren die resistenten Kolonien andererseits die Zahl schon vorher existierender Mutationen in der Kultur, so sollten zehn Proben aus der gleichen Kultur sich ähnlich verhalten, während Proben aus verschiedenen Kulturen sich weniger gleichen sollten, da einige Kulturen früh aufgetretene Mutationen haben und damit eine größere Zahl an Nachkommenzellen entstehen lassen sollten als andere.

Der Weg, den Unterschied quantitativ zu erfassen, ist, die Varianz der Population zu messen, die das Quadrat der Standardabweichung ist (2.III.B).

Tabelle 3-1. Ergebnisse eines typischen Fluktuationstests

	Anzahl resistenter Bakterien[a]	
	Aus dem gleichen Röhrchen	Aus verschiedenen Röhrchen
	46	30
	56	10
	52	40
	48	45
	65	183
	44	12
	49	173
	51	23
	56	57
	47	51
Mittlere	51,4	62
Varianz	27	3 498

[a] Die Werte in den beiden Spalten geben die Zahl T1 resistenter Bakterien pro 0,05 ml Probe an. Das Gesamtvolumen der einzelnen Kulturen betrug 10 ml. Daten nach dem Experiment 11 von Luria und Delbrück (1943)

Tabelle 3-1 zeigt den Typ von Daten, den Luria und Delbrück erhielten. Es ist leicht erkennbar, daß es einen dramatischen Unterschied zwischen den Varianzen der zwei Probenpopulationen gibt, was die Theorie der präexistierenden Mutationen stark unterstützt. Bemerkenswert ist die Tatsache, daß es bestimmte „Jackpot"-Röhrchen gibt, Röhrchen, deren Proben wesentlich mehr resistente Zellen enthielten als der Durchschnitt. Diese Röhrchen sind für den Prozeß der Sib-Selektion wichtig, die in Abschn. D besprochen wird.

B Das Verstreichen

Eine direktere Methode, um die gleiche Art von Ergebnissen aufzuzeigen, wie sie von Luria und Delbrück erhalten wurden, wurde von Newcombe entwickelt. Das Grundexperiment bestand daraus, auf einigen Agarplatten einen gleichmäßigen Bakterienrasen zu plattieren. Nach verschiedenen Inkubationszeiten wurden die Platten mit einem virulenten Phagen besprüht, worauf sich resistente Kolonien entwickeln konnten. Vor dem Auftrag der Phagen hatte man jedoch auf einigen Platten die Bakterien auf einer Hälfte der Oberfläche mit einem Glasstab verteilt. Wäre die Phagenresistenz durch erworbene Immunität verursacht, so sollte das Verteilen keinen Effekt haben. Gäbe es andererseits präexistierende Mutationen, so sollte jede der präexistierenden Mutationen einen Zellklon ergeben, der durch Verstreichen verteilt würde. Daher wäre zu erwarten, daß die verstrichene Hälfte der Platte mehr resistente Kolonien hätte als die nicht verstrichene. Die tatsächlichen Ergebnisse stimmten voll mit dieser Erwartung überein. Ein Satz von sechs Platten hatte z.B. 28 Kolonien auf der unverstrichenen Hälfte, aber 353 auf der verstrichenen.

C Die Replikaplattierung

Ein ganz anderer Typ von Experimenten, der von den Lederbergs vorgestellt wurde, trug ebenfalls zum Nachweis der präexistierenden Mutationen bei und brachte der Bakteriengenetik eine wertvolle neue Technik. Diese Technik wird als **Replikaplattierung** bezeichnet und ist eine Art Druckvorgang (Abb. 3-1). Ein Stück sterilen Samts wird so über einen Zylinder gelegt, daß die haarige Seite nach oben liegt. Ein Band hält den Samt am Zylinder fest. Eine Masterplatte mit Bakterien, die in ihrer Orientierung markiert wurde, wird umgedreht und vorsichtig gegen die Samtoberfläche gedrückt. Wenn die Haare des Samts in den Agar eindringen, heften sich Bakterien an sie. Nach Entfernung der Masterplatte können bis zu zehn oder zwölf noch nicht beimpfte Platten, die ebenfalls in ihrer Orientierung markiert wurden, einzeln gegen den Samt gedrückt werden. Jede Platte ergibt nach Inkubation eine genaue Replika der Masterplatte, da einige der Bakterien, die sich an die Matrize angelagert hatten, bei jeder Replikation auf den Agar übertragen wurden.

Das eigentliche Experiment der Lederbergs bestand darin, Masterplatten mit sensitiven Zellen auf zwei oder mehr Platten mit Streptomycin oder dem Phagen T1 zu replikaplattieren. Waren die Replikas gewachsen, so wurden sie miteinander verglichen, und jede resistente Kolonie, die auf allen Replikaplatten in der gleichen Position erschien, wurde markiert. Die Stelle auf der Masterplatte, die der markierten Stelle entsprach, wurde ausgeschnitten, und die Bakterien davon in Flüssigmedium resuspen-

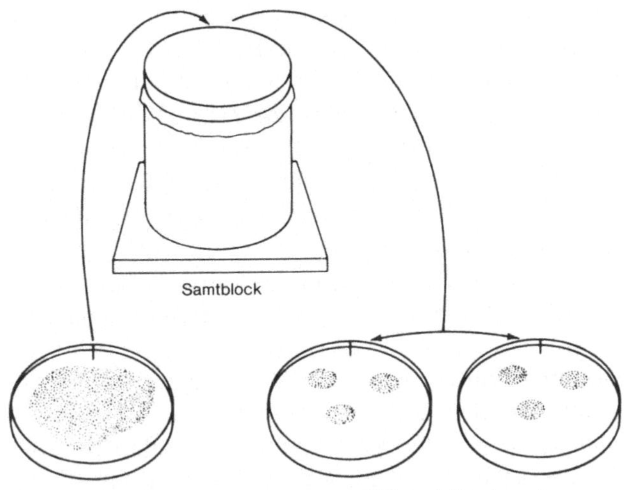

Abb. 3-1. Der Einsatz der Replikaplattierung zum Nachweis des ungerichteten, spontanen Auftretens streptomycin-resistenter Mutanten. Etwa 10^5 sensitive Zellen wurden auf einer Platte mit Festmedium ohne Drogen plattiert und bis zum vollen Wachstum (10^{10} bis 10^{11} Zellen) inkubiert. Dann wurde steriler Samt, der über einen zylindrischen Block gespannt war, auf den konfluenten Bakterienrasen (die „Master"-Platte) und anschließend nacheinander auf zwei Platten mit streptomycin-haltigem Medium in einer Konzentration, bei der sensitive Zellen absterben, gedrückt. Auf jeder Platte erschienen, normalerweise in der gleichen Position, einige resistente Kolonien. Aus: Davis, B.D., Dulbecco, R., Eisen, H.N., Ginsberg, H.S., Wood, W.B., McCarty, M. (1973) Microbiology, 2nd ed. Harper & Row, Hagerstone, MD, p 175

diert. Wäre die Hypothese der präexistierenden Mutationen zutreffend, wären die Kulturen aus diesen Zellen mit resistenten Mutanten angereichert, da nur wenig Agar (und damit eine begrenzte Zellzahl) von der Masterplatte genommen worden war. Die angereicherte Kultur ließ sich dann dazu benutzen, eine neue Masterplatte anzulegen und den ganzen Prozeß zu wiederholen.

Das Endergebnis war eine Masterplatte, die nichts enthielt außer resistenten Bakterien, obwohl die Zellen und ihre Vorläufer niemals einer direkten Selektion unterworfen worden waren.

Dieser Prozeß der indirekten Selektion zeigt volle Übereinstimmung mit der Hypothese der präexistierenden Mutationen, aber nicht mit der der erworbenen Immunität.

D Die Sib-Selektion

Eine Frage, die von den drei oben vorgestellten Experimenten noch nicht beantwortet wurde, war, ob die präexistierenden Mutationen allein für die beobachtete Variation in einer Kultur verantwortlich sind. Cavalli-Sforza und Lederberg entwickelten zur Lösung dieser Frage eine Modifikation des Fluktuationstests, die sogenannte „Sib(ling)"-Selektion. Der Versuch begann mit Ergebnissen aus einem Standardfluktuationstest, wie in der Tabelle 3-1 gezeigt. Bakterien aus dem Röhrchen mit der größten Zahl resistenter Zellen (normalerweise ein „Jackpot"-Röhrchen) wurden eingesetzt, um einen zweiten Satz Röhrchen für einen neuen Fluktuationstest zu beimpfen, und dieser Vorgang wurde mehrfach wiederholt. Bei jeder Beimpfung wurde die Probengröße jedoch so gewählt, daß die Wahrscheinlichkeit dafür, daß ein einzelnes Röhrchen eine resistente Mutante erhielt, kleiner als eins war. Da es unmöglich ist, weniger als ein resistentes Bakterium aufzunehmen, war jedes Röhrchen, das eine solche Zelle enthielt, im Verhältnis angereichert für resistente Mutanten. Betrugen die Größe des Inokulums z.B. 10^5 Zellen und die Frequenz der mutanten Zellen 10^{-6}, dann hätte ein Röhrchen, das eine Mutante erhalten hat, eine Kultur so angereichert, daß die Frequenz der mutanten Zellen nun 10^{-5} betrug, also eine zehnfache Anreicherung.

Wäre die Mutation der einzige Faktor für die bakterielle Variation, so müßte es bei jedem Schritt in diesem Prozeß möglich sein, den genauen Anreicherungsgrad für mutante Zellen vorauszusagen.

Würde auch die erworbene Immunität zur Population der resistenten Zellen beitragen, dann wäre bei jedem Schritt der Gesamtgrad der Anreicherung die Summe aus der Anreicherung in der Inokulumsgröße plus der Menge an erworbener Resistenz, und diese Summe wäre größer als die, die sich einfach mathematisch errechnen läßt.

Tatsächlich war der beobachtete Anreicherungsgrad kleiner als vorhergesagt. Um dieses seltsame Ergebnis aufzuklären, postulierten Cavalli-Sforza und Lederberg, daß die Mutation der einzige operative Faktor für die bakterielle Variation sei, und daß die resistenten Mutanten etwas langsamer wuchsen als sensitive Bakterien. Daher war die Frequenz der mutanten Zellen in der Population nach dem Wachstum immer niedriger als vorher. Wenn die resistenten Bakterien in Reinkultur isoliert und getestet wurden, war dies tatsächlich der Fall.

E Die Messung der Mutationsrate

Die Messung der Mutationsrate bei Bakterien ist wegen ihrer immensen Zahlen und rapiden Zweiteilungsrate schwieriger als bei anderen Organismen. Die Einheiten, in der die Mutationsrate für ein bestimmtes Merkmal ausgedrückt wird, sind Mutationen/Bakterium/Zellteilung, während die beobachtbaren Mengen die Gesamtzahl der Bakterien zu Beginn und am Ende des Versuchs sowie die Gesamtzahl der mutanten Zellen sind. Um die Zahl der Zellteilungen während der Kultur von einem willkürlichen Zeitpunkt Null an zu berechnen, kann man von der folgenden Beziehung Gebrauch machen:

Gesamtzahl der Zellen	1	2	4	8	16	32	64 usw.
Zellteilungen		1	3	7	15	31	63 usw.

Es ist bemerkenswert, daß die Gesamtzahl der **Zwei**teilungen, die man braucht, um eine bestimmte Zahl Zellen zu erhalten, immer eins weniger beträgt als die Zellzahl. Da die Zahl der Bakterien im allgemeinen sehr groß ist, kann man die Gesamtzahl der Zellteilungen, die von einem Zeitpunkt Null an in einer Kultur stattgefunden haben, sehr genau annähern, indem man die Gesamtzahl der Zellen in dem Experiment erhöht. Für Kulturen, die viele Generationen gewachsen sind, kann für diese Näherung direkt die Endzahl der Zellen benutzt werden, da die anfängliche Zellzahl vernachlässigbar ist. Die Berechnung der mittleren Zahl der in einer Kultur zu einem bestimmten Zeitpunkt vorhandenen Zellen ist dagegen etwas komplexer. Die Zellen teilen sich asynchron, und daher ist die mathematische Darstellung, die ihr Wachstum beschreibt, auch eine glatte exponentielle Kurve und keine Stufenfunktion. Die Methode, die zu dieser Berechnung benutzt wird, ist die Differential-Rechnung (das vollständige Verständnis der Berechnung ist jedoch nicht notwendig, da es nur ein einziges anderes Beispiel in diesem Buch gibt). Die Rate der Veränderung in der Bakterienzahl in einer Kultur pro Zeiteinheit ist

$$dN/dt = \mu N, \tag{3-1}$$

wobei N die Zahl der Zellen in der Kultur zu Beginn des Zeitintervalls und μ eine Proportionalitätskonstante, die als Wachstumsratenkonstante bezeichnet wird, sind. Die Integration der Gl. 3-1 ergibt

$$N_t = N_0 e^{\mu(t - t_0)}, \tag{3-2}$$

wobei N_t die Zahl der Zellen in der Kultur zur Zeit t und N_0 die Zahl der Zellen zum Zeitpunkt Null sind. Der Zeitabstand, der erforderlich ist, damit sich die Zellen in der Kultur verdoppeln (z.B. $N_t = 2N_0$) kann durch g dargestellt werden, die mittlere Verdopplungszeit oder **Generationszeit**. Entsprechende Substitution in Gl. 3-2 ergibt die Beziehung

$$g = \frac{\ln 2}{\mu}. \tag{3-3}$$

Die obige Gleichung läßt sich in eine Form umwandeln, die für die Berechnung von $\overline{N}$, der mittleren Zellzahl in einer Kultur in einem bestimmten Zeitintervall, passender ist.

Die Grundgleichung lautet

$$\overline{N} = \int_{t_1}^{t_2} N_t dt \Big/ \int_{t_1}^{t_2} dt, \tag{3-4}$$

woraus man durch Einsetzen von Gl. 3-2 erhält

$$N = \int_{t_1}^{t_2} N_0 e^{\mu(t - t_0)} dt \Big/ \int_{t_1}^{t_2} dt. \tag{3-5}$$

Die Gl. 3-5 kann unter der Voraussetzung, daß t_0 gleich null ist, integriert werden, wobei man sich folgende mathematische Beziehung zu Nutze macht:

$$\int e^{ax}\, dx = e^{ax} / a. \tag{3-6}$$

Daher gilt

$$\overline{N} = N_0 \int_{t_1}^{t_2} e^{\mu t}\, dt \Big/ \int_{t_1}^{t_2} dt = N_0\, (e^{\mu t_2} - e^{\mu t_1}) / (t_2 - t_2)\, \mu. \tag{3-7}$$

Ersetzt man μ durch Gl. 3-3, ergibt sich

$$\overline{N} = N_0\, (e^{\ln 2\, t_2 / g} - e^{\ln 2\, t_1 / g}) / \ln 2\, (t_2 - t_1) / g. \tag{3-8}$$

Der Ausdruck t/g ist jedoch G, die Zahl der Zellteilungen (Generationen), die zwischen der Zeit null und t stattgefunden haben. Damit wird Gl. 3-8 zu

$$\begin{aligned} N &= N_0\, (e^{G_2 \ln 2} - e^{G_1 \ln 2}) / \ln 2\, (G_2 - G_1) \\ &= (N_0 2^{G_2} - N_0 2^{G_1}) / \ln 2\, (G_2 - G_1) \\ &= (N_2 - N_1) / \ln 2\, (G_2 - G_1). \end{aligned} \tag{3-9}$$

Für eine Generation (eine Verdopplung) wird aus Gl. 3-9

$$\bar{N} = \frac{2N_g - N_g}{\ln 2\,(1)} = \frac{N_g}{\ln 2} \quad .$$

Der Hauptpunkt liegt darin, daß man die mittlere Zahl der Bakterien in einer folgenden Generation erhalten kann, indem man die Zahl der Bakterien zu Beginn der Zeitperiode durch den natürlichen Logarithmus von zwei teilt, vorausgesetzt, die Zellen vermehren sich durch Zweiteilung und zeitlich unabhängig. Benutzt man diese Information, so ist es möglich zu zeigen, wie man die Mutationsrate errechnen kann.

Luria und Delbrück haben zwei Methoden zur Berechnung der Mutationsrate entwickelt, die auf dem Fluktuationstest beruhen. Die erste dieser Methoden benutzt die Poisson-Verteilung. Ein Fluktuationstest läßt sich so anlegen, daß anders als in den Versuchen in Tabelle 3-1 einige der Röhrchen überhaupt keine resistenten Zellen enthalten. Dies kann man dadurch erreichen, daß man eine sehr kleine Menge zum Animpfen benutzt, und eine kleinere Zahl von Zellen als sonst als Probe nimmt. Wenn sichergestellt ist, daß die mutanten Zellen in der Kultur zufällig verteilt sind, stellt dies ein ideales System dar, um die Poisson-Verteilung einzusetzen, denn die Probengröße ist groß, die Wahrscheinlichkeit für einen Erfolg (eine Mutation) ist klein, und die durchschnittliche Zahl der mutanten Zellen pro Probe hat eine handliche Größe.

In dem speziellen Fall, der von Luria und Delbrück präsentiert wurde (ihr Experiment Nr. 23), enthielten die Proben aus dem Fluktuationstest $2{,}4 \times 10^8$ Bakterien pro Röhrchen, und 29 von 87 Röhrchen hatten keine resistenten Zellen. Löst man dann die Poisson-Verteilung für den Fall null, so ergibt sich

$$29/87 = 0{,}33 = \frac{e^{-m} m^0}{0!} \quad \text{und } m = 1{,}10 \text{ Mutanten pro Röhrchen.}$$

Diese Zahl muß durch die Zahl der Bakterien/Zellteilung dividiert werden, die aus den oben gemachten Näherungen als die mittlere Bakterienzahl während der letzten Zellteilung (die wirklich auf der Selektionsplatte abläuft), berechnet werden können, und ist gleich $(2{,}4 \times 10^8)/\ln 2 = 3{,}4 \times 10^8$. Dann ist die tatsächliche Mutationsrate $1{,}10/(3{,}4 \times 10^8) = 3{,}2 \times 10^{-9}$ Mutationen/Bakterium/Zellteilung.

Der grundlegende Nachteil dieser Poisson-Berechnungsmethode liegt darin, daß ein Großteil der Information, die aus dem Fluktuationstest erhältlich ist, verschwendet wird, da die Häufigkeitsverteilung der Röhrchen, die resistente Zellen enthalten, nicht berücksichtigt wird. Mit einigen zusätzlichen Voraussetzungen war es Luria und Delbrück möglich, eine graphische Methode zur Bestimmung der Mutationsrate zu entwickeln. Zur Anwendung dieser Methode muß sichergestellt sein, daß eine bestimmte Zelldichte in einer Kultur erreicht wird, so daß die Wahrscheinlichkeit für zumindest eine Mutation, die irgendwo in der Kultur auftritt, recht groß ist. Ist diese Voraussetzung erfüllt, so wird bei jedem Überschreiten dieser Dichte die Summe der Mutationsvorgänge bei jeder Zellteilung in der gleichen Anzahl resistenter Zellen in der Endkultur resultieren. Dies ist schematisch in der Abb. 3-2 dargestellt. Betrachtet man daher die Zeit, zu der die richtige Dichte erreicht ist, als Zeitpunkt null, und ignoriert man alle Mutationen, die früher aufgetreten sind, so kann man das Verhalten der Population von mutanten Zellen mathematisch beschreiben. Die hierfür entwickelte Gleichung lautet:

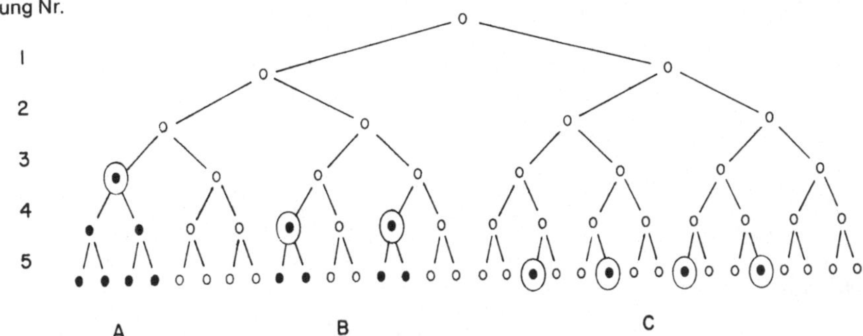

Abb. 3-2. Die Konstanz der Zahl mutanter Nachkommenzellen in einer großen Population. Erreicht die Zellzahl in einer Kultur einen bestimmten Wert, so sind bei jeder Verdopplung der Zellzahl eine oder mehrere Mutationen zu erwarten. In dem Diagramm sind nicht-mutierte Zellen durch offene Kreise, mutante Zellen durch ausgefüllte Kreise dargestellt. Bei den Teilungen eins und zwei trat keine Mutation, aber bei Teilung drei trat eine Mutation auf, zwei Mutationen erschienen bei Teilung vier, und vier Mutationen bei Teilung fünf. Unabhängig davon, wann die erste Mutation auftrat, ist die Auswirkung bei der fünften Teilung gleich, d.h. vier mutante Zellen sind vorhanden. Man beachte, daß die Gesamtzahl mutanter Zellen in der Population zunimmt, da die Möglichkeit von Rückmutationen vernachlässigt wurde

$$M = d \times N_t \times \ln(N_t\, Cd), \qquad (3\text{-}10)$$

wobei M die durchschnittliche Zahl der Mutanten/Kultur ist, d die Mutationsrate, N_t die Gesamtzahl der Zellen in jeder Kultur, und C die Zahl der Kulturen, die im Fluktuationstest benutzt wurden. Luria und Delbrück lieferten in ihrer Originalveröffentlichung Kurven, die die Auflösung von Gl. 3-10 zulassen. Diese Methode ergibt einen Wert für die Mutationsrate von $3{,}5 \times 10^{-8}$, der wesentlich höher liegt als der, den man aus der Poisson-Methode erhält. Der Grund hierfür liegt darin, daß die graphische Methode davon ausgeht, daß mutante Zellen mit der gleichen Rate wie sensitive Zellen wachsen, und daß keine Mutationen vor dem Zeitpunkt auftraten, zu dem eine Mutation für die Gesamtpopulation sehr wahrscheinlich wird. Wird eines der Röhrchen im Fluktuationstest mit einer schon vorher existierenden Mutante beimpft, oder tritt eine Mutation sehr früh auf, so wird dieses Röhrchen in der Endpopulation einen unverhältnismäßig großen Anteil von Mutantenzellen enthalten (ein „Jackpot"-Röhrchen). Da aber Tabelle 3-1 zeigt, daß es „Jackpot"-Röhrchen gibt, und da die graphische Methode nicht erlaubt, die Werte aus solchen Röhrchen zu vernachlässigen, so ergibt sich eine Überschätzung der Zahl der entstehenden mutanten Zellen in einer bestimmten Periode.

Die letzte Methode zur Berechnung der Mutationsrate, die hier vorgestellt werden soll, basiert auf dem Verstreichungsexperiment von Newcombe. Beim Versuchsprotokoll von Newcombe wird eine Reihe von Platten vorbereitet. Man kann sie zu verschiedenen Zeitpunkten übersprühen, auch einige Kontrollplatten nehmen und alle Bakterien herunterwaschen, um sie zu zählen und auf das Vorhandensein mutanter Zellen zu testen. So ist es möglich, die Veränderung in der Gesamtzellenzahl und in der Zahl der mutanten Kolonien zu ermitteln. Die Mutationsrate ist dann

d = Veränderung in der Zahl der resistenten Kolonien/
Veränderung in der Zellgesamtzahl/ln2.

Tabelle 3-2. Vergleich der Vorwärts-Mutationsraten für verschiedene Organismen[a]

Organismus	Zahl der Basenpaare in Genom	Mutationsrate pro repliziertem Basenpaar	Gesamt-mutationsrate
Bakteriophage λ	$4{,}8 \times 10^{4}$	$2{,}4 \times 10^{-8}$	$1{,}2 \times 10^{-3}$
Bakteriophage *T4*	$1{,}8 \times 10^{5}$	$1{,}7 \times 10^{-8}$	$3{,}0 \times 10^{-3}$
Salmonella typhimurium	$4{,}5 \times 10^{6}$	$2{,}0 \times 10^{-10}$	$0{,}9 \times 10^{-3}$
Escherichia coli	$4{,}5 \times 10^{6}$	$2{,}0 \times 10^{-10}$	$0{,}9 \times 10^{-3}$
Neurospora crassa	$4{,}5 \times 10^{7}$	$0{,}7 \times 10^{-11}$	$2{,}9 \times 10^{-4}$

[a] Aus Drake (1969). Genaue Angaben zu den Werten finden sich in der Originalveröffentlichung

In diesem Fall beträgt die Mutationsrate etwa $5{,}8 \times 10^{-8}$ Mutationen/Bakterium/Zellteilung.

Bei den meisten mutierbaren Stellen auf dem *E. coli* Genom findet man eine variable Mutationsrate zwischen 10^{-6} und 10^{-10}. Mutationsraten wurden für viele verschiedene Organismen bestimmt und sind in der Tabelle 3-2 aufgelistet. Bemerkenswerterweise ist die Mutationsrate insgesamt pro Organismus bei Bakterien und Viren relativ konstant, was bedeutet, daß die Mutationsrate pro Base umgekehrt proportional zur Genomgröße variiert.

Es ist auch wichtig, sich daran zu erinnern, daß sich diese Diskussion nur mit **„vorwärts"-Mutationen** beschäftigt hat. Der Ausdruck „vorwärts" wird hier benutzt, um einen Wechsel von einem willkürlich gewählten genetischen Zustand in einen neuen mutierten Zustand zu beschreiben. Der umgekehrte Prozeß, der Wechsel vom mutanten in den ursprünglichen Zustand, wird als **„Rückmutation"** oder **Reversion** bezeichnet. In der Praxis tendieren Kulturen, die für lange Zeit gezüchtet werden, z.B. im Chemostat, dazu, ein **genetisches Gleichgewicht** auszubilden. Der Anteil der mutanten Zellen wird konstant, da die Zahl der „vorwärts"-Mutationen der Zahl der Rückmutationen gleicht. In der bisherigen Diskussion über die Mutationsrate wurde insgeheim angenommen, daß die Reversionsrate gegenüber der („vorwärts"-) Mutationsrate vernachlässigbar sei. Wäre dies nicht der Fall, so lägen alle berechneten Mutationsraten zu niedrig.

II Die Expression und Selektion mutanter Zell-Phänotypen

A Expression

Im vorhergehenden Abschnitt wurde die Mutation als ein Alles- oder Nichts-Phänomen diskutiert. Streng genommen gibt es jedoch eine Übergangsphase, während der der neue Phänotyp exprimiert wird (z.B. die entsprechenden Makromoleküle synthetisiert werden). Die Art der Übergangsphase hängt z.T. davon ab, von welcher Art das Endprodukt schließlich ist. Alle Zellen besitzen einen graduell abgestuften Umsatz ihrer Proteine und RNA-Moleküle, der vorhandene Moleküle abbaut oder als Folge der Zellteilung verdünnt, und weil die Synthese neuer Moleküle entsprechend den jeweiligen Bedürfnissen der Zelle abläuft. Die Umsatzraten für Makromoleküle variieren über einen weiten Bereich, wobei mRNA relativ unstabil und Proteine und andere RNA-Moleküle ziemlich stabil sind (außer unter Mangelbedingungen, wo ein beträchtlicher Proteinabbau auftritt). Die Umsatzraten können die Zeitfolge, aber nicht die Art der oben beschriebenen Vorgänge beeinflussen. Die Art von Geschehnissen, die auf Veränderungen in regulatorischen Regionen der DNA auftreten (z.B. bei DNA, die makromolekulares Produkt bildet), werden in Kap. 12 besprochen.

Der Grund für das Auftreten einer nachweisbaren Übergangsphase nach einem Mutationsvorgang liegt in den multiplen Genom-Kopien, die man in einer aktiv wachsenden Zelle vorfindet (1–I). Als allgemeine Regel gilt, daß eine Mutation nur in einer Kopie eines bestimmten DNA-Stücks auftritt, worauf die Zelle noch einige DNA-

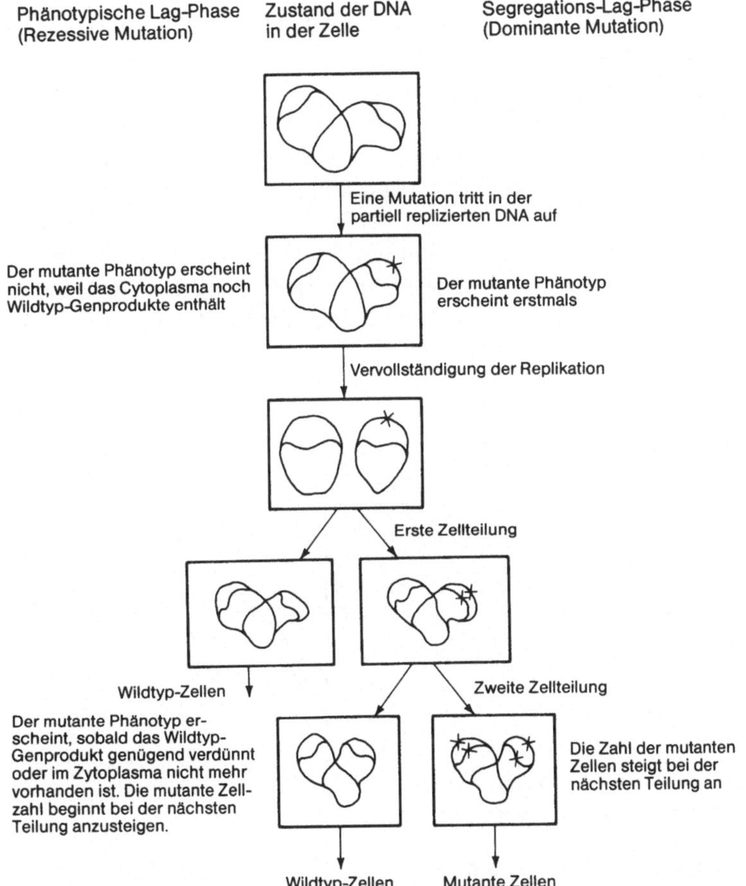

Abb. 3-3. Phänotypische und Segregations-Lag-Phase. Die replizierende DNA in der Zelle ist so dargestellt wie in Abb. 1-3. Nehmen wir an, daß eine Mutation innerhalb der duplizierten Region an der mit X gekennzeichneten Stelle auftritt. Handelt es sich um eine dominante Mutation, so wird ihr phänotypischer Effekt sofort nachweisbar, aber nur eine der Tochterzellen ist eine Mutante (Segregations-Lag-Phase). Ist die Mutation dagegen rezessiv, so ist das Auftreten des neuen Phänotyps bis nach der zweiten Zellteilung verzögert, wenn die gesamte DNA in der Zelle homogen ist (phänotypische Lag-Phase). Die tatsächliche Dauer der beiden unterschiedlichen Lag-Phasen hängt von der Zahl der Genomäquivalente in der Zelle ab

Kopien, die für das unmutierte Produkt kodieren, enthält, und nur eine, die für das mutierte Produkt kodiert.

Hat einmal der normale Prozeß der Transkription (und Translation im Fall eines Proteins) stattgefunden, so enthält das Cytoplasma der Zelle zwei Sorten von Makromolekülen, mutante und nicht mutante. Eine solche Zelle wird als Übergangs-Merodiploide bezeichnet, und es erhebt sich die Frage nach der Dominanz der Mutation.

Die Dominanz einer bakteriellen Mutation ist durch die gleiche Art von biochemischen Vorgängen wie bei Eukaryonten bedingt. Betrifft die Mutation die Fähigkeit, einen bestimmten biochemischen Prozeß auszuführen, so hat sie einen dominanten Effekt, und der Phänotyp der Zelle wird sich ändern, sobald genug von dem neuen Produkt synthetisiert ist, damit die Reaktion in signifikantem Maß stattfinden kann.

Studiert man allerdings die Abb. 3-3, so zeigt sich, daß auch nach Änderung des Phänotyps einer Zelle die Anzahl der Zellen mit mutantem Phänotyp für einige Generationen noch nicht zunehmen kann. Das ist zurückzuführen auf die große Zahl der Genomäquivalente und die Tatsache, daß die meiste DNA gerade repliziert und erst nach einigen Zellteilungen segregieren wird (vgl. Abb. 1-1). Diese Art der Verzögerung wird als **Segregations-Lag-Phase** bezeichnet; ihre Dauer hängt von der Zahl der Genomäquivalente in der Zelle ab. Ein Beispiel für die Segregations-Lag-Phase zeigt Abb. 3-4. Die ersten rekombinanten Zellen erschienen nach etwa 10 min, aber die rekombinanten Zellen begannen sich erst nach etwa 120 min mit der gleichen Rate zu teilen wie der Rest der Zellen. In diesem speziellen Fall betrug die Lag-Phase daher etwa 110 min oder 2,5 Verdopplungen, was auf das Vorhandensein von etwas mehr als vier Genomäquivalenten pro Ursprungszelle schließen läßt.

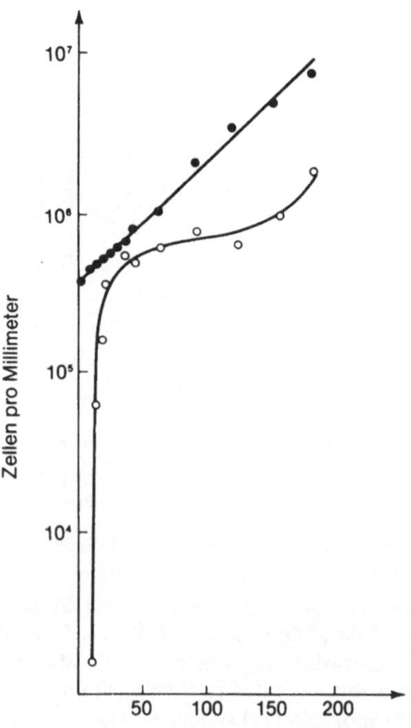

Abb. 3-4. Die Segregations-Lag-Phase. Vergleich des relativen Wachstums einer *E. coli*-Kultur (ausgefüllte Kreise) und von Lac^+ Zellen, die als Folge einer Hfr-Kreuzung in der Kultur neu entstanden sind (offene Kreise). Der anfängliche Anstieg in der Zahl der Lac^+-Zellen während der ersten 30 min des Versuchs ist durch die DNA-Übertragung in die Zellen bedingt. Nach 30 min war keine weitere DNA-Übertragung mehr möglich, da der Kultur Nalidixinsäure (9.I.C) zugesetzt wurde. Der Anstieg der Zahl der Lac^+-Zellen nach 125 min markiert das Ende der Segregations-lag-Phase. Bemerkenswert ist, daß die Wachstumsraten von Lac^+- und Lac^--Zellen identisch sind

Rezessive Mutationen zeigen dagegen eine andere Art von Lag-Phase, die als **phänotypische Lag-Phase** bezeichnet wird. In diesem Fall enthält das Cytoplasma der Zelle noch nicht mutierte dominante Produkte, bis nach dem Segregationsprozeß, der in Abb. 3-3 gezeigt ist, das Genom homogen ist. Zu diesem Zeitpunkt sind alle neu hergestellten Produkte mutiert, aber es gibt immer noch einige nicht mutierte Produkte im Cytoplasma. Wenn dieses nicht mutierte Produkt verschwindet oder verdünnt wird, verändert sich der Phänotyp der Zelle zur Mutante. Es ist bemerkenswert, daß die Segregations-Lag-Phase nur aus einem Prozeß besteht, während die phänotypische Lag-Phase wirklich aus zwei Prozessen besteht: Segregation und Ersatz der Makromoleküle. Die Lag-Erscheinungen können für die Anwendung selektiver Behandlungen auf eine Bakterienkultur wichtige Folgen haben. Nach einem genetischen Austausch oder einer Mutation muß genug Zeit für die Expression des neuen Phänotyps gegeben sein. Wird die Selektion zu früh angewandt, so kann der Stoffwechsel potentiell rekombinanter oder mutanter Zellen abgeschaltet sein, bevor der Vorgang der DNA-Veränderung einen Punkt erreicht hat, an dem ein verändertes Produkt hergestellt werden kann (13.II.D). In einem solchen Fall wird die Zelle nicht als Rekombinante oder Mutante erkannt, da sie unter selektiven Bedingungen keine Kolonie bilden kann.

Witkin zeigte sehr früh die Notwendigkeit der Stoffwechselaktivität für die Expression einer Mutation. Sie arbeitete mit einem *trp*-Stamm von *Salmonella typhimurium* und legte Parallelkulturen an. Eine Kultur wurde mit ultraviolettem Licht (UV. Abschn. IV, Kap. 3) behandelt, während die andere sowohl mit UV-Licht als auch mit einem transduzierenden Phagen behandelt wurde, der auf einem UV-bestrahlten Wildtyp-Donorstamm gezogen worden war. Die erste Kultur sollte *trp*$^+$-Mutanten, durch UV-Licht induziert, ergeben, während man von der zweiten erwarten würde, daß sie sowohl *trp*$^+$-Mutanten als auch Rekombinanten ergeben würde. Nach den entsprechenden Behandlungen wurden die Zellen auf einigen Agarplatten plattiert, die noch soviel Tryptophan enthielten, daß ein restliches Wachstum von einer bis sechs Generationen möglich war; die Platten wurden inkubiert und die Zahl der Trp$^+$-Kolonien bestimmt. Die maximale Zahl rekombinanter Trp$^+$-Kolonien entstand dann, wenn genug Tryptophan für eine Generation Restwachstum vorhanden war, aber die maximale Zahl der Mutanten erschien erst, wenn genügend Tryptophan für sechs Generationen Restwachstum vorhanden war, obwohl gezeigt wurde, daß die Wachstumsraten von Mutanten und Rekombinanten identisch waren. Weitere Experimente, bei denen Zellen von einem Medium in das andere übertragen wurden, zeigten, daß die Expression der mutanten und der rekombinanten Phänotypen nach einer Generation abgeschlossen war, selbst wenn die Platten Tryptophan für sechs Verdopplungen enthalten mußten. Wie es scheint, brauchen mutagenische Prozesse eine höhere Stoffwechselaktivität besonders der Proteinsynthese, als Rekombinationsvorgänge.

Andere Forscher kamen zu ähnlichen Ergebnissen, die zusammen genommen zeigen, daß Mutanten oder Rekombinanten Zeit gegeben werden muß, um den neuen Phänotyp vor der Selektion zu exprimieren. Dennoch ist es möglich, des Guten zu viel zu haben, und überschüssige Nährstoffmengen lassen selbst von nicht-mutierten Zellen mikroskopische Kolonien entstehen.

B Die Selektion

Bisher befaßte sich die Diskussion nur mit Mutanten, die dominant sind und sich leicht selektionieren lassen. Dennoch gibt es viele nützliche wichtige Mutationen, die nicht zu dieser Kategorie gehören. Daher ist eine Methode nötig, sie zu finden. In Verzweiflungsfällen ist es möglich, einzelne Kolonien so lange zu testen, bis der gesuchte Phänotyp gefunden ist. Diese Methode wurde von DeLucia und Cairns auf der Suche nach der ursprünglichen *polA*-Mutante angewandt. Von einer Kultur, die zur Erhöhung der Mutationsrate mit einer Chemikalie behandelt worden war, wurden etwa 5 000 Kolonien getestet, um die entsprechende Mutante zu finden. Dies ist eine sehr schwerfällige Methode, die nur dann benutzt wird, wenn es keine Alternative gibt.

Eine alternative Methode wurde von Gorini und Kaufmann entwickelt. Sie verwendeten Penicillin oder andere Antibiotika, die nur wachsende Zellen angreifen, da sie nicht auf das bereits bestehende Peptidoglykan einwirken, sondern die Neubildung der Peptidbrücken inhibieren, die die Peptidoglykanstruktur der Zellwand zu einer kohäsiven Einheit verbinden. Ohne die Querverbindungen kann der Peptidoglykan-Sacculus nicht aufrecht erhalten werden, und die Zelle wird nach Verlust ihrer Zellwand osmotisch zerstörbar.

Die Methode der **Penicillin-Selektion** ist generell anwendbar und setzt nur voraus, daß die gewünschte Mutante in ihrem Wachstum durch Aushungern, extreme Temperaturen usw. gehemmt werden kann. Sie kann sowohl in Flüssigkulturen als auch bei Agarplatten benutzt werden. Zur Isolierung einer auxotrophen Mutante wird eine logarithmisch wachsende Kultur (in einem definierten Medium) unter Mangelbedingungen gebracht, unter denen die Prototrophen wachsen können, die Auxotrophen jedoch nicht. Nachdem die Zellen all ihre intrazellulären Vorräte an Nährstoffen aufgebraucht haben, werden Penicillin, Ampicillin, Cycloserin oder verschiedene Kombinationen davon der Kultur zugesetzt und die Inkubation fortgesetzt. Nach einer gewissen Zahl an Zellteilungen wird das Penicillin aus der Flüssigkultur durch Pelletieren der Zellen in einer Zentrifuge oder durch Filtration und anschließendes Resuspendieren in frischem Vollmedium entfernt. Von Agarplatten läßt sich Penicillin dadurch entfernen, daß man Penicillinase oder eine andere β-Lactamase zugibt. Die Zugabe frischer Nährstoffe ermöglicht den mutanten Zellen ein neues Wachstum, woraus eine neue Kultur entsteht, die mit auxotrophen Mutanten stark angereichert ist. Man sollte dabei nicht vergessen, daß diese Methode Grenzen hat. Rossi und Berg haben gezeigt, daß verschiedene Typen von Auxotrophen mit sehr variabler Effizienz nach der Penicillin-Selektion erhalten werden. Sie nehmen an, daß dies durch ein unvollständiges Abschalten des Stoffwechsels während der Aushungerungsphase bedingt ist. Außerdem ist es eine nicht überwindbare Begrenzung der Penicillin-Selektion, daß Nichtauxotrophe, die aus irgendwelchen Gründen langsamer wachsen, dazu neigen, die Behandlung zu überleben. Schließlich können die wachsenden Zellen, die während der Penicillin-Behandlung lysieren, genug Nährstoffe freisetzen, so daß für auxotrophe Zellen ein Wachstum möglich wird, und sie damit der Einwirkung von Penicillin ausgesetzt sind. Gorini und Kaufmann kontrollieren dieses letzte Problem dadurch, daß sie den osmotischen Druck ihres Mediums bis zur Entfernung des Penicillins mit Sucrose erhöhten.

Ein anderes mögliches Problem ist das der **Syntrophie**, das im Flüssig- oder Festmedium auftreten kann, und das am leichtesten auf Agarplatten erkennbar wird.

Auxotrophe Zellen wachsen auf Minimalmedium ohne den erforderlichen Nährstoff nicht, wenn sie als Reinkultur plattiert sind. Bei der Plattierung einer Mischkultur ist es jedoch möglich, daß der zweite Zelltyp eine Substanz in das Medium abgibt, die der Auxotrophen das Wachstum ermöglicht. Dies kann auch dann geschehen, wenn der zweite Zelltyp für den gleichen Nährstoff auxotroph ist, vorausgesetzt, die Blockierung im Stoffwechselweg bei dem zweiten Zelltyp liegt in einem späteren Schritt als die Blockierung beim ersten Zelltyp. Bei einem einfachen biochemischen Weg, an dem zwei Enzyme beteiligt sind, wie z.B.

$$\text{Substrat} \xrightarrow{\text{Enzym 1}} \text{Produkt 1} \xrightarrow{\text{Enzym 2}} \text{Produkt 2}$$

wird eine Zelle mit einer Mutation in Enzym 2 dazu neigen, das Produkt 1 anzureichern. Wenn Produkt 1 ins Medium freigesetzt werden kann, kann es als Nährstoff für eine Zelle wirken, die nur im Enzym 1 defekt ist, und erlaubt dieser Zelle das Wachstum. In einigen Fällen können die Moleküle, wenn Produkt 2 gebildet wird, durch das Medium in die andere Zelle diffundieren und ihr ebenfalls das Wachstum erlauben. Diese Art von Analysen läßt sich dazu verwenden, die einzelnen Schritte in einem Biosyntheseweg zu ordnen, indem man verfolgt, welche Zelltypen sich gegenseitig ernähren und welche genährt werden. In dem Maß, wie die Synthrophie bei der Penicillin-Selektion auftritt, werden auch auxotrophe Zellen von Penicillin beeinflußt und damit gegenselektioniert.

III Die Mutationsarten

Der Ausdruck Mutation wurde im Verlauf dieses Kapitels im klassisch genetischen Sinn mit der Bedeutung einer plötzlichen, vererbbaren Veränderung im Merkmal eines Organismus benutzt. Es ist nun an der Zeit, darauf einzugehen, was der Ausdruck Mutation auf molekularer Ebene bedeutet. Zuvor müssen wir jedoch nochmals definieren, was eine Mutation tatsächlich ist. Als eine Mutation wird von nun an jede Änderung in der Basensequenz der Nukleinsäure betrachtet, die das Genom eines Organismus darstellt ohne Rücksicht darauf, ob die Veränderung einen phänotypischen Effekt aufweist. Diese Definition ist sehr weit gefaßt, um die verschiedensten Mutationstypen zu umfassen. Die folgende Besprechung wird sich nur mit Mutationen in den DNA-Sequenzen befassen, die Polypeptide kodieren, außer wenn es besonders erwähnt wird.

A Basensubstitutionen

Der am leichtesten ersichtliche Typ einer Mutation ist die **Basensubstitution**, wobei ein einzelnes Nukleotid durch ein anderes ersetzt ist. Wird ein Purin durch ein Purin ersetzt (z.B. Adenin durch Guanin), oder ein Pyrimidin durch ein Pyrimidin (z.B. Thymin durch Cytosin), so wird die Veränderung als **Transition** bezeichnet. Wird ein Purin durch ein Pyrimidin ersetzt oder umgekehrt, spricht man von **Transversion.** Bermerkenswert ist, daß bei einem RNA-Virus eine Transition der Ersatz von Uracil durch Cytosin wäre.

Obwohl ein einzelner Basenaustausch die am leichtesten zu verstehende Mutationsart ist, kann sie doch schwierig zu erkennen sein. Dies ist dadurch bedingt, daß der genetische Code hoch redundant ist, so daß in vielen Fällen die gleiche Aminosäure durch viele verschiedene Codons kodiert werden kann, wie z.B. die Codons für Leucin, die in der Tabelle 3-3 aufgelistet sind. Ein DNA-Codon, das ursprünglich GAA lautete, kann zu GAG verändert werden, ohne eine Änderung in der Aminosäuresequenz des kodierten Polypeptids hervorzurufen. Die allgemeine Tendenz der dritten Base eines Codons, nur wenig Bedeutung bei der Kodierung zu besitzen, wurde von Crick als Teil der **Wobble-Hypothese** festgelegt.

Ein anderer möglicher Effekt, der bei einer Basensubstitution auftreten kann, ist als **Missense-Mutation** bekannt. Statt der ursprünglichen Aminosäure in der Polypeptidkette tritt eine andere Aminosäure auf. Der phänotypische Effekt der Substitution kann von nicht vorhanden bis zu lethal reichen. Bestimmte Aminosäuretypen wie Threonin oder Alanin können oft gegeneinander bei nur geringem Effekt auf die Sekundär- und Tertiärstruktur des Proteins ausgetauscht werden. Die Substitution durch Prolin dagegen in eine normale helikale Region des Proteins zerstört die restliche Helix und sehr wahrscheinlich die Aktivität des Polypeptids.

Eine recht einzigartige Klasse von Substitutionsmutationen sind die **Nonsense-Mutationen** (Terminatoren). Tabelle 3-3 zeigt, daß es drei solcher DNA-Codons gibt, ATC, ATT und ACT. Diese Codons wirken normalerweise als Interpunktionszeichen im genetischen Code, indem sie das Ende einer Polypeptidkette signalisieren. Erscheint irgendeines von ihnen in der kodierenden Sequenz für ein Polypeptid, führt dies zu einer vorzeitigen Termination der wachsenden Polypeptidkette und der Bildung eines verkürzten Polypeptids, das aus dem aminoterminalen Ende und einer bestimmten Zahl von Aminosäuren besteht, die durch die physikalische Stelle der Mutation festgelegt wird. Auch eine Gegenklasse von Mutationen, wobei ein neues TAC-Startcodon entsteht, ist bekannt. Sie ist aber als solche viel seltener, da das Startsignal tatsächlich mehr als nur ein Triplett-Codon erfordert.

Den Nonsense-Mutationen wurden spezielle Namen gegeben, was als Wortspiel des Namens der Person begann, die die erste Mutante des jeweiligen Typs identifizierte. Das Codon ATC ist ein „amber"-Codon (die Übersetzung des deutschen Worts Bernstein). Analog dazu ist ATT das „ochre"-Codon, und ACT wird als „opal" bezeichnet.

Da die Termination der Peptidkette oft mit der Freisetzung der Ribosomen von der mRNA einhergeht, kann die Nonsense Mutation häufig zu sogenannten polaren Effekten führen (sie verhindert z.B. die Translation der Information des folgenden Polypeptids, die auf dem gleichen mRNA-Molekül lokalisiert ist). Der Grad der Polarität ist offensichtlich eine Funktion der Schwierigkeit eines Ribosoms, das Startsignal für das nächste Polypeptid zu finden, wenn der Abstand zwischen der Terminationsstelle und der Reinitiation groß ist. Terminator-Mutationen nahe dem Aminoende eines Polypeptids sind daher viel polarer als solche nahe dem Carboxyende. Die tatsächliche physikalische Basis für die Polarität ist die Freisetzung der wachsenden mRNA von der RNA-Polymerase, wenn Ribosomen fehlen.

Schließlich gibt es Basensubstitutionen, die DNA betreffen, die keine Protein-kodierende Funktion hat. Ein Teil dieser DNA kodiert strukturelle RNA (tRNA, rRNA, s. 1.II). Veränderungen in der strukturellen DNA können veränderte Ribosomenfunktionen oder tRNA-Moleküle mit veränderter Aminosäure- oder Anticodon-Spezifität zur Folge haben. Änderungen in der nicht-transkribierten DNA können in anderen regulatorischen Funktionen resultieren wie solche, die im Kap. 12 besprochen werden.

Tabelle 3-3. Der genetische Code[a]

	DNA							
	A		G		T		C	
A	AAA	Phe	AGA	Ser	ATA	Tyr	ACA	Cys
	AAG		AGG		ATG		ACG	
	AAT		AGT		ATT	Term	ACT	Term
	AAC		AGC		ATC		ACC	Trp
G	GAA	Leu	GGA	Pro	GTA	His	GCA	Arg
	GAG		GGG		GTG		GCG	
	GAT		GGT		GTT	Gln	GCT	
	GAC		GGC		GTC		GCC	
T	TAA	Ile	TGA	Thr	TTA	Asn	TCA	Ser
	TAG		TGG		TTG		TCG	
	TAT		TGT		TTT	Lys	TCT	Arg
	TAC	Met	TGC		TTC		TCC	
C	CAA	Val	CGA	Ala	CTA	Asp	CCA	Gly
	CAG		CGG		CTG		CCG	
	CAT		CGT		CTT	Glu	CCT	
	CAC		CGC		CTC		CCC	

Ein Teil der nicht transkribierten DNA wirkt nur als Abstand zwischen transkribierten Regionen, und man würde von Änderungen hier nur einen geringen Effekt erwarten.

B Insertions- und Deletionsmutationen

Sinngemäß ist eine **Deletionsmutation** die Entfernung eines oder mehrerer Basenpaare aus der DNA, während eine **Insertionsmutation** die Addition von einer oder mehreren Basen darstellt. In der Praxis sind an Deletionen und Insertionen meist wesentlich mehr als ein Basenpaar beteiligt. Eine Insertion oder Deletion von Basenpaaren in Mehrfachen von drei führt zum Zusatz oder zur Eliminierung von Aminosäuren in der

Tabelle 3-3 (Fortsetzung)

	RNA							
	U		C		A		G	
U	UUU	Phe	UCU	Ser	UAU	Tyr	UGU	Cys
	UUC		UCC		UAC		UGC	
	UUA		UCA		UAA	Term	UGA	Term
	UUG		UCG		UAG		UGG	Trp
C	CUU	Leu	CCU	Pro	CAU	His	CGU	Arg
	CUC		CCC		CAC		CGC	
	CUA		CCA		CAA	Gln	CGA	
	CUG		CCG		CAG		CGG	
A	AUU	Ile	ACU	Thr	AAU	Asn	AGU	Ser
	AUC		ACC		AAC		AGC	
	AUA		ACA		AAA	Lys	AGA	Arg
	AUG	Met	ACG		AAG		AGG	
G	GUU	Val	GCU	Ala	GAU	Asp	GGU	Gly
	GUC		GCC		GAC		GGC	
	GUA		GCA		GAA	Glu	GGA	
	GUG		GCG		GAG		GGG	

[a] Jede Base wird durch einen einzelnen Buchstaben wiedergegeben: A = Adenin; C = Cytosin; G = Guanin; T = Thymin; U = Uracil. Die Abkürzungen der Aminosäuren sind in der Tabelle 1-1 aufgelistet. *Term* bedeutet Translations-Termination. Die Base am weitesten links des Codons ist das 3'-Ende der DNA, aber das 5'-Ende der RNA

Peptidkette. Alle anderen Deletionen und Insertionen führen zu Rastermutationen (Abschn. C). Die Entstehung zumindest einiger Insertionen und Deletionen scheint eng mit Tansposons verbunden zu sein, die in 11.II.C und 13.III.B besprochen werden. Außerdem scheinen einige DNA-Synthese-Mutationen wie *polA* die Wahrscheinlichkeit spontaner Deletionsmutationen zu erhöhen.

C Rastermutationen

Translatiert ein Ribosom eine mRNA, so muß es das Leseraster genau bestimmen, da alle möglichen Triplett-Codons von Bedeutung sind. Das Ribosom erreicht dies dadurch, daß es eine Basenfolge auf der RNA erkennt, die dem Initiator AUG Codon benachbart ist. Dann bewegt es sich entlang dem Molekül in Drei-Basen-Sprüngen. Hat eine Insertion oder Deletion von Basenpaaren anders als in Mehrfachen von drei stattgefunden, so verrutscht das Leseraster, und statt der normalen Aminosäuresequenz wird Unsinn produziert.

Normale RNA-Sequenz:	AUG	AGU	UUU	AAA	GAG	usw.
Normale Aminosäuren:	met	ser	phe	lys	asp	usw.
Deletierte RNA:	AUG	A+UU	UUA	AAG	ACU	usw.
Unsinn-Sequenz:	met	ile	phe	lys	thr	usw.

Da die mRNA immer vom 5′-Phosphatende her translatiert wird, werden alle Aminosäuren abwärts von der Rasterverschiebung inkorrekt sein, obwohl der Aminoterminus normal ist. Häufig führen Rastermutationen auch zur falschen Produktion von Kettenterminierenden Codons und so zur Produktion eines sowohl unsinnigen als auch verkürzten Proteins. Es ist natürlich auch eine Rasterverschiebung möglich, bei der die normalen Terminatoren umgangen werden und das abnormale Protein viel länger ist als das normale. Leserastermutationen werden danach eingeteilt, in welchem Maß das Raster von dem normalen Mehrfachen von drei abweicht: +1, +2, –1 oder –2.

D Suppressor-Mutationen

Eine Suppressor-Mutation ist eine Mutation, die den phänotypischen, aber nicht den genotypischen Effekt einer anderen Mutation eliminiert; z.B. hat eine Zelle, die eine Mutation besitzt, einen mutanten Phänotyp, aber eine Zelle, die diese ursprüngliche Mutation plus einer entsprechenden Suppressor-Mutation enthält, besitzt einen normalen Phänotyp, jedoch den doppelt mutanten Genotyp.

Es gibt viele Möglichkeiten, wie eine Suppression funktionieren kann, aber wir werden hier nur einige der allgemeineren Typen diskutieren. Der am häufigsten auftretende Typ einer Suppressor-Mutation betrifft die tRNA-Sequenz. Die Anticodon-Schleife der tRNA ist gegenüber Mutationen empfindlich, und mittlerweile wurde eine große Zahl mutierter tRNAs isoliert und charakterisiert. Die mutanten tRNAs können Nonsense-Mutationen supprimieren, indem sie ein Anticodon entwickeln, das einem der Terminator-Tripletts entspricht. So kann z.B. $tRNA^{GAA}_{gly}$ zu $tRNA^{UAA}_{gly}$ werden, die dann einen Glycin-Rest einbauen würde, wo auch immer das Terminationscodon UAA vorkommt. Eine solche Mutation wird als ochre- oder UAA-Suppressor bezeichnet, da sie den Effekt dieser Terminator-Mutation mildert, und ist ein Beispiel für eine **intergenische Suppression**. Der am häufigsten gefundene Nonsense-Suppressor ist der amber-Typ gefolgt von ochre und dann opal.

Ein recht neuer Typ an tRNA-Suppressor ist einer, dessen Anticodon vier statt drei Basen erkannt, wodurch eine +1-Rastermutation supprimiert wird. Gelegentliche Missense-Suppressoren (wobei eine Aminosäure durch eine andere ersetzt ist) wurden ebenfalls beobachtet, wobei das Anticodon so verändert ist, daß die Aminosäure, die von der tRNA getragen wird, als Antwort auf ein falsches Codon eingebaut wird.

Die Suppression durch mutierte tRNAs ist im allgemeinen nur bei Enzymen wirkungsvoll, die nur in Spuren benötigt werden. Das Ausmaß der Suppression (d.h. das Niveau an normalem Produkt) ist nur selten größer als 10% und häufig kleiner als 1%. Dies wird dadurch verständlich, daß die Suppressor-tRNA auch bei der Übersetzung nicht-mutierter mRNA beteiligt ist und damit auch ein normales Protein zu einem abnormalen verändern kann. Eine andere Form der intergenischen Suppression läuft auf der Ebene der Translation ab und beruht auf der veränderten Genauigkeit der Ribosomen. Gorini und Mitarbeiter zeigten z.B., daß bestimmte Typen ribosomaler Mutationen zu einer unkorrekten Translation der mRNA bei Anwesenheit von Streptomycin führen, was die Produktion funktioneller Ornithin-Transcarbamylase in bestimmten *argF* Stämmen bewirkt. Offensichtlich kann dann durch einen Fehler in der Translation an der mutierten Stelle ein funktionelles Protein hergestellt werden.

Ein weiterer Typ der intergenischen Suppression ist die Entwicklung eines vollkommen neuen Stoffwechselwegs als Ersatz für einen, der durch Mutation blockiert wurde. In *E. coli* sind die *sbc*-Mutationen, die die *recBC*-Effekte rückgängig machen (13.I.C), Beispiele dafür, sowie die *ebg*-Mutationen, die für ein neues Enzym kodieren, um die defektive β-Galaktosidase in *lacZ*-Stämmen zu ersetzen. Diese Art von Suppressor-Mutationen lassen sich natürlich auch als Beispiele der Evolution betrachten.

Auch Beispiele für die **intragenische Suppression** sind bekannt. Dies sind Fälle, wo eine zweite Mutation im gleichen Gen auftritt wie die erste. Eine der einfachsten ist das Auftreten einer zweiten Leserastermutation mit entgegengesetztem Sinn zur ersten. Die Kombination von Leserastermutationen führt zu einem Polypeptid mit normaler Aminosäuresequenz am amino- und carboxyterminalen Ende, aber mit einer unsinnigen Region irgendwo im Inneren des Moleküls. Durch Experimente mit solchen Suppressionstypen wurde die Triplett-Natur des genetischen Codes bestätigt.

Eine intragenische Suppression kann auch für Missense-Mutationen auftreten. In diesem Fall stellt ein kompensierender Aminosäureaustausch woanders im Polypeptid die normale Sekundärstruktur und Tertiärstruktur des Moleküls und damit seine Enzymaktivität wieder her. Yanofsky und Mitarbeiter haben hierfür ein gutes Beispiel mit ihrer Arbeit über das Enzym Tryptophan-synthetase geliefert.

Supprimierbare Mutationen sind sehr wichtig für die Arbeit mit Bakteriophagen, da sie konditional sind (d.h. der mutante Phänotyp wird nur unter bestimmten Bedingungen exprimiert). Mutierte Phagen können auch in einem Wirtsstamm, der den Suppressor trägt, normal gezogen und dann für genetische Kreuzungen in einen Suppressor-freien Stamm übertragen werden. Der Phänotyp wird sich entsprechend von normal zu mutiert verändern. Dies gestattet dem Experimentator, große Mengen von Phagen für Analysen zu züchten, selbst wenn die Mutationen, die sie tragen, lethal sein sollten. In der Arbeit mit Phagen werden suppressible Mutationen häufig als „sus" bezeichnet.

Wenn man von konditionalen Mutationen spricht, muß man auch an solche denken, die, anders als die Kettenterminatoren, durch entweder hohe oder tiefe Temperatur modifiziert werden. In der Tat werden sie durch Umgebungsfaktoren supprimiert, und ihre Phänotypen lassen sich mitten in einem Versuch ändern. Ist der Phänotyp bei hoher Temperatur mutant, so ist das Polypeptid thermolabil oder temperatursensitiv (ts).

Ist der Phänotyp bei niedriger Temperatur mutant, so ist das Polypeptid kältesensitiv (cs für „cold sensitive").

IV Mutagene Substanzen

Jede Substanz, die die Mutationsrate eines Organismus erhöht, ist ein **Mutagen**. Mutagene werden oft zur Erhöhung der Wahrscheinlichkeit, eine Mutation durch einen Selektionsprozeß zu finden, benutzt. In diesem Abschnitt werden eine Reihe von Mutagenen vorgestellt und Hinweise auf ihre Wirkungsweise gegeben. Sie sind in der Tabelle 3-4 zusammengefaßt. Diese Liste von Mutagenen soll illustrativ sein, aber keineswegs vollständig. Wie man erwartet, führen die Mutagene zu verschiedenen Arten von Schäden in der DNA der Zelle, Schäden, die entweder nicht richtig repariert werden können oder aber so groß sind, daß sie die Reparaturmechanismen der Zelle überfordern. Eine genauere Diskussion der Reparaturprozesse findet sich in 13.I.

A Strahlung

Gewöhnlich werden zwei Arten von Strahlung benutzt: UV- und Röntgenstrahlung. Sie unterscheiden sich stark in der Energie und damit in ihren Auswirkungen. Röntgenstrahlen sind extrem energiereich, und wenn sie mit der DNA in Wechselwirkung treten, führt dies gewöhnlich zu einem Bruch im Phosphodiester-Rückgrat der DNA. UV-Strahlung dagegen katalysiert eine Reaktion, bei der benachbarte Pyrimidinbasen (im gleichen Strang) Dimere bilden. Ein solches Dimer hindert das Funktionieren der verschiedenen Polymerasen. Während der Reparatur zu seiner Entfernung können Mutationen auftreten.

B Modifizierende Chemikalien

Eines der frühesten, bei Bakterien benutztes Mutagen war salpetrige Säure, deren primärer Effekt als Desaminierung von Cytosin und Guanin angenommen wird. Die Desaminierung führt zu einer Veränderung in den Wasserstoffbrücken-Bildungseigenschaften der Basen, so daß bei der nächsten Replikation Adenin oder Thymin statt Cytosin oder Guanin eingebaut werden. Obwohl manchmal festgestellt wurde, daß salpetrige Säure speziell Transitionen von GC nach AT induziert, ist dies wahrscheinlich zu einfach, da gelegentlich sogar Transversionen auftreten. Vor kurzem wurde vorgeschlagen, daß salpetrige Säure Intrastrang-Querbindungen einführen kann, die auf die gleiche Art wie alkylierte Basen (s.u.) ausgeschnitten werden müssen.

Hydroxylamin ist ein begrenzt spezifisches Mutagen, das primär mit Cytosin reagiert, aber auch Uracil oder Adenin angreifen kann. Eine typische Wirkung dieser Chemikalie ist der Ersatz von Cytosin durch einen Thyminrest.

Zahlreiche alkylierende Agentien haben mutagene Eigenschaften. Sie hängen Ethyl- oder Methylgruppen an die 7-Position des Purinrings, was zu einem Ausschneiden der Base durch Entfernung vom Desoxyriboseteil ohne Unterbrechung des Phosphat-Rückgrats führt. Die entstehende Lücke muß dann gefüllt werden. Beispiele für alkylierende Reagentien sind Ethyl-methan-sulfonat (EMS), Methyl-methan-sulfonat

Tabelle 3-4. Einige gebräuchliche Mutagene und ihre Eigenschaften

Mutagen	Struktur	Wirkungsweise
Röntgenstrahlung	5 nm Wellenlänge	Einzel- und Doppelstrangbrüche
UV-Strahlung	254 nm Wellenlänge	Pyrimidin-Dimere
Salpetrige Säure	HNO_2	Desaminierung?, Intrastrang-Querverbindungen?
Hydroxylamin	NH_2OH	Hydroxylierung von Cytosin
N-Methyl-N'-nitro-N-nitrosoguanidin	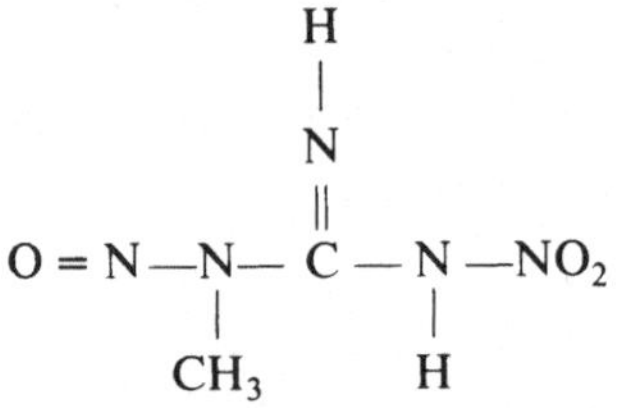 $O=N-N(CH_3)-C(=N-H)-N(H)-NO_2$	Produziert 7-Methyl-guanin an der Replikationsgabel
Ethyl-methan-sulfonat	$CH_3SO_3CH_2CH_3$	Alkylierung der Purine
Methyl-methan-sulfonat	$CH_3SO_3CH_3$	Alkylierung der Purine
2-Aminopurin	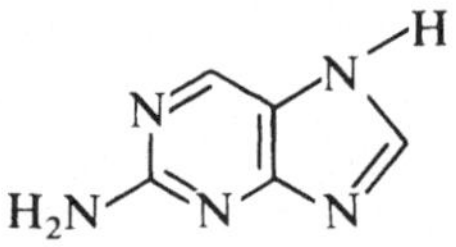 N, N–H, H_2N, N, N	Kann Adenin ersetzen, kann Wasserstoffbrücken zu Cytosin ausbilden
5-Bromuracil	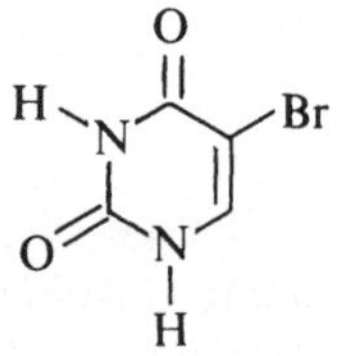 O, H–N, Br, O, N–H	Kann Thymin ersetzen, kann Wasserstoffbrücken zu Guanin ausbilden
Acridin Orange	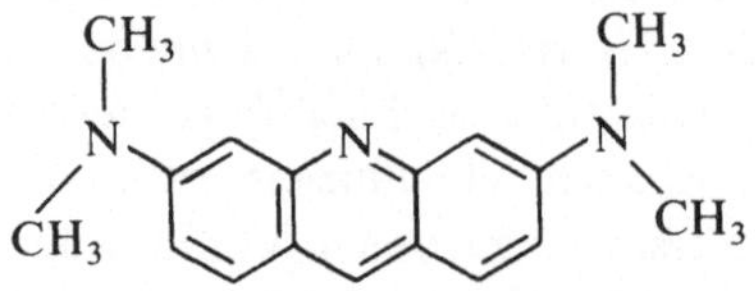 CH_3, N, CH_3, N, CH_3, N, CH_3	Verursacht Rasterverschiebungen
ICR 191 (ein Senföl)	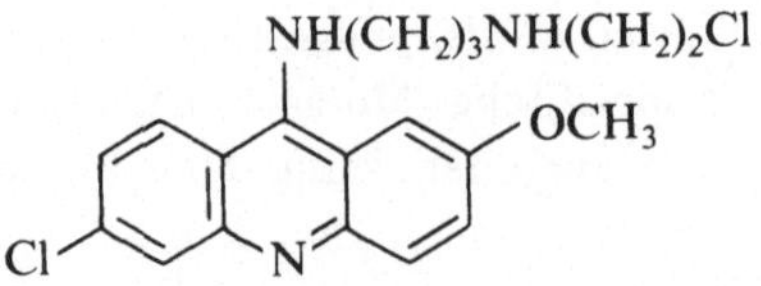 $NH(CH_2)_3NH(CH_2)_2Cl$, OCH_3, Cl, N	Verursacht Rasterverschiebungen

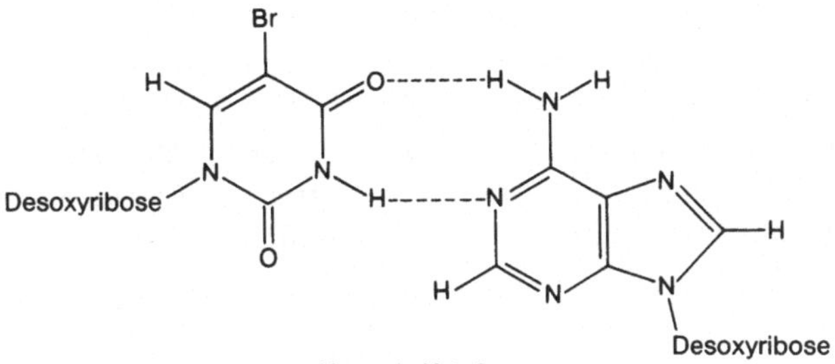

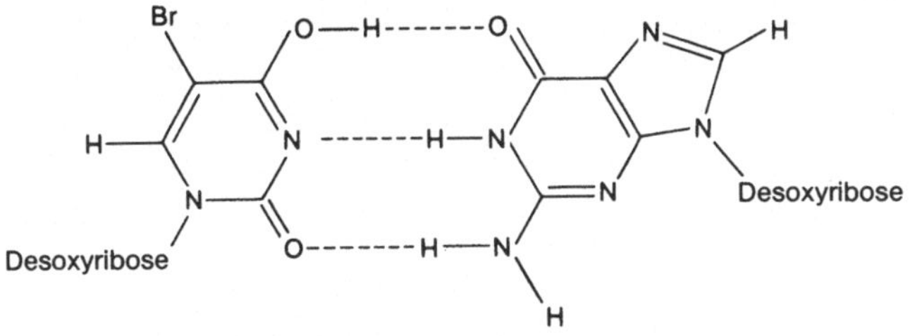

Normale Ketoform

Seltene Enolform

Abb. 3-5. Mögliche Wasserstoffbrücken-Bindungen von 5-Bromuracil. In beiden Fällen ist die Base links 5-Bromuracil. In ihrer Ketoform paart sie mit Adenin (oben), aber in der Enolform kann sie mit Guanin eine Paarung eingehen (unten). Die gestrichelten Linien stellen die Wasserstoffbrücken-Bindungen dar, die durchgezogenen Linien dagegen kovalente Bindungen

(MMS), und N-Methyl-N′-nitrosoguanidin (NG). Das letzte ist ein besonders wirkungsvolles Mutagen, das an der Replikationsgabel der DNA wirkt, indem es 7-Methyl-guanin produziert. In einer Kultur, die mit diesem Mutagen behandelt wurde, findet man bis zu 15% der Zellen für ein bestimmtes Merkmal wie z.B. die Maltose-Nutzung mutiert. In der Tat liegt das größte Problem bei der NG-Mutagenese in der Neigung zu multiplen Mutationen.

C Basenanaloge

Ein Basenanalog ist eine Chemikalie, die eine Ringstruktur ähnlich der einer normalen Nukleinsäurebase, aber nicht die gleichen chemischen Eigenschaften besitzt. Einige Basenanaloge wie 5-Bromuracil (5-BU) oder 2-Aminopurin (2-AP) sind auch Strukturanaloge und werden direkt in die DNA an Stelle der normalen Basen (Thymin bzw. Adenin) eingebaut. Sie neigen jedoch dazu, in ihren Wasserstoffbrücken-Bildungseigenschaften variabler zu sein (Abb. 3-5) und können daher bei der Replikation zu Fehlern führen, wenn sie selbst an falscher Position eingebaut werden, oder indem sie eine falsche Paarung verursachen, wenn sie als Matrize wirken. Zusätzlich können Basenanaloge die Sensitivität des Moleküls gegenüber anderen mutagenen Behandlungen erhöhen (so macht 5-BU die DNA z.B. anfälliger gegen UV-Strahlung).

Andere Typen von Basenanalogen wirken als interkalierende Agentien. Interkalieren bedeutet die Einlagerung zwischen zwei Basen; daher haben diese Chemikalien eine Ringstruktur ähnlich den Basen, aber kein Desoxyribosephosphat, mit dem sie in der

DNA gebunden werden könnten. Ein interkalierendes Agens kann sich während der Replikation in die DNA einlagern und dann verschwinden, wobei es im neu synthetisierten Strang eine Lücke hinterläßt, oder es kann sich in einen bestehenden Strang zwischen zwei Basen einlagern und dazu führen, daß der neu replizierte Strang eine zusätzliche Base in der Position hat, die dem Interkalationspunkt entspricht. Beispiele für interkalierende Agentien sind Acridin-Orange, Proflavin und die Senföle.

D Querverbindende Agentien

Einige Chemikalien führen zur Ausbildung von Querverbindungen innerhalb eines Strangs, die natürlich die DNA-Replikation so lange verhindern, bis sie repariert sind. Beispiele für solche querverbindenden Substanzen sind Mitomycin C und Trimethyl-Psoralen. Die letztere Verbindung wurde in großem Rahmen benutzt, da sie durch Bestrahlung mit Licht von 360 nm Wellenlänge aktiviert werden muß. Dies ermöglicht dem Experimentator eine gute zeitliche Kontrolle über die Querverbindungsvorgänge.

E Transposons

Transposons sind DNA-Einheiten, die von einem DNA-Molekül zum anderen wandern, wobei sie sich fast zufällig inserieren. Sie werden ausführlicher in 11.II.C besprochen. Sie sind ebenso dazu fähig, DNA-Umlagerungen sowie Deletionen und Insertionen zu katalysieren (13.III.B). Ein ausgezeichnetes Beispiel hierfür ist der Phage Mu (6.III.E), der als Mutagen wirkt, indem er sich zufällig in eine Strukturregion der DNA durch Lysogenisierung einlagert, was zum Verlust der genetischen Funktion führt, die in diesem Abschnitt der DNA kodiert wird. Die entstandenen Mutationen sind stabil, da Mu normalerweise, im Gegensatz zu anderen Phagen, nicht induzierbar ist und daher nur selten die DNA wieder verläßt (6.VI). Diese Art der Insertion steht in totalem Gegensatz zu der von Phagen wie lambda, der eine sehr spezielle Stelle für die Integration seiner DNA besitzt.

F Mutator-Mutationen

Bestimmte Arten von Mutationen, die die Replikationsmaschinerie der DNA betreffen, haben mutagene Auswirkungen. Diese Mutationen beeinträchtigen die Genauigkeit der Replikation, scheinen die Polymerisationsfunktionen aber nicht einzuschränken. In *E. coli* wurden Mutanten isoliert, die dazu neigen, Transitionen, Transversionen, Deletionen oder Rasterverschiebungen zu produzieren.

V Der Ames-Test als Testsystem zur Mutagenese

Ames und Mitarbeiter befaßten sich mit dem Problem der Entdeckung kanzerogener (krebserzeugender) Stoffe in der Umwelt und der Kontrolle von Chemikalien vor ihrem kommerziellen Einsatz auf eventuelle karzinogene Effekte. Die traditionelle Methode hierfür ist der Test vermuteter Karzinogene in Tierversuchen. Dazu werden massive Dosen der Chemikalien benutzt, viel Zeit ist erforderlich, und große finanzielle

Mittel sind für diese Art von Tests notwendig. Aus diesen Gründen sind die Tierversuche für Routinetests nicht geeignet, auch wenn sie zur Bestätigung unverzichtbar sind. Nötig ist ein billiger, schneller Test zur Unterscheidung von wirksamen und unwirksamen Chemikalien, was der sogenannte **Ames-Test** erfüllt. Die theoretische Grundlage dazu ist die Beobachtung, daß fast alle direkt wirkenden nachgewiesenen Karzinogene (d.h. solche, die DNA angreifen, im Gegensatz zu indirekt hormonell wirkenden) gleichzeitig Mutagene sind. Die Umkehrung gilt allerdings nicht, denn nicht alle bekannten Mutagene sind Karzinogene. Statt die Chemikalien direkt auf Kanzerogenität zu testen, ist es daher möglich, sie auf Mutagenität zu prüfen. Chemikalien, die mutagen wirken, müssen dann weiteren Tests unterzogen werden, während Chemikalien, die keine mutagene Wirkung zeigen, als entweder nicht kanzerogen oder indirekt wirkend betrachtet werden.

Ames und seine Mitarbeiter konstruierten ein bakterielles System für den schnellen Test von Chemikalien auf mutagene Eigenschaften. Die bequemsten bakteriellen Systeme beinhalten eine positive Selektion für den gewünschten Vorgang; die Mutationsart, für die sie sich entschieden, war daher die Reversion, die Wiedererlangung eines genetisch kontrollierten Merkmals. Sie wählten die Reversion von Histidin-Mutationen in *Salmonella typhimurium* als Kriterium. In mehreren Jahren erhielten sie eine Sammlung von 13 mutanten Stämmen, die nur sehr selten zur Autotrophie revertieren und die verschiedene Typen mutagener Prozesse repräsentieren (3.III). Einige sind Leserasterverschiebungen, andere Aminosäuresubstitutionen, und einige sind Unsinn Mutationen.

Bei der Durchführung des Tests wird eine Platte ohne Histidin, aber mit allen anderen erforderlichen Nährstoffen, mit einem Rasen von Bakterien besprüht. In der Mitte der Platte wird eine kleine Menge der zu testenden Chemikalie aufgetragen. Die hohe Konzentration der Chemikalie tötet normalerweise die Bakterien in ihrer nächsten Nachbarschaft ab, wenn sie aber durch Diffusion verdünnt wird, können die Zellen wachsen, und äußere Regionen der Platte enthalten lebensfähige Zellen. Ist die Chemikalie kein Mutagen, werden durch das Fehlen von Histidin im Medium nur wenige oder gar keine Zellen wachsen. Wirkt die Chemikalie dagegen als Mutagen, so werden auf der Agaroberfläche in viel größerer Zahl Kolonien erscheinen als erwartet. Die Zahl der beobachteten Kolonien ist ein grober Maßstab für die Mutagenität (und damit der potentiellen Kanzerogenität) der getesteten Chemikalie.

In dieses Testsystem wurden noch weitere Verbesserungen eingeführt. Viele im menschlichen Körper absorbierten Chemikalien sind toxisch und müssen abgebaut werden, was vor allem in der Leber geschieht. Während dieses Abbaus kann eine harmlose Substanz in ein Karzinogen umgewandelt werden. Zum Standard-Test auf Mutagenität gehören daher nicht nur Tests mit der Reinsubstanz, sondern auch Tests mit der Chemikalie nach Vorbehandlung mit Enzymen aus homogenisierten Leberextrakten oder aus fäkalischen Bakterien. Wird erwartet, daß eine zu testende Substanz nicht in die Bakterienzelle eintritt, kann statt dessen ein Transfektionssystem verwendet werden. DNA aus speziell transduzierenden Phagen läßt sich in vitro mit der Substanz behandeln und dann zur Transfektion entsprechender *his*-Stämme von *Salmonella* verwenden.

Das Ames System zeigt in Vergleichstests mit bekannten Kanzerogenen hervorragende Vorhersagen, wobei grob 90% der bekannten getesteten Karzinogene identifiziert werden. Durch seine Schnelligkeit, Einfachheit und die niedrigen Kosten wird er wahrscheinlich zur Überprüfung potentieller Kanzerogene steigende Anerkennung finden.

VI Zusammenfassung

Die genetische Variation bei Bakterien geschieht durch Mutation in der gleichen Art wie bei eukaryontischen Organismen. Dies läßt sich durch den Fluktuationstest zeigen, durch die indirekte Selektion, durch Verstreichen der Platten oder Sib-Selektionsversuche. Die Raten, mit denen Mutationen in einer Bakterienkultur auftreten, können entweder durch direkte Zählung von Platten oder aus dem Fluktuationstest berechnet werden. Im letzteren Fall müssen bestimmte Voraussetzungen, wie Art und Verteilung der Mutationen innerhalb der Population, erfüllt sein. Eine Möglichkeit besteht in der Anwendung der Poisson-Verteilung, eine andere in der graphischen Lösung der Gleichung $M = d \times N_t \times \ln (N_t Cd)$.

Mutante Zellen können durch ein „Überprüfen von Hand" aufgefunden werden, aber gewöhnlich werden Anreicherungsmethoden eingesetzt. In einigen Fällen lassen sich die Phänotypen direkt selektionieren, in anderen Fällen ist eine indirekte Selektion mit Penicillin, das nur wachsende Zellen angreift, eine nützliche Methode. In jedem Fall ist es notwendig, der Segregations- oder phänotypischen Lag-Phase genügend Zeit zu lassen. Diese Lag-Phasen werden durch die mehrfachen Genkopien verursacht, die in wachsenden Zellen vorliegen und zu Dominanz-Beziehungen zwischen den mutierten und nicht-mutierten Produkten führen. Es gibt große Unterschiede im molekularen Mechanismus der Mutationserzeugung. Dazu gehören Basensubstitutionen, Insertionen, Deletionen und Rasterverschiebungen. Eine wichtige Unterklasse der Basensubstitutionen sind die Terminatoren, wo die Mutation zur Produktion eines verkürzten Polypeptids führt. Modifikationen in den tRNAs können zur Suppression von Basensubstitutionen oder Rasterverschiebungen führen, aber Insertionen und Deletionen können nur durch die Entwicklung eines neuen Stoffwechselwegs oder durch zusätzliche Insertionen und Deletionen supprimiert werden. Eine Vielzahl von Mutagenen wurde identifiziert. Dazu wurde in neuerer Zeit vor allem auch der Ames Test eingesetzt. Alle Mutagene verursachen irgendwelche Schäden in der DNA, die nicht richtig repariert werden können und so zu einer Mutation führen. Strahlenbehandlungen, Basenanaloge, querverbindende Reagentien, modifizierende Chemikalien, Mutationen im Syntheseapparat der DNA und transponierbare Elemente wie der Phage Mu haben nachgewiesenermaßen mutagene Wirkung. Die Effizienz und Spezifität der Mutagene schwankt über einen weiten Bereich.

Literatur

Allgemein

Cox EC (1976) Bacterial mutator genes and the control of spontaneous mutation. Annu Rev Genet 10:135–156

Drake JW (1970) The molecular basis of mutation. Holden-Day, San Francisco

Marshall B, Levy SB (1980) Prevalence of amber suppressor-containing coliforms in the natural environment. Nature 286:524–525

Roth JR (1974) Frameshift mutations. Annu Rev Genet 8:319–346

Speziell

Adhya S, Gottesman M (1978) Control of transcription termination. Annu Rev Biochem 47:967–996

Cavalli-Sforza LL, Lederberg J (1956) Isolation of pre-adaptive mutants in bacteria by sib selection. Genetics 41:367–381

Drake JW (1969) Comparative rates of spontaneous mutation. Nature 221:1132

Fitzgerald G, Williams LS (1975) Modified penicillin enrichment procedure for the selection of bacterial mutants. J Bacteriol 122:345–346

Frankel AD, Duncan BK, Hartman PE (1980) Nitrous acid damage to duplex DNA: distinction between deamination of cytosine residues and a novel mutational lesion. J Bacteriol 142:335–338

Gorini L (1969) The contrasting role of *strA* and *ram* gene products in ribosomal functioning. Cold Spring Harbor Symp Quant Biol 34:101–111

Gorini L, Kaufman H (1960) Selecting bacterial mutants by the penicillin method. Science 131: 604–605

Lederberg J, Lederberg EM (1952) Replica plating and indirect selection of bacterial mutants. J Bacteriol 63:399–406

Luria SE, Delbrück M (1943) Mutations of bacteria from virus sensitivity to virus resistance. Genetics 28:491–511

Newcombe HB (1949) Origin of bacterial variants. Nature 164:150–151

Rossi JJ, Berg CM (1971) Differential recovery of auxotrophs after penicillin enrichment in *E. coli*. J Bacteriol 106:297–300

Kapitel 4

Der bakteriophage T4 als genetisches Modellsystem

Dieses Kapitel gibt zusammen mit den Kap. 5 und 6 einen Überblick über einige der best-untersuchten Bakteriophagen. Der Zweck dieser drei Kapitel ist, die Grundstruktur genetischer Prozesse zu zeigen, indem einige der einfachsten genetischen Systeme als Beispiele vorgeführt werden. Im Kap. 1 wurde unterschieden zwischen Phagen, die immer virulent sind, und solchen, die ihre lytische Reaktion mäßigen können und Lysogene bilden. Die Kap. 4 und 5 beschäftigen sich mit den intemperenten (d.h. virulenten) Phagen, während im Kap. 6 die Probleme der Lysogenie diskutiert werden. Die Einzelheiten wie die Regulation der Stoffwechselaktivitäten, die in diesem Kapitel besprochen werden, verschieben wir bis zum Kap 12.

Die frühe Arbeit an den Bakteriophagen, wie auch an anderen Aspekten der Bakteriengenetik, bekam ihren Anstoß und ihre Ausrichtung von Max Delbrück. Durch seine Beharrlichkeit konzentrierte sich die Mehrzahl der Forscher während der Entstehungsjahre der Phagengenetik auf nur ein oder zwei verschiedene Phagen. Die große Mehrzahl der frühen Arbeiten war auf den Bakteriophagen T4 ausgerichtet, ein Mitglied der T-Reihe der Phagen, die von eins bis sieben numeriert sind. Das Hauptgewicht dieses Kapitels wird ganz auf diesem Phagen liegen. Die anderen Phagen der T-Reihe, einschließlich den T4 sehr ähnlichen Phagen T2 und T6, werden in Kap. 5 besprochen.

I Morphologie und Aufbau

T4 ist ein besonders komplexer Phage und den meisten Studenten aus Lehrbuchabbildungen bekannt. Er hat einen länglichen Kopf von 80 auf 120 nm Größe und einen kontraktilen Schwanz, der 95 auf 20 nm mißt (Abb. 4-1a). Die unterschiedlichen spezifischen Strukturen, aus denen das **Virion** aufgebaut ist (das Phagenpartikel), sind in Abb. 4-1b gezeigt.

Der Hauptteil des reifen Virions besteht aus zusammengelagerten Proteinuntereinheiten, aber es gibt auch wichtige Nicht-Protein Bestandteile. Darunter fallen lineare, doppelsträngige DNA-Moleküle von $1{,}3 \times 10^8$ Dalton ($1{,}7 \times 10^5$ Nukleotidpaare), die im Kopf vorliegen, bestimmte Polyamine (Putrescin, Spermidin und Cadaverin), die mit der DNA assoziiert sind, ATP und Calcium-Ionen, die man in Verbindung mit der Schwanzhülle findet, und an die Grundplatte assoziiertes Dihydropteroylhexaglutamat.

Eine Besonderheit des Phagen T4 ist seine DNA-Zusammensetzung. In der DNA sind alle Cytosin-Reste durch Hydroxymethyl-Cytosin (Abb. 4-2) ersetzt, eine Base, die normalerweise in *E. coli* nicht vorkommt. Diese Base besitzt die gleichen Wasserstoffbindungseigenschaften wie normales Cytosin und hat daher keine Auswirkungen

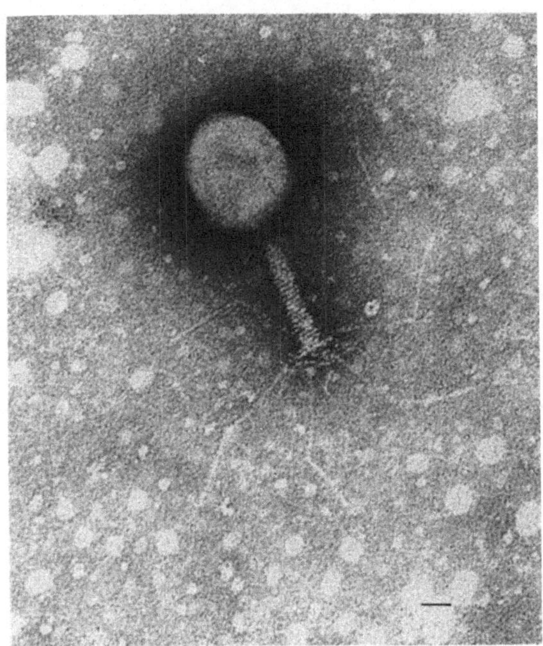

(a)

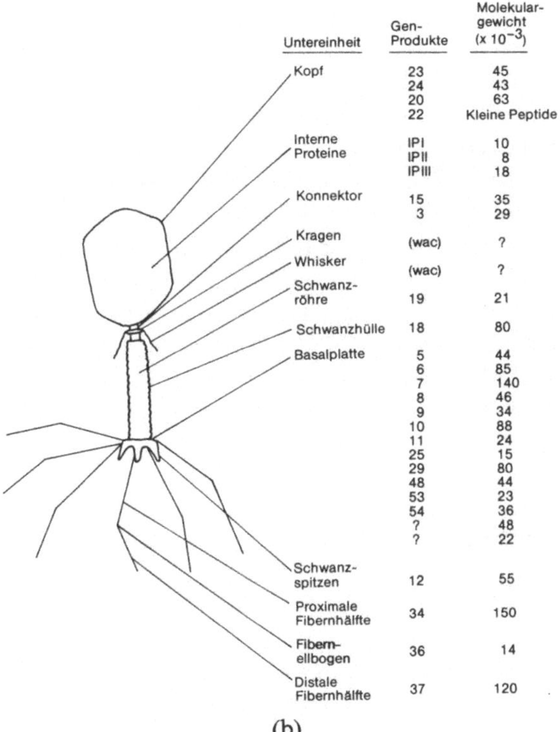

(b)

Abb. 4-1. **a** Elektronenmikroskopische Abbildung des T4-Virions, negativ gefärbt mit Kalium-phosphowolframsäure. Der Balken entspricht 25 nm. Länge. Aufnahme von A. Birge. **b** Schematische Darstellung des T4-Virions mit den Hauptbestandteilen, der Zahl und Bezeichnung der Proteine, die jede Untereinheit bilden, und der Proteingröße, soweit bekannt. Die Bezeichnung *wac* ist die Abkürzung für „whisker antigen control". Aus Mathews (1977)

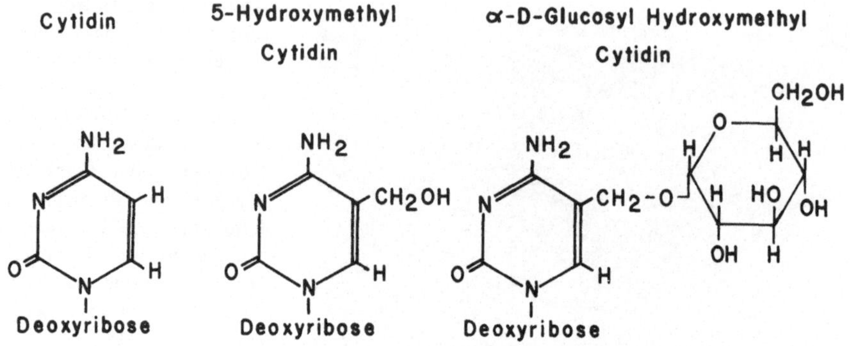

Abb. 4-2. Cytidin-Formen in T4 infizierten Zellen. Die Strukturformel der normalen Base ist links gezeigt, die aufeinanderfolgenden T4-Modifikationen rechts. Obwohl der Glucose-Teil in α-Bindung dargestellt ist, tritt auch die β-Bindung auf. Die Phagen T2 und T6 können ein zweites Glucosemolekül, gebunden an das erste in α-Bindung, hinzufügen (5.I.B)

auf den genetischen Code; sie bietet aber reaktive Stellen, an die ein Molekül Glucose (in 70% der Fälle in β-Bindung und in 30% aller Fälle in α-Bindung) gebunden werden kann. Diese beiden Unterschiede gestatten eine eindeutige Differenzierung der Phagen-DNA von der DNA der Wirtszelle in verschiedenen Experimenten. Sie zeigen auch wichtige physiologische Funktionen. Das Hydroxymethyl-Cytosin ist für die Expression bestimmter später Funktionen (s.u.) notwendig, während die Glucose-Teile die Restriktion der Phagen-DNA durch die Wirtszelle verhindern (**Restriktion** bedeutet der Abbau der fremden DNA durch spezielle Wirts-Enzyme, die in 14.I.A diskutiert werden).

Von einem Virion mit einem Genom der Größe von T4 kann man erwarten, daß es eine große Zahl von Proteinen produziert, wovon viele enzymatisch aktiv sind. Die meisten davon stehen natürlich mit der intrazellulären Aktivität des Phagen in Zusammenhang. Dennoch wurden enzymatische Aktivitäten identifiziert, die sowohl im freien Virion als auch im Cytoplasma einer infizierten Zelle vorkommen. Einige dieser Enzyme sind in Tabelle 4-1 mit ihren vermuteten Funktionen bei der Infektion aufgeführt. In vielen Fällen ist ein funktionelles Enzym für die normale Infektiosität nicht erforderlich, was bedeutet, daß andere Wege existieren müssen, die die gleiche Funktion erfüllen. Veränderungen in der Proteinstruktur führen jedoch auch zu physiologischen Veränderungen. So zeigen z.B. die Stämme T4B (Benzer) und T4D (Doermann) geringe Unterschiede in der Aktivität der Dihydrofolatreduktase, was sich anscheinend in dem Tryptophanbedarf für die Entfaltung der Schwanzfibern bei T4B, aber nicht bei T4D äußert.

II Die Physiologie der Phageninfektion

A Experimentelle Methoden

Phageninfizierte Zellen lassen sich mit verschiedenen Methoden untersuchen. Das Vorhandensein eines Virions in einer Probe kann dadurch gezeigt werden, daß man sie einer Kultur phagensensitiver Bakterien hinzufügt und dann das Gemisch in einer

Tabelle 4-1. Mit dem T4-Virion[a] verbundene virusspezifische Enzymaktivitäten

Enzyme	Lokalisation und/oder Funktion
Dihydrofolat-reductase	Lokalisiert in der Basalplatte, spielt eventuell eine Rolle bei der Entfaltung der Schwanzfibern
Thymidilat-synthetase	In der Basalplatte gefunden; zur Infektiosität notwendig
Lysozym	Eventuell spielt es eine Rolle bei der Penetration der Zellwand
Phospholipase	Spielt eventuell eine Rolle bei der Lyse der Wirtszelle
ATPase	Mit der Schwanzhülle assoziiert; vermutlich am Kontraktionsprozeß beteiligt
Endonuklease V	Excisionsreparatur (13.I.A) von Phagen- oder Wirts-DNA
alt Funktion	Veränderung der Wirtszell-RNA-Polymerase

[a] Verändert nach Mathews (1977)

Weichagar-Schicht (0,6% Agar) plattiert. Da T4 virulent ist, lysieren die infizierten Bakterienzellen, wobei sie Virionen freisetzen, die dann andere sensitive Zellen infizieren können. Nimmt die Bakterienzahl zu, so gilt dies auch für die Phagen, indem sie ständig neue Bakterienzellen infizieren. Die mehrfachen Infektionszyklen ergeben ein Loch oder einen **Plaque** im sonst konfluenten (geschlossenen) Bakterienrasen. Aus leicht ersichtlichen Gründen wird dieser Test als **Plaque-Test** bezeichnet. Bei jedem Plaque nimmt man an, daß er einer einzigen phagen-infizierten Ursprungszelle entspricht, und er wird daher zu Zählzwecken wie eine Bakterienkolonie betrachtet. Um genauere Informationen über die Prozesse bei der Phageninfektion zu erhalten, wurden vier spezielle Techniken entwickelt: Das Ein-Stufen-Wachstums-Experiment, der Einzel-Wurf-Versuch, der Versuch der vorzeitigen Lyse und die elektronenmikroskopische Beobachtung.

Der **Ein-Stufen-Wachstums-Versuch** wurde von Ellis und Delbrück entwickelt und hängt von der synchronen Phageninfektion (alle phageninfizierten Zellen befinden sich zeitlich im gleichen Stadium des Infektionsprozesses) ab. Dies wird dadurch erreicht, daß man (1) entweder die Anheftung des Phagen an die Bakterienzelle auf eine kurze Zeitspanne begrenzt, oder (2) daß man die Bakterienkultur zuerst mit einem reversiblen Stoffwechselgift behandelt wie Kaliumcyanid, und dann der Kultur die Virionen zusetzt. Im letzteren Fall durchlaufen die Phagen zwar die frühen Stadien ihres Vermehrungszyklus, aber das Cyanid verhindert jede Makromolekülsynthese. In beiden Fällen werden nach entsprechender Zeit alle nicht adsorbierten Phagen dadurch eliminiert, daß man die Kultur entweder bis an den Punkt verdünnt, wo Zusammenstöße zwischen Phagen und Bakterien unwahrscheinlich werden, oder daß man mit phagenspezifischem Antiserum neutralisiert. Wenn Cyanid verwendet wird, muß es aus der Kultur ausgewaschen werden, damit der Stoffwechsel wieder anlaufen kann.

Die Zeit des Waschens oder Verdünnens wird zum Zeitpunkt Null, nach dem aus der Kultur zu verschiedenen Zeiten Proben entnommen, mit Indikator- (phagensensitiven) Bakterien gemischt und auf infektiöse Zentren (plaque forming units, PFU) getestet werden.

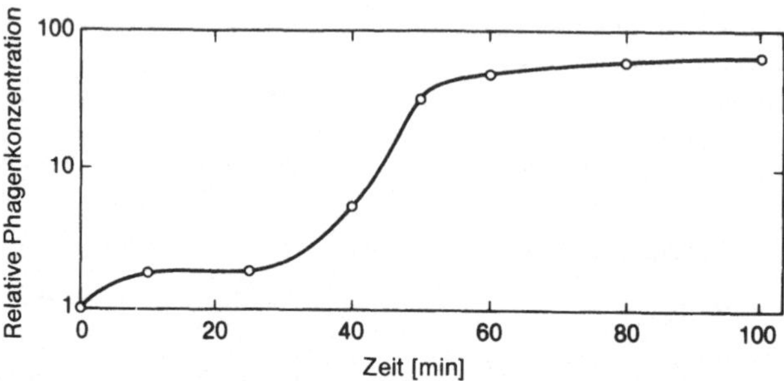

Abb. 4-3. Ein-Stufen-Wachstumskurve. Einer Bakterienkultur wurde zum Zeitpunkt Null der Phage T4 zugegeben. Nach 10 min Adsorption wurde die gesamte Kultur 10^{-4} verdünnt, so daß die Wahrscheinlichkeit für weitere Kollisionen zwischen Virus-Partikeln und Bakterienzellen sehr klein wurde. Als die Freisetzung neuer Phagenpartikel begann, wurde die Kultur nochmals um 10^{-1} verdünnt, um einen neuen Vermehrungszyklus zu verhindern. Die Zeitspanne bis zu 25 min ist die Latenzphase, zwischen 25 und 45 min die Anstiegsphase, und nach 45 min die Plateauphase. Das ganze Experiment wurde bei 37°C durchgeführt. Nachzeichnung aus Ellis und Delbrück (1939), Abb. 3

Eine typische Kurve aus einem solchen Versuch ist in der Abb. 4-3 wiedergegeben. Die Kurve ist dreiphasig mit einer **Latenzphase** am Anfang, während der die Zahl der infektiösen Zentren konstant ist; darauf folgen die **Anstiegsphase** und das **Plateau**. Diese Ergebnisse werden so interpretiert, daß während der Latenzphase aus einer phageninfizierten Zelle, die einige Zeit nach dem Mischen und der Immobilisation mit Agar lysiert, ein infektiöses Zentrum entsteht. Der Weichagar sorgt dafür, daß die freigesetzten Virionen nicht mehr als ein paar Mikrometer diffundieren können, so daß nur ein einzelner Plaque entsteht. Während der Anstiegsphase beginnen die infizierten Bakterien der Kultur zu lysieren, bevor daraus eine Probe entnommen wird, so daß ein infektiöses Zentrum eine infizierte Zelle oder ein freies Virion darstellen kann. Nach Erreichen des Plateaus stellt ein infektiöses Zentrum nur ein freies Virion dar. Das Verhältnis zwischen der Zahl der infektiösen Zentren auf dem Plateau und der Latenzphase ergibt die mittlere Zahl an Phagen, die pro infizierte Zelle freigesetzt wurden. Diese Zahl wird häufig als mittlere **Wurfgröße („burst size")** bezeichnet.

Das **Einzelwurf-Experiment („single burst")**, das ebenfalls von Ellis und Delbrück entwickelt wurde, kann dazu eingesetzt werden, eher einzelne infizierte Zellen als Durchschnittswerte aus dem Ein-Stufen-Wachstums-Versuch zu untersuchen. Ziel dieses Versuchs ist, die Versuchsanordnung so zu gestalten, daß jedes Kulturröhrchen nur eine infizierte Zelle enthält. In diesem Fall stammen alle Phagenpartikel, die man nach abgeschlossener Lyse im Röhrchen findet, von einer Einzel-Wurf-Zelle. Um dies zu erreichen, wird eine Bakterienkultur mit einer sehr kleinen Zahl an Phagen beimpft, so daß die mittlere Zahl von Phagen pro Bakterium (die **Multiplizität der Infektion** oder MOI) weniger als eins beträgt. Die Verteilung infizierter Zellen in kleinen Proben, die der Kultur entnommen wurden, läßt sich durch die Poisson-Verteilung (2.IV) beschreiben. Wählt man die Probengröße entsprechend, so wird die Wahrscheinlichkeit, zwei oder mehr phageninfizierte Zellen pro Probe zu erhalten, sehr klein. Die Proben werden zur Reduzierung der Zelldichte verdünnt und dann einige Stunden inkubiert. Während der Inkubation lysiert jede infizierte Zelle, aber die freigesetzten Phagenpartikel sind durch die niedrige Kulturdichte (bei Kulturen mit weniger als 10^6 Teilchen/ml

Tabelle 4-2. Das Einzel-Wurf-Experiment von Ellis und Delbrück (1939)[a]

Kulturnummer	Zahl der Plaques	Kulturnummer	Zahl der Plaques
1	0	21	0
2	130	22	0
3	0	23	0
4	0	24	53
5	58	25	0
6	26	26	0
7	0	27	48
8	0	28	1
9	0	29	0
10	0	30	72
11	123	31	45
12	83	32	0
13	0	33	0
14	9	34	0
15	0	35	0
16	31	36	0
17	0	37	190
18	0	38	0
19	5	39	9
20	0	40	0

[a] Eine Kultur von *E. coli* wurde mit einer verdünnten Phagenlösung infiziert und dann mehr als 100fach verdünnt. 0,05 ml Aliquots wurden in extra Röhrchen gegeben und für 200 min inkubiert. Der gesamte Inhalt jedes Röhrchens wurde dann im Plaque-Test eingesetzt

wird die Wahrscheinlichkeit einer Kollision zwischen zwei beliebigen Teilchen verschwindend klein) nicht fähig, neue Zellen zu infizieren. Die Ergebnisse von Ellis und Delbrück sind in Tabelle 4-2 wiedergegeben. Nimmt man eine infizierte Zelle pro Röhrchen an, so ist die Schwankung der einzelnen Wurfgrößen enorm; sie variiert zwischen 1 und 190. Die mittlere Wurfgröße, aus 15 infizierten Röhrchen ermittelt, beträgt 883 Phagenpartikel/15 infizierte Röhrchen oder etwa 59 Phagenpartikel/Wurf. Die mittlere Wurfgröße läßt sich genauer bestimmen, wenn man die Wahrscheinlichkeit dafür, daß es mehr als eine infizierte Zelle pro Röhrchen gab, berücksichtigt. Dies kann man tun, indem man den Fall Null der Poisson-Verteilung als m bestimmt, die mittlere Zahl der infizierten Zellen pro Röhrchen (die sich zu 0,47 berechnen läßt). Da 40 Röhrchen in diesem Versuch verwendet wurden, ist die Zahl der infizierten Zellen, die man im ganzen Experiment erwartet, $40 \times 0{,}47 = 18{,}8$ infizierte Zellen, die auf 15 Phagenpartikel produzierende Röhrchen verteilt sein sollten. Der Überschuß der berechneten Zahl infizierter Zellen über die beobachteten 15 infizierten Röhrchen läßt darauf schließen, daß Proben mit zwei oder mehr infizierten Zellen aufgetreten sind (was erwartungsgemäß in 8% aller Fälle geschieht). Die neue mittlere Wurfgröße ergibt sich dann zu 883 Phagenpartikeln/18,8 infizierte Zellen, oder etwa 47 Phagen/infizierte

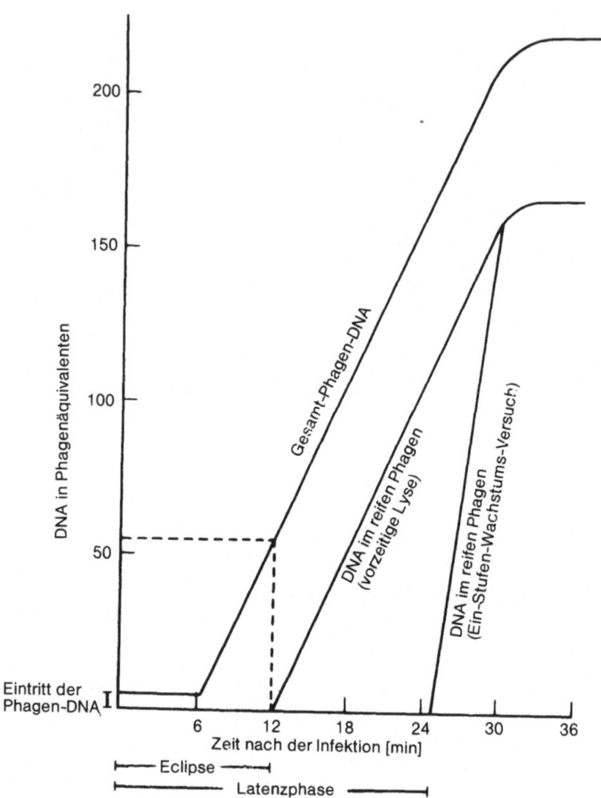

Abb. 4-4. Idealisierte Kurven der Kinetik der Synthese von Phagen-DNA in Bakterien bei Infektion mit einem der geradzahligen T-Phagen. Die in verschiedenen Versuchen beobachtete DNA-Menge ist in Phagen-Äquivalenten ausgedrückt, was im Fall der DNA, die man im reifen Phagen findet, der tatsächlichen Zahl der infektiösen Virionen entspricht. Die „Gesamt-Phagen-DNA" bezieht sich sowohl auf die DNA innerhalb der Virionen als auch auf die DNA im Cytoplasma der Zelle. Die „DNA in reifen Phagen" bezeichnet die Moleküle, die man in infektiösen Virions findet. Nach: Hayes, W. (1968) The genetics of bacteria and their viruses. Blackwell, Oxford

Zellen. Beide Werte für die mittlere Wurfgröße stimmen mit den Werten aus Ein-Stufen-Wachstumsversuchen überein. Die Phageninfektion ist daher ein sehr komplexer Prozeß und vielen äußeren Einflüssen unterworfen, die ihre Effizienz beeinflussen. Die drei höchsten Werte aus der Tabelle 4-2 (die 8% der Proben darstellen) wurden verworfen, weil sie Mehrfach-Infektionen darstellen. Trotzdem schwankt die Wurfgröße noch zwischen 1 und 83.

Das **Experiment der vorzeitigen Lyse** wurde von Doermann entworfen. Er änderte ein Standard-Ein-Stufen-Wachstumsexperiment ab und behandelte zu verschiedenen Zeiten entnommene Proben so, daß alle Zellen in der Kultur lysierten. Die Lysate wurden dann auf das Vorhandensein freier Phagenpartikel getestet. Die Lyse der Zellen läßt sich durch Schütteln mit Chloroform oder durch Superinfektion mit T6-Phagen bei sehr hoher Multiplizität (etwa 100) erreichen. Die T6-Phagen verursachen die Lyse der Zellen dadurch, daß sie alle gleichzeitig versuchen, ihre DNA zu injizieren, bevor die T6-Infektion auch nur initiiert werden kann (Lyse von außen, „lysis from without", im Gegensatz zur Lyse von innen, wie sie bei einer abgeschlossenen Phageninfektion verursacht wird). Die Kurve, die Doermann erhielt, ist in Abb. 4-4 gezeigt. Unter diesen Versuchsbedingungen konnten bis 12 min nach der Infektion keine infektiösen Phagenpartikel nachgewiesen werden. Diese bestimmte Phase des Vermehrungszyklus', die Periode, in der es keine nachweisbaren infektiösen Phagenpartikel in der Kultur gibt, wird als **Eklipse** bezeichnet. Ein Versuch von Hershey und Chase mit Phagenpartikeln, die verschiedene radioaktive Markierungen im Protein (^{35}S) und der DNA (^{32}P) trugen, ergaben, daß nur die Phagen-DNA in die Zellen eindringt. Das vorzeitige Lyse-Experiment zeigt, daß reine Phagen-DNA nicht infektiös ist, weshalb die Dauer der Eklipse die Zeit darstellen muß, die für die Bildung einer neuen Proteinhülle für das Virus nötig ist.

Die Produktionsrate infektiöser Phagenpartikel ist in diesem Experiment nicht exponentiell wie bei der Freisetzung der Phagen in einem Ein-Stufen-Wachstums-Versuch, sondern eher arithmetisch. Die arithmetische Wachstumsrate während des verbleibenden Teils der Latenzphase zeigt, daß infektiöse Phagenpartikel einzeln erscheinen, als ob sie durch Zusammenbau und nicht durch eine Art Teilungsprozeß gebildet würden, wie man es in einer Bakterienkultur beobachtet, in der zwei neue Zellen aus einer alten entstehen.

Als sehr nützliches Hilfsmittel zum Verständnis der Wechselwirkungen zwischen Phagen und Bakterienzellen erwies sich das Elektonenmikroskop. Es gibt zwei Grundtechniken: Freie Phagen oder Teile davon können mit dem Negativ-Färbeverfahren wie in der Abb. 4-1 untersucht werden. Partiell gereinigte Fraktionen von Zellen oder Phagen wie Zellwandstücke oder Phagenpartikel ohne DNA (**Ghosts**), können mit der intakten Anheftungsstelle in Wechselwirkung gebracht werden, um frühe Vorgänge in der Adsorption der Virionen an die Bakterien zu untersuchen. Um die inneren Wechselwirkungen zwischen Viruskomponenten und Zellwand und -membran zu zeigen, kann man außerdem phageninfizierte Zellen dünnschneiden.

B Vorgänge während der Anlagerung und der Eklipse der Virionen

Aus Versuchen wie den oben beschriebenen läßt sich ein klares Bild vom Verlauf der T4-Infektion geben. Die einzelnen Prozesse sind in der Abb. 4-5 zusammengefaßt. Die Aktivität setzt ein, wenn die Schwanzfibern der Basalplatte an spezielle Rezeptor-Stellen auf der Zelloberfläche binden (Adsorption). Das Phagenpartikel wird heruntergezogen, so daß die Spitzen der Basalplatte mit der Außenfläche der Zelle in Kontakt treten. Ist der Kontakt hergestellt, so kontrahiert sich die Schwanzhülle, und der Stopfen in der Mitte der Basalplatte wird entfernt, was dem eigentlichen Schwanz das Eindringen in die Zellwand ermöglicht. Die lineare DNA wird in die Wirtszelle injiziert, und die Infektion ist in vollem Gange.

Sobald die DNA des Phagen T4 in die Zelle eintritt, beginnt die Transkription. Die phagenspezifischen RNAs werden nach der Zeit, zu der ihre Synthese bei 30°C erstmals auftritt, in vier Zeitklassen eingeteilt: **sofort früh** (30 s), **verzögert früh** (2 min), **halbspät** (6 min) und **spät** (9 min). Wie zu erwarten, sind die frühen Transkripte für die Etablierung der Infektion verantwortlich, während die späten Transkripte am Zusammenbau der Nachkommen-Virionen beteiligt sind. Zu den beiden Gruppen früher RNAs gehören acht Arten von tRNA-Molekülen, die normalerweise von *E. coli* nicht in großen Mengen hergestellt werden, sowie mRNAs. Fast alle frühen Transkripte sind dem *l*-Strang der T4-DNA komplementär. Er ist als der Strang definiert, der am schnellsten an ein RNA-Copolymer aus Guanin- und Uridinresten (Poly UG, 6.II.C) bindet. Im Gegensatz dazu wird die halbspäte RNA von beiden Strängen transkribiert, während die späte RNA vorwiegend dem *r*-Strang komplementär ist.

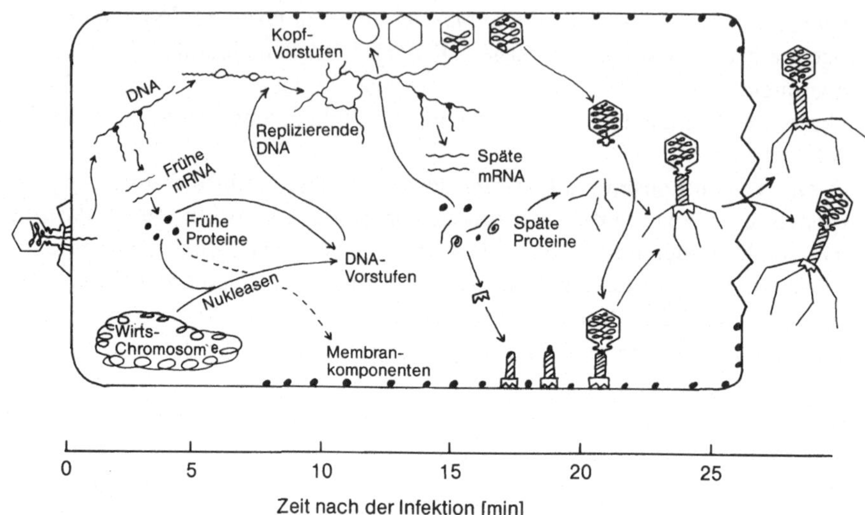

Abb. 4-5. Die Zeitfolge der Vorgänge während einer T4-Infektion. Es wird angenommen, daß sich das infizierende Virion zum Zeitpunkt Null mit dem linken Ende an die Zelle anlagert. Die Position jedes Prozesses oder jeder Struktur entlang der horizontalen Zellachse gibt den Zeitpunkt wieder, an dem er/es gewöhnlich auftritt. Die vertikalen Verschiebungen werden benutzt, um das Vorhandensein getrennter Vorräte von zusammengebauten Kopf- und Schwanz-Unterstrukturen zu zeigen. Aus Mathews (1977)

Der Unterschied zwischen der sofort frühen und der verzögert frühen RNA liegt offensichtlich in der genetischen Position. Die strukturelle (genetische) Information für die verzögerte Klasse liegt physikalisch hinter der frühen Klasse und wird daher später transkribiert. Die hier auftretende Regulation könnte dem Antiterminationssystem des Phagen lambda (12.II.B) ähneln. Die Synthese der späten RNA erfordert im Gegensatz dazu die abgeschlossene DNA-Replikation und das Vorliegen von Hydroxymethyl-cytosin in der zu transkribierenden DNA. Ohne diese beiden Voraussetzungen wird die späte RNA nur mit niedriger Rate oder überhaupt nicht produziert. Die Synthese der halbspäten RNA ist anormal, und die Grundlage für das Auftreten dieser Klasse ist nicht voll verstanden, da sich die *r*-Strang-Transkripte mit Ausnahme der Reihenfolge genau wie späte RNA verhalten, während sich die *l*-Strang-Transkripte bis auf den zeitlichen Ablauf wie frühe RNA verhalten.

Die Transkriptionsprodukte der verschiedenen mRNAs sind ganz verschiedene Polypeptide. Einige werden als Bausteine für neue Phagenpartikel benutzt, während andere für tiefgreifende Veränderungen in den Wirtszellkomponenten eingesetzt werden. Obwohl die DNA-Replikation weiterläuft, wird die Wirts-DNA durch die Endonukleasen II und IV und durch die Produkte zweier Gene, die nicht charakterisiert sind, aber mit 46 und 47 bezeichnet werden, schnell abgebaut. Die entstehenden Nukleotide werden zur Herstellung von T4-DNA wieder verwendet. Dieser Prozeß ist für die Phagenvermehrung nicht essentiell, da Phagen mit Mutationen in den Enzymen, die diesen Abbau katalysieren, noch vermehrungsfähig sind. Sie stellen dann ihre DNA aus Nukleotiden her, die de novo synthetisiert werden. Die Wirts-RNA-Polymerase-Komplexe werden verändert, zuerst durch Anlagerung von ADP-Ribose und später durch

Modifikation der β- und β'-Untereinheiten. In der späten Phase der Infektion werden an die Komplexe noch zusätzliche phagenspezifische Polypeptide angelagert. Auch Modifikationen des mRNA-Translationssystems treten auf. Die Valyl-tRNA-Synthetase von *E. coli* wird z.B. nach Phageninfektion dimerisiert, und neue Polypeptide, die die Regulation der Translation bestimmter mRNAs beeinflussen, werden an die Ribosomen angelagert.

Weitere Polypeptide werden zur Abänderung des Stoffwechsels der Wirtszelle benutzt. So werden Enzyme hergestellt, die Cytosin- und Uridin-tri- und -diphosphate zu ihren Monophosphaten abbauen (Nukleosid-di- und -triphosphatase); um Hydroxymethyl-cytosin herzustellen (Desoxycytidilat-hydroxymethylase); um Thymin, Guanin und Hydroxymethyl-cytosin-triphosphate zu synthetisieren (Desoxynukleosid-monophosphatkinase); um die Hydroxymethyl-cytosinreste zu glukosilieren (Glukosyltransferase); und um bestimmte Adeninreste zu methylieren (DNA-Adenin-methylase). Außerdem werden acht Endonukleasen, die an der DNA-Reparatur beteiligt sind, und eine neue DNA-Polymerase produziert. Zudem tritt ein interessantes Sortiment an Enzymen auf, deren Rolle bei der Infektion unklar ist: DNA-Ligase (notwendig, aber normalerweise in der Wirtszelle vorhanden), RNA-Ligase (die benutzt werden könnte, um die Wirts-tRNAs zu modifizieren), Polynukleotidkinase und einige DNA-Phosphatasen.

All diese Vorgänge geschehen vor dem Ende der Eklipse. Sie führen zu einer Akkumulation von Bausteinen, die für den Aufbau neuer Virionen gebraucht werden. Die eigentliche Zusammenlagerung der infektiösen Phagen kennzeichnet das Ende der Eklipse. Wie oben schon gesagt, erfolgt der Zusammenbau linear, aber die Besprechung ihres Mechanismus wird verschoben, bis die genetische Organisation von T4 besprochen ist.

III Die genetische Organisation von T4

A Mutationstypen im T4-Genom

Die meisten biochemischen Reaktionen der Eklipse sind genetisch durch die entsprechenden Mutationen definiert. In der Mehrzahl der Fälle erwiesen sich diese Mutationen als konditional, meist als Kettenterminatoren (3.III.A), da die enzymatischen Funktionen für die erfolgreiche Infektion gebraucht werden. Diese Mutationen sind zwar für einen Genetiker sicher sehr nützlich, führen aber häufig zu Phänotypen, die schwierig zu testen sind. Die ersten genetischen Untersuchungen befaßten sich mit Mutationen, die allgemeine physiologische Merkmale betrafen und zu leicht identifizierbaren Phänotypen führten. Solche Mutationen werden als **Plaque-Morphologie-Mutationen** bezeichnet. Der normale T4-Plaque hat ein klares Zentrum mit einem Hof oder einer trüben Region darum. Der Hof ist das Gebiet, wo die Lyse nicht abgeschlossen ist. Einige Zellen sind lysiert, andere nicht, obgleich die Infektionen eigentlich synchron sein sollten. Dies wird durch ein Phänomen verursacht, das man als **Lyse-Inhibition** bezeichnet, und das auftritt, wenn eine mit T4 infizierte Zelle vor der Lyse durch einen anderen T4-Phagen re-infiziert (superinfiziert) wird. Der neue Phage verzögert (inhibiert) irgendwie die Lyse der Zelle, so daß die intrazelluläre Phagenproduk-

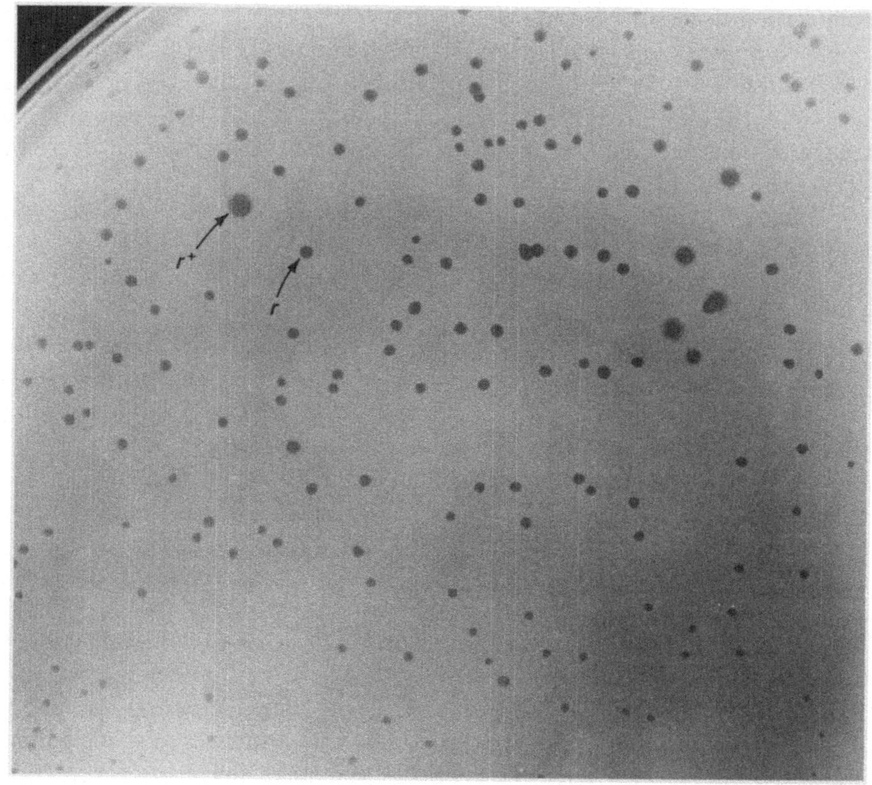

Abb. 4-6. Der *r* Phänotyp des Phagen T4B. Das Foto zeigt einige große Plaques mit „ausgefransten" Kanten, die von Wildtyp-Phagen stammen. Die kleinen scharfkantigen Plaques werden von *rIIA*-Phagen produziert

tion 60 min oder länger weiterlaufen kann. Die Wurfgröße ist dann natürlich enorm und kann 1 000 Phagen pro Zelle erreichen. Hershey isolierte mutante T4-Phagen, die als *r* bezeichnet werden (für „rapid lysis"), die gegen die Lyse-Inhibition nicht anfällig sind und deren Plaques daher scharfe Grenzen zeigen (Abb. 4-6). Nachkommen aus Kreuzungen zwischen r^+- und *r*-Phagen sind phänotypisch leicht zu untersuchen, da man nur die entstehenden Plaques betrachten muß. Die Experimente von Benzer, die unten vorgestellt werden, wurden nur mit „rapid lysis"-Mutanten durchgeführt.

B Genetische Kreuzungen

Die Grundstrategie für Phagenkreuzungen besteht darin, Zellen gleichzeitig mit zwei oder mehreren genetisch verschiedenen Phagen zu infizieren, die Zellen lysieren zu lassen und dann die Genotypen der Tochterphagen zu untersuchen. Die Rekombinationsfrequenz wird als die Zahl der Rekombinanten/Zahl der Minderheit der Parentalphagen berechnet. Dabei wird vorausgesetzt, daß, je größer der genetische Abstand zwischen zwei Mutationen ist, desto häufiger genetische Austausche dazwischen geschehen. Dicht gekoppelte Marker werden daher nur wenig Rekombination zeigen, wäh-

Tabelle 4-3. Ergebnisse einiger T4-Kreuzungen[a]

Kreuzung	Prozentsatz Rekombination
r47 × *r51*	5,4
r51 × *tu41*	23,7
r47 × *tu41*	25,0
tu44 × *r47*	36,1
tu44 × *tu41*	37,0
tu44 × *r51*	38,8

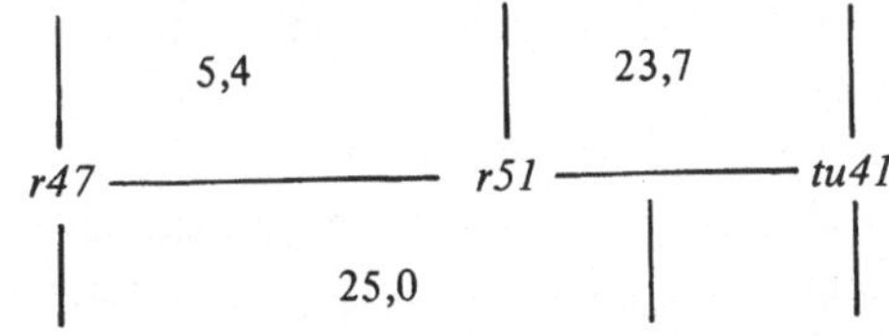

[a] Zwei *r*-Mutanten mit zwei „trüber Hof"-(turbid halo, *tu*) Mutanten wurden paarweise gekreuzt und der Prozentsatz rekombinanter Nachkommen durch Überprüfung der Plaques der Tochterphagen bestimmt. Diese Daten können nicht die Position von *tu44* (siehe Text) angeben. Daten aus: Doermann, A.H., Hill, M.B. (1953) Genetic structure of bacteriophage T4 as described by recombination studies of factors influencing plaque morphology. Genetics 38:79–90

rend ungekoppelte Marker die Frequenz von 50% erreichen, die für unabhängig vererbte Merkmale charakteristisch ist. Die Tabelle 4-3 zeigt Daten aus einem typischen Satz von T4-Kreuzungen. Die drei Mutationen *r47, r51* und *tu41* (eine temperatursensitive *r*-Mutation) scheinen nahe beeinander zu liegen und daher eine **Kopplungsgruppe** zu bilden (eine Gruppe genetischer Marker, die gemeinsam vererbt werden). Die Genanordnung für die gekoppelten Mutationen ist *r47-r51-tu41,* mit größerem genetischen Abstand zwischen *tu41* und *r51* als zwischen *r47* und *r51.* Jedes Mitglied dieser Kopplungsgruppe rekombiniert mit gleicher Frequenz mit *tu44,* das daher in einer zweiten Kopplungsgruppe liegen muß. Würde dies nicht zutreffen, so müßte man entweder von *r47* oder *tu41* eine niedrigere Rekombinationsfrequenz als bei den restlichen Mitgliedern der Kopplungsgruppe erwarten. Mit den gezeigten Daten ist es nicht möglich zu bestimmen, ob *tu44* rechts oder links von den anderen Mutationen liegt.

Zwei wichtige Probleme können auftreten, wenn bestimmte Mutantentypen in genetischen Phagenkreuzungen eingesetzt werden. Ein Problem liegt darin, daß viele mutante Phänotypen durch eine Folge nicht-allelischer Gene verursacht sind, was bedeutet, daß eine Mutation an irgendeiner von mehreren unabhängigen Stellen zum gleichen Phänotyp führt. Ein gutes Beispiel hierfür ist der Fall der oben besprochenen *r*-Mutationen. Obwohl *r47* und *tu44* ungekoppelt sind (und daher nicht identisch), verursachen sie den gleichen Phänotyp. Das zweite Problem liegt darin, daß der Einsatz von Mutationen, die die Adsorptionseigenschaften eines Phagen betreffen, zu einem phänotypischen Mischen führen. Das **phänotypische Mischen** läßt ein Virion entstehen, dessen DNA nicht für all die Proteine kodiert, die das Virion enthält. Das Mischen tritt auf, weil Virionen aus einem Vorrat an Bausteinen zusammengebaut werden und daher in einer Zelle, die mit zwei genetisch verschiedenen Phagen infiziert wurde (gemischte Infektion) die Möglichkeit besteht, daß DNA, die für einen Phänotyp kodiert, versehentlich in ein Phagenpartikel mit dem zweiten Phänotyp verpackt wird. Wird das entstehende Partikel wie im normalen Plaque-Test für mehr als einen Infektionszyklus verwendet, so verursachen die Verschiedenheiten von Genotyp und Phänotyp keine Unterschiede, da die DNA nach der nächsten Infektion korrekt verpackt wird und dann den dem Virion entsprechenden Phänotyp hat. Erfordert der Versuchsaufbau aber eine Selektion beim ersten Vermehrungszyklus, so können Phagenpartikel mit dem richtigen Genotyp nicht gefunden werden, weil sie den falschen Phänotyp haben.

Mit den berechneten Rekombinationsfrequenzen wie in der Tabelle 4-3 läßt sich eine Genkarte von T4 erstellen. Dies würde aber paarweise Kreuzungen zwischen allen Mutationen in einer gegebenen Region erfordern, um die Reihenfolge auf der Karte zu bestimmen. Bevor so aufwendige Untersuchungen notwendig wurden, entwickelte Benzer ein Kartierungssystem, das die paarweisen Kreuzungen auf nur wenige oder gar keine reduzierte und trotzdem eindeutige Zuordnungen der Mutationen auf der Genkarte zuließ.

Benzer begann damit, den normalen *cis-trans*-**Test** der Eukaryontengenetik für die Anwendung bei Bakteriophagen abzuändern. Das Verfahren bestand darin, Bakterienzellen gemischt mit zwei mutanten Phagen zu infizieren, die den gleichen Phänotyp besaßen, und zu überprüfen, ob die Infektion erfolgreich war (Abb. 4-7). Dies war der *trans*-Teil des Tests. Der *cis*-Teil bestand darin, ein Kontrollexperiment durchzuführen, wobei eine Zelle mit einem Phagen infiziert wurde, der beide Mutationen trug und mit einem anderen, der keine Mutation besaß. Im *cis*-Fall wäre zu erwarten, daß der Wildtyp-Phage die Genprodukte (RNA oder Protein) zur Verfügung stellt, die in mutanten Phagen defektiv waren. Dieses Produkt würde durch das Cytoplasma diffundieren und beiden Phagentypen die Vermehrung und Zellyse ermöglichen. Im *trans*-Fall, wenn die Mutation verschiedene „Gene" beträfe, würde jeder Phage ein anderes funktionelles Genprodukt zur Verfügung stellen (d.h. Komplementation träte auf), und die Phagen sollten erfolgreich infizieren. Beträfen beide Mutationen jedoch das gleiche „Gen", so wären die gleichen Genprodukte bei beiden Phagen defektiv, und keiner der Phagenpartikel wäre zur Vermehrung fähig. Tritt eine Komplementation auf, so wird der *cis-trans*-Test als positiv angesehen; geschieht dies nicht, so ist der Test negativ. Je nach dem Ausmaß, mit dem zwischen zwei Mutationen im *trans*-Test Rekombination auftritt, können die Ergebnisse verfälscht werden. Sie lassen sich aber dadurch einordnen, daß man die Phänotypen der Tochterphagen überprüft. Die Komplementation läßt nur die Parentaltypen der Phagen entstehen, während die Rekombination zu einigen Wildtyp-Phagen führt.

Die Ergebnisse aus vielen *cis-trans*-Tests waren für Benzer eindeutig genug, um einen neuen Ausdruck, das **Cistron**, vorzuschlagen. Er bedeutet die Region auf dem Genom, innerhalb der alle Mutationen negative *cis-trans*-Tests ergeben. Die Bezeichnung Cistron ist viel genauer als der Ausdruck Gen, da der letztere keine operationale Definition hat. Trotzdem ist der Ausdruck Gen nicht verschwunden und wird auch

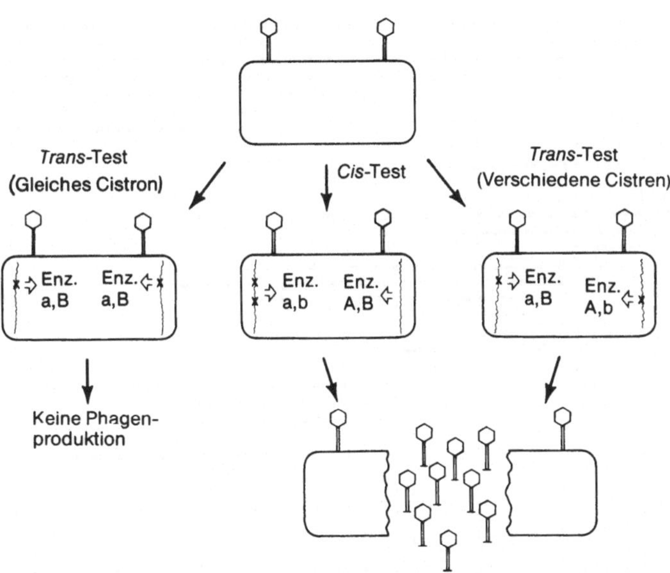

Abb. 4-7. Schematische Darstellung der Möglichkeiten eines *cis-trans*-Tests. Eine Zelle wird zunächst mit zwei genetisch verschiedenen Phagenpartikeln infiziert. In der zweiten Reihe sind drei verschiedene Anordnungen der Mutationen auf der injizierten DNA gezeigt, und in der dritten Reihe findet man zwei mögliche Ergebnisse der simultanen Infektion. Der Mutationsort auf der Phagen-DNA ist mit einem „X" gekennzeichnet. Mutante Proteine sind mit kleinen Buchstaben bezeichnet, funktionelle Proteine mit Großbuchstaben. Vorausgesetzt wird die freie Diffundierbarkeit der Proteinprodukte innerhalb der Zelle und das Erfordernis funktioneller A- als auch B-Proteine zur Herstellung neuer Virionen und der Zellyse

nicht verschwinden. In den meisten Fällen, wo die Bezeichnung Gen verwendet wird, läßt sie sich durch den Ausdruck Cistron ersetzen, und so werden auch die beiden Bezeichnungen im weiteren Verlauf dieses Buchs benutzt. Die Ein-Gen-Ein-Enzym-Hypothese von Beadle und Tatum wird so zur „Ein-Cistron-Ein-Polypeptid"-Hypothese usw. Der Ausdruck Gen wird reserviert für schlecht definierte DNA-Segmente wie die, welche man beim Spleißen von Genen einsetzt (Kap. 14).

Sind Mutationen einmal einem bestimmten Cistron zugeordnet, so besteht die nächste Aufgabe darin, die Reihenfolge der Mutationen innerhalb jedes Cistrons zu ermitteln. Um dieses Verfahren aufzuzeigen, befaßte sich Benzer speziell mit der *r*II-Region von T4, von der er zeigte, daß sie aus zwei Cistren besteht; die Technik ist jedoch allgemein anwendbar. Notwendig ist nur eine große Zahl von Deletionsmutationen in der zu untersuchenden Region. Deletionsmutationen lassen sich leicht identifizieren, denn sie können niemals zum Wildtyp revertieren. Überlappen zwei Deletionsmutationen, d.h. haben sie etwas vom gleichen genetischen Material verloren, so ist eine Rekombination zweier deletierter DNAs zum Wildtyp nicht möglich. Bei einer Kreuzung zwischen zwei überlappenden Deletionsmutationen wäre daher keine r^+-Nachkommenschaft zu erwarten, jedoch bei nicht-überlappenden Deletionen. Mit ähnlicher Argumentation ergibt sich, daß bei der Kreuzung einer Punktmutation (Missense, Nonsense, Leserasterverschiebung) mit einer Deletionsmutation keine r^+-Rekombinanten möglich sind, wenn die Punktmutation in der deletierten Region liegt. Liegt

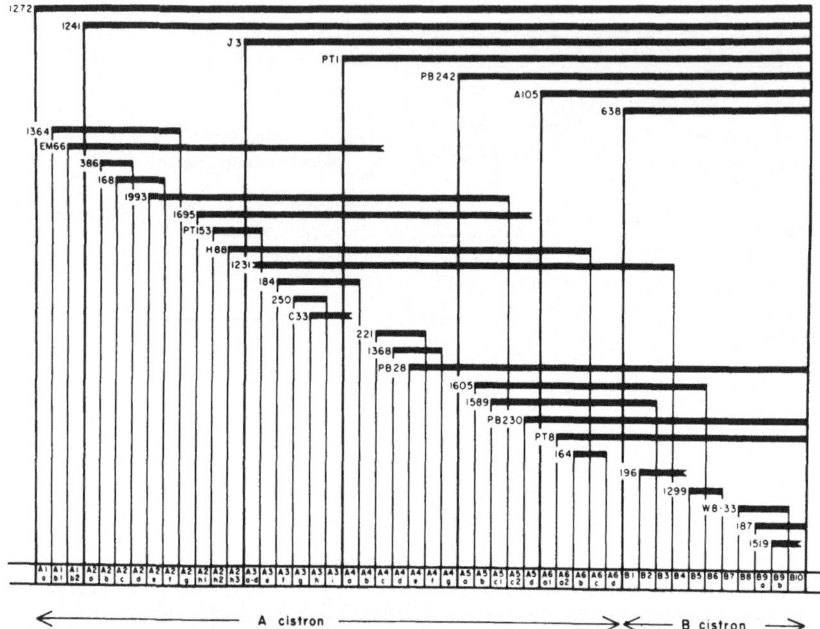

Abb. 4-8. Die Deletionen, die zur Unterteilung der *r*II-Region des T4-Genoms in 47 kleine Segmente verwendet wurden. Jede horizontale Linie stellt das deletierte Material in einer bestimmten Mutante dar. Ist das Ende der Deletion eingekerbt gezeichnet, so ist seine Position nicht genau bekannt, und es wurde nicht zur Definition eines Segments verwendet. Die *A*- und *B*-Cistren, die durch den *cis-trans*-Test definiert sind, fallen mit den gezeigten Teilen einer Rekombinationskarte zusammen. Nach Benzer (1961)

sie außerhalb der Deletion, so entstehen r^+-Rekombinanten mit einer Häufigkeit, die vom Abstand zwischen der Punktmutation und dem nächsten Ende der Deletion abhängt. Je größer der Abstand, desto mehr Rekombinanten sind zu erwarten.

Das Protokoll zu Benzers Kartierung erfordert eine Reihe von überlappenden Deletionen, deren Anordnung durch Kreuzung mit bekannten Punktmutationen und mit Deletionen untereinander, sowie in der Tabelle 4-3 beschrieben, sein muß (wobei man beachten muß, daß es unmöglich ist, zwischen links und rechts zu unterscheiden, da es keine Kartierungshilfe gibt wie das Centromer auf einem DNA-Molekül). Der Satz an Deletionen, der von Benzer benutzt wurde, ist in der Abb. 4-8 angegeben. Die untere Gruppe an Deletionen konnte verwendet werden, um jedes bestimmte Fragment wie erforderlich zu unterteilen. Die Kreuzungen zwischen den Punktmutationen und den Deletionen konnten mit dem Spot-Test sehr schnell durchgeführt werden. Alle *r*II-Mutanten wachsen auf *E. coli*-Stamm B, aber nicht auf dem Stamm K 12 (λ^+), der den Phagen lambda lysogen enthält, und alle r^+-Phagen wachsen auf beiden Stämmen. Verschiedene T4-Phagenlysate, die vom Stamm B präpariert wurden, können paarweise getestet werden, indem man sowohl Phagen mit einer Punktmutation, als auch solche mit Deletionsmutationen zusammen auf einer Platte mit einem Bakterienrasen von K 12 (λ^+) dem Spot-Test unterwirft. Enstehen durch Rekombination r^+-Phagen, so läuft die Lyse ab und im Rasen entwickeln sich klare Zonen. Dies läßt sich gut überprüfen (Abb. 4-9).

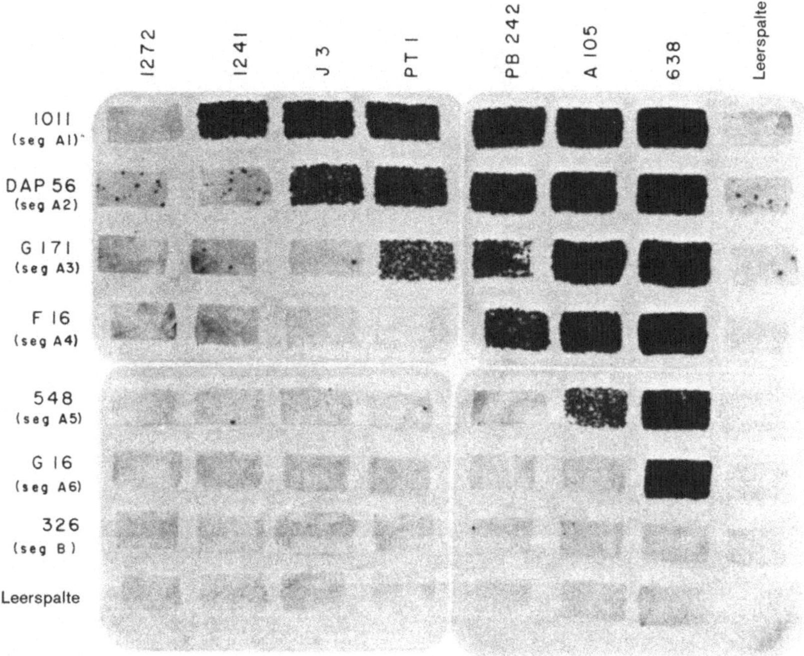

Abb. 4-9. Kreuzungen zur Kartierung der *r*II-Mutationen. Das Foto ist aus vier Platten zusammengesetzt. Jede Reihe zeigt eine gegebene Mutante, getestet gegen die Referenz-Deletionen, die in der Abb. 4-8 oben angegeben sind. Im Test ließ man beide Mutante *E. coli*-B infizieren. Mit einem Papierstreifen wurde dann etwas von der Kultur auf einen Rasen von *E. coli*-K-Zellen auf einer Platte gestrichen. Unter diesen Testbedingungen ist kein parentaler Phage fähig, sich auf *E. coli*-K zu vermehren. Hat jedoch in dem einen Vermehrungszyklus in *E. coli*-B Rekombination stattgefunden, so können sich die Nachkommen-Viren auf *E. coli*-K vermehren, was sich als klare Zone auf der Platte zeigt. Einzelne Plaques in den Leerspalten entsprechen spontanen Revertanten der Phagen. Die Mutante 1011 zeigte z.B. keine *r*II$^+$-Rekombinanten mit der Deletion 1272, aber mit allen anderen getesteten Deletionen. Die Mutation im Stamm 1011 liegt daher in der Region, die nur im Stamm 1272 deletiert ist. Aus Benzer (1961)

Unter Einsatz dieser Deletions-Kartierung konnte Benzer jede gegebene *r*II-Mutation in nur zwei experimentellen Schritten einem der 47 Fragmente zuordnen, indem er sie mit sieben großen Mutationen und einigen kleineren kreuzte. Letztendlich konnte die Kartierung dadurch abgeschlossen werden, daß er zwei oder drei Kreuzungen mit Punkt- (Marker-) Mutationen durchführte. Bei Abschluß der Arbeit hatte Benzer 2 400 unabhängig entstandene Mutationen (d.h. von 2 000 Kulturen) kartiert, die 304 verschiedene Stellen auf dem T4-Genom darstellten. Eine Karte, die die Häufigkeitsverteilung von 1 612 spontanen Mutationen zeigt, ist in Abb. 4-10 dargestellt. Dies war eine genetische Analyse im reinsten Sinn, denn Benzer schloß die ganze Untersuchung ab, ohne jemals etwas über die Biochemie der Genprodukte zu erfahren, die er untersuchte. In der Tat vergingen mehr als zehn Jahre, bevor zwei Proteine, die in der Zellwand infizierter Bakterien auftreten, als die Produkte der *r*II-Region identifiziert wurden.

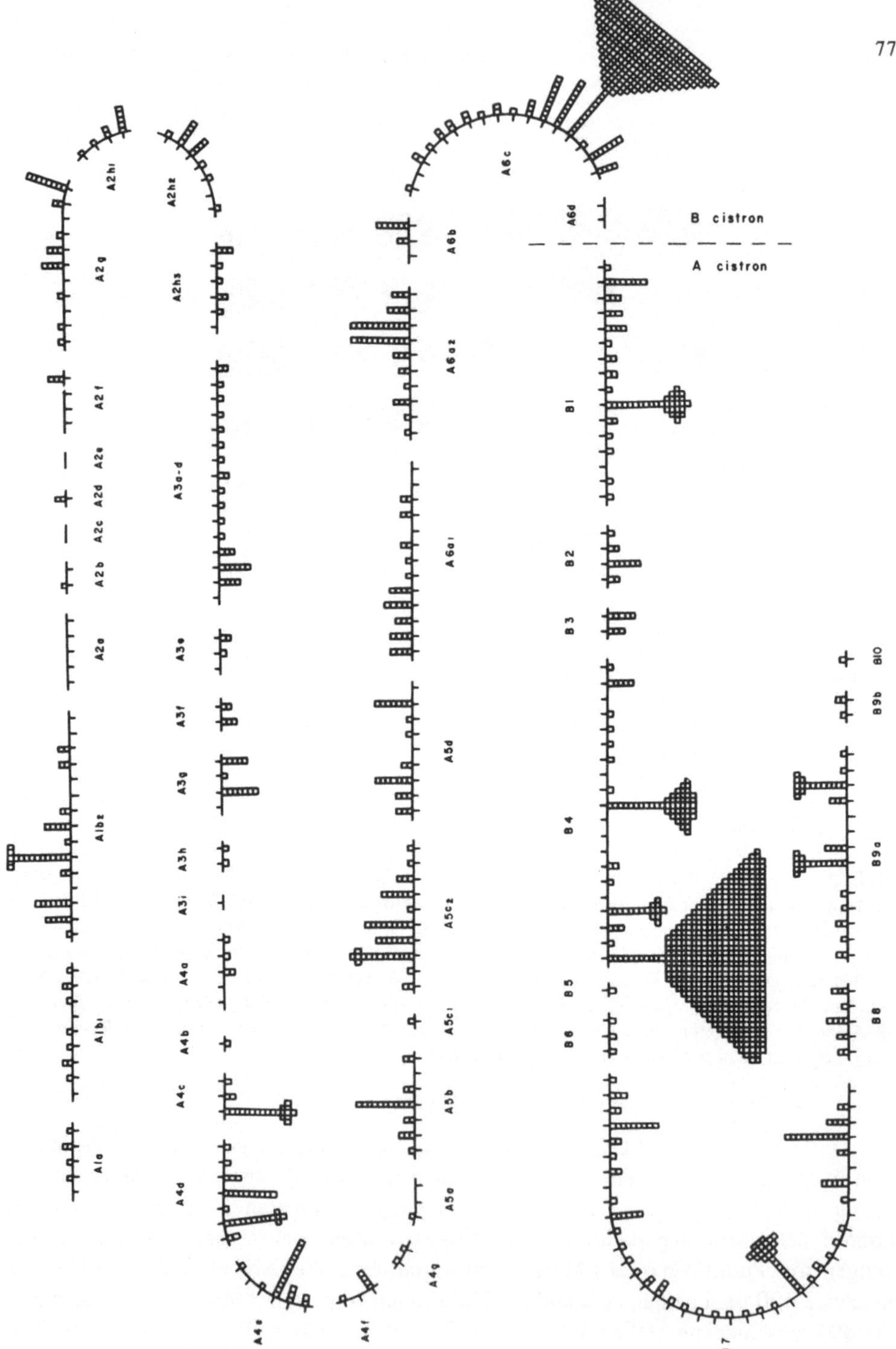

Abb. 4-10. Topographische Karte der Spontanmutationen in der *r*II-Region. Jede Mutante entstand unabhängig in einem Plaque des Standard T4B oder verschiedener *r*II-Mutanten. Jedes Quadrat repräsentiert eine Mutation an der entsprechenden Stelle. Durch induzierte Mutationen und ein paar andere ausgewählte Spontanmutationen weiß man, daß es auch Stellen gibt, bei denen keine Mutationsereignisse auftraten. Jedes Segment der Karte ist durch Kombinationen der Deletionen von Abb. 4-8 definiert. Die Anordnung der Stellen in einem Segment ist willkürlich, ließe sich aber durch Kreuzungen wie in der Tabelle 4-3 festlegen. Aus Benzer (1961)

Noch zwanzig Jahre später erscheint Benzers Analyse als das Äußerste an genetischer Feinstruktur-Kartierung. Dennoch wurden aus der Analyse der Daten neben der Erstellung der genetischen Karte der *r*II-Region noch andere wichtige Konzepte entwickelt. Obwohl heute allgemein akzeptiert wird, daß genetische Karten lineare Strukturen sind, war die Frage der Linearität noch keineswegs gelöst, als Benzer seine Experimente begann. Bis zur Entwicklung der Elektronenmikroskopie von DNA waren Karten wie die in der Abb. 4-10 der einzige wirkliche Hinweis für die Linearität.

Durch Vergleich der Häufigkeitsverteilungen der Mutationen an verschiedenen Stellen in der *r*II-Region ähnlich wie in Abb. 4-10 konnte Benzer zeigen, daß spontane Mutationen dazu neigen, an anderen Stellen aufzutreten, als durch Mutagene induzierte. Außerdem läßt sich prüfen, ob die Mutationen über die Cistren zufällig verteilt sind, indem man die Poisson-Verteilung (Gl. 2-6) mit der beobachteten Verteilung der mutierten Stellen vergleicht.

Hoch mutierbare Stellen scheinen danach zu häufig, was zeigt, daß Mutationen nicht rein zufällig geschehen, aber die Stellen, die nur ein- oder zweimal vertreten sind, entsprechen recht gut der Poisson-Verteilung. Da die Größen der Klassen $r = 1$ und $r = 2$ bekannt waren, konnte Benzer die Poisson-Verteilung benutzen, um die Wahrscheinlichkeit für den Fall $r = 0$ abzuschätzen, die Zahl der Stellen innerhalb der Cistren, an denen überhaupt keine Mutationen beobachtet wurden. Der berechnete Wert betrug 28%, was eine Absättigung der Karte zu 72% ergab (d.h. 72% aller möglichen mutierbaren Stellen waren identifiziert worden). Diese Daten bestätigen zusammen mit Abschätzungen der physikalischen Größe der *r*II-Region, daß die kleinste mutierbare Einheit auf dem Genom (das **Muton**) eine einzelne Base ist (3.III.A). Darüberhinaus zeigen sie, daß auch die kleinste Einheit der Rekombination (das **Rekon**) eine einzelne Base ist.

Unter Einsatz der Deletionskartierung, paarweiser Kreuzungen und physikalischer Kartierungstechniken, die in den Kap. 5 und 6 vorgestellt werden, läßt sich die Genkarte von T4 konstruieren (Abb. 4-11). Als Nullpunkt wird die Verbindung zwischen den Cistren *r*IIa und *r*IIb definiert, da diese genau festgestellt sind. Eine Kartierungseinheit entspricht 1% Rekombination in einer normalen Phagenkreuzung. Dabei wird angenommen, daß Kartierungsabstände von mehr als einer Einheit (1% Rekombination) im allgemeinen nicht additiv sind. Zwei Merkmale (Mutationen), die z.B. durch 9,5 Kartierungseinheiten getrennt sind, haben tatsächlich eine Rekombinationsfrequenz von 4%. Die Tatsache, daß die Karte zirkulär ist, die DNA dagegen linear, läßt sich aus der physikalischen Struktur der DNA erklären, die später besprochen wird.

Die T4-Daten erforderten eine Neufassung des traditionellen genetischen Ausdrucks Allel. Zwei oder mehr Merkmale, die den gleichen Phänotyp betreffen und am gleichen Locus kartieren, werden sowohl im funktionellen als auch im strukturellen Sinn als allelisch betrachtet. Benzers Daten zeigten jedoch klar, daß funktionelle Allele (im gleichen Cistron und daher den gleichen Phänotyp betreffend) nicht notwendigerweise strukturelle Allele sein müssen, da sie durch Rekombination getrennt werden können.

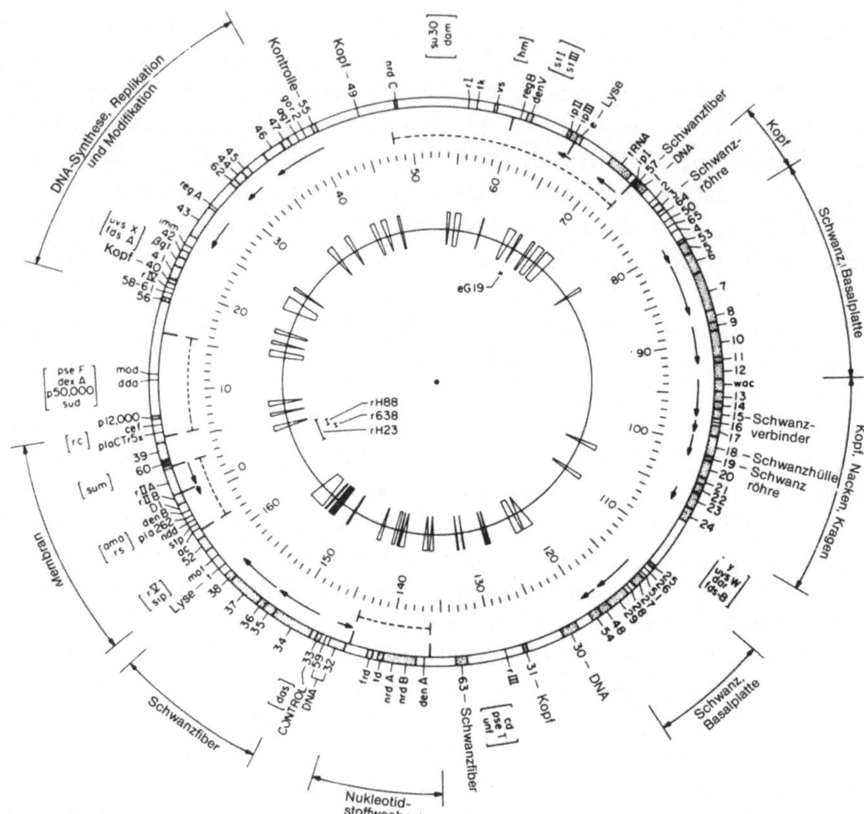

Abb. 4-11. Die genetische Karte des Bakteriophagen T4. Die zirkuläre numerische Skala zeigt die physikalischen Abstände von einem willkürlichen Nullpunkt in Kilobasen. Der innerste Ring ist eine Heteroduplex-Karte mit den nicht-homologen Regionen zwischen T4 und dem verwandten T2 (5.I.B). Markierte Bögen in diesem Ring zeigen die Positionen von Deletionen, die als Referenzstellen benutzt wurden (Abb. 4-8). Der auf die numerische Skala nach außen folgende Ring zeigt die Lokalisation der T4-Cistren. Dicke radiale Linien innerhalb der Karte geben Stellen an, die durch Heteroduplex-Kartierung von Deletionsmutanten im Elektronenmikroskop bestimmt wurden. Die Pfeile geben die Transkriptionsrichtung an; solche, die sich über mehr als ein Cistron erstrecken, zeigen Cotranskription. Gestrichelte zirkuläre Segmente entsprechen der maximalen Länge nicht essentieller Sequenzen, wie sie durch die Überlappung nicht-lethaler Deletionsmutationen bestimmt wurden. Aus Konvention erhalten die Cistren für essentielle Produkte numerisch Bezeichnungen, solche für nicht-essentielle Produkte dagegen Abkürzungsbezeichnungen. In allen Fällen wird ein Cistron als „Gen" betrachtet. Einige der Akronyme sind im Text angegeben, für andere muß die Original-Referenz nachgeschlagen werden. Balken in der Ringkarte zeigen die Minimallänge bei Cistren, deren Polypeptidprodukte identifiziert und in ihrer Größe bestimmt sind. Die Größe des Cistrons 60 (schraffiert) wurde durch intracistronische Kartierung abgeschätzt. Radiale Linien auf der Ringkarte geben die Positionen von Cistren wieder, deren Polypeptidprodukte nicht indentifiziert sind. Die Bezeichnungen der Cistren finden sich außen neben der Karte; solche in Klammern stellen Loci dar, deren Positionen und/oder Anordnung auf der Karte nur ungefähr bekannt sind. Der äußerste Ring zeigt die Häufung funktionell ähnlicher Cistren. Kleinere radiale Markierungen neben den Cistrenbezeichnungen zeigen Funktionen an, die von den umgebenden Cistren in einer Anhäufung abweichen. Aus Wood und Revel (1976)

C Die Viskonti-Delbrück Analyse

Viskonti und Delbrück erstellten ein mathematisches Modell für den Rekombinationsvorgang in T4, der in Kreuzungen, wie den in der Tabelle 4-3 beschriebenen, auftritt. Sie begannen mit vier grundlegenden Beobachtungen:

1. Trennt man gemischt infizierte Zellen in einem Einzel-Wurf-Versuch voneinander, so läßt sich zeigen, daß sowohl rekombinante als auch nicht-rekombinante (parentaltypische) Phagen im gleichen Wurf freigesetzt werden können. Daraus läßt sich schließen, daß die Rekombination nach Beginn der DNA-Replikation geschehen kann. Bei reziproker Rekombination parentaler DNA-Moleküle vor der Replikation würden nur rekombinante Nachkommen entstehen.
2. Bei einer triparentalen Kreuzung entstehen rekombinante Phagen, die Merkmale von jedem Parentaltyp tragen. Dies ist nur dann möglich, wenn DNA-Moleküle mehr als einmal rekombinieren.
3. Wird eine gemischte Infektion durchgeführt, wobei einer der Parentaltypen im Unterschuß vorliegt, so kann man mehr rekombinante Phagen finden, als den seltensten Parentaltyp. Dies weist wiederum darauf hin, daß genetische Austausche mehrfach und nach Beginn der DNA-Replikation auftreten.
4. Wird die Zahl der rekombinanten Phagen nach vorzeitiger Lyse gegen die Zeitpunkte aufgetragen, zu denen die Proben aus der Kultur entnommen wurden, so zeigt die entstehende Kurve eher eine Verschiebung zum genetischen Gleichgewicht als einen ständigen Anstieg. Die Rekombination tritt daher zu allen Zeiten im Infektionszyklus auf und kann auch Austausche zwischen rekombinanten DNA-Molekülen mit einschließen, die parentale DNAs entstehen lassen.

Das Modell, das zur Erklärung dieser Beobachtungen entwickelt wurde, geht davon aus, daß die replizierende (vegetative) DNA eine große Menge an T4-DNA in der Zelle entstehen läßt. Für jedes gegebene DNA-Molekül in diesem Vorrat („Pool") können drei Prozesse ablaufen. Es kann wieder replizieren, es kann in ein Phagenpartikel verpackt werden **(Reifung)**, oder es kann vor der Replikation oder Reifung rekombinieren. Da das Experiment der vorzeitigen Lyse gezeigt hat, daß der Vorrat an DNA eine bestimmte Größe erreicht und dann konstant bleibt, wird angenommen, daß Replikation und Reifung mit der gleichen Rate ablaufen. Weiterhin wurde vorausgesetzt, daß jede aufgetretene Rekombination hinsichtlich des Zeitpunkts und des Rekombinationspartners zufällig erfolgt.

Der vorangegangene Abschnitt stellte die T4-Genkarte vor und betonte, daß 1% Rekombination einer Genkarteneinheit entspricht. Eine andere Möglichkeit zur Erstellung einer Genkarte wäre das Messen der Distanz, ausgedrückt als die mittlere Zahl an Rekombinationsvorgängen, die zwischen zwei Merkmalen aufgetreten sind, gleichgültig, ob die Rekombination zu einer phänotypischen Veränderung führt oder nicht. Eine „echte Kopplung" würde dann durch den Parameter l ausgedrückt, der gleich der mittleren Zahl der genetischen Austausche zwischen einem Merkmalspaar wäre. Sind genetische Austausche zufällig verteilt, so läßt sich ihre Verteilung durch die Poisson-Verteilung (Gl. 2-6) beschreiben. Wie Haldane betonte, ergeben jedoch nur ungerade Zahlen genetischer Austausche zwischen zwei Merkmalen phänotypisch rekombinante DNA-Moleküle, da eine gerade Zahl von Austauschen keine Auswirkung auf die Kopplung flankierender Merkmale zeigt. Die Wahrscheinlichkeit für eine phänotypisch exprimierte Rekombinante bei zwei gegebenen Merkmalen x und y, die eine Distanz l auseinanderliegen, ist daher genau die Summe der ungeraden Ausdrücke der Poisson-Verteilung. Wenn l sehr groß ist, erreicht die Rekombinationsfrequenz K 50%. Ist l dagegen sehr klein (d.h. die erwartete Zahl der Austausche ist kleiner als eins), dann werden die meisten Austausche einfach sein, und K ist näherungsweise gleich l. Wird l gleich null, so ist natürlich auch K gleich null, da zwei Mutationen an der gleichen Stelle nicht rekombinieren können.

Zur Beschreibung der Zahl rekombinanter Phagen in einer Zelle läßt sich eine Gleichung erstellen. Jedesmal, wenn zwei nicht identische DNA Moleküle einen genetischen Austausch eingehen (eine Kreuzung), werden entweder neue Rekombinanten geschaffen oder alte Rekombinanten gehen verloren. Gibt es M-Kreuzungsrunden, dann beträgt in einem kleinen Zeitintervall dM der Anstieg der Rekombinanten $(1/2)(l - R_{xy})^2 K_{xy}dM$; wobei R_{xy} der Anteil der Rekombinanten für die Merkmale x und y in der Population und K_{xy} die Wahrscheinlichkeit eines Austauschs zwischen den Merkmalen ist, wenn keine Kreuzung stattfindet. Der Faktor 1/2 ist deshalb notwendig, weil bei einer Kreuzung mit gleicher Ausgangzahl nur die Hälfte aller Kreuzungen zwischen nicht-identischen DNA-Molekülen stattfindet. Durch ähnliche Argumente ergibt sich die Abnahme der Rekombinanten zu $(1/2)\, R_{xy}^2 K_{xy}dM$. Die Veränderung im Anteil der Rekombinanten ist dann:

$$dR_{xy} = (1/2)(l - R_{xy})^2\, K_{xy}dM - (1/2)\, R_{xy}^2 K_{xy}dM. \qquad (4\text{-}1)$$

Die Integration der Gl. 4-1 ergibt:

$$R_{xy} = (1/2)(l - e^{-K_{xy}M}). \qquad (4\text{-}2)$$

Unglücklicherweise ist die einzig meßbare Menge in dieser Gleichung R_{xy}. Werden die Merkmale x und y jedoch so gewählt, daß sie weit voneinander entfernt liegen, dann erreicht K 0,5, und es ist möglich, nach Messung von R_{xy} die Gleichung nach M aufzulösen. Dies ergibt Werte für M zwischen 2 und 5. Da fünf bis acht Replikationsrunden notwendig sind, um die beobachtete Menge an T4-DNA in der Zelle zu gewährleisten, nähert sich die mittlere Zahl der Kreuzungen (die Durchschnittszahl der erwarteten Rekombination für ein DNA-Molekül) der Zahl der Replikationsrunden.

D Phagen Heterozygote

Ein wichtiger Schlüssel zum strukturellen Aufbau der T4-DNA wurde bei der Überprüfung der Nachkommenschaft von r^+- und r-Kreuzungen zufällig entdeckt. Bei Betrachtung der Plaques waren etwa 2% davon trübe, wobei die Grenzen teilweise scharf erschienen wie bei einer r-Mutante, während die übrigen einen trüben Hof besaßen, wie er für r^+ charakteristisch ist (gescheckte Plaques). Die Phagen aus einem solchen gescheckten Plaque erwiesen sich bei einer nochmaligen Überprüfung als Mischung r^+ und r, wobei jeder reine Rückkreuzungen ergab. Die ursprünglichen Phagen, die die gescheckten Plaques bildeten, verhielten sich daher entweder als Heterozygote (*hets*), wobei nach der Infektion eine Segregation stattgefunden hatte, oder als Fälle von Mehrfach-Infektionen eines Indikatorbakteriums mit genetisch verschiedenen Phagen. Diese letztere Möglichkeit ließ sich schnell ausschließen, indem die Kreuzung wiederholt und die

Nachkommenphagen vor der Plattierung verschiedenen Dosen an UV-Strahlung ausgesetzt wurden. Phagen zeigen unter solchen Bedingungen charakteristische Inaktivierungskinetiken. Eine bestimmte Dosis UV-Strahlung zerstört die Infektiosität eines bestimmten Prozentsatzes der Virionen. Sind jedoch zwei überlebensfähige Phagenpartikel notwendig, um einen heterozygoten Plaque zu bilden, sollte die Zahl solcher Plaques schneller abnehmen als die Gesamtzahl der Phagen, da die Inaktivierung jedes Phagenpartikels die Entstehung eines gescheckten Plaques verhindern würde. Die Phagen „hets" wurden jedoch genau mit der gleichen Rate inaktiviert wie der Rest der Population und waren daher nicht durch Mehrfach-Infektionen verursacht.

Eine sorgfältige Überprüfung der Phagen „hets" ergab, daß sie bei jedem Merkmalspaar auftreten können. Die Länge der heterozygoten Region lag in der Größenordnung von einigen wenigen Cistren. Wurde eine Kreuzung vorgenommen, in der der heterozygote Locus des Genoms von anderen Merkmalen flankiert war (z.B. *a r b*), dann wurden zwei Typen von „hets" beobachtet: solche, die für die flankierenden Merkmale rebombinant waren, und solche, die dies nicht waren. Einige der rekombinanten „hets" waren scheinbar echte Rekombinationsintermediate, die versehentlich in Phagenpartikel verpackt wurden („strand mismatch hets"). Die Entstehung dieses Intermediattyps wird in 13.II.D besprochen. Dennoch war das Gleichgewicht der „hets" durch eine ungewöhnliche Eigenschaft der T4-DNA verursacht, nämlich die **terminale Redundanz**. Es läßt sich zeigen, daß etwa 2% der genetischen Information, die im linken Ende des linearen T4-DNA-Moleküls vorhanden ist, am rechten Ende wiederholt ist (d.h. bei neun numerierten Cistren wäre die DNA-Sequenz 1234567891′2′). Eine Wiederholung dieses Typs wird als terminale Redundanz bezeichnet. Phagen-Heterozygote entstehen, wenn die terminalen Redundanzen in ihrer DNA-Sequenz verschieden sind (Abb. 4-12). Terminale Redundanzen lassen sich sehr schnell nachweisen, indem man T4-DNA mit einer Exonuklease behandelt, die spezifisch einen Teil des 5′-Strangs von jedem Ende entfernt. Bei terminaler Redundanz und geeigneten Salzbedingungen paaren die einzelsträngigen redundanten Enden und führen zur Zirkularisation des Moleküls. Diese Strukturen wurden mit dem Elektronenmikroskop nachgewiesen.

Durch die Technik der **Heteroduplex-Bildung** erhält man weitere Informationen über die physikalische Struktur der T4-DNA. DNA-Moleküle werden gemischt und denaturiert, indem man den pH-Wert auf 12 oder die Temperatur bis fast zum Kochen erhöht. Nach der Trennung der einzelnen Stränge können sie sich nach Erniedrigung des pH-Werts oder der Temperatur wieder zusammenlagern (Renaturierung), wenn entsprechende ionische Bedingungen gegeben sind.

Es gibt keinen Grund dafür, daß unter diesen Bedingungen ein Strang von einer DNA-Helix nicht versuchen sollte, mit dem Strang einer anderen Helix zu paaren und dabei einen Heteroduplex zu bilden. Regionen auf der DNA, die identisch sind, werden eine perfekte Doppelhelix ausbilden. Nichtidentische Regionen werden verschiedene Arten von Schleifen oder einzelsträngigen Schwänzen bilden. Als diese Technik auf die T4-DNA angewandt wurde, erhielt man Strukturen wie die in der Abb. 4-13. Die anscheinend zufällige Länge der Schwänze zeigt, daß die DNA nicht nur terminal redundant, sondern auch zirkulär permutiert ist.

Zirkuläre Permutationen entstehen, wenn die Folge der Cistren oder DNA-Basen in Form eines geschlossenen Rings vorliegen und der Ring an verschiedenen Positionen geschnitten wird. Jeder neue Schnitt läßt ein lineares Molekül entstehen, das eine

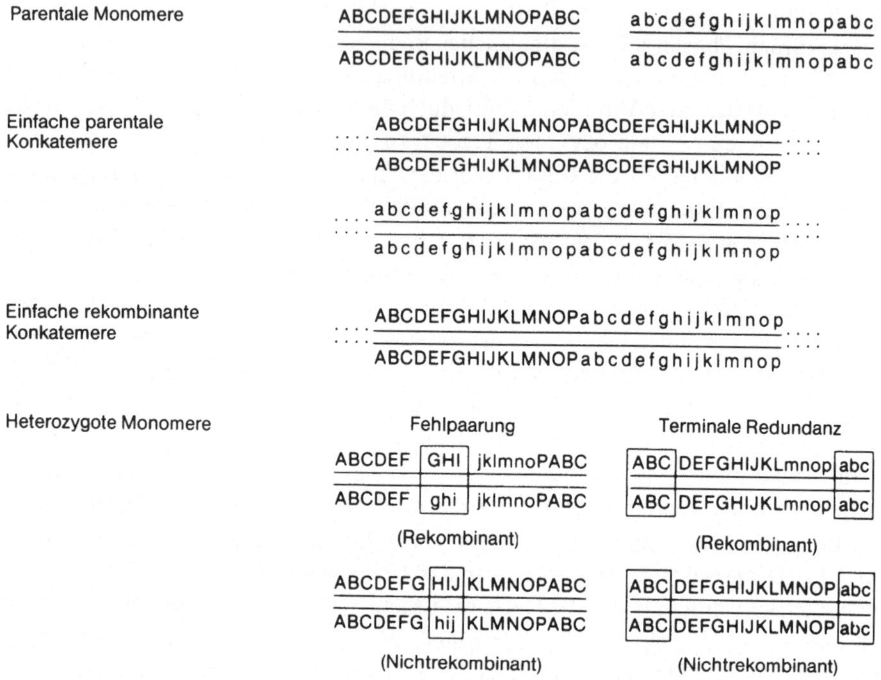

Parentale Monomere

ABCDEFGHIJKLMNOPABC　　abcdefghijklmnopabc

ABCDEFGHIJKLMNOPABC　　abcdefghijklmnopabc

Einfache parentale Konkatemere

ABCDEFGHIJKLMNOPABCDEFGHIJKLMNOP

ABCDEFGHIJKLMNOPABCDEFGHIJKLMNOP

abcdefghijklmnopabcdefghijklmnop

abcdefghijklmnopabcdefghijklmnop

Einfache rekombinante Konkatemere

ABCDEFGHIJKLMNOPabcdefghijklmnop

ABCDEFGHIJKLMNOPabcdefghijklmnop

Heterozygote Monomere

Fehlpaarung

ABCDEF GHI jklmnoPABC

ABCDEF ghi jklmnoPABC

(Rekombinant)

ABCDEFG HIJ KLMNOPABC

ABCDEFG hij KLMNOPABC

(Nichtrekombinant)

Terminale Redundanz

ABC DEFGHIJKLmnop abc

ABC DEFGHIJKLmnop abc

(Rekombinant)

ABC DEFGHIJKLMNOP abc

ABC DEFGHIJKLMNOP abc

(Nichtrekombinant)

Abb. 4-12. DNA-Anordnungen, die zur Heterozygotie führen können. Die DNA-Monomere sind so dargestellt, als ob sie aus einem Virion mit intakten terminalen Redundanzen isoliert wären. Die DNA-Sequenz jedes monomeren Strangs ist in Buchstaben angegeben, wobei Klein- und Großbuchstaben zur Unterscheidung genetisch verschiedener Merkmale benutzt sind. Von rekombinanten Konkatemeren sind mehrere Typen möglich, obwohl nur einer gezeigt ist. Bei den heterozygoten Monomeren wird angenommen, daß sie aus Konkatemeren, wie den darüber dargestellten, herausgeschnitten wurden, oder durch Rekombination zwischen einfachen Konkatemeren entstanden sind. Ist der Rekombinationsprozeß vor dem Schneiden des Konkatemers nicht abgeschlossen, so entstehen „Strand mismatch" (fehlgepaarte) Heterozygote. Besteht der Rekombinationsvorgang, der die Fehlpaarung verursacht, in der Insertion eines einzelnen DNA-Strangs (13.II.D), so entsteht eine nicht-rekombinante Heterozygote. Besonders wichtig ist, daß in diesem Fall der Ausdruck „nicht-rekombinant" nicht einer heterozygoten Region, sondern genetischen Markern, die die heterozygote Region flankieren, entspricht

andere zirkuläre Permutation darstellt. Die Existenz von zirkulär permutierten, terminal redundanten DNA-Molekülen löst die Frage, wie ein lineares DNA-Molekül zu einer zirkulären Genkarte führen kann. Die einzelnen Moleküle können zirkularisieren oder verschiedene Permutationen können rekombinieren, um längere als Eine-Einheit-Moleküle entstehen zu lassen. Da die DNA keine festgelegten Endpunkte besitzt, gilt dies auch für die Genkarte. Obwohl es nicht zu schwierig ist, Mechanismen zur Erzeugung zirkulärer Permutationen in vivo zu finden, ist weniger offensichtlich, wie die terminale Redundanz entsteht. Die Antwort auf diese Frage liegt in der Art, wie die T4-DNA repliziert und verpackt wird.

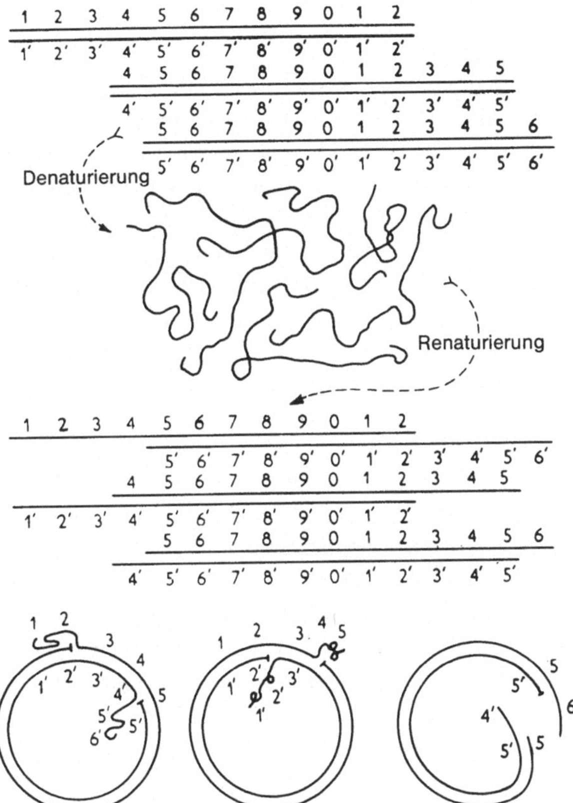

Abb. 4-13. Die Ringbildung bei der De- und Renaturierung einer permutierten Ansammlung von Duplices. Jede horizontale Linie stellt einen einzelnen DNA-Strang dar. Die Anordnung der verschiedenen Stücke genetischer Information ist durch die Bezifferung gekennzeichnet. Jede Permutation ist auch terminal redundant. Diese redundanten Enden können während der Ausbildung des Rings keine komplementären Partner finden (unten) und werden aus dem entstehenden Duplex ausgelassen. Die Trennung der Einzelstränge aus jedem zirkulären Duplex ist von den relativen Permutationen der Partnerkette abhängig. Aus: MacHattie, L.A., Ritchie, D.A., Thomas, C.A., Jr. (1967) Terminal repetition in permuted T2 bacteriophage DNA molecules. J. Mol. Biol. 23: 355–363

IV DNA-Replikation und Reifung

A Die Replikation

Offensichtlich reicht die normale Replikation, wie sie von Watson und Crick beschrieben wurde, nicht zur Herstellung von DNA-Molekülen mit den Eigenschaften, die T4 zugeordnet werden, aus. Als Konzept scheint es zur Erzeugung terminaler Redundanzen am leichtesten zu sein, wenn man von einem DNA-Molekül ausgeht, das aus zwei oder mehr Genomsätzen besteht, die Ende an Ende aneinander gekoppelt sind (ein **Konkatemer**), und dann ein DNA-Stück herausschneidet, das in den Phagenkopf paßt. Offensichtlich ist dieser Mechanismus auch der richtige, denn die Größe des T4-Genoms beträgt 166 Kilobasenpaare, die Größe der verpackten DNA aber 169 Kilobasenpaare (eine Redundanz von 3 Kilobasenpaaren).

Damit stellt sich die Frage, wie das Konkatemer entsteht. Eine von Viren benutzte Methode ist die DNA-Replikation über einen „rolling circle" (rollender Ring, 5.II.A), der von den Phagen f2 und lambda eingesetzt wird. Da man aber nachweisen kann, daß T4-DNA zur Replikation nicht zirkularisieren muß, erscheint dieser Mechanismus unwahrscheinlich. Stattdessen scheinen die DNA-Moleküle durch eine Folge von Rekombinationen, an denen die terminalen Redundanzen der linearen Moleküle beteiligt sind, wie in Abb. 4-12, in eine riesige konkatemere Struktur gebracht zu werden. Man konnte zeigen, daß das Konkatemer etwa in Ein-Genom-Intervallen einzelsträngige Bereiche besitzt. Deren naheliegende, aber nicht bewiesene Bedeutung ist die, daß die einzelsträngigen Regionen mit endonukleolytischen Schnitten zusammenfallen, die für die Verpackung notwendig sind.

Die Replikation der T4-DNA beginnt bei 30°C etwa 6 min nach der Injektion, wobei die ersten konkatemeren Strukturen einige Minuten später auftreten. Die Replikationsgabeln breiten sich von mehreren Ursprungsstellen bidirektionell auf dem gleichen DNA-Molekül aus, zumindest in den frühen Replikationsrunden, eine charakteristische Einmaligkeit der Prokaryonten und ihrer Viren.

Die Zahl der Genomäquivalente steigt bis zur 12. Minute, dem Zeitpunkt, an dem die Reifung beginnt, auf 40 bis 80 an. Es stellt sich dann schnell ein Gleichgewicht ein, so daß die Rate der Reifung etwa der der Replikation gleicht, was dazu führt, daß die Menge der DNA konstant bleibt, obwohl die Zahl der infektiösen Phagenpartikel steigt.

B Die Morphogenese und Reifung

Auf drei getrennten biochemischen Wegen entstehen Köpfe, Schwänze und Schwanzfibern, die dann zu einem Virion zusammengebaut werden. Die Zusammenlagerung jeder Komponente gleicht einer Kristallisation. Ein Satz von Proteinen bildet die Anfangsstruktur (einen Kern), und andere Untereinheiten lagern sich spontan in geordneter Weise um diesen Kern an. Zumindest eine Wirtszellfunktion, *groE*, ist für diesen Vorgang erforderlich, aber ihre genaue biochemische Funktion ist unsicher. Ist eines der Produkte viraler Cistren nicht vorhanden oder nicht funktionell, so hört der Zusammenlagerungsprozeß an dem Punkt auf, an dem das Produkt benötigt wird, und alle Proteine, die später benötigt würden, bleiben gelöst. Verändert eine Mutation bestimmte Proteine, beseitigt sie aber nicht, so können sich lange Strukturen wie Polyköpfe (Abb. 4-14) oder Polyschwänze entwickeln. Kettenterminationsmutationen in den gleichen Proteinen, die bei der Polykopfentstehung auftreten, können zur Bildung normal geformter „Riesen"- oder „Mini"-Köpfe führen, die infektiöse Phagen mit entsprechend größeren oder kleineren DNA-Mengen bilden können.

Die DNA-Reifung erfordert einen fertigen Vorkopf, der sowohl aus den äußeren Proteinen besteht, die in elektronenmikroskopischen Aufnahmen zu sehen sind, als auch aus einem Komplex innerer Gerüstproteine (die Produkte der Cistren 22, 111, II und I). Der reife Vorkopf ist um etwa 20% kleiner als der Kopf eines infektiösen Phagenpartikels. Die Größenzunahme geht mit einer Reihe von Schnitten an äußeren und inneren Kopfproteinen einher, die eine spezifische T4-Protease ausführt. Diese Schnitte

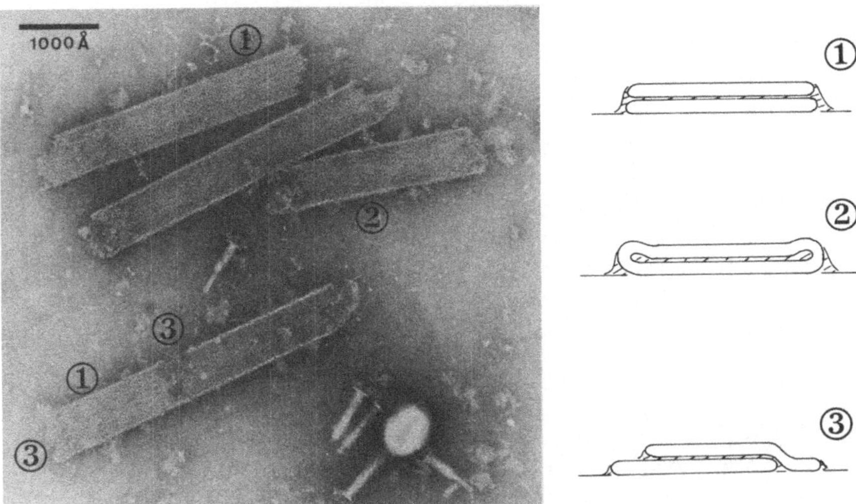

Abb. 4-14. Fehlgebildete Polyköpfe. Diese ausgedehnten Strukturen sind die Folge einer *amber*-Mutation im Gen 24. Vergleiche ihre Größen mit dem normal-großen T4-Virion und den einzelnen Schwänzen, die in dieser Aufnahme auch vorliegen. Die Zahlen bei den Polyköpfen beziehen sich auf die Skizzen rechts und zeigen die Interpretation der Beobachtungen durch den Autor. Aus: Steven, A.C., Aebi, U., Showe, M.K. (1976) Folding and capsomere morphology of the P 23 surface shell of bacteriophage T4 polyheads from mutants in five different head genes. J. Mol. Biol. 102:373–407

sind notwendig zur Verpackung, können aber auch in Abwesenheit von DNA geschehen. Der Prozeß ist in der Abb. 4-15 gezeigt.

Die DNA-Verpackung erfolgt nach der „Kopf-voll"-Methode. Voraussetzung ist, daß eine Endonuklease einen zufälligen Schnitt in der konkatemeren Struktur setzt. Das freie DNA-Ende wird in den Vorkopf eingelagert und DNA hinzugefügt, bis die Struktur gefüllt ist und ihre Größe die eines normalen Kopfes erreicht hat. Eine Endonuklease schneidet dann das folgende Konkatemer vom gefüllten Kopf ab, und ein anderer Vorkopf lagert sich an das Ende der DNA an. Da der Kopf mehr als ein Genomäquivalent tragen kann, ist die terminale Redundanz gesichert. Da die Endonuklease, die den Prozeß initiiert, das Konkatemer willkürlich schneidet, sind auch die zirkulären Permutationen hergestellt.

Alles, was der Phage noch zu tun hat, ist die Lyse der Wirtszelle. Dies geschieht durch ein phagenspezifisches Lysozym (das Produkt des Cistrons *e*) in Verbindung mit dem Produkt des Cistrons *5* (in der Basalplatte des Virions lokalisiert). Sind die Nachkommen-Phagenpartikel freigesetzt, kann der Infektionszyklus von Neuem beginnen.

V Zusammenfassung

T4 ist ein großer komplexer Virus. Während der Infektion bilden Schwanzfibern den ersten Anlagerungspunkt an die Zelle, dann bohrt die Basalplatte ein Loch durch die

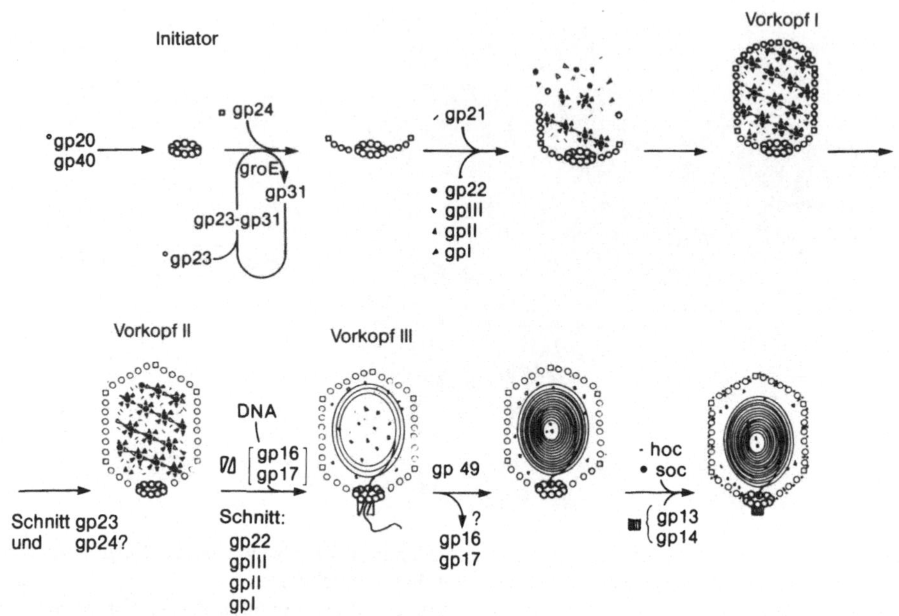

Abb. 4-15. Die Morphogenese des T4-Kapsids. Die verschiedenen Genprodukte sind durch geometrische Figuren (Ringe, Quadrate, Dreiecke usw.) dargestellt, die neben der Bezeichnung der Genprodukte gezeigt sind. Ein Strich zwischen zwei Komponenten stellt deren Assoziation dar. Die DNA ist als dünne Linie gezeichnet, die damit beginnt, den Vorkopf III zu füllen. Beim Phagen T4 werden die Schwänze auf einem unabhängigen Weg synthetisiert und dann an vollständige Köpfe angelagert. Aus Murialdo und Becker (1978)

Zellwand, und die DNA wird in die Zelle injiziert, unter Kontraktion der Schwanzhülle. In die Zelle eingetreten, befindet sich der Virus in der Eklipse, während der bei vorzeitiger Lyse der Zelle keine infektiösen Viren nachweisbar sind. Die Synthese der phagenspezifischen Proteine beginnt sofort, wobei Enzyme hergestellt werden, die die Replikation und die Transkription der viralen DNA initiieren, und Proteine, die bestimmte zelluläre Komponenten modifizieren. Später verschiebt sich das Muster der Proteinproduktion, und die meisten der hergestellten Proteine sind Strukturkomponenten des Virions. Die DNA-Synthese beginnt bei 30°C etwa 6 min nach der Infektion und schafft durch mehrfache Rekombinationen eine lange, konkatemere Struktur. 12 min nach Infektion beginnt die Kondensation der Köpfe, Schwänze und Schwanzfibern. Wenn reife Vorköpfe fertiggestellt sind, setzt eine Endonuklease in der DNA einen zufälligen Schnitt, und der Phagenkopf wird mit DNA gefüllt, bis er voll ist. Der „Kopf-voll"-Mechanismus führt zur Entstehung eines DNA-Moleküls, das linear ist, zirkulär permutiert und terminal redundant.

Genetische Kreuzungen mit T4-Phagen werden durchgeführt, indem *E. coli*-Zellen gemischt mit zwei oder mehr genetisch verschiedenen Phagen infiziert werden. Der am leichtesten zu untersuchende Phänotyp ist ein solcher, der die Plaque-Morphologie betrifft, aber es wurden über 150 Loci, die alle Arten von Funktionen betreffen, kartiert. Die am sorgfältigsten kartierte Region des Genoms ist die *r*II-Region, die von

Benzer intensiv untersucht wurde. Er zeigte, daß das T4-Genom linear ist, daß viele Mutationen zufällig verteilt sind, obwohl einige „hot spots" bestehen, daß verschiedene Mutagene dazu neigen, Mutationen an verschiedenen Stellen hervorzurufen, und daß die Einheit der Mutation und der Rekombination eine einzelne Base ist. Grob 2% aller Nachkommenphagen aus einer Kreuzung erweisen sich als heterozygot für eines oder mehrere Merkmale. Einige dieser „hets" sind durch die terminale Redundanz verursacht, während andere normale Rekombinationsintermediate zu sein scheinen. Die Art, in der die Rekombination bei der T4-Infektion geschieht, war das Objekt eines mathematischen Modells, das von Viskonti und Delbrück entwickelt wurde.

Literatur

Allgemein

Doermann AH (1953) The vegetative state in the life cycle of bacteriophage: evidence for its occurrence, and its genetic characterization. Cold Spring Harbor Symp Quant Biol 18:3–11

Mathews CK (1977) Reproduction of large virulent bacteriophages. In: Fraenkel-Conrat H, Wagner RR (eds) Comprehensive virology, vol 7. Plenum Press, New York, pp 179–294

Rabussay D, Geiduschek EP (1977) Regulation of gene action in the development of lytic bacteriophages. In: Fraenkel-Conrat H, Wagner RR (eds) Comprehensive virology, vol 8. Plenum Press, New York, pp 1–196

Stent GS (1963) Molecular biology of bacterial viruses. Freeman, San Francisco, CA

Wood WB, Revel HR (1976) The genome of bacteriophage T4. Bacteriol Rev 40:847–868

Wu R, Geiduschek EP, Rabussay D, Cascino A (1973) Regulation of transcription in bacteriophage T4-infected *E. coli* – A brief review and some recent results. In: Fox CF, Robinson WS (eds) Virus research. Academic Press, pp 181–204

Speziell

Benzer S (1961) On the topography of the genetic fine structure. Proc Nat Acad Sci USA 47:403–415

Chrispeels MJ, Boyd RF, Williams LS, Neidhardt FC (1968) Modification of valyl-tRNA synthetase by bacteriophage T4 in *Escherichia coli.* J Mol Biol 31:463–475

David M, Vekstein R, Kaufmann G (1979) RNA ligase reaction products in plasmolyzed *E. coli* cells infected by T4 bacteriophage. Proc Nat Acad Sci USA 76:5430–5434

Ellis EL, Delbrück M (1939) The growth of bacteriophage. J Gen Physiol 22:365–384

Huberman JA (1968) Visualization of replicating mammalian and T4 bacteriophage DNA. Cold Spring Harbor Symp Quant Biol 33:509–524

Kao S-H, McClain WH (1980) Baseplate protein of bacteriophage T4 with both structural and lytic functions. J Virol 34:95–103

Kozloff LM, Crosby LK, Baugh CM (1979) Structural role of the polyglutamate portion of the folate found in T4D bacteriophage baseplate. J Virol 32:497–506

Linder CH, Sköld O (1980) Control of early gene expression of bacteriophage T4: involvement of the host *rho* factor and the *mot* gene of the bacteriophage. J Virol 33:724–732

Murialdo H, Becker A (1978) Head morphogenesis of complex double-stranded deoxyribonucleic acid bacteriophages. Microbiol Rev 42:529–576

Rabussay D, Geiduschek EP (1979) Relation between bacteriophage T4 DNA replication and late transcription in vitro and in vivo. Virology 99:286–301

Séchaud J, Streisinger G, Emrich J, Newton J, Lanford H, Reinhold H, Stahl MM (1965) Chromosome structure in phage T4. II. Terminal redundancy and heterozygosis. Proc Nat Acad Sci USA 54:1333–1339

Steven AC, Carrascosa JL (1979) Proteolytic cleavage and structural transformation: their relationship in bacteriophage T4 capsid maturation. J Supramol Struct 10:1–11

Visconti N, Delbrück M (1953) The mechanism of genetic recombination in phage. Genetics 38: 5–33

Wood WB, King J (1979) Genetic control of complex bacteriophage assembly. In: Fraenkel-Conrat H, Wagner RR (eds) Comprehensive virology, vol 13. Plenum Press, New York, pp 581–635

Kapitel 5

Die Genetik anderer intemperenter Bakteriophagen

Der Bakteriophage T4 ist wahrscheinlich der am besten untersuchte intemperente Virus, aber es gibt viele andere Viren, die ebenfalls eingehenden Untersuchungen unterzogen wurden. In diesem Kapitel werden ausgewählte Phagen beschrieben, um den hohen Grad genetischer Verschiedenheit zu zeigen, der dem Bakteriengenetiker zur Verfügung steht, und um Vergleiche zwischen diesen verschiedenen Phagen untereinander und mit T4 zu ziehen. Um diese Vergleiche zu erleichtern, werden die physikalischen Eigenschaften jedes Phagen in der Tabelle 5-1 zusammengefaßt, die in diesem Kapitel besprochen werden.

I Andere Mitglieder der T Reihe

Delbrücks Arbeitsgruppe isolierte sieben einzelne Bakteriophagen, die in die T-Serie eingeordnet wurden. Eine nähere Überprüfung dieser Phagen ergab, daß alle der geradzahligen einander sehr ähnlich, aber ganz verschieden von den ungeradzahligen Phagen sind. Elektronenmikroskopische Untersuchungen haben gezeigt, daß alle geradzahligen Phagen kontraktile Schwänze und längliche Köpfe haben, die ungeradzahligen T-Phagen dagegen alle nichtkontraktile Schwänze und oktaedrische Köpfe. Die Phagen T3 und T7 sind einander sehr ähnlich, die Phagen T1 und T5 dagegen untereinander sehr verschieden, vor allem auch von T7.

A Die Bakteriophagen T2 und T6

Diese beiden Phagen, die restlichen der geradzahligen T-Phagen, gleichen T4 sehr. Sie besitzen eine ähnliche Physiologie und eine ähnliche genetische Zusammensetzung, obwohl sie sich in der Art der DNA-Glukosylierung unterscheiden. Bei T2 und T6 sind 25% der Hydroxymethyl-cytosinreste (HMC) unglukosyliert, bei T4 dagegen keine. Fast alle glukosylierten T2-HMC-Reste enthalten nur eine Glukose in der β-Konfiguration gebunden, während im Fall des Phagen T6 die HMC-Rest diglukosyliert sind, zuerst mit einer β-Bindung und dann in einer α-Bindung.

Das Ausmaß an genetischer Homologie (der Grad, in dem DNA-Sequenzen identisch sind) zwischen den geradzahligen T-Phagen läßt sich durch die Technik der **Heteroduplex-Kartierung** leicht zeigen. Diese Technik, die von Szybalski und Mitarbeitern für den Phagen lambda entwickelt wurde, ist die logische Weiterführung der in 4.III.D beschriebenen Heterduplex-Experimente. Gereinigte DNA-Moleküle aus zwei verschiedenen Phagen werden gemischt, bei hohem pH-Wert denaturiert und dann

Tabelle 5-1. Eigenschaften einiger intemperenter Bakteriophagen

Nukleinsäure					Virion		
Phage	Normaler Wirt	Typ	Molekulargewicht $\times 10^{-6}$	Topologie	Morphologie	Abmessungen (nm)	Verwandte Phagen
T4	*E. coli*	2-DNA[a]	130	Linear, zirkulär permutiert, terminal redundant	Länglicher Kopf, kontraktiler Schwanz	80 × 120 113 × 20	T2, T6
T1	*E. coli*	2-DNA	33	Linear, einmalige Sequenz[b], terminal redundant	Oktaedrischer Kopf, nichtkontraktiler Schwanz	50 150 × 10	
T5	*E. coli*	2-DNA	75	Linear, einmalige Sequenz, terminal redundant	Oktaedrischer Kopf, nichtkontraktiler Schwanz	90 200	BF23
T7	*E. coli*	2-DNA	26	Linear, einmalige Sequenz, terminal redundant	Oktaedrischer Kopf, nichtkontraktiler Schwanz	63 15 × 15	T3, ϕII
SP01	*Bacillus subtilis*	2-DNA	100	Linear, einmalige Sequenz	Ikosaedrischer Kopf, kontraktiler Schwanz	100 200 × 20	SP8, SP82 ϕe, 2c
ϕ29	*Bacillus subtilis*	2-DNA	11	Linear, einmalige Sequenz	Länglicher Kopf, nichtkontraktiler Schwanz	32 × 42 32 × 6	ϕ15, N GA-1, M2Y
f1	*E. coli* F⁺	1-DNA	1,90	Zirkulär	Filamentös	870 × 5	fd, M13, HR, Ec9, AE2, A (die Ff-Gruppe)
ϕX174	*E. coli* Stamm C	1-DNA	1,7	Zirkulär	Ikosaedrisch	25	S13, ϕR, G4
R17	*E. coli* F⁺	1-RNA	1,1	Linear, einmalige Sequenz	Ikosaedrisch	25	fr, f2, MS2, M12, Q

[a] Die Ziffer vor der Nukleinsäure gibt die Zahl der Stränge im Molekül an
[b] Im Gegensatz zur zirkulär permutierten Sequenz
Verändert nach Strauss und Strauss (1974)

langsam bei neutralem pH-Wert in Gegenwart hoher Konzentrationen an Formamid renaturieren gelassen. Das Formamid stabilisiert die ungefalteten Strukturen aller einzelsträngigen DNA-Regionen und verhindert (durch allgemeine Schwächung der Wasserstoffbindungen) deren Rückfaltung mit sich selbst unter Ausbildung einer verworrenen Masse. Nach Bedampfung für das Elektronenmikroskop kann man einzel- und doppelsträngige Regionen unterscheiden, da einzelsträngige DNA dünner und geknickter erscheint als doppelsträngige.

Kim und Davidson benutzten die Heteredoplex-Technik, um alle Genome der geradzahligen T-Phagen zu vergleichen, wobei sie DNA verwendeten, die eine oder mehrere Deletionen aufwies, deren Positionen durch Kartierungstechniken (Kap. 4) genau bestimmt waren. Nach Heteroduplexbildung zwischen Strängen deletierter und nicht deletierter DNA zeigt die renaturierte Struktur eine charakteristische Schleife („Loop") einzelsträngiger DNA, der von einem Punkt des nicht deletierten DNA-Strangs ausgeht, welcher die Deletionsstelle auf dem Gegenmolekül repräsentiert (Abb. 5-1). Nichthomologe Regionen (verschiedene Basensequenzen) zwischen den beiden verschiedenen Phagen-DNAs lassen zwei einzelsträngige Schleifen entstehen, die nicht identisch groß sein müssen. Durch sorgfältige Messung des Abstands zwischen den bekannten und unbekannten Deletionsschleifen auf der DNA läßt sich der Abstand zwischen verschiedenen Punkten auf der Phagen-DNA bestimmen, vorausgesetzt, man kennt die Endvergrößerung der zu messenden Moleküle. Die Messung erfolgt in physikalischen Einheiten und nicht in Rekombinationseinheiten.

Häufig werden diese physikalischen Distanzen in Prozenten der gesamten Genomlänge ausgedrückt, da dies die Berechnungen erleichtert und die Vergrößerung nicht genau bestimmt werden muß. Ein Hinweis auf das Ausmaß der T2/T4-Homologie wird aus dem inneren Ring des Diagramms in Abb. 4-11 ersichtlich. Kim und Davidson schätzten die Gesamthomologie zwischen den beiden Phagen auf 85%, wobei die späten Cistren homologer sind als die frühen. Die Ähnlichkeit der Sequenz läßt auf Ähnlichkeiten in den (späten) Proteinen des Virions schließen, was dem hohen Maß an immunologischen Kreuzreaktionen zwischen den geradzahligen T-Phagen entspricht.

Bei einigen frühen Arbeiten mit T2 war eine Klasse von Mutationen beteiligt, die in T4 nicht vorkommt. Diese Mutationen werden mit *h* („host range", Wirtsbereich) bezeichnet, und betreffen die Schwanzfibern und ihre Fähigkeit, sich an bestimmte bakterielle Zellwände anzulagern. *E. coli* kann so mutieren, daß kein normaler T2-Phage die Zelle infizieren kann, was durch eine Veränderung in der Rezeptorstelle der Zellwandoberfläche bedingt ist. Die entsprechende Mutation der Schwanzfibern gestattet dennoch wieder eine Anlagerung von T2 an die Zelle und eine erfolgreiche Infektion sowohl von mutierten als auch Wildtyp-Bakterien. Der *h*-Phänotyp ist ein weiteres Beispiel für einen Phänotyp, der sich an Hand der Plaque-Morphologie feststellen läßt. Im Gegensatz zum *r*-Phänotyp muß man jedoch einen gemischten Indikator benutzen. Befaßt man sich mit *h*- oder h^+-Virionen und benutzt man ein Gemisch aus normalen und phagenresistenten Bakterien als Indikator, so sind zwei Typen von Plaques möglich. Eine Art Plaque ist vollkommen klar, was bedeutet, daß beide Typen an Indikatorbakterien lysiert wurden und der Phage eine *h*-Mutante war. Der andere Plaquetyp wäre trübe, was bedeutet, daß die phagenresistenten Zellen die Infektion überlebt haben und der Phage keine *h*-Mutante war.

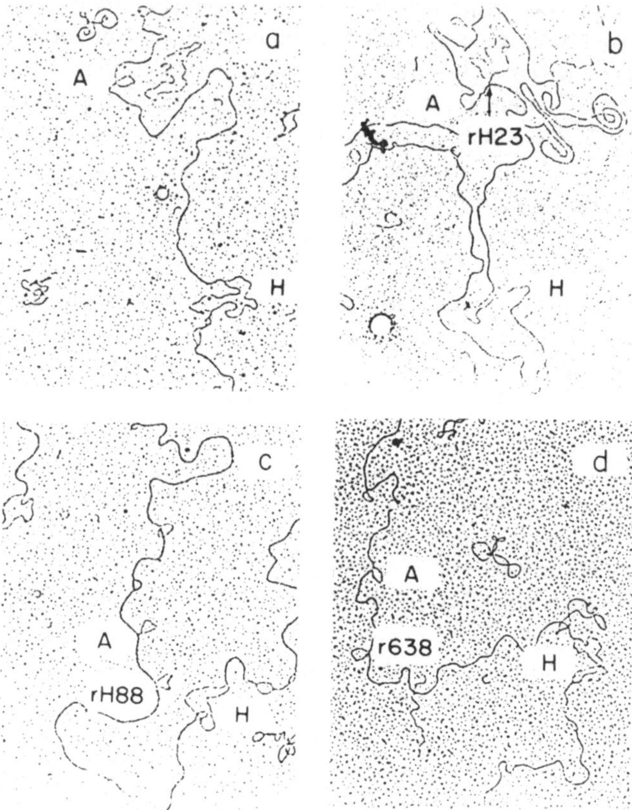

Abb. 5-1a–d. Elektronenmikroskopische Aufnahmen von (a) T2/T4B-, (b) T2/T4B*rH23*-, (c) T2/T4B*rH88*-, und (d) T2/T4B*r638*-Heteroduplex-DNA-Molekülen um die *r*II-Region. In dieser Region haben die DNA-Moleküle von T2 und T4 ein kurzes Segment, in dem die Basensequenzen drastisch verschieden sind (eine Substitution) und ein kurzes Segment, das in der T4-DNA vorhanden, in der T2-DNA aber deletiert ist. Diese Unterschiede führen zu zwei Schlaufen, dem Substitutions-„Loop" H und dem Deletions-„Loop" A, die in (a) zu sehen sind. Jede *r*II-Mutation ist zugleich eine Deletion, und in (b) – (d) ist der zusätzliche Deletions-Loop im Heteroduplex markiert. Der Abstand zwischen den Schlaufen A und H in (a) beträgt 11.500 Basenpaare. Die Abstände von Loop A zu den Deletionsschlaufen *rH23, rH88* und *rH638* betragen jeweils 400, 1 100 bzw. 2 800 Basenpaare. Die kleinen zirkulären DNA-Moleküle im Hintergrund sind doppelsträngige ϕX174-DNA-Moleküle, die als Größenmarker verwendet wurden. Aus Kim und Davidson (1974)

B Der Bakteriophage T1

Obwohl T1 einer der ersten Phagen war, die in der Bakteriengenetik benutzt wurden, ist er nicht gut untersucht. Ein Grund hierfür ist seine unglaubliche Persistenz. Ist der Phage einmal in ein Labor gebracht, so ist es sehr schwierig, ihn wieder zu beseitigen, da er fähig ist, Jahre auf Laboroberflächen zu überleben und stabile Aerosole zu bilden. Dies steht im krassen Gegensatz zu Phagen wie T6, der in trockenem Zustand nur wenige Stunden überlebt. Trotzdem haben ein paar Laboratorien den Phagen T1 untersucht, und über seinen Lebenszyklus sind einige Tatsachen bekannt.

Das Phagenpartikel selbst ist etwas kleiner als T4 und gehört zur morphologischen Gruppe der lambda-Phagen (Abb. 6-1). Es enthält ein doppelsträngiges DNA-Molekül mit definierten Endpunkten und einer langen terminalen Redundanz, die 6,5% der DNA entspricht. Dies ist wesentlich mehr als die 2% terminale Redundanz von T4. Im Gegensatz zu T4 enthält die T1-DNA keine modifizierten Basen und zirkularisiert für die Replikation, wahrscheinlich über Rekombination zwischen den redundanten Enden.

Die Infektion beginnt mit der Adsorption des Phagen an bestimmte Zellrezeptoren, die von zwei *E. coli*-Cistren kontrolliert werden, *tonA* und *tonB*. Das Produkt des Cistrons A ist an der Adsorption der Phagen T1 und T5 beteiligt, das Produkt des Cistrons B dagegen an der Adsorption der Phagen T1 und ϕ80 ebenso wie bei den Colicinen B, I und V (Kap. 11). Es wurde berichtet, daß T1 als transduzierender Phage (7.III.A) wirken kann, was plausibel erscheint, da die DNA einer T1 infizierten Zelle nicht abgebaut und nicht wieder verwendet wird wie im Fall von T4.

C Der Bakteriophage T5

Die Struktur dieses Phagen ist der des T1-Virions grundlegend ähnlich, sie besitzt jedoch vier Schwanzfibern statt einer (Abb. 5-2). Dennoch gibt es Unterschiede in den DNA-Molekülen und im Stoffwechsel. Das T5-Virion hat ein lineares DNA-Molekül von einzigartiger Sequenz ohne ungewöhnliche Basen, aber mit einer extrem langen terminalen Redundanz von 9% der Gesamt-DNA. Die DNA enthält auch vier oder fünf „Nicks" (Brüche im Phosphodiesterrückgrat des einen DNA-Strangs), die durch das Enzym Ligase reparabel sind. Sie treten an definierten Positionen auf der DNA auf, liegen alle auf dem gleichen Strang der Doppelhelix (Abb. 5-3) und haben keine bekannte Funktion. Nachdem etwa 8% des Phagengenoms durch virale Proteine in die Zelle injiziert sind (das linke Ende in Abb. 5-3), hört der DNA-Injektionsvorgang auf und wartet die Expression bestimmter „first step transfer" (FST)-Cistren ab, die in der schon injizierten DNA enthalten sind. Die mRNA, die von diesen FST-Cistren produziert wird, wird analog zu T4 als „pre-early" (sofort früh) mRNA bezeichnet. Nach der Translation der mRNA läuft die Injektion weiter, wahrscheinlich nur durch neu synthetisierte virale Proteine getrieben, da die Kopf- und Schwanzproteine zu diesem Zeitpunkt vollkommen passiv sind. Diese Passivität läßt sich experimentell nachweisen, indem man die Expression von FST-Cistren mit dem Antibiotikum Chloramphenicol zeitweise hemmt, die Kopf- und Schwanzproteine durch Schütteln der Kultur vom losgelösten DNA-Molekül entfernt und dann die FST-Genexpression wieder gestattet. Nach einer solchen Behandlung läßt sich beobachten, daß die restliche DNA noch in die Zelle aufgenommen wird.

Im weiteren Verlauf der Infektion wird die Wirts-RNA-Polymerase durch Anlagerung mindestens eines neuen Polypeptids modifiziert. Zusätzliche Modifikationen sind möglich, da drei Klassen von mRNAs produziert werden: Klasse I, die für die FST-Proteine kodiert; Klasse II, die für virale Stoffwechselproteine kodiert und Klasse III, die Proteine für die fortlaufende DNA-Synthese, die Zusammenlagerung der Viren und die Zellyse kodiert. Die Wirts-DNA wird durch eines der FST-Proteine abgebaut. Die Zusammenlagerung der Viren erfolgt wahrscheinlich durch einen Mechanismus, der dem von T7 eher gleicht (Abschn. D) als dem von T4, denn die T5-DNA besitzt eine einmalige Sequenz.

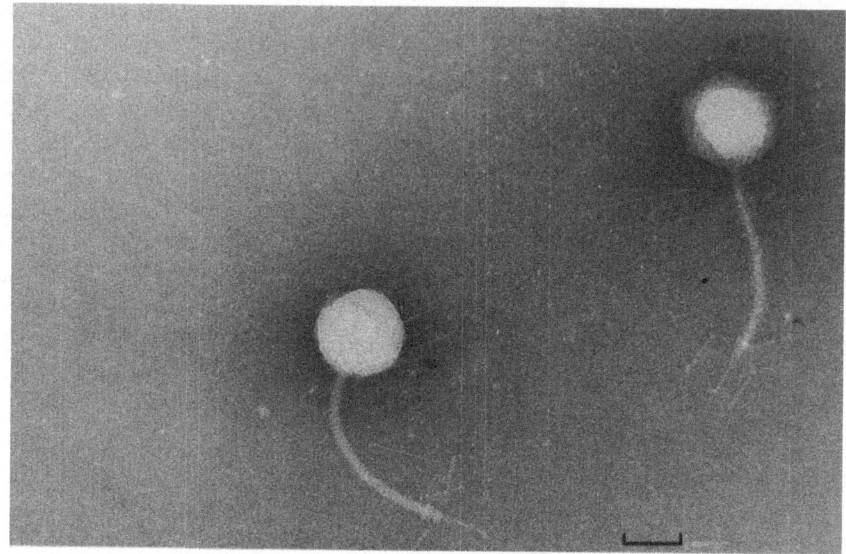

(a)

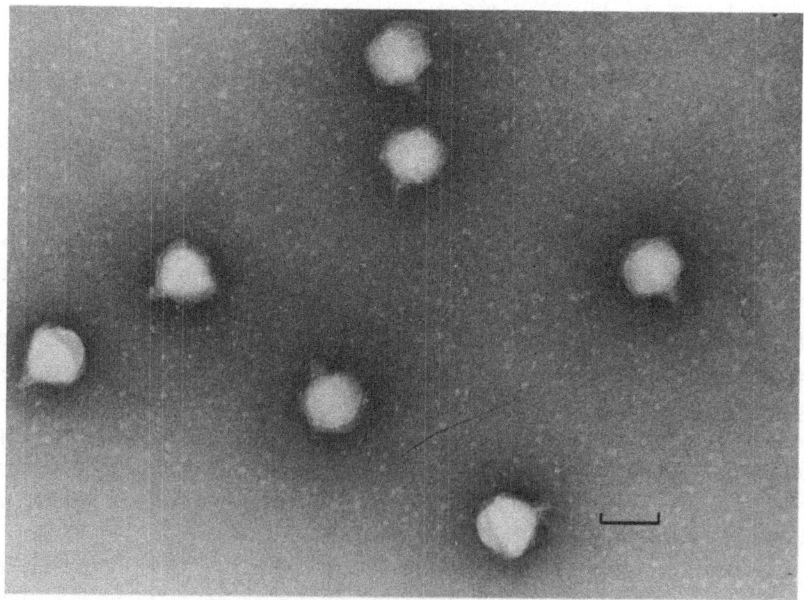

(b)

Abb. 5-2a,b. Elektronenmikroskopische Aufnahmen einiger ungeradzahliger T-Phagen. **a** Der Phage T5; **b** Der Phage T7. Die Balkenlänge entspricht in beiden Aufnahmen 50 nm. Freundlicherweise überlassen von R.C. Williams, Virus Laboratory, University of California, Berkely

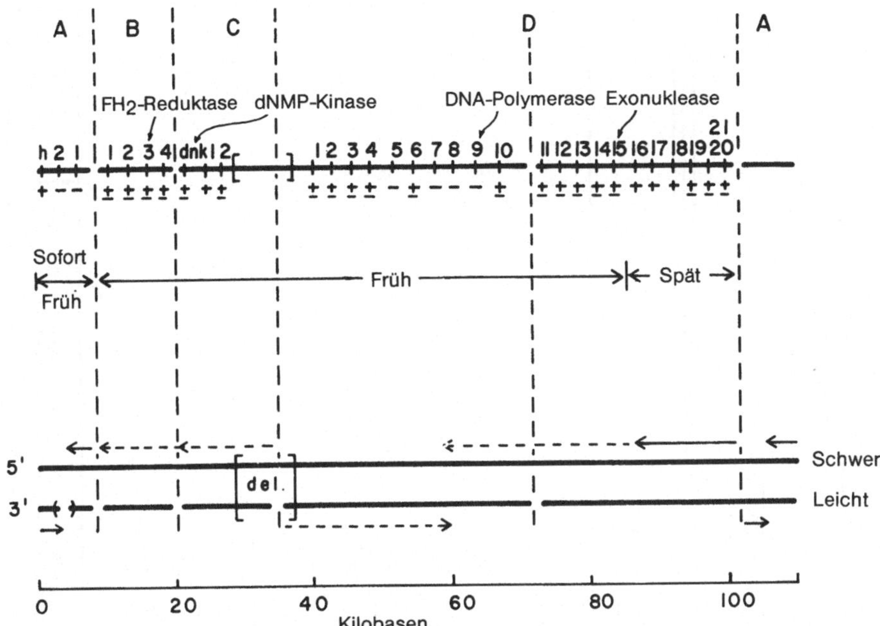

Abb. 5-3. Das T5-Phagengenom. Die Großbuchstaben oben und die vertikalen gestrichelten Linien zeigen die vier Kopplungsgruppen. Die untere dicke Linie zeigt die Genkarte, wobei die ungefähre Position jedes gegebenen Cistrons und die vier identifizierten Proteinprodukte mit angegeben sind. Unter der Karte befindet sich eine Aufstellung, ob Mutanten in jedem Cistron DNA normal synthetisieren (+), keine nachweisbare DNA synthetisieren (–), oder abnormale DNA-Synthese zeigen (±). Als Nächstes ist der Expressionszeitpunkt jeder Gruppe von Cistren gezeigt. Die dicke Doppellinie stellt die DNA dar und zeigt die Positionen der einzelsträngigen Unterbrechungen (die Position des Einzelstrangbruchs am weitesten links außen ist variabel); die in hitzestabilen T5-Mutanten deletierte DNA; und die Transkriptionsrichtung jeder Cistrongruppe (sichere Zuordnungen sind mit durchgezogenen Linien dargestellt). Aus Mathews (1977)

D Die Bakteriophagen T7 und T3

T7 und T3 sind die kleinsten T-Phagen (Abb. 5-2) und neben den geradzahligen die am besten untersuchten. Das primäre Mitglied der Gruppe ist T7, aber mit T3 erhaltene Ergebnisse werden auch besprochen, wenn sich die beiden Phagen unterscheiden.

Die DNA enthält keine ungewöhnlichen Basen, besitzt eine einmalige Sequenz und hat eine sehr kurze terminale Redundanz, die in zwei verschiedenen Laboratorien auf 70 bzw. 280 Basenpaare (weniger als 1% der Gesamt-DNA) geschätzt wurde. Obwohl T7 und T3 morphologisch sehr ähnlich zu sein scheinen, sind sie in der Tat verschiedene Individuen. Ihre Infektionen sind mutuell ausschließlich, und eine Zelle, die mit T7 infiziert ist, kann nicht mit T3 infiziert werden und umgekehrt. Dagegen können Zellen, die mit einem intemperenten Phagen infiziert sind, im allgemeinen mit dem gleichen Phagen superinfiziert werden.

Über die Replikation von T7-DNA liegt viel Information vor. Die Replikation beginnt an einem definierten Ursprungspunkt, der 17% vom linken Ende der Genkarte liegt (Abb. 5-4), und nutzt die Wirts-DNA als Quelle für Nukleotide. Die Phagen-DNA

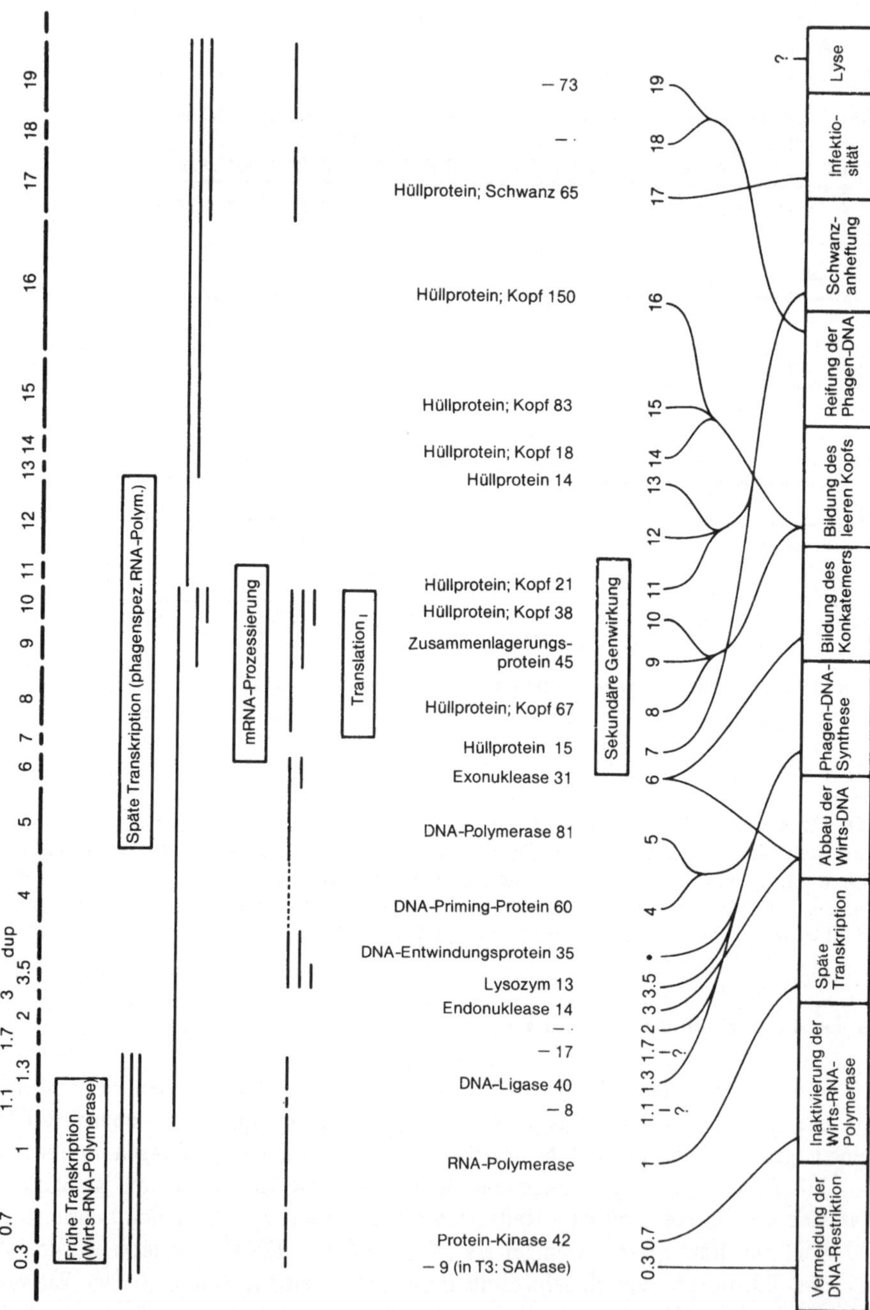

Abb. 5-4. Das T7-Genom und seine Expressionsschritte. Die dicke unterbrochene Linie oben zeigt die Genkarte von T7. Die meisten bekannten Cistren sind durch ihre Bezifferung gekennzeichnet. Das *dup*-Cistron erhielt noch keine Ziffer, weil seine Position in der Karte noch nicht genau bestimmt ist. Die Länge der die Cistren darstellenden Balken ist den Molekulargewichten der entsprechenden Polypeptide proportional. Jede dünne horizontale Linie stellt eine mRNA dar. Die Transkription verläuft immer von links nach rechts. Wo möglich, sind die Namen und Molekulargewichte ($\times 10^{-3}$) der primären Genprodukte mit angegeben. Zur schematischen Darstellung ihrer Wirkung sind diese Produkte mit den Ziffern der entsprechenden Cistren gekennzeichnet. Aus Hausmann (1977)

muß vor der Replikation nicht zirkularisieren, da zumindest die ersten beiden Runden der Replikation bidirektionell erfolgen (wäre die Replikation nicht bidirektionell, so würde nur ein Teil des linearen Moleküls repliziert). Zu den Replikationsproteinen gehören die Produkte des Cistrons *5m*, eine DNA-Polymerase, der Cistren 4 und 1, deren Produkte RNA-Primer bilden, und ein virales Protein, das an die DNA bindet und einzelsträngige DNA stabilisiert, und ebenso Wirtszell-Enzyme, DNA-Ligase und DNA-Polymerase I. Anscheinend werden analog zu T4 durch Rekombination konkatemere Strukturen gebildet.

Die Transkription der T7-DNA benutzt als Matrize immer den rechten Strang der DNA-Helix (definiert als der Strang, der bevorzugt Poly-UG bindet). Dies führt automatisch zu einer Abfolge von Vorgängen während der Infektion, da das linke Ende der DNA (Abb. 5-4) immer zuerst injiziert wird. Die frühen mRNAs werden durch die RNA-Polymerase der Wirtszelle hergestellt. Sechs Minuten nach der Infektion (bei 30°C) beginnt die Synthese der späten mRNA unter Einsatz einer Phagen-RNA-Polymerase, die aus einem einzigen Protein besteht. Dieses Molekül muß sich sehr vom *E. coli*-RNA-Polymerase-Komplex unterscheiden, da die T3- und T7-Polymerasen austauschbar sind, aber keine lambda-, T4- oder *E. coli*-DNA traskribiert. Eine weitere Transkirption durch die *E. coli*-Polymerase wird durch Phosphorylierung der β-Untereinheit (1.II) verhindert; die Phosphorylierung wird durch eine virale Proteinkinase katalysiert, die von dem Cistron 0,7 kodiert wird. Alle frühen und viele späten mRNA-Transkripte werden vor der Translation durch ein Wirtszell-Enzym auf die richtige Größe geschnitten.

Beziehungen zwischen der Wirtszelle und den Phagen T3 und T7 sind ebenfalls sehr ungewöhnlich. T3, aber nicht T7 vermehrt sich auf *E. coli*-Stämmen, die ein F-Plasmid enthalten (Hfr, F$'$ oder F$^+$). Das Ausbleiben der Vermehrung scheint durch massive Membranbeschädigungen verursacht zu sein, die in F$^+$-Zellen durch die T7-Infektion verursacht werden und zu einem Ausfließen der Metabolite aus der Zelle führen. Der Verlust der Metabolite führt sicher auch zu der beobachteten Unfähigkeit infizierter Zellen, irgendwelche Makromoleküle zu dem Zeitpunkt herzustellen, an dem normalerweise die späte Klasse III mRNA-Synthese beginnt. Eine ähnliche abortive Infektion kann in einer Zelle des *E. coli*-Stamms B beobachtet werden, die P1-lysogen ist (6.V) und mit T7 infiziert wird. Die frühe mRNA-Synthese ist dann stark verzögert, es bilden sich lange Bakterienfilamente, und schließlich stirbt die Phageninfektion unter Abtrennung nicht-infizierter Zellen ab. Obwohl der Phage T3 durch F$^+$-Zellen nicht restringiert wird, kann er unter entsprechenden Bedingungen so langsam replizieren, daß die Wirtszelle überlebt, sich teilt und wächst, wobei sie eine Pseudolysogene bildet (6.VIII). Der Mechanismus der Pseudolysogenie ist jedoch nicht gut verstanden.

Die Reifung von T7 beginnt etwa 9 min nach der Infektion und verläuft ähnlich wie bei T4. Das größte noch ungelöste Problem liegt in der Zusammenlagerung der T7-Virionen und darin, wie eine Reihe von DNA-Molekülen geschaffen wird, die statt der zirkulären Permutation wie bei T4 eine einmalige Sequenz besitzen. Der konventionelle „Kopf-voll"-Mechanismus zur Verpackung reicht dafür nicht aus, da hier zufällige Schnitte in der konkatemeren DNA beteiligt sind. Möglicherweise gleicht der Mechanismus dem des Phagen lambda (6.II.A und Abb. 6-2), wo nahe, gegeneinander verschobene Einzelstrangbrüche an speziellen Stellen innerhalb der redundanten DNA-Region erzeugt werden, was zu einzelsträngigen, kohäsiven, komplementären Enden führt. Diese Enden können dann durch ein Enzym wie DNA-Polymerase I doppelsträngig und damit terminal redundant gemacht werden. Für das Schneiden der konkatemeren DNA sind genauso wie bei T4 leere Vorköpfe nötig.

II Bakteriophagen mit einzelsträngiger DNA

A Die Bakteriophagen der Ff-Gruppe

Die Ff-Gruppe ist sehr umfassend und enthält filamentöse Phagen (Abb. 5-5), die ein einzelsträngiges, zirkuläres DNA-Molekül von etwa 5 740 Nukleotiden enthalten. Die Proteinhülle, die das Virion aufbaut, besteht aus Hauptuntereinheiten (B-Protein), die die Produkte des Cistrons 8 sind, und Nebenuntereinheiten (A-Protein), Produkte des Cistrons 3. Alle A-Untereinheiten treten am einen Ende des Filaments gehäuft auf. Eine Reihe morphologischer Varianten sind bekannt: Spontan treten kürzere Miniphagen auf, die kleine zirkuläre DNA-Moleküle enthalten, die aus dem Replikationsursprung und variablen Mengen an DNA der einen oder anderen Seite vom Replikationsbeginn bestehen. Daneben werden zu 5 bis 6% diploide Phagen beobachtet. Es handelt sich dabei um Filamente mit der doppelten normalen Länge, die zwei vollständige zirkuläre DNA-Moleküle enthalten. Amber-Mutationen im Cistron 3 lassen sehr lange Filamente entstehen, die als Polyphagen bezeichnet werden und nicht infektiös sind, obwohl sie normalgroße DNA-Moleküle in einer Anzahl enthalten, die der vergrößerten Länge proportional ist.

Die Infektion beginnt mit der spezifischen Anlagerung der Virionen an die Zelle. Elektronenmikroskopische Aufnahmen haben gezeigt, daß sich die Phagen speziell an die Spitze der F-Pili oder I-Pili anlagern. Da diese Arten von Pili nur von F^+-Zellen produziert werden (Kap. 10, 11), werden Ff-Phagen häufig als F-spezifisch („male specific") bezeichnet. Trotz dieser unzweifelhaften F^+-Spezifität ist es dennoch unsicher, ob die Pili auch die Eintrittsstelle für die Phagen-DNA darstellen, da die Bindung an die Pili selbst unter Bedingungen nachgewiesen werden kann, die die Infektion hemmen. Vor kurzem wurde vorgeschlagen, der tatsächliche Eintrittspunkt für die Infektion läge in der inneren Zellmembran an einer Stelle, die nur in F^+- und I^+-Zellen vorhanden ist und daher die Anheftungsstelle für den Pilus sein könnte.

Ein weiterer Beweis dafür, daß die F^+-Spezifität auf der Adsorption der Ff-Phagen beruht, liefert der Versuch, Protoplasten von F^--Zellen mit Phagen-DNA zu infizieren, was zur erfolgreichen Phagenproduktion führt.

Hat sich das Virion einmal an die Zelle angelagert, so tritt es in die Eklipse ein. Physikalisch bedeutet dies, daß sich die Proteinhülle öffnet, teilweise die DNA entläßt und sie damit gegen nukleolytische Angriffe empfänglich macht. Die freigesetzte DNA dringt dann offenbar durch die Zellmembran hindurch in das Cytoplasma der Zelle ein. Die im Verlauf der Infektion folgenden Schritte sind analog denen des Phagen T5. Fehlen das Produkt des Cistrons 3, das man an der Spitze des Filaments findet, und die *E. coli*-RNA-Polymerase, so kann der Rest der DNA nicht in die Zelle eintreten. Die RNA-Polymerase und das Cistron 3 Produkt wirken zusammen, um die Synthese des komplementären DNA-Strangs zu initiieren. Die den Eintritt vorantreibende Kraft ist wahrscheinlich die DNA-Synthese selbst. Zu ihrer Initiation muß die DNA inner-

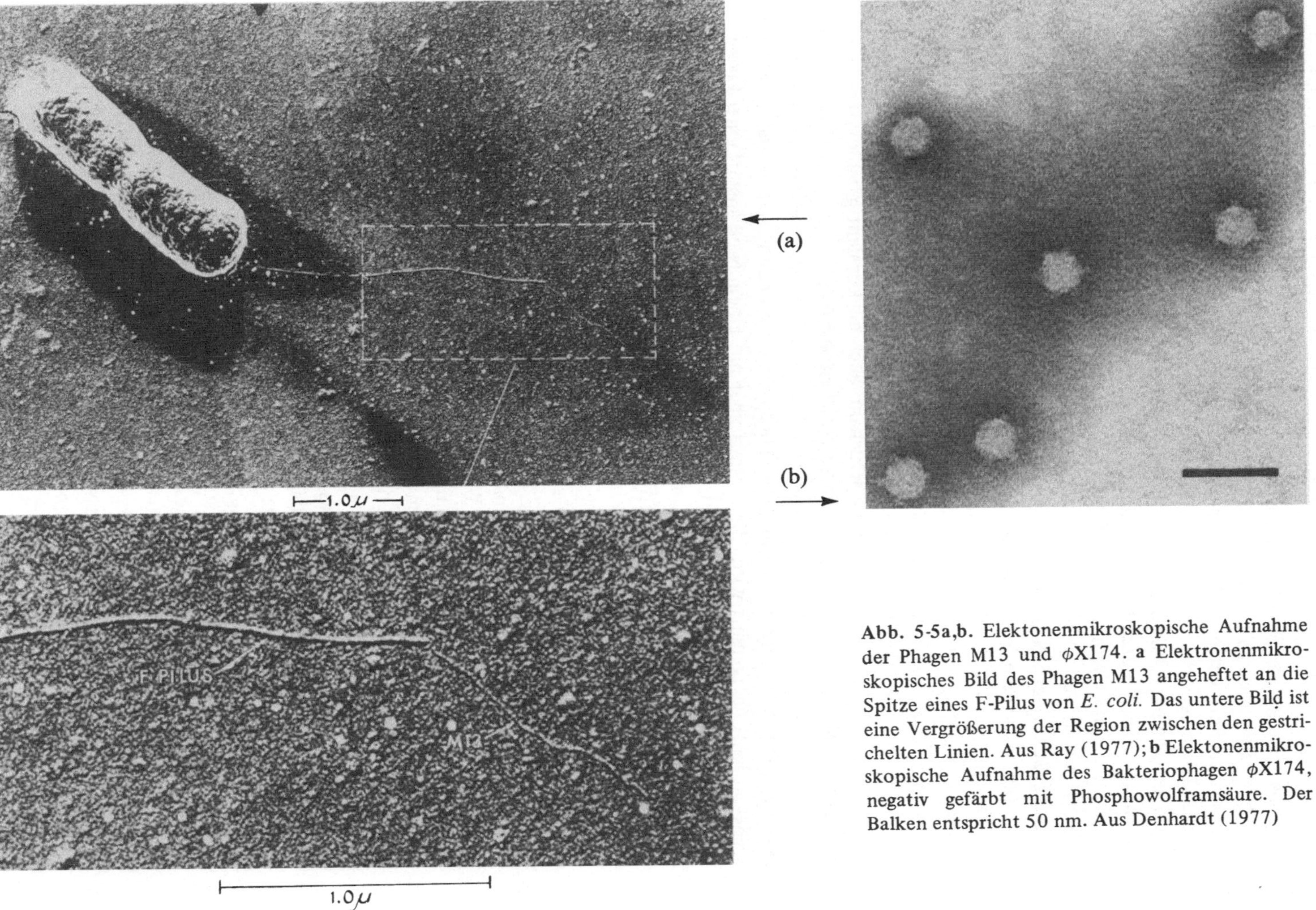

Abb. 5-5a,b. Elektonenmikroskopische Aufnahme der Phagen M13 und ϕX174. **a** Elektronenmikroskopisches Bild des Phagen M13 angeheftet an die Spitze eines F-Pilus von *E. coli.* Das untere Bild ist eine Vergrößerung der Region zwischen den gestrichelten Linien. Aus Ray (1977); **b** Elektonenmikroskopische Aufnahme des Bakteriophagen ϕX174, negativ gefärbt mit Phosphowolframsäure. Der Balken entspricht 50 nm. Aus Denhardt (1977)

halb des Virions so orientiert sein, daß die entsprechende RNA-Polymerase-Bindungsstelle als erste Region exponiert wird. Bemerkenswerterweise wird trotz der Bindung der RNA-Polymerase an die einzelsträngige virale DNA bei der Initiation der DNA-Synthese die gesamte virale mRNA am neu synthetisierten komplementären DNA-Strang als Matrize hergestellt. Die Synthese eines viralen komplementären DNA-Strangs ist ein notwendiges Vorspiel der Replikation. Diese Synthese ist resistent gegen die Inhibition durch Chloramphenicol (das die Ribosomenfunktion blockiert), aber sensitiv gegen die Inhibierung mit Rifampicin (das speziell die *E. coli*-RNA-Polymerase hemmt), was darauf schließen läßt, daß dafür keine Protein- aber RNA-Synthese nötig ist. Das Produkt der DNA-Synthese ist eine doppelsträngige Struktur mit einer einzigen Lücke (aus fehlenden Basen) im komplementären Strang, die wahrscheinlich die Position der Initiator-RNA repräsentiert. Die doppelsträngige replikative Form eines einzelsträngigen DNA-Virus, die eine Lücke oder einen „Nick" (fehlende Phosphodiesterbindung) enthält, wird als replikative Form II (RFII) bezeichnet. Eine RFII kann durch die Enzyme DNA-Polymerase I und/oder DNA-Ligase in eine RFI übergeführt werden (ohne Lücke oder Nick). Eine RFI kann auch als kovalent geschlossenes, zirkuläres DNA-Molekül in Supercoil-Form beschrieben werden.

Zur Replikation der RFI sind viele genetische Funktionen erforderlich. Das Produkt des Cistrons 2 nimmt am Bruch der Phosphodiesterbindung teil, so daß die RFI wieder in RFII übergeführt wird, die diesmal aber mit einem Nick anstatt einer Lücke versehen ist. Für die Replikation sind auch sechs Wirtsfunktionen notwendig. Diese sind (1) *rep*, eine Funktion, die für *E. coli* nicht, aber für die Replikation der Ff-Gruppe, φX174 und ähnlicher Phagen, erforderlich ist; (2) *dnaB*, eine Funktion, die auch von *E. coli* benötigt wird und noch nicht näher charakterisiert ist; (3) *dnaG*, das für eine Rifampicin-resistente RNA-Polymerase kodiert; (4) *dnaE*, das strukturelle Cistron für die DNA-Polymerase III; (5) *rpo*, die Cistren, die RNA-Polymerase-Untereinheiten kodieren; und (6) *polA*, das Cistron, das die DNA-Polymerase I kodiert. Die DNA-Polymerase I hat eigentlich zwei Eigenschaften: eine Polymerase-Aktivität, die für die Replikation der Ff-Gruppe oder des Wirts nicht essentiell ist, und eine Exonukleaseaktivität, die anscheinend vom Phagen und Wirt benötigt wird.

Der Mechanismus der Replikation muß einmalig sein, denn die konventionellen Replikationsmodelle schaffen keine einzelsträngigen DNA-Stränge. Zur Erklärung der Einzelstrang-DNA-Synthese wird im allgemeinen das „**rolling-circle**"-Modell (Modell des rollenden Rings) herangezogen, das erstmals von Gilbert und Dressler für die Entstehung der T4-Konkatemere vorgeschlagen wurde.

Spätere Arbeiten zeigten, daß die „rolling-circle"-Replikation bei T4 nicht vorkommt, aber bei lambda, der Ff-Gruppe und vielleicht auch der φX174-Gruppe. Der allgemeine Ablauf dieser Replikation ist in der Abb. 5-6 gezeigt.

Das Modell beginnt mit einem gespaltenen, zirkulären DNA-Duplex (RFII), der von RFI abstammt, die, wie oben dargestellt, synthetisiert wird (Abb. 5-6, Mitte). Die Replikation des gespaltenen Strangs beginnt am Nick und verläuft von 5′ nach 3′, wobei alte DNA mit neuer verbunden wird. Während des Fortschreitens der Synthese wird das 5′-Ende des vorher existierenden Strangs durch den neu replizierten Strang allmählich aus dem zirkulären Komplex verdrängt. Hat die Polymerase den ganzen Weg um den Ring zurückgelegt, so kann sie aufhören oder den Ring nochmals umrunden. Läuft sie weiter, so führt dies zu einem einzelsträngigen, konkatemeren DNA-Molekül.

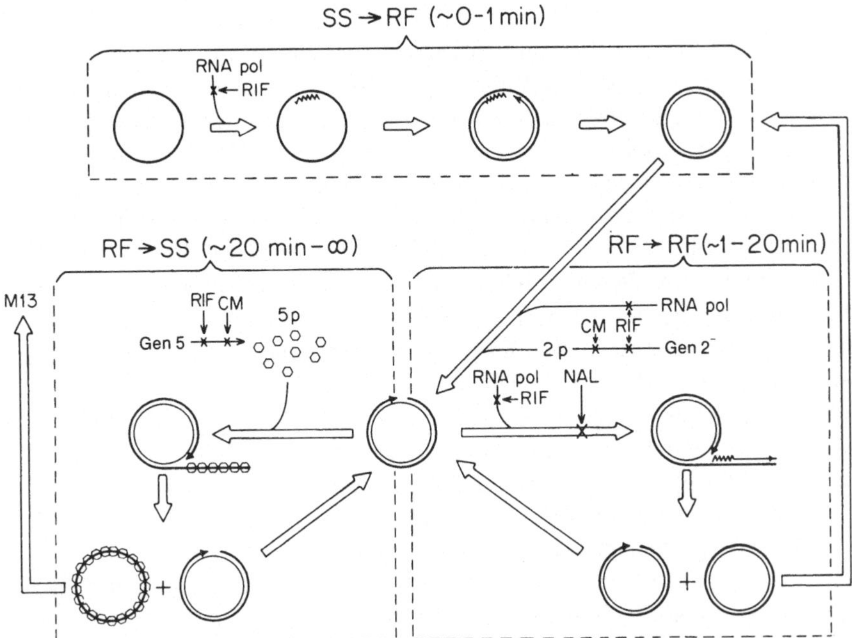

Abb. 5-6. Modell der M13-DNA-Replikation. Die drei Stadien der M13-Replikation sind schematisch etwa in dem Abstand dargestellt, wie sie nach der Infektion eintreten. Die dicken Linien zeigen die viralen Stränge; die dünnen die komplementären; die gezackten Linien im oberen Teil des Diagramms stellen RNA-Primer-Stränge dar; ein Pfeil entspricht einem 3'-OH-Ende; die Sechsecke links unten stellen das Cistron-5-Protein (5p) dar; und das Symbol RNA Pol bedeutet RNA-Polymerase. Im oberen Diagrammteil wird die einzelsträngige virale DNA in einen RFI überführt. RFI stellt dann einen RFII her, der über den „rolling-circle"-Mechanismus zu mehr RFI-Molekülen (rechts) oder viraler DNA (links) repliziert. Die Inhibitionsorte bestimmter Antibiotika sind mit einem „x" gekennzeichnet. Rifampicin (RIF) hemmt die RNA-Synthese; Chloramphenicol (CM) die Proteinsynthese; und Nalidixinsäure (NAL) hemmt die DNA-Synthese. Aus: Fidanian, H.M., Ray, D.S. (1974) Replication of bacteriophage M13. VIII. Differential effects of rifampicin and nalidixic acid on the synthesis of the two strands of M13 duplex DNA. J. Mol. Biol. 83:63–82

Zur Herstellung von mehr RF-Molekülen nimmt das Modell an, daß die Synthese eines komplementären Strangs an mehreren Stellen auf dem einzelsträngigen DNA-Molekül in etwa der gleichen Weise initiiert wird wie beim ersten Eintreten des Phagens in die Zelle. Man vermutet, daß die Synthese des komplementären Strangs der „rolling-circle"-Synthese nachhängt, was zu Strukturen führt, wie sie auf der rechten Seite von Abb. 5-6 dargestellt sind, und zirkuläre DNA, lineare Duplex-DNA und etwas einzelsträngige DNA enthalten, die die beiden verbindet. Der Abschluß der Replikation und die Bildung eines neuen RF-Moleküls erfordern eine Rekombination zwischen redundanten Teilen des Konkatemers, um die DNA zu zirkularisieren.

Ist der gespaltene Strang des „rolling circles" der virale DNA-Strang, und kann die Synthese des neuen komplementären Strangs verhindert werden, produziert der „rolling-circle"-Mechanismus die l-DNA, die für die Zusammenlagerung des Virus nötig ist. Es läßt sich nachweisen, daß der Nick in der RFII der Ff-Phagen im viralen Strang liegt, indem man die RFII-DNA denaturiert und die freien Stränge auf Grund ihrer

Sedimentationskoeffizienten trennt. Ein zirkuläres Molekül hat einen größeren Sedimentationskoeffizienten (d.h. es bewegt sich schneller) als ein lineares, da es in Lösung eine kompaktere Struktur bildet. Man kann zeigen, daß die langsamer sedimentierende Komponente mit der viralen DNA identisch ist und damit eines der Kriterien erfüllt, die für das Modell der einzelsträngigen DNA Synthese gelten. Da die Synthese des komplementären Strangs der des viralen Strangs nachhängt, ist auch das andere Kriterium erfüllt, wenn ein Protein fest genug an die einzelsträngige DNA bindet um zu verhindern, daß die Polymerase es verdrängt. Bei Ff-Phagen wird das Umschalten der Replikation von doppelsträngig auf einzelsträngig durch das Proteinprodukt des viralen Cistrons 5 kontrolliert, das bevorzugt an einzelsträngige DNA bindet. Das Umschalten erfolgt graduell, geschieht etwa 20 min nach der Infektion und ist vollständig von der Konzentration des Cistron-5-Proteins abhängig.

Die Reifung des Virus erfolgt, wenn die Kapsidproteine A und B (in der Zellmembran lokalisiert) das Cistron-5-Protein auf der einzelsträngigen DNA bei der Passage der DNA durch die Cytoplasmamembran verdrängen. Irgendeine nukleolytische Aktivität ist notwendig, um das DNA-Molekül auf die richtige Größe zu schneiden. Nachdem dies geschehen ist, kann die DNA zirkularisiert werden. Die Zirkularisation der l-DNA erfolgt wahrscheinlich über DNA-Regionen, die zu sich selbst komplementär sind und haarnadelförmige Strukturen bilden können, die aneinander ligiert werden können.

Die Ff-Phagen verursachen keine Zellyse, sondern gelangen ins Medium, ohne die Zellmembran wesentlich zu schädigen. Als Folge davon verlangsamt eine Ff-Infektion das Wachstum einer Kultur, tötet sie aber nicht ab. Die „Plaques", die man bei diesen Phagen beobachtet, sind eigentlich durch Unterschiede in den Wachstumsraten zwischen infizierten und nicht infizierten Zellen erzeugt und neigen dazu zu verschwinden, wenn die Inkubation länger dauert.

B Der Bakteriophage ϕX174

Dieser Phage war, wie schon sein Name sagt, das 174. Isolat in Gruppe 10 einer großen Serie von Bakteriophagen. Er ist der Hauptvertreter einer Phagengruppe, die einfache Ikosaeder mit 5 nm Stacheln sind, die von allen 12 Ecken abstehen (Abb. 5-5b). Das Kapsid ist aus 60 Molekülen F Protein aufgebaut, die Ecken werden aus 5 Molekülen Protein G und einem Molekül Protein H gebildet. Im Kapsid lokalisiert sind auch 30 bis 50 Moleküle des Proteins J, ein Molekül A^+ (das das carboxyterminale Ende des Proteins A ist), und die Polyamine Spermidin und Putrescin. Die DNA ist wieder einzelsträngig und zirkulär.

Es gibt offensichtlich zwei Formen von ϕX174, o und o^+, die ohne wirklichen Formwechsel ineinander umwandelbar sind. Sie unterscheiden sich physikalisch darin, daß o^+ hitzestabiler ist als o, aber bei 4°C *E. coli* nicht infizieren kann. Die Infektion beginnt, wenn einer der Stacheln mit einer bestimmten Stelle auf der Zelloberfläche Kontakt aufnimmt. Eine Adhäsion zwischen der Zellwand und der inneren Zellmembran besteht entweder schon vorher oder wird an dieser Stelle durch die Anheftung des Phagen ausgelöst. Wie im Fall der Ff-Phagen tritt ϕX174 außerhalb der Zelle in die Eklipse ein, wobei ein Teil der DNA vorgeschoben wird. Wird die DNA nicht in die doppelsträngige Form übergeführt, so ist die Infektion abortiv.

Die Synthese des komplementären DNA-Strangs wird an multiplen Stellen durch RNA-Primer initiiert, deren Herstellung das Vorhandensein des Proteins H erfordern kann. Die Terminologie zur Beschreibung der verschiedenen replizierenden DNA-Strukturen ist die gleiche wie bei der Ff-Gruppe der Phagen, da die DNA dabei offensichtlich die gleichen Stadien durchlaufen muß. In der Tat wurde vor Langem sichergestellt, daß auch die ϕX174-DNA nach dem Modell des „rolling circle" repliziert. Die Erfordernisse für Wirtsfunktionen schließen all die ein, die für die Ff-Phagen aufgelistet wurden, und zusätzlich *dnaC-*, *dnaH-* und *dnaZ*-Funktionen (Tabelle 1-1). Das A-Protein scheint die spaltende Funktion zur Umwandlung von RFI in RFII zu vollziehen. Dennoch gibt es einige Strittigkeiten über die Anwendbarkeit des „rolling-circle"-Modells auf die Replikation von ϕX174. Es wurde beschrieben, daß sowohl der virale als auch der komplementäre DNA-Strang diskontinuierlich synthetisiert werden, was mit dem normalen Modell der „rolling-circle"-Replikation nicht übereinstimmt. Um diesen Beobachtungen gerecht zu werden, hat Denhardt ein neues Modell für die Replikation von ϕX174 vorgeschlagen, das er das **reziprozierende Strang-Modell** nennt (Abb. 5-7). Nach diesem Modell beginnt die Synthese an einem speziellen Punkt auf der ungespaltenen zirkulären DNA und verläuft in 5'- nach 3'-Richtung. Ist ein neuer viraler Strang geschaffen, so wird der alte virale Strang verdrängt und ein komplementärer wird synthetisiert. Zu Beginn ist der neue Strang nicht kovalent an die DNA-Duplex gebunden, sondern wird durch Wasserstoffbrückenbindungen an seinem Ort gehalten. Bemerkenswerterweise hat als das Ergebnis davon der alte virale Strang kein freies Ende, sondern bleibt an die zirkuläre DNA gebunden. Nachdem durch eine solche Struktur ein kurzes Stück DNA synthetisiert worden ist, wird die Zahl der superhelikalen Windungen (1.I) durch die Verdrehung während der Replikation zu groß und muß reduziert werden. Man nimmt an, daß dies durch einen Strangaustausch zwischen dem 5'-Ende des neuen viralen DNA-Strangs und dem alten viralen Strang, katalysiert durch das Cistron-3-Protein, geschieht, da jeder Nick in der Supercoil-DNA alle superhelikalen Windungen freigibt. Der reziproke Austausch zwischen altem und neuem Strang wiederholt sich in Intervallen während des Syntheseprozesses. Die Endprodukte der Replikation sind zirkuläre Moleküle mit Lücken, was erklärt, warum man in infizierten Zellen keine linearen Konkatemere findet. Bei jeder neuen Replikationsrunde ist anders als beim „rolling-circle"-Mechanismus ein neuer Initiationsvorgang erforderlich. Die Synthese der einzelsträngigen DNA verhindert die Synthese des komplementären Strangs (Abb. 5-7b,c), wahrscheinlich durch Bindung der Proteine B, C und D und der Kapsidproteine an die einzelsträngige DNA ähnlich wie bei den Ff-Phagen.

Es ist möglich, in vitro entweder RFI oder RFII zu transkribieren, aber RFI stellt eine effizientere Matrize dar. Die in vivo RNA-Synthese wird durch die RNA-Polymerase der Wirtszelle katalysiert, und das Produkt hat die gleiche Polarität wie die virale DNA, d.h. der mRNA-Synthese dient der komplementäre DNA-Strang als Matrize, wobei eine große Zahl verschieden langer mRNAs hergestellt werden. Bezüglich der mRNA-Synthese und/oder der Translation in ϕX174 infizierten Zellen gab es, bedingt durch eine Besonderheit der Genkarte des Phagen, lange Probleme. Aufgrund der Zahl und Größe der Proteine, die nach einer ϕX174-Infektion gebildet werden, wurde geschätzt, daß 6 100 Nukleotide zur Kodierung aller notwendigen Aminosäuresequenzen nötig wären. Das Genom des Virus besteht jedoch nur aus 5 386 Nukleotiden. Diese Diskrepanz wurde vor kurzem durch die Entdeckung von Barrel und Mit-

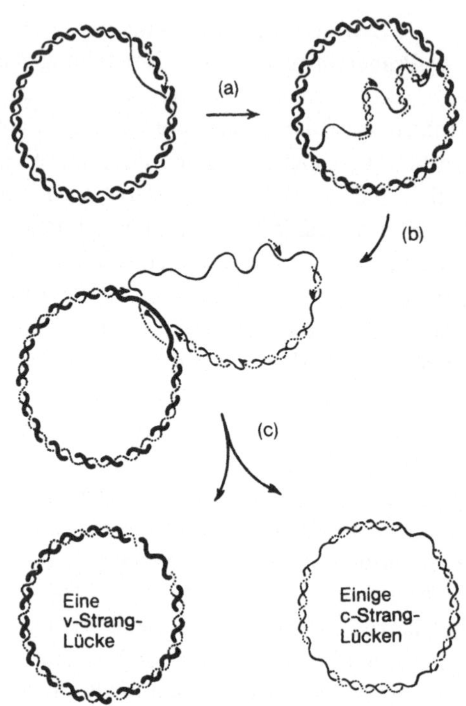

Abb. 5-7a–c. Das reziprozierende Strang-Modell. Der parentale virale Strang ist als dicke durchgehende Linie gezeigt, die nascierenden (wachsenden) Stränge gepunktet. Die Pfeile entsprechen den elongierenden 3'-Enden. **a** Die Synthese eines neuen viralen Strangs wird im geschlossenen zirkulären Duplex am Startpunkt der Replikation in der Region des Cistrons A initiiert. Nach der Synthese einer kurzen DNA-Sequenz führt die Anhäufung positiver superhelikaler Windungen im Molekül (nicht gezeigt) dazu, daß der Parentalstrang mit einem Einzelstrangbruch versehen wird. Es wird angenommen, daß das Cistron-A-Protein zusammen mit zellulären Faktoren, die bei der Initiation des „Priming" der DNA-Replikation beteiligt sind, den Einzelstrangbruch setzt und den Strangaustausch katalysiert. Dadurch wird das 5'-Ende des neu synthetisierten viralen Strangs mit dem parentalen Strang verbunden. Die „Branch Migration" (Wanderung der Überkreuzungsstelle, 13.II.D) erfolgt zugleich, so daß das 5'-Ende des parentalen viralen Strangs in der Duplex-Struktur bleibt; **b** Die Synthese des viralen Strangs ist unidirektionell, kontinuierlich und umläuft im Uhrzeigersinn das Genom. Die Synthese des komplementären Strangs erfolgt diskontinuierlich und „hängt der Synthese des viralen Strangs nach". Für die Entwindung des parentalen Strangs muß die Austauschreaktion zwischen dem nascierenden und dem parentalen viralen Strang mehrmals stattfinden, in anderen Worten, reziprozieren. Die Reziprokationen erfolgen immer an der gleichen Stelle im DNA-Ring (in der Nähe der ein-Uhr-Position), und ohne Rücksicht auf die Reziprokationen wird immer der gleiche parentale Strang verdrängt

arbeitern, Brown und Smith, und Tessman und Mitarbeitern geklärt, wonach drei Cistren in andere Cistren eingelagert sind (Abb. 5-8). Das Cistron B liegt nahe dem Ende des Cistrons A, während das Cistron E am Ende des Cistrons D liegt. Die Translation des Cistrons K beginnt an einer Überlappungsstelle der zwei Terminatorcodons des Cistrons B und überspannt die letzten 86 Basen des Cistrons A und die ersten 89 Basen von Cistron C. Die Proteine, die von diesen **eingeschobenen Cistren** produziert werden, zeigen keine Ähnlichkeit mit den Proteinen, die von den größeren Cistren gebildet werden, denn die mRNA-Moleküle werden in verschiedenen Leserastern translatiert.

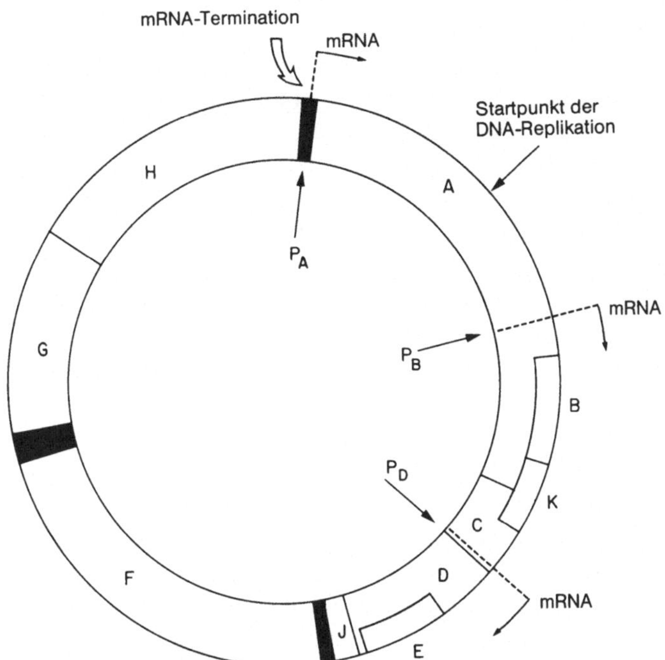

Abb. 5-8. Die Genkarte von ϕX174. Dargestellt sind zehn Cistren, die durch Linien getrennt sind. Das elfte ist A⁺, das einen inneren Re-Start (d.h. eine alternative Ribosomen-Bindungsstelle) im Cistron A darstellt. Die intercistronischen Bereiche sind mit schwarz gekennzeichnet. P_A, P_B und P_D sind die drei bekannten Promotoren (RNA-Polymerase-Bindungstellen) und mit gestrichelten Linien eingezeichnet. Auch die mRNA-Terminationsstelle ist angegeben. Verändert nach: Godson, G.N. (1978) Bacteriophage G4. Trends Biochem. Sci. 3:249–253

Genetische Verwandtschaftsbeziehungen werden manchmal durch die Codon-Analyse bestimmt. In Fällen, wo für eine einzige Aminosäure mehrere verschiedene Codons möglich sind (Tabelle 3-3), wird ein Organismus gewöhnlich nur einen oder zwei Typen benutzen. Im Fall des Leucins im Protein G z.B. werden, obwohl sechs Codons möglich sind, GAT nie und GAA in 50% aller Fälle benutzt. Eine Analyse der Codons der eingeschobenen und nicht-eingeschobenen Cistren läßt darauf schließen, daß das A-Cistron früher kürzer war, aber sein Terminationssignal verloren hat und nun in das Cistron B durchliest, da der linke Teil von A und das gesamte B den für ϕX174 normalen Codontyp enthalten, während der rechte Teil von A recht ungewöhnliche Codons einsetzt. Das Cistron E dagegen benutzt Codons, die an allen anderen Stellen des ϕX174-Genoms nur selten eingesetzt werden, wogegen das Cistron D wieder normale Codons benutzt. Dies führt zum Schluß, daß das Cistron E aus einem vorher bestehenden Cistron D durch Bildung eines neuen Startsignals für die Translation evolviert ist, und daß D immer so groß war wie jetzt. Die Codonanalyse für das Cistron K ergibt eine Ähnlichkeit mit E.

Im Gegensatz zur Ff-Gruppe verursachen Infektionen mit ϕX174-Zellyse, die von der Funktion des Cistrons E abhängt. Das Cistron-E-Produkt tritt anscheinend mit der Biosynthese der bakteriellen Zellwand in Wechselwirkung, denn langsam wachsende Zellen werden durch den Bakteriophagen wenig oder überhaupt nicht lysiert.

III Die RNA-Bakteriophagen

Die RNA-Phagen sind kleine, ikosaedrische Viren, die ein Molekül linearer, einzelsträngiger RNA in einem Kapsid enthalten, das aus Untereinheiten des Hüllproteins plus einem Molekül des Reifungsproteins besteht. Sie können auf Grund von Kriterien wie der immunologischen Kreuzreaktion der Hüllproteine, der Schwebedichte des Virions, dem Verhältnis von Adenin- zu Uracilresten in den RNA-Molekülen und den Aminosäuren, die in der Synthese des Hüllproteins nicht benutzt werden, in vier Gruppen unterteilt werden. Jede Gruppe scheint auch ein spezielles Enzym für die RNA-Replikation zu bilden, das die RNA aus einer anderen Gruppe nicht repliziert.

Die allgemein eingeordeneten Gruppenmitglieder sind (I) f2, MS2, R17; (II) GA; (III) Qβ; und (IV) SP, FI.

Die RNA-Phagen sind weitere Beispiele für F^+-spezifische Phagen. Sie infizieren Hfr-, F^+- oder F'-*E. coli*-Zellen oder Zellen irgendeiner anderen Art, in die das F-Plasmid eingeführt wurde (z.B. *Salmonella, Shigella* oder *Proteus*). Die Anlagerungsstelle des Phagen ist der F-Pilus. F^+-Zellen, die durch Scherkräfte depiliert wurden, sind daher gegen die Phageninfektion resistent, denn ihnen fehlen die Rezeptoren. Auch Zellen, die mit einem DNA-Phagen infiziert oder superinfiziert wurden, sind gegen eine Infektion mit RNA-Phagen resistent.

Hat die Phagen-RNA einmal das Cytoplasma der Zelle erreicht, so dient sie als ihre eigene mRNA. Virale RNA dieses Typs wird als Plus-Strang-RNA bezeichnet, um sie von einem Minus-RNA-Strang zu unterscheiden, der den komplementären Strang zum Plus-Strang darstellt. Die virale RNA enthält genügend Nukleotide, um mindestens vier Proteine zu kodieren: das Hüllprotein, das A- oder Reifungsprotein, das Replikase-Protein und das L- oder Lyseprotein. Bei Qβ wurde ein fünftes Protein, AI, beobachtet, das durch eine ineffiziente Termination des Endes des A-Cistrons und folgendes Durchlesen in die erste Position des Hüllprotein-Cistrons entsteht. Dies ist ein anderes Beispiel für überlappende Cistren.

Genkarten der RNA sind schwierig herzustellen, da bei RNA-Phagen keine Rekombination gefunden wurde. Der Hauptgrund hierfür liegt darin, daß die Reversionsrate für Mutationen in RNA-Phagen 0,1% erreicht, eine weit höhere Frequenz als bei der DNA-Rekombination.

Die hohe Reversionsrate kann wiederum durch die viel weniger strengen Genauigkeitsansprüche der RNA-Synthese im Gegensatz zur DNA-Synthese in einer *E. coli*-Zelle bedingt sein. Die genetische Sequenz wurde schließlich durch biochemische Techniken, wobei die RNA auf bekannte Weise fragmentiert wurde, bestimmt, und die Fragmente wurden in einem in vitro Translationssystem translatiert.

Die Genkarte der MS2-Gruppe ist in Abb. 5-9 gezeigt. Bemerkenswerterweise werden zwei verschiedene Leseraster benutzt, und das L-Protein ist das Produkt eines überlappenden Cistrons.

Die vollständige RNA-Sequenz des Phagen MS2 wurde von Fiers und Mitarbeitern bestimmt. Das Molekül verfügt anscheinend über beträchtliche Tertiärstrukturen, da einige der in vitro Protein-Synthese-Systeme das Replikase-Cistron nicht translatieren können, ohne daß zuerst das Hüllprotein Cistron translatiert ist. Um eine mögliche intrazelluläre Struktur wiederzugeben, kann die Basensequenz der RNA so dargestellt

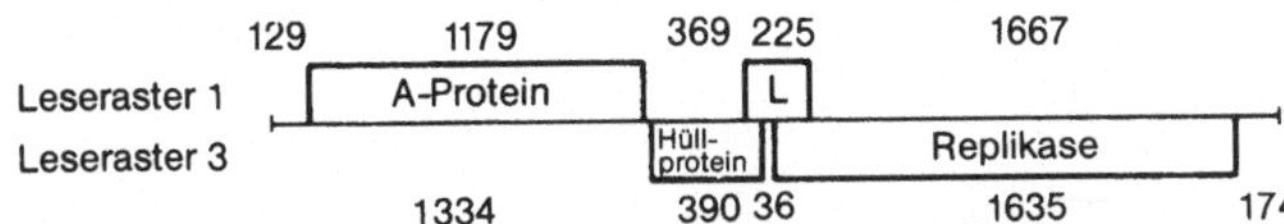

Abb. 5-9. Das MS2-Genom. Die vier Cistren sind mit Rechtecken dargestellt; nicht-translatierte Regionen entsprechen eng zusammenliegenden Linien. Das 5'-Ende der RNA ist links gezeigt. Das Leseraster 1 beginnt mit der ersten Base. Das Leseraster 3 beginnt mit der dritten. Bis jetzt sind noch keine Proteine bekannt, die vom Leseraster 2 gelesen werden. Die Längen der verschiedenen Regionen, ausgedrückt in der Zahl der Nukleotide, sind entsprechend den beiden benutzten Leserastern angegeben. In allen Fällen ist das Initiator-Codon als Teil des Cistrons dargestellt, der Terminator als Teil der nicht-translatierten Region. Aus Fiers et al. (1976)

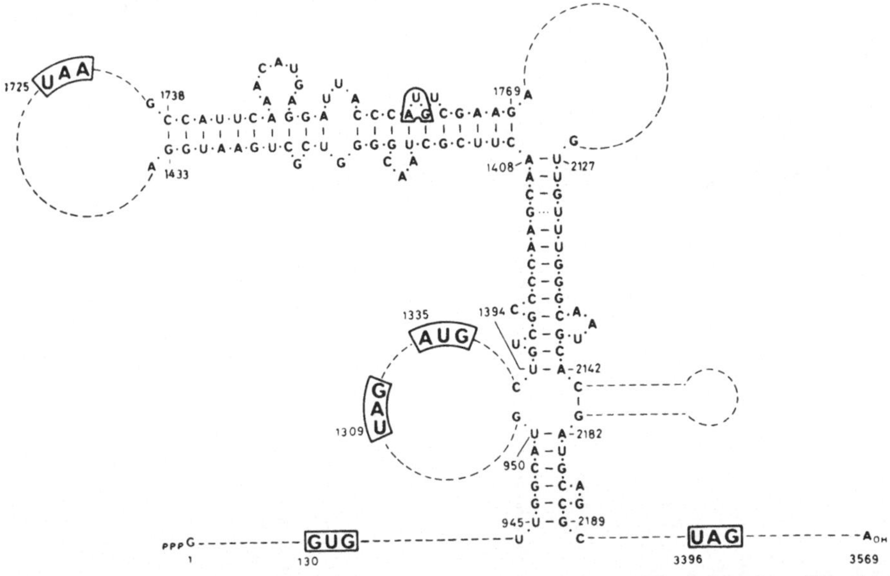

Abb. 5-10. Modell der Wechselwirkungen der MS2-RNA über größere Strecken. Einzelsträngige RNA zeigt normalerweise einen hohen Grad an Faltung, und die MS2-RNA ist keine Ausnahme. Diese „skeletthafte" Darstellung zeigt die Faltung, wie sie aus der Basensequenz der RNA vorhergesagt werden kann. Die Initiator- und Terminator-Codons für die drei Proteine sind fett gedruckt und von einer Linie umgeben. Das Zahlenschema für die Nukleotide ist das gleiche wie in Abb. 5-8. Der Initiator des A-Proteins ist mit GUG ungewöhnlich und tritt in einer einzelsträngigen Region auf. Das Hüllprotein beginnt mit dem gewöhnlicheren AUG-Codon, das man ebenfalls in einer einzelsträngigen Region findet. Der L-Protein-Initiator (nicht gezeigt) tritt in einem einzelsträngigen „Loop" unten links auf. Das Replikase-Protein beginnt trotzdem mit einem AUG-Codon, das Teil einer nach der Vorhersage doppelsträngigen Region ist. Eine solche Region würde durch Ribosomen nicht translatiert. Die Translation der Replikase kann eintreten, wenn die doppelsträngige Region durch Translation des Hüllprotein-Cistrons aufgeschmolzen wird. Diese Annahme stimmt mit den Beobachtungen in in vitro Protein-Synthese-Systemen überein. Aus Fiers et al. (1976)

werden, daß die Zahl der intramolekularen Wasserstoffbrücken maximal ist. Eine solche Struktur ist in Abb. 5-10 gezeigt.

Die stark ausgebildeten Schleifen werden häufig als „Blumen"-Struktur bezeichnet, und Fiers und Mitarbeiter bezeichnen das ganze Molekül als „Bouquet".

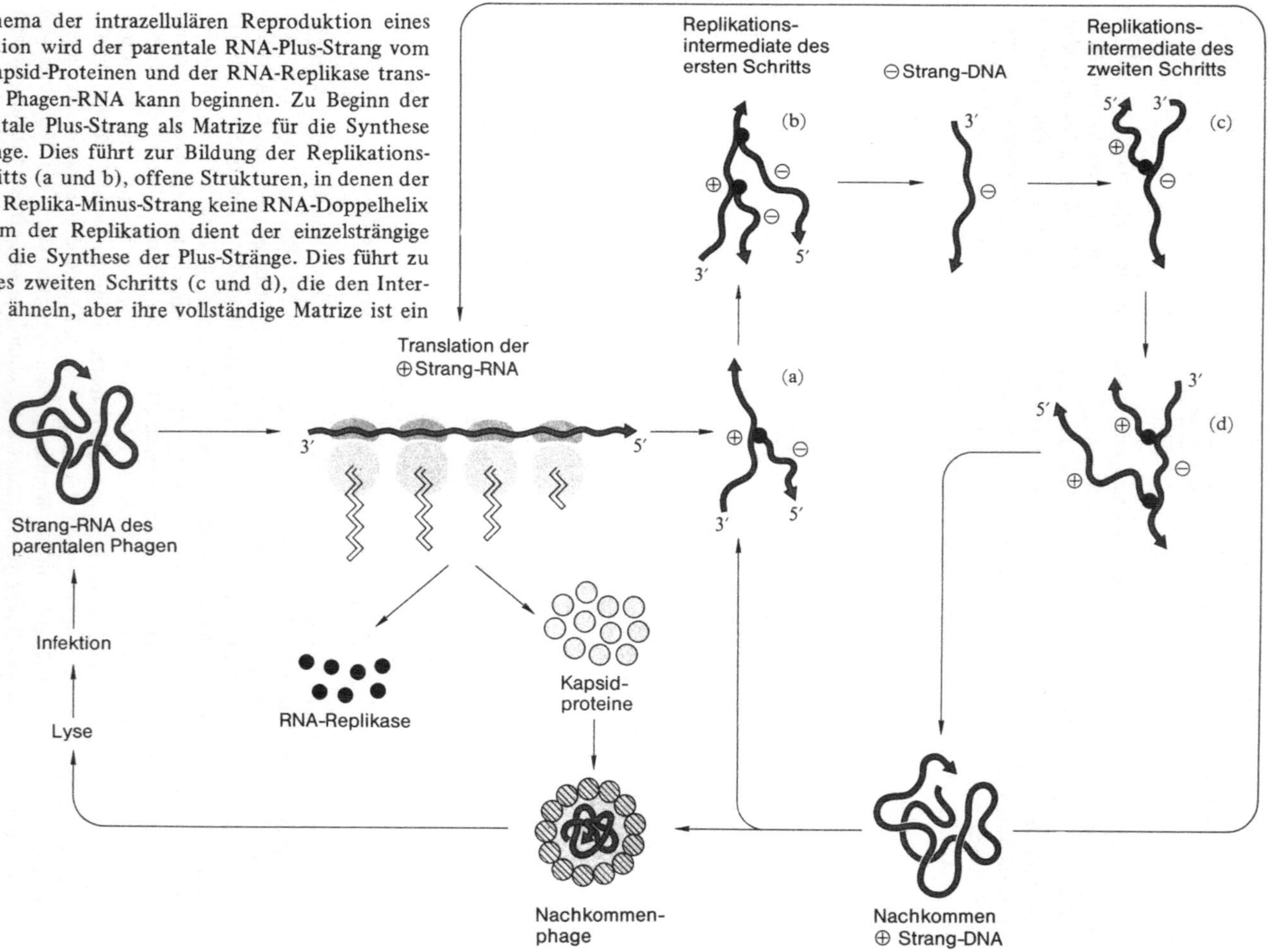

Abb. 5-11. Allgemeines Schema der intrazellulären Reproduktion eines RNA-Phagen. Bei der Infektion wird der parentale RNA-Plus-Strang vom Kapsid freigesetzt und zu Kapsid-Proteinen und der RNA-Replikase translatiert. Die Replikation der Phagen-RNA kann beginnen. Zu Beginn der Replikation dient der parentale Plus-Strang als Matrize für die Synthese komplementärer Minus-Stränge. Dies führt zur Bildung der Replikationsintermediate des ersten Schritts (a und b), offene Strukturen, in denen der Matrizen-Plus-Strang und der Replika-Minus-Strang keine RNA-Doppelhelix bilden. Im nächsten Stadium der Replikation dient der einzelsträngige Minus-Strang als Matrize für die Synthese der Plus-Stränge. Dies führt zu Replikationsintermediaten des zweiten Schritts (c und d), die den Intermediaten des ersten Schritts ähneln, aber ihre vollständige Matrize ist ein Minus-Strang statt eines Plus-Strangs. Die Replika-Plus-Stränge werden von den Kapsidproteinen zu strukturell intakten Nachkommenphagen enkapsidiert, die bei der Lyse der infizierten Zelle freigesetzt werden. (In dem hier gezeigten Schema sind alle vollständigen Plus- und Minus-Stränge mit gleicher Länge gezeigt). Aus: Stent, G.S., Calendar, R. (1978) Molecular genetics, 2nd ed. Freeman, San Francisco

Die Replikation der RNA ist ein ziemlich komplizierter Prozeß, der schematisch in Abb. 5-11 dargestellt ist. Sie erfordert einen Komplex aus vier mit griechischen Buchstaben bezeichneten Proteinen, wovon drei vom Wirt zur Verfügung gestellt werden, und die überraschenderweise Teile des RNA-Translationssystems sind. Es handelt sich hier um das ribosomale Protein S1 (α) und die beiden Elongationsfaktoren der Proteinsynthese, Tu (γ), der thermolabil ist (wird bei 50°C oder durch Einfrieren inaktiviert), und Ts (δ), der thermostabil ist. Das vierte Protein ist die virale RNA-Replikase (β). Der Komplex bildet eine RNA-abhängige RNA-Polymerase. Der virale Plus-Strang nutzt diesen Komplex, um den Minus-Strang herzustellen, und die Minus-Stränge dienen dann als Matrizen für weitere Plus-Stränge. In vivo können nur sehr wenige RNA-Duplices nachgewiesen werden, ein Zeichen dafür, daß der Plus-Strang frei bleibt, um translatiert oder in Phagenpartikel verpackt zu werden.

Die Reifung entspricht der der DNA-Phagen. Das Hüllprotein bindet an den Plus-Strang der RNA und entzieht ihn damit einer weiteren Replikation oder Translation, wobei die Expression der viralen RNA-Replikase abgeschaltet wird. Eine Terminatormutation im Hüllprotein führt zur Anhäufung von mehr als der normalen Menge an replikativen RNA-Molekülen. Das Reifungsprotein ist für die Infektiosität der Phagen notwendig. Trägt ein Phage eine Terminatormutation im A Gen, so werden Phagen mit normalem Erscheinungsbild gemacht, die aber nicht infektiös sind.

IV Bakteriophagen, die *Bacillus subtilis* infizieren

A Der Bakteriophage SPO1

Dieser Virus (und der sehr ähnliche SP82) besitzt die gleiche Grundmorphologie wie T4, ist aber etwas größer. Das lineare DNA-Molekül innerhalb des Virions besitzt eine einmalige Sequenz und eine einmalige chemische Zusammensetzung. Statt Thymin (5-Methyl-uracil, MUMP), enthält die DNA die modifizierte Base 5-Hydroxymethyluracil (HMUMP), die als chemische Markierung für Enzyme dazu dient, zwischen Wirts- und viraler DNA zu unterscheiden, analog den HMC-Resten bei T4 (4.I). Die Phagen kodieren Enzyme, die Thymidin- und Uridindesoxynukleosid-triphosphate (dTTP und dUTP) zu den entsprechenden Monophosphaten abbauen und die Uridinnukleosidmonophosphat zu HMdUMP und darauf zu HMdUTP umwandeln, so daß letzteres für die DNA Synthese verwendet werden kann. Die Enzyme zum Abbau von dTTP und dUTP sind für das Phagenwachstum nicht essentiell, aber in ihrer Abwesenheit werden bis zu 20% der HMU-Reste durch Thymin ersetzt.

Bei Infektion wird die DNA innerhalb einiger Minuten in die Zelle injiziert. Grobe Genkarten des Phagengenoms lassen sich erstellen, indem man einfach den Injektionskomplex kräftig schert und die nicht injizierte DNA dadurch von der Zelle entfernt. Die Zellen werden dann mit verschiedenen defektiven Phagen superinfiziert, und daraufhin beobachtet man, ob eine Zellyse eintritt. Die Ergebnisse werden in einem *cis-trans*-Test (4.III.8) analysiert. Wie zu erwarten, werden die Cistren, die den DNA-Stoffwechsel kontrollieren, zuerst injiziert.

Nach der Injektion der Phagen-DNA gleicht das physiologische Muster sehr dem von T4. Innerhalb von 6 bis 8 min nach Infektion bei 37°C wird die Wirtsreplikation abgeschaltet, obwohl nur wenig oder überhaupt kein DNA-Abbau beobachtet wird. Das Abschalten der Replikation ist vom enzymatischen Abbau des dTTP unabhängig. Die rRNA-Synthese des Wirts läuft bis zur Zellyse weiter. Die mRNA-Synthese der Wirtszelle wird jedoch sehr schnell durch die virale mRNA-Synthese ersetzt, zumindest teilweise bedingt durch weitgehende Modifikationen des RNA-Polymerase-Komplexes. Dabei werden drei verschiedene Untereinheiten hergestellt, die dem RNA-Polymerase-Holoenzym verschiedene Substratspezifitäten verleihen, indem sie den normalen Sigma-Faktor ersetzen. Die Transkription selbst läßt sich in drei Zeitklassen unterteilen, früh, mittel und spät (*e*, *m* und *l*). Die frühe mRNA wird von der RNA-Polymerase des Wirts hergestellt. Die mittlere mRNA-Synthese braucht das virale Cistron-28-Protein, während die späte mRNA-Synthese die Proteine der Cistren 33 und 34 erfordert. Sechs Unterklassen an mRNA wurden auf Grund ihres zeitlichen Auftretens identifiziert (vom Infektionsbeginn an gemessen). Diese sind *e*, 1–5 min; *em* 1–12 min, *m*, 4–12 min, m_1l, 4 min bis zur Lyse; m_2l, 8 min bis zur Lyse; und *l*, 13 min bis zur Lyse.

Die DNA-Replikation in SPO1 infizierten Zellen produziert konkatemere Strukturen, wahrscheinlich analog denen der T-Phagen. Wenn SPO1 nicht terminal redundant ist, muß allerdings ein neues Verpackungsmodell für diesen Phagen entwickelt werden. Es gibt genetische Hinweise, daß SPO1, ähnlich wie T5, nicht terminal redundant ist. Ist dies wirklich der Fall, dann könnten auch das Reifungs- und Verpackungssystem ähnlich sein.

Das Anschalten der Sporulation in der Wirtszelle hemmt sehr wirksam die weitere Entwicklung von SPO1 und verhindert die Zellyse. Demzufolge sind Endosporen möglich, die virale Genome tragen und bei ihrem Auskeimen Phagenpartikel freisetzen. Man nimmt an, daß der Mechanismus der Inhibition über weitere Modifikationen des RNA-Polymerase-Holoenzyms verläuft, so daß SPO1-DNA nicht effizient weiter transkribiert wird, sondern statt dessen die bakteriellen *spo*-Cistren.

B Der Bakteriophage ϕ29

Er ist der kleinste Doppelstrang-DNA-Phage von allen, die in diesem Kapitel besprochen wurden, sowohl in der Größe des Kopfes als auch der DNA (Tabelle 5-1, Abb. 5-12). Die DNA ist darin ungewöhnlich, daß sie durch ein Protein zirkularisiert wird (das Produkt des Cistrons 3), welches an das 5'-Ende der linearen DNA kovalent gebunden ist. Das Entfernen dieses Proteins reduziert die Effizienz der Transfektion (Kap. 8.III.8) erheblich. Die Infektion durch ϕ29 beeinträchtigt das Ausmaß der Makromolekülsynthese der Zelle vor der Zellyse nicht wesentlich. Die DNA-Transkription geschieht in der üblichen Weise. Die frühen mRNA-Moleküle werden vom L-Strang transkribiert, die Transkription der späten mRNAs nutzt dagegen den H-Strang (Abb. 5-13). Der Zeitabstand zwischen der Infektion und dem Beginn der Haupt-mRNA-Synthese ist mit etwa 6 bis 8 min länger als bei den meisten anderen Phagen. Das Umschalten von der Wirtszell- auf die virale Transkription ist die Folge der Synthese eines neuen Polypeptids, das den Sigma-Faktor des RNA-Polymerase-Holoenzyms ersetzt. Interessanterweise werden die Cistren 10 bis 14 in vivo sowohl spät als auch früh und damit von entgegengesetzten Strängen (Abb. 5-13) transkribiert. Dieses Phänomen wurde bei einigen anderen Viren und Bakterien auch beobachtet (Kap. 12), aber seine Bedeutung ist noch völlig offen.

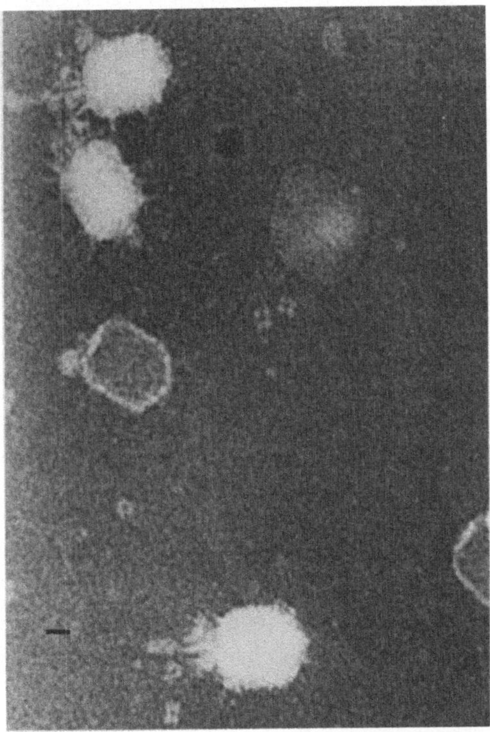

Abb. 5-12. Elektronenmikroskopische Aufnahme des Phagen $\phi 29$, negativ gefärbt mit Kalium-phosphatwolframsäure. Die Länge des Balkens entspricht 10 nm. Aufnahme von E.A. Birge

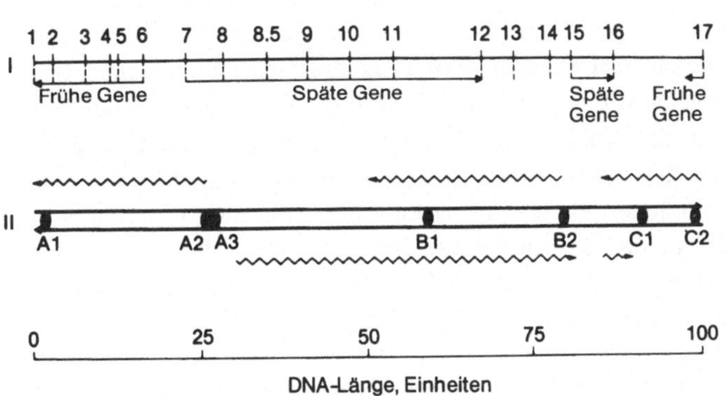

Abb. 5-13. Die Transkriptionskarte des Phagen $\phi 29$. I. Die Ziffern bezeichnen Cistren, während die Linien darüber mit den Pfeilen die Transkriptionsrichtung angeben. II. Die Transkriptionskarte. Die geraden Linien zeigen den L- (oberen) und H- (unteren) DNA-Strang. Die gewellten Linien mit den Pfeilen geben die Richtung und das Ausmaß der frühen oder späten Transkription vom L- bzw. H-DNA-Strang an. Die RNA-Polymerase-Bindungsstellen sind zwischen den geraden Linien dargestellt. Aus: Sogo, J.M. et al. (1979) RNA polymerase binding sites and transcription map of the DNA of *B. subtilis* phage $\phi 29$. J. Mol. Biol. 127:411–436

V Zusammenfassung

Die Bakteriophagen bilden eine extrem heterogene Gruppe von „Organismen". Sie können stäbchenförmig, kugelförmig oder von komplexer Gestalt (mit Kopf und Schwanz) sein. Ihre Nukleinsäuren können einzelsträngige RNA, einzelsträngige DNA oder doppelsträngige DNA sein. Als allgemeine Regel gilt, daß die einzelsträngigen DNA-Moleküle zirkulär sind, während alle anderen viralen Nukleinsäuren linear auftreten. Dies kann durch die Schwierigkeit bedingt sein, lineare, einzelsträngige DNA vor exonukleolytischem Abbau zu schützen. Die Infektion beginnt mit der Anlagerung des Virus an die Zelloberfläche. Viele der größeren, komplexen Phagen injizieren ihre gesamte DNA aktiv. Die andere Möglichkeit besteht darin, bei der Infektion einen Teil der viralen Nukleinsäure vorzuschieben, so daß dieser in die Wirtszelle eindringt, worauf durch Funktionen der Wirtszell-Polymerase der Rest der Nukleinsäure in die Zelle gezogen wird. Die Transkription der DNA erfolgt in einer hoch geordneten Folge, gewöhnlich bedingt durch sequentielle Modifikationen oder den Ersatz der Wirtszell-Polymerase. Die Klassifikation der mRNAs geschieht nach der Zeit und Dauer ihrer Synthese. Die Grundklassen sind frühe (innerhalb weniger Minuten nach der Infektion synthetisierte) und späte (erst nach der Translation der frühen mRNA synthetisierte) RNA. In einigen Fällen gibt es sechs oder mehr Unterklassen.

Die Nukleinsäuresynthese variiert ebenso wie die Phagen selbst. Die größeren Phagen sind nur wenig vom Stoffwechsel der Wirtszelle abhängig und bauen häufig die Wirts-DNA ab. Solche Phagen schützen ihre eigene DNA vor dem Abbau durch ungewöhnliche Basen, wie Hydroxymethyluracil oder Hydroxymethylcytosin. Die kleineren Phagen besitzen kürzere Nukleinsäuren, denen die Kodierungskapazität für eine Großzahl von Polypeptiden fehlt. Sie sind daher stärker vom Stoffwechsel des Wirts abhängig. Außerdem können sie genetische Überlappungen (überlappende, eingeschobene Cistren) enthalten. Die einzelsträngigen DNA-Phagen erfordern auch einen ungewöhnlichen Replikationsmechanismus zur Herstellung ihrer DNA. Zwei Modelle für diesen Typ der Synthese sind der „rolling circle" und der „reziprozierende Strang".

Die Zusammenlagerung der neuen Viren ist nur in wenigen Fällen genau untersucht worden. Von den komplexen Phagen mit zirkulär permutierten, terminal redundanten DNAs nimmt man an, daß sie ähnlich wie bei T4 verläuft. In Fällen, wo die DNA nicht zirkulär permutiert ist, denkt man, daß ein Weg über versetzte Einzelstrangbrüche wie beim Phagen lambda beschritten wird. Bei den einzelsträngigen Phagen scheint die Zusammenlagerung einfach dadurch zu erfolgen, daß die Proteinuntereinheiten an die Nukleinsäure binden, sobald diese synthetisiert ist. Diese Proteine werden später durch Hüllproteine ersetzt. Der genaue Mechanismus der Größenbestimmung ist noch unverstanden.

Die intemperenten Viren können entweder die Zelle lysieren, oder sie schlüpfen einfach durch die Zellmembran, ohne die Zelle zu zerstören. Sie bilden nicht den selbst reprimierenden Zustand aus, der zur Lysogenie führt, wie im Kap. 6 besprochen.

Literatur

Allgemein

Denhardt DT (1977) The isometric single-stranded DNA phages. In: Fraenkel-Conrat H, Wagner RR (eds) Comprehensive virology, vol 7. Plenum Press, New York, pp 1–104

Denhardt DT, Dressler D, Ray DS (eds) (1978) The single-stranded DNA phages. Cold Spring Harbor Laboratory, Cold Spring Harbor, NY

Eiserling FA (1979) Bacteriophage structure. In: Fraenkel-Conrat H, Wagner RR (eds) Comprehensive virology, vol 13. Plenum Press, New York, pp 543–580

Fiers W (1979) Structure and function of RNA bacteriophages. In: Fraenkel-Conrat H, Wagner RR (eds) Comprehensive virology, vol 13. Plenum Press, New York, pp 69–204

Hausmann R (1977) Bacteriophage T7 genetics. Curr Top Microbiol Immunol 75:77–110

Hemphill HE, Whiteley HR (1975) Bacteriophages of *Bacillus subtilis.* Bacteriol Rev 39:257–315

Holloway BW, Krishnapillai V (1975) Bacteriophages and bacteriocins. In: Clarke PH, Richmond MH (eds) Genetics and biochemistry of *Pseudomonas.* Wiley, New York, pp 99–132

Lomovskaya ND, Chater KF, Mkrtumian NM (1980) Genetics and molecular biology of *Streptomyces* bacteriophages. Microbiol Rev 44:206–229

Mathews CK (1977) Reproduction of large virulent bacteriophages. In: Fraenkel-Conrat H, Wagner RR (eds) Comprehensive virology, vol 7. Plenum Press, New York, pp 179–294

Ray DS (1977) Replication of filamentous bacteriophages. In: Fraenkel-Conrat H, Wagner RR (eds) Comprehensive virology, vol 7. Plenum Press, New York, pp 105–178

Strauss EG, Strauss JH (1974) Bacterial viruses of genetic interest. In: King RC (ed) Handbook of genetics, vol 1. Plenum Press, New York, pp 259–269

Williams RC, Fisher HW (1974) An electron micrographic atlas of viruses. Thomas, Springfield, IL

Wood WB, King J (1979) Genetic control of complex bacteriophage assembly. In: Fraenkel-Conrat H, Wagner RR (eds) Comprehensive virology, vol 13. Plenum Press, New York, pp 581–633

Speziell

Barrell GB, Air GM, Hutchison CA, III (1976) Overlapping genes in bacteriophage φX174. Nature 264:34–41

Beremand MN, Blumenthal T (1979) Overlapping genes in RNA phage: a new protein implicated in lysis. Cell 18:257–266

Blumenthal T, Carmichael GG (1979) RNA replication: function and structure of Qβ-replicase. Annu Rev Biochem 48:525–548

Fiers W, Contreras R, Duerinck F, Haegeman G, Iserentant D, Merregaert J, Min Jou W, Molemans F, Raeymaekers A, Van den Berghe A, Volckaert G, Ysebaert M (1976) Complete nucleotide sequence of bacteriophage MS2 RNA: primary and secondary structure of the replicase gene. Nature 260:500–507

Keegstra W, Baas PD, Jansz HS (1979) Bacteriophage φX174 RF DNA replication in vivo. A study by electron microscopy. J Mol Biol 135:69–86

Kim J-S, Davidson N (1974) Electron microscope heteroduplex study of sequence relations of T2, T4, and T6 bacteriophage DNAs. Virology 57:93–111

Matthes M, Denhardt DT (1980) The mechanism of replication of φX174 DNA. XVI. Evidence that the φX174 viral strand is synthesized discontinuously. J Mol Biol 136:45–63

Mellado RP, Peñalva MA, Inciarte MR, Salas M (1980) The protein covalently linked to the 5′ termini of the DNA of *B. subtilis* phage φ29 is involved in the initiation of DNA replication. Virology 104:84–96

Studier FW, Dunn JJ, Buzash-Pollert E (1979) Processing of bacteriophage T7 RNAs by RNaseIII. In: Russell TR, Brew K, Faber H, Schultz J (eds) From gene to protein: information transfer in normal and abnormal cells. Academic Press, New York, pp 261–268

Tessman ES, Tessman I, Pollock TJ (1980) Gene K of bacteriophage φX174 codes for a nonessential protein. J Virol 33:557–560

Kapitel 6

Die Genetik der temperenten Bakteriophagen

Bei allen in den vorangegangenen Kapiteln besprochenen Bakteriophagen führt eine erfolgreiche Infektion immer zur sofortigen Produktion von Nachkommen-Virionen. Es sind jedoch viele Bakteriophagen bekannt, bei denen es eine Alternative in der Phageninfektion gibt. Statt der gewöhnlich ungehemmten DNA-Replikation und der Zusammenlagerung der Phagen tritt eine temperente (gemäßigte) Antwort ein, in der der Phage seinen „Hausstand" in der bakteriellen Zelle gründet und mit dieser Zelle und all ihren Nachkommen über viele Generationen eine stabile Verbindung eingeht.

Die verschiedenen Wege, auf denen sich die temperente Antwort entwickelt, beschreibt dieses Kapitel. Die physikalischen Eigenschaften der Bakteriophagen, die hier besprochen werden, sind in der Tabelle 6-1 zusammengestellt.

I Die Grundzüge der temperenten Antwort

Das Schlüsselcharakteristikum der temperenten Antwort liegt in der Modulation der Phagenvermehrung. Die virale DNA repliziert mit der gleichen Rate (auf der Basis eines Moleküls pro Molekül) wie die DNA der Wirtszelle und wird bei jeder Zellteilung auf beide Tochterzellen verteilt. Neben dem Auftreten der DNA-Replikation wird jedoch die Mehrzahl der phagenspezifischen Proteine, vor allem der mit späten Funktionen, nicht produziert. Da sich unter den nicht hergestellten auch das virale Strukturprotein befindet, besteht keine Möglichkeit für den Zusammenbau, und die Wirtszelle überlebt die Infektion.

Das Überleben der Wirtszelle hat für die Wechselwirkung zwischen Phage und Wirt wichtige Auswirkungen, denn die temperenten und die lytischen Infektionen beginnen beide auf die gleiche Weise. Dies bedeutet, daß jeder Einfluß des Virus auf die Wirtszelle in den frühen Stadien der Infektion das Überleben der Zelle entweder nicht beeinträchtigt oder reversibel sein muß. Aktivitäten wie der Abbau des Nukleoids nach der Infektion mit T4, sollten daher bei den temperenten Viren nicht zu erwarten sein. Ebensowenig ist zu erwarten, daß ein temperenter Virus durchgreifende Modifikationen an der RNA-Polymerase des Bakteriums als Teil seines Regulationssystems verursacht. Statt dessen erwartet man ein Grundmuster, in dem die vorhandene Biochemie des Wirts bedächtig benutzt wird, zumindest während des potentiell reversiblen Teils des viralen Vermehrungszyklus.

Eine Zelle, die einen temperenten Bakteriophagen trägt, wird als **lysogen** bezeichnet, und die ruhende Phagen-DNA als **Prophage**. Eine lysogene Zelle ist im allgemeinen immun gegen eine Superinfektion mit dem gleichen Phagen (homoimmun), aber

Tabelle 6-1. Physikalische Eigenschaften einiger temperenter Bakteriophagen[a]

Phage	Normaler Wirt	DNA-Molekül: Molekulargewicht $\times 10^{-6}$	DNA-Molekül: Topologie	Virion: Morphologie	Abmessungen (nm)	Verwandte Phagen	Prophagen-DNA
λ	*E. coli*	30,8	einmalige Sequenz, kohäsive Enden	Ikosaedrischer Kopf, nicht-kontraktiler Schwanz	62 152 × 17	21, φ80 82, 424 434	zirkulär permutiert
P22	*Salmonella*	26	zirkulär permutiert, terminal redundant	Ikosaedrischer Kopf, Schwanz aus 6 kurzen Spikes um ein Zentralstück	60 18		zirkulär permutiert
P2	*E. coli, Shigella, Serratia*	22	einmalige Sequenz, kohäsive Enden	Ikosaedrischer Kopf, kontraktiler Schwanz	61 133 × 17	PK, 186	zirkulär permutiert
P4	*E. coli, Shigella,* (muß P2-lysogen sein)	6,7	einmalige Sequenz, kohäsive Enden	Ikosaedrischer Kopf, kontraktiler Schwanz	46 133 × 17		
P1	*E. coli, Shigella*	60	zirkulär permutiert, terminal redundant	Ikosaedrischer Kopf, kontraktiler Schwanz	93 220 × 18	P7	zirkulär, nichtintegriert
Mu	*E. coli*	25	einmalige Sequenz, kohäsive Enden	Ikosaedrischer Kopf, kontraktiler Schwanz	54 × 61 100 × 18	D108	kolinear
PBS1	*B. subtilis*	190		Ikosaedrischer Kopf, kontraktiler Schwanz	120 240	PBS2, 3NT, I10	pseudolysogen, nichtintegriert

[a] Die Terminologie entspricht der von Tabelle 5-1 mit Ausnahme der Bezeichnung „Prophagen-DNA", die sich darauf bezieht, ob die vegetative und die Prophagen-Genkarten die gleiche Anordnung besitzen. Verändert nach Strauss und Strauss (1974)

nicht gegen einen heterologen Phagen. Wie diese Behauptung folgern läßt, ist es einer Zelle möglich, mehr als einen Prophagen zu tragen (multiple Lysogenie). Dabei handelt es sich im allgemeinen um heterologe Phagen, da die Immunität gegen Superinfektion durch das Vorhandensein von Substanzen (**Repressoren**) bedingt ist, welche an die DNA binden und die viralen Funktionen im Prophagen abschalten. Die Repressoren können auch auf neu injizierter DNA wirken und damit ihre Expression verhindern, wodurch sie die Immunität gegen jeden Phagen vermitteln, an den der Repressor bindet.

Der lysogene Zustand wird nicht dauernd in allen Zellen einer Kultur aufrecht erhalten. Dem Prophagen ist gut möglich, aus diesem vegetativen Zustand zurückzukehren und in die lytische Infektion einzutreten. Die Gründe für diese spontane Umkehr des Prophagen in den lytischen Zustand sind unbekannt, aber die Reversion scheint mit einer Rate aufzutreten, die etwa 10^6 Phagenpartikel pro Milliliter einer mittellogarithmischen Kultur ergibt. Bei vielen Phagen führen Behandlungen, die die DNA schädigen (z.B. UV-Bestrahlung oder Mitomycin C) zu einer erhöhten Umschaltrate vom Prophagen zum lytischen Zustand. Dieser Anstieg wird als **Induktion** bezeichnet, und Viren, die auf diese Art stimuliert werden können, werden induzierbar genannt. Enthält eine lysogene Kultur von gemäßigter Zelldichte immer einige Zellen, deren Prophage induziert ist, so ist es offensichtlich unmöglich, eine phagenfreie Bakterienkultur zu erhalten. Diese Tatsache läßt sich zur Identifikation lysogener Kulturen nutzen.

Gelegentlich führt eine Zelle aus einer lysogenen Kultur zu einer Zellinie, die keine infektiösen Phagenpartikel produziert. Das wird dadurch verursacht, daß virale DNA im Prophagenzustand wie bakterielle DNA gegenüber allen genetischen Prozessen (insbesondere Mutationen) empfänglich ist. Einfache Mutationen können den Prophagen inaktivieren, so daß er nicht mehr, weder endogen noch exogen, induziert werden kann. Komplexe Mutationen wie Deletionen können partielle Phagen (z.B. Schwänze) entstehen lassen. Ein inaktivierter Prophage wird häufig als **cryptischer Prophage** bezeichnet.

In Routine-Durchsichten können temperente Phagen entdeckt werden, da sie in einem Rasen nicht-lysogener Bakterien trübe Plaques hervorrufen, Plaques, die immer noch einen dünnen Rasen wachsender Bakterienzellen enthalten. Sie sind wirklich trübe Plaques, denn einige der infizierten Zellen sind lysiert, während andere lysogen wurden. Die neu gebildeten Lysogenen sind natürlich gegen eine Superinfektion immun und wachsen in der Region des Plaques weiter. Im Gegensatz hierzu sind die „trüben" Plaques der RNA-Phagen (5.III) nicht eine Folge der Lysogenisierung, sondern entstehen durch die Verlangsamung des Wachstums.

II Der Bakteriophage lambda als der Archetyp temperenter Phagen

Die Pariser Gruppe unter Wollman war die erste, die erkannte, daß einige Bakterienkulturen beständig durch Bakteriophagen kontaminiert waren und daher Lysogene sein mußten. Später zeigte Lwoff, daß Lysogene in Abwesenheit induzierender Agentien stabil und doch dazu fähig sind, durch das Virus, daß sie enthielten, lysiert zu werden. Die wichtigsten experimentellen Nachweise kamen jedoch von Jacob und dem jüngeren Wollman, die mit *E. coli* arbeiteten. Obwohl sie eine große Zahl verschiedener Phagen isolierten, waren ihre Hauptanstrengungen auf einen einzigen Phagen ausgerichtet, der als lambda bekannt und ursprünglich von Esther Lederberg identifiziert worden war. Abbildung 6-1 zeigt ein elektronenmikroskopisches Bild dieses Phagen, der von mittlerer Größe ist (Tabelle 6-1) und ein lineares DNA-Molekül aus 47 Kilo-

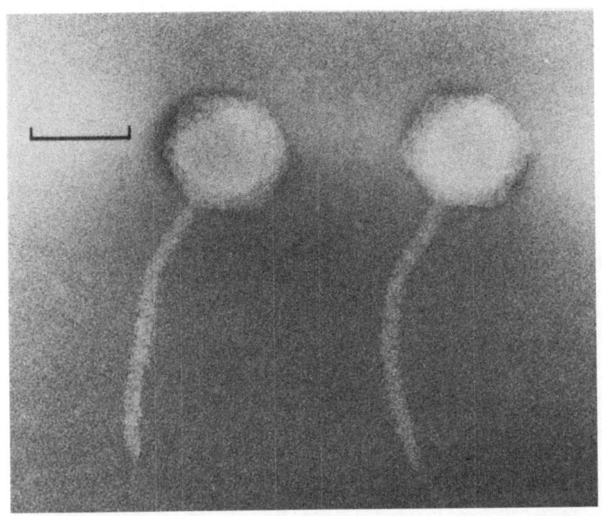

a

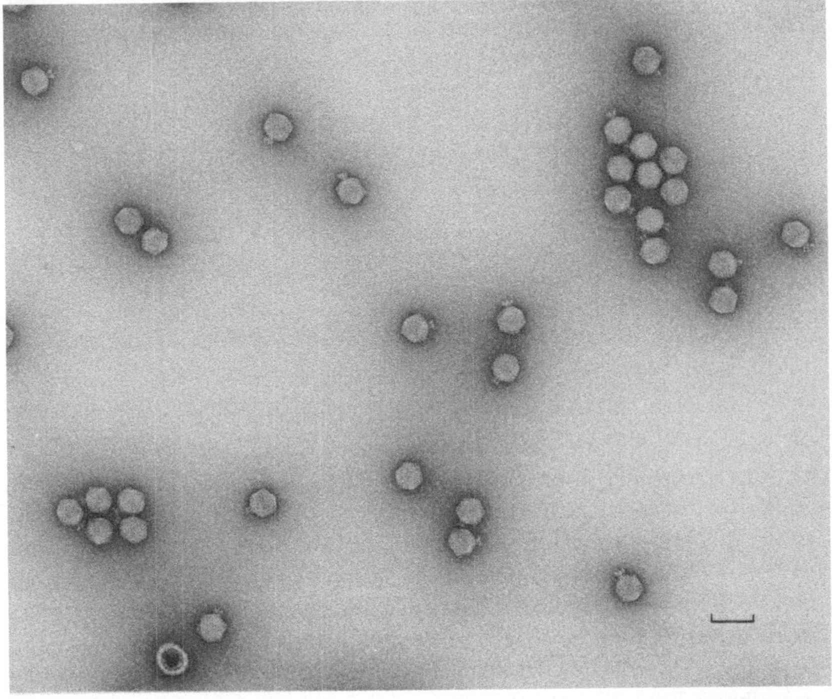

b

Abb. 6-1a–c. Elektronenmikroskopische Aufnahmen einiger temperenter Bakteriophagen. **a** Lambda mit Kaliumphosphowolframsäure negativ gefärbt. Die Länge des Balkens entspricht 50 nm. Aufnahme von E.A. Birge; **b** Der Phage P22, ebenfalls negativ gefärbt. Die Balkenlänge entspricht 100 nm. Aus: King, J., Casjens, S. (1974) Catalytic assembling protein in virus morphogenesis. Nature 251: 112–119; **c** Die Phagen P2 (der größere) und P4 (der kleinere) unter minimaler Bestrahlung fotografiert. Die Balkenlänge beträgt 50 nm. Freundlicherweise überlassen von R.C. Williams, Virus Laboratory, University of California, Berkeley

Abb. 6-1c

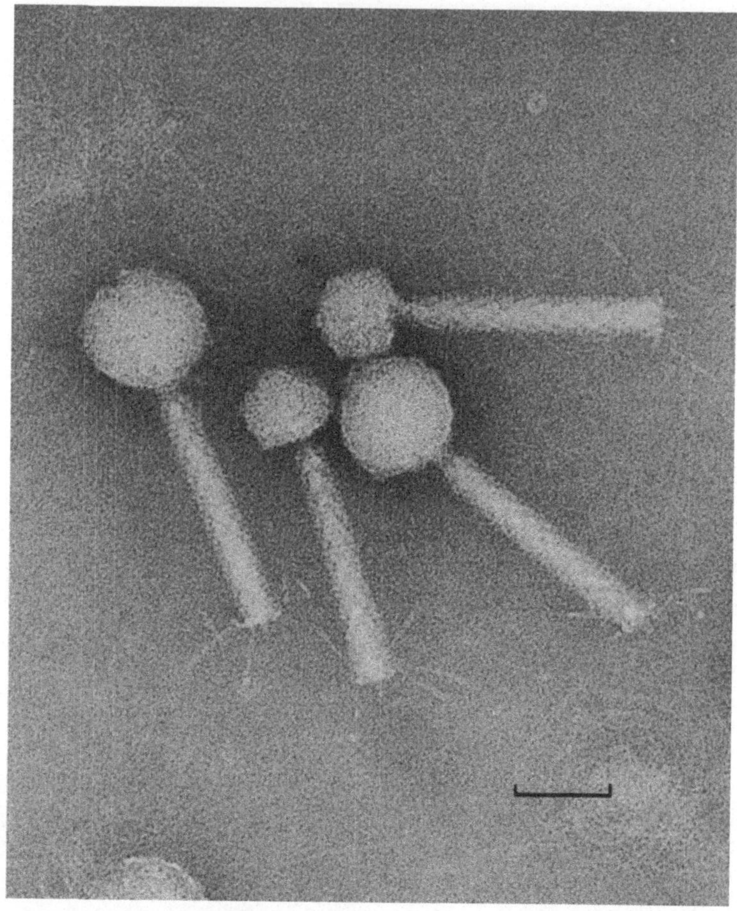

basen enthält. An jedem 5'-Ende der DNA gibt es eine kurze einzelsträngige Region von 12 Basen, die zueinander komplementär sind. Diese speziellen Enden der DNA werden als kohäsive Enden bezeichnet, denn sie bilden rasch Wasserstoffbrücken aus und gestatten der DNA, nach der Infektion sofort zu gespaltenen Ringen zu zirkularisieren. Phagen-DNA ohne kohäsive Enden kann nicht zirkularisieren und replizieren, da nicht-zirkuläre DNA nicht repliziert wird. Phagen dieses Typs werden als λ*doc* (defektiv, ein kohäsives Ende) bezeichnet und können sich nicht selbst reproduzieren.

Die gespaltenen DNA-Ringe, die über die kohäsiven Enden entstehen, werden manchmal nach ihrem Entdecker **Hershey-Ringe** genannt und können durch die Wirts-DNA-Ligase durchgehend geschlossen werden, genauso wie die RFII-DNA der Ff-Phagen in die RFI übergeführt wird (5.II.B). Eine sorgfältige Analyse der lambda-Virionen zeigt, daß das rechte kohäsive Ende (definiert wie in der Abb. 6-5) immer in der Kopf-Schwanz-Verbindung lokalisiert ist. In der abortiven Infektion ist dies der erste Teil der lambda-DNA, der Nuklease-sensitiv wird, und man nimmt daher an, daß er als erste in die Zelle eintritt.

A Der lytische Vermehrungszyklus

Bei der lytischen Infektion lagern sich lambda-Phagen an die Membranstruktur auf der Oberfläche der *E. coli*-Zelle an, die physikalisch und genetisch mit den Stellen für den Maltose-Transport gekoppelt sind. Einige *E. coli*-Stämme, die *mal* sind, sind zugleich in der Maltose-Permeation als auch im lambda-Rezeptor defektiv (Kap. 12), und daher gegen eine lambda-Infektion resistent. Nach der Injektion der DNA zirkularisiert sich das lambda-Genom wie oben beschrieben und wird zu einem Molekül mit superhelikalen Windungen ligiert.

Die Transkription beginnt sofort und kann in drei Zeitklassen unterteilt werden, die frühen, verzögert frühen und späten. Die sofort frühe Transkription liefert zwei sehr kurze RNA-Moleküle, die nur zu zwei Proteinen translatiert werden, N und cro. Dies sind regulatorische Proteine, deren Rolle vollständig in Kap. 12 besprochen wird. Die sofortige Folge der Produktion von N ist, die verzögert frühe mRNA-Synthese zu ermöglichen, die zu zwei längeren Transkripten führt, die die gesamte ursprünglich exprimierte genetische Information und einen großen Teil mehr enthalten. Wird eine Zelle von zwei oder mehreren genetisch verschiedenen Phagen infiziert, so ist es möglich, daß das N-Protein, welches von einem Phagen produziert wird, die Transkription des anderen aktiviert, ein Prozeß, der **Transaktivierung** genannt wird.

Die Folge der verstärkten Transkription ist ein starker Anstieg in der Zahl der Virus-spezifischen Proteine in der infizierten Zelle. Die späte mRNA-Synthese ist vollkommen abgeschlossen, wenn das *Q*-Cistron exprimiert wird, ein Teil der verzögert frühen Gene. Ein funktionelles *Q*-Cistron kodiert ein Produkt, das primär auf der DNA wirkt, in der es lokalisiert ist, und stellt damit einen *cis*-Aktivator dar. Nachdem sich genug Q-Protein angereichert hat, beginnt die späte mRNA-Synthese, gefolgt von der Herstellung der Strukturproteine, die für die Zusammenlagerung der neuen Virionen und die Zellyse notwendig sind. Zehn bis zwölf Minuten nach der Infektion hat die späte mRNA-Synthese die frühe vollständig ersetzt, die durch die Wirkung des akkumulierten cro-Proteins, eines Repressors der frühen mRNA-Synthese, aufgehört hat.

Die DNA-Replikation während des vegetativen Wachstums des lambda-Phagens ist ein ziemlich komplexer Vorgang, der während der verzögert frühen mRNA-Synthese beginnt. Basierend auf elektronenmikroskopischen Studien von Inman und Schnös an zirkulären DNA-Molekülen, die aus infizierten Zellen extrahiert wurden, wurde festgestellt, daß diese Replikation zu Beginn von einem einzigen Punkt aus auf der lambda-DNA, der als *ori* bezeichnet wird, bidirektionell erfolgt. Mehrere Wirtszell-Funktionen sind für die Replikation der lambda-DNA erforderlich (Tabelle 1-1). Außer den Funktionen der Wirtszelle scheinen auch die Produkte der Phagen-Cistren *O* und *P* ständig für die lambda-DNA-Synthese erforderlich zu sein. Die zirkuläre DNA-Replikation verläuft nur für ein oder zwei Runden und wird dann durch die „rolling-circle"-Art ersetzt.

Hinweise für die DNA-Replikation über einen „rolling-circle"-Mechanismus kommen aus Experimenten, die die Bildung von konkatemeren DNA-Molekülen (mit dem Zwei- bis Achtfachen der normalen Genomlänge) während der Replikation zeigen, selbst wenn Rekombinationsfunktionen fehlen. Das Umschalten der Replikationsart geschieht zu Beginn der späten mRNA-Synthese. Der eigentliche Auslöser für das Umschalten scheint die Expression des Phagencistrons *gam* zu sein, welches ein Protein

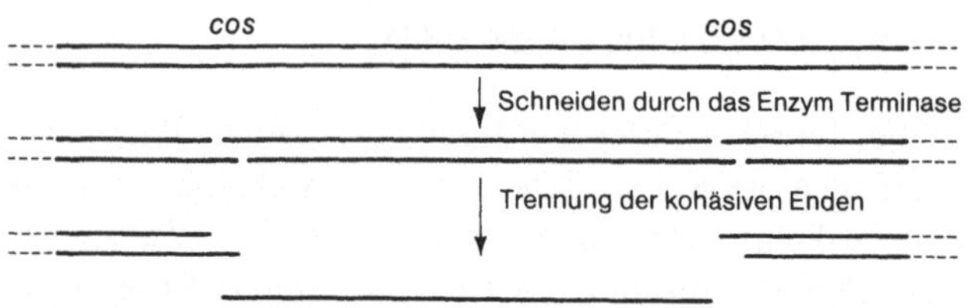

Abb. 6-2. Die Entstehung der kohäsiven Enden bei der lambda-DNA. Das Enzym Terminase schneidet aus den Konkatemeren lambda-DNA-Moleküle von Einheitslänge. Das Schneiden erfolgt an den *cos*-Stellen, die an den Enden des vegetativen DNA-Moleküls liegen. Im Diagramm stellt jede Linie einen einzelnen DNA-Strang dar. Vom Konkatemer ist nur ein kleiner Teil wiedergegeben. Die Schnitte, die das Enzym setzt, sind versetzt, so daß einzelsträngige DNA-Schwänze entstehen. Da alle Schnitte an identischen Basensequenzen auf dem Konkatemer erfolgen, tragen die Schwänze komplementäre Sequenzen

(gamma) kodiert, das als Inhibitor für das Produkt des Cistrons *recBC* der Wirtszelle, die Exonuklease V, fungiert. Dieses Enzym ist an den Rekombinationsmechanismen der Wirtszelle beteiligt und greift bevorzugt einzelsträngige DNA (13.II.C) an. Man nimmt an, daß die Exonuklease V normalerweise die einzelsträngigen Intermediate des „rolling-circle" abbauen würde und daher eliminiert werden muß, bevor die „rolling-circle"-Replikation anläuft. Soweit bekannt, ist der molekulare Mechanismus der „rolling-circle"-Replikation der gleiche wie der in 5.II.A für die Ff-Phagengruppe beschriebene.

Die Reifung von lambda verläuft nach einem Muster, das dem des Phagen T4 (4.IV.B) sehr ähnelt. Schwänze, Vorköpfe und Gerüstproteine werden auf die gewöhnliche Art hergestellt. Die konkatemere DNA wird in DNA-Stücke von Einheitslänge an bestimmten Stellen versetzt geschnitten, so daß die kohäsiven Enden (*cos*) enstehen. An dieser Terminase-Reaktion ist das Produkt des Cistrons *A* beteiligt (Abb. 6-2). Man beachte, daß das linke Ende des geschnittenen Moleküls immer zuerst in den Vorkopf eingebaut wird. Nach der Zusammenlagerung der Nachkommenviren wird die Wirtszelle durch ein phagenproduziertes Lysozym lysiert, das Produkt des Cistrons *R*.

Ein interessanter Aspekt des Reifungsmechanismus bei lambda liegt darin, daß wieder eine konkatemere DNA für das erfolgreiche Verpacken gebraucht wird. Wird eine Zelle unter Bedingungen mit lambda infiziert, die die „rolling-circle"-Replikation des Phagen verhindern, können bei der Replikation keine Konkatemere entstehen. Können sich keine Konkatemere bilden, so können auch keine Nachkommen-Phagenpartikel hergestellt werden. Die einzige Art, auf die lebensfähige Phagenpartikel entstehen können, liegt darin, daß mehrere Phagen-DNAs zu Konkatemeren analog zum Phagen T4 (4.IV.A) rekombinieren, was eine mehrfach infizierte Zelle erfordert. Die Rekombination kann entweder durch das *rec*-System der Wirtszelle oder durch das vom Phagen kodierte *red*-Protein katalysiert werden. Stahl und Mitarbeiter haben dieses Phänomen in ihrer Arbeit über Rekombinationsmechanismen entdeckt.

B Der temperente Vermehrungszyklus

Die ersten Stadien der lambda-Phagen-Infektion, die schließlich zur temperenten Antwort führt, sind die gleichen wie beim lytischen Vermehrungszyklus. Tritt jedoch die temperente Antwort ein, so verlangsamt sich allmählich die gesamte phagenspezifische

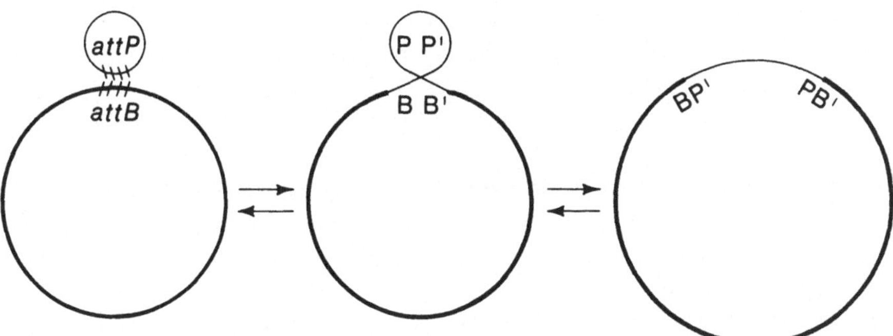

Abb. 6-3. Das Campbell-Modell der lambda-Integration. Die doppelsträngigen lambda und bakteriellen DNA-Moleküle sind durch kleine und große Ringe dargestellt. Zuerst assoziieren sich die beiden Ringe in einer homologen Region, die mit *att* bezeichnet wird. Diese Region kann man als aus zwei Hälften bestehend betrachten. Vermutlich geschieht der genetische Austausch so, daß die linke Hälfte der bakteriellen att-Region (B) mit der rechten Hälfte der Phagenregion (P') verbunden wird und umgekehrt. Dies führt zu einer Figur ähnlich einer Acht. Bei der Entfaltung dieser Struktur tritt ein größeres zirkuläres DNA-Molekül auf, das die lambda-DNA integriert trägt. Bei der Excision der Phagen-DNA läuft der ganze Prozeß umgekehrt ab

mRNA-Synthese und hört zu unbestimmter Zeit nach Verzögerung der frühen mRNA-Synthese auf.

Zugleich mit der reduzierten mRNA-Synthese inseriert sich die Phagen-DNA physikalisch in die bakterielle DNA. Dies läßt sich genetisch durch Kartierungsstudien nachweisen. Der Prophage verhält sich wie irgendein genetisches Element von *E. coli.* Er besitzt auf der Genkarte eine definierte Position, und die einzelnen viralen Cistren können genau wie die Wirtscistren kartiert werden. In vielen Fällen muß der Prophage jedoch induziert werden, bevor sein Genotyp bestimmt werden kann, da die Mehrzahl der Prophagencistren nicht exprimiert wird. Die Insertion eines Prophagen vergrößert die genetische Distanz zwischen den Wirtsmarkern an den beiden Enden des Prophagen, den flankierenden Merkmalen, was deren Rekombinationsfrequenz in dem Maß erhöht, wie wenn ein DNA-Stück von der Größe des lambda-Genoms linear zwischen den flankierenden Markern inseriert wäre. Bakterielle und Phagen-DNA haben also zu einem einzigen, integrierten Molekül rekombiniert.

Alle experimentellen Daten stimmen mit dem Integrationsmechanismus überein, der von Campbell entwickelt wurde (Abb. 6-3). Dieses Modell setzt voraus, daß sich die lambda-DNA über ihre kohäsiven Enden zirkularisiert hat. Von der *E. coli*-DNA ist schon bekannt, daß sie ein zirkuläres Molekül darstellt, so daß ein einziger Rekombinationsvorgang zwischen den beiden DNA-Molekülen einen einzigen, größeren Ring entstehen läßt. Es läßt sich zeigen, daß der lambda-Prophage zwischen den Loci *gal* und *bio* eine definierte genetische Lokalisation innerhalb des *E. coli*-Genoms besitzt und eine spezifische Orientierung aufweist, d.h. daß die Enden des Prophagen immer die gleichen sind. Zur Erklärung dieser Beobachtungen muß der Rekombinationsprozeß sowohl auf der Phagen- als auch auf der Wirts-DNA immer an der gleichen Stelle (*att* genannt) eintreten. Die beiden Stellen werden entsprechend als *attP* und *attB* bezeichnet und sind in der Abb. 6-3 so dargestellt, als ob sie aus den Unterstellen *P* und *P'* sowie *B* und *B'* bestünden. Jedes Paar Unterstellen ist durch ein DNA-Segment von

15 Basen verbunden, die die eigentliche homologe Region für die Paarung der *att*-Stellen bildet. Andere Regionen mit partieller Homologie sind zwar auf dem *E. coli*-Genom vorhanden, so daß bei Deletion der *attB*-Stelle die lambda-DNA noch integrieren kann, wenn auch mit stark reduzierter Frequenz und an verhältnismäßig zufälligen Genom-Positionen.

Man könnte annehmen, daß der ortsspezifische Rekombinationsvorgang zwischen *attP* und *attB* durch jedes Rekombinationssystem katalysiert werden könnte, einschließlich des bakteriellen *rec*-Systems oder des *red*-Systems des Phagen. Phagenmutanten in einem *int* genannten Cistron bilden jedoch nach der Infektion keine stabile Lysogene, was zeigt, daß die Rekombinationshäufigkeit in der *att*-Region, die durch *rec* oder *red* katalysiert ist, nicht ausreicht. Stattdessen kodiert das *int*-Cistron ein **Integrase**-Protein von 140 000 Dalton Größe, das für die beiden *att*-Stellen spezifisch ist (13.III.A).

In Campbells Modell ist die Excision (Induktion) des Prophagen die einfache Umkehrung der Insertion, woraus man schließen könnte, daß die *int*-Funktion für das Ausschneiden (Excision) genauso notwendig und ausreichend ist wie für die Integration. Biochemisch stimmt dies jedoch nicht. Die Excision des Prophagen erfordert zwei Phagen-Funktionen, *int* und *xis* (für „excise", ausschneiden). Das *xis*-Cistron ist recht klein, und sein Produkt ist für das richtige Ausschneiden des Prophagen absolut notwendig. Die Integrase kann anscheinend die *BP'*-Enden des Prophagen erkennen, aber nicht die *B'P*-Stelle (Abb. 6-3). Dieser Mangel wird durch das *xis*-Protein ausgeglichen. Auch zwei Wirtscistren, *him* und *hip,* sind für die Integration und Excision notwendig. Ihre biochemischen Funktionen sind weniger gut geklärt.

Um die Prophagen-DNA im integrierten Zustand zu halten, ist ein Protein-Repressor, das Produkt eines Phagencistrons, erforderlich. Dies läßt sich durch Konjugation eines Donor-Stamms von *E. coli* (1.V.C und 9.I.C), der einen lambda-Prophagen trägt, mit einem nicht lysogenen Rezipienten zeigen. Bei Übertragung des Prophagen von einer Zelle zur anderen erfolgt sofort und fast unvermeidlich seine Induktion. Dieses Phänomen wird als **zygotische Induktion** bezeichnet, da es nach der Konjugation auftritt und durch das Fehlen eines Repressors in der Rezipientenzelle verursacht wird.

Es wurden Mutanten in lambda isoliert, die die Fähigkeit des Phagen zur Bildung eines Repressors beeinträchtigen. Diese Mutationen führen zur Ausbildung von klaren statt trüben Plaques und werden daher als *c* (für „clear" Plaques) Mutationen gekennzeichnet.

Man hat drei Klassen von *c*-Mutationen identifiziert. Mutanten in der *cI*-Funktion produzieren niemals Lysogene, während Mutanten in *cII* oder *cIII* gelegentlich Lysogene bilden, die normal stabil sind. Daher scheint die Annahme vernünftig, daß das *cI*-Cistron ein Repressor-Protein kodiert, während *cII* und *cIII* seine Expression verstärken. Genetische Studien an bestimmten Mutationen in der *cI*-Region, die zur Bildung eines temperatursensitiven Repressors führen, unterstützen den Schluß. Lysogene, die eine solche Mutation tragen, wachsen bei 30°C normal, werden aber bei Erhöhung der Inkubationstemperatur auf 40°C sofort induziert. Der endgültige Nachweis für den *cI*-Repressor kam schließlich von Ptashne, der ein Protein von 30 000 Dalton Molekulargewicht isolierte und zeigte, daß es bevorzugt an lambda-DNA, die die dem *cI*-Cistron direkt benachbarte Region einschließt, bindet, aber nicht an ähnliche Regionen heterologer Phagen wie 434.

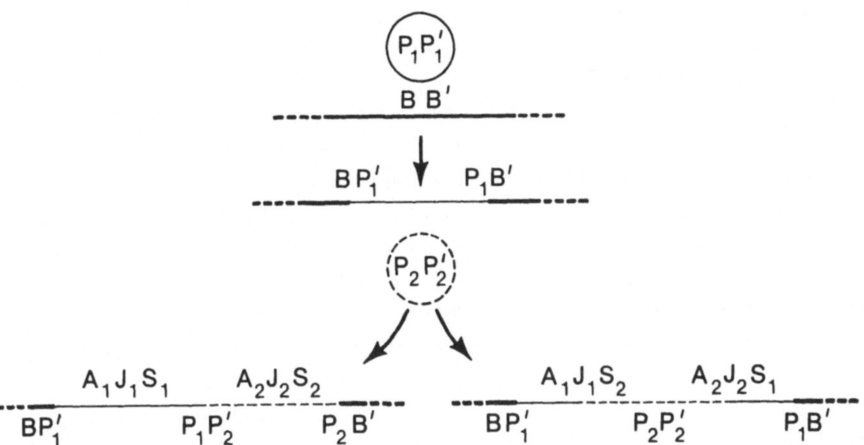

Abb. 6-4. Ein möglicher Mechanismus für die Insertion eines zweiten Phagen-DNA-Moleküls in eine lysogene Zelle unter Bildung einer doppelt Lysogenen. Die kleinen Ringe repräsentieren die Phagen-DNA, die dicken Linien einen Teil des bakteriellen Genophors. Die Anlagerungs- (attachment-) Stellen sind mit PP′ (Phage) oder BB′ (Bakterium) bezeichnet. Im ersten Schritt inseriert die Phagen-DNA in die bakterielle DNA durch einen Austausch, der von der Phagen-Integrase an den *att*-Stellen katalysiert wird. Die Insertion des zweiten Prophagen kann auf zwei Wegen geschehen: Die Rekombination kann wieder durch die Integrase katalysiert werden und zwischen P_2P_2' und einer der rekombinanten *att*-Stellen (BP_1' oder P_1B') ablaufen und ergibt dann die links gezeigte Struktur; die Alternative ist die Rekombination in einem der Phagencistren, wie *J*, von einem unspezifischen Rekombinationssystem katalysiert und rechts gezeigt. Im ersten Fall sind die hintereinander angeordneten Phagen beide intakt, dagegen wird im zweiten Fall der erste Prophage durch die Integration des zweiten in zwei Stücke zerteilt. Als Folge davon entstehen zwar ebenfalls zwei hintereinander angeordnete Phagen, aber jeder Prophage ist rekombinant

Die DNA-Region, an welche sich der *c*I-Repressor anlagert, wird als **Immunitätsregion** bezeichnet, denn sie bestimmt den Typ der Immunität gegen Superinfektion, die der Prophage vermittelt. Man kann verschiedene Typen rekombinanter Phagen herstellen, die die Struktur-Cistren von lambda, aber verschiedene Immunitätsregionen aus anderen lambdoiden Phagen (Tabelle 6-1) tragen. Das Produkt einer Kreuzung zwischen den Phagen lambda und 434 wird als *imm*434 bezeichnet. Ein *imm*434-Phage kann eine normale lambda-lysogene Zelle superinfizieren, sich aber in einer 434-lysogenen Zelle nicht vermehren. Die Immunität der lysogenen Zelle wird daher durch das Vorhandensein des Repressors verursacht, der die Expression aller DNA-Moleküle gleicher Immunität verhindert, seien sie integriert oder nicht. Weitere Einzelheiten zu dieser Wechselwirkung findet man in 12.II.B.

Trotzdem ist die Wirkung des Repressors nicht ganz effektiv. Es ist möglich, homoimmune (mit identischen *c*I-Cistren), doppelt lambda Lysogene zu erhalten, in denen der zweite lambda-Phage eine lysogene Zelle infiziert und sich selbst in der Mitte des schon existierenden Phagen integriert hat (Abb. 6-4). Das Ergebnis sind zwei Prophagen in einer Reihe, wobei aber beide Rekombinanten sind. Ein zweiter allgemeiner Typ der doppelten Lysogenie tritt auf, wenn eine lysogene Zelle mit einem heteroimmunen lambda wie *imm*434 infiziert wird. In diesem Fall durchläuft der zweite Phage eine von der Integrase katalysierte Integration an einem der Enden (äquivalent zu den normalen *att*-Stellen, Abb. 6-4) des ursprünglichen Prophagen und ergibt damit eine Tandem-Verdoppelung von lambda, wobei jeder Prophage die gleiche genetische Zusammensetzung wie anfangs hat. Diese Integrationsart ist bei einer homoimmunen durch die Wirkung des lambda-Repressors auf *int* nicht möglich.

Eine normale Lysogene besitzt nur etwa 140 Repressormoleküle pro Zelle, eine vergleichsweise niedrige Zahl. Als Folge davon muß die Bindung des Repressors an die Immunitätsregion recht stark sein, um die niedrige Repressorkonzentration zu kompensieren. Zu Beginn der zur Lysogenie führenden Infektion kann jedoch das Zehnfache an Repressor in der Zelle vorhanden sein. Es scheint daher schwieriger zu sein, die Repression zu etablieren, als sie aufrechtzuerhalten.

Wird eine lambda-Lysogene induziert, so werden die Repressor-Moleküle durch enzymatische Spaltung zerstört. Die dazu nötige Protease wird vom *recA*-Cistron der Wirtszelle kodiert und offensichtlich durch DNA-Schäden, die der Induktor verursacht, aktiviert (13.II.B). Sind die aktiven Repressor-Moleküle verschwunden, so tritt die Prophagen-DNA in den vegetativen Zustand ein, schneidet sich aus und produziert Nachkommenviren.

C Die Genkarte von lambda

Es gibt eigentlich zwei Genkarten von lambda, eine für den vegetativen Phagen und eine für den Prophagen. Diese Situation entsteht dadurch, daß die *attP*-Stelle, die zur Integration der Phagen-DNA benutzt wird, nicht an einem der kohäsiven Enden des DNA-Moleküls liegt. Als Folge davon führt die Integration der Phagen-DNA über das Campbell-Modell (Abb. 6-3) zu einer zirkulären Permutation der Genkarte für den vegetativen Phagen.

Die vegetative Genkarte wurde aus Standard-Phagenkreuzungen wie denen bei T4 benutzten (4.III.B) entwickelt. Die Interpretation der Daten ist aber viel einfacher, denn die lambda-DNA ist weder zirkulär permutiert noch terminal redundant. Die Genkarte des Prophagen andrerseits wurde aus Standard-Bakterienkreuzungen unter Einsatz von Transduktion (Kap. 7) oder Konjugation (Kap. 9) ermittelt. Eine vereinfachte Version der Karte ist in der Abb. 6-5 dargestellt. Eine detailliertere Karte von lambda ist bei der Besprechung der Regulation von lambda in Abb. 12-7 wiedergegeben.

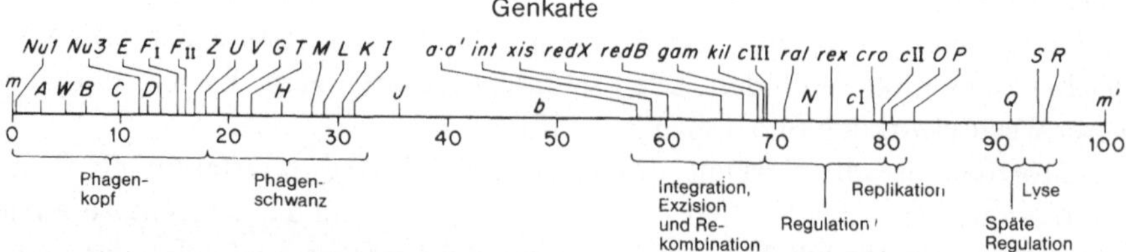

Abb. 6-5. Die vereinfachte Genkarte von lambda. In der Abbildung sind die Cistren gezeigt, die Proteine mit definierten Funktionen kodieren. Der vertikale Teil der Verbindungslinie zwischen den Symbolen und der Genkarte gibt etwa die Mitte des Cistrons an. Die *b*-Region ist in Bezug auf definierte virale Funktionen ruhend, kodiert aber dennoch einige Proteine. Der Startpunkt der Replikation liegt am linken Ende des Cistrons *O*. Eine genauere Genkarte von lambda ist in der Abb. 12-7 wiedergegeben. Aus Echols und Muraldo (1978)

Wieder treten bestimmte genetische Funktionen gehäuft auf. Die Regionen *A* bis *J*, *R* und *S* stellen die Regionen der späten Transkription dar. Obwohl sie auf der Prophagen-Karte getrennt erscheinen, sind sie in Wirklichkeit auf dem zirkulären, vegetativen DNA-Molekül kontinuierlich. Die restlichen Funktionen sind um das *c*I-Cistron gruppiert. Die Rekombinationsfunktionen liegen von hier aus nach links, die DNA-Replikationsfunktionen nach rechts. Am nächsten zu *c*I liegt des *rex*-Cistron, das die Fähigkeit des Phagen bestimmt, *r*II-Mutanten von T4 auszuschließen (4.III.C). Die Hauptfunktion von *rex* scheint jedoch die zu sein, das Zellwachstum bei Begrenzung der Kohlenstoffquelle zu fördern.

Lambda enthält einen anderen Typ genetischer Überlappung als er bisher auftrat. Shaw und Murialdo haben kürzlich gezeigt, daß die Cistren *Nu3* und *C* (lokalisiert bei Nummer 10 in Abb. 6-5) überlappen, aber das gleiche Leseraster besitzen. Daraus folgt, daß das Produkt des Cistrons *Nu3* das carboxyterminale Drittel des *C*-Cistrons ist, aber nicht durch proteolytisches Schneiden aus dem größeren Protein entsteht. Beide Proteine sind an der Zusammenlagerung der Virenköpfe beteiligt.

Es lassen sich auch sogenannte „**physikalische Karten**" für lambda erstellen, in denen die Abstände nicht auf Rekombinationshäufigkeiten, sondern auf Messungen der linearen Distanz im Elektronenmikroskop basieren. Der Technik liegt die Entdekkung von Hradecna und Szybalski zu Grunde, daß die beiden DNA-Stränge des lambda-Genoms verschiedene Affinitäten zu dem synthetischen RNA-Copolymeren-Poly UG aufweisen. RNA ist dichter als DNA, und wenn man lambda-DNA denaturiert, an kurze Stücke Poly-UG binden läßt und in einem Cäsiumchlorid-Dichtegradienten zentrifugiert, liegen die beiden lambda-Stränge an leicht verschiedenen Positionen vor. Jeder Strang kann zurückerhalten und von der RNA befreit werden, was zu einer reinen Einzelstrang-Präparation führt. Der „schwere" Einzelstrang von einer Phagenmutante kann dann mit dem „leichten" Einzelstrang einer anderen Mutante hybridisiert werden. Bei Überprüfung der Heteroduplices im Elektronenmikroskop treten nicht homologe Regionen als „loops" oder „Blasen" auf (Abb. 5-1). Durch Messung der Abstände der verschiedenen nicht homologen Regionen von den Enden der lambda-DNA her kann man die physikalischen Distanzen schätzen. Diese Technik ähnelt der in Kap. 5 besprochenen, ist jedoch wirkungsvoller, denn sie liefert Präparationen, die nur Heteroduplices enthalten. Abbildung 6-6 zeigt einige physikalische Kartierungen, die verschiedene lambda-*imm*-Rekombinanten miteinander vergleichen.

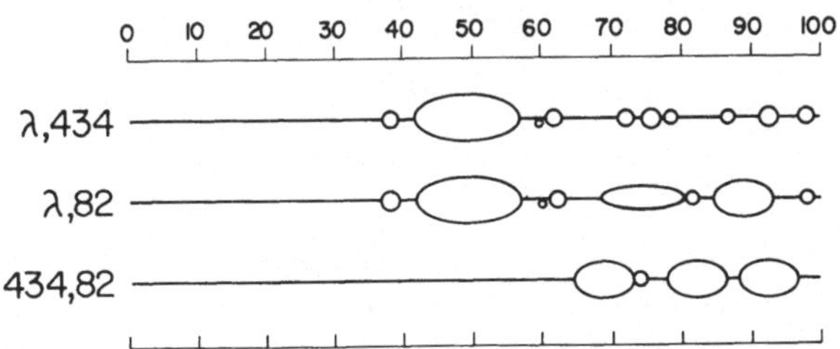

Abb. 6-6. Die Heteroduplex-Analyse hybrider Phagen. Die Linien sind stilisierte Zeichnungen von Heteroduplex-DNA-Molekülen, wie sie im Elektronenmikroskop beobachtet wurden. Jede Blase („loop", Abb. 5-1) entspricht einer nicht-homologen Region. Gezeigt sind alle drei möglichen Kombinationen der lambdoiden Phagen. Die Immunitätsregion liegt grob zwischen 70 und 80 (Abb. 6-5). Aus Campbell (1977)

III Der Bakteriophage P22

Die Grundmorphologie des Phagen P22 (Abb. 6-1) entspricht grob der des Phagen T3; er besteht aus einem polyedrischen Kopf, verbunden mit einer Basalplatte mit sechs Stacheln. Die DNA liegt als lineares Molekül vor, ist zirkulär permutiert und terminal redundant wie die der geradzahligen T-Phagen. Die Redundanz macht etwa 2,5% des Genoms aus.

Infiziert P22 *Salmonella typhimurium,* so zirkularisiert die DNA durch Rekombination in den terminalen Redundanzen, vorausgesetzt, das *erf* („essential recombination function") Genprodukt ist vorhanden. Da dieses ebenfalls die generelle Rekombination katalysiert, ist das *erf*-System dem *red*-System von lambda analog. Während des lytischen Zyklus entstehen konkatemere DNA-Moleküle, die wahrscheinlich über einen „rolling-circle"-Mechanismus gebildet werden. Die Konkatemere werden auf Einheitslänge geschnitten, und die DNA wird durch einen „Kopf-voll"-Mechanismus ähnlich dem von T4 verpackt.

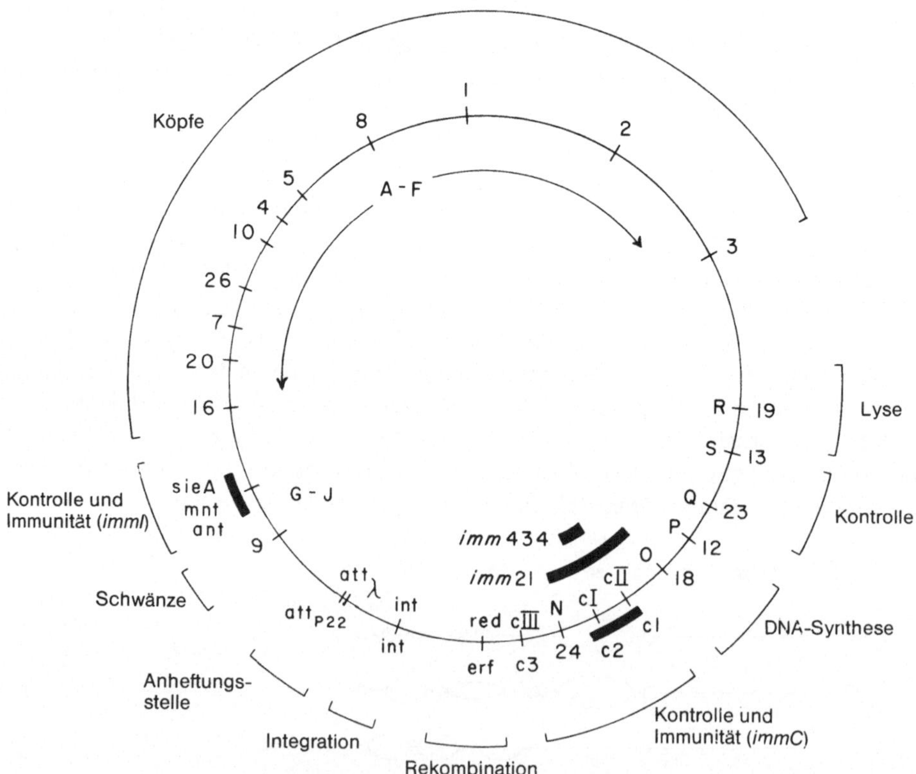

Abb. 6-7. Ein Vergleich der Genkarten des Phagen P22 und des Coliphagen lambda. Das Innere des Kreises zeigt die lambda-Genkarte, das Äußere die Karte von P22. Eine durchgehende Linie, die Merkmale der beiden Phagen verbindet, zeigt große Ähnlichkeit in den genetischen Funktionen. Die dicken Balken in der lambda-Karte geben die DNA-Menge an, die bei verschiedenen lambda-Varianten ersetzt ist. Die beiden dicken Balken außerhalb der P22-Karte zeigen die Bereiche der *immI*- und *immC*-Regionen. Aus Susskind und Botstein (1978)

Während der temperenten Antwort bildet P22 einen Prophagen, der zwischen die *proA*- und *proC*-Cistren der Genkarte von *Salmonella* (Abb. 9-7) inseriert ist. Das Campbell-Modell reicht auch hier zur Erklärung der Integration aus, die durch eine Phagen-Integrase katalysiert wird. Der Prophagen-Zustand wird durch zwei Repressoren aufrechterhalten, die Produkte der Cistren *c2* und *mnt*. Mutationen in einem der beiden Cistren können die Ausbildung der Lysogenie verhindern. Das Proteinprodukt des Cistrons *c2* gleicht genau dem *c*I-Repressor von lambda. Die Funktion des *mnt*-Cistrons ist jedoch sehr ungewöhnlich. Es wirkt als Repressor des *ant*-Cistrons, das einen **Antirepressor** herstellt. Bei Vorhandensein des Antirepressors werden die normalen Repressor-Proteine inaktiviert, und der Prophage wird induziert. Interessanterweise ist der Antirepressor recht unspezifisch und inaktiviert auch die Repressoren anderen temperenter Phagen einschließlich einiger, die normalerweise nicht induzierbar sind.

Die Induktion des P22-Prophagen und die genetische Kartierung kann mit den gleichen Techniken durchgeführt werden wie bei lambda. Die von P22 erhaltene Genkarte ist in Abb. 6-7 gezeigt. Der P22-Karte eingeschoben ist die lambda-Karte, um die Ähnlichkeit der Cistren-Anordnung bei P22 und lambda hervorzuheben.

IV Die Bakteriophagen P2 und P4

P2 und P4 stellen ein besonders ungewöhnliches Paar von Bakteriophagen dar. Morphologisch sind sie einander mit Ausnahme der Kopfgröße sehr ähnlich (Abb. 6-1), denn der P4-Kopf ist nur etwa zwei Drittel so groß wie der P2-Kopf. Da die Kopfgröße immer auch die Genomgröße wiedergibt, läßt sich daraus schließen, daß die P4-DNA kleiner ist, was auch tatsächlich zutrifft (Tabelle 6-1). Bei der Analyse zeigt sich, daß beide, P2 und P4 DNA-Moleküle einmalige Sequenzen mit wenig Ähnlichkeit besitzen. Die Heteroduplex-Analyse ergibt, daß die Basensequenzen (5.I) der DNA-Moleküle einander überhaupt nicht ähnlich sind, mit Ausnahme der identischen kohäsiven Enden. Weitere Untersuchungen der Virionen selbst zeigen, daß sie aus absolut identischen Untereinheiten aufgebaut sind. Den Schlüssel zu dieser Ähnlichkeit der Proteine bei den beiden Phagen findet man in der Art ihres Vermehrungszyklus.

Der Phage P2 folgt weitgehend dem gleichen Vermehrungszyklus wie lambda und kann seine DNA direkt in die bakterielle DNA unter Ausbildung einer lysogenen Zelle inserieren. Im Gegensatz zu lambda wurden P2-Prophagen jedoch an mindestens zehn verschiedenen Stellen im *E. coli*-Genom lokalisiert. Die bevorzugte Integrationsstelle variiert dabei mit dem benutzten Stamm, d.h. der Phage inseriert in *E. coli*-C an einer anderen Stelle als in *E. coli*-K12, und multiple Lysogene sind bei Integration an getrennten Stellen möglich. Ein weiterer Gegensatz zu lambda liegt darin, daß die lysogenen Zellen nicht induziert werden können durch irgendeine der Standard-Techniken, um in den vegetativen Zustand überzugehen, obwohl sie spontan mit niedriger Frequenz revertieren. Die nicht induzierbaren Phagen werden auch nicht zygotisch induziert wie lambda. Bertani hat vorgeschlagen, daß die Induktionsprobleme durch eine Abtrennung des *int*-Cistrons von seinem normalen Promotor bei der Integration des Prophagen verursacht werden könnten, so daß es nicht mehr effektiv transkribiert wird. Tritt der Phage in den vegetativen Zustand, so repliziert er seine DNA über einen

„rolling-circle"-Mechanismus, wobei er die Funktionen *dnaB, dnaE* und *dnaG* der Wirtszelle benutzt. P2 durchläuft die Reifung und Zusammenlagerung nach Mechanismen, die denen von lambda ähneln.

Der Phage P4 produziert eine Lysogene, wenn er eine Zelle infiziert, die nicht P2-lysogen ist, aber diese Lysogene wird nie irgendwelche Nachkommenviren herstellen. Infiziert jedoch P4 eine Zelle mit einem temperenten oder vegetativen P2, so wird P4-Nachkommenschaft produziert. Eine erfolgreiche P4-Infektion erfordert, daß P2 in all seinen Funktionen normal ist, die für die strukturelle Zusammensetzung des P2-Virions und für die Lyse der Wirtszelle verantwortlich sind. Zusammen mit der Tatsache, daß die P4-Virionen aus P2-Untereinheiten bestehen, bedeutet dies, daß P4 einige Cistren von P2 zu seinen eigenen Zwecken verwendet und als **Satelliten-Phage** existiert, d.h. als Parasit eines anderen Virus. P4 repliziert seine DNA jedoch anders als P2 bidirektionell von einem bestimmten Ursprung aus. Die Wirtszellfunktionen *dnaB* oder *dnaG* sind außerdem für die P4-Replikation nicht notwendig. Es gibt daher Hinweise, daß P4 einige seiner Replikationsproteine selbst herstellt und so nicht vollkommen von P2 abhängig ist. Die Interaktionen zwischen P2- und P4-Phagen sind recht interessant. Obwohl der Phage P2 in allen produktiven P4-Infektionen vorliegt, wird der temperente P2 nicht induziert, und wenn er im vegetativen Zustand ist, wird seine DNA nicht verpackt. Dieses Phänomen ist sehr nützlich, denn es bedeutet, daß reine P4-Präparationen zu experimentellen Zwecken leicht erhältlich sind.

Die P4-DNA trägt genügend Information, um für etwa zehn mittelgroße Proteine zu kodieren, obwohl bis jetzt nur vier identifiziert worden sind. In Gegenwart transkriptionell aktiver P4-DNA werden die späten Funktionen von P2 angeschaltet. Die Expression dieser späten P2-Funktionen hat zur Folge, daß manche späten P4-Funktionen schneller aktiviert werden, als wenn die P4-DNA die einzig vorhandene DNA wäre. Die späten Funktionen von P4 modifizieren wiederum die Verpackungsmaschinerie von P2, so daß nur P4-DNA erkannt wird. Der ganze wechselseitige Prozeß wird oft als **reziproke Transaktivierung** beschrieben.

Der Mechanismus, durch den die Zusammenlagerung des P2-Kapsids modifiziert wird, um den kleineren Kopf für P4 zu bilden, ist unklar. Da die Verpackung aber über den lambda-Mechanismus erfolgt und nicht nach der „Kopf-voll"-Methode, kann die Größe des Phagengenoms keine Rolle spielen. Die Notwendigkeit für identische kohäsive Enden wird jedoch offensichtlich, denn sie sind die Stellen für die Initiation und die Termination der DNA-Verpackung.

V Der Bakteriophage P1

P1 ist der größte *E. coli*-Phage und in der Tat einer der größten bekannten Phagen überhaupt (Abb. 6-8). Er ist dem Phagen P7 (der früher als ϕ-amp bekannt war, da seine Lysogene gegen Ampicillin resistent sind) eng verwandt. Die Heteroduplex-Analyse ergibt, daß die beiden Phagen-DNAs zu 92% homolog sind, obwohl die Phagen heteroimmun sind, d.h. verschiedene Repressoren herstellen. Auch die terminalen Redundanzen unterscheiden sich, wobei die von P1 9–12% beträgt, die von P7 aber nur 1%. Beide Phagen scheinen einen recht variablen Zusammenlagerungsmechanismus zu besitzen, da bis zu 20% der überprüften Virionen kleinere Köpfe als normal besitzen

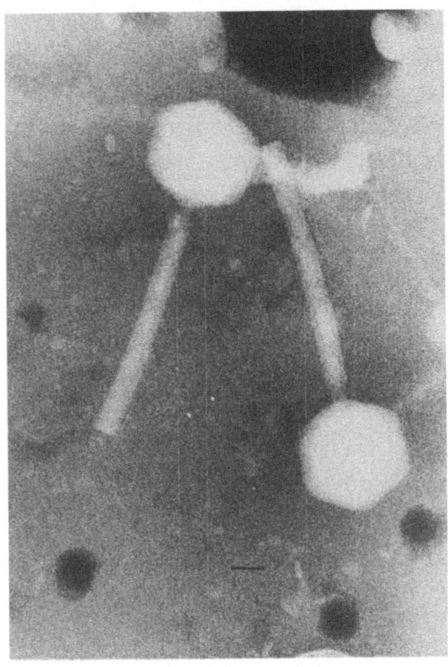

a

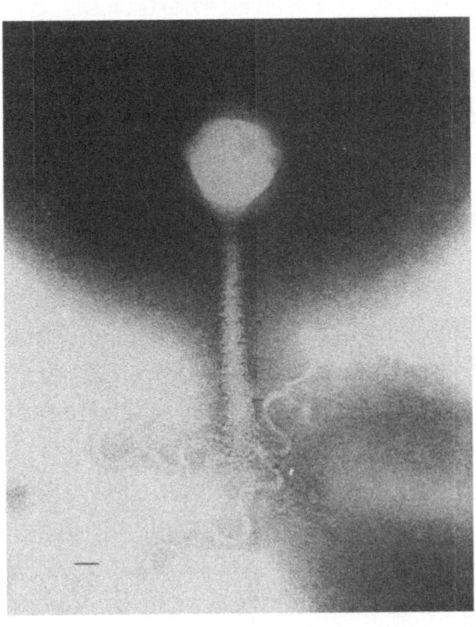

b

Abb. 6-8a,b. Elektronenmikroskopische Aufnahmen der Phagen P1 (a) und PBS1 (b). Die Phagen wurden mit Natriumphosphowolframsäure negativ gefärbt. Der Balken entspricht einer Länge von 25 nm

und damit defektiv sind. Die meisten defektiven Virionen tragen nur 40% des Phagengenoms. Durch die zirkuläre Permutation der DNA (Tabelle 6-1) kann eine mehrfache Infektion einer einzelnen Zelle durch defektive Viren dennoch zur Produktion von Nachkommenviren führen, dank der Komplementation zwischen den defektiven Prophagen.

Der lytische Zyklus von P1 gleicht grundlegend dem von T4. Statt Tryptophan sind Calcium-Ionen für die Anlagerung der Virionen an die Zelle unbedingt erforderlich. Eine interessante Abweichung vom T4-Muster liegt darin, daß bei Kontraktion des Schwanzes die Schwanzfibern freigesetzt werden, ein Vorgang, den man nur noch bei einem anderen Phagen findet, nämlich P2. Durch Rekombination werden konkatemere DNA-Moleküle hergestellt und nach dem „Kopf-voll"-Mechanismus verpackt. P1 und T4 unterscheiden sich darin, daß die P1-Infektion nicht zu einem weitgehenden Abbau der Wirts-DNA führt.

Die vegetative Genkarte von P1 ist noch nicht so gut ausgearbeitet wie die einiger anderer besprochener Phagen. Trotzdem läßt sich zeigen, daß die Karte linear statt zirkulär ist wie die DNA, von der sie erstellt wurde. Die Linearität ist anscheinend durch einen „hot spot" der Rekombination bedingt, der zwischen den „Enden" der vegetativen Karte liegt und der eine genetische Kopplung zwischen Merkmalen, die an entgegengesetzten Enden lokalisiert sind, verhindert.

Der lysogene Zustand ist für P1 insofern ungewöhnlich, als der Prophage nicht in die DNA integriert wird, sondern als autonom replizierendes DNA-Stück (als Plasmid) im Cytoplasma der Zelle bleibt. Die Replikation des Plasmids ist streng kontrolliert, so daß nur ein oder zwei Kopien des Prophagen pro bakteriellen Genom vorhanden sind. Neben der Unabhängigkeit in der Replikation muß das Plasmid entweder mit den Supercoils der bakteriellen DNA assoziiert sein oder sonst in der gleichen Art wie die Wirts-DNA segregieren, denn auch alle Tochterzellen sind P1-lysogen.

P1-Lysogene besitzen die Fähigkeit, eintretende DNA zu restringieren und somit einige Arten des genetischen Austauschs zu unterbinden. Während das allgemeine Phänomen der **Restriktion** und dessen molekulare Grundlage genauer im Kap. 14.I besprochen werden, ist die Grundlage dieses Prozesses im Fall von P1 ganz offensichtlich und soll hier besprochen werden. Lambda-Virionen, die auf einer P1-lysogenen Zelle gebildet wurden, infizieren leicht eine andere Zelle oder eine andere P1-Lysogene. Lambda-Virionen, die in einer nicht P1-lysogenen Kultur gebildet wurden, zeigen aber eine extrem niedrige Plattierungsfrequenz (die Fähigkeit, Plaques zu bilden) auf einer P1-Lysogene. Die wenigen Virionen, die eine P1-Lysogene erfolgreich infizieren, bilden Nachkommen, die mit normaler Effizienz auf allen anderen P1-Lysogenen plattieren. Der Schluß aus diesen Beobachtungen ist der, daß das P1-Plasmid alle in der gleichen Zelle vorhandene DNA verändert. DNA, die von außen in die Zelle eindringt und der die richtige Veränderung fehlt, wird fast immer inaktiviert und geht verloren. Gelingt es einem DNA-Molekül, der Inaktivierung zu entkommen, so wird es durch das P1-Plasmid ebenso modifiziert wie die gesamte andere zelluläre DNA und ist dann gegen die Restriktion resistent.

VI Der Bakteriophage Mu

Die Besonderheit des Phagen Mu liegt in seinen extrem promiskuiven Integrationsmethoden, die häufig zur Entstehung von Mutationen führen (3.IV.E). Offensichtlich ist nur eine kurze Sequenzhomologie für die Integration der Phagen-DNA in die bakterielle DNA notwendig. Der Prophage liegt daher fast zufällig im bakteriellen Genophor, häufig in einem bakteriellen Cistron, obwohl die Enden der Prophagen-DNA immer gleich sind. Eine solche intercistronische Insertion des Prophagen führt zu einer Mutation.

Der Wildtyp-Prophage ist nicht induzierbar, obwohl spontan, wie bei P2, eine Produktion von Phagenpartikeln auftritt. Es scheint keine Excision der Mu-DNA aus der bakteriellen DNA ohne gleichzeitige Lyse der Zellen stattzufinden, da durch Mu bedingte Mutationen nicht revertieren. Bestimmte Mutationen in der Phagen-DNA führen zu einem Prophagen, der reversible Mutationen produziert. Diese Mutationen werden mit X gekennzeichnet; die Art der Veränderung ist unbekannt, aber sie verhindert manchmal, daß der Phage nach der Excision die Zelle lysiert.

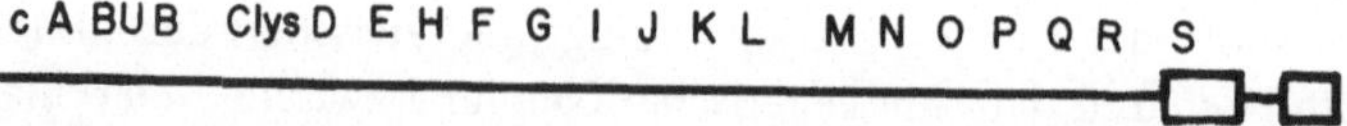

Abb. 6-9. Die Genkarte des Phagen Mu. Das Cistron *c* kodiert den Repressor. X-Mutationen geschehen links des *c*-Cistrons. Die Cistren *D* bis *J* sind an der Bildung des Kopfes beteiligt, *K* bis *S* an der Schwanzbildung. Die Rechtecke zeigen die variablen Regionen (Abb. 6-10). Gezeichnet nach: Appendix C (1977) eds. Bukhari et al.

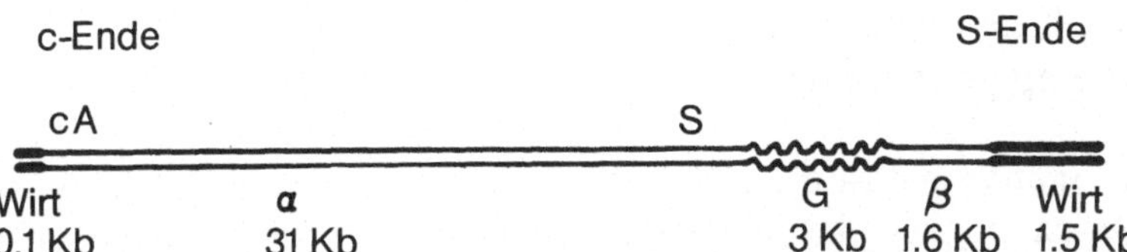

Abb. 6-10. Die Struktur der Mu-DNA. Die Größen der verschiedenen Segmente sind grob in Kilobasen angegeben, aber die Segmente sind nicht maßstabgetreu gezeichnet. Für die Wirtssequenzen an den Enden (die in der Länge variieren) sind Mittelwerte angegeben. Die bekannten essentiellen Cistren von Mu (*A* bis *S*) liegen im α-Segment. Das *c*-Cistron am Ende ist die Immunitätsregion. Die gewellten Linien zeigen das G-Segment der Mu-DNA, das sich häufig invertiert, was bei physikalischen Kartierungsstudien zu Heteroduplex-Blasen führt. Aus Chow und Bukhari (1977)

Die Genkarte von Mu ist der von lambda recht ähnlich (Abb. 6-9), besitzt aber einige einmalige Eigenschaften. Bei der Extraktion der Mu-DNA aus einer großen Population und Heteroduplex-Analyse werden einzelsträngige Schwänze beobachtet, die nicht Teil des ursprünglichen Moleküls sind, und eine nicht renaturierbare Region liegt manchmal nahe an einem Ende der DNA-Duplex. Chow und Bukhari haben dies so interpretiert, daß die Mu-DNA variable Mengen von Wirts-DNA an ihren Enden trägt. Das linke Ende hat etwa 100 zusätzliche Basenpaare, während das rechte Ende im Mittel 1,5 Kilobasen an Wirts-DNA trägt (Abb. 6-10). Gleichgültig, wie Mu gezogen wurde oder ob alle Phagen aus einem einzelnen Plaque stammen, sind die Wirts-DNA-Basen immer vorhanden.

Die Ab- oder Anwesenheit der nicht renaturierbaren oder G-Blase („G-loop") ist eine Funktion der Vermehrungsart des Phagen. Werden die Viren nach einer lytischen Infektion produziert, so zeigen weniger als 1% der DNA-Moleküle in einer Heteroduplex-Analyse eine G-Blase. Sind die Viren dagegen das Ergebnis einer Induktion (über einen temperatursensitiven Repressor), werden G-Blasen in 50% aller Fälle beobachtet. Eine sorgfältige Überprüfung der Fragmente des Mu-Genoms durch Heteroduplex-Analysen zeigte, daß die G-Blasen eine Inversion einer Region der Mu-DNA darstellen. Es läßt sich nachweisen, daß die G-Region von komplementären Sequenzen mit etwa 50 Basenpaaren Länge flankiert sind, die in entgegengesetzter Richtung angeordnet sind („inverted repeats", umgekehrte Wiederholungen). Diese Sequenzen bilden eine homologe Region für Inversionsprozesse, die offensichtlich ablaufen, während die virale DNA im Prophagen-Zustand vorliegt und dazu neigt, die Orientierung der G-Region zufällig zu ändern (13.III.B). Vegetative (lytische) Infektionen mit einer Multiplizität von weniger als eins erfordern für die Lyse eine bestimmte Orientierung der G-Region, was der Grund dafür sein könnte, daß Inversionen bei vegetativen Infektionen nur selten auftreten. In der einen Orientierung (flip) ist der Phage zur Infektion von *E. coli*-K12 fähig, in der anderen Orientierung (flop) kann der Phage *Citrobacter, Serratia* und den *E. coli*-Stamm C infizieren. Dieser Wechsel im Wirtsbereich beruht auf der Ausbildung zweier verschiedener Schwanzfibern, die zur Adsorption am einen oder anderen Wirt nötig sind.

Ein interessanter Seitenaspekt der Untersuchungen der G-Blase ist, daß die DNA des Phagen P1 ein invertierbares Segment enthält, das der G-Region von Mu homolog ist. Die Signifikanz der G-Region ist nicht wirklich gesichert, aber man kann mit der Phasenvariation bei *Salmonella* (12.III.A) Vergleiche ziehen.

VII Der Bakteriophage PBS1 als Beispiel für einen pseudotemperenten Phagen

PBS1 wächst auf *B. subtilis* und ist der größte aller besprochenen Phagen (Abb. 6-8). Morphologisch ist er extrem komplex und besitzt sowohl helikale Schwanzfibern und spezielle kontraktile Fibern, die an der Basis der kontrahierten Hülle erscheinen. Er infiziert nur bewegliche Zellen, da er zuerst an das Flagellum bindet und dann an die Flagellenbasis wandert, wo die eigentliche DNA-Injektion erfolgt. Zur Wanderung braucht der Phage die Bewegung des Flagellums, und die Infektion mit PBS1 führt rasch zu einem Verlust der Beweglichkeit. Zusätzlich zu seiner Größe ist PBS1 in seiner DNA einzigartig, denn sie enthält Uracil statt Thymin. Wie man von einem so großen Phagen erwartet, ist eine Anzahl verschiedener Virus-spezifischer Funktionen identifiziert. Außer den Enzymen, die Thymin durch Uracil ersetzen, scheint der Phage auch seine eigene RNA-Polymerase herzustellen, da er sich in einer Zelle vermehren kann, deren RNA-Polymerase mit Rifampicin blockiert ist.

PBS1 produziert trübe Plaques, ist aber kein wirklich temperenter Phage. Die Zahl freier Virionen, die man in exponentiell wachsenden Kulturen findet, ist um einige Größenordnungen höher als die für einen normalen temperenten Phagen. Physikalische Studien zeigen, daß die meiste oder vielleicht gesamte Phagen-DNA in einem Plasmid-Zustand innerhalb der Zelle vorliegt.

Es wurde auch beobachtet, daß die Behandlung PBS1-tragender Kulturen mit phagenspezifischem Antiserum zum Verlust des Phagen führt, was bedeutet, daß eine ständige Re-Infektion notwendig ist, um den intrazellulären Phagen aufrechtzuerhalten. Dennoch besteht die Assoziation zwischen Phage und Bakterium über lange Zeiträume; die infizierten Zellen können ohne Lyse überleben, und die Stabilität der Beziehung hängt von einigen Phagenfunktionen ab. Aus diesen Gründen wird die Assoziation zwischen PBS1 und *B. subtilis* als ein Beispiel der Pseudolysogenie betrachtet.

Ein interessantes Phänomen tritt auf, wenn die Auswirkung der Sporulation von *B. subtilis* auf den Phagen betrachtet wird. Bei pseudotemperenten Viren wie PBS1 kann die Phagen-DNA in der sich entwickelnden Spore eingeschlossen werden, so daß der pseudolysogene Zustand während und nach der Sporulation weiter besteht. Bei der Keimung der Spore wird die virale DNA zusammen mit der bakteriellen DNA reaktiviert.

VIII Zusammenfassung

Temperente Phagen bilden eine langanhaltende, stabile Beziehung zwischen dem Bakterium und dem Phagen aus, die die Lyse der Wirtszelle vermeidet und sicherstellt, daß auch alle Tochterzellen den Virus tragen. Die Kombination aus einer Zelle und einem Virus wird Lysogene genannt, die intakte virale DNA innerhalb der Zelle als Prophage bezeichnet. Prophagen werden durch einen Protein-Repressor in einem Ruhezustand gehalten, der die Mehrzahl der viralen Funktionen inaktiviert und Immunität gegen Superinfektion vermittelt. Die Prophagen können entweder spontan oder als Antwort auf externe Stimuli (Induktion) zum vegetativen Zustand revertieren. Prophagen wie lambda oder P2 werden durch einen einzigen Rekombinationsvorgang zwischen der zirkulären Phagen-DNA und dem zirkulären bakteriellen Genom in die bakterielle DNA inseriert (Campbell-Modell). Prophagen wie P1 inserieren nicht in das Genom, sondern liegen als Plasmide vor, die sich unabhängig in der Bakterienzelle replizieren.

Während der lytischen Infektion folgen die temperenten Viren den gleichen biochemischen Wegen wie die virulenten Phagen. Durch den „rolling-circle"-Mechanismus werden bei den Phagen lambda und P2-P4 konkatemere DNA-Moleküle gebildet, während sie bei P1 und P22 durch Rekombination entstehen. Die DNA-Verpackung durch einen „Kopf-voll"-Mechanismus findet man bei P1 und P22. Bei den Phagen lambda und P2-P4 ist dagegen die DNA-Reifung ungewöhnlich, da hier kurze, einzelsträngige, kohäsive DNA-Enden hergestellt werden.

Für die meisten temperenten Bakteriophagen wurden Genkarten erstellt, und die Anordnung der Cistren zeigt Ähnlichkeiten. Verschiedene Techniken zur Anfertigung von DNA-Heteroduplices erwiesen sich als sehr nützlich zur quantitativen Erfassung der Ähnlichkeitsgrade zwischen den verschiedenen Phagen.

Literatur

Allgemein

Calendar R, Geisselsoder J, Sunshine MG, Six EW, Lindqvist BH (1977) The P2-P4 *trans*activation system. In: Fraenkel-Conrat H, Wagner RR (eds) Comprehensive virology, vol 8. Plenum Press, New York, pp 329–344

Campbell A (1977) Defective bacteriophages and incomplete prophages. In: Fraenkel-Conrat H, Wagner RR (eds) Comprehensive virology, vol 8. Plenum Press, New York, pp 259–328

Campbell A (1983) Bacteriophage λ. In: Shapiro JA (ed) Mobile genetic elements. Academic Press, New York, pp 65–103

Echols H, Murialdo H (1978) Genetic map of bacteriophage lambda. Microbiol Rev 42:577–591

Hayes W (1980) Portraits of viruses: bacteriophage lambda. Intervirology 13:133–153

Hemphill HE, Whiteley HR (1975) Bacteriophages of *Bacillus subtilis.* Bacteriol Rev 39:257–315

Hohn T, Katsura I (1977) Structure and assembly of bacteriophage lambda. Curr Top Microbiol Immunol 78:69–110

Nash HA (1977) Integration and excision of bacteriophage λ. Curr Top Microbiol Immunol 78: 171–199

Skalka AM (1977) DNA replication-bacteriophage lambda. Curr Top Microbiol Immunol 78:201–237

Strauss EG, Strauss JH (1974) Bacterial viruses of genetic interest. In: King RC (ed) Handbook of genetics, vol 1. Plenum Press, New York

Susskind MM, Botstein D (1978) Molecular genetics of bacteriophage P22. Microbiol Rev 42:385–413

Toussaint A, Resibois A (1983) Phage Mu: Transposition as a life-style. In: Shapiro JA (ed) Mobile genetic elements. Academic Press, New York, pp 105–158

Weisberg RA, Gottesman S, Gottesman ME (1977) Bacteriophage λ: the lysogenic pathway. In: Fraenkel-Conrat H, Wagner RR (eds) Comprehensive virology, vol 8. Plenum Press, New York, pp 197–258

Speziell

Appendix C (1977) Temperate bacteriophages. In: Bukhari AI, Shapiro JA, Adjya SL (eds) DNA insertion elements, plasmids and episomes. Cold Spring Harbor Laboratory, Cold Spring Harbor, NY, pp 705–756

Bertani LE, Bertani G (1971) Genetics of P2 and related phages. Adv Genet 16:199–237

Calendar R, Six EW, Kahn F (1977) Temperate coliphage P2 as an insertion element. In: Bukhari AI, Shapiro JA, Adjya SL (eds) DNA insertion elements, plasmids and episomes. Cold Spring Harbor Laboratory, Cold Spring Harbor, NY, pp 395–402

Chaconas G, Harshey RM, Bukhari AI (1980) Association of Mu-containing plasmids with the *E. coli* chromosome upon prophage induction. Proc Nat Acad Sci USA 77:1778–1782

Chow LT, Bukhari AI (1977) Bacteriophage Mu genome: structural studies on Mu DNA and Mu mutants carrying insertions. In: Bukhari AI, Shapiro JA, Adjya SL (eds) DNA insertion elements, plasmids and episomes. Cold Spring Harbor Laboratory, Cold Spring Harbor, NY, pp 295–306

Giphart-Gassler M, Plasterk RHA, van de Putte P (1982) G inversion in bacteriophage Mu: a novel way of gene splicing. Nature 297:339–342

Kahn M, Ow D, Sauer B, Rabinowitz A, Calendar R (1980) Genetic analysis of bacteriophage P4 using P4-plasmid ColE1 hybrids. Mol Gen Genet 177:399–412

Ptashne M (1967) Specific binding of the λ phage repressor to λ DNA. Nature 214:232–234

Shaw JE, Murialdo H (1980) Morphogenetic genes *C* and *Nu3* overlap in bacteriophage λ. Nature 283:30–35

Susskind MM (1980) A new gene of bacteriophage P22 which regulates synthesis of antirepressor. J Mol Biol 138:685–713

Kapitel 7

Transduktion

Transduktion bedeutet die Übertragung von DNA von einer Zelle (dem Donor) in eine andere Zelle (den Rezipienten) durch Bakteriophagen. Sie wurde erstmals von Zinder und Lederberg für *Salmonella* und den Phagen P22 beschrieben; seitdem wurde jedoch gezeigt, daß sie bei vielen anderen Bakterien unter Beteiligung vieler Bakteriophagen verbreitet ist. Je nach dem beteiligten Virus kann die DNA der Donorzelle mit der viralen DNA im Kapsid des Bakteriophagen assoziiert sein. Es ist jedoch immer notwendig, daß die Donorzelle lysiert, Virionen mit Wirts-DNA (transduzierende Partikel) freigesetzt werden und ihre DNA in eine neue Zelle injizieren können. Eine Zelle, die durch Transduktion einen rekombinanten Phänotyp erlangt hat, wird als **Transduktante** bezeichnet.

Transduzierende Partikel sind Nebenprodukte der normalen Phagenvermehrung und werden in zwei Grundtypen eingeteilt. **Generell transduzierende Partikel** findet man unter den Nachkommen bei lytischen Infektionen vieler temperenter und virulenter Phagen. Fast alle in der Größe einigermaßen passende Teile des Bakteriengenoms treten in den transduzierenden Partikeln auf, wenn auch nicht alle Cistren mit gleicher Frequenz. Die bakterielle DNA ist normalerweise nicht mit der viralen verbunden, die generell transduzierenden Partikel werden deshalb manchmal auch als Pseudovirionen bezeichnet. **Speziell transduzierende Partikel** dagegen liegen unter den Tochterphagen nach einer Infektion durch integrierende temperente Phagen wie lambda vor. In diesen Partikeln findet man nur die bakterielle DNA, die einem Ende des Prophagen direkt benachbart und immer kovalent mit der viralen DNA verbunden ist. In diesem Kapitel werden verschiedene Mechanismen der Entstehung transduzierender Partikel besprochen und Beispiele für Daten gezeigt, die sich mit ihrer Hilfe erhalten lassen.

I Der Bakteriophage lambda als speziell transduzierender Phage

A Die Entstehung transduzierender Partikel

Viele Beobachtungen haben mit der Zeit zur Entwicklung eines geeigneten Modells für die Bildung transduzierender lambda-Partikel beigetragen. Zuerst ergab sich, daß nur zwei bakterielle Phänotypen betroffen sind, Gal und Bio, die die *att*λ-Stelle (Abb. 7-1) flankieren. Wie man für die spezielle Transduktion erwartete, wurde später klar, daß jedes andere bakterielle Cistron, das zwischen der Anlagerungsstelle und *gal* oder *bio* kartiert, durch die spezielle Transduktion mit lambda übertragen werden kann. Die weitere Diskussion wird sich jedoch nur mit *gal* und *bio* befassen.

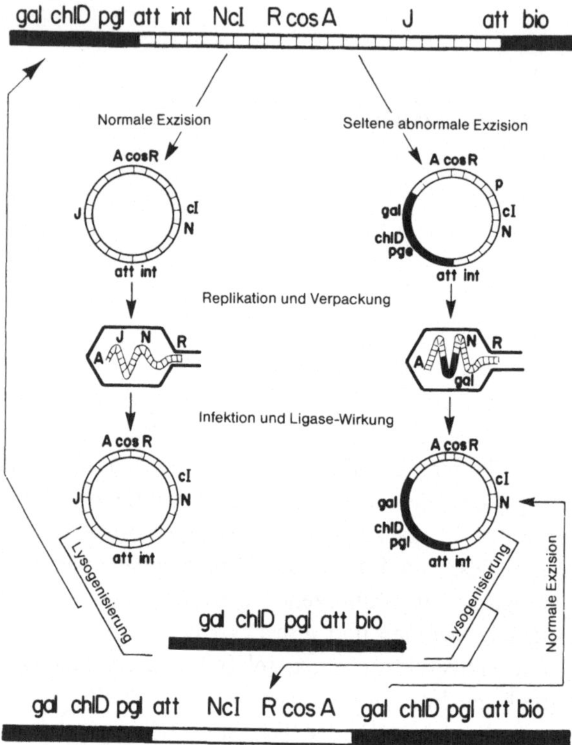

Abb. 7-1. Die Bildung von λ*dgal* aus einer λ-Lysogenen. Die obere lineare Struktur zeigt einen Teil des Genoms einer lambda-lysogenen Zelle. Jede horizontale Linie entspricht einem einzelnen DNA-Strang; die kurzen vertikalen Linien stellen die Wasserstoffbrücken dar. Sowohl der normale als auch der abnormale Excisionsprozeß sind gezeigt. Die abnormale Excision kann auch die *bio*-Region statt der *gal*-Region „mitnehmen". Eine Lysogenisierung mit anschließender normaler Excision regeneriert die Struktur im oberen Teil der Abbildung. Eine Lysogenisierung mit anschließender abnormaler Excision führt zu der unten gezeigten Struktur, die von einem Teil des bakteriellen Genoms eine Duplikation trägt, die dem linken Ende des Prophagen direkt benachbart liegt. Aus Campbell (1977)

Das vom trasduzierenden Partikel getragene Cistron (oder die Cistren) werden durch das dem Phagen hinzugefügte genotypische Symbol gekennzeichnet, z.B. λ*gal* oder λ*bio*. Die Gesamtfrequenz der speziell transduzierenden Partikel in der Nachkommenschaft nach Induktion einer lysogenen Zelle beträgt etwa 10^{-6}. Eine so niedrige Frequenz läßt auf einen sehr seltenen Vorgang bei der Entstehung der transduzierenden Partikel schließen. Diese Art von Lysat wird daher als „low frequency transducing lysate" (LFT-Lysat, mit niedriger Frequenz transduzierend) bezeichnet.

Die Größe der im transduzierenden lambda enthaltenen DNA ist völlig normal. Dies überrascht nicht allzusehr, da Studien mit lambda Deletions- und Insertionsmutanten gezeigt haben, daß der Reifungs- und Verpackungsprozeß von lambda eine DNA erfordert, die zwischen 75 und 109% der normalen Größe hat.

Größere oder kleinere Moleküle behindern eine normale Verpackung. Wegen der Größenkonstanz muß etwa soviel virale DNA verloren gehen, wie bakterielle DNA in den transduzierenden Partikeln übertragen wird. Der Verlust viraler DNA läßt auf den Verlust viraler Funktionen schließen, was sich als zutreffend erweist.

Die *gal*-Cistren sind etwas weiter von der Phagen Anlagerungstelle entfernt als die *bio*-Cistren. Daher sind λ*gal*-Partikel defektiver als λ*bio*-Partikel. Ein defektiver Phage wird als solcher gekennzeichnet, indem man seinem Namen den Buchstaben *d* zufügt, z.B. λ*dgal*.

Die Art der Defekte in einem transduzierenden lambda-Partikel steht mit der Prophagen-Genkarte in Zusammenhang. Ein λ*dgal*-Phage ist in den DNA-Replikationsfunktionen defektiv, während ein λ*dbio* Defekte für verschiedene Strukturproteine aufweist. Ein Blick auf die Genkarte der Prophagen zeigt (Abb. 6-5), daß die fehlende virale DNA immer an dem Ende des Prophagen verloren geht, das der neu hinzugekommenen bakteriellen DNA gegenüber liegt. Tatsächlich sieht es so aus, als ob die Excisionsfunktionen des Phagen den Prophagen gelegentlich ungenau ausschneiden, wodurch ein transduzierender Phage entsteht. Bemerkenswert ist dabei, daß so hergestellte Deletionen zur Erarbeitung der lambda-Genkarte sehr nützlich waren.

Durch eine leichte Abwandlung des Campbell-Modells für die Integration und Excision von lambda erhält man einen molekularen Mechanismus, der allen genannten Beobachtungen gerecht wird (Abb. 6-3 und 7-1). Nach diesem Modell muß die DNA zur Excision des Prophagen nach der Induktion eine Schleifen-Struktur bilden. Liegt die Basis der Schleife bei der Rekombination nicht genau an den *att*-Stellen der Prophagenenden, so entsteht ein speziell transduzierendes DNA-Molekül. Die Excision nach diesem Typ ist ein Beispiel nicht-homologer Rekombination, andere Beispiele hierzu werden im Kap. 13.III.B besprochen. Die Größe des neu ausgeschnittenen viralen DNA-Moleküls hängt dabei von der Größe der Schleife ab.

Es gibt natürlich Grenzen für die Verschiebung der Schleife gegen das Zentrum des Prophagen, wenn ein funktionelles Phagenpartikel gebildet werden soll. Geht die *cos*-Stelle verloren, so entsteht ein λ*doc*-Phage (6.II), der seine DNA nicht mehr verpacken kann. Falls die *ori*-Stelle deletiert wird, ist die DNA zum Start der Replikation nicht mehr fähig. Phagen, die nur relativ wenig virale DNA verloren haben, sind natürlich weniger defektiv und werden bei einer zufälligen Suche eher gefunden.

Die genetische Analyse zeigt λ*dgal*-Phagen, in denen ein Teil der Sequenzen zwischen *gal* und dem linken Ende des Prophagen deletiert sind, was weniger defektive Phagen ergibt.

B Physiologie und genetische Folgen der Transduktion

Die Physiologie der Infektion mit transduzierenden Partikeln hängt sehr von den genetischen Veränderungen der DNA ab. Trägt der Phage noch alle Funktionen, so können die in Kap. 6 beschriebenen Vorgänge ablaufen. Dies ist nicht so selten, wie man nach dem oben gesagten vielleicht erwarten würde, denn die *b2*-Region, die nahe dem rechten Ende des Prophagen liegt (Abb. 6-5), kann ohne ersichtliche Wirkung für den Phagen deletiert werden. Ist der Phage defektiv, braucht er jedoch einen Helfer-Phagen für die Lysogenie, aber nicht für den Beginn der Produktion transduzierender Partikel oder die DNA-Injektion.

Die Unabhängigkeit der anfänglichen Phagenproduktion rührt von den mehrfach vorhandenen Genomäquivalenten in logarithmisch wachsenden *E. coli*-Zellen her, die die intrazelluläre Produktion normaler oder defektiver Phagen gestatten. Im Fall von λ*dgal* stellt der Helfer-Phage auch die notwendige homologe Region für die Integration des transduzierenden Phagen, indem er selbst zuerst in das bakterielle Genom integriert. Dies ist dem in Abb. 6-4 gezeigten Prozeß ähnlich. Die Folgen der Infektion einer Zelle durch transduzierende Partikel sind unterschiedlich. In ungefähr einem Drittel aller Fälle werden neue *gal-* oder *bio*-Cistren durch einfache Rekombination für die alten substituiert, und der Transduktant wird nicht lysogen. Im Fall von λ*dgal* ist dieser der Typ von Transduktant, den man findet, wenn die Zelle ohne Helfer-Phage infiziert wird. Alternativ dazu läßt sich zeigen, daß ungefähr zwei Drittel der Transduktanten lysogen sind und eine Duplikation für die transduzierten Merkmale tragen (z.B. zwei Sätze der *gal*-Cistren, Abb. 7-1).

In diesem Fall segregieren die transduktanten Zellen häufig durch Rekombination der Prophagen innerhalb der duplizierten Region gal^+- und gal^--Nachkommen aus, was zum Verlust des Prophagen führt.

Zellen, die für einen speziell transduzierenden Phagen lysogen sind, lassen sich mit den gebräuchlichen Techniken induzieren. Ist der transduzierende Prophage defektiv, so müssen die fehlenden Funktionen von einem Helfer-Phagen zur Verfügung gestellt werden, wenn nicht der Helfer-Phage mit dem ursprünglichen transduzierenden Phagen zusammen zu einer doppelt Lysogenen integriert ist. Die produzierten Nachkommenvirionen setzen sich aus Wildtyp (vom Helfer-Phagen) und speziell transduzierenden Partikeln (vom entsprechenden Prophagen) zusammen. Die transduzierenden Phagen können dann bis 50% des Wurfs einer Zelle ausmachen; dieses Lysat wird entsprechend als „high frequency transducing lysate" oder HFT-Lysat (mit hoher Frequenz transduzierend) bezeichnet. Die transduzierenden Partikel sind mit den ursprünglichen Phagen identisch, die lysogene Transduktanten entstehen ließen, aber HFT-Lysate unterscheiden sich doch deutlich von LFT-Lysaten.

Benutzt man ein HFT-Lysat zur Infektion, so ist der Anteil an lysogenen Transduktanten über 90%, während man bei LFT-Lysat nur etwa 70% findet.

C Lambda-Phagen, die zusätzliche genetische Merkmale transduzieren

In seiner ursprünglichen Form ist lambda nur begrenzt genetisch nützlich, da die Regionen der Wirts-DNA, die übertragen werden können, eingeschränkt sind. Daher wurde versucht, den Bereich an Merkmalen die sich mit lambda transduzieren lassen, zu erweitern, denn ein speziell transduzierender Phage für ein zu untersuchendes Cistron bringt viele biochemische Vorteile. Der Hauptvorteil liegt darin, daß im induzierten Zustand von lambda alle Cistren des Prophagen angeschaltet (dereprimiert) sind, einschließlich der zusätzlichen bakteriellen DNA. Die Menge eines Genprodukts in einer Kultur läßt sich daher stark erhöhen, indem man das entsprechende Cistron mit lambda-Phagen-DNA koppelt und den gebildeten Prophagen induziert. Als Folge davon kann eine bestimmte Produktmenge aus einer viel kleineren (an Substanz) Kultur gewonnen werden, als es anders nötig wäre (die Konzentration gegenüber den anderen Zellbestandteilen ist z.B. auch höher).

Eine sehr gute Methode zur Konstruktion neuer transduzierender Phagen ist die künstliche Herstellung durch die DNA-Spleiß-Techniken, die in Kap. 14 besprochen werden. Vor der Entdeckung dieser Methoden wurde jedoch von Signer eine Technik entwickelt, den transduzierbaren Bereich zu erweitern, indem er die Lokalisation des Prophagen im Bakteriengenom von den üblichen Anlagerungsstellen unabhängig machte. Die normale Anlagerungsstelle für lambda muß dabei im Bakteriengenom deletiert sein. Diese Deletion erniedrigt die Lysogenisierungsfrequenz um den Faktor von einigen Hundert, eliminiert aber nicht vollständig die Lysogenie. Zellen, denen es gelingt, Lysogene zu bilden, tragen den Prophagen an sekundären Stellen, die über das Genom verstreut sind. Jede neue Stelle bietet die Möglichkeit, neue Typen speziell transduzierender Phagen zu erhalten. Eine andere Methode zur Herstellung neuer transduzierender Phagen ist weiter unten im Zusammenhang mit ϕ80 aufgeführt.

II Weitere speziell transduzierende Phagen

A Der Bakteriophage ϕ80

Der Bakteriophage lambda ist das am besten untersuchte Mitglied einer großen Gruppe morphologisch (und manchmal auch serologisch) ähnlicher Viren, die *E. coli* infizieren. Die anderen Mitglieder der Gruppe werden als lambdoid bezeichnet, obwohl sie sich von lambda sehr unterscheiden können. Einige Mitglieder dieser Gruppe wurden in Kap. 6 schon erwähnt, darunter die Phagen 21 und 434. Ein anderes gut untersuchtes Beispiel ist ϕ80, der 1963 von Matsushiru in Japan isoliert wurde. Dieser Phage ist gegenüber lambda heteroimmun und besitzt seine eigene Anheftungsstelle in der Nähe von *trp* auf der Genkarte von *E. coli.* Der Lebenszyklus von ϕ80 gleicht genau dem von lambda, und er ist ebenso fähig, speziell transduzierende Phagen zu bilden. Das normale Merkmal, das von ϕ80 transduziert wird, ist *trp* in Form von ϕ80*dtrp.* Eines der genetischen Merkmale zwischen *trp* und der Anlagerungsstelle von ϕ80 ist *tonB,* das die Rezeptoren für die Phagen ϕ80 und T1 kodiert, und das ebenfalls von transduzierenden Partikeln getragen werden kann. Die Insertion neuer DNA in das *tonB*-Cistron hat zwei Effekte: Die Zellen werden resistent gegen den Phagen T1, und wenn sie schon ϕ80 Lysogene waren, kann das eingelagerte Material Teil eines transduzierenden Phagenpartikels werden.

Gottesman und Beckwith entwickelten eine Technik, die sie „gerichtete Transposition" nennen, die die Lage des *tonB*-Cistrons nutzt. Die erste Voraussetzung ist die, daß der in *tonB* inserierte Marker dominant sein muß. Außerdem muß der Marker auf einem bestimmten Typ des F-Plasmids getragen werden (Kap. 10), der in seiner Replikation temperatursensitiv ist. Dies bedeutet, daß die Plasmid-DNA nur bei niedrigen Temperaturen zu ihrer Replikation fähig ist. Bei hohen Temperaturen (42°C) kann das Plasmid nicht mehr replizieren und geht allmählich aus der Kultur verloren.

Das F-Plasmid mit dem gewünschten Marker wird durch Konjugation in eine ϕ80-lysogene Zelle eingeführt, die eine Deletion im Genom trägt, die dem zusätzlichen Marker auf dem F-Plasmid entspricht. Durch die Dominanz des Markers ist der Phänotyp der Zelle nach der Konjugation nicht mutant. Während man die Selektion für den dominanten Phänotyp durchführt, wird die Temperatur der Kultur erhöht. Die Selektion sorgt dafür, daß die Zelle das Plasmid behält, wenn sie sich vermehren will, aber die hohe Temperatur verhindert die Plasmidreplikation und sollte zur Segregation von Zellen führen, die zur Vermehrung nicht fähig sind. Integriert des F-Plasmid jedoch in das Bakterien-Genom, so kann es wie der Prophage durch die Wirtszelle repliziert werden, und der Verlust des Plasmids wird verhindert. Das F-Plasmid integriert an verschiedenen Stellen des Genoms, da es durch die Deletion nicht an der Stelle integrieren kann, die dem Merkmal entspricht. Unter den Integrationsorten wird auch *tonB* sein. Zellen, die das F-Plasmid in *tonB* integriert tragen, lassen sich bei hoher Temperatur durch eine Behandlung mit T1 leicht selektionieren. Die T1 resistenten Zellen können dann mit UV-Strahlung induziert werden, um speziell transduzierende Phagen des entsprechenden Typs zu erhalten.

B Der Bakteriophage P1

Dieser Phage wird normalerweise als generell transduzierender Phage betrachtet, denn er führt zum Plasmid-Typ der Lysogenie. Dennoch kann man zeigen, daß P1 an verschiedenen Stellen im Bakteriengenom mit einer Frequenz von etwa 10^{-5} integriert.

Benutzt man verschiedene Kombinationen von Phagen- und bakteriellen Mutanten, so läßt sich nachweisen, daß die P1-Integration entweder durch das *rec*-System des Wirts oder durch ein Phagenprodukt ähnlich der lambda-Integrase katalysiert wird. Bei Induktion ergibt eine Zelle mit einem integrierten P1 die gewöhnlichen transduzierenden Partikel. Obwohl integrierte P1-Lysogene schwierig nachzuweisen sind, läßt sich das von ihnen hergestellte LFT-Lysat elegant zeigen, indem man einen Stamm von *Shigella* als Rezipienten verwendet. Die Mitglieder der Gattung *Shigella* benutzen, obwohl sie *E. coli* sehr ähnlich sind, nicht den Zucker Lactose als einzige Kohlenstoffquelle und verfügen nicht über die DNA, die der *E. coli lac*-Region entspricht. Behandelt man einen solchen Stamm mit P1 aus *E. coli,* so kann man Lac^+-Zellen erhalten. Da keine Homologie besteht, ist die *lac*-DNA nicht in das *Shigella*-Genom integriert, sondern ist Bestandteil des P1-Plasmids, das in diesem Fall autonom replizierend, nicht integriert vorliegt. Entsprechend dem Modell sind Lac^+-Transduktanten immun gegen P1-Infektion und segregieren Lac^--Zellen aus.

Die Lac^+-Transduktanten lassen sich ebenfalls mit UV-Strahlung induzieren und stellen dann ein LFT-Lysat her, und in vielen Fällen ist kein Helfer-Phage zur Induktion notwendig. Dies ist durch die lange terminale Redundanz der P1-DNA bedingt, die die Insertion relativ langer Stücke exogener DNA in ein DNA-Molekül konstanter Größe zuläßt, ohne daß ein Verlust der entsprechenden Funktionen eintritt. Allerdings muß genügend terminale Redundanz erhalten bleiben, damit die DNA nach der Infektion zirkularisieren kann.

C Der Bakteriophage P22

Als temperenter Phage mit einem Lebenszyklus ähnlich lambda, kann P22 den gleichen Typ speziell transduzierender Phagen bilden, wie lambda. Er ist allerdings nützlicher, da er im *Salmonella*-Genom gelegentlich an sekundären Stellen integriert und damit einen größeren Bereich transduzierbarer Marker abdeckt.

Bei P22 wurde noch ein zweiter Typ speziell transduzierender Partikel beobachtet. Diese bestehen aus dem P22-Genom, in das DNA inseriert ist, die für Resistenz gegen ein oder mehrere Antibiotika kodiert. Die Resistenz tragende DNA kommt wahrscheinlich aus einem der R-Plasmide (11.III), die mit P22 koexistieren können. Solche genetischen Phänomene, bei denen ein Stück aus einer DNA entnommen und in ein anderes DNA-Molekül eingelagert wird, wird als Transposition bezeichnet und in Kap. 13.III.B

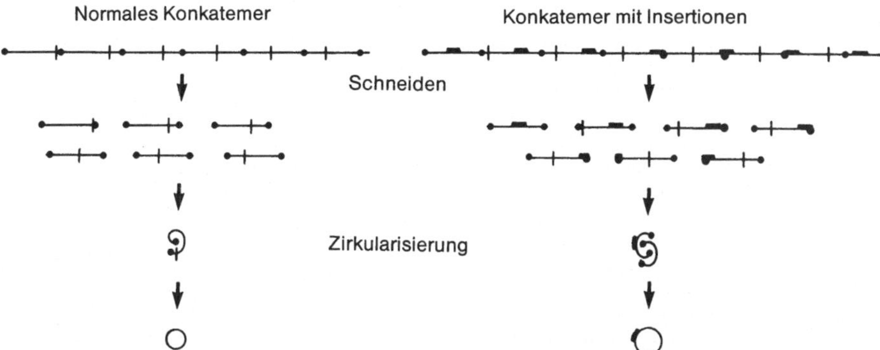

Abb. 7-2. Die Entstehung eines vollständigen P22-Genoms aus zwei partiellen Genomen. Jede horizontale Linie stellt einen Teil der doppelsträngigen, konkatemeren DNA dar. Die vertikalen Linien geben die Genomlängen an, und die dicken Balken entsprechen inserierter DNA. Im linken Teil der Abbildung ist der normale Verpackungsmechanismus wiedergegeben, der durch Schneiden der DNA an den mit Punkten gekennzeichneten Stellen zirkulär permutierte, terminal redundante Moleküle entstehen läßt. Im rechten Abbildungsteil wird der Effekt einer großen Insertion auf die Produkte des gleichen Schneidemechanismus deutlich. Die entstehenden Moleküle sind kürzer als die Genomlänge und müssen zu einem vollständigen zirkulären Phagengenom rekombinieren

genau besprochen. Die P22-DNA ist terminal redundant, wenn auch nicht im gleichen Maß wie P1, und daher gelten für die Größe der inserierten DNA die gleichen Einschränkungen wie bei P1 auch bei P22. Wird die P22-DNA mit der Insertion für den Phagenkopf zu groß, so kann jedes Virion nur einen Teil des Genoms tragen. Wenn die Multiplizität der Infektion größer als eins ist, ist eine Infektion dann trotzdem möglich. Die Zufälligkeit, mit der zirkulär permutierte DNA entsteht, ist hoch genug, daß zwei defektive Phagenpartikel im allgemeinen zusammen einen kompletten Satz der P22-Cistren in ihrer DNA enthalten. Die Zirkularisation geschieht durch Rekombination (Abb. 7-2).

III Die generelle Transduktion

A Der Bakteriophage P22

Neben der Fähigkeit, in das Bakteriengenom zu integrieren und speziell transduzierende Partikel zu bilden, kann der Phage P22 auch generell transduzierende Partikel entstehen lassen. Die Bildung dieser Partikel erfolgt nicht bei der Excision des Prophagen, sondern während der Verpackung der DNA in Kapside. Generell transduzierende Partikel können während der ganzen lytischen Infektion und ohne irgendwelche *rec*-Funktionen entstehen. Die P22-DNA ist daher offensichtlich nicht an der Verpackung beteiligt.

Der „Kopf-voll"-Mechanismus zur Verpackung von Phagen-DNA führt zu zirkulär permutierten DNA-Molekülen, woraus folgt, daß der Mechanismus an mehreren Stellen die P22-DNA erkennen und schneiden kann. Der gleiche Mechanismus muß aber auch eine bestimmte Anzahl von Stellen auf der bakteriellen DNA erkennen und zur Verpackung in den Phagenkopf passende Moleküle herausschneiden.

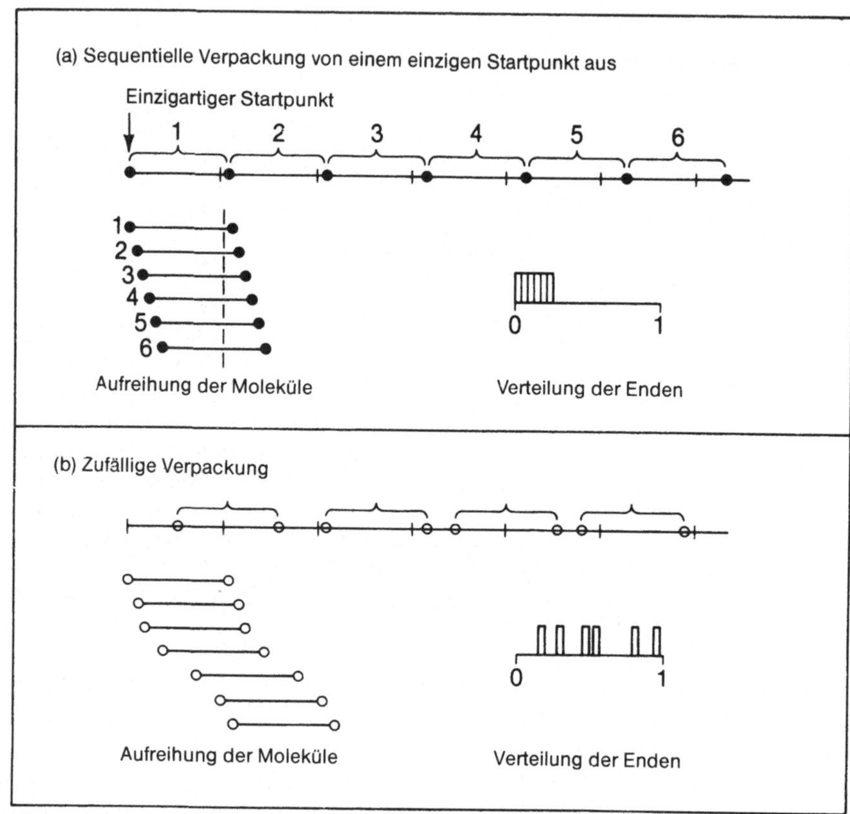

Abb. 7-3a,b. Vergleich der einzig-ortssequentiellen Verpackung und der zufälligen Verpackung. **a** Das Diagramm zeigt, daß, wenn ein Konkatemer nur lang genug ist für eine kleine Zahl von „Kopf-voll"-Einheiten, die sequentielle Verpackung, wenn sie an einem einzigen Punkt beginnt, zu einer begrenzten Verteilung der Enden führt (d.h. zu begrenzten Permutationen). **b** Die zufällige Enkapsidierung führt zu einer zufälligen Verteilung der Enden (d.h. zufälligen Permutationen). Aus Susskind und Botstein (1978)

Da mehr P22-DNA verpackt wird als Wirts-DNA, müssen die Erkennungsstellen auf der P22-DNA häufiger sein oder effizienter wirken. Dieser Mechanismus zur Verpackung transduzierender DNA wurde zuerst von Ozeki vorgeschlagen, der ihn als **„Verpackungswahl"** (engl. „wrapping choice") bezeichnete.

Die Stellen, an denen des schneidende Enzym auf der P22-DNA wirkt, scheinen in einer Region des P22-Genoms gehäuft aufzutreten. Zu diesem Schluß führten Heteroduplex-Analysen im Elektronenmikroskop, die die Häufung von DNA-Enden relativ zur physikalischen Karte von P22 darstellen. Die Anhäufung entsteht durch die sequentielle Einkapselung terminal redundanter DNA (Abb. 7-3). Vorausgesetzt, der erste Schnitt erfolgt in einer begrenzten Region, sorgt die terminale Redundanz der P22-DNA dafür, daß jedes DNA-Molekül gegenüber dem zuvor geschnittenen leicht versetzte Endpunkte hat, aber alle Enden in einer begrenzten Region des Genoms liegen. Dies kommt von der begrenzten Länge des konkatemeren Moleküls, von dem die kleineren DNAs herausgeschnitten werden. So wird die gesamte DNA verpackt, bevor der Endpunkt um mehr als etwa 20% des Genoms verschoben wird. Sind alle

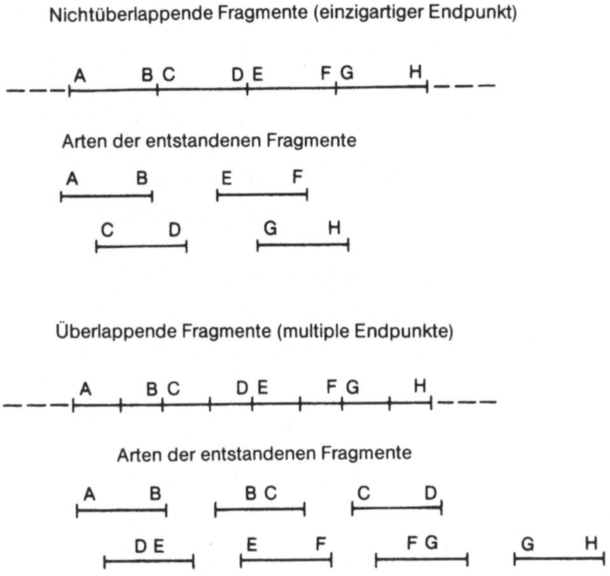

Nichtüberlappende Fragmente (einzigartiger Endpunkt)

A B C D E F G H

Arten der entstandenen Fragmente

A B E F

C D G H

Überlappende Fragmente (multiple Endpunkte)

A B C D E F G H

Arten der entstandenen Fragmente

A B B C C D

D E E F F G G H

Abb. 7-4. Die Entstehung transduzierender DNA durch die „Kopf-voll"-Methode. Die horizontalen Linien stellen doppelsträngige DNA dar, die vertikalen Linien zeigen potentielle Startstellen der DNA-Verpakkung. Wenn nicht-überlappende Fragmente gebildet werden, liegen die Cistren B, C oder D, E oder F, G nahe beieinander, können aber niemals kotransduziert werden, weil sie sich nicht auf dem gleichen DNA-Fragment befinden. Werden aber überlappende Fragmente gebildet, so können alle benachbarten Merkmale kotransduziert werden

Stellen, an denen das P22-Enzym auf der bakteriellen DNA seinen ersten Schnitt setzt, durch mehr Basen getrennt als der P22-Phagenkopf aufnehmen kann, so sind alle generell transduzierenden DNA-Fragmente homogen in dem Sinn, daß ein gegebenes Merkmal nur an einem Ende und nur auf einem DNA-Fragment erscheint (Abb. 7-4). Entstehen dagegen Fragmente von vielen verschiedenen Stellen, so sind die transduzierenden DNA-Moleküle heterogen, was bedeutet, daß ein gegebener bakterieller Marker auf mehr als einem Fragment erscheinen kann.

Zur Unterscheidung dieser beiden Möglichkeiten läßt sich die genetische Analyse mit Hilfe der Kotransduktion einsetzen. Wird ein Cistron mit einem von zwei anderen kotransduziert, werden aber nicht alle drei Cistren kotransduziert, sind zumindest zwei verschiedene transduzierende DNA-Fragmente notwendig. Dies ist der Fall bei der *Salmonella ilv*-Region, wie von Roth und Hartmann gezeigt wurde.

Die Existenz multipler Schnittstellen zur Herstellung tansduzierender DNA-Fragmente erklärt auch andere Beobachtungen. Es ist schon lange bekannt, daß Deletions-Mutationen die **Kotransduktionsfrequenz** (die Frequenz, mit der zwei Merkmale gemeinsam vererbt werden) nahe benachbarter Merkmale beeinflussen können. Erfolgt die Deletion zwischen den beiden Merkmalen, so ist es trivial, daß sich die Kotransduktionsfrequenz erhöht. In manchen Fällen trat die Deletion seitlich des Merkmalpaares auf, und dennoch wird die Kotransduktionsfrequenz verändert. In einem Fall geschah die Deletion sogar so weit von dem Merkmalpaar entfernt, daß sie nicht im gleichen transduzierenden Partikel mit eingeschlossen war, aber dennoch die Kotransduktionsfrequenz beeinflußte. Entfernt die Deletion eine potentielle Stelle für die Initiation der „Kopf-voll"-Verpackung, oder bringt sie das Merkmal näher an einen solchen Ort, ändert sich die Art der entstehenden transduzierenden DNA-Fragmente. Es tritt dann ein Fragment auf, das nur ein Merkmal des Paares trägt, wodurch die Kotransduktionsfrequenz vermindert wird, während das Verschwinden eines solchen Fragments eine erhöhte Frequenz zur Folge hat.

Nach der Bildung transduzierender Partikel könnte ein Gleichgewicht im Transduktionsprozeß bestehen; dies gilt aber für P22 nicht. Mindestens 90% der gesamten generell transduzierenden DNA, die in die Wirtszelle injiziert wird, rekombiniert nicht, sondern bleibt als nicht-replizierendes DNA-Fragment liegen. Die Cistren auf solchen Fragmenten können exprimiert werden, wodurch **abortive Transduktanten** entstehen. Dies sind Zellen, die phänotypisch rekombinant sind, aber keine Tochterzellen mit dem gleichen Phänotyp bilden können. Stattdessen besitzt die eine Tochterzelle das DNA-Fragment (und den rekombinanten Phänotyp), die andere Tochterzelle aber nicht. Unterwirft man die Kultur einer Nahrungsselektion, so produzieren die abortiven Transduktanten eine Mikrokolonie (sehr kleine Kolonie), die aus nicht rekombinanten Tochterzellen und einer einzigen sich in Teilung befindenden Zelle besteht, die die transduzierende DNA trägt, zusammensetzt.

Etwa 2 bis 5% aller generell transduzierender Partikel ergeben vollständige Transduktanten (echte Rekombinanten). Die Rekombination erfolgt unter Ersatz beider DNA-Stränge in dem Rezipientenduplex (13.II.D). Die Größe der ausgetauschten DNA schwankt zwischen 2×10^6 und 10^7 Dalton (1,3 bis 6,6 Kilobasenpaare).

B Der Bakteriophage P1

Der Phage P1 ähnelt P22 in vielen Punkten und bildet ebenfalls sowohl speziell als auch generell transduzierende Partikel. Dennoch ist es unüblich, P1 als speziell transduzierenden Phagen zu nutzen, denn alle P1-Lysogenen-Rekombinanten erhalten auch das P1-Restriktions- und Modifikationssystem (6.V und 14.I). Das hat zur Folge, daß jede weitere genetische Manipulation mit der rekombinanten Zelle als Rezipient Donor-DNA aus einer P1-Lysogenen erfordern würde. Zur Umgehung dieses Problems sind die zur Transduktion benutzten P1-Stämme entweder virulente oder „klare-Plaques"-Mutanten, die keine Lysogene bilden können, obwohl sie auf die gleiche Art injizieren und lysogenisieren wie der Wildtyp P1. Indem man die Fähigkeit zur speziellen Transduktion „opfert", erhält man hier besonders nützliche generell transduzierende Phagen.

Neuere Untersuchungen zeigten, daß der Mechanismus der Entstehung generell transduzierender Partikel der gleiche ist wie bei P22 (z.B. ein Fehler im „Kopf-voll"-Verpackungssystem). Da der P1-Phagenkopf jedoch größer ist, kann P1 2,5mal soviel DNA übertragen wie P22. An Transduktionsexperimenten in *E. coli* sind daher Segmente von ca. 2,2% des Genoms beteiligt, während ähnliche Versuche in *Salmonella* nur mit etwa 1% des Genoms verlaufen. Eine technische Bemerkung sollte hier eingefügt werden. Obwohl der Transduktant die Phageninfektion überlebte, da er ja keine virale DNA enthält, ist er gegen eine nachfolgende P1-Infektion anfällig. Da mindestens 99,9% der P1-Virionen in jedem gegebenen Lysat funktionelle virulente Phagen sind, werden große Mengen P1 in die Kultur abgegeben, sobald die infizierten Zellen lysieren. Diese P1-Partikel infizieren die Transduktanten und lysieren sie. Entfernt man aber die Calcium-Ionen, die zur Adsorption der Phagen notwendig sind, aus dem Medium, bevor die Zellen lysieren können, aber nachdem die transduzierenden Partikel adsorbiert haben, sind die Transduktanten gegen eine Superinfektion durch P1-Virionen geschützt.

C Der Bakteriophage T1

Dieser Phage dient als Beispiel dafür, wie unter geeigneten Bedingungen fast alle Phagen zur Transduktion verwendet werden können. Drexler konnte zeigen, daß lethale amber-Mutanten von T1, die auf einem supprimierenden Wirt gezogen werden (permissiv), gelegentlich statt viraler Wirts-DNA verpacken. Benutzt man das Phagenlysat mit solchen transduzierenden Partikeln zur Infektion von Zellen, die die amber-Mutation nicht supprimieren (nicht permissiv), so werden keine viralen Nachkommen produziert, aber bestimmte Zellen werden rekombinant und sind mit den üblichen Techniken nachweisbar. Die DNA-Menge, die von einem transduzierenden Partikel übertragen werden kann, beträgt etwa 0,5% des Genoms und stimmt grob mit der bekannten Kopfgröße überein.

IV Die Analyse der Transduktionsdaten

A Die generelle Transduktion

Beispiele hierfür gibt es aus einer großen Zahl verschiedener Organismen, aber aus Bequemlichkeit beschränken wir uns hier auf *E. coli,* denn seine Genkarte ist die genaueste und daher der Transduktionsanalyse am besten zugänglich. Die hier geschilderten Ergebnisse wurden mit dem Phagen P1 gewonnen, aber die analytischen Prinzipien gelten genauso für jeden anderen generell transduzierenden Phagen. Bei jeder Transduktion lassen sich vier Parameter messen: Die Anzahl der zugesetzten Phagenpartikel pro Milliliter; die Zahl der Rezipientenzellen pro Milliliter; die Zahl der Transduktanten pro Milliliter und die Anzahl der Kotransduktanten. Die Kotransduktionsfrequenz wird durch Replikaplattierung der selektionierten Transduktanten (3.I.B) bestimmt, um das Vorhandensein unselektionierter Merkmale aus dem Donorstamm zu prüfen. Die anderen Parameter lassen sich durch die üblichen Plaque- und Kolonie-Zählungstechniken bestimmen. Ein Beispiel für solche Daten zeigt die Tabelle 7-1.

Aus der Analyse der unselektionierten Merkmale lassen sich die relativen Positionen dreier genetischer Merkmale, die in dem Experiment benutzt wurden, auf der Karte festlegen. Das Allel *pdxJ20* wird in 46% aller Fälle mit *purI* zusammen übertragen, während das Allel *nadB*$^{+}$ nur in 26% der Fälle kotransduziert wird. Da die Multiplizität der Infektion etwa 0,17 beträgt, läßt sich nach der Poisson-Näherung die Wahrscheinlichkeit für mehrfach infizierte Zellen berechnen (2.IV) und beträgt nur 1%. Die Annahme, daß die gemeinsam übertragenen Merkmale auf dem gleichen transduzierenden Fragment gelegen haben, ist daher berechtigt. Dies führt zu dem Schluß, daß der *pdxJ20*-Locus näher bei *purI* liegt als *nadB,* da es mehr DNA-Moleküle gibt, die *purI* und *pdxJ20* getragen haben, als Moleküle mit *purI* und *nadB.* Die Analyse stimmt allerdings mit zwei möglichen Genanordnungen überein: *purI-pdxJ20-nadB* oder *pdxJ20-purI---nadB.* Es gibt keine Möglichkeit, zwischen spiegelbildlichen Anordnungen zu unterscheiden, da sich nicht bestimmen läßt, welches Fragmentende welches Cistron enthält (*nadB-purI-pdxJ20* ist z.B. nicht zu unterscheiden von *pdxJ20-purI-nadB*). Es bleibt also noch zu entscheiden, ob die nicht selektionierten Merkmale auf der gleichen Seite liegen wie *purI*, oder auf entgegengesetzten Seiten. Diese Ent-

Tabelle 7-1. Daten aus einer typischen P1-Transduktion[a]

Donor-Genotyp:	$purI^+$	$nadB^+$	*pdxJ20*
Rezipienten-Genotyp:	*purI66*	*nadB4*	$pdxJ^+$
Selektionierter Marker:	$purI^+$		
Ergebnisse der Analyse nicht-selektionierter Merkmale:	$nadB^+$	$pdxJ^+$	3 Kolonien
	$nadB^+$	*pdxJ20*	10 Kolonien
	nadB4	$pdxJ^+$	24 Kolonien
	nadB4	*pdxJ20*	13 Kolonien
	Insgesamt:		50 Kolonien
Kotransduktionsfrequenzen:	$purI^+$	$nadB^+$	13/50 (0,26)
	$purI^+$	*pdxJ20*	23/50 (0,46)

[a] Daten nach Apostolakos, D., Birge, E.A. (1979) A thermosensitive *pdxJ* mutation affecting vitamin B_6 biosynthesis in *E. coli* K-12. Current Microbiology 2:39–42. Die Multiplizität der Infektion betrug 0,17

scheidung läßt sich treffen, indem man die genetischen Austausche („crossovers") aufzeichnet, die für jede mögliche Genanordnung in jeder Rekombinante nötig sind (Abb. 7-5). Liegen die nicht-selektionierten Merkmale auf der Gegenseite von *purI*, sind nur zwei genetische Austausche notwendig, um jeden Rekombinantentyp zu bilden. Liegen sie dagegen auf der Seite von *purI*, so erfordert jeder Rekombinantentyp vier genetische Austausche. Nimmt man eine zufällige Verteilung genetischer Austausche an, so sollten die vier Ereignisse in einem beschränkten Raum seltener sein als nur zwei Vorgänge, und diese Rekombinantenklasse sollte daher nicht häufig auftreten. Da die $purI^+$-$nadB^+$-$pdxJ^+$-Rekombinanten der seltenste Typ waren (Tabelle 7-1), muß die korrekte Reihenfolge der Cistren *purI-pdxJ-nadB* sein.

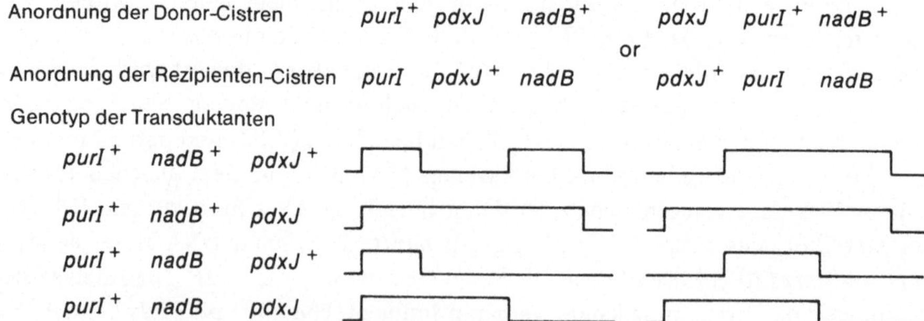

Abb. 7-5. Die Rekombinationsanalyse der Daten aus der Tabelle 7-1. Die Linien zeigen, wie die rekombinante DNA konstruiert werden muß, damit sie die beobachteten Ergebnisse ergibt. Jeder Schritt entspricht einem genetischen Austausch. Da die Donor-DNA nur ein kurzes Fragment ist, ist zur Regeneration eines lebensfähigen Genoms immer eine gerade Zahl von Austauschen notwendig. Nur eine Cistren-Anordnung würde einen vierfachen Austausch erfordern, um die beobachteten Rekombinanten zu ergeben

Tabelle 7-2. Daten einer P1-Transduktion, in der das nicht-selektionierte Merkmal die selektionierten Merkmale flankiert[a]

Donor-Genotyp:	*purI*$^+$	*pdxJ*$^+$	*glyA8*
Rezipienten-Genotyp:	*purI66*	*pdxJ20*	*glyA*$^+$
Der selektionierte Marker war:	*purI*$^+$		
Ergebnisse der Analyse der nicht-selektionierten Merkmale:	*pdxJ*$^+$	*glyA8*	5
	pdxJ$^+$	*glyA*$^+$	18
	pdxJ20	*glyA8*	19
	pdxJ20	*glyA*$^+$	8
	Insgesamt:		50
Kotransduktionsfrequenzen:	*purI*$^+$	*pdxJ*$^+$	23/50 (0,46)
	purI$^+$	*glyA8*	24/50 (0,48)

[a] Daten nach Apostolakos und Birge (1979)

Zum Vergleich zeigt die Tabelle 7-2 Daten, die man erhält, wenn die nicht-selektionierten Merkmale dem selektionierten entgegengesetzt liegen. In diesem Fall reichen zwei genetische Austausche zur Entstehung jedes Rekombinantentyps (Abb. 7-5), und keine Rekombinantenklasse ist signifikant seltener als die andere.

Die Anordnung auf der Genkarte läßt sich durch eine Betrachtung der Daten bestätigen. Liegen zwei nicht-selektionierte Merkmale auf der gleichen Seite wie der selektionierte, so sollte die Übertragung des distalen Merkmals häufig die Übertragung des proximalen Merkmals mit einschließen. Dies ist bei den Daten in der Tabelle 7-1 der Fall, da 77% der *nadB*$^+$-Transduktanten auch *pdxJ20* waren. Für die Daten in der Tabelle 7-2 gilt dagegen das Gegenteil. Von den *pdxJ*$^+$-Transduktanten waren nur 22% auch *glyA8,* was bestätigt, daß die nicht-selektionierten Merkmale an entgegengesetzten Enden angeordnet sind und nicht häufig zusammen übertragen werden. Die *E. coli*-Genkarte besitzt als Abstandseinheit die Minute, und eine Minute entspricht der mittleren DNA-Menge, die von einer Hfr-Zelle innerhalb einer Minute in die F^--Zelle übertragen wird (9.I.F). Die Umrechnung der Kotransduktionsfrequenz in Minuten ist durch eine entsprechende Formel möglich. Wu, Bachmann und ihre Mitarbeiter benutzten diese Formel zur Festlegung eines großen Teils der Genkarte:

$$\text{Kotransduktionsfrequenz} = 1 - (d/L)^3.$$

In dieser Formel ist d der Abstand zwischen den selektionierten und nicht-selektionierten Merkmalen in Minuten und L die Länge des transduzierenden DNA-Fragments in Minuten. Obwohl P1 theoretisch 2,2 min übertragen kann, benutzt man in der Praxis nur den Wert von 2 min, da genetische Austausche an den Enden eines DNA-Moleküls schwierig sind. Mit den Daten aus den Tabellen 7-1 und 7-2 läßt sich der Abstand zwischen *purI* und *pdxJ20* auf 0,46 min, der Abstand zwischen *purI* und *nadB* auf 0,72 min, und der Abstand zwischen *purI* und *glyA* auf 0,3 min schätzen.

B Die spezielle Transduktion

Nicht-lysogene Transduktanten aus einer speziellen Transduktion lassen sich auf die gleiche Art analysieren wie Transduktanten aus der generellen Übertragung. Lysogene Transduktanten sind jedoch in der Analyse schwieriger, was ihre Nützlichkeit zu genetischen Untersuchungen einschränkt. Wie schon oben erwähnt, sind lysogene Transduktanten eigentlich mit einer Genverdopplung behaftet statt mit einer Rekombination. Dadurch ergeben sie keine Information über die normale Genanordnung.

V Zusammenfassung

Die Transduktion ist ein genetischer Prozeß, bei dem DNA aus einer Zelle durch einen Virus entfernt, innerhalb des Virions durch das Kulturmedium transportiert und in eine Rezipientenzelle injiziert wird wie virale DNA. Bakteriophagen, die sich nicht in die bakterielle DNA integrieren und die Wirts-DNA nicht zerstören, sind für die generelle Transduktion verantwortlich. Hierbei kann jedes bakterielle Cistron übertragen werden. Integrierende Phagen führen dagegen zur speziellen Transduktion, einem Prozeß, bei dem nur DNA in der Nähe der Prophagenenden transportiert wird. Beide Arten transduzierender Phagen entstehen durch Fehler in dem Enzymsystem, das für das Ausschneiden und/oder die Verpackung von viraler DNA zuständig ist. Generell transduzierende Phagen verpacken ihre DNA nach dem „Kopf-voll"-Mechanismus. Benutzen die Verpackungssysteme fälschlicherweise bakterielle DNA anstatt viraler, entstehen generell transduzierende Partikel. Jeder Partikel enthält nur bakterielle DNA. Speziell transduzierende Partikel entstehen, wenn die Enzyme, die den Prophagen ausschneiden, ein in der Größe passendes Stück herausschneiden, das nicht ganz aus Phagen-DNA besteht. Die Folge ist ein DNA-Molekül, das sowohl virale als auch bakterielle DNA enthält. Erwartungsgemäß sind speziell transduzierende Partikel in einer oder mehreren Funktionen normalerweise defektiv.

Beispiele für generell transduzierende Phagen sind P22, P1 und T1. Die Analyse der unselektionierten Merkmale und ihrer Kotransduktionsfrequenz bei generellen Transduktanten erlaubt es, die Anordnung von Cistren auf der Genkarte festzulegen. Die Kotransduktionsfrequenzen lassen sich mit normalen Formeln für das Bakterium und den Phagen in Genkarteneinheiten umrechnen.

Der Phage lambda ist ein Beispiel für einen speziell transduzierenden Phagen. Der Bereich der übertragenen Merkmale läßt sich dadurch vergrößern, daß man den Phagen dazu zwingt, an ungewöhnlichen Stellen im Genom zu integrieren. Obwohl spezielle Transduktanten, die zugleich lysogen sind, zur Herstellung von Genkarten nicht allgemein benutzt werden, sind sie in der Biochemie besonders nützlich. Induziert man solche Lysogene in Gegenwart eines Helferphagen, so entsteht eine große Zahl an Viruspartikeln, die ein bestimmtes Segment des Bakteriengenoms tragen. Die DNA solcher Phagen wird häufig zur Sequenzanalyse verwendet.

Literatur

Allgemein

Campbell A (1977) Defective bacteriophages and incomplete prophages. In: Fraenkel-Conrat H, Wagner RR (eds) Comprehensive virology, vol 8. Plenum Press, New York, pp 259–328

Franklin NC (1971) Illegitimate recombination. In: Hershey AD (ed) The bacteriophage lambda. Cold Spring Harbor Laboratory, Cold Spring Harbor, NY, pp 175–194

Sik T, Horváth J, Chatterjec S (1980) Generalized transduction in *Rhizobium meliloti.* Mol Gen Genet 178:511–516

Susskind MM, Botstein D (1978) Molecular genetics of bacteriophage P22. Microbiol Rev 42:385–413

Speziell

Borchert LD, Drexler H (1980) T1 genes which affect transduction. J Virol 33:1122–1128

Chesney RH, Scott JR, Vapnek D (1979) Integration of the plasmid prophages P1 and P7 into the chromosome of *E. coli.* J Mol Biol 130:161–173

Ebel-Tsipis J, Botstein D, Fox MS (1972) Generalized transduction by phage P22 in *S. typhimurium.* I. Molecular origin of transducing DNA. J Mol Biol 71:433–448; Generalized transduction by bacteriophage P22 in *S. typhimurium.* II. Mechanism of integration of transducing DNA. J Mol Biol 71:449–469

Echols H, Court D (1971) The role of helper phage in *gal* transduction. In: Hershey AD (ed) The bacteriophage lambda. Cold Spring Harbor Laboratory, Cold Spring Harbor, NY, pp 701–710

Faelen M, Toussaint A, Resibois A (1979) Mini-muduction – new mode of gene transfer mediated by mini-Mu. Mol Gen Genet 176:191–197

Gottesman S, Beckwith JR (1969) Directed transposition of the arabinose operon: a technique for the isolation of specialized transducing bacteriophages for any *E. coli* gene. J Mol Biol 44:117–127

Krajewska-Grynkiewicz K, Klopotowski T (1979) Altered linkage values in phage P22 mediated transduction caused by distant deletions or insertions in donor chromosomes. Mol Gen Genet 176:87–93

Shimada K, Weisberg RA, Gottesman ME (1972) Prophage lambda at unusual chromosomal locations I. Location of the secondary attachment sites and the properties of the lysogens. J Mol Biol 63:483–503

Kapitel 8

Die Transformation

Die **Transformation** war der erste bei Bakterien beobachtete genetische Übertragungsprozeß und bleibt einer der bemerkenswertesten Übertragungsmechanismen überhaupt. Eine Donorzelle setzt große DNA-Fragmente (von einigen Millionen Dalton) frei, die durch das Kulturmedium diffundieren, bis sie auf andere Zellen treffen. Die Moleküle werden dann in Rezipientenzellen aufgenommen, und es tritt eine Rekombination ein. Das Bemerkenswerteste an diesem Vorgang ist sein Auftreten selbst. Wie jeder bestätigen wird, der in einem Labor versucht, reine DNA zu präparieren, ist die Welt voller Enzyme, die DNA rasch abbauen. Trotzdem überstehen die großen DNA-Fragmente ihre Wanderung von Zelle zu Zelle.

Solche Beobachtungen führten zunächst zu der Auffassung, die Transformation sei nur ein Labor-Artefakt und käme in der Natur nicht vor. Viele verschiedene Bakterien können jedoch Transformationsprozesse eingehen, so daß die Annahme begründet erscheint, daß einem so verbreiteten Phänomen genetische Bedeutung zukommt. Neuere Untersuchungen haben darüberhinaus gezeigt, daß zwei genetisch verschiedene Stämme von *Bacillus* ihre genetische Information auch dann austauschen, wenn sie in sterilisiertem Boden wachsen, und daß verschiedene Mitglieder der Art *Neisseria* genetische Information, die für Resistenz gegen Antibiotika kodiert, durch Transformation übertragen. Sehr wahrscheinlich kommt der Transformation auch außerhalb eines Forschungslaboratoriums Bedeutung zu, auch wenn das Ausmaß ihres natürlichen Auftretens schwer abzuschätzen ist.

In diesem Kapitel werden der Grundvorgang der Transformation und einige seiner Varianten betrachtet. Obwohl die Transformation bei vielen verschiedenen Bakterienarten auftritt, ist sie bei *Bacillus subtilis* und *Streptococcus pneumoniae* am besten untersucht, weshalb diese Beispiele gemeinsam und zuerst besprochen werden.

I Das *Pneumococcus-Bacillus*-Transformationssystem

A Die Entdeckung der Transformation

Die ersten Beobachtungen zur Transformation machte Griffith (1928) bei Untersuchungen über die Infektionsweise von *Pneumococcus,* einem Bakterium, das bekanntlich Lungenentzündung verursacht.

Es gibt zwei Kolonietypen: einer ist wegen einer Polysaccharidkapsel um jede Zelle glatt und glänzend, der andere erscheint durch das Fehlen der Kapsel sehr viel rauher. Beide Kolonietypen werden stabil vererbt und sind daher genetisch determiniert.

Das Vorhandensein oder Fehlen einer Kapsel zeigte großen Einfluß auf die Virulenz der Bakterien. Wurden beide Pneumococcentypen getrennt in Mäuse injiziert, so verursachten nur die bekapselten Bakterien eine fatale Sepsis (Infektion des Bluts) im Wirt. Die Bakterien ohne Kapseln wurden durch das Immunsystem der Maus rasch zerstört. Erwartungsgemäß konnte Griffith zeigen, daß sich die bekapselten Zellen vor der Infektion durch Hitze abtöten ließen, und dann keine Sepsis hervorriefen.

Griffith zeigte aber auch, daß bei Injektion einer Mischung hitzeabgetöteter bekapselter Bakterien und lebender unbekapselter Bakterien die Maus bald an der folgenden Sepsis starb. Bei Kultivierung der Bakterien, die die Maus getötet hatten, fand man, daß sie alle Kapseln besaßen, obwohl die injizierten bekapselten Bakterien schon abgetötet waren. Griffith folgerte, daß die Bakterien ohne Kapseln zu Bakterien mit Kapseln transformiert worden waren, aber er konnte nicht zeigen wie.

Diese Entdeckung blieb mikrobiologisch arbeitenden Chemikern vorbehalten, die sorgfältig das sogenannte „transformierende Prinzip" reinigten und identifizierten. Schließlich konnten Avery, MacLeod und McCarty zeigen, daß die Transformation durch eine obskure chemische Substanz ohne bekannte Funktion verursacht wurde. Diese Substanz kommt in allen Zellen vor und heißt Desoxyribonukleinsäure. Ihre Ergebnisse waren der erste konkrete Hinweis, daß die DNA tatsächlich das genetische Material der Zelle ist; doch war diese Idee so revolutionär, daß sie sich erst acht Jahre später durchsetzte, als die Versuche von Hershey und Chase (4.II.C) zum gleichen Schluß führten. Bald darauf schlugen Watson und Crick eine molekulare Struktur für die DNA vor, und die Ära der Molekularbiologie war angebrochen.

Pneumococcus wird immer noch intensiv untersucht, hat jedoch in all den Jahren durch die Bakteriensystematiker einige Namensänderungen erfahren. Im Moment wird er als *Streptococcus pneumoniae* klassifiziert, aber es sind noch weitere Bezeichnungen, wie *Diplococcus pneumoniae* oder *Pneumococcus* in Gebrauch. In diesem Buch wird er als *S. pneumoniae* bezeichnet.

Das andere Bakterium, das in diesem Kapitel besprochen wird, ist *Bacillus subtilis*, wobei herausgestellt werden muß, daß nicht alle Stämme von *B. subtilis* transformierbar sind. Alle Arbeiten erfolgten eigentlich mit bestimmten „Spezialstämmen", die verschieden bezeichnet werden, wie „168" oder „Marburg" und alle von den Stämmen abstammen, die ursprünglich von Spizzizen und Mitarbeitern benutzt wurden. Die Unterschiede zwischen diesen Stämmen und anderen Mitgliedern der Art sind nicht untersucht.

B Die kompetente Zelle

Auch bei transformierbaren Bakterienstämmen sind nicht alle Zellen zu jeder Zeit zur DNA-Aufnahme fähig. Zellen mit dieser Fähigkeit werden **kompetent** genannt. Die Kompetenz ist ein physiologischer Zustand, der durch bestimmte Wachstumsbedingungen induziert werden kann. Die normale Technik beinhaltet einen „shift down", wobei Zellen aus einem relativ nährstoffreichen Medium in ein nährstoffarmes übertragen werden. Dadurch tritt eine variable Zahl kompetenter Zellen in der Kultur auf. Bei *B. subtilis* werden etwa 15% und bei *S. pneumoniae* etwa 10% der Zellen kompetent.

Die Entwicklung der Kompetenz erfordert nur einige Minuten, sie kann aber zumindest bei *B. subtilis* einige Zeit aufrecht erhalten werden. Untersuchungen im

Chemostaten, wo Zellen in einem Kulturgefäß gezogen werden, in das konstant frisches Medium nachgegeben und verbrauchtes Medium sowie Zellen abgeführt werden, zeigen, daß Kompetenz bei zwei Wachstumsraten auftritt. Den größten Anteil kompetenter Zellen findet man, wenn sich die Zellen alle 150 min verdoppeln, aber auch bei einer Verdopplungszeit von 390 min treten bedeutende Mengen kompetenter Zellen auf. Das Eintreten der Kompetenz läßt sich durch das Vorhandensein oder Fehlen bestimmter Aminosäuren wie Arginin oder Glutaminsäure verstärken oder abschwächen. Diese Ergebnisse führen zu dem Schluß, daß die Kompetenz ein bestimmter physiologischer Zustand ist. Außerdem zeigen sie, daß bei *Bacillus* die Kompetenz nicht unbedingt mit der Sporulation gekoppelt ist, denn Chemostat-Kulturen sporulieren nicht, obwohl eine plötzliche Verarmung des Mediums normalerweise die Sporulation einleitet. Auch auf anderem Weg kommt man zu diesem Schluß, denn Mutationen, die die frühen Schritte der Sporulation blockieren, wirken sich auf die Transformierbarkeit nicht aus.

Immunologische Tests von Tomasz und Mitarbeitern ergaben, daß kompetente *S. pneumoniae*-Zellen ein neues immunologisches Antigen auf ihrer Oberfläche tragen. Das Antigen, das manchmal auch Kompetenzfaktor genannt wird, wird in das Medium abgegeben und ist teilweise charakterisiert. Es ist gegen proteolytische Enzyme sensitiv und besitzt ein niedriges Molekulargewicht, wurde jedoch noch nicht vollständig gereinigt. Wird der Kompetenzfaktor nicht-kompetenten Zellen zugesetzt, so heftet er sich an bestimmte normalerweise vorhandene Oberflächenantigene an und initiiert eine Reaktionsfolge, die zum Zustand der Kompetenz führt. Tomasz hat diesen Prozeß als „Aktivierung von außen" bezeichnet. Ist die antigene Stelle auf der Zelloberfläche durch einen Antikörper blockiert, kann der Kompetenzfaktor nicht binden, und die Zellen bleiben nicht kompetent.

Kompetente Zellen zeigen Veränderungen in der Zellwand und der Zellmembran. Die Zellwand wird poröser, wodurch nachweislich Enzyme in das Medium verloren gehen. In kompetenten Zellen steigen die Aktivitäten autolytischer Enzyme sowie des DNA-Abbaus an der Zelloberfläche an. Durch die Bindung des positiv geladenen Kompetenzfaktors wird auch eine Änderung der Oberflächenladung der Zelle in Betracht gezogen. Eine positive Ladung würde der negativ geladenen DNA die Bindung an die Zelloberfläche erleichtern.

Venena und Mitarbeiter zeigten, daß bei kompetenten Zellen auch Veränderungen in der Ultrastruktur auftreten. Die Zahl der **Mesosomen** (Einstülpungen der Plasmamembran bei oder nahe bei der Stelle der Zellteilung) steigt an. Diese Strukturen bringen die Zelloberfläche dem Zentrum der Zelle, dem Nukleoid, näher. Daher wurde vorgeschlagen, daß die Mesosomen ein Transportsystem für die transformierenden DNA-Fragmente darstellen. Diese Ansicht wird dadurch unterstützt, daß isolierte mesosomale Membranen aus kompetenten Zellen die DNA besser binden als solche aus nicht-kompetenten Zellen, vorausgesetzt, die DNA liegt in niedriger Konzentration vor. Autoradiographische Untersuchungen zeigen, daß die DNA bevorzugt an die Mitte oder die Spitze der Zellen bindet und sich nicht zufällig über deren ganze Oberfläche verteilt. Zusammengenommen sprechen all diese Beobachtungen für die Existenz spezifischer subzellulärer Strukturen für einen DNA-Transport.

C Die DNA-Aufnahme

Sowohl kompetente als auch nicht-kompetente Zellen binden DNA an ihrer Oberfläche. Die Bindung erfolgt jedoch nur bei kompetenten Zellen so, daß sie nicht durch einfache Waschprozeduren leicht rückgängig gemacht werden kann. Messungen der gebundenen DNA-Menge ergeben etwa 50 DNA-bindende Stellen an der Oberfläche einer kompetenten Zelle. Obwohl an diese Stellen gebundene DNA schon in den Transformationsprozeß eingetreten ist, ist sie nach wie vor gegen Abbau durch exogene Desoxyribonukleasen oder hydrodynamische Schwerkräfte (wie in einem Mixer) empfindlich. Die Bindungsstellen unterscheiden nicht zwischen DNA-Typen, denn wie Dubnau und Mitarbeiter zeigen konnten, kompetiert fremde DNA, wie z.B. Lachsspermien-DNA, mit *Bacillus subtilis*-DNA um die Bindungsstellen und kann bei großem Überschuß die Transformation verhindern. Die einzige Eigenschaft, die die DNA zu einer wirksamen Bindung an kompetente Zellen besitzen muß, sind eine Minimallänge von 3×10^5 Dalton und eine intakte doppelhelikale Struktur. Einzelsträngige DNA bindet zwar an die Zellen, zeigt aber eine drastisch reduzierte Transformationseffizienz, wahrscheinlich durch ihre extreme Empfindlichkeit gegenüber Nukleasen.

Nach der Bindung muß die DNA in die Zelle eintreten. Die oben genannte verstärke Porosität der Zellwand erleichtert wahrscheinlich diesen Vorgang. Vor dem Eintritt, aber kurz nach der Bindung wird die transformierende DNA durch eine Endonuklease an der Bindungsstelle in einem Strang geschnitten (ein „Nick" wird gesetzt). Der Eintritt der DNA läßt sich versuchstechnisch durch das Auftreten von Resistenz gegen exogene Nukleaseaktivität nachweisen. Zwei Voraussetzungen müssen für den Eintritt der DNA erfüllt sein. Zum einen müssen Kalium-, Magnesium- und Calcium-Ionen (in Konzentrationen von jeweils 50, 1,0 und 3,0 mM) vorhanden sein, zum anderen eine funktionelle Endonukleaseaktivität. Bei *S. pneumoniae* bestreitet diese Endonuklease 80% der gesamten Endonukleaseaktivität der Zelle. Lacks hat sie daher als Haupt-Endonuklease bezeichnet.

Die Haupt-Endonuklease ist in der Zellmembran lokalisiert und braucht zur Aktivität Magnesiumionen. Sie bindet den nicht geschnittenen Strang der transformierenden DNA und schneidet sie innerhalb von 30 s so, daß aus der transformierenden DNA doppelsträngige Fragmente entstehen. Diese Fragmente haben eine maximale Länge von 10^7 Dalton, das ist weniger als die DNA-Menge, die von den meisten transduzierenden Phagen (Tabelle 6-1) übertragen wird. Manchmal bauen die gleichen oder andere Endonukleasen den einen Strang der transformierenden DNA vollständig ab und stellen damit einzelsträngige Fragmente her. Die dabei freiwerdende Energie wird wahrscheinlich benutzt, um den Rest der Transformation voranzutreiben. Dieses einzelsträngige Fragment tritt schließlich in die Zelle ein.

Es wurden Untersuchungen angestellt, in denen der zeitliche Verlauf des Eintretens eines Merkmals durch Transformation einer Kultur mit bekannter DNA (Abschn. III) verfolgt und die Reihenfolge, mit der bestimmte Merkmale nukleaseresistent wurden, geprüft wurden. Die Daten zeigen, daß der Eintritt des DNA-Fragments linear erfolgt und an einem von verschiedenen Punkten beginnt. Diese Experimente können direkt die Anordnung der Cistren angeben, analog dem Experiment der unterbrochenen Paarung (9.I.C). Die Folge der Prozesse beim Eintritt der DNA ist schematisch in der Abb. 8-1 wiedergegeben. Wichtig ist, daß kein Strang beim Abbau bevorzugt wird,

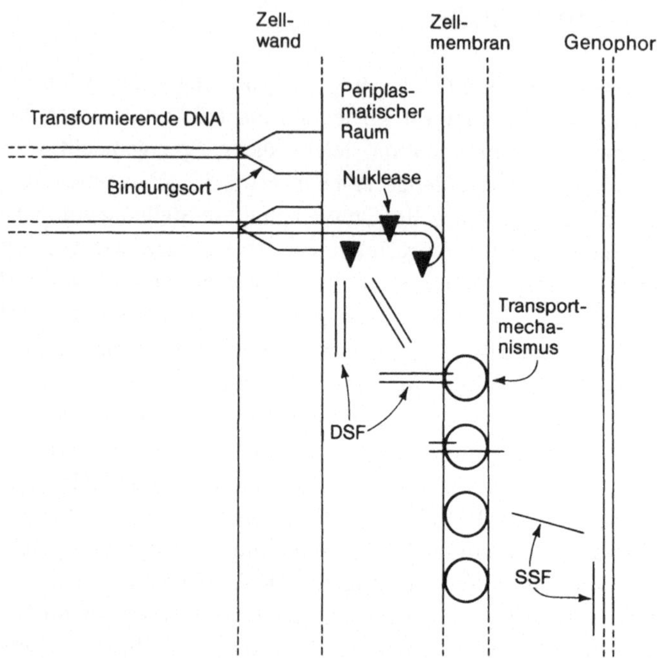

Abb. 8-1. Der Eintritt transformierender DNA bei *Bacillus subtilis.* Die Wanderung der DNA verläuft in der Abbildung von links nach rechts. Jede horizontale Linie stellt einen einzelnen DNA-Strang dar. Die pentagonalen Strukturen in der Zellwand repräsentieren die spezifischen Rezeptoren auf der Zelloberfläche. Zwei Orte mit Nukleaseaktivität sind angegeben: Eine Nuklease (Dreiecke) tritt im periplasmatischen Raum auf und produziert doppelsträngige Fragmente (DSF); die andere Nuklease kommt in der Zellmembran vor (Ringe) und stellt einzelsträngige Fragmente (SSF) her. Das einzelsträngige Molekül unten rechts bereitet sich auf eine Rekombination mit der vorhandenen DNA vor. Abbildung freundlicherweise von Dr. W.F. Burke, Jr.

da künstlich hergestellte DNA-Heteroduplices als Donoren beide möglichen Rekombinanten ergeben.

Die Vorgänge beim Eintritt der DNA wurden unter Einsatz von radioaktiv und/oder genetisch markierter DNA, die aus den Rezipientenzellen wieder extrahiert werden kann, intensiv untersucht. Die Re-Extraktion erfolgte zu verschiedenen Zeitpunkten nach der Bindung. Die extrahierte DNA kann entweder zur Transformation einer anderen Rezipientenzelle benutzt oder in einem Sucrosegradienten nach ihrer Größe und Strangidentität analysiert werden. Solche Versuche haben gezeigt, daß die Donor-DNA rasch in eine Eklipse eintritt, in der sie nicht mehr als Donor-DNA wirken kann und deren Beginn der Fragmentierung der DNA entspricht. Man nimmt an, daß die Eklipse durch die reduzierte Transformationseffizienz einzelsträngiger DNA bedingt ist. Nachdem der Einzelstrang der Donor-DNA in die Wirts-DNA einrekombiniert worden ist (Kap. 13), ist sie wieder doppelsträngig und steht als Donor zur Verfügung.

Der DNA-Einzelstrang, der rekombiniert, substituiert einen der beiden DNA-Stränge des Wirts. Die Substitution führt vorübergehend zu einem DNA-Heteroduplex (Abb. 8-2). Je nach dem Ausmaß, mit dem DNA-Reparaturenzyme (13.II.A) die fehlgepaarten Basen reparieren, können potentielle Transformanten verloren gehen. Bei

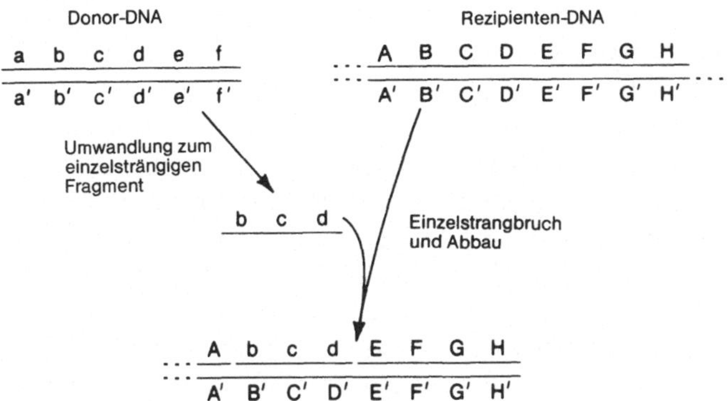

Abb. 8-2. Die Bildung von im Ruhestand vorliegenden Heteroduplices bei der Transformation. Jede Linie stellt einen einzelnen DNA-Strang dar. Jeder Buchstabe entspricht einem anderen genetischen Merkmal. Methoden für den Einzelstrangschnitt und die Abbauvorgänge, die zur Insertion des neuen DNA-Stücks führen, werden in 13.II.D besprochen

S. pneumoniae, aber nicht bei *B. subtilis* gibt es ein vom *hex*-Cistron kodiertes und kontrolliertes Enzymsystem, das an verschiedene spezifische Stellen auf dem Genom zu binden und alle fehlgepaarten Basen in direkter Nachbarschaft zu korrigieren scheint. In *hex*$^+$-Stämmen neigen daher Merkmale, die in der Nähe einer der enzymbindenden Stellen rekombinieren, dazu, durch die Korrektur verloren zu gehen, während Merkmale, die in einiger Entfernung davon einrekombinieren, erhalten bleiben. Der erste Merkmalstyp wird als „flow efficiency" (LE, niedrige Effizienz), der zweite als „high efficiency" (HE, hohe Effizienz) bezeichnet.

Wie schon gesagt, diskriminieren kompetente Zellen von *S. pneumoniae* und *B. subtilis* nicht zwischen den DNA-Typen, die sie binden. Selbst DNA von einem extrem heterologen Donor wie *E. coli* oder Lachssperma wird in einzelsträngige Fragmente umgewandelt. Allerdings prozessiert das Rekombinationssystem diese Fragmente nicht; sie werden mit der Zeit abgebaut und ihre Basen wieder verwendet. Die Verhinderung der Rekombination heterologer DNA ist der primäre Weg genetischer Diskriminierung, obgleich die Donor-DNA auch vor der Rekombination abgebaut werden kann, wenn die Rezipientenzelle ein anderes Restriktions- und Modifikationssystem als die Donorzelle besitzt (6.V).

II Andere Transformationssysteme

A *Haemophilus influenzae*

Dieser Gram-negative Organismus zeigt spontane Transformation, weist aber einige wichtige methodische Unterschiede auf. Normalerweise braucht eine Kultur eine Verschlechterung des Nahrungsangebots, um kompetente Zellen zu bilden. Durch Behandlungen, die zur vollständigen Blockierung der Nukleinsäuresynthese führen, können bis zu 100% aller Zellen einer Kultur kompetent gemacht werden. Diese kompetenten Zellen zeigen eine bedeutend stärkere Spezifität bezüglich der DNA, die sie binden, als

Streptococcus oder *Bacillus*. *H. influenzae* nimmt zwar DNA aus anderen *Haemophilus*-Arten auf, verweigert jedoch die Aufnahme von DNA aus anderen Organismen wie *E. coli* oder *Xenopus laevis* (dem südamerikanischen Krallenfrosch).

Eine Erklärung für diese Aufnahmespezifität wurde kürzlich von Sisco und Smith gegeben, die zeigten, daß *Haemophilus*-DNA kurze Basensequenzen enthält, die als Erkennungsstellen für die Aufnahme während der Transformation wirken. Die Länge dieser Sequenzen ist unbestimmt, wenn sie auch lang genug sein müssen, um nicht zufällig in der heterologen DNA aufzutreten. Wahrscheinlich ist eine Sequenz von 8 bis 12 Basenpaaren. Kompetitionsversuche, bei denen die gesamte genomische *Haemophilus*-DNA um die zellulären Bindungsstellen mit radioaktiven *Haemophilus*-DNA-Segmenten konkurriert, zeigen, daß das *Haemophilus*-Genom etwa 600 dieser Erkennungsstellen enthält. Sind diese Erkennungsstellen zufällig im Genom verteilt, so kann man annehmen, daß jedes Donor-Fragment mindestens eine dieser Stellen enthält.

Der Eintritt der transformierenden DNA in die Zelle geschieht auf eine etwas andere Weise als bisher besprochen. Während des Eintritts werden von der Donor-DNA doppelsträngige Fragmente hergestellt, einzelsträngige Fragmente lassen sich nicht beobachten. Statt dessen bildet ein noch unbekanntes Enzym kleine, einzelsträngige Schwänze von 10 oder 15% des Fragments. Setlow hat postuliert, daß diese Schwänze dazu dienen, Rekombinationsfunktionen, wie die von Radding und Meselson (13.II.D) vorgeschlagenen, zu initiieren. Neben der doppelsträngigen Natur der Donor-DNA-Fragmente sind die rekombinanten Moleküle nämlich Heteroduplices ähnlich denen von *Bacillus* oder *Streptococcus*.

B *Escherichia coli*

Obwohl ebenfalls Gram-negativ, unterscheidet sich *E. coli* von *Haemophilus* darin, daß es keine spontane Transformation zeigt, wenn auch Sphäroplasten (Zellen, denen bis auf wenige Fragmente die Zellwand fehlt) DNA aufnehmen und dadurch transformiert werden können. Bei ihrer Arbeit mit Phagen-DNA konnten Mandel und Higa zeigen, daß intakte Zellen, die man einem Schock durch hohe Konzentrationen an Calcium-Ionen aussetzt, kompetent werden. Durch Oishi und Mitarbeiter wurde die Prozedur etwas verfeinert und besteht nun darin, Zellen aus der frühen logarithmischen Phase für drei oder vier Stunden in ein reicheres Medium zu übertragen („shift up") und dann in der Kälte mit 0,02 M $CaCl_2$-Lösung zu behandeln. Unter diesen Bedingungen wird die Transformation maximiert, auch wenn 95% der Calcium-behandelten Zellen absterben. Die eigentliche DNA-Aufnahme und die Transformation laufen jedoch nur bei höheren Temperaturen (37°C) ab.

Die Art des DNA-Eintritts hängt vom zur Transformation verwendeten DNA-Typ ab und ist die Folge der vielen Arten von Plasmiden (kleine, zirkuläre DNA-Moleküle, die zur autonomen DNA-Replikation fähig sind, Kap. 11), die *E. coli* transformieren können. Chang und Cohen zeigten, daß R-Plasmide Calcium-behandelte Zellen rasch zu Plasmid-tragenden Nachkommen transformieren können. Da die Plasmid-DNA zur Selbstreplikation befähigt ist, ist keine Rekombination erforderlich. Plasmide sind jedoch Spezialfälle, da die transformierende DNA zirkulär ist. Wird das gleiche Experiment mit linearen Plasmid-DNA-Molekülen durchgeführt, so erhält man keine Transformanten.

Tabelle 8-1. Repräsentative Transformationseffizienzen bei verschiedenen Bakterien unter Verwendung homologer Donor-DNA

B. subtilis	0,001	Transformanten/lebende Zelle
S. pneumoniae	0,05	Transformanten/lebende Zelle
H. influenzae	0,01	Transformanten/lebende Zelle
E. coli	0,05	Transformanten/lebende Zelle

Cosloy und Oishi zeigten, daß dieses Versagen der Transformation durch die Exonuklease V bedingt ist, das Produkt des *recBC*-Cistrons. Sind die Rezipientenzellen *recBC* und *sbcB* (eine Supressor-Mutation, die den Zellen zur Rekombination verhilft, 3.III.D und 13.II.C), so läuft die Transformation auch mit linearer DNA ab. Sind die Donor-Moleküle keine Plasmide (d.h. nicht selbst zur Replikation fähig), so ist ebenfalls Rekombination zur Integration der DNA notwendig. So kann man durch Transformation mit bestimmten Restriktionsfragmenten bei *E. coli* solchen DNA-Fragmenten genetische Merkmale zuordnen. Der Grund für die erfolgreiche Transformation mit Plasmiden liegt darin, daß zirkuläre DNA-Moleküle, selbst solche mit Einzelstrangschnitten, kein Substrat für die Exonuklease V darstellen.

Somit besitzt *E. coli* zwei natürliche Barrieren für die Transformation, das Fehlen der Kompetenz und die Exonuklease V, die beide experimentell umgangen werden können. Wird die Transformation erfolgreich mit linearer DNA durchgeführt, so gleicht die Art des Eintritts der von *Haemophilus*. Die Tabelle 8-1 zeigt einen Vergleich der Transformationsfrequenz von *E. coli* mit der anderer Organismen.

III Die Transfektion

Die Transfektion ist eine Variante der Transformation; ein Vorgang, bei dem die Quelle der Donor-DNA nicht eine andere Bakterienzelle, sondern ein Bakteriophage ist. Wird die DNA erfolgreich in eine Rezipientenzelle aufgenommen, so wird diese zu einer infizierten Zelle (einem infektiösen Zentrum), was sich daher durch einen normalen Plaque-Test (4.II.A) überprüfen läßt. Durch Variation der zugesetzten Menge an Phagen-DNA läßt sich zeigen, daß die Anzahl der infektiösen Zentren der den Zellen zugegebenen DNA-Menge proportional ist.

Der Prozeß der Transfektion erwies sich als eine gute Methode, um sowohl die Transformation selbst als auch andere genetische Probleme zu erforschen. Der Grund dafür ist der, daß im Gegensatz zu DNA aus Donorzellen Phagen-DNA bei vorsichtiger Extraktion eine extrem homogene Molekülpopulation darstellt. Die Wirkung verschiedener bakterieller Enzyme an der DNA ist daher sehr viel leichter nachzuweisen, da alle Moleküle ursprünglich identisch sind. In Kap. 13 wird eine wichtige Anwendung der Transfektion diskutiert, nämlich die Untersuchung der DNA-Rekombination und der Reparaturprozesse durch Zusatz künstlich geschaffener Heteroduplex-Phagen-DNA zu Zellen und Beobachtung des Vererbungsmusters der Heteroduplex-Region.

A *Escherichia coli* als Rezipient

Die erste Beobachtung der Transfektion geschah seltsamerweise nicht im *Bacillus*- oder *Pneumococcus*-System, sondern bei *E. coli.* 1960 beobachteten Kaiser und Hogness, daß gereinigte DNA aus λ*dgal* hochfrequent transduzierenden Lysaten (7.I.A) gal^+-Rekombinanten verursachen konnte, vorausgesetzt, die Rezipientenzelle war entweder lambda-lysogen oder wurde gleichzeitig mit einem nicht-transduzierenden lambda-Helfer-Phagen infiziert, der bestimmte nicht spezifizierte Funktionen zur Verfügung stellt.

Die weitere Untersuchung dieses Systems der **„vermittelten" Transfektion** zeigte einige besondere Eigenschaften. Der Helfer-Phage darf nicht UV-inaktiviert sein und muß funktionelle DNA enthalten. Die beste Multiplizität der Infektion für den Helfer-Phagen war mit 5–15 im allgemeinen hoch. Unter diesen Bedingungen wurde die Effizienz der Transfektion von 10^{-7} auf 10^{-3} gesteigert, was das lambda-Transfektionssystem zum effizientesten bekannten System machte.

Die in diesen Versuchen verwendete lambda-DNA mußte allerdings bestimmte Bedingungen erfüllen. Wurden kleinere als intakte Genome benutzt, so mußte jedes Fragment die *cos*-Stelle (6.II.A) enthalten. Außerdem müssen die *cos*-Stellen mit den *cos*-Stellen des Helfer-Phagen fast oder vollkommen identisch sein. Benzinger hat diese Ergebnisse so interpretiert, daß die Helfer-DNA auf ungewöhnliche Weise in die bakterielle Zelle injiziert wird und sich dabei die *cos*-Stelle des transfizierenden Fragments an die Helfer-DNA anlagert. Dies erlaubt dann, daß das transfizierende Fragment zusammen mit der infizierenden DNA in die Zelle hineingezogen wird. Nach diesem Modell können Fragmente ohne *cos* nicht transfizieren, da sie nicht in die Zelle eintreten können.

Die vermittelte Transfektion ist von größerem Nutzen, als man erwarten würde, denn es können auch andere Marker als *gal* verwendet werden. Trägt der Helfer-Phage eine Mutation, die seine Replikation in der Rezipientenzelle unterbindet, so lassen sich die Ergebnisse einer Phagenrekombination untersuchen.

Auch andere Phagen als lambda, wie ϕ186 oder P2 nehmen an der Transfektion teil. Ihre *cos*-Sequenzen unterscheiden sich von denen von lambda, so daß sie bei einer lambda-Transfektion nicht als Helfer wirken können. Sie helfen sich jedoch gegenseitig, da bei ihnen 17 der 19 Basen, die die *cos*-Stelle bilden, identisch sind.

Bei *E. coli* findet man auch eine Transfektion ohne Helfer. In diesem Fall tritt die Phagen-DNA auf gewöhnlichem Weg in die Zelle ein und wird aufgenommen. Bevor dies geschehen kann, muß die Zelle jedoch in einem Zustand sein, in dem sie DNA richtig binden kann. Dies läßt sich einmal durch den Calcium-Schock erreichen (Abschn. II). Eine alternative Methode ist das Entfernen des Hauptteils der Zellwand. Bei Fehlen der Zellwand rundet sich die Zelle ab und die DNA hat Zugang zur Zellmembran. **Sphäroplasten** entstehen charakteristischerweise unter bestimmten restriktiven Bedingungen, wie Lysozym-Behandlung oder durch Penicillin-Selektion aus Gram-negativen Zellen und unterscheiden sich qualitativ von den Protoplasten Gram-positiver Zellen, die durch die gleiche Behandlung auftreten, aber alle Reste der Zellwand verloren haben. Die am häufigsten benutzte Methode zur Präparation von Sphäroplasten für die Transfektion oder Transformation ist die Behandlung mit Lysozym und EDTA.

EDTA (Ethylendiamino-tetra-essigsäure) ist ein chelierendes Agens, das mit divalenten Kationen wie Calcium oder Magnesium lösliche Komplexe bildet. In diesem

Tabelle 8-2. Katalog einiger typischer bakterieller Transfektionssysteme[a]

Genus und Art	Genetisch transformierbar	Transfizierender Bakteriophage Nukleinsäure	Beste Transfektionseffizienz	Art des Transfektionstestsystems
Pseudomonas aeruginosa	+	ϕX174 DNA	10^{-9}	Lysozym-EDTA-Sphäroplasten
		PP7 RNA	10^{-7}	Lysozym-EDTA-Sphäroplasten
Agrobacterium tumefaciens	+	LR-4 DNA	10^{-7}	Kompetente Zellen
Escherichia coli	+	T1 (T3, T7)	10^{-5}	Lysozym-EDTA *recB*⁻-Sphäroplasten Ca^{2+}-geschockte *recB*⁻, r_k^- m_k^--Zellen
		T2 (T4, T6) DNA	10^{-4}	Lysozym-EDTA-Sphäroplasten
		ϕX174 (S13) DNA	10^{-2}	Lysozym-EDTA-Sphäroplasten
		DNA-filamentöser Phagen	10^{-5}	Lysozym-EDTA-Sphäroplasten
		R 17, MS 2, M 13, Qβ RNA	10^{-5}	Gewaschene Lysozym-EDTA-Sphäroplasten
		Lambda (434, 21, 186) DNA	10^{-3}	Vermittelte Transfektion
		P1 DNA	2×10^{-6}	Lysozym-EDTA-Sphäroplasten
		P2 DNA	10^{-5}	Vermittelte Transfektion
		P22 DNA	10^{-6}	*recB*⁻-Lysozym-EDTA-Sphäroplasten Ca^{2+}-geschockte Zellen
		Mu DNA	10^{-7}	Ca^{2+}-geschockte *recBC endoI sbcA*-Zellen
Enterobacter aerogenes		T4 DNA	10^{-8}	Vermittelte Transfektion
		ϕX174 DNA	10^{-4}	Lysozym-EDTA-Sphäroplasten
Salmonella typhimurium	+	P22 DNA	10^{-7}	Ca^{2+}-geschockte Zellen
		ϕX174 DNA	2×10^{-6}	Lysozym-EDTA-Sphäroplasten
Shigella paradysenteriae		ϕX174 DNA	10^{-6}	Sphäroplasten
Klebsiella pneumoniae		ϕX174 DNA	5×10^{-8}	Sphäroplasten
Proteus vulgaris		ϕX174 DNA	10^{-9}	Sphäroplasten
Serratia marcescens		ϕX174 DNA	2×10^{-8}	Sphäroplasten
Bacillus subtilis	+	ϕ29, SPO2, ϕ105, SPP1, H1, SPO1, 2C, SP50, ϕ1, ϕ25, SP3, SP82G DNA	10^{-2} – 10^{-8}	Kompetente Zellen, geholfene Transfektion

[a] Abgeändert nach Benzinger (1978)

Zusammenhang entfernt es Magnesium-Ionen aus der Zellwand, was zur funktionellen Zerstörung der äußeren Membran führt. Das Enzym Lysozym erhält dadurch Zugang zu der darunterliegenden Peptidoglycan-Schicht. Lysozym hydrolysiert die glykosidischen Bindungen der Peptidoglycan-Schicht in der Zellwand, was zu deren Verlust oder großen Beschädigungen führt. Die Zellen bleiben dennoch lebensfähig, wenn die osmotische Stärke des Mediums so eingestellt ist, daß die Zellyse verhindert wird. Die Vermehrung der Phagen wird nicht beeinträchtigt. Neue Phageninfektionen durch freigesetzte Tochtervirionen sind nicht möglich, da die Anlagerungsstellen für Phagen zerstört sind.

Der Mechanismus der Aufnahme und des Eintritts transfizierender DNA scheint von der Methode, mit der die Zellen präpariert wurden, und der verwendeten DNA abzuhängen. Bestimmte Phagen-DNAs führen die Transfektion nur dann durch, wenn sie einer bestimmten Vorbehandlung (Tabelle 8-2) unterzogen wurden. Einige wenige Sphäroplasten scheinen die gesamte Bindung der DNA durchzuführen und können daher fünf oder zehn DNA-Moleküle an ihrer Oberfläche tragen. Diese relativ große Zahl der Moleküle pro Zelle stimmt mit Untersuchungen an *Bacillus* überein (s.u.), die auf kooperative Effekte hinweisen.

Calcium-behandelte Zellen haben normalerweise niedrigere Transfektions-Effizienzen und zeigen zwei verschiedene Arten des DNA-Eintritts. Alle Arten an Phagen-DNAs binden bei 0°C an Calcium-behandelte Zellen, aber nur DNA von ϕX174 kann auch bei dieser Temperatur in die Zelle eintreten. Bei größeren doppelsträngigen DNA-Molekülen wie lambda oder P2 ist eine Inkubation der Zellen bei 30 bis 37°C notwendig, bevor der Eintritt erfolgen kann. Offensichtlich handelt es sich hier um einen Energie-verbrauchenden Prozeß.

Außer den schon besprochenen können auch viele andere Phagen als Quelle transfizierender DNA benutzt werden (Tabelle 8-2). Viele *E. coli*-Phagen transfizieren in der Tat eine große Zahl verschiedener Enterobakterien. Unter entsprechenden Bedingungen ergeben sogar RNA-Phagen Transfektanten, wobei allerdings Ribonukleasen aus der Kultur entfernt werden müssen.

B *Bacillus subtilis* als Rezipient

Bei diesem Organismus ist die Transfektion sehr viel einfacher als bei *E. coli*, da kompetente Zellen ohne spezielle Behandlung als Rezipienten dienen. Der Eintritt der Phagen-DNA scheint jedoch viel langsamer zu erfolgen als der genomischer DNA. Die Umwandlung der Phagen-DNA in den Nuklease-insensitiven Zustand kann je nach Temperatur eine Stunde oder mehr Zeit erfordern. Es läßt sich klar nachweisen, daß die DNA-Aufnahme und ihr Eintritt bei diesen Zellen ein kooperatives Phänomen ist. Trautner und Mitarbeiter zeigten, daß es unterschiedliche Ausprägungen der Kooperativität gibt. Kleinere Phagen wie ϕ29, deren DNA zur Aggregation neigt, zeigen Einstufen-Kinetiken, während größere Phagen zu zwei- oder dreistufigen Kinetiken tendieren (Abb. 8-3). Die Ordnung der Kinetik gibt die Zahl der einzelnen Moleküle oder Aggregate an, die für das beobachtete Ereignis aufeinandertreffen müssen, in diesem Fall die infizierte Zelle. Diese Beobachtungen werden durch eine Fragmentierung des Phagengenoms beim Eintritt in die Zelle und/oder die Notwendigkeit zweier Einzelstränge entgegengesetzter Polarität zur Bildung replizierender DNA-Moleküle erklärt.

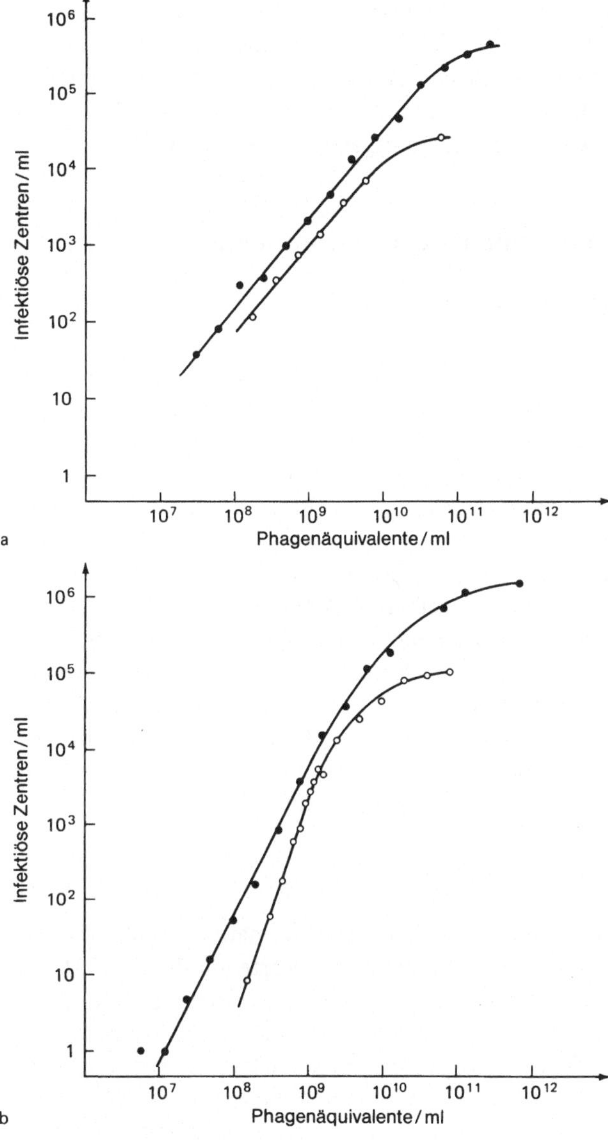

Abb. 8-3a,b. Kooperative Effekte bei der Transfektion. Aufgetragen ist die Zahl der infektiösen Zentren als Funktion der Anzahl an Genomäquivalenten von Phagen-DNA, die den Zellen zugegeben wurden. Bei einer Kinetik erster Ordnung würde ein zehnfacher Anstieg der Phagenäquivalente zu einem zehnfachen Anstieg der infektiösen Zentren führen. Bei einer Kinetik zweiter Ordnung verursacht ein 100-facher Anstieg der Phagenäquivalente einen zehnfachen Anstieg der infektiösen Zentren usw. Die Kurven in **a** ähneln der Kinetik erster Ordnung, während die Kurven in **b** sich zwei- und dreistufigen Kinetiken nähern. Die eingesetzten Phagen-DNA-Moleküle waren ϕ29 (Punkte) und SPO2 (Ringe) **a**; und SPP1 (Punkte) und SP50 (Ringe) **b**. Nach Trautner und Spatz (1973)

Als Folge wären einige Fragmente notwendig, um ein Äquivalent intakter Phagen DNA zu stellen. Nach der Transfektion läuft die Infektion normal ab, nur der Ertrag an Phagen ist geringer.

Es gibt einige Hinweise, daß sich der Transfektionsvorgang von dem der Transformation unterscheidet. Diese Ansicht wird durch Daten unterstützt, die man mit einer von Young und Mitarbeitern isolierten Mutante erhält. Diese Mutante ist unfähig, DNA zu binden, und somit nicht transformierbar (weniger als 1% der normalen Aktivität).

Der mutante Stamm läßt sich jedoch mit DNA von ϕ29 transfizieren aber nicht mit DNA aus SPO1. Der Unterschied zwischen diesen beiden Phagen liegt darin, daß bei SPO1 für die Zirkularisation der DNA-Rekombination erforderlich ist, während

ϕ29 durch ein Protein-Verbindungsstück zirkularisiert wird (5.IV.A und B). Phagen-DNA kann sich also im Gegensatz zu bakterieller DNA an kompetente mutante Zellen anlagern. Dies spricht zumindest für zwei Mechanismen der DNA-Aufnahme. Das Fehlen der Transfektion bei SPO1 läßt darauf schließen, daß der betreffende Stamm zugleich rekombinationsdefekt ist, was durch andere Ergebnisse bestätigt wird.

IV Genetische Kartierung durch Einsatz der Transformation

A Die Analyse von Transformationsdaten

Die Analyse der Transformationsdaten gleicht im Konzept der der Transduktionsdaten (7.IV.A). In beiden Fällen wird ein Merkmal selektioniert und anschließend werden nicht-selektionierte Merkmale getestet, um die Kotransformationsfrequenzen zu bestimmen. In beiden Fällen ist die abgeleitete Karte nur relativ, denn es gibt keine Möglichkeit, auf der Donor-DNA eindeutig zwischen rechts und links zu unterscheiden.

Bei Transformationsversuchen können verschiedene Parameter gemessen werden wie die Gesamtzahl lebensfähiger Rezipientenzellen, die Menge der zugesetzten Donor-DNA, die Zahl der erhaltenen Transformanten und die Häufigkeit, mit der nicht-selektionierte Merkmale übertragen wurden. Tabelle 8-3 zeigt ein Beispiel solcher Daten. Wie bei der Transduktion sind die Kotransferfrequenzen dem genetischen Abstand zwischen dem selektionierten und nicht-selektionierten Merkmal umgekehrt proportional. Trägt man die möglichen genetischen Austausche in einem Diagramm wie in der Abb. 7-5 auf, so läßt sich davon die Anordnung der Cistren ableiten.

B Eine Genkarte für *Bacillus subtilis*

Die *Bacillus subtilis*-Genkarte wurde stückweise aus Transformations- und Transfektionsversuchen entwickelt. In Abb. 8-4 ist die gegenwärtige Karte mit der *E. coli*-Karte (basierend auf Konjugations- und Transduktionsversuchen; in der Innenseite des Buchumschlags dargestellt) verglichen. Der Vergleich zeigt, daß die Karte von *B. subtilis* viel weniger detailliert ist. Das Fehlen von Einzelheiten ist durch zwei Schwierigkeiten bedingt: Erstens wurden im genetischen System von *B. subtilis* weniger Mutationen isoliert, und zweitens können nur kleine Regionen des Genoms auf einmal bei Transformation oder Transduktion übertragen werden im Gegensatz zur mittleren Länge der DNA, die bei der Konjugation übertragen wird.

Der größte transduzierende *Bacillus*-Phage, SPO1, kann nur 10% des Genoms auf einmal transferieren, während bei *E. coli* bei der Konjugation leicht 30 oder sogar 50% übertragen werden können. Abstände zwischen weit voneinander entfernten Merkmalen sind daher in *B. subtilis* schwieriger zu ermitteln. Diese Schwierigkeit zeigt sich darin, daß bis 1978 die Gesamtzahl der Merkmale nicht ausreichte, um jedes bekannte Merkmal mit zumindest zwei anderen zu kotransformieren oder kotransduzieren. Bis heute war es damit unmöglich, die Zirkularität des Genoms nachzuweisen.

Die Genkart von *Bacillus* zeigt keine großen Ähnlichkeiten zu denen anderer Bakterien (vgl. Abb. 9-3, 9-8, 9-9, 9-10). Die Cistren für die Sporulation scheinen interes-

Tabelle 8-3. Typische Daten aus einem *Bacillus subtilis*-Transformationsversuch[a]

Donor-Stamm:	*gua*$^+$ *pac-4* *dnaH*$^+$	
Rezipienten-Stamm:	*gua-1* *pac*$^+$ *dnaH151*	
Selektioniertes Merkmal = Gua$^+$		
Verteilung der nicht-selektionierten Merkmale	*pac-4* *dnaH*$^+$	6
	pac-4 *dnaH151*	1
	pac$^+$ *dnaH*$^+$	44
	pac$^+$ *dnaH151*	56
	Gesamt:	107 getestete Transformanten
Kotransduktionsfrequenz:	*gua*$^+$ *pac-4*	6,5%
	gua$^+$ *dnaH*$^+$	47%
Selektioniertes Merkmal = Dna$^+$		
Verteilung der nicht-selektionierten Merkmale	*gua*$^+$ *pac-4*	6
	gua$^+$ *pac*$^+$	30
	gua-1 *pac-4*	5
	gua-1 *pac*$^+$	55
	Gesamt:	96 getestete Transformanten
Kotransformationsmerkmale:	*dnaH*$^+$*pac-4*	11%
	dnaH$^+$*gua*$^+$	38%
Abgeleitete Anordnung auf der Karte:	*gua-dnaH- - -pac*	

[a] Die Abkürzungen sind in der Tabelle 1-2 aufgelistet, mit Ausnahme von *pac*, das Resistenz gegen das Antibiotikum Pactamycin bezeichnet. Die Daten stammen von Trowsdale et al. (1979)

santerweise über das ganze Genom verteilt statt in einer Region gehäuft zu sein. Das Problem der Regulation eines solchens Systems wird in 12.IV.C betrachtet.

V Zusammenfassung

Die Transformation war der erste genetische Austauschprozeß, der bei Bakterien beobachtet wurde. Trotzdem sind überraschend wenige molekulare Einzelheiten aufgeklärt, auch wenn der Grundvorgang klar ist. In einer Kultur entwickeln sich spezielle kompetente Rezipientenzellen als Folge eines physiologischen Zustands der Kultur (als Funktion der Wachstumsrate), oder als Ergebnis eines ionischen Schocks. Die kompetenten Zellen binden DNA an ihre Oberfläche in einer Weise, die sich von der DNA-Bindung nicht-kompetenter Zellen unterscheidet. Die Bindung führt zu einem nukleolytischen Angriff auf die DNA, der die Größe der gebundenen DNA-Moleküle reduziert und sie für den Eintritt in die Zelle vorbereitet. Der Eintritt der DNA scheint linear zu erfolgen und verläuft entweder über einen Einzelstrang (*Bacillus, Streptococcus*) oder einen

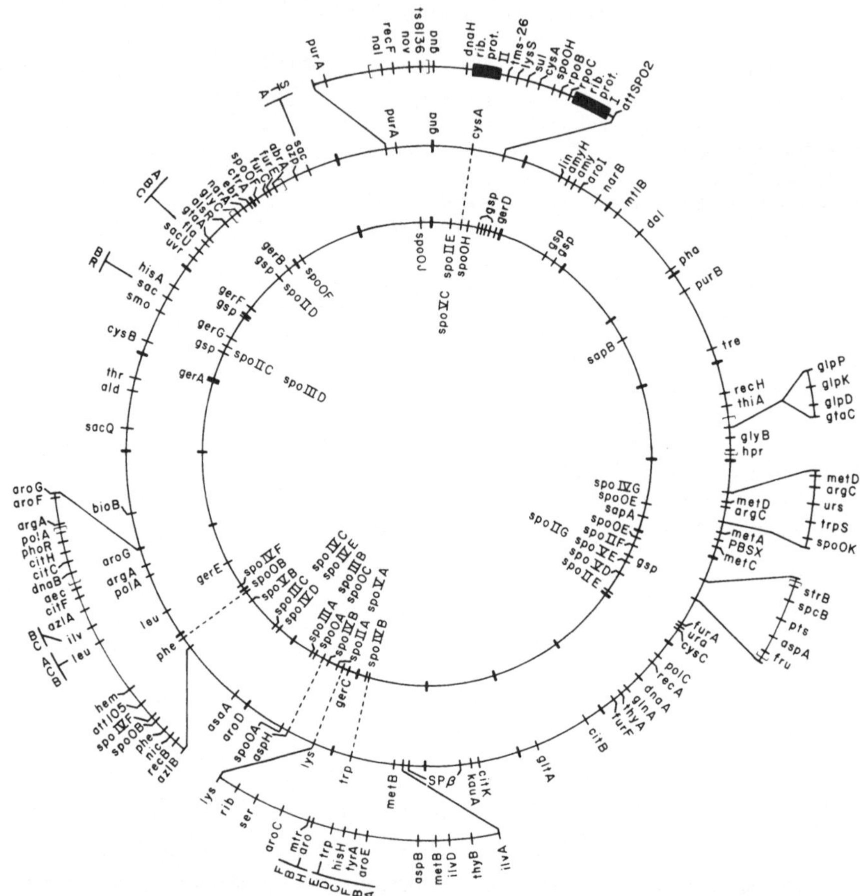

Abb. 8-4. Die Genkarte des Genophors von *Bacillus subtilis.* Der äußere Ring zeigt das gesamte Genom, der innere nur die Funktionen, die die Sporulation betreffen. Viele der genotypischen Abkürzungen in dieser Karte sind als ein Teil von Tabelle 1-2 angegeben. Weitere Informationen findet man in den Originalreferenzen. Aus Hoch (1978)

Doppelstrang (*Haemophilus*). Ist die DNA einmal in die Zelle eingetreten, so wird sie gegen zerstörende Behandlungen wie exogene Nukleasen resistent.

In Bezug auf die Herkuft der aufzunehmenden DNA zeigen die Rezipientenzellen meist keine große Selektivität. *E. coli* kann z.B. mit vielen verschiedenen Plasmiden und mit seiner eigenen DNA transformiert werden. Alle transformierbaren Stämme zeigen auch Transfektion, wobei gereinigte Phagen-DNA in die Zelle gelangt und eine normale Infektion veranlaßt. Die Transfektionssysteme sind zur Analyse verschiedener Transformations-, Rekombinations- oder Reparaturprozesse besonders vorteilhaft, denn sie nutzen eine homogene Molekülpopulation.

Literatur

Allgemein

Benzinger R (1978) Transfection of *Enterobacteriaceae* and its applications. Microbiol Rev 42: 194–236

Dubnau D (1982) Genetic transformation in *Bacillus subtilis*. In: Dubnau D (ed) The molecular biology of the *Bacilli*. Vol 1. *Bacillus subtilis*. Academic Press, New York, pp 147–178

Notani NK, Setlow JK (1974) Mechanism of bacterial transformation and transfection. Prog Nucleic Acid Res Mol Biol 14:39–100

Trautner TA, Spatz HC (1973) Transfection in *B. subtilis*. Curr Top Microbiol Immunol 62:61–88

Speziell

Bagci H, Stuy JH (1979) A *hex* mutant of *Haemophilus influenzae*. Mol Gen Genet 175:175–179

Deich RA, Smith HO (1980) Mechanism of homospecific DNA uptake in *Haemophilus influenzae* transformation. Mol Gen Genet 177:369–374

Henner DJ, Hoch JA (1980) The *B. subtilis* chromosome. Microbiol Rev 44:57–82

Hoch JA (1978) Developmental genetics at the beginning of a new era. In: Chambliss G, Vary JC (eds) Spores VII. American Society for Microbiology, Washington, DC, pp 119–121

Hoshino T, Uozumi T, Beppu T, Arima K (1980) High efficiency of heterologous transformation of a restrictionless and modificationless mutant of *B. subtilis* 168. Agric Biol Chem 44:621–623

Lacks S (1977) Binding and entry of DNA in pneumococcal transformation. In: Portolés A, Lopéz R, Espinosa M (eds) Modern trends in bacterial transformation and transfection. North Holland, Amsterdam, pp 35–44

Oishi M, Irbe RM (1977) Circular chromosomes and genetic transformation in *E. coli*. In: Portolés A, Lopéz R, Espinosa M (eds) Modern trends in bacterial transformation and transfection. North Holland, Amsterdam, pp 121–134

Pfeifer M, Pöhlmann C, Kurth M, Liebscher DH (1980) Factors which influence $CaCl_2$ dependent transfection of lambda DNA in *E. coli* K-12 recipients. Z Allg Mikrobiol 20:271–281

Schweitzer SM, Matzura H (1977) Transformation of *Escherichia coli* by a specific DNA restriction fragment. Mol Gen Genet 155:213–217

Sutrina SL, Scocca JJ (1979) *Haemophilus influenzae* periplasmic protein which binds DNA: properties and possible participation in genetic transformation. J Bacteriol 139:1021–1027

Tomasz A (1973) The binding of polydeoxynucleotides to the surface of competent pneumococci. In: Archer LJ (ed) Bacterial transformation. Academic Press, New York, pp 81–88

Trowsdale J, Chen SMH, Hoch JA (1979) Genetic analysis of a class of polymyxin resistant partial revertants of stage O sporulation mutants of *B. subtilis*. Mol Gen Genet 173:61–70

Venema G, Joenje H, Vermeulen CA (1977) Differences between competent and non-competent cells of *Bacillus subtilis* and their possible significance for competence. In: Portolés A, Lopéz R, Espinosa M (eds) Modern trends in bacterial transformation and transfection. North Holland, Amsterdam, pp 69–84

Yasbin RE, Tevethia MJ, Wilson GA, Young FE (1973) Analysis of steps in transformation and transfection in transformation-defective mutants and lysogenic strains of *B. subtilis*. In: Archer LJ (ed) Bacterial transformation. Academic Press, New York, pp 3–26

Kapitel 9

Die Konjugation

Die Entdeckung der Konjugation bei Prokaryonten erfolgte durch eines der zufälligsten Experimente in der Geschichte der modernen Naturwissenschaften. Viele andere Forscher hatten schon versucht, Konjugation nachzuweisen. Trotzdem entschlossen sich Lederberg und Tatum, die an der Yale Universität arbeiteten, zu einem neuen Versuch. Sie benutzten einen gewöhnlichen Laborstamm, *Escherichia coli*-K-12 als Versuchssystem. Außerdem testeten sie nur wenige verschiedene Isolate dieses Stamms. Glücklicherweise wählten sie nicht nur einen der wenigen Organismen, die leicht Konjugation zeigen, sondern auch einen fertilen Stamm dieses Organismus. Aus ihren Versuchen entwickelte sich ein besonders fruchtbarer Zweig der Bakteriengenetik.

I Die Grundeigenschaften des Konjugationssystems von *Escherichia coli*

A Die Entdeckung der Konjugation

Die experimentelle Strategie von Lederberg und Tatum war zugleich einfach und elegant. Sie erkannten, daß zur Beobachtung eines sehr seltenen Vorgangs eine sehr gute Selektionsmethode notwendig ist. Die meisten biochemischen Mutationen revertieren mit einer Rate von 10^{-6} bis 10^{-8} zum Wildtyp, wobei diese Rate über der des gewünschten Vorgangs liegen kann. Um dieses Problem zu umgehen, entschieden sie sich, mehrfach auxotrophe Stämme zu benutzen und nach der vollständigen Reversion zum Wildtyp zu schauen. Das Versuchssystem war sensitiv genug, vorausgesetzt, der simultane Transfer aller prototrophen Marker war möglich. War eine Zelle z.B. doppelt auxotroph mit einer Rückmutationsfrequenz für jede einzelne Mutation von 10^{-7}, dann wäre die Wahrscheinlichkeit für eine doppelte Reversion bei Unabhängigkeit der Rückmutationsprozesse 10^{-14}.

Die paarweise Überprüfung verschiedener *E. coli*-Stämme brachte bald Ergebnisse, die zeigten, daß einige Stämme beim Mischen mit einer Rate von 10^{-6} Prototrophe produzierten, was beträchtlich höher war als die erwarteten 10^{-14}. Bald wurde offensichtlich, daß es in der Sammlung von *E. coli*-Kulturen zwei verschiedene Typen gab, solche, die beim Zusammenmischen mit anderen *E. coli*-Stämmen fertil waren, und solche, die nur beim Mischen mit bestimmten anderen Stämmen Fertilität zeigten. Der erste Typ wurde als F^+ (mit Fertilität) bezeichnet, der zweite als F^-. Die verschiedenen Paarungen ergaben folgende Ergebnisse:

$F^+ \times F^+$ = Prototrophe
$F^+ \times F^-$ = Prototrophe
$F^- \times F^-$ = keine Prototrophe.

Die Prototrophen waren interessanterweise alle F^+ und erschienen mit einer Rate von 10^{-6}, obwohl F^--Zellen im allgemeinen mit einer viel höheren Rate von etwa 70% in einer Stunde in F^+-Zellen umgewandelt wurden. Diese genetische Übertragung schien ein allgemeines Phänomen zu sein, da alle getesteten Auxotrophen mit der gleichen niedrigen Frequenz Prototrophe ergaben.

Die Gründe für die abweichenden Raten der Entstehung von Prototrophen und F^+-Zellen werden in ihren Einzelheiten im Kap. 10 besprochen. Dennoch muß jetzt erwähnt werden, daß es sich bald nach der Entdeckung der F^+-Zellen herausstellte, daß die F^+-Eigenschaft einzigartig ist. Sie ist nicht nur infektiös, sondern auch von den anderen genetischen Eigenschaften der Zelle unabhängig. Dies konnte ganz einfach mit dem Farbstoff Acridin-Orange gezeigt werden, der an Nukleinsäuren bindet. Werden F^+-Zellen mit diesem Farbstoff behandelt, so segregieren sie F^--Zellen aus, die von der F^+-Eigenschaft „kuriert" sind. Es wurde üblich, vom **„F-Faktor"** als genetischer Einheit zu sprechen. Als neue genetische unabhängige Elemente entdeckt wurden, mußte man einen neuen Ausdruck schaffen. Diese Bezeichnung lautet **Plasmid**, und diese genetischen Elemente werden in den Kap. 10 und 11 besprochen.

Zum Nachweis, daß der genetische Transfer mit F^+-Zellen anders ist als andere Übertragungsprozesse, führte Davis ein Experiment mit einem U-förmigen Rohr durch. Brachte man einen auxotrophen *E. coli*-Stamm (entweder F^+ oder F^-) in den einen Arm des U-Rohrs und einen auxotrophen F^+-Stamm in den anderen, so entstanden nach Inkubation Prototrophe. Wurde die untere Verbindung des U-Rohrs jedoch mit einem mikroporösen Glasfilter verschlossen, das den Durchgang löslicher Faktoren wie DNA-Moleküle oder Viren gestattete, aber die Passage ganzer Zellen verhinderte, so wurden keine Prototrophen beobachtet. Aus diesen Ergebnissen wurde gefolgert, daß für die Übertragung ein Kontakt von Zelle zu Zelle notwendig ist, und Lederberg und Tatum waren geneigt, diese Ergebnisse als eine homothallische Zellfusion zu interpretieren wie sie bei Pilzen vorkommt. Der Ausdruck homothallisch bezieht sich auf eine Situation, in der nur ein Typ sexueller Hyphen statt einer Differenzierung in männliche und weibliche Zellen auftritt.

B Die Entdeckung von Donor-Stämmen und der partielle Transfer

Hayes wollte untersuchen, ob es zwischen den an diesem genetischen Prozeß beteiligten Stämmen irgendwelche Unterschiede gab, denn er war der Auffassung, der Prozeß sei eine Konjugation und keine homothallische Fusion. Um Unterschiede zwischen den Zelltypen zu zeigen, benutzte er zwei Stammpaare, die identische auxotrophe Marker trugen, wo aber bei jedem Paar eine Zelle F^+, die andere F^- war. Ein Stammpaar war gegen das Antibiotikum Streptomycin resistent, das andere sensitiv. Hayes führte dann Versuche durch, in denen er die F^+-Zelle eines Paars mit der F^--Zelle des anderen kreuzte und dann die nicht selektionierten Merkmale untersuchte. Die Daten von Tabelle 9-1 zeigen, daß 87 bis 99% der prototrophen Transkonjuganten die *mal*- und *rpsL*-Loci der F-Zellen trugen, während andere, unselektionierte Merkmale dazu neig-

Tabelle 9-1. Der Effekt der Umkehrung der F-Polarität auf die genetische Konstitution der Rekombinanten in sonst gleichen Kreuzungen[a]

Stamm A = *thr*$^+$, *leu*$^+$, *met*$^-$, *lac*$^+$, *thi*$^+$, *mal*$^+$, *rpsL*$^-$
Stamm B = *thr*$^-$, *leu*$^-$, *met*$^+$, *lac*$^-$, *thi*$^-$, *mal*$^-$, *rpsL*$^+$

Selektioniere: Met$^+$, Thr$^+$, Leu$^+$ (Platten mit Glucose und Thiamin)

Teste: 300 Kolonien auf nicht-selektionierte Merkmale

		Prozentsätze an bestimmten Prototrophen		
		Mal$^+$ RpsL$^-$	Mal$^-$ RpsL$^+$	Mal$^+$ RpsL$^+$ oder Mal$^-$ RpsL$^-$
A(F$^+$) × B(F$^-$)	Lac$^+$ Thi$^+$	0,0	1,7	
	Lac$^+$ Thi$^-$	0,0	23,0	1,0
	Lac$^-$ Thi$^+$	0,0	3,7	
	Lac$^-$ Thi$^-$	0,0	70,6	
A(F$^-$) × B(F$^+$)	Lac$^+$ Thi$^+$	35,2	2,0	
	Lac$^+$ Thi$^-$	50,0	6,0	4,9
	Lac$^-$ Thi$^+$	0,3	0,0	
	Lac$^-$ Thi$^-$	1,3	0,3	

[a] Aus: Hayes, W. (1953) The mechanism of genetic recombination in *E. coli.* Cold Spring Harbour Symp. Quant. Biol. 18:75–93

ten, sich zu sortieren. Hayes zog aus diesen Experimenten einen wichtigen Schluß, nämlich den, daß der Prozeß wirklich eine **Konjugation** (d.h. eine direkte DNA-Übertragung von einer Zelle in eine andere) darstellt, und daß eine Zelle die Rolle des **Donors** für genetisches Material spielte, während die andere in der Rolle des **Rezipienten** war. Die Übertragung war damit eine Einbahnstraße und kein reziproker Vorgang, was die Möglichkeit der Zellfusion eliminiert. Aus der offensichtlichen Analogie werden die Donorzellen manchmal als „männliche" Zellen bezeichnet, die Rezipientenzellen als „weibliche".

Über ein System, in dem der genetische Austausch so ineffizient erfolgte, konnte nur wenig Information erhalten werden. Das tiefere Verständnis der Konjugation war erst nach der Entdeckung einer Methode möglich, die die Frequenz des genetischen Austauschs vergrößerte. Cavalli-Sforza und Hayes isolierten unabhängig voneinander zwei Donorstämme von *E. coli,* die eine neue Arte von Fertilität zeigten. Diese Stämme ergaben mit einer viel höheren Frequenz als die F$^+$-Kulturen prototrophe Transkonjuganten, d.h. mit 10^{-1} statt 10^{-6}. Sie wurden daher als Stämme mit hoher Rekombinationsfrequenz oder **Hfr-Stämme** („high frequency of recombination") bezeichnet. Zu Ehren ihrer Entdecker werden sie heute noch HfrC und HfrH genannt.

Die Art des genetischen Transfers bei Hfr-Zellen schien sich von dem bei F$^+$-Zellen sehr zu unterscheiden. Obwohl einige Arten an Prototrophen wirklich mit sehr hoher Frequenz auftraten, entstanden andere Typen von Prototrophen nur selten oder überhaupt nicht. Darüberhinaus unterschieden sich auch die beiden Hfr-Stämme bezüglich der Transkonjuganten, die nach direkter Selektion mit hoher Frequenz erschienen

Tabelle 9-2. Ergebnisse von Hfr-Kreuzungen mit zwei verschiedenen Donoren

Genotyp des Rezipienten = *leu, arg, lac, rpsL*

	Transkonjugante Zellen/ml		
Benutzter Donor	Arg^+ $RpsL^-$	Leu^+ $RpsL^-$	Lac^+ $RpsL^-$
Ähnlich HfrH	0	$1,9 \times 10^6$	$8,7 \times 10^5$
Ähnlich HfrC	$3,2 \times 10^3$	$2,8 \times 10^5$	$2,4 \times 10^6$

(Tabelle 9-2), und die fast immer F^- waren. Diese Daten zeigten erneut, daß ein komplexerer Prozeß als eine einfache Zellfusion vorlag.

C Die Art der Übertragung

Jacob und Wollman, die am Pasteur Institut in Paris arbeiteten, benutzten bald den Hayes Hfr-Stamm für eine wichtige Versuchsserie. Sie konjugierten einen mehrfach markierten F^--Stamm mit HfrH und untersuchten dann die Verteilung der nicht-selektionierten Merkmale. Die Daten aus einer solchen Versuchsserie sind in der Tabelle 9-3 gezeigt. Bei der 1. Kreuzung kann man sehen, daß es offensichtlich einen Übertragungsgradienten oder Polaritätsgradienten bei den nicht-selektionierten Merkmalen der Leu^+-Transkonjuganten gibt. Einige werden mit variierender Häufigkeit mitvererbt, andere gar nicht. Die Daten sind so angeordnet, daß sie den Gradienten zeigen.

Die Daten aus der 2. Kreuzung dagegen zeigen ein ganz anderes Muster. Es gibt im Grund zwei Klassen nicht-selektionierter Merkmale, solche, die mit dem selektionierten Merkmal häufig mitvererbt werden, und solche, die nur selten oder überhaupt nicht mit übertragen werden. Den „Mittelbau" scheint es kaum zu geben. Die Erklärung solcher Ergebnisse ist nicht offensichtlich.

Jacob und Wollman lieferten eine mögliche Erklärung, nämlich daß die Übertragung nicht nur unidirektional, sondern auch linear sei. Wird die DNA vom Donor so übertragen, daß das selektionierte Merkmal früh in die Rezipientenzelle kam (ein **proximales Merkmal**), so müssen die nicht-selektionierten Merkmale nicht mit übertragen werden. Wurde das selektionierte Merkmal jedoch spät übertragen (ein **distales Merkmal**), so mußte die Rezipientenzelle alle proximalen Merkmale mit erhalten (Abb. 9-1).

Die Interpretation läßt auf die Möglichkeit eines partiellen Transfers schließen, beweist sie aber nicht. Die beiden gegensätzlichen Modelle zur Erklärung des beobachteten Vererbungsmusters sind die folgenden: Im einen Modell erhält die Rezipientenzelle gleichförmige große DNA-Stücke aus dem Donor, die am proximalen Ende Segmente variabler Länge rekombinieren; nach dem anderen Modell transferiert der Donor DNA-Stücke variabler Länge, die normal einrekombinieren. Die beiden Alternativen sind dann das Ausbleiben der Rekombination oder der Übertragung.

Jacob und Wollman wußten aus anderen Experimenten, daß bei Konjugation eines Hfr-Stamms, der einen lambda-Prophagen trägt, mit einem nicht-lysogenen F^--Stamm die Rezipientenzellen lysieren können. Diese Erscheinung wird **zygotische Induktion** genannt. Da postuliert wurde, daß die Induktion des lambda-Prophagen durch das

Tabelle 9-3. Der Übertragungsgradient bei einer Hfr × F⁻-Kreuzung

Kreuzung Nr.	Lambda Prophage Hfr	Lambda Prophage F^-	Selektioniertes Merkmal	Transkonjuganten/ml	Prozentsätze der Transkonjuganten, die rekombinant sind für: Leu	Pro	Lac	Gal	Bio	Trp	His	Thy
1	nein	nein	Leu^+	$3{,}5 \times 10^6$	100	42	32	–	–	1	0	0
2	nein	nein	Trp^+	$4{,}1 \times 10^4$	71	60	52	–	–	100	7	0
3	ja	ja	Leu^+	$7{,}1 \times 10^5$	100	–	29	18	13	–	–	–
4	ja	ja	Gal^+	$8{,}4 \times 10^4$	25	–	27	100	93	–	–	–
5	nein	ja	Leu^+	$7{,}3 \times 10^5$	100	–	19	11	9	–	–	–
6	nein	ja	Gal^+	$9{,}3 \times 10^4$	9	–	13	100	99	–	–	–
7	ja	nein	Leu^+	$1{,}1 \times 10^4$	100	–	20	5	1	–	–	–
8	ja	nein	Gal^+	$1{,}2 \times 10^3$	36	–	30	100	75	–	–	–

Die Keuzungen wurden bei 37°C mit einem 10:1 Verhältnis von F⁻ zu Hfr-Zellen durchgeführt. Nach 40 min wurden Aliquots aus der Kultur auf Agar gebracht, der für das jeweils angegebene Merkmal selektionierte. Nach dem Wachstum der Transkonjuganten-Kolonien wurden sie durch Replikaplattierung auf die nicht-selektionierten Merkmale getestet. Ein Querstrich bedeutet, daß das Merkmal nicht überprüft wurde. Alle verwendeten Hfr-Stämme waren sich ähnlich bis auf das Vorhandensein oder Fehlen des Prophagen. Die Kreuzungen 1 und 2 wurden allerdings mit einem anderen F⁻-Stamm durchgeführt als die restlichen Kreuzungen, um den Gradienten im Transfer zu betonen

Fehlen eines cytoplasmatischen Faktors in F⁻-Rezipienten bedingt sei (nach unserem heutigen Wissen der lambda-*cI*-Repressor), würde dies für die Replikation von lambda zur Lyse nur den Transfer erfordern, keine Rekombination. Nach der oben dargelegten Hypothese müßte die zygotische Induktion entweder in allen (Versagen der Rekombination) oder nur in einigen wenigen Tochterzellen (Versagen des Transfers) eintreten. Die zygotische Induktion konnte damit zur Unterscheidung der beiden Hypothesen

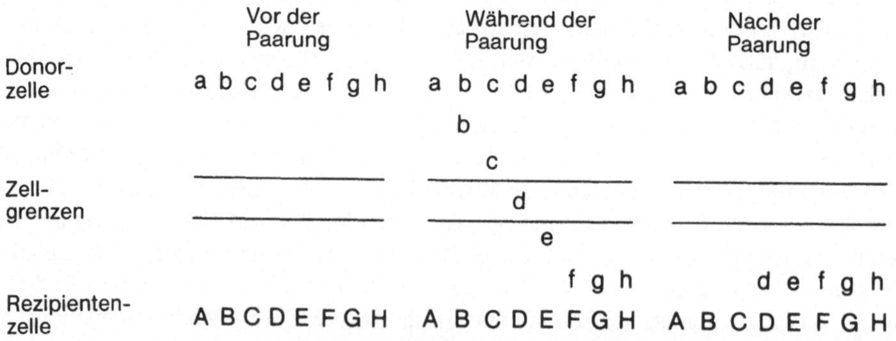

Vor der Paarung
Während der Paarung
Nach der Paarung
Donorzelle
a b c d e f g h   a b c d e f g h   a b c d e f g h
b
c
Zellgrenzen
d
e
f g h   d e f g h
Rezipientenzelle
A B C D E F G H   A B C D E F G H   A B C D E F G H

Abb. 9-1. Die Hypothese der unidirektionalen Übertragung. Die doppelten horizontalen Linien stellen die Grenzen zwischen Donor- und Rezipientenzellen dar und sind die Trennungspunkte der Zellen. Jedes Genom ist linear wiedergegeben. Vorausgesetzt wird, daß die Übertragung von einer Replikation begleitet wird, so daß die Donorzelle keine DNA verliert. Die Übertragung von e ist erst dann möglich, wenn f, g und h schon in die Rezipientenzelle gelangt sind. Nach der Kreuzung ist die Rezipientenzelle merodiploid. Man nimmt an, daß alle nicht übertragene DNA in der Donorzelle verlorengeht

zur DNA-Übertragung benutzt werden. Daten aus einem solchen Experiment sind auch in der Tabelle 9-3 wiedergegeben.

Die Kreuzungen 3 und 4 sind Kontrollen, die zeigen, daß das Vorhandensein eines lambda-Prophagen in einem der beiden konjugierenden Stämme die Verteilung der nicht-selektionierten Merkmale nicht beeinflußt. Die Kreuzungen 5 und 6 sind zusätzliche Kontrollversuche, die zeigen sollen, daß zwei DNA-Moleküle völlig normal rekombinieren können, auch wenn dem einen Molekül ein DNA-Segment fehlt, was bei dem anderen vorhanden ist. In diesem Fall ist die Defizienz das Fehlen des Prophagen im Hfr-Stamm, und die Vererbung der Hfr-DNA bedeutet den Verlust der Prophagen-DNA. Es ist bekannt, daß die Induktion in diesem Fall nicht eintritt, da der lambda-Prophage so lang vorhanden ist, bis die Prophagen-DNA abgebaut oder bei einer Zellteilung verloren gegangen ist.

Der eigentliche Test der Hypothese sind die Kreuzungen 7 und 8, bei denen die zygotische Induktion stattfinden kann. Die Daten zeigen den geringen Einfluß der zygotischen Induktion auf die Anzahl der Leu^+-Kolonien, geringe Auswirkung auf die Lac^+-Kolonien, aber einen sehr großen Effekt auf die Zahl der Gal^+-Kolonien. Die einfachste Interpretation lautet, daß die DNA-Übertragung unidirektional und linear erfolgt, im allgemeinen aber nur kurze DNA-Stücke variierender Länge transferiert werden. Die meisten Leu^+- und viele der Lac^+-Transkonjuganten entstehen daher aus kurzen DNA-Stücken, die den lambda-Prophagen nicht enthalten. Gal^+-Transkonjuganten hätten dagegen auch einen lambda-Prophagen mit erhalten und lysierten. Die Tatsache, daß einige Gal^+-Transkonjuganten auftreten, und daß diese im allgemeinen Bio^- sind, zeigt die Reihenfolge bei der Übertragung: *gal* zuerst, dann den lambda-Prophagen und zuletzt *bio*. Die gelegentliche Übertragung von *bio* ist nur dann möglich, wenn der übertragene Prophage genug Repressor produziert, um sich vor der Zellyse abzuschalten. Das Gleiche gilt natürlich auch für eine normale Phageninfektion der Zelle.

Die Schlüsse aus den Daten in Tabelle 9-3 führen zu einem Konjugationsmodell, das an einem bestimmten Punkt des Genoms der Hfr-Zelle startet und dann linear in die F^--Zelle hinein weiterläuft. Die Übertragung wird offensichtlich spontan und zufällig unterbrochen. Jacob und Wollman kamen zu dem Schluß, daß bei Zutreffen dieses Modells, das, was in der Natur geschieht, auch künstlich vorgenommen werden kann. Sie entwickelten einen Versuch, die **unterbrochene Paarung**, in dem konjugierende Bakterienzellen voneinander getrennt und die weitere Übertragung durch Verdünnung oder Immobilisation der Zellen in einer Agarschicht verhindert werden. Entnimmt man der sich paarenden Kultur zu verschiedenen Zeitpunkten Proben und trennt die Zellen, so sollte für jedes genetische Merkmal ein bestimmter Zeitpunkt des Eintritts zu beobachten sein.

Jacob und Wollman versuchten ebenso wie einige nachfolgende Forscher verschiedene Methoden für die Unterbrechung. Die erfolgreichsten waren die: (1) Lyse von außen mit T6-Phagen und T6-sensitiven Hfr-Zellen, aber T6-resistenten F^--Zellen, analog dem Experiment der vorzeitigen Lyse (4.II.A); (2) ein Mixermechanismus, der die paarenden Bakterien intensiven hydrodynamischen Scherkräften unterwirft, zu ihrer Trennung führt und alle verbindende DNA abbricht; (3) die Chemikalie Nalidixinsäure, die sofort den Transfer unterbricht, weil sie die DNA-Replikation hemmt. Da die DNA-Replikation für die Übertragung notwendig ist, hört der Transfer auf, wenn

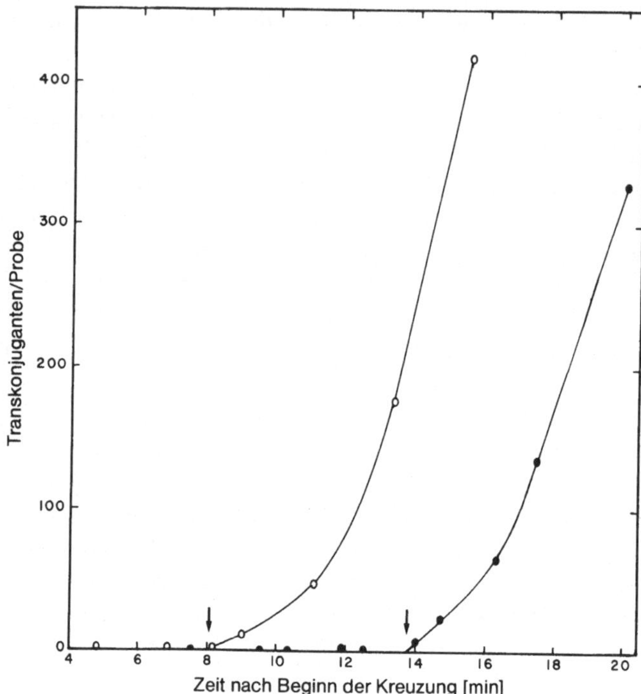

Abb. 9-2. Typische Kurven der unterbrochenen Paarung. Die Hfr- (Donor) und F^-- (Rezipienten) Zellen wurden zum Zeitpunkt Null in einem Verhältnis von 1:100 gemischt und bei 37°C inkubiert. Zu verschiedenen Zeiten wurden Proben von 0,05 ml entnommen, zum Zerbrechen der Paarungsaggregate geschert und dann auf Selektionsmedium plattiert. Die offenen Kreise sind Leu^+-Transkonjuganten, die geschlossenen $ProA^+$-Transkonjuganten. Die Pfeile geben die extrapolierten Eintrittszeitpunkte an

die Replikation anhält (9.II.D). Gleichgültig welche Methode der Unterbrechung gewählt wird, erhält man den gleichen typischen Verlauf, wovon ein Diagramm in der Abb. 9-2 gezeigt ist. Jeder Typ von Transkonjuganten besitzt einen spezifischen Eintrittspunkt, den man durch Extrapolation der frühen Zeitpunkte auf Null zurück erhält und der in Minuten ausgedrückt werden kann, die seit dem Mischen der Hfr- und F^--Zellen vergangen sind. Diese Bestätigung der Vorhersagen des Modells waren die letzten noch benötigten Hinweise zur Entwicklung eines Grundmodells der Konjugation. Durch ein solches Experiment läßt sich auch bestätigen, daß der *gal*-Transfer vor lambda mit einer Zeitdifferenz von etwa 0,5 min geschieht.

D Die Konstruktion der ersten Genkarte

Die unterbrochene Paarung ist ein sehr wirksames Mittel zur eindeutigen Bestimmung der Genanordnung, und damit war es naheliegend, die Daten aus solchen Versuchen zur Konstruktion einer Genkarte zu verwenden. Die meisten Genkarten haben als Abstandseinheit irgendeine Funktion der Rekombinantenzahl aus verschiedenen Kreuzungen. Die Versuche der unterbrochenen Paarung erlauben dagegen eine sehr einfache Bestimmung der Eintrittszeiten für verschiedene Merkmale. Die Grundeinheit der Genkarte von *E. coli* wurde daher die Minute, die DNA-Menge, die von einer durchschnittlichen Hfr-Zelle in einer Minute übertragen wird. Die Abb. 9-3 zeigt z.B., daß *proA* und *lac* auf der Genkarte ein bis zwei Minuten auseinanderliegen. Es gibt allerdings in der Genkarte keine festgelegte Richtung, d.h. es gibt keine Struktur, die dem Centromer eukaryontischer Zellen äquivalent wäre, sondern nur den Ursprung des Hfr selbst.

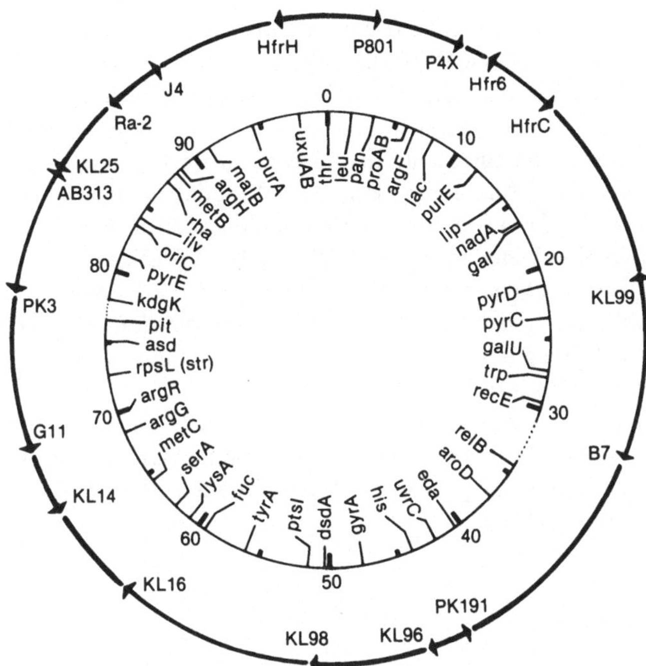

Abb. 9-3. Die zirkuläre Referenzkarte von *E. coli*-K-12. Die großen Ziffern entsprechen Positionen auf der Genkarte in Minuten, bezogen auf den *thr*-Locus. Aus der vollständigen Kopplungskarte, die in der Innenseite des Bucheinbands wiedergegeben ist, wurden nach der größten Genauigkeit der Kartierung, nach der Nützlichkeit für weitere Kartierungsversuche und/oder nach der Bekanntheit als lange bestehender Positionsmarker auf der Karte von *E. coli*-K-12 43 Loci ausgewählt. Die beiden gestrichelten Teile des Rings sind die beiden einzigen Intervalle auf der Genkarte, die nicht durch eine durchgehende Serie von P1-Kontransduktionskopplungen abgedeckt werden. Außerhalb des Rings sind die Orientierungen und die ersten Übertragungsregionen einiger Hfr-Stämme angegeben. Die Pfeilspitze markiert dabei jeweils die zuerst übertragene DNA. Aus Bachmann und Low (1980)

Ein bestimmter Hfr-Stamm überträgt nicht alle Merkmale effizient (Tabelle 9-3), und daher mußten andere Hfr-Stämme gefunden werden, um die Genkarte zu vervollständigen. Systematisch wurden F^+-Kulturen auf das Vorhandensein von Hfr-Zellen getestet und sogar mit UV-Strahlung behandelt, die die DNA-Rekombination verstärkt, um zu sehen, ob dadurch neue Hfr-Stämme entstehen. Bald wurde klar, daß die Zahl verschiedener Hfr-Stämme nicht nur begrenzt, sondern recht klein ist. Etwa 22 verschiedene Typen natürlich vorkommender Hfr-Stämme wurden beobachtet.

Nach der Einführung einiger Konventionen konnten alle Daten in einer vereinfachten Genkarte zusammengefaßt werden, wie sie in der Abb. 9-3 gezeigt ist. Die notwendigen Konventionen sind die folgenden:

1. Nach Betrachtung der überlappenden DNA-Regionen, die von verschiedenen Hfr-Stämmen übertragen werden, wurde die Länge der Genkarte auf 100 min festgelegt (frühere Schätzungen betrugen 90 min).
2. Ein willkürlicher Nullpunkt wurde bei *thr* festgelegt.
3. Die Übertragungsrichtung von HfrH wird als im Uhrzeigersinn angesehen und durch einen Pfeil in Gegenuhrzeigersinn dargestellt.

Die Abb. 9-3 zeigt eine vereinfachte Genkarte von *E. coli*-K-12, zusammen mit den Startpunkten und Richtungen der DNA-Übertragung einiger allgemein verwendeter Hfr-Stämme. In Übereinstimmung mit den in 1.II beschriebenen physikalischen Untersuchungen ist die Genkarte zirkulär und nicht linear. Dies war damals eine Überraschung, obwohl sich mittlerweile herausgestellt hat, daß zirkuläre Genkarten bei Prokaryonten eher die Regel als die Ausnahme sind. Zur Mitberücksichtigung der Daten aus der P1-Transduktion (7.IV.A) mußte ein Umwandlungsfaktor eingeführt werden. Bachmann und Mitarbeiter nehmen an, daß P1 ein DNA-Stück von etwa 2 min der *E. coli*-Genkarte trägt, und benutzen die Formel von Wu (Gl. 7-1). Nur zwei Regionen in der Karte in Abb. 9-3 sind noch nicht durch Kotransduktionsversuche zusätzlich zur unterbrochenen Paarung untersucht worden. Die vollständige Genkarte von *E. coli* ist in der Innenseite des Buchdeckels abgebildet.

Das erste Beispiel überlappender Cistren in *E. coli* wurde kürzlich von Smith und Parkinson beschrieben. Das betroffene Cistron ist *cheA* (Chemotaxis), das im gleichen Leseraster zwei Proteine verschiedener Länge kodiert. Diese Situation ist analog den lambda-*Nu3*- und lambda-*C*-Cistren (6.II.C).

II Die Physiologie der Konjugation

Mit den in Abschn. I geschilderten Tatsachen als Grundlage können wir nun die Informationen betrachten, die in den letzten zwei Jahrzehnten über die Konjugation erarbeitet wurden. Ein guter Anfang ist die Frage, ob es außer F^+ und Hfr noch andere Formen von Donorzellen gibt. Die Antwort lautet ja. In Kap. 10 wird eine spezielle Variante der F^+-Zelle, die F'-Zelle, besprochen. Dies ist allerdings nicht die einzige Variante einer Donorzelle. Es ist die Frage, ob Hfr-Zellen, die in einer F^+-Kultur spontan auftreten, genügen, um den gesamten DNA-Austausch in einer Kultur zu erklären.

Reeves unternahm einen Rekonstitutionsversuch, indem er bekannte Mengen von Hfr-Zellen F^+-Kulturen zusetzte und den auftretenden genetischen Transfer maß. Mit einigen Annahmen über die Frequenz der Übertragung bestimmter Merkmale durch spontan entstehende Hfr-Stämme war es ihm möglich vorherzusagen, wie viele Hfr-Zellen in einer F^+-Kultur gefunden werden müßten, um die beobachtete Menge an Austausch zu rechtfertigen. Der vorhergesagte Prozentsatz an Hfr-Zellen erwies sich jedoch als höher als der beobachtete. Er schloß daraus, daß auch ein anderer Typ von Donorzelle möglich sei. Spätere Untersuchungen wie die von Cullum und Broda fanden jedoch keinen neuen Donor-Typ, und es wird daher im Weiteren angenommen, daß alle DNA-Übertragung des Genophors durch Hfr- oder F'-Zellen bedingt ist.

A Die Bildung der Paarungsaggregate

Die Hfr-Zellen bilden mit den F^--Zellen Aggregate aus. Dies wurde sehr schön von Walmsley gezeigt, der einen elektronischen Partikelzähler verwendete, um zu zeigen, daß bei der Bildung von Paarungsaggregaten nach dem Mischen von Hfr- und F^--Kulturen die Gesamtzahl der gezählten Partikel abnimmt. Ein Scheren der Kulturen zerbricht die Paarungsaggregate und stellt die ursprüngliche Partikelzahl wieder her. Achtman und Mitarbeiter zeigten, daß Paarungsaggregate mit Hfr-Zellen stabiler sind als solche mit F^+- oder F'-Zellen. Sie schlagen vor, daß die Unterschiede in der Stabilität durch die DNA-Menge, die übertragen werden kann, bedingt ist.

Es wurde früher angenommen, daß die Paarungsaggregate auf einer 1:1 Basis ausgebildet werden, aber dies ist nicht wirklich der Fall. Achtman verwendete den Partikelzähler zum Nachweis, daß die Paarungsaggregate normalerweise aus zwei bis vier oder acht bis 13 Zellen bestehen. Eine solche Analyse zeigt allerdings nicht den Anteil der Hfr- oder F^--Zellen in einem Aggregat. Konjugationsversuche werden normalerweise mit einem Hfr:F^--Verhältnis von 1:10 durchgeführt. Skurray und Reeves zeigten, daß bei einem Umdrehen dieses Verhältnisses die F^--Zellen starke Membranbeschädigungen erleiden und absterben, eine Erscheinung, die sie **lethale Zygose** nennen. Noch nicht erklärt und verwirrend ist die Tatsache, daß nur Hfr-Zellen diese Erscheinung verursachen. Alle anderen Donortypen sind harmlos, und selbst Hfr-Zellen führen dann zu keinen Schäden, wenn die Kultur während der Paarung nicht belüftet wird. Rekombinationsdefiziente Zellen scheinen selbst in nicht-belüfteten Kulturen gegenüber der lethalen Zygose besonders empfindlich zu sein.

Die Ausbildung der Paarungsaggregate hängt vom Vorhandensein donor-spezifischer Pili oder **F-Pili** ab. Pili sind kurze, starre, stäbchenförmige Strukturen, die in großer Zahl auf der Außenfläche der Zelle vorkommen. Sie besitzen Ähnlichkeiten mit Cilien, werden aber nicht zur Lokomotion verwendet und haben eine andere Ultrastruktur. Die F-Pili werden von der DNA des F-Plasmids kodiert und von F^+-, F'-oder Hfr-Zellen bei Kultivierung über 33°C ausgebildet; sie verschwinden, wenn die Zellen bei niedrigeren Temperaturen gezüchtet werden, in die stationäre Wachstumsphase eintreten oder vom F-Plasmid kuriert werden.

Andere Pili-Arten (gewöhnliche Pili) können zu allen Zeiten vorhanden sein. Das einfachste Testsystem für das Vorhandensein von F-Pili ist die Verwendung bestimmter F-spezifischer Phagen wie f1, MS2 oder M13, die die Pili zur Infektion brauchen. Donorzellen ohne F-Pili verhalten sich in Konjugationsexperimenten wie Rezipientenzellen und werden daher als **F^--Phänokopien** bezeichnet.

Offensichtlich sind es die Spitzen der F-Pili, die für die Konjugation wichtig sind, denn Ou zeigte, daß an die Seiten von F-Pili gebundene MS2-Phagenpartikel, die im Elektronenmikroskop nachgewiesen werden können, auf die Ausbildung der Paarungsaggregate keinen Einfluß haben, während an die Pilispitzen gebundene f1-Phagen die Bildung der Paarungsaggregate verhindern. Elektronenmikroskopische Untersuchungen (Abb. 9-4) stimmen mit dieser Interpretation überein, und auf der Grundlage solcher Bilder wird angenommen, daß die DNA durch den verbindenden Pilus übertragen wird. Eine andere Interpretation solcher Aufnahmen wäre die, daß die DNA durch Plasmabrücken zwischen konjugierenden Bakterien übertragen wird, und daß die F-Pili zur Kontaktbildung zwischen den Zellen notwendig sind. In Einklang damit stehen Arbeiten von Achtman und Mitarbeitern, die vor kurzem gezeigt haben, daß die Disaggregation der F-Pili nach der Bildung der Paarungsaggregate die DNA-Übertragung nicht unbedingt unterbricht.

B Die Transfer DNA-Synthese

Damit der genetische Austausch stattfinden kann, müssen sowohl Donor- als auch Rezipientenzellen stoffwechselaktiv sein. Freifelder hat gezeigt, daß auch eine ausge-

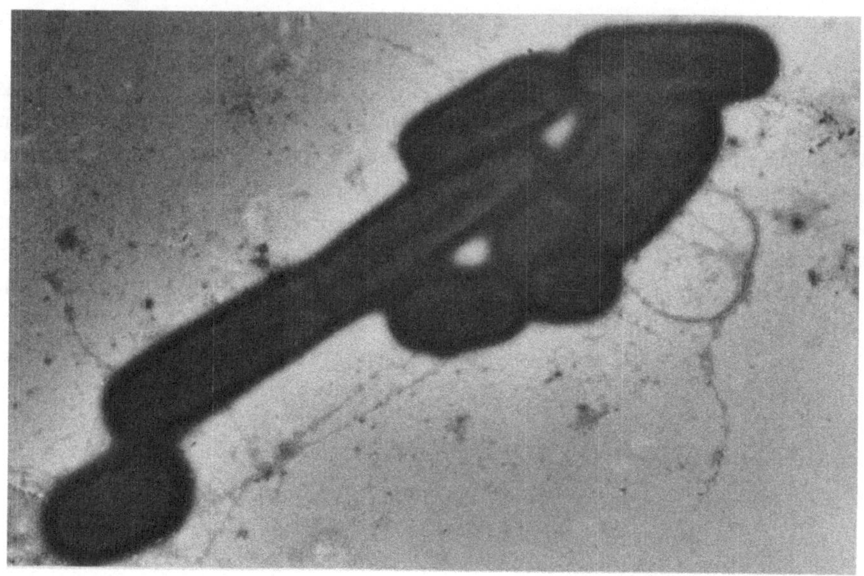

(a)

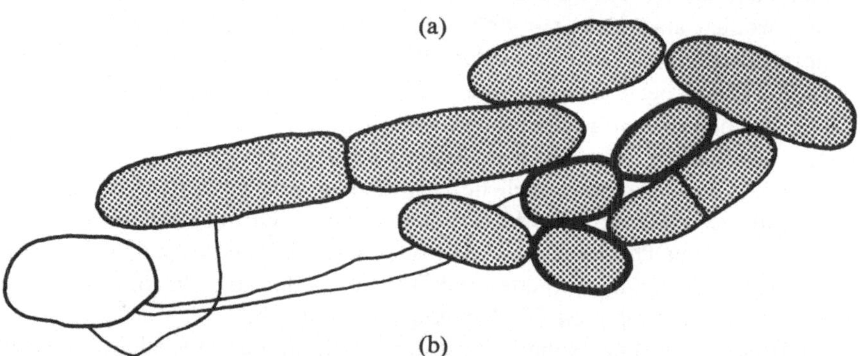

(b)

Abb. 9-4. Hfr × F⁻-Paarungsaggregate. **a** Formaldehyd-fixierte Zellen wurden mit Phosphowolfram-Säure negativ gefärbt und im Elektronenmikroskop untersucht. Die Zellen lassen sich auf Grund der Größe unterscheiden, wobei die längeren die Hfr-Zellen sind. **b** Die Interpretation des gezeigten Aggregats durch den Autor. Die drei dick eingerahmten Zellen wurden als F⁻ klassifiziert, die weiße Zelle war nicht klassifizierbar, die dünn eingerahmten Zellen wurden als Hfr-Zellen eingeordnet. Die langen, dünnen Verbindungsstrukturen zwischen den Zellen sind F-Pili. Aus Achtman et al. (1978)

hungerte F⁻-Zelle nach Inkubation in einem Medium, dem ein erforderlicher Nährstoff fehlt, zwar Paarungsaggregate ausbilden kann, auf sie aber keine DNA übertragen wird. Wenn man nämlich ein paar Minuten nach dem Mischen eine Kultur von Hfr- und F⁻-Zellen unter den für die Aggregatbildung kritischen Punkt (etwa 10^7 Zellen/ml) verdünnt, entstehen nach Zusatz des erforderlichen Nährstoffs transkonjugante Zellen und darauf Kolonien. Wurde die Kultur jedoch vor dem Zusatz des Nährstoffs verdünnt und die Aggregate durch Scherkräfte auseinandergebrochen, so entstanden keine Rekombinanten.

Diese Ergebnisse stimmen mit denen von Ou und Reim überein, die beobachteten, daß F⁻-Zellen, wahrscheinlich über den F-Pillus ein Signal an die Hfr-Zellen abgeben,

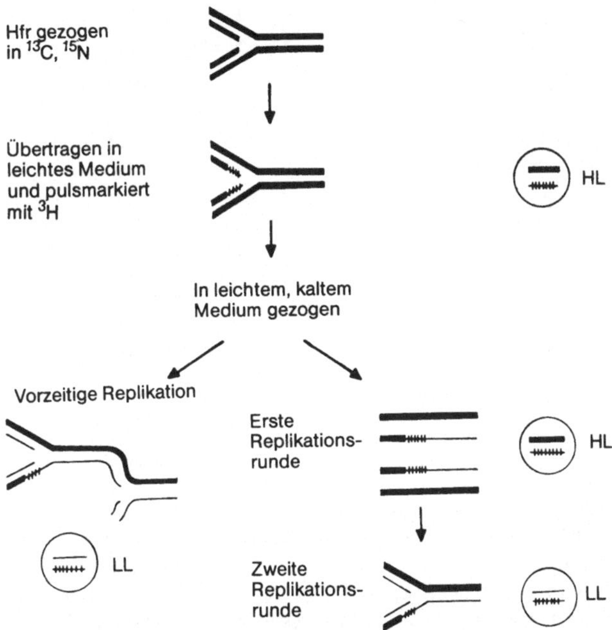

Abb. 9-5. Schematische Darstellung der Replikation eines DNA-Segments, das mit ^3H pulsmarkiert wurde. Dieser Versuch ist eine Variation des klassischen Experiments von Meselson und Stahl. Die DNA wird zunächst mit zwei schweren Isotopen von Kohlenstoff und Stickstoff markiert (dicke Linien) und dann in ein Medium mit den normalen leichten Isotopen übertragen (dünne Linien). Jede Linie entspricht einem DNA-Einzelstrang. Bei der Übertragung ins leichte Medium wird für kurze Zeit ^3H-Thymidin zugegeben und in die DNA eingebaut (kurze vertikale Linien). Die Dichte der entstehenden ^3H-markierten DNA ist in der oberen eingeschobenen Zeichnung gezeigt. Der rechte Zweig der Abbildung zeigt den normalen weiteren Verlauf, der linke Zweig dagegen die Auswirkungen einer vorzeitigen Initiation der DNA-Replikation. Die Dichte der ^3H-markierten DNA ist in jedem Schritt in den Einschüben gezeigt. Die vorzeitige Initiation führt zur verfrühten Umwandlung der ^3H-markierten DNA zu LL-Dichte. Aus: Sarathy, P.V., Siddiqi, O. (1973) DNA synthesis during bacterial conjugation. J. Mol. Biol. 78:427–441

das die Initiation der **Transfer-DNA-Synthese** verursacht. Damit der Transfer stattfinden kann, ist in der Donorzelle anscheinend nur die Nukleinsäuresynthese notwendig, denn Zellen in Streptomycin-haltigem Medium bilden noch Aggregate aus und übertragen etwas von ihrer DNA.

Die Art der Transfer-Synthese wurde von Sarathy und Siddiqi untersucht. Sie zeigten in Dichteverschiebungsexperimenten, daß bei der Initiation der Transfer-Synthese die normalen Replikationsgabeln anhalten und eine neue Replikationsrunde beginnt (Abb. 9-5). Dies führt zum vorzeitigen Auftreten leicht-leichter DNA (DNA, die keine Dichtemarkierung in einem der beiden Stränge trägt) mit einer Rate, die halb so groß wie die normale ist. Ein solcher Effekt tritt nicht auf, wenn zwei Donorzellen gemischt werden. Wird die DNA-Synthese in den Donorzellen durch Expression einer konditional lethalen *dnaB*-Mutation verhindert, so läuft der Transfer trotzdem ab, aber die Hfr-Zelle ist nicht mehr lebensfähig.

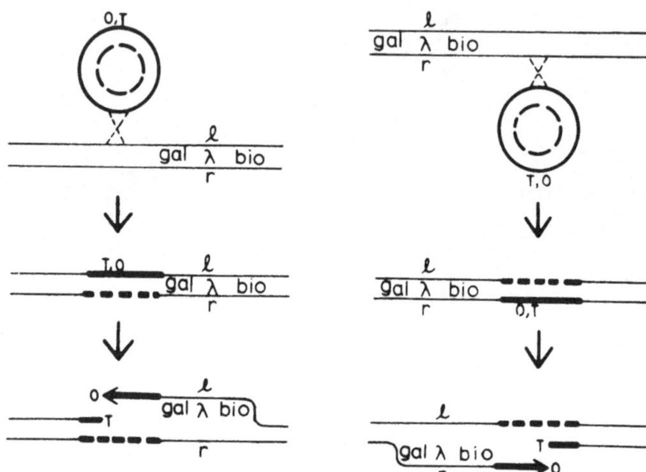

Abb. 9-6. Die Insertion des F-Plasmids und die Übertragung eines Strangs. Die dicken Linien sind die komplementären Stränge der Plasmid-DNA, die dünnen Linien ein Teil bakterieller DNA. In der Konjugation wird ein Strang des F-Plasmids spezifisch zwischen O (dem Origin oder Ursprung) und T (dem Terminus) aufgebrochen; O wird zuerst übertragen, T zuletzt. Die Folge einer Insertion des Plasmids in verschiedenen Orientierungen ist die Anheftung des *l*- oder des *r*-Strangs an den gleichen Plasmidstrang. Aus: Rupp, W.D., Ihler, G. (1968) Strand selection during bacterial mating. Cold Spring Harbor Symp. Quant. Biol. 33:647–650

Die Transfer-Synthese ist noch in einem anderen Punkt einzigartig. Ihr Produkt ist ein einzelner DNA-Strang, der ohne signifikante Menge von Hfr-Cytoplasma in die F^--Zelle übertragen wird. Zum Nachweis des letzten Punkts unternahmen Rosser und Mitarbeiter einen Versuch, in dem sie eine F^+-Zelle, die das Enzym β-Galaktosidase produzierte, mit einer F^--Zelle konjugierten, die dieses Enzym nicht herstellen konnte. Nach dem DNA-Transfer wurden die F^+-Zellen durch Temperaturinduktion eines lambda-Prophagen lysiert und die mit den F^--Zellen verbundene Menge an β-Galaktosidase gemessen (F^+-Proteine, die an die Zelloberflächen gebunden hatten, waren mit dem Enzym Chymotrypsin eliminiert worden). Innerhalb der Fehlergrenzen der benutzten Technik trat kein Transfer von β-Galaktosidase auf.

Der Nachweis des Einzelstrang-Transfers war komplexer und wurde unabhängig voneinander in den Laboratorien von Rupp und von Tomizawa erbracht. Eine Reihe von Experimenten machte sich die zygotische Induktion zu Nutze. Eine Hfr-(λ^+) Kultur, deren DNA mit ^{32}P markiert war, wurde in Abwesenheit von ^{32}P mit einer F^--(λ^-) Kultur gepaart. Nach der Lyse der konjuganten Zellen wurden die Nachkommenphagen gesammelt und ihre DNA extrahiert. Nach Abbau und Resynthese stellt alles ^{32}P in dieser Präparation DNA dar, die direkt von der übertragenen Hfr-DNA abstammte. Mit der Technik von Hradecna und Szybalski (in 6.II.C besprochen) wurden die beiden Stränge der lambda-DNA getrennt und auf Radioaktivität untersucht. Da die Richtung des Transfers der Hfr-Zelle und die Orientierung der Prophagen-DNA bekannt waren, konnte man berechnen, daß nur ein einzelner DNA-Strang, beginnend mit dem 5′-Phosphatende, übertragen worden war (Abb. 9-6).

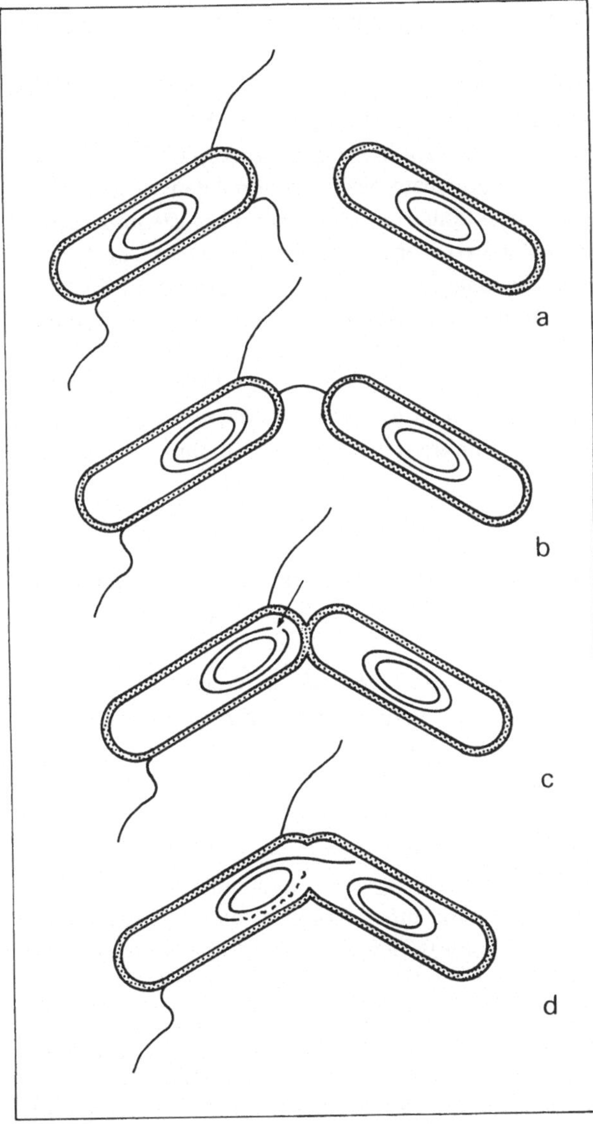

Abb. 9-7a–d. Ein vereinfachtes Modell der Konjugation. **a** Zwei Zellen entgegengesetzten Paarungstyps sind gezeigt. Die Donorzelle trägt spezifische Sexpili; **b** Der erste Paarungskontakt. Der F-Pilus spielt hierbei eine wichtige Rolle; **c** Ein stabiles Paarungsaggregat. Die Zellen sind eng miteinander verbunden; die DNA des F-Plasmids hat einen Einzelstrangbruch; die konjugative Replikation beginnt; **d** Der Transfer der Donor-DNA in die Rezipientenzelle. Neue DNA wird synthetisiert (gestrichelte Linie) und alte in die Rezipientenzelle übertragen. Obwohl große Cytoplasmabereiche hier durchgehend gezeichnet sind, entspricht dies nicht der Wirklichkeit, denn eine Unterbrechung der Paarung durch Scherkräfte zeigt keine Auswirkungen auf die Zellen. Aus Hoekstra und Havekes (1979)

Ein Diagramm der ganzen Konjugation zeigt Abb. 9-7. Man nimmt an, daß die übertragene einzelsträngige DNA durch einen „rolling-circle"-Mechanismus (10.I.D) entsteht, was der Hfr-Zelle zu allen Zeiten den vollständigen Erhalt der genetischen Information erlaubt. Ein anderes Problem ist das der DNA-Synthese in einer Hfr-Zelle, deren Paarungsaggregat weggeschert wurde. Kusnierz und Lombert mischten einen Hfr-Stamm mit einem Rezipientenstamm F_1^- und erlaubten die Paarung über eine gewisse Zeitspanne. Nach Unterbrechung wurde ein neuer Rezipientenstamm F_2^- zugegeben und der Kultur die Paarung wieder ermöglicht. Für Transkonjuganten aus dem zweiten F^--Stamm wurde die Kurve der unterbrochenen Paarung erstellt. Die Zeit des Auftretens und die Reihenfolge der Transkonjugantentypen zeigte, daß die Hfr-Zellen sofort nach der Unterbrechung der ersten Paarung eine zweite beginnen konnten, und daß der Transfer am normalen Punkt des Genoms und nicht am Unterbrechungspunkt anfing.

Der Prozeß des DNA-Transfers ist nicht ganz synchron. DeHaan und Gross ließen Paarungsaggregate sich 5 min lang bilden, verdünnten dann die Kultur soweit, daß keine Aggregate mehr entstehen konnten, und ermittelten die Kurven der unterbrochenen Paarung. Obwohl sich alle Paarungsaggregate gezwungenermaßen in 5 min entwickelt hatten, war der Eintritt der selektionierten Merkmale über 20 min verteilt. Einige Zellen zeigten daher eine **Transfer-Verzögerung** von 15 min. Wood war dennoch fähig zu zeigen, daß der einmal begonnene Transfer mit konstanter Rate in einem Temperaturbereich von 30 bis 40°C weiterläuft, sich aber bei allen anderen Temperaturen verlangsamt. Genauso wichtig ist, daß bei Paarungen mit Zellen, die an Membranfiltern immobilisiert waren, der Polaritätsgradient, wie er in der Tabelle 9-3 auftritt, weiterhin besteht. Die Eigenschaft des partiellen genetischen Transfers liegt daher im Konjugationssystem selbst und ist keine Funktion der Kulturbehandlung oder anderer Faktoren.

III Konjugation in anderen Organismen als *E. coli* und der Vergleich der Genkarten

Das Phänomen der Konjugation ist keineswegs auf *E. coli* beschränkt. Ein Großteil genetischer Forschung wurde eigentlich mit anderen Bakterien als *E. coli* durchgeführt, und in diesem Abschnitt werden einige ausgewählte Beispiele präsentiert.

A *Salmonella*

Die Enterobakterien, zu denen auch *E. coli* gehört, sind miteinander nahe verwandt. Daher überrascht es nicht, daß bei einigen von ihnen Konjugationssysteme gefunden wurden. Die bestuntersuchte Art neben *E. coli* ist *Salmonella,* deren genetischer Apparat viele der Eigenschaften des *E. coli*-Systems aufweist. Durch Übertragung des F-Plasmids aus *E. coli* auf *S. typhimurium* können Hfr-artige Zellen hergestellt werden. Nun ist es möglich, DNA von *Salmonella* auf *E. coli* und umgekehrt zu übertragen und Transkonjuganten innerhalb der Grenzen der DNA-Homologie zu erhalten.

Eine Eigenschaft von *Salmonella typhimurium* verglichen mit *E. coli* ist die größere Genomlänge. Eine Genkarte, die in der gleichen Weise wie bei *E. coli* erstellt wurde, besaß eine Länge von 135 statt 100 min. Diese Streckung der Genkarte ist, wie sich vor Kurzem herausstellte, durch einen langsameren Transfer der DNA der *Salmonella*-Hfr-Stämme bedingt, und die *Salmonella*-Genkarte wurde daher von Sanerson und Hartman wieder auf 100 min geeicht. Danach zeigten sich ausgedehnte homologe Bereiche in beiden Genkarten (vgl. die Abb. 9-3 und 9-8 oder die in der vorderen und hinteren Innenseite des Bucheinbandes). Dennoch besteht ein großer Unterschied zwischen beiden Karten. Außer kleinen Insertionen und Deletionen, die zu Artunterschieden führen, gibt es eine sehr große Inversion von etwa 10% des Genoms. Sie wird von *purB* und *aroD* (25 bis 37 min) flankiert. Soweit bisher untersucht, führt diese Inversion zu keinem phänotypischen Effekt, und der Grund für ihre Stabilisierung innerhalb der Population bleibt unklar.

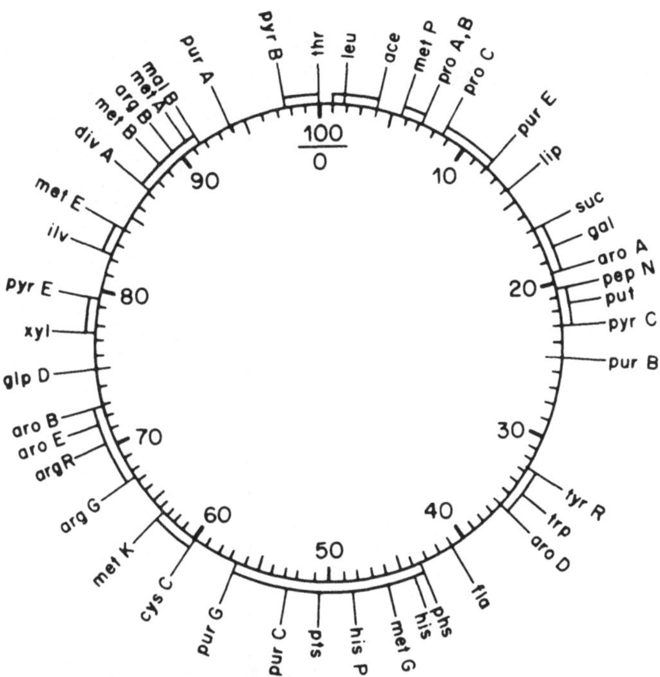

Abb. 9-8. Die zirkuläre Kopplungskarte von *Salmonella typhimurium* mit der gleichen Skala wie in Abb. 9-3. Die Abstände zwischen einigen Vergleichsmarkern sind aus der Kopplungskarte von *E. coli* entnommen, aber die meisten Intervalle sind direkt in *S. typhimurium* bestimmt. Doppellinien zeigen Blöcke von Cistren, die durchgehende Kopplungsgruppen bilden und ermittelt wurden durch Transduktion mit den Phagen P22, KB1, ESk8 und P1. Einfache Linien zeigen Regionen, für die Transduktionskopplungsgruppen über zwei oder mehr Einheitslängen nicht gefunden wurden. Der Schlüssel zu den Abkürzungen ist in der Tabelle 1-2 angegeben. Eine vollständigere Kopplungskarte für *S. typhimurium* findet sich in der rückwärtigen Innenseite des Bucheinbands. Von Sanderson und Hartman (1978)

Riley und Anilionis schlugen vor, daß die kleinen Insertionen/Deletionen, die bei einem Vergleich der Genkarten von *Escherichia* und *Salmonella* deutlich werden, einen der Wege darstellen, auf denen die Evolution des bakteriellen Genoms ablief. Sie postulieren, daß verschiedene Insertionselemente wie Plasmide oder Transposons das Zufügen oder die Deletion genetischen Materials im Verlauf ihrer normalen Insertions- und Excisionsprozesse verursacht haben könnten. Die möglichen Mechanismen für solche Vorgänge werden in 13.II.B diskutiert.

B *Pseudomonas*

Diese Art ist bezüglich ihrer Ernährung eine der vielseitigsten aller Prokaryonten, was zum größten Teil durch das Auftreten einer riesigen Zahl an Plasmiden (Kap. 11) bedingt ist. Unter diesen vielen Plasmiden scheinen einige eine dem F-Plasmid von *E. coli* sehr ähnliche Rolle zu spielen. Bei *P. aeruginosa* wurden bisher drei solcher Plasmide beschrieben: FP2, FP5 und FP39. Die meiste Information zur Erstellung der

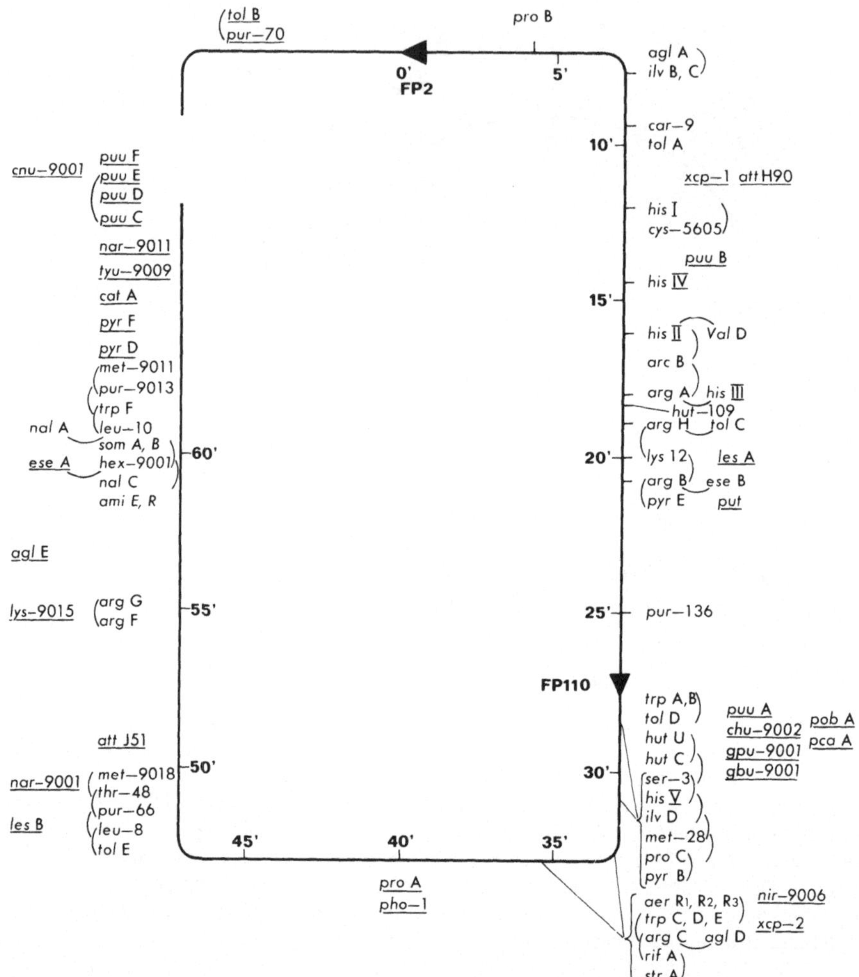

Abb. 9-9. Die nicht-zirkuläre Kopplungskarte von *Pseudomonas aeruginosa* PAO. Folgende Konventionen wurden übernommen: (1) Merkmale, deren Lokalisation durch einen Balken angegeben ist, der die Locus-Bezeichnung mit der Karte korreliert, wurden durch unterbrochene Paarungen mit FP2-Donoren kartiert. (2) Gebogene Linien geben die Merkmale an, die mit einem oder mehreren der Phagen F116, F116L, G101 oder E79tv1 kotransduzierbar sind. (3) Die Merkmalsbezeichnung ist in den Fällen unterstrichen, wo es Hinweise gibt, daß das Merkmal in der Region lokalisiert ist, in der das Symbol eingezeichnet ist, aber die Beziehungen zu den benachbarten Merkmalen sind nicht bestimmt. Die Mehrzahl der Cistronabkürzungen ist in der Tabelle 1-2 aufgelistet. Aus Holloway et al. (1979)

Genkarte von *P. aeruginosa* stammt aus Konjugationsexperimenten unter Verwendung des FP2-Plasmids. Dabei wurden bestimmte Stämme analysiert.

Die für den Stamm PAO entwickelte Genkarte ist in der Abb. 9-9 wiedergegeben. Die wichtigen Eigenschaften hier sind die Länge (nur 70 bis 80 min) und die Tatsache, daß bis jetzt ihre Zirkularität noch nicht bewiesen wurde. Die Zeichnungsweise soll die Annahme widerspiegeln, daß sie vielleicht zirkularisiert wird, wenn mehr Mutantenloci überprüft sind.

Vom *P. aeruginosa*-Stamm PAT, der weniger genetische Merkmale besitzt, wurde schon gezeigt, daß er eine zirkuläre Genkarte von etwa gleicher Größe besitzt. Zwischen dieser Genkarte und der der enterischen Bakterien gibt es keine offensichtlichen Homologien.

Im Konjugationsprozess von *Pseudomonas* gibt es einige Besonderheiten, die der Erwähnung wert sind. Alle beziehen sich auf ungewöhnliche Eigenschaften des FP2-Plasmids. Die Donorbakterien sind im Vergleich mit F^+-Zellen recht ineffizient; die Zahl der für einen FP2-Transfer kompetenten Zellen liegt nur in der Größenordnung von 10^{-2} bis 10^{-3}. Außerdem scheinen die Donorzellen keine Pili zu besitzen, die für das Vorhandensein von FP2 spezifisch wären. Der Vorgang der Aggregatbildung muß sich daher von dem bei *E. coli* bekannten recht stark unterscheiden. Schließlich wird bei Hfr-Kreuzungen im Gegensatz zu *E. coli,* wo die Mehrzahl der Transkonjuganten das Hfr-Merkmal nicht erhält, FP2 auf etwa 30 bis 80% aller *Pseudomonas*-Rekombinanten übertragen.

C *Streptomyces*

Die Mitglieder dieser Art sind als Antibiotika-produzierende Organismen von besonderer industrieller Bedeutung. Daher wurden beträchtliche Anstrengungen unternommen, ein Konjugationssystem für genetische Manipulationen zu erarbeiten. Der am besten untersuchte Organismus und auch der einzige, der hier besprochen werden soll, ist *S. coelicolor*-A3(2), der sich ganz neuartig verhält.

Hopwood konnte zeigen, daß es drei Typen konjugativer Zellen in diesen Kulturen gibt: initial fertile (IF), normal fertile (NF) und ultrafertile (UF). Die IF- und NF-Stämme tragen ein Plasmid, SCP1, die UF-Stämme dagegen nicht. Das Auftreten von SCP1 korreliert mit der Produktion eines Antibiotikums, das gegen verschiedene Bakterien wirksam ist und auch die Herstellung des Luftmycels bei Streptomyceszellen, die dieses Plasmid nicht tragen, unterbindet. Funktionell, aber nicht unbedingt auch strukturell, entsprechen die IF- und NF-Stämme grob den F^+- und Hfr-Stämmen, bzw. UF-Stämme entsprechen F^-. Das Übertragungssystem kann sehr effizient arbeiten, wobei bis 100% aller Sporen nach einer Mischinkubation von IF und NF Rekombinanten sein können. Wie aus Tabelle 9-4 ersichtlich, sind andere Arten von Kreuzungen weniger fertil.

Die DNA-Übertragung von NF- in UF-Zellen ist einzigartig. Rekombinante Sporen vererben das SCP1-Plasmid immer an einer bestimmten Stelle des Genophors (NF in der Abb. 9-10). Der Transfergradient, den man in rekombinanten Sporen beobachtet, ist bidirektionell mit dem NF-Locus als Zentrum. NF-Zellen übertragen daher entweder zufällig große Fragmente um den NF-Locus, oder sie beginnen den Transfer immer am NF-Locus, wobei dieser aber in beide Richtungen erfolgen kann. Interessanterweise ist im Fall von NF × NF das Rekombinationsmuster anders. Hier lassen sich alle Arten zufälliger DNA-Fragmente beobachten, und beide Stämme wirken sowohl als Donor als auch als Rezipient. In einer solchen Kreuzung verläuft daher entweder die Übertragung der DNA oder die Rekombination anders, denn es gibt keine Orientierung um die „9-Uhr-Position" der Genkarte, wie sie bei UF-Zellen auftritt. Eine ganze Reihe „neuer" Donorzellen wurde aus $SCP1^+$-(IF)-Stämmen isoliert und auf Fertilität getestet. Darunter befinden sich Stämme mit Plasmiden, die spezielle bakterielle Regionen tra-

Tabelle 9-4. Zusammenfassung der Eigenschaften der drei Hauptfertilitätstypen von *Streptomyces coelicolor*

Eigenschaft		Fertilitätstyp und Zustand des Plasmids SCP1 IF	NF	UF
Zustand des Plasmids SCP1		Autonom	Integriert in der 9-Uhr-Region	Fehlend
Art der merozygoten Kreuzungen mit jedem Fertilitätstyp	IF	„Zufällig"	NF überträgt Fragmente mit der 9-Uhr-Region als Zentrum; NF und IF 9-Uhr-Regionen segregieren zu haploiden Nachkommen	Wahrscheinlich heterogen
	NF		„Zufällig"	NF überträgt Fragmente mit der 9-Uhr-Region als Zentrum; alle haploiden Tochterzellen vererben die 9-Uhr-Region
	UF			„Zufällig"
Durchschnittlicher licher Anteil der Rekombinanten an der Gesamtsporenzahl mit jedem Fertilitätstyp	IF	0,01%	10%	0,01%
	NF		1%	100%
	UF			0,001%
Fertilitätstypen der Rekombinanten nach Kreuzungen mit jedem Fertilitätstyp	IF	IF	IF und NF	IF[a]
	NF		NF	NF
	UF			UF

[a] In diesem Fall werden alle Tochterzellen, nicht nur die Rekombinanten durch die Plasmidübertragung in IF umgewandelt. Nach Hopwood et al. (1973)

gen und in Analogie zum F′-Plasmid SCP′-Stämme genannt werden. Andere Stämme ergaben nur einen unidirektionalen Transfer bakterieller Merkmale, die nicht mit dem Plasmid gekoppelt sind, und die meisten dieser Stämme sind extrem unstabile Donorzellen. Der Teil des Genoms, der von jedem neuen Donor übertragen wird, variiert mit dem Isolat. Solche Stämme waren bei der Erstellung der Genkarte von *S. coelicolor* sehr nützlich.

Die Daten in der Tabelle 9-4 zeigen, daß, im Gegensatz zu *E. coli*-F^--Zellen, genetisch markierte UF-Zellen mit einer erkennbaren Rate Rekombinanten bilden.

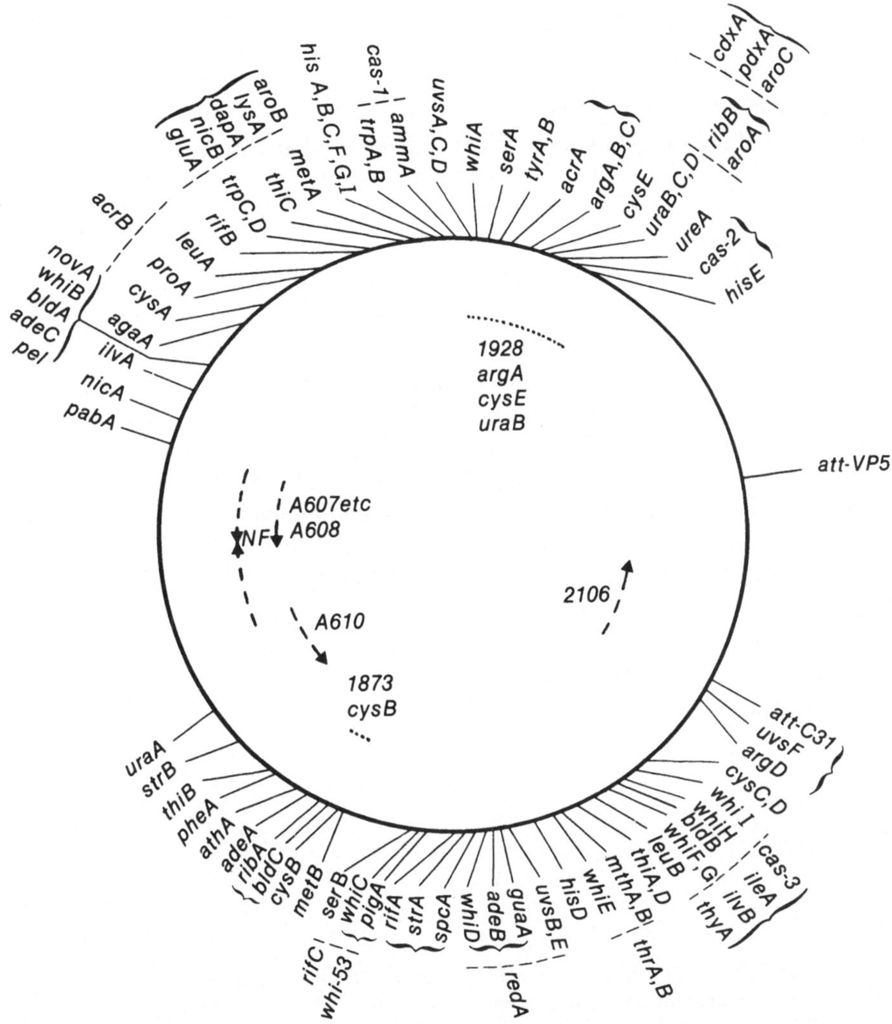

Abb. 9-10. Die zirkuläre Kopplungskarte von *Streptomyces coelicolor*-A3(2). Die Anordnung in Gruppen eingeklammerter Loci ist unbekannt. Die Loci außerhalb der gestrichelten Linien wurden in ihrer Anordnung relativ zu den Loci innerhalb dieser Linien nicht bestimmt. Die Symbole innerhalb des Kreises geben verschiedene Zustände des Sexplasmids SCP1 an: NF, stabiler bidirektionaler Donor; A607 und A610, unstabile eindirektionale Donoren; A608 und 2106, stabile eindirektionale Donoren; 1873 und 1928, SCP1'-Plasmide, die bekannterweise die gezeigten Merkmale tragen, wobei die Grenzen mit gestrichelten Linien gezeigt sind. Die meisten Cistronabkürzungen sind in der Tabelle 1-2 aufgelistet. Aus: Hopwood, D.A. (1976) Linkage map and list of markers of *Streptomyces coelicolor*. In: Fasman, G.D. (ed) Handbook of Biochemistry and Molecular Biology, 3rd ed. CRC Press, Boca Raton, FL, pp. 723–278

Daraus läßt sich schließen, daß es vielleicht andere Wege der DNA-Übertragung gibt als die vom Plasmid SCP1 benutzten. Howoods Gruppe berichtete kürzlich die Identifikation eines neuen Plasmids, SCP2, das sich ähnlich wie SCP1 verhält, ausgenommen die Übertragung spezieller DNA. Der ganze genetische Transfer, der sich im Stamm A3(2) beobachten läßt, kann SCP1 und/oder SCP2 zugeschrieben werden. In anderen Arten von *Streptomyces* wurden weitere parasexuelle Plasmide identifiziert.

Eine vereinfachte Genkarte von *S. coelicolor* ist in Abb. 9-10 dargestellt. Wieder ist die Karte zirkulär, obwohl große Bereiche noch nicht durch Mutationen markiert sind. Signifikante Homologien mit irgendeiner anderen Genkarte sind nicht vorhanden.

IV Zusammenfassung

Der Konjugationsprozeß ist ein besonders nützliches Mittel zur schnellen Erarbeitung der Genkarte eines Organismus. Der Grundvorgang ist ein linearer geordneter Transfer von DNA von einer Donor- in eine Rezipientenzelle. Die Donorfähigkeit der Zelle wird durch ein Fertilitätsplasmid vermittelt, wobei die Transkonjuganten dieses Plasmid nicht unbedingt erhalten. Für die Übertragung ist ein Kontakt von Zelle zu Zelle notwendig. Bei *E. coli* bilden sich die Paarungsaggregate aufgrund eines speziellen Pilus auf der Zelloberfläche; dies gilt jedoch nicht für *Pseudomonas*. Genkarten, die auf Konjugationsexperimenten basieren, werden in Minuten eingeteilt. Dieses Längenmaß stellt die mittlere DNA-Menge dar, die von einer Donorzelle in einer Minute unter physiologischen Standardbedingungen übertragen wird. Die schnellste Methode zur Bestimmung der Anordnung von Merkmalen auf der Genkarte ist die der unterbrochenen Paarung. Obwohl nah verwandte Bakterien wie *E. coli* und *S. typhimurium* sehr ähnliche Genkarten zeigen, gibt es allgemein keine Ähnlichkeit der Kopplungskarten zwischen verschiedenen Arten.

Literatur

Allgemein

Bachmann BJ, Low KB (1980) Linkage map of *E. coli* K-12, edition 6. Microbiol Rev 44:1–56

Chater KF (1979) Some recent developments in *Streptomyces* genetics. In: Sebek OK, Laskin AI (eds) Genetics of industrial microorganisms. American Society for Microbiology, Washington, DC, pp 123–134

Chater KF, Merrick MJ (1979) *Streptomyces*. In: Parish JH (ed) Developmental biology of prokaryotes. University of California Press, Berkeley, pp 93–114

Chatterjee AK, Starr MP (1980) Genetics of *Ervinia* species. Annu Rev Microbiol 34:645–676

Holloway BW, Krishnapillai V, Morgan AF (1979) Chromosomal genetics of *Pseudomonas*. Microbiol Rev 43:73–102

Hopwood DA, Wright HM (1976) Interactions of the plasmid SCP1 with the chromosome of *Streptomyces coelicolor* A3(2). In: Macdonald KD (ed) Second international symposium on the genetics of industrial microorganisms. Academic Press, New York, pp 607–619

Hopwood DA, Chater KF, Dowding JE, Vivian A (1973) Advances in *Streptomyces coelicolor* genetics. Bacteriol Rev 37:371–405

Jacob F, Wollman EL (1961) Sexuality and the genetics of bacteria. Academic Press, New York

Riley M, Anilionis A (1978) Evolution of the bacterial genome. Annu Rev Microbiol 32:519–560

Sanderson KE, Hartman PE (1978) Linkage map of *Salmonella typhimurium*, edition V. Microbiol Rev 42:471–519

Wollman EL, Jacob F, Hayes W (1956) Conjugation and genetic recombination in *Escherichia coli* K-12. Cold Spring Harbor Symp Quant Biol 21:141–162

Speziell

Achtman M, Morelli G, Schwuchow S (1978) Cell-cell interactions in conjugating *E. coli:* role of F pili and fate of mating aggregates. J Bacteriol 135:1053–1061

Bibb MJ, Freeman RF, Hopwood DA (1977) Physical and genetical characterisation of a second sex factor, SCP2, for *Streptomyces coelicolor* A3(2). Mol Gen Genet 154:155–166

Bresler SE, Goryshin IY, Lanzov VA (1980) Single-stranded conjugation in *E. coli* K-12. Mol Gen Genet 177:519–526

Cullum J, Broda P (1979) Chromosome transfer and Hfr formation by F in rec^+ and *recA* strains of *E. coli* K-12. Plasmid 2:358–365

Hoekstra WPM, Havekes AM (1979) On the role of the recipient cell during conjugation in *E. coli*. Antonie Leeuwenhoek Microbiol 45:13–18

Kusnierz JP, Lombaert MA (1971) Etude de l'initiation du transfert chromosomique chez *E. coli* K-12. CR Hebd Séances Acad Sci, Sér D 272:2844–2847

Nestman ER (1979) Lethal zygosis in recombination-deficient mutants of *E. coli*. Can J Genet Cytol 21:213–221

Ou JT, Reim RL (1978) F^- mating materials able to generate a mating signal in mating with HfrH *dnaB* (ts) cells. J Bacteriol 133:442–445

Smith MD, Shoemaker NB, Burdett V, Guild WR (1980) Transfer of plasmids by conjugation in *Streptococcus pneumoniae*. Plasmid 3:70–79

Steinberg VI, Goldberg ID (1980) On the question of chromosomal gene transfer via conjugation in *Neisseria gonorrhoeae*. J Bacteriol 142:350–354

Wood TH (1968) Effects of temperature, agitation, and donor strain on chromosome transfer in *E. coli* K-12. J Bacteriol 96:2077–2084

Kapitel 10

Das F-Plasmid

Die Entdeckung der Konjugation war zwar an sich wichtig, aber auch deshalb von Bedeutung, weil sie die Existenz eines unerwarteten genetischen Elements, des F-Plasmids, zeigte. Dieses Plasmid, das das am besten untersuchte Plasmid und daher ein hervorragendes Beispiel für diese interessante Gruppe von DNA-Molekülen ist, wird in diesem Kapitel behandelt. Später wurden noch viele andere Typen an Plasmiden entdeckt, wovon ein repräsentatives Beispiel im Kap. 11 besprochen wird.

Zu Beginn des Studiums des F-Plasmids ist wichtig, nicht zu vergessen, daß F in drei alternativen Zuständen in der Bakterienzelle vorliegen kann. Es kann als autonomes DNA-Molekül vorliegen, das sich unabhängig vom Bakteriengenom selbst repliziert (eine F^+-Zelle). Ebenso kann es aber als integriertes Plasmid existieren, als physikalischer Teil des Bakteriengenoms (eine Hfr-Zelle). Jedes Plasmid, das sowohl im autonomen als auch im integrierten Zustand auftreten kann, wurde früher auch als „**Episom**" bezeichnet. Ein F-Plasmid kann sich auch autonom replizieren und dabei größer als normal sein, nämlich dann, wenn ein Stück bakterielle DNA mit ihm verbunden ist. Um diese Molekülart vom normalen F zu unterscheiden, nennt man es **F-Strich** (F′). F′-Moleküle sind im allgemeinen stabil, können aber in verschiedenen Größen isoliert werden, wobei sie jeden beliebigen Anteil bakterieller DNA tragen können. F′-Moleküle können auch im integrierten Zustand vorliegen, sind dann aber instabil und schwer von normalen Hfr-Stämmen zu unterscheiden.

Die verschiedenen F′-Moleküle werden entweder durch Ziffern oder durch Cistron-Symbole der bakteriellen Marker, die sie tragen, charakterisiert. F42 wird so z.B. auch als F′-*lac* bezeichnet.

F trägt immer die gleichen Funktionen, unabhängig vom Zustand, in dem es vorliegt. Diese Funktionen können in vielen verschiedenen Bakterien exprimiert werden, d.h., daß alle folgenden Phänomene zwar in *E. coli* besprochen werden, sie aber z.B. auch in *Salmonella* auftreten können. Dieses Kapitel befaßt sich zuerst mit den für F spezifischen Stoffwechselaktivitäten.

I Vom F-Plasmid kodierte Funktionen

A Die DNA-Replikation

Definitionsgemäß muß ein Plasmid zur Selbstreplikation fähig sein. Liegt das Plasmid in die bakterielle DNA integriert vor, so werden die Replikationsfuktionen nicht gebraucht, da sie vom Bakterium zur Verfügung gestellt werden, aber die Fähigkeit muß noch vorhanden sein. Das F-Plasmid kodiert eine ganze Anzahl an Replikationsfunktionen, wovon die meisten nicht klar identifiziert sind. Einige einzigartige Merkmale zeigen jedoch, daß F zumindest einige seiner Replikationsfunktionen selbst kodiert. Der interkalierende Farbstoff Acridin-Orange hat keinen oder nur geringen Einfluß auf die Replikation der bakteriellen DNA, hemmt aber stark die autonome F-Replikation. F^+- oder F'-Zellen, die mit Acridin-Orange behandelt werden, müssen entweder zu Hfr-Zellen werden, oder sie verlieren das nicht replizierende F-Plasmid durch Segregation (ein Prozeß, der als „**Kurieren**" bezeichnet wird).

F-DNA repliziert auch nicht bei Inkubationstemperaturen oberhalb 42°C, obwohl die bakterielle DNA noch bis zu 46°C repliziert. Auch dies kann zum „Kurieren" führen, wenn das Plasmid nicht durch Konjugation aus anderen Zellen wieder eingeführt wird, ein Zeichen dafür, daß die normale F-Replikation für die Transfer-Replikation nicht benutzt wird (9.II.B). Ein letzter Beweis für die unterschiedlichen Replikationssysteme ist die Tatsache, daß bakterielle Mutationen, die die Initiation neuer Replikationsrunden bei hohen Temperaturen (40–42°C) verhindern, durch die Integration des F-Plasmids supprimiert werden und dies der Zelle die DNA-Replikation bei restriktiver Temperatur ermöglicht. Diese Erscheinung wird **integrative Suppression** genannt.

Es scheint keine wirkliche Korrelation zwischen der Initiation der bakteriellen DNA-Replikation und der Initiation der F-Replikation zu geben. Pritchard und Mitarbeiter konnten bei Abänderung der Initiationsrate der bakteriellen Replikation durch einen Wechsel in der Thyminkonzentration im Medium zeigen, daß sich die Initiationsrate der F-Replikation nicht entsprechend verändert. Befindet sich die Kultur im Gleichgewicht, so bleibt trotzdem die Zahl der F-Plasmide pro Genophor (die **Kopienzahl**) konstant.

Die Frage, wieviele F-Plasmide in einer Zelle vorliegen, ist nicht so leicht zu beantworten, wie es vielleicht scheint. Man hat versucht, die F-DNA vorsichtig als doppelt-helikale Ringe aus Zellen zu extrahieren, und dann die Zahl der so erhaltenen DNA-Moleküle mit der Gesamtzahl der Genomäquivalente an bakterieller DNA in der Präparation zu vergleichen. Freifelder und Mitarbeiter schätzten in einem solchen Versuch die Zahl der F-Kopien auf 1,5 ± 0,5 pro Genom. Ein Überschuß von F-DNA relativ zur bakteriellen DNA scheint vernünftig, denn die Größe von F ($94{,}5 \times 10^3$ Basenpaare oder $6{,}24 \times 10^7$ Dalton) ist erheblich geringer als die Größe des *E. coli*-Genoms ($4{,}1 \times 10^6$ Basenpaare oder $2{,}7 \times 10^9$ Dalton); das F-Plasmid sollte sich daher schneller replizieren können. In dieser Methode liegen jedoch Unsicherheiten; wenn nämlich versehentlich Einzelstrangbrüche (Nicks) in die F-DNA eingeführt werden, so wird diese falsch eingeordnet und zur bakteriellen DNA gezählt.

Eine zweite Methode, die dieses Problem umgeht, wurde von Bishop und Frame entwickelt. Sie konjugierten F^+-*E. coli*-Zellen mit *Proteus mirabilis* und isolierten F-enthaltende *Proteus*-Zellen. Da sich die Dichte der F-DNA von der der *Proteus*-DNA wesentlich unterscheidet, läßt sie sich selbst mit Einzelstrangbrüchen leicht in reiner Form erhalten, wenn man dafür die Gleichgewichts-Dichtegradienten-Zentrifugation in einer Lösung von Cäsiumchlorid benutzt. Die gereinigte F-DNA kann dann als in vitro-Matrize für RNA-Polymerase verwendet werden, um radioaktive RNA-Moleküle herzustellen, die zur F-DNA komplementär sind. Diese RNA kann wiederum mit einem DNA-Gesamtextrakt aus *E. coli* F^+-Zellen hybridisiert werden. Die an die DNA gebundene Menge an Radioaktivität stellt die Zahl der komplementären DNA-Sequenzen dar. Ist die **spezifische Aktivität**, die Menge an Radioaktivität pro RNA-Molekül, bekannt, so läßt sich die Anzahl der F-Moleküle im Zellextrakt genau berechnen. In diesem speziellen Fall betrug das Ergebnis zwei Kopien von F pro Genom. Die Fehlerquelle liegt hier in der Möglichkeit, daß einige F-Sequenzen auch auf dem bakteriellen Genophor vorkommen könnten, was zu einer Überschätzung der Zahl an F-Molekülen in der Zelle führen würde.

Die dritte Methode zur Abschätzung der Kopienzahl basiert auf indirekten Messungen der F-DNA-Menge und wurde von Stetson und Somerville verwendet. Sie begannen mit einem F-*trp*-Stamm, den sie mit F′-*trp* konjugierten, der die gleiche Mutation wie das Bakterium trug. Die F′-Zellen wurden dann zur Selektion von Trp$^+$-Revertanten auf Medium ohne Tryptophan plattiert. Jede Revertante wurde daraufhin getestet, ob die Mutation von *trp* nach *trp*$^+$ im Genophor oder in der F-DNA aufgetreten war (d.h. ob das Trp$^+$-Merkmal durch Konjugation übertragen worden war). Das beobachtete Verhältnis von F′-Mutationen zu genophorischen Mutationen betrug 3:1, was eine F-Kopienzahl von drei ergibt. Enzymtests auf nicht-mutierte Anteile der *trp*-Cistren waren jedoch nur zweifach erhöht, was auf weniger Kopien hinweist, obwohl die Möglichkeit besteht, daß homöostatische Mechanismen das Maß an *trp*-Expression reduzieren. Die Reversionsmethode erscheint am zuverlässigsten. Die F-Kopienzahl wird daher im allgemeinen als zwischen zwei und drei pro bakteriellem Genomäquivalent betrachtet.

B Die Inkompatibilität

Bei näherer Untersuchung verschiedener Plasmide einschließlich des F-Faktors wurde deutlich, daß das Vorhandensein eines Plasmidtyps in der Zelle häufig die Etablierung eines zweiten Plasmids in der gleichen Zelle ausschließt. Die Fähigkeit zum Ausschluß eines Plasmids ähnlichen Typs wird als **Inkompatibilität** bezeichnet; Plasmide werden entsprechend häufig in verschiedene **Inkompatibilitätsgruppen** (Kap. 11) eingeordnet.

Das F-Plasmid wird als primäres Mitglied der FI-Inkompatibilitätsgruppe betrachtet. Im speziellen Fall des F-Faktors können Paarungen zwischen zwei Kulturen, die beide F-Plasmide tragen, wirksam sein, vorausgesetzt, eine der Kulturen ist F$^-$ phänokopiert (9.II.A und C unten). Wird eine F′-Kultur mit einer Hfr-Kultur gekreuzt, so gleichen die Nachkommen im allgemeinen dem ursprünglichen Hfr-Stamm. Die gelegentliche Ausnahme sind Zellen, die die beiden Plasmide an verschiedenen Stellen im Genom integriert haben. Eine solche Zelle wird als doppelt Hfr bezeichnet, und einige davon sind sehr stabil. Wird eine F′-Kultur mit einer anderen F′-Kultur gekreuzt, so tragen die entstehenden Zellen entweder das eine oder das andere ursprüngliche F′-Plasmid oder ein einziges Riesenplasmid, das durch Fusion beider entstanden ist.

Zur Erklärung der Inkompatibilität auf molekularer Ebene wurden zwei Theorien entwickelt. Ein Modell besagt, daß das schon vorhandene Plasmid die Replikation eines neu in die Zelle eintretenden verhindert, weshalb das neue Plasmid schnell verloren geht. Das andere Modell ist eine Variante des ersten, wobei nicht unbedingt die Replikation betroffen, aber die Fähigkeit des Plasmids zur Sicherung seiner Segregation in Tochterzellen verloren gegangen ist. Als Folge wird das Plasmid aus der Kultur ausverdünnt.

Konventionelle *cis-trans*-Tests sind bei Inkompatibilität schwierig durchzuführen, aber es wurden verschiedene Tricks zur Umgehung dieses Problems angewandt

(Abschn. III unten). Aufgrund dieser genetischen Analysen ist bekannt, daß die genetische Kontrolle der Inkompatibilität auf zwei Loci in der F-DNA liegt, *incA* und *incB*. Bisher ist von beiden noch kein Cistronprodukt bekannt, *incB* betrifft jedoch nur die Inkompatibilität zwischen zwei F-Plasmiden (d.h. verschiedene *incB*-Plasmide koexistieren in einer Zelle), während *incA* sich sowohl auf die Inkompatibilität von F- als auch R-Faktoren auswirkt (11.III).

IncB-Mutationen haben pleiotrope Effekte, denn sie wirken sich anscheinend auch auf die Kopienzahl aus. Welche Rolle *incA* und *incB* auch spielen, ihre Wirkung wird durch die Wirtszelle vermittelt, denn Broda und Mitarbeiter isolierten eine bakterielle Mutante, die zwei verschiedene *inc*$^+$-F-Plasmide zugleich beherbergt.

C Die Pilus-Produktion

Zellen mit F-Faktoren besitzen zwei Arten von **Pili (Fimbrien)** auf ihrer Oberfläche. Die gewöhnlichen Pili werden von den *pil*-Cistren des Bakteriums kodiert. Sie sind fest mit der Zelle verankert und selbst durch ein starkes Detergens wie Natrium-dodecyl-sulfat (SDS) schwer abzubrechen. F- oder Sexpili dagegen sind von der F-DNA selbst kodiert, sind nicht so fest mit der Zelle verbunden und lassen sich durch SDS leicht zerstören. Das Fehlen der F-Pili eliminiert die Fähigkeit zur Konjugation (9.II.A); das F-Plasmid kann sich nicht selbst übertragen, bis die Zelle die entsprechenden Pili hat. Ist die Übertragung nicht möglich, so ist das Plasmid Transfer-defizient (*tra*).

Normale und F-Pili werden beide aus vorher gebildeten intrazellulären Vorräten aus Untereinheiten **(Pilin)** zusammengebaut. Abhängig vom physiologischen Zustand der Zelle, können die F-Pili schnell auf- oder abgebaut werden. Zellen mit F-Faktoren tragen z.B. keine F-Pili auf ihrer Oberfläche, wenn sie nicht bei Temperaturen oberhalb 33°C aktiv wachsen. Bei niedriger Temperatur oder in der stationären Wachstumsphase fehlen die F-Pili, und die Zellen sind F$^-$-Phänokopien.

Es gibt Hinweise dafür, daß die *traJ*-Region die Quelle der Pilin-Untereinheiten ist, obwohl dann das ursprünglich hergestellte Protein irgendwie zu Pilin prozessiert werden müßte, denn die beiden Moleküle sind nicht identisch.

Das Auftreten der F-Pili auf der Zelloberfläche korreliert mit dem Phänomen des **Oberflächen-Ausschlusses**. Dieser Ausdruck bezieht sich nicht auf die Inkompatibilität, sondern auf die Unfähigkeit zweier F$^+$-Zellen, Paarungsaggregate auszubilden. Man weiß heute, daß der sich ausschließende Phänotyp, ursprünglich mit Sfe oder Sex bezeichnet, durch das Vorhandensein zweier Proteine bedingt ist, die von *tra*-Cistren kodiert sind. Ein Protein tritt in der äußeren Membran der Zelle auf und ist das Produkt des Cistrons *traT* (TraTp), während das andere Protein in der inneren oder cytoplasmatischen Membran vorkommt und das Produkt des Cistrons *traS* ist (TraSp). Die volle Expression des Oberflächen-Ausschlusses erfordert das Vorhandensein von TraTp, TraSp, der F-Pili und der normalen Peptidoglykan-Schicht der Zellwand.

Bestimmte Bakteriophagen sind für F$^+$-Zellen spezifisch, denn sie benutzen die F-Pili als Anheftungsstellen. Hierzu gehören die Phagen f1, f2, Qβ, MS2 und M13. Trotz des Erhalts der Phagensensitivität ist das F-Plasmid doch nicht ganz von Nachteil für die Zelle, denn F$^+$-Zellen sind resistent gegen den Phagen ϕII. Dieser F$^-$-spezifische Phage infiziert keine F$^+$-Zellen, auch wenn die F-Pili auf der Oberfläche nicht ausgebildet sind.

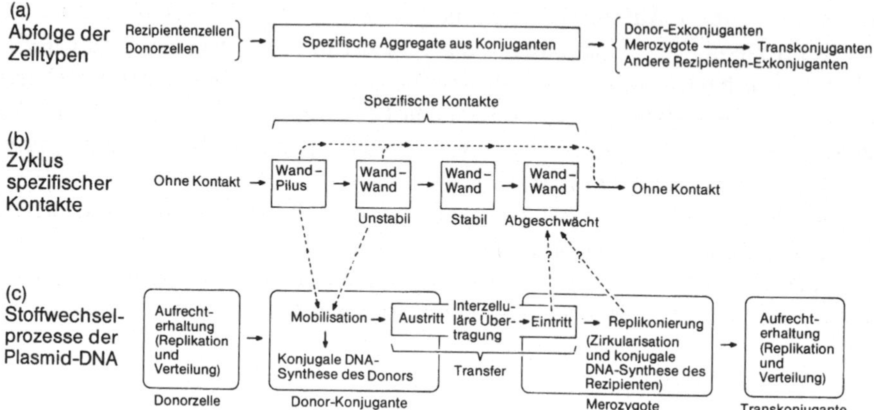

Abb. 10-1a–c. Zusammenfassung der Konjugationsvorgänge auf zellulärer und zwei subzellulären Ebenen. **a** zeigt die Abfolge der Zelltypen. Eine Exkonjugante ist eine Zelle, die an einem Paarungsaggregat teilgenommen, aber keine genetische Veränderung erfahren hat, während eine Merozygote eine Rezipientenzelle ist, die von der Donorzelle DNA erhalten hat; **b** und c zeigen die Oberfläche und die Vorgänge im DNA-Stoffwechsel, die der Abfolge zu Grunde liegen. Alle vier gezeigten spezifischen Kontakttypen können vorhanden sein, während die Donor- und Rezipientenzellen im Paarungsaggregat vorliegen. Die Hauptwege sind mit durchgezogenen Linien wiedergegeben, die Nebenwege mit gestrichelten. Die DNA-Stoffwechselprozesse sind nur für vier der Zelltypen in **a** gezeigt. Die Vorgänge an der Oberfläche stehen mit den DNA-Stoffwechselprozessen durch einen Prozeß, der als „Triggern" bezeichnet wird und der nach der Bildung jedes der ersten beiden Typen spezifischer Kontakte ausgelöst werden kann, in einer Beziehung. Aus Clark und Warren (1979)

D Die konjugalen Funktionen

Mindestens 18 *tra*-Cistren wurden identifiziert, wovon viele an der Pilus-Produktion beteiligt sind (und daher die Sensitivität gegenüber F^+-spezifischen Phagen beeinflussen), während andere mit den F-Pili nichts zu tun haben. Diese Nicht-Pili-Cistren müssen anderweitig am Übertragungsprozeß beteiligt sein, obwohl in manchen Fällen ihre Rolle unklar ist. Man weiß, daß die *tra*-Cistren unter der positiven Kontrolle von *traJ* koordiniert transkribiert werden (Kap. 12). Wie die *inc*-Cistren brauchen auch die *tra*-Cistren Wirtsfunktionen für ihre richtige Expression. Die hieran beteiligten Loci sind *sfrA* und *sfrB*.

Clark und Warren entwickelten eine allgemeine Zusammenfassung der Vorgänge beim konjugalen Transfer, die in der Abb. 10-1 gezeigt ist. Obwohl nicht sicher ist, daß alle aufgelisteten Funktionen wirklich von der F-Plasmid-DNA kodiert werden, trifft dies wahrscheinlich für die meisten zu. Die folgenden Funktionen sind besonders interessant: Die Veränderung des Metabolismus der Plasmid-DNA zur Produktion des Einzelstrangs für die Übertragung (9.II.B), ein Vorgang, der als **Mobilisation** bezeichnet wird; die Bildung eines neuen doppelsträngigen zirkulären DNA-Moleküls in der Rezipientenzelle, das repliziert werden kann, die **Replikonierung**; und natürlich die Aufrechterhaltung der Plasmidreplikation.

Das Modell für den konjugalen Transfer von F berücksichtigt, daß bei der Konjugation nur ein DNA-Einzelstrang nach dem „rolling-circle"-Modell der Replikation übertragen wird (5.II.A). Nach Erhalten eines Signals von der F^--Zelle über die richtige Ausbildung der Paarungsaggregate beginnt die F^+-Zelle mit der „rolling-circle"-Replikation durch einen Einzelstrangbruch in der zirkulären F-DNA, eine Funktion, die von TraYp und TraZp nach Aktivierung durch TraMp und TraIp durchgeführt wird. Darauf folgt die Replikation mit einem RNA-Primer und DNA-Polymerase III (1.II). Der ursprüngliche DNA-Strang, der bei der Replikation verdrängt wird, tritt in die F^--Zelle ein, wo DNA-Synthese mit einem RNA-Primer zur Bildung des komplementären Strangs führt.

Beide Plasmide, das in der Donorzelle und das andere im Rezipienten, werden wieder zu zirkulären DNA-Molekülen und beginnen die normale Replikation. Etwa 50 min sind erforderlich, bis ein gerade übertragenes F-Plasmid erneut transferiert werden kann.

II Die Wechselwirkungen des F-Plasmids mit dem bakteriellen Genophor

Obwohl das F-Plasmid autonom replizieren kann, befindet es sich in enger räumlicher Verbindung mit dem Genom der Wirtszelle. Wie schon in Kap. 1 gesagt, scheint das bakterielle Genophor in einer Folge riesiger gefalteter Schlaufen vorzuliegen, die durch RNA und Protein zusammengehalten werden. Die kovalent geschlossene, zirkuläre F-DNA ist ebenfalls gefaltet und ähnelt einer der genophorischen Schlaufen. Werden *E. coli*-F^+-Zellen vorsichtig durch ein Detergens lysiert und die DNA analysiert, so findet man das F-Plasmid normalerweise in den Fibern der extrahierten DNA. Es ist nachgewiesen, daß die gefaltete F-DNA mit Strängen bakterieller DNA assoziiert vorliegt, wobei die Assoziation nicht strangspezifisch ist. Diese direkte Verbindung ist für den F-Faktor wahrscheinlich von Vorteil, denn sie erlaubt automatisch die Segregation der F-DNA in Tochterzellen, wenn das Genom der Wirtszelle bei der Teilung segregiert.

A Die Integration des F-Faktors

Die Wechselwirkung der F-DNA mit der bakteriellen DNA bei der Integration ist der Situation bei der Integration des lambda-Prophagen analog. In beiden Fällen werden nach dem Eintritt in die Zelle zirkuläre Moleküle ausgebildet. Das Campbell-Modell für die lambda-Integration (6.II.B) sollte daher ebenso für die Integration des F-Faktors gelten. Darauf basiert die folgende Betrachtung. Jede Integration eines F-Faktors führt zur Bildung eines Hfr-Stammes. Die verschiedenen Hfr-Stämme zeigen daher (nach Herkunft und Übertragungsrichtung) jeweils eine einzige Stelle der F-Integration im bakteriellen Genom. Im Gegensatz zur Situation bei lambda gibt es mindestens 22 verschiedene, natürlich vorkommende Hfr-Stämme und somit eine entsprechende Anzahl von Integrationsstellen. Die Integrationsorte können benachbart oder bidirektionell sein, da das F-Plasmid an manchen Stellen zur Integration in verschiedenen Orientierungen fähig ist. Einige allgemein verwendete Hfr-Stämme sind mit ihrem Ursprungspunkt im Innenkreis der Genkarte in der Abb. 10-2 gezeigt. Zusätzlich zu den natürlich vorkommenden wurden weitere Hfr-Stämme durch den gleichen Prozeß der gerichteten Transposition, den Beckwith für den Phagen $\phi 80$ benutzte (7.II.A), geschaffen. Beckwith und Mitarbeiter entwickelten die Methode für die Hfr-Stämme. Sie verläuft

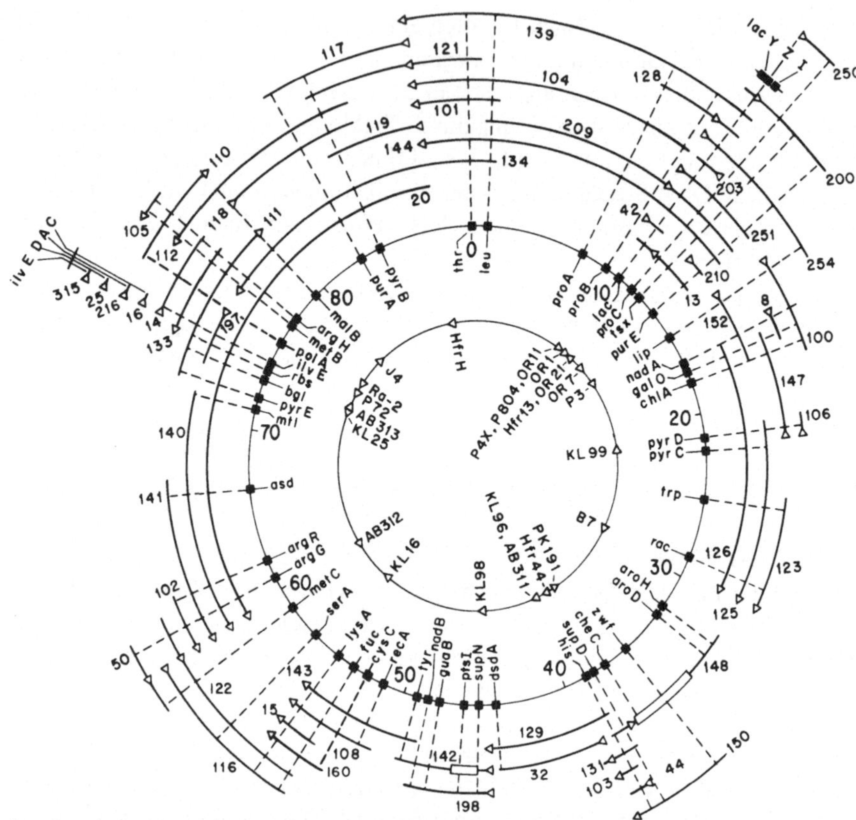

Abb. 10-2. Die Genkarte von *E. coli*-K12 mit den ungefähren genophorischen Regionen, die von ausgewählten F′-Plasmiden getragen werden. Jeder F′ ist durch einen Balken mit einem Pfeil zur Darstellung des Ursprungs des vorangegangenen Hfr-Stamms wiedergegeben (innerer Kreis). Die gestrichelten Linien, die radial von den genetischen Merkmalen zum äußeren Kreis verlaufen, zeigen grob die Termini der F′-Plasmide, soweit sie bekannt sind. Bekannte Deletionen sind durch schmale Rechtecke gekennzeichnet (F142 ist z.B. für *ptsI* deletiert). Aus Low (1972)

über ein F′-Plasmid, das eine temperatursensitive Mutation in der DNA-Replikation trägt; dieses Plasmid wird in einen F⁻-Stamm mit der Deletion des genetischen Materials gebracht, das der F′-Faktor trägt. Erhöht man die Temperatur dieser Kultur, so hört die Plasmid-Replikation auf. Selektioniert man dann auf das Cistron, das auf dem F′-Faktor liegt, so müssen die Bakterien den Verlust der F′-DNA vermeiden, um zu überleben.

Dies läßt sich durch die Integration des F′-Faktors ins bakterielle Genom erreihen, wo er durch die bakteriellen Enzyme repliziert werden kann. Die Integration würde normalerweise in der Region erfolgen, die der bakteriellen DNA auf F′ entspricht. Da dieses Material jedoch deletiert ist, gibt es keine größere homologe Region zwischen der F′- und der bakteriellen DNA, und die Integration erfolgt mehr oder weniger zufällig. Geschieht die Integration in der Mitte eines bakteriellen Cistrons, so wird dieses inaktiviert. Der Ort der F′-Integration kann daher durch eine entsprechende Selektion „gerichtet" werden, und die Selektion führt zur Transposition der bakteriellen DNA auf dem F′-Faktor von ihrer ursprünglichen Lage in eine neue Stelle auf dem Genom.

Obwohl anzunehmen wäre, daß das F-Plasmid bei jeder Integration die gleiche Beziehung zur Wirtszelle ausbildet, scheint dies nicht der Fall zu sein. Einige Hfr-Stämme, wie der HfrC, sind besonders stabil. Nur selten gelingt es hier dem Plasmid, sich auszuschneiden und die Hfr-Zelle in eine F^+-Zelle umzuwandeln. Die meisten Hfr-Stämme sind weniger stabil und segregieren mit einer wahrnehmbaren, aber nicht ungelegenen Rate F^+-Zellen aus. Einige bestimmte Hfr-Stämme sind allerdings besonders instabil und bilden mit sehr hoher Frequenz F^+-Stämme.

In der Praxis müssen diese unstabilen Hfr-Stämme alle paar Wochen durch Ausstreichen aufgereinigt werden, oder sie bestehen nach einiger Zeit fast nur noch aus F^+-Zellen. Denkt man im Campbell-Modell und wendet es auf den F-Faktor an, so sollte man die Integration als dynamischen Vorgang betrachten, bei dem das Gleichgewicht irgendwo im Kontinuum zwischen Hfr- und F^+-Zelle liegt. All die bisher diskutierten Beobachtungen führen zu dem Schluß, daß es im Gegensatz zu lambda auf dem bakteriellen Genom multiple Stellen gibt, an denen der F-Faktor integriert. Ursprünglich wurden diese Stellen mit *sfa* („sex factor affinity") bezeichnet und als einzigartig angesehen. Elektronenmikroskopische Untersuchungen (Abschn. C, unten) haben jedoch gezeigt, daß die *sfa*-Stellen häufig Beispiele bestimmter DNA-Sequenzen sind, die als Insertionssequenzen (IS) bekannt sind und die man sowohl auf dem F-Plasmid als auch auf der bakteriellen DNA findet. Die Integration kann daher als normale Rekombination zwischen homologen DNA-Regionen betrachtet werden. Allerdings wurde kein F-spezifisches, dem *int*-Protein von lambda analoges Protein identifiziert. Dagegen scheint das normale Rekombinationssystem der Zelle die meisten Integrationsprozesse zu katalysieren. In *recA*-Stämmen, denen die normale Rekombinationsfähigkeit fehlt, ist daher die Integration von F um das Hundert- bis Zehntausendfache reduziert.

B Die Excision des F-Plasmids

Wie erwähnt, ist ein integriertes F-Plasmid fähig, sich selbst auszuschneiden und eine Hfr- in eine F^+-Zelle umzuwandeln. Campbells Modell bezieht auch diesen Prozeß mit ein, ebenso wie die Excision von lambda. Es gibt trotzdem große Unterschiede zwischen der Excision von F und lambda. Da der F-Faktor kein Virus ist, beeinträchtigt das Ausschneiden nicht die Wirtszelle. Es führt z.B. nicht zur Zellyse, und die F-Pili werden weiterhin produziert.

Sowohl lambda als auch F können aberrant ausgeschnitten werden. Bei lambda führt dies zur Entstehung speziell transduzierender Phagenpartikel, während bei F dadurch F'-Faktoren entstehen. Bei lambda muß die ausgeschnittene DNA immer in einem bestimmten Größenbereich liegen, um richtig verpackt zu werden. Dies erfordert, daß ein Teil der lambda-DNA entsprechend der Menge aufgenommener bakterieller DNA zurückgelassen wird. Der F-Faktor dagegen läßt im allgemeinen nichts von seiner DNA bei der Excision zurück. Scaife und Pekhov haben nachgewiesen, daß ein Hfr-Stamm, der einen F'-Faktor entstehen ließ, für die bakteriellen Sequenzen, die auf dem F' vorliegen, deletiert ist. Dies bestätigt die Voraussage aus dem Campbell-Modell und ist dadurch bedingt, daß bei der F'-DNA keine Verpackung erfolgt und damit keine Größenbegrenzung vorliegt. In der Tat können einige F'-Plasmide 25% des *E. coli*-Genoms äquivalent sein (Abb. 10-2). Da noch größere Plasmide einen Verzögerungseffekt auf das Zellwachstum zeigen, besteht in einer Kultur mit einem großen Plasmid

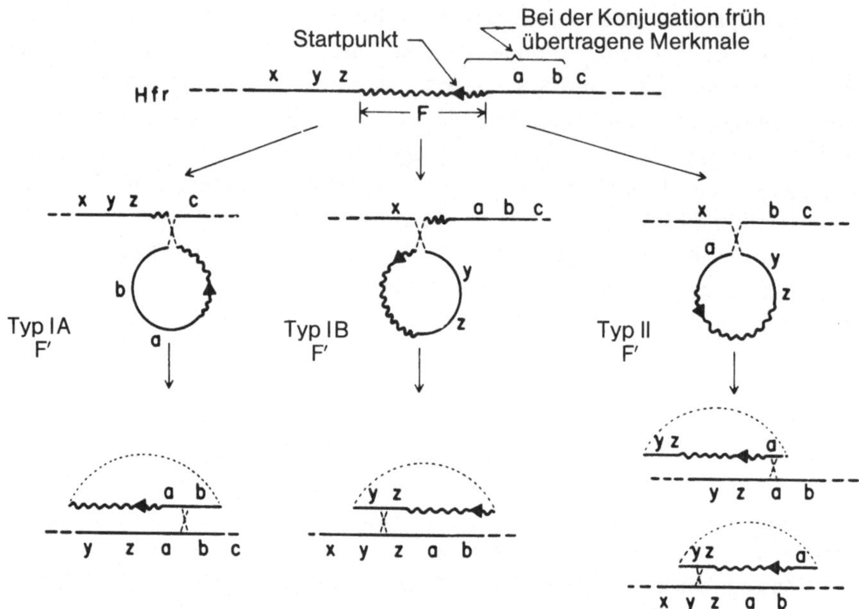

Abb. 10-3. Variationen in der Topologie der F′-Entstehung und der Mobilisation des Genophors. Die Linie im oberen Teil der Abbildung zeigt einen Teil des Genophors eines hypothetischen Hfr-Stamms, der die genetischen Marker a, b und c früh, und x, y und z spät bei der Konjugation überträgt. Der mittlere Teil zeigt die relative Orientierung des F-Plasmids und der genophorischen Merkmale während der Ausbildung der drei gezeigten F′-Plasmide. Der untere Abbildungsteil zeigt die Regionen der homologen Paarung und des „cross-overs" mit dem Genophor, wenn die verschiedenen Typen von F′-Plasmiden in sekundären F′-Stämmen (z.B. nach Transfer in neue F⁻-Wirte) vorliegen. Die gestrichelten Linien symbolisieren die Zirkularität des F′. Aus Low (1972)

eine starke natürliche Selektion auf kürzere F′-Plasmide. Wie Low fand, ist diese Verkürzung durch Rekombinationsprozesse bedingt und kann durch den Einsatz von *recA*-Stämmen als Wirte für F′-Plasmide verhindert oder stark reduziert werden. Da es für die Größe der F′-DNA keine Begrenzung gibt, bestehen auch keine Einschränkungen hinsichtlich der Lokalisation des aberranten Ausschneidens. Scaife schlug die Klassifizierung der F′-Plasmide nach ihrer ursprünglichen Lokalisation auf der bakteriellen DNA, die sie trug, vor (Abb. 10-3). Typ-IA-F′-Plasmide tragen bakterielle DNA-Sequenzen nahe dem Ursprung und Typ-IB-Plasmide Sequenzen nahe dem Terminus des vorausgehenden Hfr-Stamms. Typ-II-Plasmide tragen sowohl proximale als auch distale bakterielle Sequenzen und sind der häufigste Typ isolierter F′-Faktoren, obwohl der Anteil von proximalen und distalen Sequenzen recht disproportioniert sein kann.

C Die physikalische Analyse des F-Plasmids

Die erste auf das F-Plasmid angewandte Technik physikalischer Analysen war die Heteroduplex-Kartierung (5.I.A). Diese Arbeit begann im Labor von Norman Davidson, wurde aber vor allem von seinen Mitarbeitern Deonier und Ohtsubo weitergeführt. Bei der Analyse des zirkulären DNA-Moleküls ist es zuerst notwendig, Bezugspunkte für die Messung der Abstände darauf festzulegen. Bei einem zirkulären DNA-Molekül

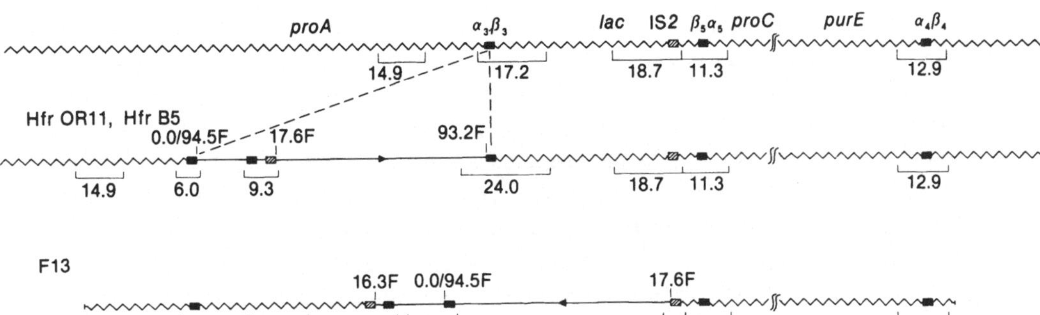

Abb. 10-4. Zusammenfassung der physikalischen Strukturen eines Hfr und eines F'-Faktors. Im oberen Teil der Abbildung ist die physikalische Karte eines Teils des bakteriellen Genoms mit der ungefähren Lage auserwählter Cistren und IS-Elemente gezeigt. Aus Gründen der Übersichtlichkeit wurde ein Teil der bakteriellen DNA zwischen *proC* und *purE* weggelassen. Darunter sind die Sequenzanordnungen der Hfr-Stämme OR11 und B5 und der F'-Faktor F13 gezeigt. Gezackte Linien stellen bakterielle DNA dar, glatte Linien die integrierten F-Sequenzen. Ausgewählte Koordinaten von F sind durch die Ziffern über den Linien angegeben (s. auch Abb. 10-5). Die verschiedenen IS3-Elemente sind in der $\alpha\beta$-Notation mit tiefgestellten Ziffern bezeichnet, um die einzelnen Komponenten der IS3-Sequenz identifizieren zu können. Sie sind durch schwarze Rechtecke dargestellt. Die IS2-Elemente sind durch schraffierte Rechtecke gekennzeichnet. Im Hfr integrierte das F-Plasmid zwischen die beiden Hälften von $\alpha_3\beta_3$ in links-nach-rechts-Orientierung. In F13 ist die Orientierung umgekehrt, und die Stelle der F-Plasmid-Insertion ist ein IS2-Element. Aus Hadley und Deonier (1979)

braucht man mindestens zwei solcher Punkte, sonst ist es unmöglich, die Richtung im Uhrzeigersinn von der im Gegenuhrzeigersinn zu unterscheiden. Den ersten Bezugspunkt, einen willkürlich gewählten Nullpunkt, erhält man bei der Analyse eines Heteroduplex-Moleküls aus einem Strang F-DNA und einem Strang F100-DNA. Der Punkt, an dem der Insertionsloop, der die bakterielle DNA des F'-Faktors darstellt, von der doppelsträngigen DNA wegläuft, wird als Ursprungspunkt der physikalischen Karte von F genommen. Da die F-DNA eine Länge von 94,5 Kilobasen besitzt und zirkulär ist, kann man den Nullpunkt auch 94,5 nennen; er wird normalerweise als 94,5/0 F bezeichnet. Zur Definition der Richtung im Uhrzeigersinn wurde das F-Plasmid FΔ (33-43) als Referenz verwendet, das eine Deletion von etwa 10 Kilobasen besitzt, und das deletierte Segment wurde willkürlich als das Intervall 33F-43F bezeichnet. Als mit der Heteroduplex-Analyse mehr F- und F'-Faktoren untersucht wurden, fand man noch andere Unterschiede. So wurden kleine Insertionen und Deletionen beobachtet; anscheinend waren einige Male auch bestimmte Basensequenzen in beiden F-DNA-Strängen vorhanden und konnten unter den entsprechenden Bedingungen miteinander paaren. Offenbar gibt es einige solcher Sequenzen; sie werden mit griechischen Buchstaben gekennzeichnet wie $\alpha\beta$, $\gamma\delta$, $\epsilon\zeta$. Zur Unterscheidung von Wiederholungen dieser Sequenzen erhielten sie tiefgestellte Bezifferungen $\alpha_1\beta_1$, $\alpha_2\beta_2$ usw. Komplementäre Sequenzen werden als $\beta'_1\alpha'_1$, $\beta'_2\alpha'_2$, bezeichnet. Auch wurde bald deutlich, daß der Verbindungspunkt zwischen der F- und der bakteriellen DNA in F'-Faktoren in diesen Sequenzen gehäuft auftritt. Der naheliegende Schluß war der, daß sie die Rekombinationsstellen für F darstellen und damit funktionell der *att*-Stelle von lambda entsprechen. Das gleiche gilt für die Integration eines F-Faktors unter Bildung eines Hfr-Stamms.

Andere Arbeiten haben gezeigt, daß einige der wiederholten Sequenzen mit bestimmten Insertionssequenzen identisch sind, die sich auf dem Genom bewegen können. Diese Sequenzen werden im Detail im Kap. 13.III.B besprochen, aber eine kurze Beschreibung ist hier notwendig. Jede einzelne Sequenz trägt eine Zahl (z.B. IS1, IS2 usw.), und es hat sich herausgestellt, daß mehrere Kopien der IS-DNA in einem Genom vorhanden sein können. Aus Hybridisierungen weiß man, daß $\alpha\beta$ das gleiche ist wie IS3 und $\epsilon\zeta$ wie IS2, was bedeutet, daß homologe Sequenzen auf der F-DNA und der bakteriellen DNA vorliegen, die zur integrativen Rekombination benutzt werden können. Das gängige Modell der F-Integration zieht diese Befunde mit in Betracht (Abb. 10-4). Verschiedene Hfr-Stämme scheinen verschiedene wiederholte Sequenzen für die Integration zu benutzen, woraus folgt, daß die integrierten F-Plasmide untereinander zirkuläre Permutationen darstellen (4.II.D). Man nimmt an, daß F′-Faktoren dann entstehen, wenn die Paarung entweder zwischen zwei wiederholten Sequenzen, die zueinander invertiert sind und das integrierte F-Plasmid flankieren, oder zwischen einer solchen Sequenz und einem der normalen F-Termini stattfindet. Die möglichen genetischen Konsequenzen der Rekombinationen dieser Art werden in 13.III.B besprochen.

III Die genetische Analyse des F-Plasmids

Die größte Hürde für die genetische Analyse des F-Faktors war die Inkompatibilität. Dies bedeutet, daß man keine Zellen herstellen kann, die gleichzeitig zwei verschiedene F-Plasmide tragen, wodurch der Einsatz des gewöhnlichen *cis-trans*-Tests (4.III.B) ausgeschlossen war, um Mutationen Cistren zuzuordnen. Dieses Problem wurde von Achtman, Willetts und Clark durch eine geniale Versuchsordnung umgangen. Die Grundstrategie bestand darin, daß zwei Stämme mit F′-Plasmiden miteinander gekreuzt werden können, wenn einer von beiden als F⁻-Phänokopie vorliegt. Dabei entstehen Phänokopie-Zellen mit zwei verschiedenen F′-Faktoren. Diese Zellen würden natürlich bald einen der F′-Faktoren ausschließen (durch die Benutzung von *inc*-Plasmiden ließe sich das verhindern, aber *inc*-Plasmide wurden erst später entdeckt). Vor dem Verlust eines F′-Plasmids kann jedoch die auf dem Plasmid vorhandene genetische Information exprimiert werden. Die Folge der Expression während des ruhenden merodiploiden Zustands wäre eine potentielle phänotypische Veränderung, die einen *cis-trans*-Test ermöglicht, vorausgesetzt, der Test wird vor dem Verlust des einen Plasmids durchgeführt. Ein leicht zu testendes Merkmal ist die Fähigkeit zum Transfer selbst, da Plasmide 50 min nach Ankunft in einer Zelle zu einem erneuten Transfer fähig sind. Wären beide Plasmide *tra* und würde die merodiploide Zelle mit einer F⁻-Zelle als Teststamm vor dem effektiven Ausschluß eines Plasmids gekreuzt, könnte ein positiver *cis-trans*-Test als Übertragung von einem der beiden F′-Faktoren in den Teststamm angesehen werden.

Achtmann und Mitarbeiter begannen mit der Isolation einer Serie von *tra*-Mutationen in einem F′-*lac*-Plasmid. Innerhalb der mutanten Stämme selektionierten sie *tra*-Mutationen, die durch einen Unsinn-Suppressor (3.III.D) supprimiert werden konnten. Sie brachten dann die entsprechenden Suppressoren in Stämme mit den betreffenden Plasmiden, wodurch sie einen Satz von Donorstämmen erhielten, die genotypisch *tra,* aber phänotypisch Tra^+ waren. Als Rezipienten wurde ein zweiter Satz F′-tragender Stämme ohne Suppressoren und damit genotypisch und phänotypisch *tra* vorbereitet.

Das eigentliche Experiment bestand darin, einen Donor-F′-Stamm (Tra^+) mit einem F^--phänokopierenden Rezipienten-F′-Stamm (Tra^-) zu kreuzen. Nach etwa 45 min Paarungsdauer wurde der Donorstamm durch „Lyse ohne Infektion" mit dem Phagen T6 zerstört (9.I.C). Der gegen T6 resistente Rezipientenstamm war davon nicht betroffen. Darauf wurde die Kultur zur Verhinderung eines Retransfers des Plasmids zwischen den Zellen verdünnt und auf Donorfähigkeit getestet. Der Test-F^--Stamm war gegen T6 (*tsx*) und gegen das Antibiotikum Spectinomycin resistent (*rpsE*) und nicht zur Verwendung von Lactose als einziger Kohlenstoffquelle fähig (*lac*). Erschienen zweifach resistente Zellen, die Lactose fermentieren konnten, so mußten sie einen F′-*lac* vom ursprünglichen Rezipientenstamm erhalten haben, was auf Komplementation oder Rekombination zwischen den beiden F′-Plasmiden hinwies. Diese beiden Alternativen ließen sich leicht unterscheiden, denn die Komplementation würde zur Übertragung eines *tra*-Plasmids führen, das selbst zum Transfer nicht fähig wäre, während die Rekombination die Übertragung eines tra^+-Plasmids verursachen würde, das unbeschränkt weiter übertragen werden könnte.

Diese Versuche waren so erfolgreich, daß die gleichen Forscher einen Test für nicht-supprimierbare *tra*-Mutationen entwickelten. Statt der Kreuzung des ersten Donorstamms mit einem phänokopierenden F′-Stamm vermehrten sie auf ihm den Phagen P1. Anschließend wurden durch Transduktion (7.III.B) Teile des F′-Plasmids in andere Plasmid-enthaltende Zellen übertragen. Wieder wurde die Donor-DNA exprimiert, und eine Komplementation ließ sich auf dem normalen Weg nachweisen. Die Effizienz der Übertragung war natürlich beträchtlich niedriger als zuvor, wodurch der Transduktionsmethode die Sensitivität der direkten Kreuzung fehlte.

Broda und Mitarbeiter entwickelten eine interessante Variante des gleichen Experiments, in der der primäre Donorstamm ein Hfr- statt eines F′-Stamms war. Sie überprüften die Vorhersage, daß nur ein Teil des F-Plasmids am Anfang der Hfr-DNA übertragen wird, eine Voraussage, die auf der Beobachtung beruhte, daß die Transkonjuganten nach einer Hfr × F^--Kreuzung im allgemeinen F^- und nicht F^+ waren. War die Vorhersage zutreffend, so sollte ein gegebener Hfr-Stamm dazu in der Lage sein, nur ganz bestimmte *tra*-Mutationen bei einer Kreuzung zu komplementieren, in der nur kurze DNA-Stücke übertragen wurden. Das Resultat entsprach genau der Theorie, und Komplementation trat ein. Wie in der Abb. 10-4 gezeigt, bestätigen weitere Arbeiten, daß nicht alle Hfr-Stämme gleiche Mengen an F-DNA bei der Initiation der Konjugation übertragen, was durch die Integrationsart des F-Plasmids bedingt ist.

Die oben besprochene Methode reicht offensichtlich nicht zur Untersuchung der Genetik von F-Merkmalen aus, die nicht die Transfer-Fähigkeit betreffen.

Vor kurzem wurde die elektronenmikroskopische Analyse von Heteroduplex-DNA-Molekülen zur physikalischen Kartierung mit Erfolg auf F angewendet. Durch den Einsatz von Restriktionsenzymen, die die F-DNA in Fragmente schneiden, die einzeln analysiert oder in andere DNA-Moleküle eingebaut werden können (eine Technik, die ausführlicher in 14.I.B besprochen wird), konnte diese Technik erweitert werden.

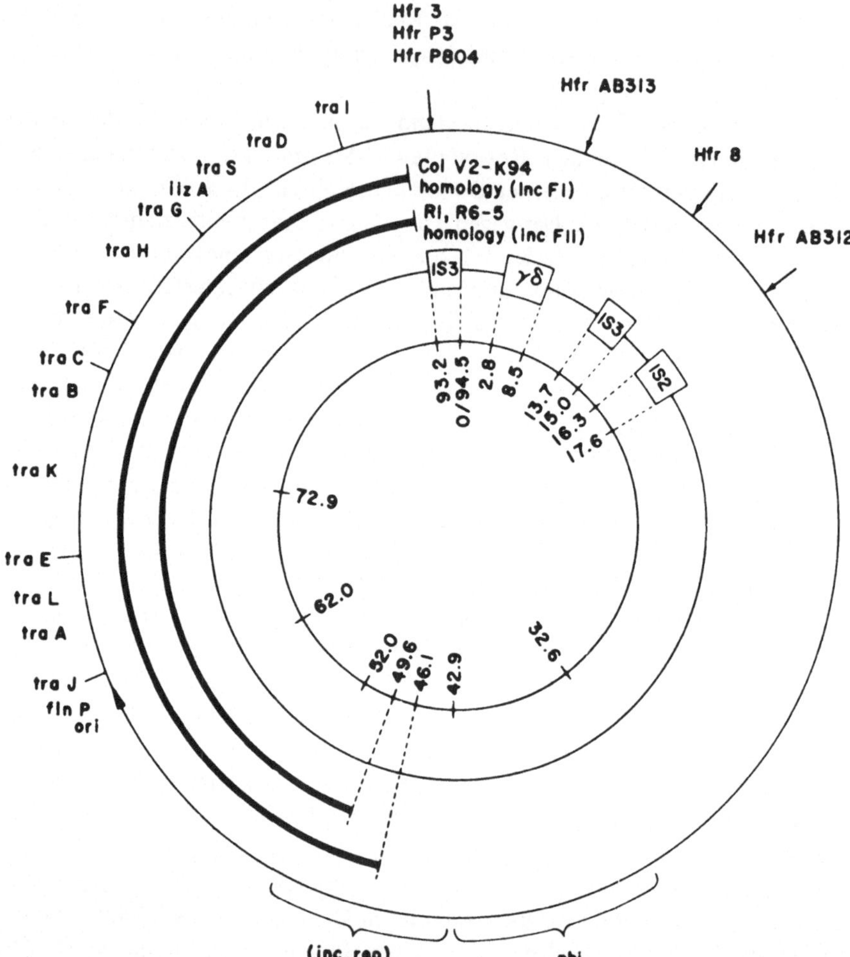

Abb. 10-5. Die Genkarte des F-Plasmids. Der innere Kreis gibt einige physikalische Koordinaten in Kilobaseneinheiten an. Der nächste Kreis zeigt die Lokalisationen identifizierter Insertionssequenzen. Die beiden Balken zeigen Regionen ausgedehnter Homologien mit den Plasmiden ColV2-K94, R1 und R6-5 (Kap. 11). Der äußere Kreis zeigt die Lage verschiedener genetischer Loci, die an der Inhibition von Phagen (*phi*), an der Inkompatibilität (*inc*), an der Replikation (*rep*), dem Transfer (*tra*), der Fertilitätshemmung (*fin*) und der Immunität gegen die lethale Zygose (*ilz*) beteiligt sind. Der Startpunkt der Transfer-Replikation (*ori*T) ist ebenfalls angegeben. Da ColV2-K94 ein Mitglied der gleichen Kompatibilitätsgruppe ist wie F, während R1 und R6-5 zu anderen Inkompatibilitätsgruppen gehören (11.II.A), liegt die Lokalisation der Inkompatibilitätsdeterminanten wahrscheinlich zwischen 46,1 und 49,6 auf der Genkarte. Auch die Positionen, wo Insertionselemente von F mit dem bakteriellen Genophor zur Bildung von Hfrs rekombinieren, sind angegeben. Aus: Shapiro, J.A. (1977) F, the *E. coli* sex factor. In: Bukhari, A.I., Shapiro, J.A., Adhya, S.L (eds) DNA insertion elements, plasmids and episomes. Cold Spring Habor Laboratory, p. 671

Das Ergebnis dieser Untersuchungen ist eine Genkarte von F (Abb. 10-5). Obwohl sie nicht so detailliert ist wie andere Genkarten, stellt sie dennoch einen großen Teil der Arbeit mit einem experimentell schwierigen System dar. In der Karte sind sowohl die bekannten Cistren als auch die bekannten wiederholten Sequenzen angegeben.

IV Zusammenfassung

Das gründlich untersuchte F-Plasmid kodiert eine interessante Reihe von Funktionen. Es produziert spezielle F- oder Sexpili, verhindert die Etablierung anderer Plasmide des gleichen Typs in Zellen, die schon F-Plasmide besitzen (Inkompatibilität), repliziert sich und kodiert für Funktionen, die für die Übertragung des Plasmids notwendig sind. Diese Funktionen wurden bestimmten Cistren auf der Basis von Komplementationstests mit ruhenden merodiploiden Zellen zugeordnet. Außerdem wurden bestimmte Basensequenzen identifiziert und physikalisch kartiert, die am Vorgang der Integration/Excision beteiligt zu sein scheinen.

Das F-Plasmid kann durch bestimmte Behandlungen, die speziell die Replikation ihrer DNA verhindern, beseitigt werden.

Aus all diesen Daten läßt sich ein Modell für das Verhalten des F-Plasmids entwickeln. Es beginnt mit dem Plasmid, das als autonome Einheit in der Zelle vorliegt. Die Zelle stellt F-Pili her und kann mit F^--Zellen Paarungsaggregate ausbilden. Durch ein Signal schwenkt die Replikation der F-DNA von der normalen Art in eine „rolling-circle"-Replikation um, wodurch einzelsträngige DNA-Stränge für den Transfer entstehen.

Das F-Plasmid muß nicht autonom bleiben, sondern kann sich unter Verwendung verschiedener wiederholter Sequenzen als Homologieregionen für Rekombination nach Art des Campbell-Modells in die bakterielle DNA integrieren. Das Ergebnis ist eine Hfr-Zelle. Im integrierten Zustand trägt das F-Plasmid die gleichen Funktionen wie zuvor, ausgenommen die DNA-Replikation, die sich dann unter Kontrolle des Wirts befindet. Die Anstrengungen des Plasmids, sich im integrierten Zustand zu transferieren, führen zur Übertragung eines Teils von F, gefolgt von größeren oder kleineren Anteilen bakterieller DNA, die mit F kovalent gekoppelt sind. Die partielle Übertragung der F-DNA ist dadurch bedingt, daß die Integrationsstelle nicht der Startstelle der Replikation entspricht. Das Ausschneiden (die Excision) des F-Plasmids kann zur korrekten Wiederausbildung des Plasmids oder auch zur Entstehung eines F′-Plasmids führen, das neben der F-DNA noch bakterielle DNA trägt. Ob bei einer bestimmten Excision ein F- oder F′-Plasmid entsteht, hängt davon ab, welche wiederholte Sequenzen als homologe Regionen für das Ausschneiden benutzt werden. Ein Typ-I-F′ entsteht, wenn nur das eine Ende von F richtig ausgeschnitten wird, während ein Typ-II-F′ dann gebildet wird, wenn beide Enden falsch ausgeschnitten werden.

Literatur

Allgemein

Achtman M (1973) Genetics of the F sex factor in Enterobacteriaceae. Curr Top Microbiol Immunol 60:79–123

Clark AJ, Warren GJ (1979) Conjugal transmission of plasmids. Annu Rev Genet 13:99–125

Low KB (1972) *E. coli* K-12 F-prime factors, old and new. Bacteriol Rev 36:587–607

Sanderson KE, Ross H, Ziegler L, Mäkelä PH (1972) F^+, Hfr, and F′ strains of *Salmonella typhimurium* and *Salmonella abony*. Bacteriol Rev 36:608–637

Speziell

Achtman M, Willetts N, Clark AJ (1972) Conjugational complementation analysis of transfer-deficient mutants of F*lac* in *E. coli.* J Bacteriol 110:831–842

Achtman M, Manning PA, Edelbluth C, Herrlich P (1979) Export without proteolytic processing of inner and outer membrane proteins encoded by F sex factor *tra* cistrons in *E. coli* minicells. Proc N Acad Sci USA 76:4837–4841

Burke JM, Novotny CP, Fives-Taylor P (1979) Defective F pili and other characteristics of F*lac* and Hfr *E. coli* mutants resistant to bacteriophage R17. J Bacteriol 140:525–531

Everett R, Willetts N (1980) Characterization of an in vivo system for nicking at the origin of conjugal DNA transfer of the sex factor F. J Mol Biol 136:129–150

Gustafsson P, Nordström K, Perram JW (1978) Selection and timing of replication of plasmids R1*drd-19* and F'*lac* in *E. coli.* Plasmid 1:187–203

Hadley RG, Deonier RC (1979) Specificity in formation of type II F' plasmids. J Bacteriol 139: 961–976

Ohtsubo E, Hsu MT (1978) Electron microscope heteroduplex studies of sequence relations among plasmids of *E. coli:* isolation of a new F-prime factor, F80, and its implication for the mechanism of F integration into the chromosome. J Bacteriol 134:795–800

Ou JT (1980) Role of surface exclusion genes in lethal zygosis in *E. coli* K-12 mating. Mol Gen Genet 178:573–581

Palchaudhuri S, Haenni C (1979) Deletion mutants of F, FΔ (8.5-17.6) and the mechanism of their formation. Plasmid 2:598–604

Pritchard JJ, Lemoine VR, Rowbury RJ (1979) Factors influencing the copy number of F-like plasmids in *E. coli* and *S. typhimurium.* Z Allg Mikrobiol 19:563–570

Stetson H, Somerville RL (1971) Expression of the tryptophan operon in merodiploids of *E. coli.* I. Gene dosage, gene position, and marker effects. Mol Gen Genet 111:342–351

Kapitel 11
Andere Plasmide als F

Die Vielfalt identifizierter Plasmide ist verwirrend. Eine Untersuchung von Krankenhaus-Isolation verschiedener enterischer Bakterien und *Pseudomonas* ergab bei 87 getesteten Isolaten 34 mit mindestens einem Plasmidtyp, und viele enthielten mehr als ein Plasmid. Plasmide sind auch in nicht-pathogenen Bakterien vorhanden und spielen bei der Adaptation der Wirtszelle an ihre Umgebung eine wichtige Rolle. Eine vor kurzem erschienene Aufstellung enthält mehr als 1 000 verschiedene natürlich vorkommende Plasmide, überwiegend aus Gram-negativen Organismen isoliert. Allein von *E. coli* sind 269 natürliche Plasmide beschrieben. Wenn weitere Bakterien, wie die Gram-positiven Organismen und die Cyanobakterien näher untersucht sind, wird die Zahl der Plasmide sicher noch zunehmen.

Allen diesen Plasmiden sind nur zwei Eigenschaften gemeinsam. Sie lassen sich in Lysaten von Zellen als autonome, kovalent geschlossene, zirkuläre Moleküle nachweisen, und sie sind zur Selbstreplikation fähig. Viele Plasmide wurden identifiziert, die anscheinend keinen Effekt auf den Phänotyp der Wirtszelle zeigen, und werden daher als „**kryptisch**" bezeichnet. Obwohl die Möglichkeit besteht, daß solche Plasmide nur ihre eigene Replikation kodieren, ist ebenso möglich, daß sie zusätzliche Funktionen kodieren, die nur mit entsprechenden Tests aufgefunden werden können. Bis zu dem Zeitpunkt, an dem einem kryptischen Plasmid eine bestimmte Funktion zugeordnet werden kann, ist die genetische Analyse des Plasmids fast unmöglich, weshalb solche kryptischen Plasmide hier nicht weiter besprochen werden sollen.

Die übrigen Plasmide lassen sich danach aufteilen, ob sie zum Selbst-Transfer von einer Wirtszelle in eine andere fähig sind oder nicht. Viele, aber nicht alle der selbsttransferierbaren Plasmide können auch bakterielle DNA der Wirtszelle mobilisieren und deren Übertragung in eine andere Zelle analog dem Mechanismus des F-Plasmids verursachen. Für die Zukunft der Bakteriengenetik ist dies ein gutes Zeichen, denn die Konjugation ist ein sehr wirksames Mittel zur Erarbeitung genetischer Strukturen. Die Tabelle 11-1 zeigt einen Auszug aus einer vor kurzem veröffentlichten Liste der Organismen und Plasmide, bei denen eine Mobilisation bakterieller DNA gezeigt wurde („chromosome mobilizing ability" oder *cma*). Auch manche Eigenschaften der Konjugationssysteme, die in Zusammenhang mit der Besprechung von 9.III. von Nutzen sind, sind mit angegeben. Da es offensichtlich unmöglich ist, eine zusammenfassende Besprechung aller Plasmidtypen in einem solchen Buch zu geben, befaßt sich der Rest dieses Kapitels hauptsächlich mit den Bacteriocin- und Resistzenzplasmiden. Selbst dabei können nur ausgewählte Plasmide von *E. coli* im Detail besprochen werden.

Tabelle 11-1. Ausgewählte Bakterien und Plasmide, die das bakterielle Genom mobilisieren

Bakterien und Plasmide	Bemerkungen
Acetinobacter calcoaceticus RP4[a], R751[a], R^{a}_{GN823}, R1033[a], R702[a]	Nur von IncP-1-Plasmiden (wie aufgelistet) ist die Mobilisationsfähigkeit gezeigt, Entstehung der Rekombinanten mit $10^{-6}-10^{-8}$/Rezipientenzelle, je nach Seletionsmarker. Keine Hinweise auf eine gerichtete Übertragung der Marker. RP4 wurde zur Kartierung von 23 Genloci auf der zirkulären Genkarte verwendet.
Citrobacter freundii F	Gerichteter Transfer ähnlich den *E. coli*-Hfr-Stämmen
Escherichia coli F	Übertragung des Genophors nach stabiler Integration (Hfr-Form) oder durch F^+ mit möglicherweiser stiller Integration. Gerichteter Transfer, Erarbeitung der Zirkularität des Genophors.
ColV	Das Plasmid kann stabil in das Genophor integrieren, wobei die Hfr-Form entsteht.
ColI	Kein Hinweis auf Integration, Mobilisation von der *recA*$^+$-Funktion des Donors unabhängig. Kein gerichteter Transfer.
Andere F-ähnliche Plasmide	Nur die Mobilisation nachgewiesen, keine Kopplungsdaten verfügbar.
R1*drd*19, R179II	Dereprimierte Mutanten zeigen eine höhere Marker-Übertragungsfrequenz als das Wildtyp-Plasmid. Hohe Frequenz des gerichteten Transfers der *trp*-Region.
R179II	Gerichtete Übertragung einer Stelle zwischen *arg* und *pro* auf dem *E. coli*-Genom.
R538-2*drd* (und andere R-Plasmide)	Alle untersuchten Marker wurden mit gleicher Frequenz übertragen, keine Hinweise auf gerichteten Transfer.
Erwinia chrysanthemi F'*lac*$^+$	Indirekte Anzeichen für die Integration von F'*lac* in das Genophor mit gerichtetem Transfer von einer Region bei *leu* aus.
Erwinia amylovora F'*lac*$^+$	Indirekte Hinweise auf die Integration von F'*lac*$^+$ in das Genophor mit gerichtetem Transfer von einer anderen Stelle aus, als bei *Erwinia chrysanthemi.*
Klebsiella pneumoniae R144 drd3	Transferfrequenzen für Marker etwa 10^{-5}. Gerichteter Transfer trat mit dem Donorstamm HF3 auf, jedoch nicht bei anderen Donorstämmen.
Proteus mirabilis P-*lac*R1-*drd*19(D)	Die Marker-Übertragungsfrequenzen schwanken von 5×10^{6}/Donor- bis nur 10^{-8}. Gerichteter Transfer von einer Startstelle aus. Zirkularität des Genophors nicht nachgewiesen.
R772[a]	Marker-Transfer-Frequenzen etwa 5×10^{-5}/Donorzelle für alle untersuchten Marker. Hinweise auf mehrere Eintrittsstellen und die Übertragung kurzer Segmente des Donor-Genoms.

Tabelle 11-1 (Fortsetzung)

Bakterien und Plasmide	Bemerkungen
Pseudomonas aeruginosa FP2	Führt zur Mobilisation in den Stämmen PAO und PAT mit nur einem Startpunkt des Transfers gerichtet im Uhrzeigersinn. Keine nachweisbare stabile genomische Integration. Besitzt eine Quecksilber-Resistenz-Determinante.
FP39	Vermittelt die Mobilisation im Stamm PAO mit einem Transferstartpunkt 10 min distal zu dem von FP2. Gerichtete Übertragung (im Uhrzeigersinn) und keine stabile genomische Integration gezeigt. Kann eine Klasse Leucin-Auxotropher bei den Stämmen PAO und PAT komplementieren.
FP5	Führt zur Mobilisation in PAO-Stämmen mit dem gleichen Startpunkt wie bei FP2, gerichteter Transfer (im Uhrzeigersinn) und keine stabile Integration ins Genom. Zeigt keinen Ausschluß beim Eintreten mit FP39; im Gegensatz zu FP2 und FP39 kann die mobilisierende Funktion von diesem Plasmid beseitigt werden.
FP110	Vermittelt die Mobilisation im Stamm PAO mit einer Startstelle des Transfers etwa 25 min proximal zu der von FP2. Gerichtete Übertragung im Gegenuhrzeigersinn. Von diesem Plasmid wurden FP'-Plasmide erhalten.
R68[a]	Effiziente Mobilisation (bis zu 10^{-3}/Donorzelle) im Stamm PAT, aber ineffektiv im Stamm PAO (weniger als 10^{-8}/Donorzelle). Gerichteter Transfer (im Uhrzeigersinn) und ein Startpunkt im Stamm PAT.
R91-5	Dereprimierte Mutante von R91 (IncP-10) mit gerichtetem Transfer und zwei Startstellen im Stamm PAT. Mobilisert PAO, dies ist jedoch nicht intensiv untersucht.
R68.44[a], R68.45[a]	Varianten von R68 mit verstärkter Mobilisation bei PAO. Auch aktiv bei PAT und PAC. Mehrere Startstellen des Transfers. R68.45 ist eine stabilere Variante, als R68.44. Sie besitzen den weiten Wirtsbereich von R68.
pND2	Wie das Plasmid Tol aus *P. arvilla* isoliert, das die Fähigkeit zur Vermehrung auf Toluylsäure vermittelt. Mobilisiert im Stamm PAO mit Hinweisen auf mehrere Startpunkte.
Pseudonomas gylcinea R68[a], RP1[a]	Marker-Transfer-Frequenzen von $10^{-6}-10^{-9}$/Donorzelle. Keine Kopplung der Marker gezeigt.
Pseudomonas putida R68.45[a]	Übertragungsfrequenzen von bis zu 10^{-5}/Donorzelle mit wahrscheinlich mehreren Startstellen.
XYL-K	K ist ein Teil des OCT-Plasmids und kann das Genom mobilisieren. K ist unstabil, aber XYL-K-Hybride sind stabil, wenn Selektion auf XYL mit Xylol-haltigem Medium erfolgt. XYL ist ein konjugatives abbauendes Plasmid. Unterbrochene Paarungen weisen auf einen Startpunkt und gerichteten Transfer hin. Eine Karte mit 25 Markern wurde erarbeitet, aber die Zirkularität ist noch nicht gezeigt.
pfdm	Vom transduzierenden Phagen pf16*h*2 abgeleitet, hat niedrige Frequenzen (10^{-9}/Donorzelle) und ist wahrscheinlich ein Hybrid aus baktereiellem und Bakteriophagen-Genophor.

Tabelle 11-1 (Fortsetzung)

Bakterien und Plasmide	Bemerkungen
Rhizobium leguminosarum R68.45[a]	Rekombinationsfrequenz etwa 10^{-6}/Donorzelle. Kopplungsdaten lassen auf mehrere Startstellen schließen, und entsprechend größere Genomfragmente werden mobilisiert, als mit R68.45 in *P. aeruginosa* PAO. Eine zirkuläre Genkarte mit 17 Markern wurde konstruiert. Interspezifische Kreuzungen (*R. leguminosarum* × *R. meliloti*) waren zu etwa 1–10% fertil durch die Bildung rekombinanter Haploide oder durch die Entstehung von R'-Plasmiden. Andere interspezifische Kreuzungen sind fertil, wobei die Rekombinationsfrequenzen von den beteiligten Arten und den selektionierten Markern abhängt.
Rhizobium meliloti R68.45[a]	Rekombinationsfrequenzen etwa 10^{-3}–10^{-5}/Donorzalle. Eine zirkuläre Genkarte mit 19 Markern liegt vor. Kopplungsdaten lassen auf mehrere Startpunkte schließen und etwa 30% des Genophors entsprechen dem durchschnittlichen Donor-Genom-Fragment, das übertragen wird. Die meisten Marker in Kreuzungen bei *R. leguminosarum* und *R. meliloti* mit R68.45 sind Auxotrophie-Marker wobei das fehlende Wissen um die beteiligten Enzymdefekte den Vergleich dieser beiden Arten bis jetzt nicht ermöglicht.
RP4[a]	Die Übertragungsfrequenzen aller untersuchten Marker sind ähnlich und schwanken von 10^{-5}–10^{-6}/Donorzelle. Keine Hinweise auf gerichteten Transfer. Zwanzig Marker sind kartiert und können zirkulär angeordnet werden.
Rhodopseudomonas sphaeroides R68.45[a]	Marker-Transfer-Frequenzen von 10^{-4}–10^{-8}/Donorzelle. Hinweise auf die Kopplung von Markern.
Salmonella typhimurium F	Integration des Plasmids mit gerichtetem Transfer.
R1*drd*	Gerichtete Übertragung von der *trp*-Region aus. Die Mobilisationsfähigkeit ist von *recA* unabhängig und kann von dem Plasmid verloren gehen, ohne Effekte auf die anderen Eigenschaften des Plasmids.
Serratia marcescens R471, R477b, R1P69	Übertragungsfrequenzen der Marker schwanken zwischen 10^{-5} und 10^{-8}/Donorzelle. Keine Hinweise auf Kopplung.
Streptococcus faecalis pAMγI, pAMγ2, pAD1, pOB1	Transferfrequenzen der Marker zwischen 10^{-6} und 10^{-8}/Donorzelle. Die Kopplung bakterieller Antibiotikaresistenzmarker ist nachgewiesen.
Streptomyces coelicolor SCP1	Das Plasmid kann an verschiedenen Stellen mit dem Genom in Wechselwirkung treten und die Übertragung des Genophors uni- oder bidirektionell vermitteln. Es trägt Determinanten für die Synthese von Methyenomycin und die Resistenz kann auf andere Arten von *Streptomyces* übertragen werden. SCP1 kann Genophor/Plasmid-Hybride ausbilden. Die Zirkularität des Genophors ist nachgewiesen.
SCP2	Man findet es zusammen mit SCP1 und verantwortlich für die Aspekte des Genomtransfers im Stamm A3(2). Eine Variante, SCP2* kann anscheinend von mehreren Stellen des Genoms aus eine verstärkte generelle Rekombination vermitteln.

[a] IncP-1-Plasmide, die ursprünglich aus *Pseudomonas* isoliert wurden. Verkürzt aus Holloway (1979)

I Die Bacteriocine

A Allgemeine Eigenschaften

Viele Jahre haben Mikrobiologen festgestellt, daß Mischungen bestimmter Bakterien inkompatibel sind, weil nur einer der Organismen länger als einige Stunden überlebt. Gratia entdeckte zuerst, daß dieses Phänomen durch diffundierbare Substanzen bedingt war, die von einem *E. coli*-Typ in das Medium freigesetzt wurden.

Der flüssige Überstand solcher Kulturen wirkte auf bestimmte andere Bakterien-Typen lethal, auch auf *E. coli*, die den Virulenzfaktor (V) nicht herstellten. Frederiq konnte in Zusammenarbeit mit Gratia zeigen, daß dieser V-Faktor Proteinnatur besaß (d.h. gegenüber dem proteolytischen Enzym Trypsin sensitiv war) und ein Beispiel für eine große Zahl von Antibiotika darstellte, die von verschiedenen Bakterien produziert werden.

Der allgemeine Name, den diese Substanzen erhielten, lautet **Bacteriocin**; die verschiedenen Bacteriocin-Typen werden nach der Art des Organismus benannt, der sie ursprünglich herstellt. Es gibt daher von *E. coli* Colicine, von *B. subtilis* Subtilisine, Influenzacine aus *H. influenzae* und Pyocine aus *P. aeruginosa* (früher *P. pyocyanea*). Verschiedene Proteine innerhalb eines Bacteriocin-Typs werden mit Buchstaben und/oder Ziffern gekennzeichnet. In allen Fällen sind die Zellen der produzierenden Kultur gegen ihre eigenen Bacteriocine immun, aber sensitiv für andere Bacteriocin-Typen aus der gleichen Art. Allerdings kann das gleiche Bacteriocin von verschiedenen Stämmen oder Bakterienarten in leicht verschiedenen Varianten gebildet werden. Jede Bacteriocin-Bezeichnung beinhaltet daher auch die Stammnummer der produzierenden Kultur. Im Fall des Colicin V von Gratia lautet eine typische Bezeichnung V-K357.

Ganz verschiedene Bakterien stellen Bacteriocine her, und die genetische Analyse der Bacteriocine ergab, daß jeder Typ von bestimmten DNA-Sequenzen kodiert wird. Alle Bacteriocine lassen sich jedoch in zwei Grundkategorien unterteilen. Der eine Grundtyp, vom Colicin V repräsentiert, kommt entweder als reines Proteinmolekül vor oder als Protein im Komplex mit einem Teil der äußeren Membran der produzierenden Zelle. Im Fall von Colicin V findet man das Protein komplexiert mit dem O-Antigen des *E. coli*-Wirts. Der andere Bacteriocin-Typ, am besten durch das Pyocin R von *P. aeruginosa* repräsentiert, gleicht teilweise oder vollständig einem Bacteriophagen mit der Ausnahme, daß mit ihm keine DNA assoziiert ist (Abb. 11-1). Vom letzteren Bacteriocin-Typ weiß man, daß er von DNA aus dem Genophor der Zelle kodiert wird. Tatsächlich liegt sein Ursprung in einem temperenten Bakteriophagen, der durch Mutation die Fähigkeit verloren hat, normale Partikel zusammenzubauen. Darauffolgende verschiedenartige Entwicklungen der Fiber-Strukturen könnten die verschiedenen Pyocin-Typen hervorgebracht haben. Ein solcher Ursprung wird durch Befunde gestützt, wonach verschiedene *P. aeruginosa*-Stämme Phagen produzieren, die mit einem bestimmten Pyocin-Typ immunologisch kreuzreagieren. Darüberhinaus besitzt der isolierte Schwanz einer dieser Phagen Pyocin-ähnliche, bakteriozide Wirkung.

Der erste Typ steht immer mit dem Vorhandensein eines Plasmids in der Zelle in Zusammenhang, und dieser Typ soll weiter besprochen werden.

Obwohl Bacteriocine in den produzierenden Kulturen immer vorhanden sind, läßt sich die Menge an Bacteriocin durch die gleichen Behandlungen wie bei der Induktion

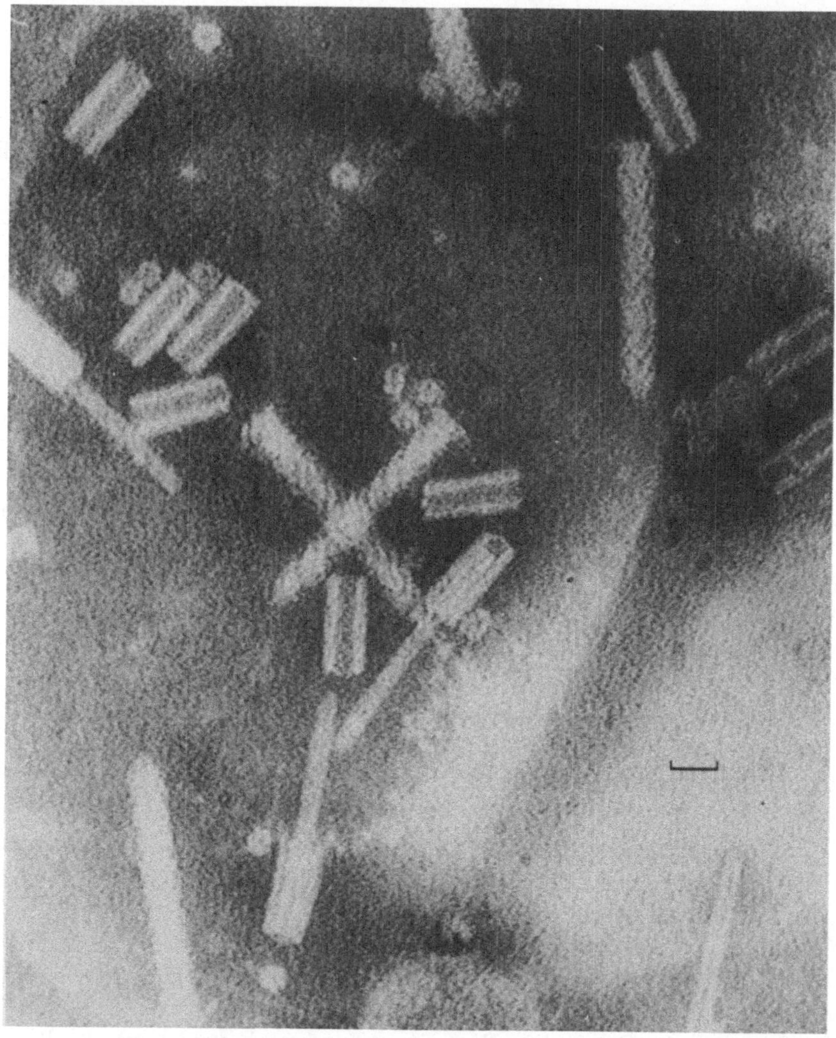

Abb. 11-1. Elektronenmikroskopische Aufnahme des Pyocins R. Diese Strukturen erhielt man nach Behandlung einer *Pseudomonas aeruginosa*-Kultur mit Mitomycin C. Die Strukturen ähneln sowohl kontrahierten als auch nicht kontrahierten Phagenschwänzen. Der Balken entspricht einer Länge von 25 nm. Aus: Bradley, D.E. (1967) Ultrastructure of bacteriophages and bacteriocins. Bacteriological Reviews 31:230–314. Wiedergabe mit freundlicher Erlaubnis von Dr. B.W. Holloway

des lambda-Prophagen (6.II.B) erheblich steigern. Zur Betonung dieser Ähnlichkeit wird der Prozeß Bacteriocin-Induktion genannt. In den meisten Fällen verläuft die Bacteriocin-Produktion der Induktion des Prophagen darin parallel, daß als Folge die produzierende Zelle abgetötet wird, während die nicht-produzierenden Zellen überleben. Die produzierende Zelle wird damit „geopfert", um sensitive Bakterien in der Nachbarschaft abzutöten, was für die restlichen colicinogenen Zellen in der Kultur einer Verbesserung darstellt.

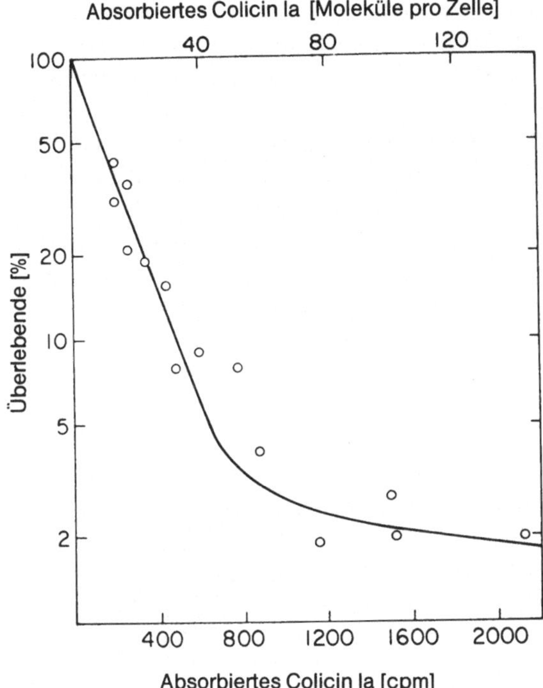

Abb. 11-2. Das Überleben von *E. coli*-K12 als Funktion von absorbiertem Colicin Ia-CA53. Zur Messung der Colicin-Menge, die an die Zelloberfläche bindet, wurde *E. coli*-Zellen radioaktiv markiertes Colicin zugesetzt. In der Kurve wird das gebundene Colicin entweder als die gesamte Radioaktivität, die von den Zellen absorbiert wurde, ausgedrückt, oder als durchschnittliche Zahl der Colicin-Moleküle, die von einer Zelle absorbiert wurden. Aus: Konisky, J., Cowell, B.S. (1972) Interaction of colicin Ia with bacterial cells. Direct measurement of the Ia-receptor interaction. J. Biol. Chem. 247:6524–6529

Die Zahl der produzierenden Zellen in einer Kultur läßt sich mit einer Variante des Plaque-Tests (4.II.A) bestimmen. Eine verdünnte Zellsuspension eines Bacteriocin-Produzenten wird in Weichagar mit einem Indikator-Bakterium gemischt. Nach Verteilung auf einer Platte führen die Bacteriocin-Produzenten zur Entstehung von Löchern oder **Lakunen** im Rasen der Indikator-Bakterien. Jede Lakune entspricht einer einzelnen Produzenten-Zelle und besitzt in ihrem Zentrum eine kleine Kolonie, die aus dieser Zelle hervorgegangen ist.

Das Ausmaß der Zellabtötung als Folge der Bindung von Bacteriocin läßt sich leicht bestimmen. Dosis-Abhängigkeitsuntersuchungen mit einer Reihe von Bacteriocinen haben gezeigt, daß die Abtötung dem Muster einer Eintreffer-Kinetik folgt (Abb. 11-2). Bei einer Eintreffer-Kinetik führt eine wirksame Wechselwirkung zwischen einem einzigen Colicin-Molekül und einer Zelle zum Zelltod. Weitere Colicin-Moleküle haben keine zusätzliche Wirkung. Wäre mehr als ein Molekül für die Lethalität notwendig, so erschiene diese Kooperativität als Abflachung oder „Schulter" im Kurventeil mit niedriger Dosis (ein Beispiel für kooperative Kurven gibt die Abb. 8-2). In Abb. 11-2 wird auch deutlich, daß nur 50% der Zellen absterben, wenn durchschnittlich 14 Colicin-Moleküle an eine Zelle gebunden haben. Dieser Überschuß gebundener Colicine läßt zwei Bindungsarten für Colicine an die Zelle annehmen, die Stadium I und Stadium II genannt wurden. Im Stadium I ist der Abtötungsprozeß noch nicht eingeleitet, und die Wirkung der Colicinbindung läßt sich durch Zusatz des Enzyms Trypsin rückgängig machen. Im Stadium II ist der lethale Effekte kaum oder gar nicht rückgägnig zu machen.

Das von der Produzentenzelle freigesetzte Bacteriocin bindet nachweisbar an bestimmte spezifische Rezeptoren an der Zelloberfläche. Das Ausschalten der Rezeptoren durch Mutation führt zu bacteriocin-resistenten Zellen. Protoplasten oder Sphäroplasten (8.II.A) solcher resistenter Zellen sind allerdings wieder sensitiv gegen das Bacteriocin, was bedeutet, daß die Zellwand die cytoplasmatische Membran vor dem Colicin schützt. Die Folgerung hieraus ist, daß der Rezeptor das Eindringen des Bacteriocins durch die Zellwand erleichtert. Im Gegensatz zur Resistenzmutation steht die Toleranzmutation, bei der die Rezeptoren auf der Zelloberfläche noch vorhanden, aber in der cytoplasmatischen Membran Veränderungen aufgetreten sind, so daß das Bacteriocin keine Wirkung mehr besitzt. In der Praxis ist es oft schwierig, zwischen Resistenz- und Toleranzmutationen zu unterscheiden.

B Colicine, die bestuntersuchten Bacteriocine

Wie zu erwarten, sind die Bacteriocine von *E. coli* am besten untersucht. Ein Colicin, das des Stamms 15, wurde als defektiver Prophage identifiziert, aber alle anderen stammen von Plasmiden. Ein Colicin-produzierendes Plasmid wird häufig mit Col und dem entsprechenden Buchstaben bezeichnet. Eine kurze Liste von „Nicht-Phagen"-Colicinen ist in Tabelle 11-2 angegeben, zusammen mit der Wirkungsart und den Rezeptoren für die Proteinmoleküle, soweit sie bekannt sind. In jedem untersuchten Fall vermittelt der Colicin-Rezeptor den Transport der einen oder anderen Substanz in die Zelle.

Die Beziehung zwischen dieser Substanz und dem Colicin, wenn es überhaupt eine gibt, ist nicht bekannt. Die Kreuz-Resistenz-Gruppierung folgt aus der Tatsache, daß manche *E. coli*-Mutationen gegen alle Mitglieder einer bestimmten Colicin-Gruppe Resistenz vermitteln. Zellen, die *tolA* sind, sind gegen alle Mitglieder der Gruppe A tolerant, während Zellen, die *tonB* (resistent gegen den Phagen T1) oder *exbB* (Enterochelin Exkretion) tolerant gegen die Gruppe B sind.

Die Plasmide, die für die Colicin-Herstellung kodieren, können konjugativ oder nicht-konjugativ sein. Wie Tabelle 11-3 zeigt, sind sie in ihrer Größe und Kopienzahl recht heterogen (10.I.A). Plasmide mit einer Kopienzahl nahe eins werden als streng reguliert bezeichnet, während solche nahe zehn oder mehr als relaxiert reguliert betrachtet werden. Die relaxiert kontrollierten Plasmide besitzen die interessante Eigenschaft, daß bei einem Abbruch der Proteinsynthese der Wirtszelle (z.B. durch Chloramphenicol) die Synthese der Plasmid-DNA weiterläuft. Dies gilt nicht für die zelluläre DNA-Synthese, weshalb sich die Zelle dann nicht mehr teilt. Die weitere Inkubation der Kultur führt zur Akkumulation von Zellen, die mehr als 1 000 Plasmid-DNA-Moleküle pro Zelle tragen. Dieser Vorgang wird als Plasmid-Amplifikation bezeichnet und ist bei Gen-technischen Versuchen besonders nützlich (14.II und 15.II).

Obwohl einige Plasmide mit dem F-Plasmid inkompatibel sind (10.I.B), sind es andere nicht. Die mit F kompatiblen können zugleich miteinander inkompatibel sein und daher verschiedene Inkompatibilitätsgruppen bilden. Colicine in verschiedenen Kombinationen findet man häufig bei Zellisolaten aus natürlichen Quellen. Viele frühen Probleme der Colicin-Forschung kamen nur daher, daß man einen Stamm von *E. coli* benutzte, der, wie man annahm, nur ein Colicin herstellte, in Wirklichkeit waren es jedoch zwei.

Tabelle 11-2. Eigenschaften einiger Plasmid-kodierter Colicine[a]

Colicin	Kreuzresistenzgruppe	Wirkungsart	Normale Funktion des Rezeptors	Rezeptor-kodierendes *E. coli*-Cistron
A	A	Hemmt die RNA-Synthese	Vitamin B_{12}-Transport	*btuB*
B/D	B	Hemmt die Makromolekülsynthese	Enterochelin-Transport	*fepA*
E1	A	Depolarisiert die cytoplasm. Membran	Vitamin B_{12}-Transport	*btuB*
E2	A	Hemmt die DNA-Replikation; induziert DNA-Abbau	Vitamin B_{12}-Transport	*btuB*
E3	A	Spaltet 16 S rNA	Vitamin B_{12}-Transport	*btuB*
I	B	Depolarisiert die cytoplasm. Membran	Chelierter Eisen-Transport?	*cir*
K	A	Depolarisiert die cytoplasm. Membran	Nukleosid-Transport	*tsx*
M	B	Zellyse	Ferrochrom-Transport	*tonA*
V	B	–	–	–

[a] Die Colicine werden einer von zwei Kreuzresistenzgruppen zugeordnet, und jeder Zelle, die gegen die Wirkung eines Colicins resistent wird, wird gleichzeitig gegen alle Mitglieder dieser Gruppe resistent. Verändert nach Reeves (1979)

Tabelle 11-3. Eigenschaften Colicin-prodzierender Plasmide[a]

Plasmid	Fertilität	MG (Dalton)	Kopienzahl
ColB-K77	Konjugativ	70×10^6	–
ColD-CA23	Nicht-konjugativ	$3{,}3 \times 10^6$	15–30
ColE1-K30	Nicht-konjugativ	$4{,}2 \times 10^6$	10–15
ColE1-16	Nicht-konjugativ	6×10^6	–
ColE2-P9	Nicht-konjugativ	$5{,}0 \times 10^6$	10–15
ColE3-CA38	Nicht-konjugativ	$5{,}0 \times 10^6$	10–15
ColIb-P9	Konjugativ	62×10^6	1– 2
ColK-K235	Nicht-konjugativ	6×10^6	–
ColV2	Konjugativ	94×10^6	10–15
ColV-K94	Konjugativ	85×10^6	–
ColVB-K260	Konjugativ	107×10^6	1– 2

[a] Verändert nach Konisky (1978)

C Die konjugativen Colicin-Plasmide

Ein sehr wichtiges konjugatives Plasmid ist das, welches das Colicin I produziert, oder genauer, sind die beiden verwandten Plasmide, die die Colicine Ia und Ib kodieren. Die betreffenden Proteine besitzen Molekulargewichte von etwa 80 000 Dalton und wirken ähnlich. Die produzierenden Stämme sind trotzdem nicht kreuzimmun, weshalb die Colicine unterschiedliche Bezeichnungen erhalten haben.

Die Colicin I-Plasmide stellen als Teil ihres Konjugationsapparats ihre eigenen Pili her, die sich von den F-Pili stark unterscheiden. Sie vermitteln Sensitivität gegen eine andere Gruppe von Pili-spezifischen Phagen als die F-Pili und sind immunologisch von ihnen verschieden. In Zellen mit kompatiblen Plasmiden für F- und I-Pili scheint jedes Plasmid seinen eigenen Pilus bevorzugt zu benutzen. Wie in Tabelle 11-1 angegeben, vermittelt das Colicin I-Plasmid die Übertragung von bakterieller DNA, führt aber nicht zu stabilen Hfr-Stämmen.

Der Rezeptor für Colicin I (Tabelle 11-2) läßt das Protein durch die äußere Membran (Lipoprotein-Lipopolysaccharid-Schicht der Zellwand) und durch den periplasmatischen Raum passieren. Ist das Colicin-Molekül einmal an der cytoplasmatischen Membran angekommen, so schafft es Kanäle in der Membran, durch die Kalium ausfließt, was zu einer Depolarisierung der Membran führt. Die Depolarisation verhindert jede weitere ATP-Synthese, wodurch die Makromolekülsynthese aufhört und schließlich der Zelltod eintritt. Zellen, die im *tolI*-Locus mutiert sind, sind gegen die I-Colicine spezifisch immun, leiden aber auch an vielen Membrandefekten, die den aktiven und den Elektronentransport blockieren.

Die Colicin B- und D-Plasmide kodieren sehr ähnliche Proteine, aber die produzierenden Stämme sind nicht kreuzimmun. Die Plasmide kodieren auch F-Pili, zeigen aber nicht die Fähigkeit, die Übertragung bakterieller DNA zu veranlassen. Die Proteinprodukte sind grob von ähnlicher Größe (89 000 Dalton) und beeinflussen irgendwie so die Zellmembran, daß die Makromolekülsynthese aufhört. *tolB*-Stämme tolerieren die Colicine B, A und K. Es sind keine Toleranzmutationen bekannt, die nur für die Colicine B oder D spezifisch wären.

Die Rolle von Colicin V ist noch mysteriöser als die der Colicine B/D, da weder der Rezeptor noch die Wirkungsweise bekannt sind. Bisher wurde auch noch keine spezifische *tol*-Mutation identifiziert. Auf der anderen Seite bilden Colicin V-Plasmide excellente Hfr-Stämme mit F-Pili, und einige dieser Stämme werden bei genetischen Kreuzungen häufig benutzt, nachdem durch entsprechende Mutationen die Colicinproduktion verhindert wird.

D Die nicht-konjugativen Colicin-Plasmide

Eine sehr wichtige Gruppe der nicht-konjugativen Plasmide ist die Colicin E-Gruppe. Auch Colicin A (ursprünglich in *Citrobacter freundii* gefunden) gehört wahrscheinlich zu dieser Gruppe. Die ursprüngliche Bezeichnung Colicin E wurde in drei ganz verschiedene Gruppen unterteilt, wovon jede ihren eigenen Abtötungsmechanismus besitzt und E1, E2 und E3 genannt wird. Das Colicin E1 ist ein Protein mit einem Molekulargewicht von 56 000 Dalton und ähnelt in seiner Wirkungsweise dem Colicin I. Spezifische Toleranzmutationen sind nicht bekannt. Das Colicin E2 ist mit

62 000 Dalton etwas größer und hemmt die DNA-Synthese durch Aktivierung der Exonuklease I, die zum DNA-Abbau führt. Zu den Colicin E2-spezifischen Toleranzloci gehören auch *tolD* oder *tolE*.

Das Colicin E3 ist von mittlerer Größe (60 000 Dalton) und hat eine besonders gut definierte Wirkungsart. Es verursacht eine spezifische Abspaltung von etwa 50 Basen vom 3'-Ende der 16S-ribosomalen RNA in der 30S-Untereinheit der Ribosomen oder in den 70S-Ribosomen. Die Loci *tolD* und *tolE* vermitteln auch Toleranz gegen das Colicin E3.

Ein einmaliger Aspekt der Colicin E-Gruppe liegt darin, daß der Mechanismus der Immunität in der produzierenden Zelle identifiziert ist. Sowohl Colicin E2- als auch E3-produzierende Zellen stellen zusätzlich ein kleines Protein von etwa 10 000 Dalton Größe her, das als Immunitätssubstanz wirkt. Es wurden Komplexe von Colicin und dem Immunitätsprotein mit dem stöchiometrischen Verhältnis 1:1 identifiziert. Die Entfernung des Proteins bedingt einen Anstieg in der in vitro-Lethalität des Colicins. So wie sich die Wirkungsweisen der Colicine E2 und E3 unterscheiden, sind auch die Immunitätsproteine verschieden.

Obwohl die Colicin E-Plasmide nicht selbst-übertragend sind, können sie und andere nicht-konjugative Plasmide in Rezipientenzellen transferieren, wenn sie zusammen mit einem kompatiblen selbst-übertragenden Plasmid vorliegen. Der Mechanismus dieser Mobilisation ist noch nicht abgesichert, aber zumindest im Fall von ColE3 erfordert die Mobilisation nur die F-Funktionen für die Ausbildung der Paarungsaggregate. Neuere Arbeiten haben gezeigt, daß ein Colicin E1-Derivat, pBR322, auch von F mobilisiert werden kann. Die transferierenden pBR322-Moleküle haben von F gleichzeitig eine $\gamma\delta$-Insertionssequenz (10.II.C) erhalten.

Zwei andere nicht-konjugative Colicine wurden untersucht. Das Colicin K besitzt eine Wirkungsweise ähnlich dem Colicin I und eine Größe von etwa 43 000 Dalton. Manchmal findet man es mit dem O-Antigen komplexiert. Das Colicin M wurde als Komplex von Protein und Phosphatidyl-ethanolamin mit einem Molekulargewicht von 18 000 bis 27 000 Dalton erhalten. Seine Wirkungsweise ist unbekannt, seine Induktion führt zur Zellyse.

II Resistenzplasmide

A Allgemeine Eigenschaften

Diese Art von Plasmiden wurde ursprünglich in klinischen Isolaten von *Shigella*-Stämmen in Japan in den 50er Jahren entdeckt. Die Forscher bemerkten, daß die betreffenden *Shigella*-Stämme gegen eine ganze Zahl verschiedener Antibiotika resistent waren und daß die Kombination der Resistenzen ähnlich war. Es sah daher nicht so aus, als ob zufällige Mutationen zu den einzelnen Antibiotikaresistenzen führten. Bald wurde deutlich, daß die charakteristische Drogenresistenz durch einen infektiösen Prozeß genauso vererbt wurde wie das F-Plasmid. Im Jahr 1971 trugen 70 bis 80% aller klinisch isolierten *Shigella*-Stämme in Japan mehrfache Resistenzen. Das gleiche Phänomen trat darüberhinaus auch bei anderen Bakterien von klinischer Bedeutung auf. Auch bei Bakterien, die sich in Schwermetall-verunreinigten Gebieten vermehrten, fand man eine Art Resistenz, die genauso vererbt wurde wie die Antibiotikaresistenz.

Bald nach den ersten Beobachtungen konnten Genetiker zeigen, daß es sich bei der DNA, die die Antibiotikaresistenz kodierte, um Plasmid-DNA handelte. Diese Plasmide wurden als **R-Plasmide** bezeichnet (ursprünglich R-Faktoren), und bald wurde klar, daß viele verschiedene Typen von R-Plasmiden existieren. Man fand verschiedene Kombinationen von Antibiotikaresistenzen, und auch die Resistenzmechanismen selbst waren nachweisbar ungewöhnlich.

Wir betrachten als Beispiel den Fall des Antibiotikums Streptomycin. Sehr seltene Mutationen (10^{-9}) auf dem Bakteriengenom können die ribosomale 30S-Untereinheit so verändern, daß die Zelle gegen sehr hohe Streptomycinkonzentrationen (bis zu 1 mg/ml) resistent werden kann. R-Plasmide können im Vergleich dazu Enzyme kodieren, die Streptomycin chemisch modifizieren, indem sie Adenylyl-, Phosphat- oder Acetylgruppen an das Molekül hängen. Diese Art von Resistenz kann durch eine sehr hohe externe Antibiotikumkonzentration überwunden werden. Die Herkunft der modifizierenden Enzyme ist unsicher; Benveniste und Davies schlugen vor, daß sie ursprünglich in Bakterienstämmen auftraten, die natürliche Antibiotikumproduzenten sind. Ein möglicher Mechanismus für die Wanderung der DNA aus diesen Bakterien auf ein Plasmid wird im Abschn. C besprochen.

Die Klassifizierung der R-Plasmide erfolgt unter Verwendung eines Systems von Inkompatibilitätstests mit anderen R-Plasmiden und dem F- sowie verschiedenen Colicin-Plasmiden. Zur Zeit sind für *E. coli* über 30 Inkompatibilitätsgruppen bekannt, während *Pseudomonas* noch acht mehr besitzt, wovon fünf Plasmide darstellen, die nicht in *E. coli* transferiert werden. *Staphylococcus aureus,* der einzige gut untersuchte Gram-positive Organismus, hat sieben Inkompatibilitätsgruppen. *Bacillus subtilis* besitzt keine natürlich vorkommenden R-Plasmide, vermehrt aber viele *Staphylococcus*-Plasmide, die durch Transformation oder Transduktion eingeführt wurden.

Alle ursprünglich aufgetretenen R-Plasmide konnten sich selbst übertragen; eine genauere Untersuchung ergab jedoch, daß es auch viele nicht-konjugative R-Plasmide gibt. Die konjugativen R-Plasmide benutzen das Übertragungssystem von F oder I, die oben besprochen wurden. Zusätzlich fand man bei den Inkompatibilitätsgruppen N und P, daß diese für ihren eigenen einmaligen Konjugationsapparat mit Pili kodieren. Wie bei den anderen benutzt auch hier jedes Übertragungssystem bevorzugt seine eigenen Pili, wenn mehr als ein Typ an konjugativem Plasmid in der Zelle vorliegt.

Trotz der großen Zahl von Inkompatibilitätsgruppen findet man selten Bakterien mit mehr als einem oder zwei R-Plasmiden. Dies ist wahrscheinlich auf eine Verzögerung des Zellwachstums durch die zusätzliche DNA zurückzuführen. In einem Buch dieses Umfangs ist es unmöglich, auch nur eine repräsentative Zahl von R-Plasmiden zu besprechen. Daher wird nur ein R-Plasmid als einführendes Beispiel für diese große Gruppe betrachtet.

B Die physikalischen Eigenschaften des Plasmids R 100

Dieses Plasmid ist ein vergleichsweise einfaches R-Plasmid, isoliert aus *Shigella flexneri* in Tokyo. Das ursprüngliche Plasmid vermittelt Resistenz gegen 100 μg Tetracylin/ml, 200 μg Chloramphenicol/ml, 12,5 μg Streptomycin/ml und 200 μg Sulfonamid/ml. Die Tetracyclinresistenz ist nachgewiesenermaßen durch Veränderungen in der Permeabilität der Zelle bedingt, die das Eindringen des Antibiotikums reduzieren und seinen Austritt erhöhen. Im Gegensatz dazu wurde bei der Chloramphenicolresistenz gezeigt, daß sie durch ein Chloramphenicol-acetylierendes Enzym bedingt ist, während die Streptomycinresistenz durch ein Streptomycin-adenylierendes Enzym entsteht. Die molekulare Grundlage der Sulfonamidresistenz beruht auf der Synthese eines Plasmid-kodierten Enzyms, das die durch Sulfonamid blockierte Reaktion umgeht.

Obwohl das Plasmid sich selbst überträgt und F-Pili produziert, gehört es zur Inkompatibilitätsgruppe IncFII und kann daher mit dem F-Plasmid koexistieren, das zur Gruppe IncFI gehört. R100 wird übertragen zwischen *Escherichia, Klebsiella, Proteus, Salmonella* und *Shigella,* aber nicht auf *Pseudomonas.* Zwei Synonyme für das Plasmid lauten NR1 und 222.

Um zu verstehen, wie sich dieses Plasmid in der Zelle verhält, übertrugen Rownd und Mitarbeiter es in einen *Proteus mirabilis*-Stamm. Für die Arbeit mit dieser speziellen Wirt/Plasmid-Kombination gab es zwei entscheidende Vorteile. Als erstes wurde beobachtet, daß die Plasmid-DNA weniger mit dem bakteriellen Genophor assoziiert war als in *E. coli,* so daß etwa 20 bis 25% aller Plasmidmoleküle vollkommen autonom vorlagen. Dies erleichterte die Präparation reiner Plasmid-DNA beträchtlich. Der zweite Vorteil lag darin, daß die Dichten von Plasmid- und bakterieller DNA recht unterschiedlich sind, was die Trennung der beiden DNA-Typen durch Dichtegradienten sehr einfach machte.

Dichtegradienten werden gewöhnlich so hergestellt, daß man eine sehr dichte Chemikalie, meist Cäsiumchlorid oder Cäsiumsulfat, in einem Röhrchen einer DNA-Lösung zusetzt, bis die Dichte der Lösung etwa der der DNA gleicht, in diesem Fall 1,7 g/cm^3. Das Röhrchen wird dann in einen Ultrazentrifugenrotor bei hohen Geschwindigkeiten für Zeitspannen von sechs Stunden bis mehreren Tagen zentrifugiert, wobei sich ein Gleichgewicht einstellt. Im Gleichgewichtszustand haben sich Schwermetallionen durch die Zentrifugalkraft im Röhrchen nach unten bewegt. Die Wanderung der Metallionen führt zur Ausbildung eines Konzentrationsgradienten (und damit zugleich eines Dichtegradienten), der solange aufrecht erhalten wird, wie sich der Rotor dreht.

Ist die Zentrifuge einmal gestoppt, so zerstört die Diffusion allmählich den Gradienten, aber so langsam, daß es die normalen Experimente nicht stört. Die Konzentrationsdifferenz zwischen oberem und unterem Teil des Röhrchens (die Steilheit des Gradienten) ist abhängig von der Rotationsgeschwindigkeit in der Zentrifuge. Je schneller sich der Rotor dreht, desto steiler wird der Gradient.

Dichtegradienten können auf zwei Arten analysiert werden. Die Zentrifuge kann angehalten und der flüssige Inhalt des Röhrchens in kleinen Aliquots entnommen werden, worauf jedes Aliquot auf DNA getestet wird. Als Alternative können ein bestimmter Rotor und eine spezielle Zentrifuge benutzt werden, die es gestatten, von der sich drehenden Flüssigkeit ein Bild aufzunehmen. Da DNA UV-Strahlung absorbiert, kann man durch UV-Beleuchtung ein Bild erhalten, das die DNA-Menge als Funktion der Position im Gradienten darstellt. Mißt man das photographische Negativ mit einem Densitometer aus, so erhält man eine Kurve, die genau die UV-Absorption der DNA (d.h. ihre Konzentration) als Funktion der Position im Gradienten darstellt. Rownd und Mitarbeiter haben die letztere Technik verwendet. Einen Satz von densitometrischen Ausmessungen zeigt die Abb. 11-3. Die größere Bande mit der geringeren Dichte ist die bakterielle DNA, während das Material mit der höheren Dichte das R-Plasmid darstellt.

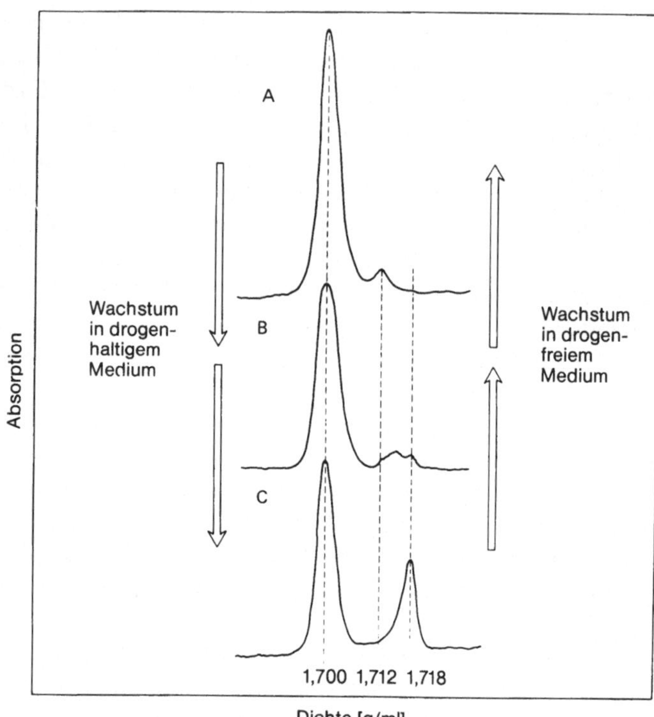

Abb. 11-3. Systematische Veränderungen im DNA-Dichte-Profil eines R-Plasmids. Die R100-DNA wurde aus *Proteus mirabilis*-Zellen isoliert, die entweder in drogenfreiem oder -haltigem Medium gezogen wurden. Die Profile A, B und C erhielt man durch Probenentnahme zu verschiedenen Zeiten nach der Beimpfung des Mediums.

Die große DNA-Bande links der Dichte von 1,700 ist bakterielle DNA, während die kleineren Banden rechts davon verschiedene Formen der R-Plasmid-DNA darstellen. Aus Rownd et al. (1974)

Bei den ursprünglichen derartigen Messungen beobachtete man zwei Plasmid-DNA-Banden. Verglich man die Profile von verschiedenen R-Plasmiden, so konnte man feststellen, daß die Tetracyclinresistenz normalerweise zusammen mit den Funktionen zum Selbsttransfer mit der weniger dichten DNA assoziiert war, während die anderen Antibiotikaresistenz-Cistren dazu neigten, mit der dichteren DNA assoziiert vorzuliegen. Diese Beobachtungen, die in mehreren Laboratorien gemacht wurden, führten zu der Annahme, daß Resistenzplasmide eigentlich aus zwei Teilen bestehen:

Einem **Resistenz-Transfer-Faktor (RTF)**, der die Übertragungsfunktionen und die Tetracyclinresistenz kodiert, und der **R-Determinante** (R-Det), die nur für Antibiotikaresistenzen kodiert. Dennoch blieb eine Tatsache ungeklärt. In Gegenwart eines entsprechenden Antibiotikums wie Chloramphenicol nahm die Dichte der Plasmid-DNA signifikant über die normale zu. Nach Entfernung des Antibiotikums ging die Dichte schrittweise wieder auf ihren ursprünglichen Wert zurück (Abb. 11-3).

Zur Erklärung dieses Phänomens postulierten Rownd und Mitarbeiter ein Modell für einen Prozeß, den sie **Transitionierung** nannten und der genau ein Modell für die Amplifikation eines Cistrons darstellt. Das Modell geht davon aus, daß sowohl die R-Determinante als auch der RTF Replikons sind, die unabhängig voneinander existieren

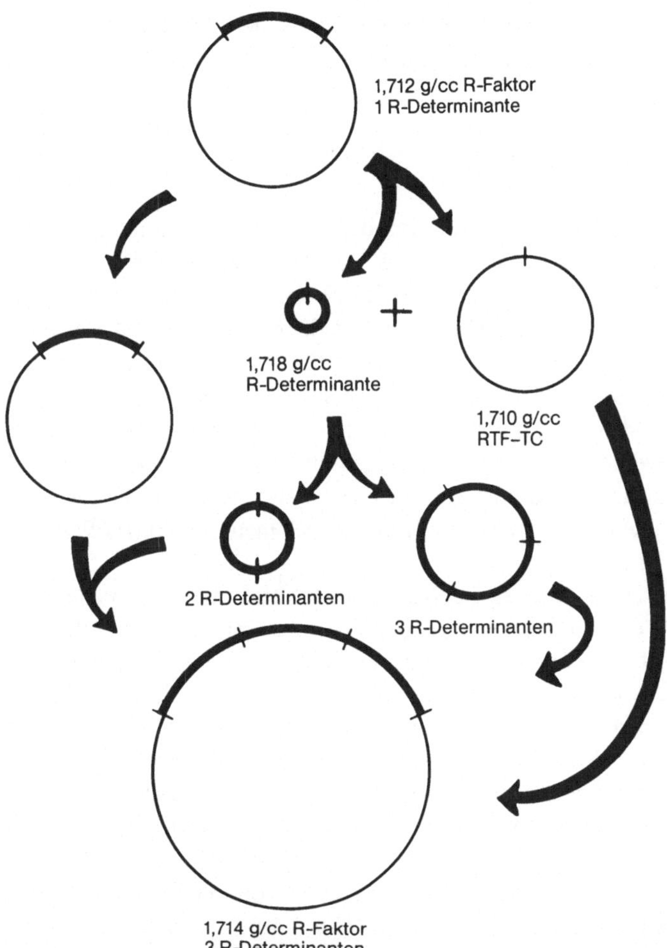

Abb. 11-4. Die Transition bei einem R-Plasmid. Die Zeichnung zeigt die Dissoziation und Reassoziation eines RTF und seiner R-Determinanten in *P. mirabilis* und den Dichtezuwachs, der den Einbau mehrfacher Kopien der R-Determinanten in einzelne R-Plasmide bei der Entstehung poly-R-determinanter R-Plasmide begleitet. Nach der Inkorporation einer großen Kopienzahl von R-Determinanten hätte die poly-R-determinante R-Plasmid-DNA genau die gleiche Dichte wie die R-Determinanten-DNA (1,718 g/ml), da der größte Anteil der Masse der DNA R-Determinanten entspräche. Aus Rownd et al. (1974)

können. Ferner wird angenommen, daß die Replikation eines großen Plasmids für die Zelle eher von Nachteil ist als die eines kleinen, und daß ohne Selektionsdruck kleine Plasmide von der Zelle bevorzugt werden. Wird der Kultur ein Antibiotikum zugesetzt, so werden zusätzliche inaktivierende Enzymmoleküle benötigt, die sich durch Erhöhen der Zahl der Plasmidkopien herstellen lassen. Es gibt jedoch eine Begrenzung dafür, wie viele unabhängige Replikons von einer Zelle toleriert werden. Eine Möglichkeit, die Überschreitung dieser Grenze zu vermeiden, besteht darin, ein einziges großes Plasmid mit mehreren Kopien der R-Determinanten zusammenzubauen. Die Zusammenlagerung ist dann für die Transition der DNA von niedriger zu hoher Dichte verantwortlich, wenn man davon ausgeht, daß die R-Det-DNA dichter ist als die RTF-DNA. In dem in der Abb. 11-4 wiedergegebenen Beispiel entspricht ein DNA-Molekül drei einzelnen R-Determinanten.

C Die genetische Analyse des Plasmids R100

Es gibt einige Daten, die mit dem Transitionsmodell in Übereinstimmung stehen. Rownd und Mitarbeiter zeigten, daß Startstellen für die DNA-Replikation sowohl auf dem RTF- als auch auf dem R-Det-Segment von R100 vorliegen, wie es das Modell postuliert. Genetische Analysen, durchgeführt von Davidson's Gruppe und Dempsey und Mitarbeitern, brachten sogar noch stärkere Hinweise für das Transitionsmodell.

Eine Genkarte von R100, mit ähnlichen Versuchen erarbeitet wie den in 10.III beschriebenen, ist in Abb. 11-5 dargestellt und sollte mit der Genkarte des F-Plasmids in Abb. 10-5 verglichen werden. Die *tra*-Cistren liegen auf beiden Karten in der gleichen Anordnung und Orientierung vor. Wichtig ist auch, daß jede DNA, die für Antibiotikumresistenz kodiert, von einem Paar von Insertionselementen (10.III) flankiert wird.

Die Interpretation dieser genetischen Beobachtungen lautet: die Tetracyclin-Resistenz-DNA ist in die Mitte eines selbstübertragenden Plasmids, dem F-Faktor sehr ähnlich, durch einen Rekombinationsvorgang unter Beteiligung zweier IS10-Elemente inseriert. In einem zweiten, davon unabhängigen Vorgang wurde auch die DNA der R-Determinanten mit zwei IS1-Elementen inseriert. Stellt man diese Interpretation mit dem oben beschriebenen Modell in Zusammenhang, so erfordert die Transitionierung wiederholte Rekombinationen bei oder nahe den IS1-Orten, wobei Strukturen, wie die in Abb. 11-4 gezeichneten, entstehen. Die Wege dieser Rekombination werden in 13.III.B besprochen.

Das Spiel zwischen verschiedenen IS-Elementen scheint von der Wirtszelle abhängig zu sein. Die Dichteanalyse der R100-DNA aus *E. coli* liefert nur die zusammengesetzte Bande ohne Hinweis auf die autonome Existenz von RTF oder R-Det. Andererseits kann das gesamte R100-Molekül in *Salmonella typhimurium* transferiert werden, wobei dann in Abwesenheit einer ständigen Selektion durch Antibiotika die ganze R-Determinante schnell verlorengeht und nur eine tetracyclinresistente Zelle mit einem RTF übrig bleibt. Der Grund für den Verlust von R-Det ist unklar, aber der Vorgang hängt von der normalen Funktion des *recA*-Cistrons ab. Zusätzlich zur Wanderung der Resistenzcistren in Plasmide und aus diesen heraus kann die R100-DNA noch eine andere Umordnung erfahren. Wird das Plasmid in einen temperatursensitiven *dnaA*-Stamm von *E. coli* übertragen, so bilden bei nicht-permissiver Temperatur alle überlebenden Zellen verschiedene Typen von Hfr-Stämmen, entstanden durch die Integration der R100-DNA, die nun den Enzymmechanismus des R-Plasmids zur Initiation neuer Runden von DNA-Synthese verwenden kann. Diese Aktivität ähnelt der des F-Plasmids und wird ebenfalls als integrative Suppression bezeichnet (10.II.A).

Bei der Besprechung der Genkarte von R100 wurde vorgeschlagen, die Tetracyclin-Resistenz-DNA sei in die Mitte des Plasmids inseriert, wofür es auch gute genetische Hinweise gibt. Im speziellen Fall von R100 wurden die *tet*-Cistren von Kleckner und Mitarbeiter durch eine Folge genetischer Austauschereignisse, die mit *Salmonella typhimurium* begannen, hindurch verfolgt. Die *tet*-Cistren wanderten von R100 zur

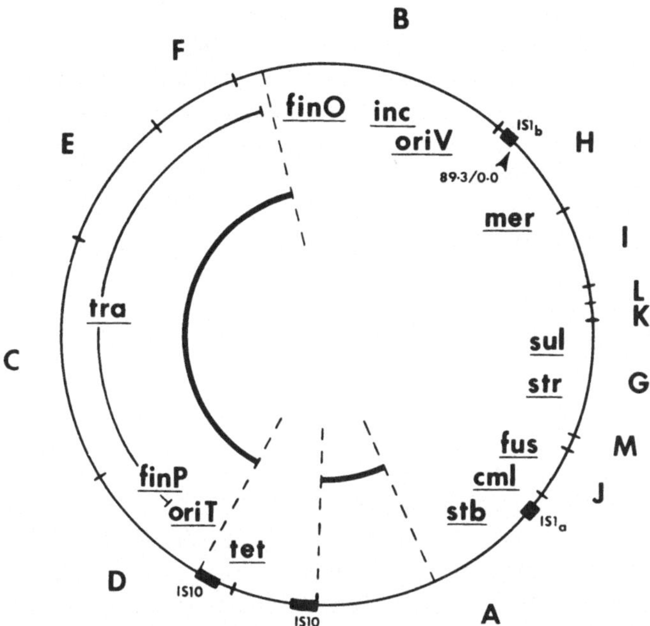

Abb. 11-5. Die Genkarte des Plasmids R100. Der Kreis entspricht der R100-DNA und den Positionen bekannter Insertionselemente (schwarze Rechtecke). Die Gesamtlänge der DNA beträgt 89,3 Kbp, wobei die Koordinaten dieser Zeichnung rechts von $IS1_b$ beginnen. Die Buchstaben um die Karte bezeichnen *Eco*RI-Restriktionsfragmente (14.I.B). Die Abkürzungen innerhalb des Kreises zeigen verschiedene identifizierte Cistren. Resistenzen gegen Quecksilberionen, Sulfonamide, Streptomycin/Spectinomycin, Fusidinsäure, Chloramphenicol und Tetracyclin werden jeweils mit *mer, sul, str, fus, cml* und *tet* bezeichnet. Die anderen Cistronsymbole bedeuten: *oriT,* Startpunkt des Transfers; *oriV,* Startpunkt der normalen (vegetativen) Replikation; *finO* und *finP,* Fertilitätsinhibition; *stb,* Stabilität des Plasmids innerhalb der Wirtszelle; *inc,* Inkomkapibilität mit anderen Plasmiden des gleichen Typs; *tra,* konjugaler Transfer. Wegen der zunehmenden Zahl kartierter *tra*-Cistren wurde hier nicht versucht, ihre einzelnen Positionen anzugeben. Die *tra*-Region wird deshalb mit einem Bogen gekennzeichnet. Die innerste dicke Linie zeigt die Region, die etwa zu 90% mit dem F-Plasmid homolog ist. Die Unterbrechung in dieser homologen Region ist durch das Transposon Tn10 bedingt. Aus: Dempsey, W.B., Willetts, N.S. (1976) Plasmid cointegrates of prophage lambda und R factor R100. J. Bacteriol. 126:166–176; Dempsey, W.B., McIntire, S.A. (1979) Lambda transducing phages derived from a finO⁻ R100: λ cointegrate plasmid: proteins encoded by the R100 replication/incompatibility region and the antibiotic resistance determinant. Mol. Gen. Genet. 176:219–334. Zeichnung von Dr. S. McIntire und Dr. W. Dempsey

DNA des Phagen P22, wobei mindestens 20 verschiedene Integrationsorte beobachtet wurden. Von P22 gelangten die *tet*-Cistren auf das *Salmonella*-Genom selbst, wo sie an 100 oder mehr Stellen integrieren konnten.

Von *Salmonella* wurden die Cistren vom Phagen lambda aufgenommen (der eine Deletion trug, so daß er zusätzliche DNA einbauen konnte), wobei mindestens fünf verschiedene λ*tet*-Phagen auftraten. Der lambda-Phage transportierte die *tet*-Cistren in *E. coli,* wo sie schließlich an 20 verschiedenen Stellen integrierten. Es ist unmöglich, daß die *tet*-Cistren ausgedehnte Sequenzhomologien mit so vielen verschiedenen Stellen auf so vielen verschiedenen DNA-Molekülen besitzen. Sie müssen daher eine neue

Art genetischer Elemente darstellen, die in eine einzel-ortsspezifische Rekombination (13.III.B) eintreten können wie die einzelnen Insertionssequenzen selbst.

Bei einer ganzen Zahl von Insertionssequenzen fand man das gleiche Verhalten wie das der *tet*-Cistren, und ihnen wurde die allgemeine Bezeichnung Transposon verliehen. Transposons sind immer von Insertionssequenzen flankiert (obwohl nicht unbedingt als invertierte Wiederholung) und scheinen eine autonome Existenz zu besitzen. Ein Modell für ihr Verhalten wird in Kap. 13 dargestellt. Das speziell in R100 gefundene Transposon war das zehnte identifizierte und wird als Tn10 bezeichnet.

III Plasmidwechselwirkungen bei der Konjugation

A Fertilitätshemmung

Bei Weiterführung der vergleichenden Untersuchungen von F- und R-Plasmiden wurde bald deutlich, daß der Transfer von F im allgemeinen effektiver war. Die Fähigkeit der meisten R^+-Zellen, ihre Plasmide zu übertragen, war weniger als 1% der der F^+-Zellen, obwohl es unter den R-Plasmiden Ausnahmen gab, deren Transfer genauso effizient erfolgte wie der von F. Darüberhinaus fand man, daß selbst solche Plasmide, die sich normalerweise nur ineffizient übertragen, im Transfer recht effizient sind, wenn sie frisch in ihre Wirtszelle eingebracht wurden. Die einfachste Erklärung für diese Beobachtungen war, daß die meisten R-Plasmide eine Substanz herstellen, die die *tra*-Cistren stufenweise reprimiert (abschaltet). Eine Zelle mit einem neu übertragenen Plasmid hätte daher nur niedrige Repressorkonzentrationen und damit eine gute Expression der *tra*-Cistren. Dagegen hätte eine Zelle, die das Plasmid schon über viele Generationen beherbergt, maximale Repressorkonzentrationen und damit nur wenig Expression der *tra*-Cistren.

Bei den Experimenten zur Erarbeitung der verschiedenen Inkompatibilitätsgruppen der R- und F-Plasmide wurden viele Kombinationen von R- und F-Plasmiden in der gleichen Zelle hergestellt. Häufig schien das R-Plasmid auf das F-Plasmid keinen Effekt zu haben, aber bei bestimmten R-Plasmiden wurde beobachtet, daß sie die Effizienz des Transfers des F-Plasmids auf ihre eigenen, ineffizienten Raten reduzierten. Solchen Plasmiden wurde die Fähigkeit der **Fertilitätshemmung** zugeschrieben (fi^+), was in dem oben beschriebenen Repressionsmodell bedeutet, daß der vom R-Plasmid hergestellte Repressor auch auf das F-Plasmid einwirkt. Die fi^--R-Plasmide, die auf die Übertragungsfähigkeit von F keine Wirkung zeigen, sind von zwei Arten. Die eine Plasmidart ist für ihren eigenen Transfer dereprimiert und stellt daher wahrscheinlich keinen funktionellen Repressor her. Der andere Plasmidtyp kodiert für I-Typ Pili. Wie im Abschn. I.C gesagt, zeigen die I-Pili das Vorhandensein eines ganz anderen Übertragungssystems an, und es überrascht daher nicht, daß es zwischen den beiden Systemen keine Wechselwirkung gibt.

Willetts und Mitarbeiter fanden bei der genetischen Analyse des fi^+-Phänotyps zwei Cistren, *finO* und *finP*. Die Produkte dieser Cistren wirken in einer „konzertierten Aktion" so zusammen, daß die Expression von *traJ* gehemmt wird. Ohne das *traJ*-Protein können die meisten anderen *tra*-Cistren nicht exprimiert werden, da sie als riesiges Operon koordiniert reguliert werden (Kap. 12), und die Selbstübertragung des

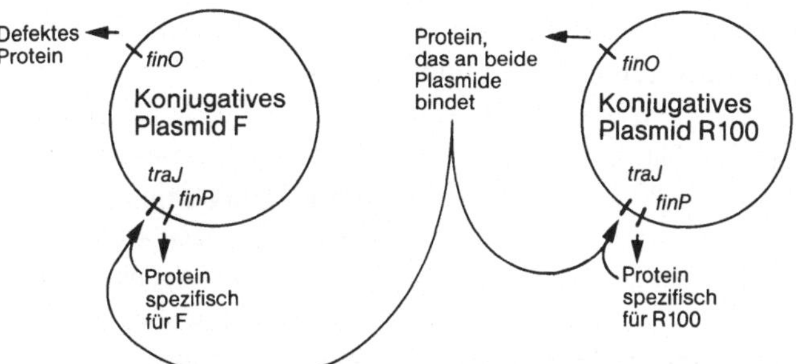

Abb. 11-6. Modell zur Inhibition der F-Fertilität durch R100, wie von Willetts entwickelt. Das *traJ*-Cistron ist das regulatorische Element für die Expression der Fertilitätsfunktionen und ist beiden Plasmiden gemeinsam. Es gestattet die Expression dieser Funktionen, außer bei simultaner Bindung zweier Proteine. Diese Proteine werden von den Cistren *finO* und *finP* kodiert. Im F-Plasmid ist das Produkt des Cistron *finO* defekt, so daß keine Fertilitätshemmung auftritt. R100 stellt jedoch von *finO* ein funktionelles Protein her, das auf beide Plasmide wirkt. Im F-Plasmid sind daher in Gegenwart von R100 die Fertilitätsfunktionen reprimiert

Plasmids nicht möglich ist. Das F-Plasmid ist nachgewiesenermaßen eine spontane *finO*-Mutante, die zu der hohen Fertilität führt. Das allgemeine Modell für die Fertilitätshemmung ist in Abb. 11-6 gezeigt. Man nimmt an, daß der anfängliche Transfer des R-Plasmids in wenigen Zellen geschieht, in denen die *tra*-Funktionen exprimiert werden. Hat die erste Übertragung einmal stattgefunden, so verläuft der weitere Transfer rasch und sich ausbreitend von den neuen R^+-Zellen aus (die jetzt für mehrere Generationen dereprimiert sind). Obwohl die Plasmide dazu neigen, sich selbst in einer Zellpopulation auszubreiten, wird der Vorgang bei Selektion durch Antibiotika sehr verstärkt. Dies liefert ein sehr starkes Argument gegen den uneingeschränkten Gebrauch klinisch wichtiger Antibiotika.

B Der Plasmidtransfer in nichtbakterielle Zellen

Die bisherige Diskussion befaßte sich mit der Übertragung von Plasmiden von einer Bakterienzelle auf eine andere. Die Rezipientenzelle kann dabei zwar zu einer anderen Gattung oder Art gehören, ist aber immer noch ein Prokaryont. Bisher gab es noch keinen schlüssigen Beweis für die Existenz natürlich vorkommender Plasmide (keine Viren) in eukaryontischen Zellen. Es gibt dennoch ein bekanntes Beispiel für die Übertragung eines bakteriellen Plasmids in eukaryontische Zellen.

Das betreffende Bakterium ist *Agrobacterium tumefaciens,* ein Pflanzenpathogen, das lange mit der Entstehung von Wurzelhalsgallen (Tumoren) bei verschiedenen dikotyledonen Pflanzen in Zusammenhang gebracht wurde. Die Grundbeobachtung bestand darin, daß sich in Abwesenheit des Bakteriums kein Tumor entwickelte. Bei Vorhandensein des Bakteriums wurde das tumorigene Wachstum initiiert, und bei späterer Untersuchung des Primärtumors waren die Bakterien noch vorhanden. Entwickelten sich Sekundärtumoren, so waren diese frei von Bakterien. Wurde nach der anfänglichen Beimpfung mit *Agrobacterium* das Pflanzengewebe so behandelt, daß alle Bakterien abgetötet wurden, so entwickelte sich dennoch ein Tumor. Daraus wurde geschlossen, daß die Bakterien für die Initiation, aber nicht für das Wachstum des Tumors notwendig sind.

Über Jahre hinweg bestanden Kontroversen über den Mechanismus der Tumorinduktion, aber neuere Arbeiten von Chilton, Nester und ihren Kollegen klärten schließlich die Situation. Sie konnten zeigen, daß die Tumorzellen DNA-Sequenzen enthalten, die zu denen auf einem großen Plasmid in einigen *Agrobacterium*-Stämmen homolog sind. Nur Bakterien mit diesem Plasmid wirken tumorigen. Darüberhinaus tragen pflanzliche Tumorzellen DNA, die bestimmten Plasmid-DNA-Sequenzen (den T-Sequenzen) homolog sind, was zeigt, daß das Plasmid das tumorigene Agens ist. Die T-Sequenzen entsprechen nur etwa 5% der gesamten Ti-Plasmid-DNA, wobei noch die Frage offen bleibt, ob das ganze Plasmid übertragen wird. Zur Zeit ist über den Übertragungsmechanismus oder über den physikalischen Zustand der Plasmid-DNA in den Tumorzellen nur wenig bekannt. Viele Tumorzellen stellen die ungewöhnlichen Aminosäuren Octopin oder Nopalin her, während das Plasmid in den Bakterienzellen Enzyme für den Abbau dieser Aminosäuren kodiert. Es ist daher möglich, daß der Tumor ein Beispiel einer ungewöhnlichen symbiontischen Beziehung zwischen Pflanze und Bakterium darstellt.

IV Zusammenfassung

Plasmide scheinen eher die Regel als die Ausnahme bei natürlichen Bakterienstämmen zu sein. Die Zahl genetisch identifizierter, natürlich vorkommender Plasmide geht in die Tausende. Diese Plasmide sind alle sich selbst replizierende DNA-Moleküle, aber hier hört die Ähnlichkeit auch schon auf. Einige Plasmide scheinen keine weiteren Funktionen zu kodieren und werden als kryptisch betrachtet. Einige Plasmide kodieren für Antibiotika, die Bacteriocine genannt werden und gegen andere Arten oder Gattungen von Bakterien oder gegen nicht-Bacteriocin-produzierende Zellen der gleichen Art wirken können. Manche Plasmide kodieren für eine Vielzahl von Antibiotika- oder Schwermetallresistenzen und werden als R-Plasmide bezeichnet. Obwohl einige Plasmide nicht übertragbar sind, gilt dies für viele, wobei sie Mechanismen benutzen, die entweder mit den Übertragungsmechanismen des F-Plasmids oder des Colicin-I-Plasmids identisch sind.

Die Colicine sind die am besten untersuchten Bacteriocine. Die meisten sind Proteine, aber zumindest eines scheint von einem defektiven Prophagen hergestellt zu werden und ähnelt einem kleinen Phagen mit kontraktilem Schwanz. Die Wirkungsart der einfachen Protein-Colicine reicht von der Spaltung der 16S-ribosomalen RNA bis zur Zerstörung der Permeabilitätsschranken in der cytoplasmatischen Membran.

Die R-Plasmide zeigen beträchtliche Unterschiede in Bezug auf die Antibiotikaresistenzen, die sie herbeiführen, und fast alle Antibiotika können durch zumindest ein R-Plasmid neutralisiert werden. Es gibt Hinweise dafür, daß die R-Plasmide durch Transposition von Sequenzen, die für inaktivierende Enzyme kodieren, aus bakterieller DNA auf Plasmid-DNA entstanden sind. Diese DNA-Stücke werden als Transposons bezeichnet, und ihre Wanderung zwischen Bakterien und Bakteriophagen läßt sich durch die Antibiotikum-Resistenzmerkmale verfolgen. Die Fähigkeit zur Transposition scheint durch Insertionssequenzen an beiden Enden bedingt zu sein. Unter bestimmten Bedingungen können die Insertionssequenzen auch als Mittel zur Amplifikation von Cistren dienen.

Bei einem Plasmid, das man in *Agrobacterium tumefaciens* findet, läßt sich die Fähigkeit zeigen, zumindest einen Teil von sich in Pflanzenzellen zu übertragen. Gleichzeitig mit dem Transfer werden die Pflanzenzellen zur Ausbildung eines Tumors induziert. Es handelt sich hierbei um ein besonders wichtiges Plasmid, denn sein Transfersystem stellt einen Bruch dessen dar, was als natürliche Grenze zwischen Pro- und Eukaryonten betrachtet wird.

Literatur

Allgemein

Broda P (1979) Plasmids. Freeman, San Francisco

Calos MP, Miller JH (1980) Transposable elements. Cell 20:579–595

Holloway BW (1979) Plasmids that mobilize bacterial chromosome. Plasmid 2:1–19

Koch AL (1981) Evolution of antibiotic resistance gene function. Microbiol Rev 45:355–378

Konisky J (1978) The bacteriocins. In: Ornston LN, Sokatch JR (eds) The bacteria, a treatise on structure and function, vol. 6. Academic Press, New York, pp 71–136

Konisky J (1982) Colicins and other bacteriocins with established modes of action. Annu Rev Microbiol 36:125–144

Mitsuhashi S (ed) R factor: Drug resistance plasmid. University of Tokyo Press, Tokyo; University Park Press, Baltimore

Reeves P (1979) The concept of bacteriocins. Z Bakteriol, Parasitenk, Infektionskr Hyg, Abt 1 Orig Reihe A 244:78–90

Tagg JR, Dajani AS, Wannamaker LW (1976) Bacteriocins of Gram-positive bacteria. Bacteriol Rev 40:722–756

Speziell

Bennett PM, Richmond MH (1978) Plasmids and their possible influence on bacterial evolution. In: Ornston LN, Sokatch JR (eds) The bacteria, a treatise on structure and function, vol 6. Academic Press, New York, pp 1–70

Bradley DE (1980) Determination of pili by conjugative bacterial drug resistance plasmids of incompatibility groups B, C, H, J, K, M, V, and X. J Bacteriol 141:828–837

Kageyama M, Shinomiya T, Aihara Y, Kobayashi M (1979) Characterization of a bacteriophage related to R-type pyocins. J Virol 32:951–957

Klapwijk PM, Schilperoort RA (1979) Negative control of octopine degradation and transfer genes of octopine Ti plasmids in *Agrobacterium tumefaciens*. J Bacteriol 139:424–431

Lau RH, Doolittle WF (1979) Covalently closed circular DNAs in closely related unicellular cyanobacteria. J Bacteriol 137:648–652

Levin BR, Stewart FM (1980) The population biology of bacterial plasmids: a priori conditions for the existence of mobilizable nonconjugative factors. Genetics 94:425–443

Ross DG, Grisafi P, Kleckner N, Botstein D (1979) The ends of Tn*10* are not IS*3*. J Bacteriol 139:1097–1101

Rownd RH, Perlman D, Goto N (1974) Structure and replication of R-factor DNA in *Proteus mirabilis*. In: Schlessinger D (ed) Microbiology 1974. American Society for Micorbiology, Washington, DC, pp 76–94

Rownd RH, Miki T, Appelbaum ER, Miller JR, Finkelstein M, Barton CR (1978) Dissociation, amplification, and reassociation of composite R-plasmid DNA. In: Schlessinger D (ed) Microbiology 1978. American Society for Microbiology, Washington, DC, pp 33–37

Schell J, van Montagu M (1980) The Ti-plasmids of *Agrobacterium tumefaciens* and their role in crown gall formation. In: Leaver CJ (ed) Genom organization and expression in plants. Plenum Press, New York, pp 453–470

Warren RL, Womble DD, Barton CR, Easton AM, Rownd RH (1978) Multiple origins for DNA replication of FII composite R plasmids in *Proteus mirabilis.* In: Schlessinger D (ed) Microbiology 1978. American Society for Microbiology, Washington, DC, pp 96–98

Willetts N (1978) Control of conjugation in F-like plasmids. In: Schlessinger D (ed) Microbiology 1978. American Society for Microbiology, Washington, DC, pp 211–213

Kapitel 12
Regulation

Der **Phänotyp** einer Zelle kann als die Gesamtheit aller gerade ablaufenden physiologischen Prozesse betrachtet werden. Der **Genotyp** einer Zelle beinhaltet das gesamte physiologische Potential ohne Rücksicht darauf, welche Vorgänge in einem bestimmten Moment geschehen. Der Unterschied zwischen dem Phänotyp und dem Genotyp einer Zelle hängt von den regulatorischen Mechanismen ab, die der Zelle zur Verfügung stehen. Mit diesen Mechanismen befaßt sich das vorliegende Kapitel.

In einem gewissen Sinn lassen sich regulatorische Mechanismen als Energiesparmaßnahmen betrachten, denn die Synthese jedes Makromoleküls erfordert Energie in Form von ATP oder einem anderen gleichwertigen Molekül. In dem Maß, wie die Zelle nicht notwendiges Protein, DNA oder andere Moleküle synthetisiert, verschafft sie sich selbst bei der Konkurrenz mit anderen Organismen um Nährstoffe und Raum Nachteile. Der Zelle stehen verschiedene Regulationsmechanismen und Regulationsebenen zur Verfügung, die sich in ihrer Sensitivität unterscheiden. Die grundlegende, aber wenig sensitive Kontrolle ist die der **Transkription**, die fundamentale Entscheidung darüber, ob eine bestimmte mRNA synthetisiert wird oder nicht. Die nächste Kontrollebene, eine mit weniger dramatischen Auswirkungen, ist die der **Translation**, die Entscheidung, ob ein bestimmtes mRNA-Molekül von dem Ribosom translatiert wird. Die empfindlichste Kontrollebene liegt nach der Translation bei der **Funktion**, wo entschieden wird, ob ein Protein auch wirkt. Diese Art der Kontrolle erfolgt durch Mechanismen wie allosterische Effektoren oder spezifische Proteasen und stellt einen Punkt dar, der eigentlich mehr zur Biochemie gehört. In diesem Kapitel werden daher nur die ersten beiden Kontrollarten, die der Transkription und der Translation, genauer besprochen.

I Die Regulation einfacher funktioneller Einheiten

A Das Operon, die regulatorische Grundeinheit

Das ursprüngliche Konzept des Operons kam von Jacob und Monod aus Paris, die dafür den Nobelpreis erhielten. Das Konzept entstand aus Beobachtungen, die Monod noch als Doktorand gemacht hatte. Züchtet man eine Kultur von *E. coli* in Medium, das sowohl Glucose als auch Lactose als potentielle Kohlenstoff- und Energiequellen enthält, so beobachtet man ein Zweiphasenwachstum. In der ersten Wachstumsphase wird die gesamte Glucose, aber keine Lactose verbraucht. Nach einer etwas variablen Lag-Phase, die beginnt, wenn alle Glucose im Medium verbraucht ist, fangen die Zellen wieder an, sich zu vermehren, und benutzen diesmal die Lactose. Monod bezeichnete dieses Phänomen als **Diauxie** und folgerte, daß die Lag-Periode die Zeit zur Umstellung der Regulation in der Zelle darstellt. Enzymatische Analysen von Zellextrakten zeigten, daß von den Enzymen zum Abbau von Lactose in Gegenwart der Glucose nur geringe Mengen vorliegen, daß die Enzymmengen jedoch koordiniert ansteigen, wenn die Glucose ausgeht. Spätere ähnlich angelegte Versuche zeigten, daß die Enzyme für die Biosynthese von Tryptophan in Abwesenheit, aber nicht in Anwesenheit von Tryptophan hergestellt werden. In die gegenwärtige Terminologie gebracht, war der Schluß aus den Lactose- und Tryptophanversuchen der, daß Cistren, die den gleichen Prozeß steuern (z.B. die Lactose-Nutzung), koordiniert reguliert werden.

Genetische Kartierungen ergaben, daß koordiniert regulierte Cistren im allgemeinen aneinander grenzen. Die Gruppe der koordiniert regulierten Cistren besaß darüberhinaus auch eine definierte Richtung oder Polarität, die sich durch die Eigenschaften einer bestimmten Klasse von Mutationen, den **polaren Mutationen**, zeigen ließ. Diese Mutationen, bei denen es sich um Unsinn-Mutationen handelt (3.III.A), führen zum Funktionsverlust in zwei oder mehr Cistren, selbst wenn sie als Punktmutationen kartiert sind. Die Inaktivierung eines Cistrons außer dem, in dem die Mutation stattgefunden hat, erfolgt in einem bestimmten Muster. Hat ein Satz von Cistren z.B. die Reihenfolge ABCDE, so reduziert oder eliminiert eine polare Mutation in A die Funktionen B, C, D und E, während eine polare Mutation in C die Funktionen von D und E beeinträchtigt, aber keine Auswirkungen auf die Funktionen von A oder B hat. Aus diesen Ergebnissen läßt sich schließen, daß die Mutation einen Prozeß unterbricht, der bei A beginnt und linear bis zu E weiterläuft, wobei ein Funktionsgradient entsteht. Bei der Überprüfung der Feinstruktur-Genkarten läßt sich beobachten, daß Unsinn-Mutationen im Cistron A, die nahe beim Übergang von A zu B kartieren, mit viel geringerer Wahrscheinlichkeit polare Effekte zeigen als solche, die am entgegengesetzten Ende des Cistrons kartieren. Diese Ergebnisse führen wieder zu einem Polaritätsgradienten von A nach E.

Unter Berücksichtigung all dieser Beobachtungen schlugen Jacob und Monod (1961) eine neue genetische Einheit vor, das **Operon**. In der molekularbiologischen Sprache besteht das Operon aus einer Gruppe von Cistren, die normalerweise für verwandte Funktionen kodieren, in einer Einheit transkribiert werden (in dem Beispiel oben mit A beginnend) und polycistronische mRNAs herstellen. Die koordinierte Regulation der in einem Operon kodierten Enzyme wird dadurch sichergestellt, daß die Translation der mRNA alle Enzyme aufeinanderfolgend entstehen läßt, wobei bei A begonnen und bei E aufgehört wird. Endet die Translation oder Transkription durch in unnormales Terminationssignal vorzeigtig (eine Unsinn-Mutation), so hängt die Herstellung der Enzyme, die distal dem Mutationspunkt liegen (nach ihm transkribiert werden) von der Möglichkeit eines Neustarts ab. Fehlen Neustarts, so führt dies zu den beobachteten polaren Effekten.

Funktionell besteht ein Operon aus mehreren, definierten genetischen Elementen. Es muß eines oder mehrere Strukturcistren besitzen, die in RNA transkribiert werden (wobei diese rRNA, mRNA oder tRNA sein kann). Die Transkription muß an einer oder mehreren definierten Startpunkten beginnen und an einer oder mehreren Stellen aufhören. Es muß die Möglichkeit bestehen, daß irgendwelche regulatorischen Moleküle mit dem Operon in Wechselwirkung treten und seine Transkription steuern. Es gibt verschiedene Wege, diese Kriterien zu erfüllen, und der Rest dieses Kapitels wird sich mit Beispielen hierzu beschäftigen.

B Das Lactose-Operon

Die meisten der frühen Pariser Arbeiten befaßten sich mit dem Abbau von Lactose, und viele Jahre lang blieb dieses Operon das am besten untersuchte. Es ist ein ganz einfaches Operon aus drei strukturellen Cistren, die mit Z, Y und A bezeichnet werden. Das Cistron *lacZ* kodiert das Enzym β-Galaktosidase, das die Hydrolyse von Lactose zu Glucose und Galaktose katalysiert. Das *lacY*-Cistron kodiert eine Galaktosid-permease, die den Transport einer Reihe von Zuckern, einschließlich der Lactose, Melibiose und Raffinose vermittelt. Das Cistron *lacA* kodiert die Thiogalaktosid-transacetylase, ein Enzym mit unbestimmter Funktion, das bei der Entgiftung bestimmter Thiogalaktoside vielleicht eine Rolle spielt. All diese Proteine sind normalerweise in Spuren in der Zelle vorhanden. Wächst die Zelle jedoch mit Lactose, so steigen die Enzymmengen um das Tausendfache an. Die Stimulation des Anstiegs wird als **Induktion** bezeichnet, die Enzyme des *lac*-Operons als induzierbar. Jede Verbindung wie Lactose, die bei ihrer Gegenwart im Medium zu einer Induktion führt, wird **Induktor** genannt. Ist der Induktor im Medium durch die Wirkung der Lactose-Enzyme verbraucht, so wird die Synthese dieser Enzyme wieder reprimiert, und die Zelle kehrt zum Ausgangszustand zurück.

Das Gegenteil der induzierbaren/reprimierbaren Enzyme sind die **konstitutiven** Enzyme, die unter allen Bedingungen hergestellt werden. Die konstitutive Enzymproduktion zeigt das Fehlen von Kontrollmechanismen, und es gibt bestimmte Mutationen, die die Produktion der Lactose-Enzyme konstitutiv statt induzierbar werden lassen können. Zu dieser Mutationsklasse gehören auch solche, die im Cistron *lacI* kodieren, das benachbart zu den Cistren *lacZ, Y* und *A* liegt. Unsinn-Mutationen im *lacI*-Cistron lassen sich durch die gewöhnlichen tRNA-Suppressoren supprimieren; die vom *lacI*-Cistron gebildete RNA muß daher in Protein translatiert werden. Eine *lacI*-Zelle ist zwar konstitutiv für die Expression von *lacZ, Y* und *A*, eine merodiploide Zelle mit F'*lacI*$^+$/*lacI* ist jedoch induzierbar (das Cistron *lacI* ist transdominant). Diese Beobachtungen bestätigen, daß das Cistron *lacI* einen Proteinrepressor kodiert, der eine negative Kontrolle über das Lactose-Operon ausübt (d.h. die Transkription verhindert), auch wenn sich das Operon in dem gleichen DNA-Stück befindet wie das *lacI*-Cistron.

Der Repressor muß irgendwie mit dem Operon interagieren, um die Transkirption zu verhindern. Die Stelle, an der diese Wechselwirkung erfolgt, ist der **Operator**, und sie ist genetisch durch eine andere Klasse konstitutiver Mutationen charakterisiert. Diese Mutationen (o^c genannt) kartieren zwischen den Cistren *lacI* und *lacZ* und sind cis-dominant, d.h. der Phänotyp einer *lac* o^c-Zelle läßt sich durch das Vorhandensein eines funktionellen *lacI*-Cistrons in der Zelle nicht beeinflussen. Die Interpretation dieser Beobachtung ist die, daß die Operatormutation den Repressor an der Bindung an den Operator hindert, woraufhin die Transkription ungestört ablaufen kann. Da der Operator nur eine Bindungsstelle darstellt und kein diffundierbares Produkt herstellt, kann der *cis-trans*-Test auf ihn nicht angewendet werden, und er kann nicht als Cistron betrachtet werden.

Die Gegenwart des Repressorproteins am Operator verhindert die Transkription, die Abwesenheit des Repressors gestattet sie. Die Induktion muß also darin bestehen, den Repressor vom Operator durch Wechselwirkung mit dem Induktor zu entfernen. Verschiedene Moleküle mit einer β-galaktosidischen Bindung wie in der Lactose fungieren in vivo und in vitro als Induktoren. Manche davon werden nicht wie die Lactose von β-Galaktosidase abgebaut und daher als **„freie Induktoren"** bezeichnet. Dazu gehören Thiomethyl-D-galaktopyranosid (TMG) und Isopropyl-β-D-thiogalaktopyranosid (IPTG), die beide häufig zu Untersuchungen über die Induktion benutzt werden. Da sie nicht abgebaut werden, verändert sich ihre Konzentration nicht, auch wenn sich die Zellen über viele Generationen teilen. Eine Mutationsklasse von *lacI*, i^s, gibt dem Repressor die Fähigkeit, an Operator und Induktor gleichzeitig zu binden, so daß die Induktion des *lac*-Operons nicht mehr möglich ist, obwohl noch Grundmengen der Enzyme hergestellt werden.

Das *lac*-Repressor-Protein wurde von Gilbert und Müller-Hill gereinigt, die auch zeigten, daß es präferentiell die verschiedenen Induktormoleküle bindet. Das Induktionsmodell wird damit zu einem Wettlauf der Repressormoleküle, Induktor oder Operator zu binden, wobei bevorzugt der Induktor gebunden wird.

Der normale Induktor ist interessanterweise nicht die Lactose, sondern ein Derivat davon, die Allolactose. Sie entsteht in Spuren durch die Wirkung der β-Galaktosidase an der Lactose durch Verschiebung der glykosidischen Bindung vom C-4-Atom zum C-6-Atom im Galaktopyranosid-Ring. Das Lactose-Induktionssystem ist nicht ganz spezifisch, denn auch einige andere Zucker wie Melibiose induzieren das *lac*-Operon, nutzen aber nur die Permease-Funktion. Andere, wie die Raffinose, brauchen die *lac*-Permease zum Transport in die Zelle, können das Operon aber nicht induzieren.

Im ursprünglichen Operon-Modell wurde angenommen, daß die einmal an den Operator gebundene RNA-Polymerase die Transkription beginnt, und daß die Repression eine einfache Kompetition zwischen Polymerase und Repressor um die gleiche Bindungsstelle auf der DNA darstellt. Ullman und Monod isolierten jedoch *lac*-Mutationen, bei denen das Niveau an induzierten *lac*-Enzymen (die maximal erreichbare Enzymmenge) verändert war, die Induzierbarkeit selbst aber nicht. Solche Eigenschaften wären zu erwarten, wenn die Fähigkeit der Polymerase zur Bindung an die DNA zur Initiation der Transkription betroffen wäre. Diese Bindungstelle wurde **Promotor** genannt und es wurde festgelegt, daß „auf"-Promotormutationen solche sind, die zu effektiverer Bindung der RNA-Polymerase führen (d.h. es wird mehr Enzym hergestellt) und „ab"-Promotormutationen solche, die RNA-Polymerase weniger effektiv binden und damit weniger Enzym entstehen lassen. Diese Promotormutationen kartieren zwischen *lacI* und *lacZo* und werden als *lacZp* bezeichnet. Die Bezeichnung „Z" soll andeuten, daß sich sowohl Operator als auch Promotor „flußaufwärts" vom *Z*-Cistron befinden.

Das zuletzt entdeckte regulatorische Element erklärte schließlich auch die ersten als Diauxie bekannten Beobachtungen. Magasanik zeigte, daß diese Erscheinung Teil einer größeren Gruppe regulatorischer Prozesse ist, die als **Katabolit-** (oder Glucose-) **Repression** bezeichnet werden. Ihr Grundkonzept liegt darin, daß eine Verbindung, die beim Abbau (dem Katabolismus) von Glucose freigesetzt wird, zur Hemmung bestimmter Enzymsysteme wie dem des Lactose-Operons führt. Das eigentlich wirksame Molekül bei der Katabolitrepression wurde allerdings erst entdeckt, als Sutherland und Mit-

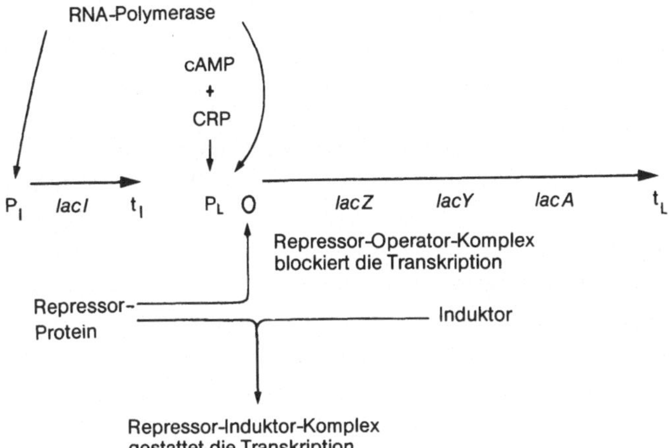

Abb. 12-1. Die Regulation des Lactose-Operons. Die horizontalen Pfeile zeigen die mRNA-Transkripte der darüber angegebenen Cistren. Die Promotoren sind mit P gekennzeichnet; Terminationsstellen der Transkription mit t; die Repressorbindungstelle mit O. cAMP und CRP sind für die Bindung der RNA-Polymerase an P_L, aber nicht für die Bindung an P_I erforderlich

arbeiter ein kleines Molekül, 3'-5'-cyclisches Adenosinmonophosphat (cAMP) als regulatorisches Element in tierischen Zellen und Bakterien identifizierten. Pastan und Mitarbeiter zeigten, daß der Zusatz dieser Verbindung zu wachsenden *E. coli*-Kulturen die Katabolitrepression aufhebt und die Induktion einer Reihe von Operons, einschließlich des Lactose-Operons, möglich macht, wenn auch die Zellen unter diesen Bedingungen nur schlecht wachsen. Spätere Experimente machten eine umgekehrte proportionale Beziehung zwischen der Glucosemenge in der Zelle und der cAMP-Menge deutlich.

Wieder wurden zur Definition der Rolle des neuen regulatorischen Elements Mutationen benutzt. Mutationen in der Promotorregion konnten den Bedarf für cAMP aufheben (d.h. die Zellen wurden insensitiv gegen die Katabolitrepression). Ein anderer Mutationstyp, der außerhalb des Lactose-Operons kartierte, führte dazu, daß cAMP das Lactose-Operon (ebenso wie einige andere Operons) nicht mehr aktivieren konnte. Dieser neue genetische Locus *crp* kodiert für ein Protein, das abwechselnd Katabolit-Aktivierungsprotein (CAP), cAMP-Rezeptorprotein (CRP) oder Katabolit-Gen-Aktivierungsprotein (CGA) genannt wird. Der Bedarf für dieses Protein ließ sich ebenfalls durch Mutationen in der Promotorregion katabolit-sensitiver Operons beseitigen. CRP und cAMP wirken zusammen als **positive regulatorische Kontrollelemente**, bei deren Fehlen sich die Transkription nicht über ein niedriges Grundniveau hinaus steigern läßt.

Alle regulatorischen Elemente lassen sich in einem schlüssigen Modell kombinieren, das in Abb. 12-1 dargestellt ist. Nach diesem Modell ist die Transkription des Lactose-Operons durch das Vorliegen eines Repressorproteins (das Produkt des *lacI*-Cistrons) nur selten möglich. Der Repressor bindet an den Operator und verhindert physikalisch die Bindung der RNA-Polymerase an die DNA, indem er mit der Promotorregion überlappt. In Gegenwart eines Induktors wird der Repressor durch Komplexierung vom Operator „weggefangen" und die RNA-Polymerase kann binden, vorausgesetzt CAP und cAMP sind an bestimmten Stellen in der Promotorregion angelagert. Die erfolgreiche Bindung der RNA-Polymerase führt zur Synthese der *lac*-mRNA, die dann zu den Enzymen des Lactose-Abbaus translatiert wird. Ist der Lactose-Vorrat verbraucht, oder wird Glucose zugegeben, so wird die Bindung der Polymerase wieder verhindert, und die Rate der mRNA-Synthese geht auf ihren Ausgangswert zurück.

Obwohl positive und negative regulatorische Elemente vorliegen, befindet sich das *lac*-Operon (definiert als Promotor, Operator und die Cistren *Z, Y* und *A*) unter negativer Kontrolle, weil ein Repressorprotein synthetisiert wird. Das *lacI*-Cistron gehört nicht zum *lac*-Operon, sondern stellt ein zweites Operon dar, das aus nur einem einzigen strukturellen Cistron besteht und mit niedriger Rate konstitutiv exprimiert wird. Bisher wurden einige Promotormutationen identifiziert, die zu verstärkter Repressorsynthese führen. Solche Mutanten induzieren das Lactose-Operon nur schwach, sind aber ausgezeichnete Quellen für das Repressorprotein.

Für das *lac*-Operon sind beträchtliche molekulare Einzelheiten bekannt, einschließlich der Aminosäuresequenz des Repressorproteins und der β-Galaktosidase, sowie der Nukleotidsequenzen für *lacI* und die Promotor-Operator-Region. Die Diskussion dieser Sequenzen ist aus Platzgründen hier nicht möglich. Einzelheiten findet man aber in dem Buch „Das Operon" (Miller und Reznikoff 1978), das in den Literaturangaben aufgeführt ist.

C Das Galaktose-Operon

Die Nutzung des Zuckers Galaktose als einziger Kohlenstoff- und Energiequelle erfolgt durch drei Proteine, die vom *gal*-Operon kodiert werden. Als erstes kodiert das Cistron *galK* für das Enzym Kinase, das die Galaktose in Galaktose-1-Phosphat umwandelt. Als nächstes kodiert das Cistron *galT* eine Transferase, die die phosphorylierte Galaktose an Uridin-diphosphoglucose (UDPG) anhängt, wobei Uridin-diphosphogalaktose (UDPgal) und Glucose-1-phosphat entstehen. Schließlich baut die Epimerase des Cistrons *galE* UDPgal in UDPG (Uridin-diphosphoglucose) um, und der Zyklus beginnt von vorn. Das Cistron *galU*, das sich nicht im *gal*-Operon befindet, kodiert eine Phosphorylase, die aus UTP und Glucose-1-phosphat UDPG zur Initiation des Kreislaufs bildet.

Die genetische Analyse des *gal*-Operons zeigte, daß es ebenso wie das *lac*-Operon ein negativ kontrolliertes System darstellt, das viele Eigenschaften mit dem *lac*-Operon teilt, in seiner Genkarte aber einige Besonderheiten zeigt. Der Repressor wird vom Cistron *galR* kodiert, das sich in beträchtlichem Abstand vom *gal*-Operon bei *lysA* befindet (Abb. 9-3 oder Bucheinband vorne). Der Operator, an den der Repressor bindet, liegt so, daß die Promotor-DNA zwischen ihm und den Strukturgenen liegt, im Gegensatz zur umgekehrten Anordnung wie im *lac*-Operon. Versucht man zu erklären, wie der Repressor die Aktivität der RNA-Polymerase verhindert, so führt diese Anordnung zu Schwierigkeiten. Die zur Zeit akzeptierte Theorie ist die, daß der Repressor die Bindung von CRP an den Promotor verhindert, und damit indirekt auch die Bindung der RNA-Polymerase.

Die Promotorregion selbst ist ebenfalls genetisch ungewöhnlich, denn es scheint zwei Promotoren, P1 und P2, zu geben, die einander schwach überlappen, wobei P1 etwa fünf Basenpaare vor P2 liegt. Der Promotor P1 ist recht effizient und besitzt alle Eigenschaften des *lac*-Promotors. In Gegenwart des *gal*-Repressors wird die Synthese

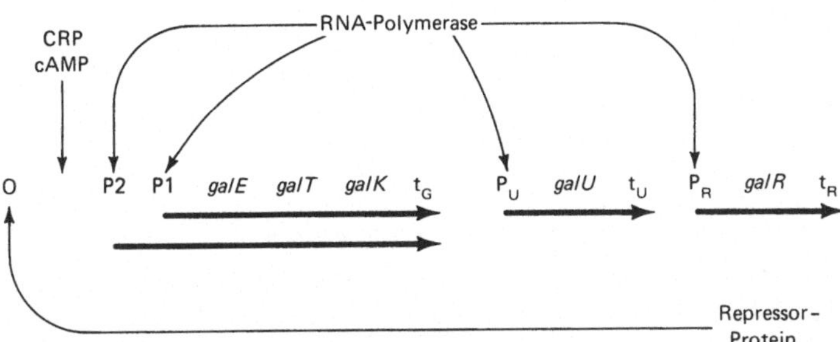

Abb. 12-2. Die Regulation des Galaktose-Operons. Die Grundeinheit ist die Folge der drei links gezeigten Cistren, obwohl auch die beiden ungekoppelten Cistren wichtig sind. Die horizontalen Pfeile geben die Größen der mRNA-Transkripte an. Das Cistron *galR* kodiert einen Proteinrepressor, der an den Operator (O) bindet und die Transkription vom Promotor P2 aus verhindert. Der Promotor P1 ist wenig effizient, erhält aber eine niedrige Grundsynthese der Enzyme aufrecht, die das UDPgal für die Membranbiosynthese bilden. In Gegenwart von Galaktose, CRP und cAMP wird die Transkription vom Promotor P2 aus initiiert und führt zu der höheren Enzymaktivität, die für die Nutzung der Galaktose als einziger Kohlenstoffquelle notwendig ist. Das Cistron *galU* ist an der Regulation nicht beteiligt, aber für den Transport der Galaktose durch die Zellmembran erforderlich

der *gal*-Enzyme allerdings nur um das 10–15fache reprimiert, statt der 1 000fachen Repression bei der Bindung des *lac*-Repressors and den *lac*-Operator. Die hohe Rate der Restenzymsynthese ist durch P2 bedingt, einen Promotor mit niedriger Effizienz (d.h. seltener Bindung von RNA-Polymerase), dessen Funktion von cAMP und CRP unabhängig ist. Die relativ hohe Produktion der UDPgal-Epimerase ist notwendig, um den ständigen Umbau von UDPG in UDPgal zuzulassen, das bei der Biosynthese der Zellwand gebraucht wird. Der Promotor P2 stört die Funktion von P1 nicht, denn er wird durch die Bindung von cAMP und CRP reprimiert, während die Aktivität von P1 stimuliert wird. Dieses Modell ist in der Abb. 12-2 zusammengefaßt.

Bei der weiteren genetischen Analyse des *gal*-Operons erhielt man erste Hinweise auf eine neue Art der Regulation, an der verschiedene Insertionselemente (10.II.C und 11.II.C) beteiligt sind und die auf jedes Operon anwendbar ist.

Bei den Insertionselementen IS1 und IS2 wurde gezeigt, daß sie sich im *E. coli*-Genom hin und her bewegen. Die Insertionsorte scheinen zufällig zu sein, häufig aber hat ihre Integration in ein Operon drastische Effekte auf dessen Regulation. Eine IS1-Insertion führt z.B. immer zu hoch polaren Mutationen im *gal*-Operon, gleichgültig ob die Insertion am Anfang oder am Ende des Operons stattfand. Das Verhalten von IS2 schien noch weniger erklärbar. In der einen Richtung (I) inseriert, wirkte IS2 als hoch polare Mutation wie IS1. In der umgekehrten Orientierung (II) führte es jedoch zur konstitutiven Produktion aller *gal*-Cistren, die weiter vom Beginn des Operons entfernt sind als die Insertion.

Die molekulare Grundlage für diese Beobachtungen ist nachgewiesenermaßen davon abhängig, wie die Transkriptionstermination erfolgt. Nach dem Modell von Adhya und Gottesman kann die Termination nur dann erfolgen, wenn keine Ribosomen die entstehende RNA translatieren. Es gibt zwei Arten von Transkriptionsterminationssignalen, die Signale für die Termination der Proteinsynthese mit einschließen: Solche, die immer zur Freisetzung der RNA-Polymerase von der DNA führen, und

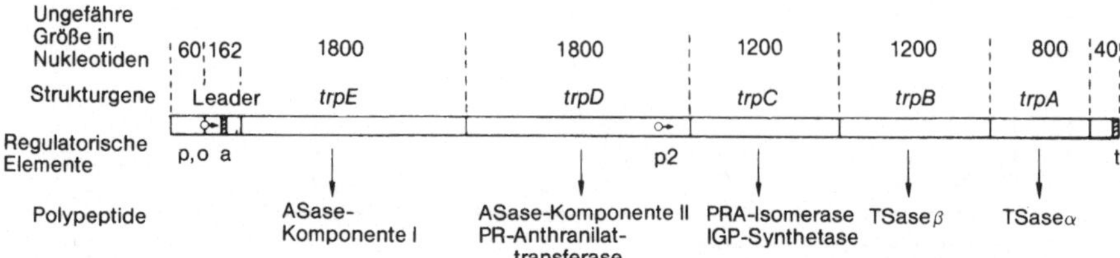

Abb. 12-3. Die Regulation des Tryptophan-Operons. Das Operon ist etwa maßstabgetreu gezeichnet, wobei die Größe jedes Cistrons über ihm in Nukleotiden angegeben ist. Die Abkürzungen bedeuten: p, Promotor; o, Operator; a, Attenuator; t, Terminator; ASase, Anthranilat-synthetase; PRA, Phosphoribosyl-anthranilat; IGP, Indolglycerinphosphat; TSase, Tryptophan-synthetase. Ein zweiter Promotor liegt beim rechten Ende des Cistrons D. Aus: Platt (1978) Regulation of gene expression in the tryptophan operon of E. coli, pp. 263–302. In: Miller und Reznikoff (1978)

solche, die ihre Freisetzung nur in Gegenwart eines Proteinfaktors erlauben, der *Rho* genannt wird. Beide Arten von Terminationssignalen werden von Bakterien und Viren benutzt, aber die Terminationssignale, die man in den IS1- und IS2-Elementen findet, sind Rho-abhängig. Die Termination und der damit einhergehende polare Effekt können daher verhindert oder reduziert werden durch Mutationen im *rho*-Cistron. Diese Mutationen sind echte Polaritätssuppressoren, denn sie betreffen nicht die Funktion des Cistrons, in das das IS-Element inseriert ist, sondern erlauben die Expression aller Cistren distal zum Insertionspunkt. In Abwesenheit von Rho läuft die mRNA-Synthese weiter, und die Ribosomen können sich am Anfang des nächsten Cistrons wieder anlagern und die Proteinsynthese fortführen.

Zur Erklärung der Beobachtungen beim IS2 muß man außerdem annehmen, daß IS2 sowohl einen Terminator als auch ein Start- (Promotor-) Signal besitzt. Die beiden Signale können nur in entgegengesetzten Richtungen gelesen werden, so daß bei Insertionen von IS2 in der einen Richtung eine polare Mutation die Folge ist, während es in der anderen Orientierung als wirksamer Promotor wirkt. Da sich IS2 in das *gal*-Operon normalerweise entfernt von der Operatorstelle inseriert, ist die Transkription von *gal* vom IS2-Promotor aus vom normalen Regulationssystem des *gal*-Operons unabhängig.

D Das Tryptophan-Operon

Die Biosynthese der Aminosäure Tryptophan ist ein komplexer Vorgang, der mit der Substanz Chorisminsäure beginnt (ein Produkt des *aroC*-Cistrons) und über Anthranilinsäure und Indol weiterläuft. Der Prozeß wird von drei Enzymen katalysiert, deren Untereinheiten von fünf Cistren (*A* bis *E*) kodiert werden. Die Produkte der Cistren *trpA* und *trpB* bilden das Enzym Tryptophan-synthetase, und die Produkte der Cistren *trpE* und *trpD* das Enzym Anthranilat-synthetase. Das Cistron *trpC* kodiert für die Indolglycerinphosphat-Synthetase.

Die Genkarte des *trp*-Operons scheint ganz konventionell zu sein, wenn auch die Strukturcistren umgekehrt zu ihrer alphabetischen Reihenfolge angeordnet sind (Abb. 12-3) Wie im Fall des *gal*-Operons liegt das Cistron *trpR*, das den *trp*-Repressor kodiert, in einiger Entfernung vom *trp*-Operon, und zwar liegen *trpR* bei Minute 100 und das *trp*-Operon bei Minute 27 der *E. coli*-Genkarte (Abb. 9-3 oder die Innenseite des Buchdeckels vorn). Auch hier sind durch Mutationen diskrete Promotor- und

Operatorstellen definiert, wobei der Operator zwischen dem Promotor und den Strukturcistren liegt. Überpruft man Stämme mit polaren Mutationen im Cistron *E* oder dem ersten Teil des Cistrons *D*, so läßt sich ein zweiter schwacher Promotor identifizieren, der zur konstitutiven Transkription der Cistren *trpC, B, A* führen kann.

Neben der Ähnlichkeit mit den *lac*- und *gal*-Operons besitzt das *trp*-Operon noch einige bemerkenswerte genetische Neuheiten. Im Gegensatz zu den Zucker-Operons sind cAMP und/oder CRP bei der Regulation des *trp*-Operons nicht beteiligt. Dagegen wird die Herstellung der biosynthetischen Enzyme nach der Tryptophanmenge, die der Zelle zur Verfügung steht, reguliert. Diese Regulation erfordert Mittel zur Messung des im Cytoplasma vorhandenen Tryptophans und zum Anhalten der mRNA-Synthese, wenn immer die Konzentration an Tryptophan hoch genug ist.

Eine Möglichkeit, dies zu erreichen, ist die Existenz eines Repressors. Bindungsstudien haben gezeigt, daß ein vom Cistron *trpR* kodiertes Repressorprotein nur bindet, wenn es mit Tryptophan selbst oder mit einem Strukturanalog davon komplexiert vorliegt. Der Komplex **(Aporepressor)** ist dann das eigentlich hemmende Element, und seine Entstehung hängt vom Vorhandensein des Endprodukts des Biosynthesewegs, Tryptophan, ab. Tryptophan inhibiert außerdem allosterisch das Enzym Anthranilatsynthetase und wirkt somit auf zwei Regulationsebenen. Ist Tryptophan im Überschuß vorhanden, so wird der erste Schritt im Biosyntheseweg blockiert, und der neu gebildete Aporepressor verhindert die weitere Synthese der *trp*-mRNA. Die Repression des Operons reduziert die vorhandene Enzymmenge um das 70fache.

Es scheint, als habe das *trp*-Operon für seine Bedürfnisse genüpgend regulatorische Möglichkeiten, aber Yanofsky und Mitarbeiter, die in der Sequenzanalyse seiner Operator- und Promotor-DNA engagiert waren, entdeckten noch einen weiteren Kontrollmechanismus. In jeder *trp*-mRNA gibt es eine Region, die keine Enzyme kodiert und von einem Teil DNA herrührt, die zwischen dem Ende der Promotor/Operator Region (die Stelle, an der die RNA-Polymerase bindet) und dem Anfang des Cistrons *trpA* (die Stelle, an der die Ribosomen binden) liegt. Diese Region wird als **Leader Sequenz** (engl. „leader" = Führer) bezeichnet und besteht aus 162 Basenpaaren (Abb. 12-3). Die genetischen Elemente in dieser Region lassen sich durch ihre Unempfindlichkeit gegen entsprechende Nukleasen in Gegenwart gebundener Proteine oder Ribosomen identifizieren. Die Operator-Region der DNA wird z.B. durch gebundenen Aporepressor vor Desoxyribonuklease (DNase) geschützt.

Yanofskys Gruppe zeigte, daß bei der Transkription gereinigter *trp*-Operon-DNA in einem entsprechenden Plasmid zwei RNA-Produkte entstanden. Ein Produkt war die erwartete lange RNA, die die Information für die *trp*-Strukturcistren trug. Das zweite Produkt war ganz unerwartet und bestand aus den ersten 140 Basen der Leader Sequenz. Mit anderen Worten, eine vorzeitige Termination der Transkription hatte stattgefunden. Ein Vergleich der relativen Mengen der beiden Produkte zeigte, daß 80 bis 90% aller Transkripte an einer frühen Stelle terminiert wurden. Diese Stelle wurde nach einer ähnlichem die im Histidin Operon von Kasai identifiziert worden war, **Attenuator** genannt; der Terminationsprozeß erhielt die Bezeichnung **Attenuation**.

In Analogie zu Operatoren und Promotoren wird der Attenuator mit *trpEa* gekennzeichnet.

Es gab einige Hinweise, daß die Attenuation kein experimentelles Artefakt war. Mutanten, in denen die Attenuator-Region deletiert war, führten zu acht- bis zehnfach

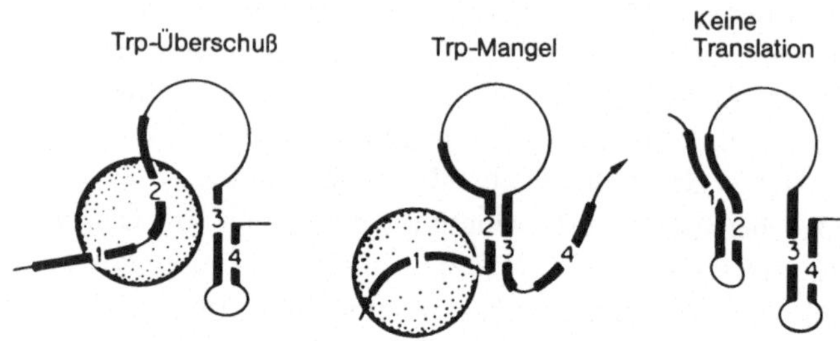

Abb. 12-4. Das Modell für die Attenuation im *E. coli*-Tryptophan-Operon. Die aufgewundene Struktur ist der Anfang (die Leadersequenz) der Tryptophan-mRNA, der zwischen dem Promotor und dem Translationsstart liegt. Die Regionen mit möglicher Wasserstoffbrücken-Paarung sind numeriert. Der große schattierte Kreis stellt ein Ribosom dar. Bei Tryptophanüberschuß synthetisieren die translatierenden Ribosomen an der neu transkribierten Leader-RNA das vollständige Leader-Peptid. Bei dieser Synthese bedeckt das Ribosom die Regionen 1 und 2 der RNA und verhindert damit die Paarung 1-2 und 2-3. Nur die 3-4-Haarnadelstruktur kann sich bilden und signalisiert der RNA-Polymerase (nicht gezeigt), die die Leaderregion transkribiert, die Transkription zu terminieren (Attenuation). Bei Tryptophanmangel sind die beladenen $tRNA^{Trp}$ der begrenzende Faktor und die Ribosomen werden verlangsamt oder stauen sich an den benachbarten Trp-Codons in der Leaderpeptid kodierenden Region. Da nur die Region 1 maskiert ist, kann sich die Paarung zwischen 2 und 3 ausbilden, sobald sie von der RNA-Polymerase transkribiert sind. Die Ausbildung der Haarnadelschleife 2-3 verhindert die Bildung der Paarungsstruktur 3-4, die als Terminationssignal für die Transkription gebraucht wird. Die RNA-Polymerase transkribiert daher weiter in die Strukturgene. Wird das Leaderpeptid durch genetische Veränderungen oder wegen Aminosäuremangels vor dem Tryptophan im Leaderpeptid nicht translatiert, kann sich die 1-2-Paarung ausbilden, sobald diese beiden Regionen transkribiert sind. Diese Paarung verhindert die 2-3-Paarung und erlaubt damit die Ausbildung der Wasserstoffbrücken zwischen 3 und 4. Diese signalisiert die Transkriptionstermination. Nach Oxender et al. (1979)

erhöhten Enzymmengen, ohne daß die Induzierbarkeit des Operons beeinflußt wurde. Aus normalen Zellen ließen sich kleine RNA-Moleküle isolieren, die den attenuierten Transkripten entsprachen.

Außerdem schienen einige Mutationen im *Rho*-Cistron (Abschn. C oben), die sich auf den normalen Transkriptionsterminationsvorgang auswirkten, auch die Attenuation zu verhindern. Zellen mit Suppressor-tRNA-Molekülen (solche, die Terminationssignale translatieren; 3.III.A) produzieren mehr Tryptophan-Enzyme als Zellen ohne Suppressoren.

Die Sequenzanalyse der Leader-RNA zeigte, daß das attenuierte RNA-Molekül mehrere Möglichkeiten besitzt, sich in „stem und loop" oder Haarnadelstrukturen zu falten, wie es die Abb. 12-4 zeigt. Zusätzlich enthält die Leader-Region zwischen den Basen 27 und 68 die Information zur Kodierung eines kleinen Polypeptids von 14 Aminosäuren. Diese kodierende Sequenz besitzt normale Signale zur Initiation und Termination der Translation. Unter den Aminosäuren des Peptids befinden sich zwei aufeinanderfolgende Tryptophanrest. Diese Beobachtungen führten Yanofsky und Mitarbeiter zu dem Vorschlag, daß die Synthese des Leaderpeptids zur Messung der vorhandenen Menge an mit der Aminosäure beladener Tryptophan-tRNA-Molekülen und der gesamten Proteinsyntheseaktivität in der Zelle dient.

Das Modell ist in Abb. 12-4 wiedergegeben. Es wird angenommen, daß sich die RNA dreimal zu vier parallelen Strängen zurückfaltet. Die Lage der parallelen Stränge ist so, daß Strang 2 entweder mit Strang 1 oder 3 paaren kann, während Strang 3 mit 4 oder 2 paaren kann, wobei Strang 1, wenn möglich, immer mit Strang 2 paart. Das Leaderpeptid ist vollständig im Strang 1 kodiert. Beginnt seine Translation, so verhindert die Anhäufung der Ribosomen physikalisch die Paarung zwischen Strang 1 und 2, und Strang 3 und 4 bilden eine Haarnadelstruktur. Dies führt zur Attenuation des RNA-Transkripts am Ende von Strang 4. Bei Tryptophanmangel wird es unwahrscheinlich, daß die beiden Tryptophancodons in der Nähe des Carboxyendes des Leaderpeptids schnell translatiert werden. Die Ribosomen neigen dazu, „hängen zu bleiben", wodurch die Paarung zwischen Strang 1 und 2 nicht möglich, aber zugleich die Paarung zwischen Strang 2 und 3 ermöglicht und so die Attenuation verhindert werden. Damit kann die ganze RNA synthetisiert werden. Ist keine der Aminosäuren für die Polypeptidsynthese verfügbar, so bilden sich zwei Haarnadelstrukturen aus, die zur Attenuation führen.

Es ist sehr schwierig zu sagen, warum sich ein so komplizierter Regulationsmechanismus in der Evolution entwickelt hat, aber die Attenuation wurde auch in einigen anderen Operons (s.u.) und bei verschiedenen Bakterien gefunden. Ein so universell verbreiteter Prozeß muß eine Bedeutung haben. Es wurde vorgeschlagen, die Kombination aus Attenuation und Suppression biete eine breitere Regulationsmöglichkeit, als es durch die einzelnen Systeme allein möglich wäre.

E Das Histidin-Operon

Dieses Operon ist vielleicht das komplexeste einzelne Operon, das bisher untersucht wurde. Die meisten Daten kommen von Versuchen mit *Salmonella typhimurium* aus den Laboratorien von Ames, Hartman und Roth, aber ähnliche Ergebnisse wurden auch von *E. coli* berichtet. Das Operon besteht aus neun strukturellen Cistren, die so angeordnet sind, daß das erste auch für das erste Enzym im Biosyntheseweg kodiert, die anderen aber keine Beziehung zu ihrer biochemischen Reihenfolge haben. Mutationen mit Eigenschaften, die auf Promotoren oder Operatoren hinweisen, wurden kartiert. Wie beim Tryptophan-Operon wurde ein zweiter Promotor in der Mitte des Operons identifiziert, aber nicht lokalisiert. Es wurde kein Cistron identifiziert, das für einen Proteinrepressor wie *trpR* kodiert. Statt dessen scheint es fünf bei der Regulation mitwirkende Cistren zu geben. Sie alle haben primär andere Funktionen, die sich durch den Einsatz von Histidinanalogen identifizieren ließen. Solche Analoge sind z.B. 1,2,4-Triazol-3-alanin, das dem Histidin genügend ähnelt, um die Histidin-Biosynthese zu reprimieren, aber nicht um in Proteine eingebaut zu werden. Zellen, die gegen die reprimierenden Effekte der Analogen resistent sind, tragen Mutationen in einem der Cistren *hisR, S, T, U* oder *W*.

Alle diese Cistren sind grundlegend an der Herstellung der Histidinyl-tRNA-Moleküle beteiligt. Das Cistron *hisR* kodiert die eigentliche tRNA. *hisS* kodiert die Synthetase, die Histidin an die entsprechende tRNA ankoppelt. Die Cistren *hisU* und *W* kodieren für Enzyme zur Reifung der tRNA, d.h. zum Schneiden der RNA-Transkripte auf die richtige Länge. Das Cistron *hisT* kodiert ein Enzym, das die beiden Uridinreste im Anticodon-Loop der tRNA zu Pseudouridinen (ψ bezeichnet) modifiziert. Mutationen in den Cistren *hisR, S, U* und *W* verringern die Menge beladener Histidinyl-tRNA im Cytoplasma. Die Menge an beladenen Histidinyl-tRNAs in der

Zelle ist wichtig, denn im *his*-Operon wurde eine Attenuatorregion ähnlich der des *trp*-Operons beobachtet. Im Falle des *his*-Operons ist die Leaderregion etwa 250 Basenpaare lang und enthält in der Mitte eine Sequenz, die für ein hypothetisches Peptid mit 16 Aminosäuren, einschließlich sieben aufeinanderfolgenden Histidinresten, kodieren könnte. Wie beim *trp*-Attenuator geschieht die Transkriptionstermination an einer Stelle nach der Protein-kodierenden Region. Auch hier wird angenommen, daß die Attenuation verhindert wird, wenn die Ribosomen in der Translation des Leaderpeptids angehalten oder verlangsamt werden bei Verknappung an Histidinyl-tRNA, die eine Modifikation zu Pseudouridinen enthält (d.h. *hisU*-, *R*-, *I*- oder *W*-Mutationen sind konstitutiv). Das in der Abb. 12-4 für das *trp*-Operon dargestellte Modell scheint also auch für das *his*-Operon zu stimmen.

Hartman und Mitarbeiter konnten unter Verwendung von F′-Plasmiden mit dem *his*-Operon, das in der Attenuatorregion deletiert war, zeigen, daß es einen positiven Regulator für das *his*-Operon gibt, nämlich ppGpp. Diese Verbindung, die als neues regulatorisches Element dient, wurde eigentlich schon vor einigen Jahren entdeckt und von Cashel als allgemeiner Regulator des Zellstoffwechsels vorgeschlagen. Sie entsteht als Produkt zweier Reaktionen, wobei zuerst Guanosin-5′-triphosphat mit ATP zu Guanosin-5′-triphosphat-3′-diphosphat (pppGpp) reagiert und anschließend zu Guanosin-5′-diphosphat-3′-diphosphat (ppGpp) dephosphoryliert wird. Die erste Reaktion wird von einem Ribosomen-assoziierten Enzym, dem *relA*-Genprodukt, katalysiert. Die zweite Reaktion dagegen scheint von einigen uncharakterisierten Enzymen katalysiert zu werden. Die Zellen stellen ppGpp nicht immer her sondern nur dann, wenn Ribosomen tRNA-Moleküle gebunden haben, die zwar mit der mRNA korrekt gepaart, aber nicht beladen sind. Wird ppGpp hergestellt, so verursacht es eine allgemeine Hemmung der DNA- und RNA-Synthese und damit indirekt der Proteinsynthese. Zellen mit normaler *relA*-Funktion reduzieren daher den Stoffwechsel bei Aminosäuremangel

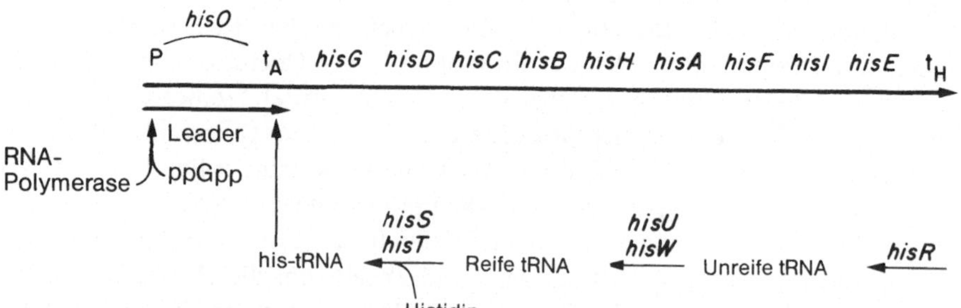

Abb. 12-5. Die Regulation des Histidin-Operons in *Salmonella typhimurium.* Das Grundoperon kodiert das große Transkript, das im oberen Teil der Abbildung gezeigt ist. Die horizontalen Pfeile zeigen, daß zwei mRNA-Transkripte von diesem DNA-Segment möglich sind. Das kürzere Transkript enthält nur den Leaderteil des Operons und keines der strukturellen Cistren. Das größere Transkript überdeckt das ganze Operon. Der Kontrollpunkt, der bestimmt, wie groß das Transkript wird, ist t_A, der Attenuator. In Gegenwart beladener Histidin-tRNA wird die mRNA-Synthese an t_A terminiert. Fehlt beladene Histidin-tRNA, so wird ein kurzes hypothetisches Peptid, das in der Leadersequenz kodiert ist, nur wenig translatiert, was die Attenuation aufhebt. Die fünf oder sechs Histidin-Cistren (die einzeln transkribiert und reguliert werden) sind an der Herstellung der Histidin-tRNA-Moleküle beteiligt. Die RNA-Polymerase-Bindung an den Promotor ist in Gegenwart von ppGpp erleichtert. Viele Mutationen, die in der Leaderregion kartieren, zeigen die Charakteristika von Operatormutationen. Daher wird diese Region auch mit *hisO* oder *hisGo* bezeichnet

(„**stringent control**"). *relA*-mutante Zellen können ppGpp nicht produzieren und fahren daher mit der Synthese von DNA und RNA bei Aminosäuremangel fort („**relaxed control**"). Das Produkt des Cistrons *spoT* baut ppGpp schrittweise ab, so daß es zur Repression der Nukleinsäuresynthese ständig produziert werden muß. Im Histidin-Operon ist die Rolle von ppGpp jedoch genau entgegengesetzt der ihm sonst zugeschriebenen. In Stämmen ohne Attenuator und mit einer *spoT*-Mutation zur Erhöhung der ppGpp-Mengen wird die Herstellung der Histidinbiosyntheseenzyme auf das Zweifache gegenüber dem Normalen erhöht. Diese Stimulation erfolgt anscheinend am Promotor, wobei man annimmt, daß ppGpp die Bindung der RNA-Polymerase erleichtert. Das *his*-Operon besitzt daher mehrere Regulationsebenen, die in der Abb. 12-5 zusammengefaßt sind.

II Die Regulation komplexer Operon-Systeme

A Die Maltose-Regulationseinheit

Der Ausdruck „Regulationseinheit" bezeichnet hier die Kombination zweier oder mehrerer Operons (vollständig mit Strukturgenen, Promotoren usw.), die koordiniert reguliert werden. Bei den Cistren für den Abbau der Maltose sind zwei weit voneinander getrennte Operons beteiligt, die ursprünglich mit *malA* und *malB* bezeichnet wurden (s. Innenseite des Bucheinbands bei der *E. coli*-Genkarte 75. und 91. Minute). Eine Feinkartierung von Hofnung, Schwartz und Mitarbeitern ergab jedoch, daß jedes sogenannte Operon eigentlich aus zwei kleineren Operons besteht. Daher werden jetzt die Bezeichnungen MalA und MalB zur Beschreibung der beiden Gruppen verwendet.

Die MalB-Region enthält die Information für den Transport der Maltose in die Zelle und besteht aus fünf Cistren. Die genauen Funktionen der Cistren *malG* und *malK* sind unbekannt, *malE* kodiert ein Maltose-Bindungsprotein im periplasmatischen Raum (zwischen der äußeren Membran der Zellwand und der Zellmembran), und *malF* kodiert ein Bindungsprotein, das in der Zellmembran liegt. Das fünfte Cistron, *lamB*, hat eine Doppelrolle. Es wirkt als primärer Maltose-Rezeptor in der äußeren Membran, wenn die Konzentration der Maltose unter 10^{-4} M sinkt. So niedrige Maltosekonzentrationen liegen jedoch nur sehr selten vor, und so wirkt das *lamB*-Protein primär als lambda-Rezeptor, als Stelle, an der der Phage lambda zur Initiation der Infektion bindet. Fehlt dieses Protein, so ist die Zelle gegen den Phagen resistent.

Die MalA-Region kodiert für die Regulation und für die Enzyme, die Maltose hydrolysieren. Das Genprodukt *malQ* ist die Amylomaltase, die Maltose zu Glucose und einem Glucosepolymer hydrolysiert. Das Polymer wird dann von einer Phosphorylase, die von *malP* kodiert wird, zu Glucose-1-phosphat abgebaut. Das Cistron *malT* stellt ein Protein her, das in beiden Regionen MalA und MalB als positiver Regulator wirkt (d.h. die Transkription verstärkt). Die Eigenschaften von Zellen mit verschiedenen Kombinationen von Mutationen in den *mal*-Cistren sind in der Tabelle 12-1 angegeben. Wichtig ist, daß die *malT*-Funktion für die Expression unbedingt notwendig ist.

Genetische Kartierungsdaten der MalA-Region zeigen, daß *malT* ein eigenes Operon darstellt, bestehend aus einem Promotor und den Cistren *malP* und *malQ*. Der Promotor besitzt zwei Elemente, eines zur Bindung der RNA-Polymerase und eines zur

Tabelle 12-1. Die Phänotypen von Zellen mit verschiedenen Kombinationen von *mal*-Mutationen

Genotyp	Phänotyp Maltose	Lambda
Wildtyp	+	S
malT	–	R
malP oder *malQ*	–	S
malK	–	S oder R
lamB	+	R
malE, malF oder *malG*	–	S

+ zeigt die Fähigkeit zur Nutzung der Maltose; – die Unfähigkeit zum Maltoseabbau; S bedeutet Sensitivität, R Resistenz gegenüber dem Phagen lambda

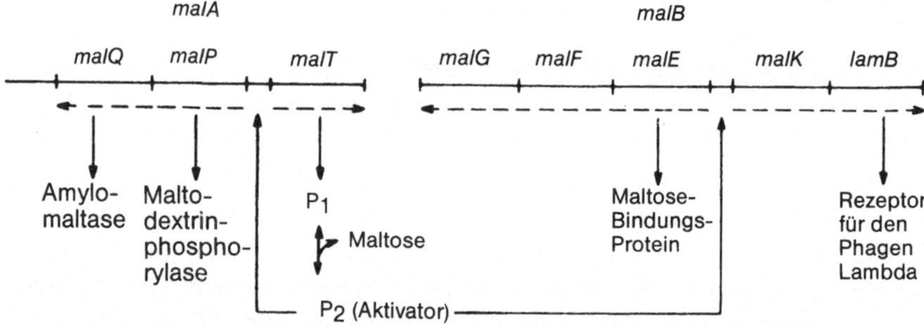

Abb. 12-6. Die Maltose-Regulationseinheit in *E. coli.* Die *malA*- und *malB*-Regionen liegen bei 74 und 90 min auf der Genkarte von *E. coli* (Abb. 9-3). Die Produkte der Cistren *malF, G* und *K* sind noch nicht identifiziert, sind aber wie die Produkte von *malE* und *lamB* am Transport der Maltose und der Maltosedextrine beteiligt. Das *malT*-Cistron ist ein positiver Regulator, dessen Produkt in Gegenwart von Maltose die Expression der drei Maltose-Operons aktiviert. Die Transkriptionsrichtungen der drei *mal*-Operons sind durch unterbrochene Pfeile gezeigt. Aus: Débarbouillé, M., Schwartz, M (1979) The use of gene fusions to study the expression of *malT,* the positive regulator gene of the maltose regulon. J. Mol. Biol. 132:521–534

Bindung des positiven Regulators. Dieses System ist dem im *lac*-Operon analog. Eine Mutation im Promotor kann das Bedürfnis für den Aktivatorkomplex aufheben. Er besteht anscheinend aus dem *malT*-Protein in Verbindung mit Maltose (Abb. 12-6).

In der MalB-Region ist die Situation etwas anders. Die Cistren kartieren nebeneinander, aber polare Mutationen im Cistron *malK* betreffen nur die Expression von *lamB* (wobei die Zellen lambda resistent werden). Polare Mutationen in *malE* betreffen dagegen die Expression von *malF* und *malG*. Die einfachste Erklärung für diese Beobachtung ist die Annahme, daß der Promotor zwischen *malE* und *malF* liegt, und daß die Transkription in beide Richtungen läuft (Abb. 12-6). Diese Anordnung wird als **divergente Transkription** bezeichnet und kommt nicht nur beim Maltoseabbau vor. Der Aktivatorkomplex mit *malT* muß für die Aktivierung des Promotors notwendig sein, aber die Wirkungsweise könnte in der MalB-Region von der in der MalA-Region etwas abweichen, denn *malT*-unabhängige Mutationen wurden in der MalB-Region nie beobachtet.

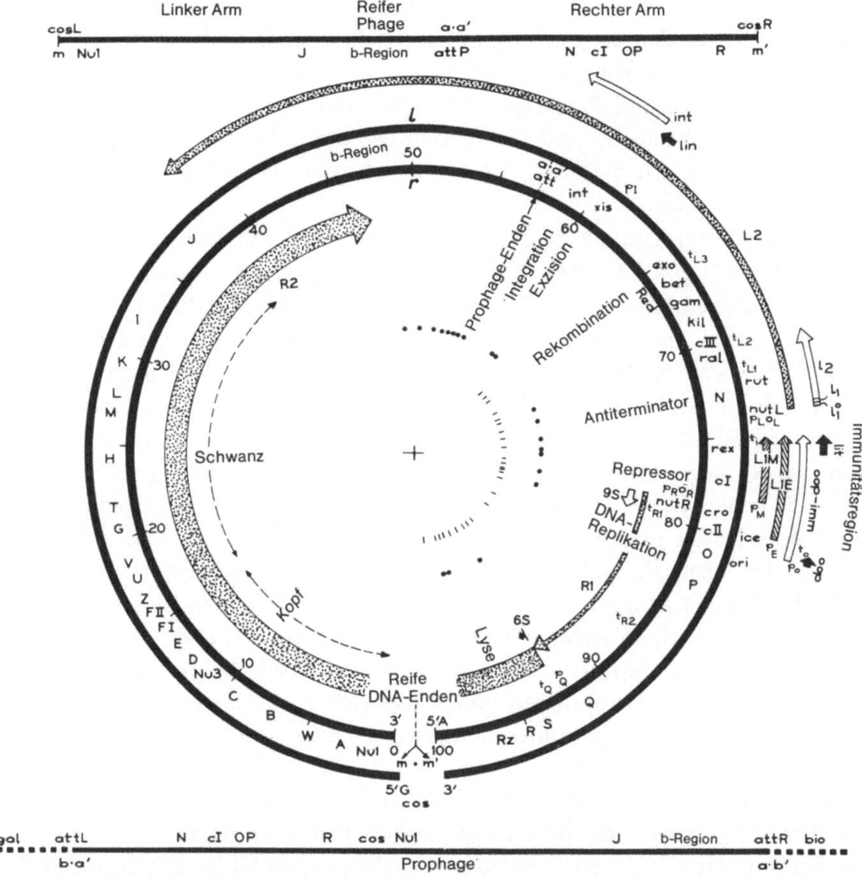

Abb. 12-7. Eine vereinfachte genetische und physikalische Karte des Bakteriophagen λ. Die dicken Linien zeigen die komplementären *l*- und *r*-Stränge. Das Genom ist als offener Ring dargestellt, den man dadurch erhält, daß man die linken und rechten Termini der linearen λ-DNA (über dem Ring gezeichnet) nach der Konvention nach unten schiebt. Der *l*-Strang wird nach links transkribiert (im Gegenuhrzeigersinn) und hat ein 5'-G an seinem linken kohäsiven Ende, m. Der *r*-Strang wird nach rechts transkribiert (im Uhrzeigersinn) und besitzt ein 5'-A an seinem rechten kohäsiven Ende m'. Der *r*-Strang zeigt in einem CsCl-poly(U,G)-Gradienten eine höhere und im alkalischen Gradienten eine niedrigere Dichte als der *l*-Strang. Die schattierten Pfeile zeigen die verschiedenen nach links oder nach rechts gerichteten Transkripte, immer neben dem komplementären kodierenden Strang. Die Genkarte des Prophagen (unten gezeichnet) ist eine zirkuläre Permutation der linearen Genkarte der reifen λ-DNA (oben gezeichnet). Die RNA-Polymerase-Bindungsstellen sind durch kleine schwarze Ringe in der Mitte der Zeichnung dargestellt. Aus: Szybalski, E.H., Szybalski, W. (1979) A comprehensive molecular map of bacteriophage lambda. Gene 7:217–270

B Der Bakteriophage lambda

Die Grundeigenschaften des genetischen Systems von lambda sind schon in 6.II beschrieben. Eine andere Version der lambda-Genkarte ist in der Abb. 12-7 wiedergegeben, und ein kurzer Rückblick darauf dürfte nützlich sein. Die lambda-DNA, wie man sie im reifen Virion findet, ist ein lineares, doppelsträngiges Molekül mit hohäsiven Enden.

Nach dem Eintritt in die Wirtszelle zirkularisiert die DNA und bildet ihre replikative Struktur. Integriert die Phagen-DNA in das bakterielle Genophor, so geschieht dies an einer Stelle die von den kohäsiven Enden abweicht. Dies bedeutet, daß trotz der Linearität die vegetative und Prophagen-Genkarte zirkuläre Permutationen voneinander darstellen. Es ist bequemer, die Regulation der vegetativen Vermehrung von der der Lysogenie getrennt zu betrachten, obwohl sich praktisch die beiden regulatorischen Systeme überlappen.

Die vegetative Vermehrung beginnt mit der Injektion der Phagen-DNA in eine Zelle oder mit der Induktion eines Prophagen. Der erste zu beobachtende Prozeß ist die Produktion zweier kurzer RNA-Transkripte („sofort frühe" mRNA), die zu verschiedenen Regionen des rechten Teils der reifen Phagen-DNA komplementär sind. Diese Transkripte sind in den hellen Pfeilen L2 und 9S in Abb. 12-7 dargestellt. Sie beginnen jeweils an den Promotoren p_L und p_R und terminieren bei t_{L1} bzw. t_{R1}. In diesen Transkripten ist nur die Information der beiden Cistren *N* und *cro* enthalten. Wenn sich das N-Genprodukt anhäuft, bildet es mit der RNA-Polymerase einen Komplex. Dieser Komplex bindet an die *nut*-Stellen und transkribiert größere Regionen des lambda-Genoms. Da die ursprünglichen Terminationsstellen ignoriert werden, bezeichnet man diesen Vorgang als **Antitermination**, der scheinbar der Verhinderung der Attenuation ähnelt. Der Mechanismus der Antitermination muß trotzdem anders sein, denn das N-Produkt kann auch an anderen Terminationssignalen als t_{L1} wirken. Außer der Verlängerung des 9S-Transkripts nach t_{R1} bindet der N-RNA-Polymerase-Komplex auch effizienter an p_R und supprimiert polare Mutationen im *trp*-Operon, die mit dem lambda-Genom durch erzwungene Integration von lambda an *tonB* (7.II.A) fusioniert wurden.

Die größeren RNA-Transkripte L2 und R1 sind als schattierte Pfeile in Abb. 12-7 wiedergegeben. Sie kodieren die meisten der für Replikation, Rekombination, Integration und Excision erforderlichen Funktionen des Phagen und bilden den Hauptteil der frühen mRNA-Produkte. In den Regionen *int* und *OP* wurden zusätzlich schwächere Transkripte beobachtet, die in der Abbildung als weiße Pfeile dargestellt sind. Die schwarzen Pfeile geben ebenfalls sehr kleine Neben-RNA-Transkripte an. Zusätzlich zu den DNA-Replikationsfunktionen produziert das R1-Transkript auch das Q-Genprodukt, ein wichtiges positives regulatorisches Element. Das Q-Protein wirkt als weiterer Antiterminator und erlaubt die Transkription von einem neuen Promotor p_Q ($p_{R'}$) aus, einem sehr wirksamen Promotor, der ein sehr langes Transkript entstehen läßt (R2). Dieses enthält die Cistren für die Herstellung von Köpfen und Schwänzen und für die Zellyse (späte Funktionen). Die Antitermination erfolgt an t_Q. Die Hauptwirkung übt das Q-Protein in *cis* aus (d.h. es wirkt kaum in *trans*), im Gegensatz zum P4-Protein in P2-lysogenen Zellen, das die späten Funktionen der P2-Phagen aktiviert (6.IV).

Die zeitliche Folge der bisher beschriebenen Vorgänge ist in Abb. 12-8 aufgezeichnet. In einigen Fällen ist die Transkriptionstermination nicht vollständig; die R1-Transkription führt z.B. selten in die R2-Region. Die erhöhte Transkription von R2 durch p_Q sorgt dafür, daß die Strukturkomponenten für eine Vielzahl von Phagen hergestellt werden. Verschiedene Funktionen in der L2-Region neigen jedoch dazu, schädigend auf den Wirt zu wirken, und der Ertrag an Nachkommenphagen wird solange niedrig sein, bis diese Funktionen ihren Zweck erfüllt haben und reprimiert werden. Die Repression erfolgt durch ein kleines Protein von 66 Aminosäuren, das Genprodukt des

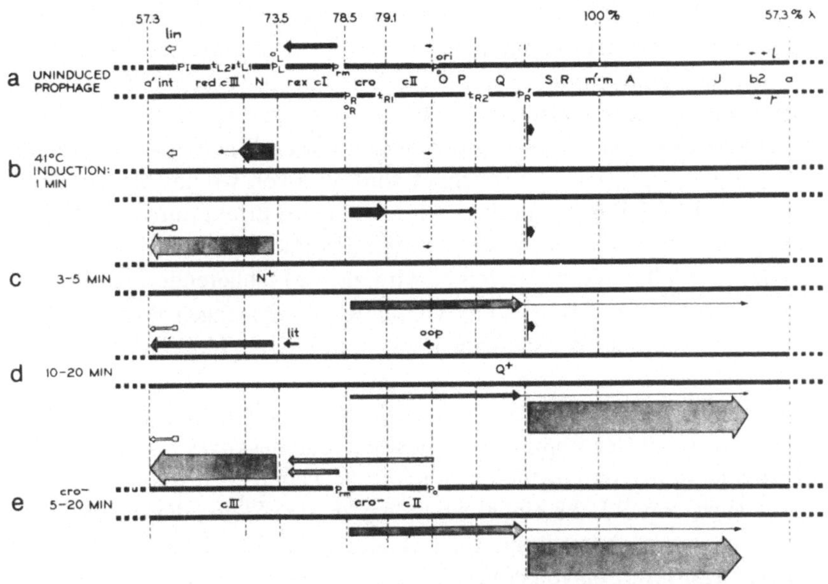

Abb. 12-8a–e. Schematische Darstellung der Zeitfolge der Transkriptionsprozesse beim Prophagen λ. Die nach links gerichteten Transkripte werden vom *l*-Strang kodiert und sind oberhalb der λ-DNA gezeichnet; die nach rechts gerichteten Transkripte werden vom *r*-Strang kodiert und sind unterhalb der λ-DNA wiedergegeben. **a** Transkription im nicht-induzierten Prophagen. Das *cI-rex*-Transkript entspricht 80 bis 90% der gesamten prophagenspezifischen RNA; **b** Sofort frühe Transkription nach der Induktion (das gleiche Muster liegt bei der lytischen Infektion vor); **c** Verzögert frühe Transkription; **d** Späte Transkription; **e** Unkontrollierte Transkription in einer induzierten *cro*⁻-Mutante von λ. Die Prophagenkarten sind nicht maßstabgetreu gezeichnet, sondern mit vergrößerter Immunitätsregion. Die Zahlen in der oberen Linie geben die Positionen verschiedener Stellen im Bezug zum linken (0% λ) und rechten Ende (100% λ) der reifen λ-DNA an. Die Dicke der Pfeile gibt die Transkriptionsrate wieder. Bei der 198-Nukleotid-6S-RNA, die früh transkribiert wird (Pfeil unter $p_{R'}$), wurde gefunden, daß bei in-vitro-Synthese 10- bis 20mal mehr die 5′-proximalen 15-Nukleotide (durch die vertikale Linie in **a**–**c** dargestellt) synthetisiert werden als die gesamte 6S-RNA. $p_{R'}$ ist damit der stärkste λ-Promotor, auf ihn folgt jedoch sofort das starke Terminationssignal, das anscheinend durch das Q-Genprodukt überwunden werden kann, was zur Synthese der späten RNA führt (**d**). Aus: Szybalski, W. (1977) Initiation and regulation of transcription and DNA replication in coliphage lambda. In: Copeland und Marzluf (1977)

Cistrons *cro* (control of repressor and other things). Das *cro*-Produkt bindet an drei Operatoren o_L, o_R und bei p_E und verhindert oder reduziert die Bindung der mit dem N-Genprodukt modifizierten RNA-Polymerase. Zumindest eine dieser drei Stellen, o_R, hat eigentlich drei Bindungsstellen. Der lambda-*cI*-Repressor bindet stark an eine davon, schwächer an die zweite und nur selten an die dritte. Die Affinität der o_R-Bindungsstellen für das *cro*-Protein verhält sich genau umgekehrt. Nachdem das *cro*-Protein gebunden hat, werden die Transkription von L2 und R1 stark reduziert (Abb. 12-8d), was bedeutet, daß R1 autogen reguliert wird (d.h. das Produkt der transkribierten Region reguliert zugleich die Transkription).

Von Szybalski und Mitarbeitern wurde postuliert, daß das kleine Transkript *oop* an der Initiation der DNA-Replikation beteiligt sei, möglicherweise als Primer für die

DNA-Polymerase III. Es könnte auch als Teil des Apparats zur Etablierung der Lysogenie wirksam sein, wenn bei der Phageninfektion keine lytische Antwort einsetzt.

Zu den Cistren der Transkripte L2 und R1 gehören auch *cII* und *cIII*. Wie schon in 6.II.B gesagt, beeinflussen ihre Produkte als Regulatoren die Expression des lambda-Repressors *cI*. Das geschieht über eine positive regulatorische Bindung an einer Stelle, die abwechselnd mit *y*, p_{re} oder p_E bezeichnet wird, und von wo aus die Transkription des *cI*-Cistrons (die L1-Region) initiiert wird. Ob dieser Effekt durch die Aktivierung eines neuen Promotors oder durch Antitermination der *oop*-RNA zustande kommt, ist unklar. Diese Transkription von *cI* wird als die etablierende Transkription bezeichnet, denn sie führt zur Herstellung großer Repressormengen und damit zur Etablierung der Lysogenie. Sie führt außerdem zur umgekehrten Transkription in der *cro*-Region.

Wird die Synthese des lambda-Repressors nicht durch Bindung des cro-Proteins bei p_R verhindert, so wirkt der Repressor als positives und negatives Kontrollelement gleichzeitig. Er bindet an o_L und o_R und verhindert die weitere Transkription von L2, R1 und indirekt auch von R2. Er bindet außerdem an eine Stelle, die mit p_{rm} oder p_M bezeichnet wird, einen neuen Promotor mit niedrigerer Effizienz als p_E. Dieser Promotor führt zur Transkription von *cI* und *rex*. Er wird als der Promotor für die Aufrechterhaltung der Repressorsynthese („repressor maintanance") bezeichnet. Das cI-Protein liefert damit ein anderes Beispiel für autogene Regulation, da es seine eigene Synthese aktiviert. Wird aus irgendwelchen Gründen der cI-Gehalt im Cytoplasma zu hoch, so kann es auch seine eigene Synthese reprimieren. Die Transkription des lambda-Prophagen ist in der Abb. 12-8a gezeigt. Obwohl das Transkript L1M dominiert (Abb. 12-7), zeigen einige andere Promotoren schwache Aktivität.

Das Hauptproblem bei der lambda-Regulation ist, warum einige infizierte Zellen lysogen werden, während andere in der gleichen Kultur lysieren und Phagenpartikel freisetzen. Ward und Murray schlugen vor, daß die Behinderung der Transkription durch RNA-Polymerase, die über die *cro*-Region in verschiedenen Richtungen laufen, vielleicht eine Antwort ist. Mit *trp*-lambda-Fusionen konnten sie zeigen, daß die in-vitro-Transkription von *trp* die Transkription von lambda stört, wenn das Operon so orientiert vorliegt, daß die RNA-Polymerasen kollidieren, während es keinen oder nur einen schwachen Effekt gibt, wenn sich die Polymerasen alle in die gleiche Richtung bewegen. Sie schlagen vor, daß leichte Schwankungen in der Transkriptionseffizienz die Stoffwechselbalance der Zelle durch Bevorzugung des L1- oder des R1-Transkripts zur Lyse oder zur Lysogenie verschieben können.

Bekanntlich hängt die Entscheidung zu Lyse oder Lysogenie nicht zuletzt vom physiologischen Zustand der Zellen ab, wie ja auch eine Induktion des Prophagen immer dann erfolgt, wenn die lysogene Zelle Streßsituationen ausgesetzt ist. Die Annahme ist daher gerechtfertigt, daß auch Wirtsfaktoren bei der Etablierung des lysogenen Zustands eine Rolle spielen. Ein solcher Faktor ist das Produkt des Cistrons *himA*, von dem man annimmt, daß es zusammen mit den Genprodukten *cII* und *cIII* die Transkriptionsinitiation bei p_E und p_I positiv beeinflußt.

III Weniger gut untersuchte regulatorische Systeme

A Die Phasenvariation bei *Salmonella*

Die Mitglieder der Gattung *Salmonella* sind generell mit Flagellen versehen, die aus zwei antigen-unterscheidbaren Monomeren, H1 oder H2, bestehen. Die Zelle stellt jeweils nur eine Art von Flagellum her, aber es besteht eine geringe Wahrscheinlichkeit dafür (10^{-3} bis 10^{-5}), daß sie auf den anderen Typ umschaltet. Alle Zellen besitzen damit die Fähigkeit, beide antigenen Typen von Flagellen zu produzieren, wobei aber immer nur ein Typ zu einem Zeitpunkt hergestellt werden kann.

Simon und Mitarbeiter untersuchten dieses Phänomen mit F′-Plasmiden, die die antigenen Determinanten von H1 oder H2 trugen und in *E. coli* eingeschleust wurden. Das H1-Plasmid exprimierte seine genetische Information normal. Das H2-Plasmid war dagegen in der Expression der *Salmonella*-DNA variabel. Heteroduplex-Analysen von mit sich selbst hybridisierter F′-DNA zeigten, daß sich eine Region der H2-DNA spontan invertierte. In der einen Richtung war der Promotor mit dem H2-Locus verbunden, in der anderen nicht. Die Transkription des H2-Locus führte auch zur Expression des Cistrons *rh1*, das als Repressor der H1-Expression wirkt. Die beiden Antigene konnten daher nicht gleichzeitig exprimiert werden.

Der Stimulus für die Inversion des H2-Locus kommt von dem zellulären Faktor *vh2*. Ohne diesen Faktor geschieht keine Inversion. Die Phagen P1 und Mu, die beide invertierbare DNA-Segmente enthalten (6.V und 6.VI), können interessanterweise auch in Abwesenheit des *vh2*-Faktors die Inversion der H2-Region verursachen. Die Phasenvariation ist damit ein besonders interessantes genetisches System, das mit einigen Eigenschaften der Transposons und Insertionssequenzen (11.II.C und 13.III.B) verwandt ist.

B Die Translationskontrolle

Entgegen früheren Annahmen kommt auch bei Bakterien der Translationskontrolle eine gewisse Bedeutung zu. Als Beispiel sei die Regulation der Synthese einiger ribosomaler Proteine und der Untereinheiten der RNA-Polymerase genannt, die vor allem von M. Nomura und seinen Mitarbeitern untersucht wurde.

In ihrem Modell schlagen die Autoren vor, daß in *E. coli* bestimmte freie ribosomale Proteine als Feedback-Inhibitoren die Translation ihrer eigenen mRNA durch Anlagerung an deren Anfang blockieren. Solange der Zusammenbau der Ribosomen die ribosomalen Proteine verbraucht, entkommt die entsprechende RNA der Inhibition und kann die Synthese ihrer Proteine weiter dirigieren. So wurde gezeigt, daß das ribosomale Protein L1 die Synthese sowohl von L11 als auch von sich selbst inhibiert, die beide von einer polycistronischen mRNA kodiert werden. Diese Kontrolle wirkt also auch polar auf die Translation benachbarter Cistren. Das gleiche trifft zu für das S10-Operon, das mehrere ribosomale Proteine kodiert, von denen das dritte, L4, den Translationsinhibitor darstellt. Ein ähnliches Phänomen beobachtet man bei der Synthese der beiden großen Untereinheiten der RNA-Polymerase, β und β'. Hier ist es vermutlich die β-Untereinheit oder der Komplex $\alpha_2\beta$, der die Translation der polycistronischen $\beta\beta'$-mRNA unter bestimmten Bedingungen blockiert. Die Aufgabe solcher zusätzlicher Kontrollmechanismen liegt darin, daß die Synthese der Komponenten des Transkriptions- und Translationsapparats der Zelle entsprechend ihren physiologischen Bedürfnissen koordiniert abläuft.

Translationskontrolle beobachtet man auch in Bakterien nach T4-Phageninfektion. Normalerweise wird einer der Proteinsynthese-Cofaktoren (Initiationsfaktoren oder IF) für das richtige Zusammenlagern des Ribosomen-mRNA-Translationskomplexes modifiziert. Wie schon in 4.II.B gesagt, beobachtet man eine bevorzugte Translation der späten T4-mRNA-Cistren, wenn statt IF3α IF3β vorliegt. Beim Phagen T7 (5.II) wird die Translation der 0,3-mRNA viel weniger effizient initiiert als bei anderen frühen Transkripten.

Auch die Genexpression der RNA-Phagen wie z.B. MS2 (Kap. 5.III; Abb. 5-9) wird außer durch die Ausbildung von RNA-Sekundärstrukturen (Abb. 5-10) ganz wesentlich auf Translationsebene reguliert. Nach Infektion beginnen Ribosomen die Translation des Hüllproteins, von dessen Cistron aus sie weiterlesen in das Replikase-Gen. Das fertige Replikaseprotein lagert sich im Komplex mit den drei Wirtsfaktoren S_1, Ef-Tu und Ef-Ts an das 3′-Ende der Plus-RNA und synthetisiert einen Minus-RNA-Strang, an dem der Komplex Replikase dann wiederum Plus-Stränge herstellt (Abb. 5-11). Erst an die dabei entstehenden freien Enden der Plus-RNA können Ribosomen binden und das *A*-Cistron zum Reifungsprotein translatieren. Nach Synthese größerer Mengen Hüllproteins reprimiert dieses die weitere Translation des Replikase-Cistrons. Das Lyse-Protein wird von Beginn der Infektion an mit geringer Rate hergestellt, indem Ribosomen, die vom Hüllprotein-Cistron kommen, eine Rasterverschiebung erfahren und ein Terminations- sowie das Initiationscodon des Lyse-Proteins am 3′-Ende dieses Cistrons erkennen. Interessant ist, daß von dem großen Wurf von 10 000 bis 50 000 Phagen nur etwa ein Viertel virulent ist, wahrscheinlich deswegen, weil die Replikation der RNA wesentlich ungenauer erfolgt als die von DNA.

C Die Bildung der Endosporen bei *Bacillus*

Die Endosporenbildung ist ein sehr komplexer Prozeß und hochgradig reguliert. Die Zellen durchlaufen sieben morphologische Stadien, die in der Tabelle 12-2 aufgeführt sind. Der Prozeß wird durch das Aushungern der Zellen für Kohlenstoff oder Stickstoff ausgelöst und ist solange noch rückgängig zu machen, bis die Zellen das Stadium 4 erreicht haben.

Die Endosporenbildung stellt ein beträchtliches regulatorisches Problem dar. Die *spo*-Loci liegen nicht zusammengruppiert, sondern über das ganze Genom verteilt vor (Abb. 8-4). Daher könnten Modelle wie für die Regulation von lambda oder die *mal*-Regulationseinheit hier anwendbar sein. Auch eine Translationskontrolle wurde vorgeschlagen, ist aber nicht bewiesen. Der einzige wirklich bekannte Regulationsmechanismus verläuft über eine schrittweise Modifikation der RNA-Polymerase durch den Zusatz sporulationsspezifischer Proteine. Zumindest zwei solcher Proteine sind identifiziert, aber die Veränderungen, die sie bewirken, sind recht subtil. Die begrenzte Modifikation der Polymerase ist notwendig, da viele der vegetativen *Bacillus*-Cistren weiter transkribiert werden müssen, um die notwendigen Funktionen für die sich entwickelnde Spore zur Verfügung zu stellen.

Tabelle 12-2. Die morphologischen Stadien bei der Endosporenbildung bei *Bacillus subtilis*

Stadium	Morphologie	Betroffen von Mutationen im Cistron
0	Normale Erscheinungsform	*spoϕ*
I	Die DNA kann ein einziges axiales Filament bilden	*spoI*
II	Die Zellmembran invaginiert zur Bildung eines Sporenseptums	*spoII*
III	Das Sporenseptum verlängert sich und umgibt vollständig die Präspore	*spoIII*
IV	Die Keimzellwand und die dicke Cortex werden um die Spore abgelagert	*spoIV*
V	Zuvor synthetisierte Sporenhüllproteine werden um die Spore abgelagert	*spoV*
VI	Es entwickelt sich die Hitzeresistenz	*spoVI*
VII	Die Zellyse kann geschehen	*spoVII*

Das Hauptproblem liegt im richtigen zeitlichen Ablauf des Sporulationsprozesses. Hier könnten Mechanismen wie die durch Q aktivierte R2-Transkription bei lambda benutzt werden, aber wenn es so etwas gibt, dann ist die potentielle Komplexität enorm. Die Erarbeitung der Kontrollmechanismen der zeitlichen Abfolge wird große experimentelle Anstrengungen erfordern.

IV Zusammenfassung

Die Grundeinheit der Regulation ist das Operon, eine genetische Einheit aus einem oder mehreren Strukturcistren, zumindest einem Promotor und normalerweise einer oder mehreren Regulationsstellen. Das erste Produkt der Strukturcistren ist ein einziges RNA-Molekül. Dieses Molekül dient entweder als mRNA zur Programmierung eines Ribosoms und damit zur Synthese des Endprodukts, eines oder mehrerer Proteinmoleküle, oder die RNA kann selbst als tRNA oder rRNA das Endprodukt sein. Der Promotor dient als Bindungsstelle für die RNA-Polymerase. Die Bindungsfähigkeit der Polymerase kann durch verschiedene Repressor- oder Aktivatormoleküle oder durch Insertionssequenzen positiv oder negativ beeinflußt werden. Im Fall der Lactose- und Galaktose-Operons sind die negativen Regulationselemente Proteine, die an die Operatoren binden, während die positiven regulatorischen Elemente cAMP und CRP sind, die an einen Teil des Promotors binden.

Die Bindung der RNA-Polymerase an die Promotor-DNA garantiert nicht unbedingt die Transkription der Strukturgene. Im Tryptophan- und im Histidin-Operon sind RNA-Leadersequenzen enthalten, die zwischen Promotor und Strukturcistren liegen, Elemente, die die Termination der Transkription bewirken. Diese Elemente enthalten auch Sequenzen, die für hypothetische Polypeptide mit mehreren Kopien der Aminosäure, deren Biosynthese vom jeweiligen Operon dirigiert wird, kodieren. Die richtige

Translation dieser Sequenzen führt zur Termination der Transkription, während eine verzögerte Translation bei Verknappung beladener tRNA-Moleküle die Termination blockiert.

Mehrfache Operonsysteme wie der Phage lambda können durch einen Satz diffundierbarer Repressoren und Aktivatoren koordiniert reguliert werden, wobei auch Wirtsfaktoren bei der Entscheidung zwischen Lyse und Lysogenie eine Rolle spielen.

Literatur

Allgemein

Adhya S, Gottesman M (1978) Control of transcription termination. Annu Rev Biochem 47:967–996

Copeland JC, Marzluf GA (eds) (1977) Regulatory biology. Ohio State University Press, Columbus

Crawford IP, Stauffer GV (1980) Regulation of tryptophan biosynthesis. Annu Rev Biochem 49: 163–195

Franklin NC (1978) Genetic fusions for operon analysis. Annu Rev Genet 12:193–221

Losick R (1982) Sporulation genes and their regulation. In: Dubnau D (ed) The molecular biology of the *Bacilli*, Vol 1. *Bacillus subtilis*. Academic Press, New York, pp 179–201

Maaløe O (1979) Regulation of the protein synthesizing machinery-ribosomes, tRNA, factors and so on. In: Goldberger RF (ed) Biological regulation and development, Vol I. Gene expression. Plenum Press, New York

Matzura H (1980) Regulation of biosynthesis of the DNA-dependent RNA polymerase in *Escherichia coli*. In: Horecker BL, Stadtman ER (eds) Current topics in cellular regulation, vol 17. Academic Press, New York, pp 89–136

Miller JH, Reznikoff WS (eds) (1978) The operon. Cold Spring Harbor Laboratory, Cold Spring Harbor, NY

Nierlich DP (1978) Regulation of bacterial growth, RNA, and protein synthesis. Annu Rev Microbiol 32:393–432

Nomura M, Yates JL, Dean D, Post EL (1980) Feedback regulation of ribosomal protein gene expression in *Escherichia coli:* Structural homology of ribosomal RNA and ribosomal protein mRNA. Proc Natl Acad Sci USA 77:7084–7088

Nomura M, Dean D, Yates JL (1982) Feedback regulation of ribosomal protein synthesis in *Escherichia coli*. Trends Biochem Sci 7:92–95

Piggot PJ, Coote JG (1976) Genetic aspects of bacterial endospore formation. Bacteriol Rev 40: 908–962

Ptashne M (1982) A genetic switch in an bacterial virus. Sci Am 247:106–120

Rosenberg M, Court D (1979) Regulatory sequences involved in the promotion and termination of RNA transcription. Annu Rev Genet 13:319–353

Speziell

Berman ML, Beckwith J (1979) Use of gene fusions to isolate promoter mutants in the transfer RNA gene *tyrT* of *E. coli*. J Mol Biol 130:303–315

DiLauro R, Taniguchi T, Musso R, de Crombrugghe B (1979) Unusual location and function of the operator in the *E. coli* galactose operon. Nature 279:494–500

Gorini L (1969) The contrasting role of *strA* and *ram* gene products in ribosomal functioning. Cold Spring Harbor Symp Quant Biol 34:101–111

Hu S-L, Szybalski W (1979) Control of rightward transcription in coliphage lambda by the regulatory functions of phage genes *N* and *cro*. Virology 98:424–432

Johnson AD, Meyer BJ, Ptashne M (1979) Interactions between DNA-bound repressors govern regulation by the λ phage repressor. Proc Natl Acad Sci USA 76:5061–5065

Johnston HM, Barnes WM, Chumley FG, Bossi L, Roth JR (1980) Model for regulation of the histidine operon of *Salmonella*. Proc Natl Acad Sci USA 77:508–512

Keller EB, Calve JM (1979) Alternative secondary structures of leader RNAs and the regulation of the *trp, phe, his, thr,* and *leu* operons. Proc Natl Acad Sci USA 76:6186–6190

Kutsukake K, Iino T (1980) A *trans*-acting factor mediates inversion of a specific DNA segment in flagellar phase variation of *Salmonella*. Nature 284:479–481

Mosteller RD, Goldstein RV, Nishimoto KR (1980) Metabolism of individual proteins in exponentially growing *E. coli*. J Biol Chem 255:2524–2532

Oxender DL, Zurawski G, Yanofsky C (1979) Attenuation in the *E. coli* tryptophan operon: role of RNA secondary structure involving the tryptophan codon region. Proc Natl Acad Sci USA 76:5524–5528

Schechtman MG, Alegre JN, Roberts JW (1980) Assay and characterization of late gene regulators of bacteriophage ϕ82 and λ. J Mol Biol 142:269–288

Silhavy TJ, Brickman E, Bassford PJ Jr, Casadaban MJ, Shuman HA, Schwartz V, Guarente L, Schwartz M, Beckwith JR (1979) Structure of the *malB* region in *E. coli* K 12. II. Genetic map of the *malE,F,G* operon. Mol Gen Genet 174:249–259

Ward DF, Murray NE (1979) Convergent transcription in bacteriophage λ: interference with gene expression. J Mol Biol 133:249–266

Winkler ME, Zawodny RV, Hartman PE (1979) Mutation *spoT* of *E. coli* increases expression of the histidine operon deleted for the attenuator. J Bacteriol 139:993–1000

Kapitel 13

Reparatur und Rekombination von DNA-Molekülen

Jeder Organismus verfügt über Mechanismen zur Bewahrung seiner Nukleinsäure (d.h. zur Reparatur von Schäden daran). Trotzdem zeigen die meisten Organismen, einschließlich sogar der Bakterien und Viren, genetischen Austausch. Die beiden Prozesse scheinen gegenläufig zu wirken, denn die Rekombination, d.h. die Wanderung genetischer Information von einem Nukleinsäuremolekül zu einem anderen, impliziert strukturelle Änderungen in der Nukleinsäure. Wie in diesem Kapitel besprochen wird, sind trotzdem viele Schritte im Rekombinationsprozeß die gleichen wie bei der Reparatur. Die Rekombination läßt sich als Prozeß betrachten, bei dem die Möglichkeit zur Beschädigung einer Nukleinsäure durch die Vorzüge aufgewogen werden kann, die eventuell neue genetische Informationen mit sich bringen. In der Praxis wurde nur die Reparatur und Rekombination von DNA-Molekülen untersucht, da RNA zu unstabil und/oder zu ungenau synthetisiert und damit eine genetische Analyse fast unmöglich wird (5.III). In jüngster Zeit sind aber auch Rekombinationsprozesse bei RNA-Viren beschrieben worden. Die Vorgänge, die zur Reparatur beschädigter DNA führen, können in zwei Gruppen unterteilt werden: Solche, die die eigentliche chemische Veränderung korrigieren (revertieren), und solche, die zuerst ein DNA-Segment, in dem der Schaden liegt, entfernen, und dann dieses Segment korrekt neu synthetisieren. Daher gibt es konzeptuell zwei Typen von Rekombinationsprozessen: die Kopienwahl (engl. „copy choice"), wobei zwei verschiedene DNA-Moleküle als Matrize zur Synthese eines einzigen rekombinanten DNA-Strangs dienen, und das Brechen und Wiedervereinigen (engl. „breakage and reunion"), wobei ein physikalischer Austausch von DNA-Segmenten erfolgt.

Diese vier Prozesse, die man alle bei Baktereien und ihren Viren findet, werden in diesem Kapitel besprochen. Zur Erleichterung des Verständnisses dieser Vorgänge werden *E. coli* und seine Bakteriophagen allerdings fast alle diskutierten Beispiele liefern. Cistren mit ähnlichen Namen in anderen Organismen leiten jedoch im allgemeinen den gleichen Prozeß.

I Strukturbetrachtungen zur DNA

A Der normale Zustand

Soweit bekannt, besteht die selbstreplizierende DNA in Bakterien aus zirkulären Strukturen mit Phosphodiesterbindungen zwischen allen benachbarten Nukleotiden (kovalent geschlossene zirkuläre DNA, engl. „covalent closed circular", ccc-DNA). Selbst im

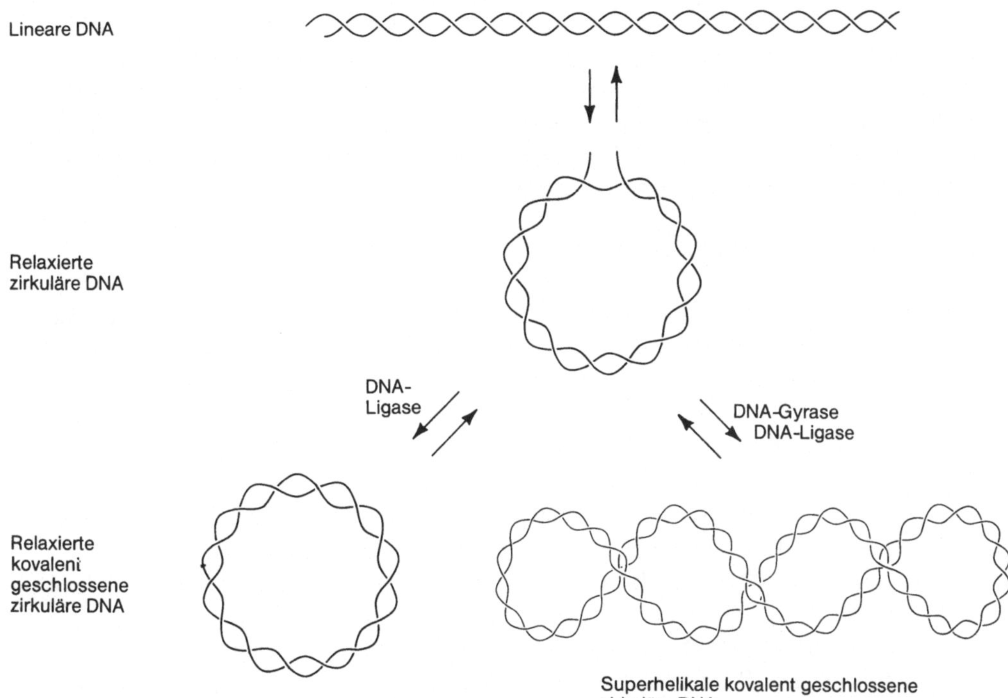

Abb. 13-1. Die superhelikale Aufwindung doppelsträngiger DNA. Im oberen Teil der Abbildung befindet sich ein linearer DNA-Duplex. Die Ausbildung eines Rings aus diesem Molekül kann als zweistufiger unabhängiger Ligierungsvorgang betrachtet werden, einer für jeden Strang. Die relaxierte zirkuläre DNA ist in diesem Prozeß eine Zwischenstufe. Ein zusätzlicher Ligierungsschritt ergibt ein Molekül, das noch relaxiert, aber kovalent geschlossen und zirkulär ist (engl. covalent closed circular, ccc). Die andere Möglichkeit ist die, daß die DNA-Ligase zusammen mit der DNA-Gyrase ein ccc-Molekül entstehen läßt, das auch superhelikale Aufwindungen enthält. Diese Windungen werden durch mehrmalige Drehung des freien DNA-Endes um die Helixachse vor der letzten Ligierung eingeführt. Je nach der Drehungsrichtung werden die superhelikalen Windungen als positiv oder negativ charakterisiert

Fall der Phagen T4, P1 oder lambda, die in ihrem Virion lineare DNA enthalten, ist einer der ersten Schritte bei der Infektion die Zirkularisation der DNA. ccc-DNA läßt sich in vivo oder in vitro präparieren, aber im allgemeinen findet man einen Unterschied zwischen den Molekülen. In vivo synthetisierte DNA enthält normalerweise superhelikale Aufwindungen (engl. „turns"), die der in vitro synthetisierten fehlen.

Eine **superhelikale Aufwindung** entsteht durch Drehung eines DNA-Endes relativ zum anderen vor der Ausbildung der letzten Phosphodiesterbindung (Abb. 13-1). In der Zelle wird die relative Drehung des einen Endes anscheinend durch das Enzym DNA-Gyrase bewerkstelligt, wobei die Drehrichtung zu der Doppelhelix entgegengesetzt ist. Auf 15 helikale Windungen kommt ungefähr eine superhelikale Windung. Die Einführung eines Einzelstrangbruchs („nick", eine aufgebrochene Phosphodiesterbindung) löst alle superhelikalen Windungen auf und führt zur Ausbildung eines sogenannten relaxierten Moleküls.

Wird der Einzelstrangbruch im relaxierten Molekül nun durch das Enzym DNA-Ligase repariert, so entsteht ein immer noch relaxiertes ccc-DNA-Molekül. Nur wenn der Einzelstrangbruch in Gegenwart einer funktionellen DNA-Gyrase repariert wird, enthält die ccc-DNA superhelikale Aufwindungen. Enzyme, die mit Doppelstrangbrüchen als Zwischenstufen zur Veränderung der Topologie eines DNA-Moleküls verwendet werden, werden als **Topoisomerasen** bezeichnet.

B Beschädigungen der DNA-Struktur

Clar und Volkert identifizierten zwei Grundtypen von DNA-Schäden: **extra-replikationelle** und **intra-replikationelle**. Bei extra-replikationellen Schäden liegt eine chemische Modifikation eines oder mehrerer Nukleotide in der DNA vor. Im allgemeinen werden die Modifikationen durch Behandlung mit mutagenen Chemikalien oder Basenanalogen (3.IV) verursacht. Die Folge ist normalerweise ein Nukleotid, das durch Alkylierung oder Substitution (z.B. 7-Methylguanin statt Guanin, oder 5-Bromuracil statt Thymin) modifiziert ist. Die modifizierten Nukleotide stellen extra-replikationelle Schäden dar, haben aber keinen Effekt auf die folgende DNA-Replikation. Obwohl die Enolformen verschiedener modifizierter Basen Fehlpaarungen ausbilden können (z.B. Abb. 3-5), tritt keine Störung der Replikation selbst und damit kein intra-replikationeller Effekt auf, selbst wenn eine veränderte (mutierte) Basensequenz entstehen kann. Die Reparatur dieser Art von Schäden läßt sich in herkömmlicher Art durch ein Transfektionssystem (8.III) untersuchen, in dem künstlich hergestellte Heteroduplex-DNAs aus zwei genetisch markierten Phagen als Donor-DNA verwendet werden.

Die Reparatur läßt sich durch Überprüfung der Art der Nachkommenphagen feststellen.

Schäden in der physikalischen Struktur der DNA sind ganz anders als die Basenmodifikationen oder Substitutionen und führen zu grundlegenden intra-replikationellen Effekten. Mutagene Behandlungen dieses Typs lassen Strukturen wie die Pyrimidindimere innerhalb eines Strang (zwei benachbarte Pyrimidine sind durch einen Cyclobutanring miteinander verbunden) als Antwort auf UV-Bestrahlung oder durch Intrastrang-Querbindungen durch z.B. Psoralen nach Einwirkung von langwelliger UV-Strahlung entstehen. Der DNA-Polymerase III ist es nicht möglich, DNA-Regionen mit Dimeren oder Querbindungen zu replizieren, auch wenn sie nach Passieren der beschädigten Region neu starten kann. Howard-Flanders und Mitarbeiter zeigten, daß die entstehenden Tochter-DNAs Lücken enthalten, die in ihrer Größe etwa der eines oder mehrerer Okazaki-Fragmente entsprechen. Solche Moleküle mit Lücken (engl. „gaps") können nicht weiter repliziert werden, bis eine Reparatur stattgefunden hat. Wie dies geschieht, wird im Abschn. II.E besprochen.

II Reparatur und Rekombination in *E. coli*

A Grundlegende Beobachtungen mit UV-behandelten Zellen

Mit UV-Strahlung behandelte *E. coli*-Kulturen sind der Standard aller Diskussionen über die DNA-Reparatur. Die Behandlung selbst ist leicht quantitativ zu erfassen, während das ausgedehnte genetische Wissen über *E. coli* die Untersuchung der genetischen Kontrolle der Reparatur sehr erleichtert.

Die durch UV-Bestrahlung verursachten Schäden lassen sich durch einen Prozeß, der **Photoreaktivierung** genannt wird, vollkommen rückgängig machen. Ein PRE genanntes Enzym, das ein nicht charakterisiertes Chromophor trägt, absorbiert Energie langwelliger UV-Strahlung (größer als 300 nm). Diese Energie wird dazu benutzt, die Pyrimidindimere in Monomere zu spalten und so die DNA wieder in ihren ursprünglichen Zustand zu versetzen (ein Beispiel fehlerfreier Reparatur). Da langwellige Bestrahlung die Entstehung der Pyrimidindimere nicht hervorruft, ist das Nettoresultat starker Bestrahlung von Zellen mit beschädigter DNA die gesamte Reparatur aller Läsionen. Obwohl kurzwellige UV-Bestrahlung genügend Energie besitzt, Dimere auch in Abwesenheit des PRE-Enzyms aufzubrechen, schafft es mehr Dimere als es spaltet, so daß nur Dimere resultieren. Eine alternative, ebenfalls fehlerfreie Reparatur ist die **Kurzstrecken-Reparatur**. Sie verläuft unter Entfernung eines Teils des beschädigten DNA-Strangs einschließlich des Dimers und führt zu einer Lücke von etwa 20 Basen, die anschließend aufgefüllt wird. Da hier keine Strahlungsenergie gebraucht wird, bezeichnet man diese Art von Reparatur auch als **Dunkel-** oder **Excisionsreparatur**. Die wichtige Enzymaktivität ist die einer korrigierenden Endonuklease (Korrendonuklease), die nahe der Stelle des Dimers einen Einzelstrangbruch in die DNA einführt. Dieses Enzym besteht aus multiplen Untereinheiten, die von den Cistren *uvrA, B* und *C* kodiert werden. Nach dem Einführen des Einzelstrangbruchs kann die DNA-Polymerase I, die sowohl Exonuklease- als auch Polymerasefunktionen besitzt, die beschädigte DNA abbauen und resynthetisieren. Hierbei entsteht ein unbeschädigter Ersatzstrang, der am freien 3′-Ende beginnt und den nicht abgebauten Strang als Matrize nutzt. Die Vollständigkeit der DNA wird wiederhergestellt, wenn die DNA-Ligase die Einzelstrangbrüche in der DNA „heilt". Die Funktion der DNA-Polymerase I ist dabei, die Stelle des Einzelstrangbruchs von der 5′-Seite des Dimers zur 3′-Seite zu bringen, ein Vorgang, der als **Nicktranslation** bezeichnet wird. Diese Reaktion läßt sich in vitro nachmachen und wird häufig zur radioaktiven Markierung von DNA verwendet. Ein ähnlicher Reparaturprozeß kann durch die Rekombinationsenzyme (s.u.) katalysiert werden; hier ist aber die mittlere Länge der DNA größer (100 oder mehr Basen), weshalb dieser Vorgang als „**Langstreckenreparatur**" bezeichnet wird. Sowohl die Enzyme der Photoreaktivierung als auch die der Kurzstreckenreparatur werden konstitutiv exprimiert. Sie stellen die primären Abwehrmechanismen der Zelle gegen DNA-Beschädigungen dar. Dennoch kann diese Abwehr überwunden werden, wenn die Schäden in der DNA sehr groß sind. Bei der Kurzstreckenreparatur z.B. müssen Dimere in entgegengesetzten Strängen weit genug voneinander entfernt sein, so daß die reparierten Regionen nicht überlappen. Treten Überlappungen auf, so fehlt der DNA-Polymerase I die richtige Matrize und sie kann dann den Excisionsreparaturvorgang nicht abschließen. In einem solchen Fall sammelt sich nicht-reparierte DNA in der Zelle an, zu deren Beseitigung andere Mechanismen eingesetzt werden müssen.

E. coli-Zellen benutzen die **induzierbare** oder **SOS-Reparatur** zur Behebung großer Schäden in der DNA. Sie wird wahrscheinlich nur dann verwendet, wenn die Zelle durch Kurzstreckenreparatur die Reparaturen nicht abschließen kann. Der Ausdruck SOS-Reparatur wurde von Radman eingeführt, der annahm, daß die Anhäufung beschädigter DNA in der Zelle zu einem Notsignal führt, wodurch neue Enzyme induziert werden. Die SOS-Reparatur ist keine einzelne, bestimmte Funktion, sondern sie beinhaltet so verschiedene Antworten wie die Fähigkeit zur Reparatur von Pyrimidin-Dimeren, die Induktion von Prophagen, die Verzögerung der Septumbildung bei der Zellteilung und das Abschalten der Atmung. All diese Vorgänge scheinen koordiniert reguliert zu werden, weshalb sich die Antwort als Einheit betrachten läßt.

Der einfachste Weg zum Nachweis eines induzierbaren Reparatursystems ist die Untersuchung der Reparatur UV-bestrahlter lambda-Virionen durch die Wirtszelle. Infizieren diese Phagen normale *E. coli*-Zellen, so ist der Ertrag an infektiösen Zentren zur Reparatur aller Schäden niedrig, da die Wirtszellen nicht schnell genug fähig sind, um die normalen Phagenfunktionen zu gestatten.

Bestrahlt man die *E. coli*-Zellen jedoch vor der Infektion mit einer Dosis UV, so werden die Schäden in der bestrahlten lambda-DNA sehr schnell repariert, und die Zahl der infektiösen Zentren ist stark vermehrt. Diese Erscheinung wurde zuerst von Weigle beobachtet und ist als **W-Reaktivierung** bekannt.

Es läßt sich zeigen, daß es nicht die UV-Strahlung selbst ist, die die Reparatur und damit die W-Reaktivierung induziert, sondern die DNA-Beschädigung. Wird z.B. eine Hfr- oder F'-Zelle mit UV bestrahlt und dann mit einer nicht-bestrahlten F^--Zelle konjugiert, so induziert die neu transferierte beschädigte DNA das Reparatursystem in der Rezipientenzelle und damit die W-Reaktivierung. Dabei sind bis zum Erreichen der maximalen Enzymhöhe etwa 30 min erforderlich.

Das induzierbare Reparatursystem stellt einen neuen, sehr effizienten Typ der Reparatur dar (d.h. er kann mehr Schäden als die Kurzstreckenreparatur beseitigen), der aber zum Einbau falscher Basen neigt. Obwohl z.B. die W-Reaktivierung zu mehr infektiösen Zentren führt, trägt ein relativ großer Teil der produzierten Phagen Mutationen. Die SOS-Reparatur wird daher häufig als **fehlerbehaftete Reparatur** bezeichnet, denn jeder Fehler bei der Reparatur ist nach der Definition in Kap. 3 eine Mutation.

Der Schlüssel zum Verständnis der induzierbaren Reparaturprozesse fehlte bis vor einigen Jahren, als Gudas und Pardee zeigten, daß mit UV bestrahlte, mit Nalidixinsäure behandelte oder unter Thyminmangel gehaltene Kulturen große Mengen eines Proteins herstellen, das sie mit „X" bezeichneten. Vor kurzem fanden McEntee zusammen mit Gudas und Mount unabhängig voneinander, daß das Protein X das Produkt des *recA*-Cistrons ist. Weitere Untersuchungen ergaben, daß das *recA*-Protein sowohl bei der SOS-Reparatur als auch bei der Rekombination eine zentrale Rolle spielt.

B Die genetische und funktionelle Analyse von *recA* und damit zusammenhängender Cistren

Mutationen im *recA*-Cistron wurden zuerst von Clark, Howard-Flanders und Mitarbeitern identifiziert. Sofort wurde klar, daß die vorherrschende Eigenschaft dieser Mutationen ihre extrem pleiotropen Effekte waren. Die *recA*-Mutationen erhielten ihren Namen danach, daß sie die generelle Rekombination auf nicht mehr erfaßbare Größen ($< 10^{-6}$) reduzieren. Zusätzlich verhindern sie die SOS-Reparatur und machen die Zellen damit gegen UV-Bestrahlung sehr sensitiv; sie verhindern die Induktion von Prophagen wie lambda und sie erniedrigen die Lebensfähigkeit der Zellen auf 50% des normalen Werts. Das *recA*-Protein scheint daher für eine ganze Reihe verschiedener Prozesse wichtig zu sein, und einige seiner Funktionen werden später besprochen.

Es wurden eine Reihe von Mutationen identifiziert, die die Regulation des *recA*-Cistrons betreffen. Der eigentliche Regulator ist ein Proteinrepressor, der vom Cistron *lexA* kodiert wird, das bei der *malB*-Region der *E. coli*-Genkarte liegt (s. Innenseite des Buchdeckels). Bei *lexA* wurden gleichartige Mutationen wie beim Repressor des Lactose-Operons gefunden (12.II.A), aber unglücklicherweise erhielten sie andere Bezeichnungen.

lexA bezeichnete Mutationen entsprechen Repressoren, die nicht inaktiviert werden und daher die *recA*-Funktion nicht induzieren können (d.h. sie sind normal fähig zur Rekombination, aber unfähig zur Induktion der SOS-Reparatur). Diese Mutationen sind analog den i^{s}-Mutationen im *lac*-Operon. Mit *tsl* oder *spr* bezeichnete Mutationen stellen defektive Repressoren her und verursachen die konstitutive Expression von *recA* (die *tsl*-Mutationen sind eigentlich temperatursensitive Mutationen). Ein wichtiger Unterschied in der Regulation von *lac* und *recA* liegt darin, daß der Induktorteil für *recA* nicht identifiziert ist.

Für das lexA-Protein scheint es zwei Bindungsstellen zu geben. Eine bei *lexA* selbst, so daß das Protein seine eigene Synthese reguliert wie der lambda-Repressor (12.II.B). Die andere Bindungsstelle liegt beim Cistron *recA* und ist biochemisch definiert. Die letztere Stelle entspräche somit funktionell dem *lac*-Operator. Eine andere, mit *zab* bezeichnete Mutation kartiert nahe *recA* und zeigt die Charakteristika einer „ab"-Promotormutation. *zab* könnte daher der *lac*-Promotorregion äquivalent sein. McEntee untersuchte die Produktion des *recA*-Proteins in UV-bestrahlten Zellen, die speziell lambda-*recA* transduzierende Phagen trugen. Seine Ergebnisse weisen auf eine autoregulatorische Rolle des *recA*-Proteins durch Inaktivierung des lexA-Proteins hin.

Das recA-Protein besitzt ein Molekulargewicht von etwa 40 000 Dalton und hat zwei verschiedene Funktionen. Die erste Funktion ist die einer Protease, die spezifisch den lambda-Repressor und lexA spaltet. Mount, Little und Edmiston entwickelten ein Modell zur Erklärung der SOS-Induktion, das auf dieser proteolytischen Aktivität beruht. Das Modell geht davon aus, daß durch die Aktivität des lexA-Proteins das recA-Protein normalerweise in der Zelle in so niedrigen Mengen gehalten wird, daß seine proteolytische Aktivität keine Bedeutung hat. Auch die Aktivität der zuvor erwähnten Korrendonuklease wird vom lexA-Protein niedrig gehalten. Treten DNA-Beschädigungen auf, so aktiviert ein Induktor, bei dem es sich möglicherweise um einzelsträngige DNA-Stücke handelt, die proteolytische Funktion des recA-Proteins, wodurch dieses unter anderem auch das lexA-Protein (den Repressor) spaltet. Dies erlaubt eine verstärkte Expression von *recA* und *uvrA* und läßt die Enzyme für die DNA-Reparatur entstehen. In Abwesenheit des Induktors steigt das Niveau an lexA-Protein wieder an.

Die zweite Funktion des recA-Proteins scheint direkter mit der Rekombination in Zusammenhang zu stehen. In Gegenwart von ATP katalysiert es die Aufnahme einzelsträngiger DNA in einen DNA-Duplex, wobei eine Struktur mit einem Displacement-loop (Displacement = Verdrängung, loop = Schlaufe, **D-Loop**) wie in Abb. 13-2 entsteht. Die so gebildeten Schlaufen sind groß genug, um im Elektronenmikroskop nachgewiesen zu werden. Im gegenwärtigen Modell der generellen Rekombination (s. Abschn. D) sind diese Strukturen besonders wichtig. Da die Rekombination unbedingt notwendig ist, müssen die nicht-induzierten Enzymmengen von *recA* zur Katalyse aller notwendigen Strangaufnahmen ausreichen.

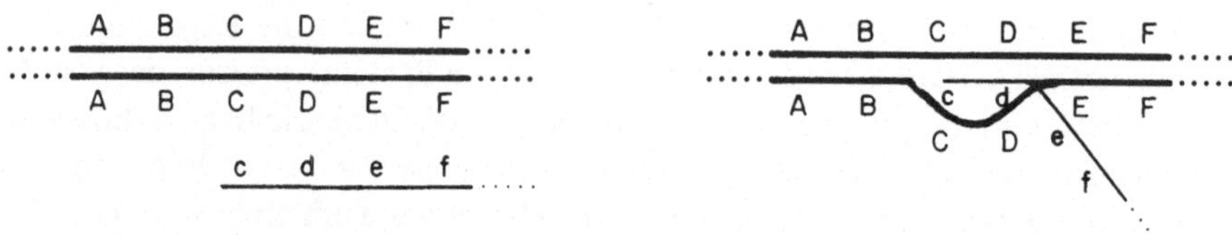

Abb. 13-2. Die Entstehung des D-Loops. Die Abbildung zeigt einen Teil eines DNA-Duplex (dicke Linien) und ein Ende der einzelsträngigen DNA (dünne Linie). Verschiedene genetische Merkmale sind mit Buchstaben dargestellt. Das Ende der einzelsträngigen DNA kann sich in einen homologen Teil des DNA-Duplex einlagern und einen der beiden Duplex-Stränge zur Ausbildung einer Schlaufe (Loop, ohne Basenpaarung) bringen. Da der entstehende Loop durch Insertion eines zusätzlichen DNA-Strangs verursacht wurde, wird er als D-Loop bezeichnet (D für „displacement", engl. = Verdrängung). Wäre der Loop durch Insertion einer RNA entstanden, so würde er als R-Loop bezeichnet

C Andere Cistren zur Rekombination

Die ursprünglichen Untersuchungen zur Rekombinationsdefizienz ergaben nicht nur *recA*-Mutationen, sondern genauso Mutanten in *recB* und *recC*. Die letzten beiden Mutantentypen zeigten sehr ähnliche Phänotypen (maßvolle UV-Sensitivität, nur 1% der normalen Rekombination und eine Lebensfähigkeit von 30%) und kartierten an genau der gleichen Stelle auf dem *E. coli*-Genom, bei *thyA* (s. Innenseite des Buchdeckels).

Eine Überprüfung der Kartierungsdaten führte zu dem Schluß, daß *recB* und *recC* eigentlich Mutationen im gleichen Cistron darstellen, das nun als *recBC* bezeichnet wird.

Das Cistron *recBC* kodiert eine Untereinheit des Enzyms Exonuklease V. Das Cistron, das die andere Untereinheit kodiert, ist nicht identifiziert, aber es wurde vorgeschlagen, daß es nahe bei *rho* liegt. Das Enzym selbst ist von ATP abhängig und hat viele Funktionen. Liegt es mit linearer doppelsträngiger DNA vor, so greift es nur einen Strang an und setzt Oligonukleotide frei. Nach Vordringen einiger tausend Basenpaare weit in den Duplex wechselt das Enzym auf den anderen Strang (Einzelstrang) und spaltet diesen zu Oligonukleotiden. Diese letzte Funktion steht möglicherweise im Zusammenhang mit der „rolling-circle"-Replikation von lambda (6.II.A).

Die Exonuklease V nimmt an dem Excisions-Reparatursystem der DNA genauso teil wie an der Rekombination, obwohl sie nicht als Teil des SOS-Reparatursystems induziert wird. In UV-bestrahlten Zellen baut die Exonuklease V die beschädigte DNA ab, aber ihre Wirkung wird durch eine der SOS-Funktionen, stimuliert durch die Induktion von *recA*, unter Kontrolle gehalten. Ohne die *recA*-Funktion wird ein extensiver DNA-Abbau beobachtet – ein rücksichtsloser Abbau – wie es ein Experimentator nannte (Abb. 13-3). Andere Versuche zeigen jedoch, daß nach UV-Bestrahlung *recA-recB*-Doppelmutanten viel weniger DNA-Abbau zeigen als *recA*-Einzelmutanten. Das prinzipielle abbauende Enzym muß daher Exonuklease V sein.

Die Rolle der Exonuklease V bei der Rekombination ist viel weniger klar als die bei der DNA-Reparatur. Radding schlug vor, daß sie zur Eliminierung einzelsträngiger DNA-Schwänze bei verschiedenen Arten von Rekombinationsintermediaten da ist, aber molekulare Einzelheiten sind nicht bekannt.

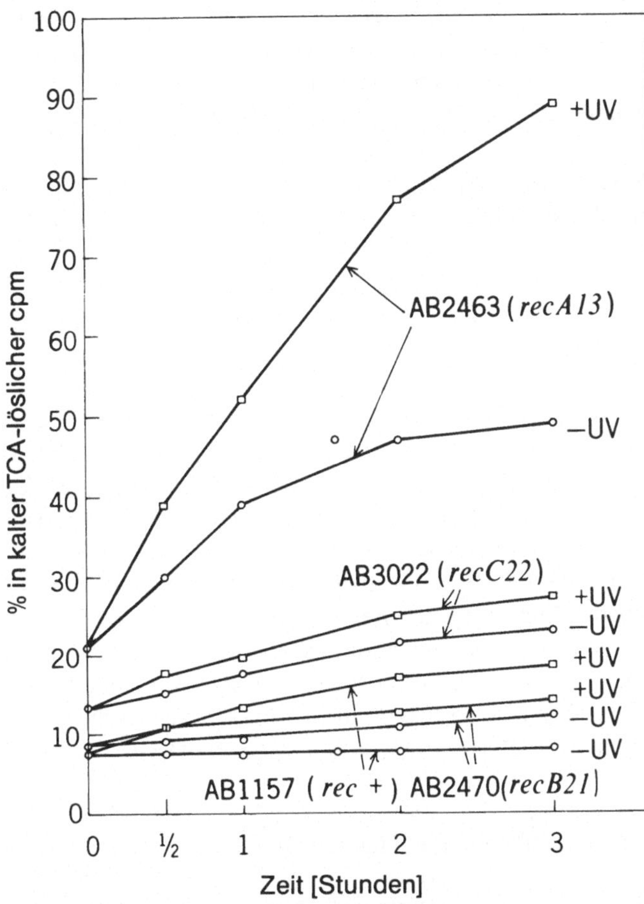

Abb. 13-3. Der DNA-Abbau nach UV-Bestrahlung. Die DNA in wachsenden Zellen wurde mit ^{3}H-Thymidin markiert, und die Zellen wurden anschließend einer UV-Strahlung von 57 J/m^2 ausgesetzt. Intakte DNA präzipitiert in Gegenwart kalter 5%iger Trichloressigsäure (TCA), aber nicht einzelne Nukleotide oder kleine Oligonukleotide. Der Anstieg der Menge kalter TCS-löslicher Radioaktivität nach der Bestrahlung repräsentiert daher den DNA-Abbau. Aus: Willetts, N.S., Clark, A.J. (1969) Characteristics of some multiply recombination-deficient strains of *E. coli.* J. Bacteriol. 100:231–239

Sicher ist nur, daß der Verlust der Exonuklease-V-Aktivität durch zwei Klassen von *recBC* intercistronischen Suppressormutationen, *sbcA* und *sbcB,* kompensiert werden kann.

Die *sbcA*-Mutationen liegen in einem kryptischen Prophagen von 27 Kilobasenpaaren, der als *rac*-Locus (Rekombinationsaktivierung) bekannt ist. Der *rac*-Prophage kann keine vermehrungsfähigen Nachkommenphagen produzieren, wahrscheinlich wegen des Verlusts der späten Funktionen, hat aber den funktionellen Start für die DNA-Replikation und induziert zygotisch seine Restfunktionen (9.I.C). Die Folge der Induktion ist, daß Hfr-Stämme, die den *rac*-Locus in *recBC*-Rezipientenstämme ohne *rac*-Locus transferieren, normale Transkonjuganten ergeben. Dies zeigt, daß sich unter den restlichen Prophagenfunktionen eine befindet, die eine Exonuklease kodiert (wahrscheinlich ähnlich der lambda-Exonuklease), die als Ersatz für die Exonuklease V dient. Die *sbcA*-Mutationen sind dann Veränderungen, die zur konstitutiven Synthese der *rac*-Exonuklease führen und damit die Fähigkeit zur Rekombination wieder herstellen.

Die *sbcB*-Mutationen ersetzen keine Exonuklease, sondern führen zum Verlust eines anderen Enzyms, nämlich zur Defizienz in der Exonuklease I; die Folge ist die gleiche wie bei den *sbcA*-Mutationen, d.h. die Fähigkeit zur Rekombination. Dieser Widerspruch scheint dadurch zu entstehen, daß der Verlust des Enzyms Exonuklease I den Abbau unspezifischer Rekombinationsintermediate verhindert, die dann durch einen neuen Reaktionsweg der Rekombination prozessiert werden können, durch die *recF*-Reaktion.

Die *recF*-Reaktion ist in normalen Zellen von nur geringer oder gar keiner Bedeutung, da *recF-recBC*$^+$-Stämme zur Rekombination fähig sind. *recBC-sbcB-recF*-Stämme dagegen sind wieder rekombinationsdefekt. Für die Rekombination über den *recF*-Weg sind viele einzelne Schritte notwendig, und viele dieser Schritte sind durch Mutationen definiert. Die Rolle des Cistrons *recF* scheint der von *lexA* ähnlich zu sein, da zu dem recF-Phänotyp (in *recBC-sbcB*-Zellen) die UV-Sensitivität und das Versagen der *recA*-Induktion ebenso gehören wie die Blockierung der Rekombination.

Es ist eine ganze Reihe anderer Rekombinationsmutationen identifiziert, aber keine ist so gut charakterisiert wie die gerade besprochenen. Da über diese Mutationen weniger bekannt ist, und da die folgende Diskussion nicht vom Wissen über die Eigenschaften dieser Mutationen abhängt, unterlassen wir eine Besprechung weiterer rekombinationsdefekter Mutanten.

D Postulierte Mechanismen der generellen Rekombination

Das Fehlen organisierter Chromosomen, der Mitose und Meiose, bedeutet, daß es bei Bakterien keine obligate Paarung homologer DNA-Moleküle gibt. Trotzdem findet genetischer Austausch statt, und die DNA-Strukturen sind wahrscheinlich im Moment des physikalischen Austauschs in Pro- und Eukaryonten ähnlich, auch wenn sich die Methoden zur Initiation dieser Strukturen nicht gleichen. Alle Modelle für die generelle Rekombination bei Bakterien nehmen daher an, daß zwischen den beiden beteiligten DNA-Molekülen ausgedehnte Homologien bestehen. Der Ausdruck **Homologie** bedeutet nicht, daß die Basensequenzen in den beiden rekombinierenden Regionen identisch, sondern daß sie sehr ähnlich sind. Es gibt einen bemerkenswerten Unterschied zwischen den Modellen für die eukaryontische und die prokaryontische Rekombination, der vielleicht eher künstlich als real ist.

Die eukaryontischen Modelle neigen zur Bevorzugung der reziproken Rekombination (Austausch absolut identischer DNA-Längen), während die prokaryontischen Modelle reziproke Vorgänge erlauben, aber bei ihnen der nicht-reziproke Austausch vermutlich häufiger ist. Der Grund für diesen Unterschied liegt vielleicht in dem verschiedenen Grad der „Absättigung" der Genkarte bei den beiden Organismenarten. Da *E. coli* eine viel höhere Dichte bekannter genetischer Merkmale aufweist als jeder eukaryontische Organismus, ist es viel einfacher, nicht-reziproke Vorgänge bei *E. coli* zu finden als z.B. bei *Neurospora*. Die nicht-reziproke Rekombination wurde in der Tat bei

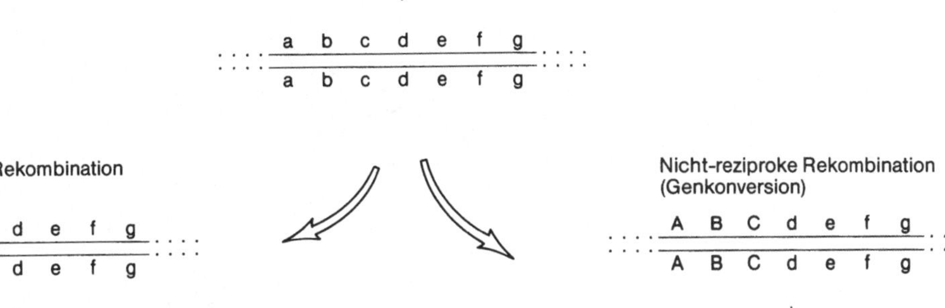

Abb. 13-4. Die reziproke und nicht-reziproke Rekombination. Jede Linie stellt einen einzelnen DNA-Strang dar, jeder Buchstabe ein bestimmtes genetisches Merkmal. In Bezug auf die Merkmale ABC und EFG sind beide Prozesse reziprok. Nur wenn das Merkmal D getestet wird, beobachtet man die nicht-reziproke Rekombination

Neurospora beobachtet, obwohl sie hier die spezielle Bezeichnung **Genkonversion** erhielt. Sie könnte die normale Folge einer Rekombination oder Reparatur sein. Da die Genkonversion nur dann beobachtet werden kann, wenn die genetischen Merkmale entsprechend am Austauschpunkt liegen (Abb. 13-4), ist ihre Seltenheit wahrscheinlich durch eine ungünstige Lokalisation der genetischen Merkmale verursacht.

Das populärste Modell der Rekombination ist eigentlich die logische Folge aus einer langen Reihe früherer Modelle, die von vielen verschiedenen Forschern entwickelt wurden; ihre gegenwärtige Form erhielt sie von Meselson und Radding.

Der Grundablauf des Modells ist in der Abb. 13-5 dargestellt. Es beginnt mit zwei DNA-Molekülen, die sich einander so zugeordnet haben, daß ihre homologen Sequenzen benachbart liegen.

In mystischer Weise wird in einen Strang eines Duplex ein Einzelstrangbruch („Nick") eingeführt. Der Strang mit dem Einzelstrangbruch wird dann durch eine Kombination von neuer DNA-Synthese und der Wirkung bestimmter Proteine, die an den Strang binden, aus dem Duplex verdrängt. Die Proteine stabilisieren den verdrängten Strang als einzelnen, nicht über Wasserstoffbrücken gebundenen Strang (Helix-destabilisierendes Protein oder HDP). Dies ist als Struktur I in der Abb. 13-5 wiedergegeben. Vom verdrängten Strang wird angenommen, daß er von einem zweiten DNA-Duplex unter Ausbildung eines D-Loops (Struktur II) aufgenommen wird. Diese Aufnahme vollzieht wahrscheinlich das recA-Protein. Obwohl der verbindende Strang in der Struktur in der Abbildung lang gezeichnet ist, kann er aus nur einer Phosphodiesterbindung bestehen.

Läuft die DNA-Synthese über das erste DNA-Molekül weg, so stellt der D-Loop überflüssige DNA dar, die ohne Strukturverlust an einem der beiden DNA-Duplices eliminiert werden kann. Der Abbau des D-Loops geschieht wahrscheinlich über ver-

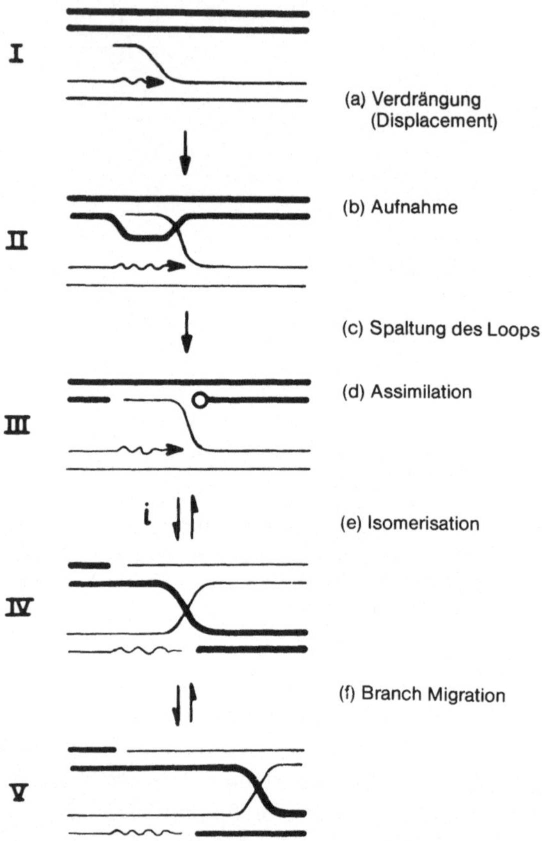

Abb. 13-5a–f. Der Mechanismus des Strangaustauschs in einem hypothetischen Schema nach Radding (1978). Mit Ausnahme der Isomerisation wurden all diese Mechanismen in vitro nachgewiesen. a Verdrängung (engl. „displacement"). Die Neusynthese (gewellte Linie) beginnt an einem willkürlich gesetzten Einzelstrangbruch und verdrängt einen Strang mit freiem Ende; **b** Aufnahme. Das freie Ende des verdrängten Strangs wird vom homologen doppelsträngigen Molekül in einer Reaktion aufgenommen, die durch die Energie der Superhelixbildung (Abb. 13-2) vorangetrieben wird; c Die Spaltung der Schlaufe. Die Strangaufnahme produziert einen D-Loop, in dem ein Strang des Rezipientenmoleküls ein leichtes Ziel für Endonukleasen wird, während die beiden Helices durch eine einzige Phosphodiesterbindung verbunden bleiben, die einen viel schlechteren Angriffspunkt für Endonukleasen darstellt; **d** Die Assimilation. Nach der Spaltung des Loops kann der Strang, der durch die Neusynthese weiter verdrängt wird, durch exonukleolytischen Abbau (offener Kreis) am 5'-Terminus assimiliert werden. Die Heteroduplex-DNA bildet sich nur in einem der beiden Moleküle; e Isomerisation. Durch Isomerisation wird eine einsträngige Überkreuzung (Struktur III) zu einer zweisträngigen (Struktur IV), vielleicht auch durch Branch-Migration (zur Isomerisation s. Abb. 13-6). Die Isomerisation bringt die Arme, die die Überkreuzung flankieren, in eine rekombinante Konfiguration; die Branch-Migration läßt die flankierenden Arme in der parentalen Konfiguration; f Branch-Migration. Die Wanderung der zweisträngigen Überkreuzung führt zu einem symmetrischen Austausch der Stränge und der symmetrischen Bildung der Heteroduplex-DNA. Zur klareren Darstellung wurden Einzelstrangbrüche an ihren ursprünglichen Stellen offen gelassen, die aber während der ganzen Zeit von DNA-Ligase wieder verschlossen werden können. Die Spaltung des verbindenden Strangs oder der verbindenden Stränge terminiert den Austausch, und fehlgepaarte Basen in den Heteroduplexregionen unterliegen dann der Excision und Reparatur. Aus: Radding, C.M. (1978) Annu. Rev. Biochem. 47:847–880

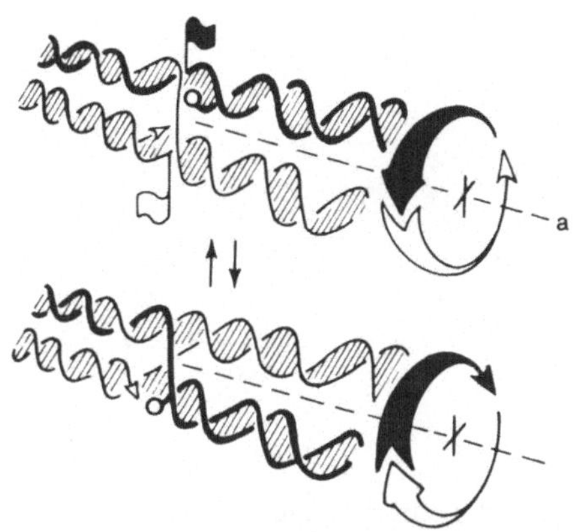

Abb. 13-6. Die hypothetische Isomerisation einer einsträngigen Überkreuzung zu einer zweisträngigen. Das obere Diagramm zeigt DNA-Moleküle, die durch die Überkreuzung eines Strangs miteinander verbunden sind. Die Struktur ist identisch mit der Struktur III der Abb. 13-5. Der Pfeil stellt das 3'-Ende dar, die offenen Ringe die 5'-Enden. Die Isomerisation, die an molekularen Modellen gezeigt werden kann, verläuft über die Drehung der beiden Arme rechts von der Flagge um die Achse a, die sich zwischen den Armen und parallel dazu befindet. Der stark schattierte Arm dreht sich über der Papierebene, der leicht schattierte Arm hinter die Papierebene. Eine Phosphodiesterbindung am Punkt mit der dunklen Flagge wird zur Querverbindung näher zum Betrachter, und die Bindung mit der hellen Flagge wird zur anderen Querverbindung. Die Isomerisation ist solange reversibel, bis die Branch-Migration einsetzt, wie in Abb. 13-5f, oder der Einzelstrangbruch aufgehoben wird, wo das 3'-Ende (Pfeil) auf das 5'-Ende (offener Ring) trifft. Aus Radding (1978)

schiedene zelluläre Endonukleasen und führt zur Struktur III. Diese Struktur besteht aus zwei vollständigen DNA-Helices, verbunden durch einen einzelnen DNA-Strang, der in dem einen Molekül beginnt und im anderen endet.

Der nächste Schritt ist der wesentliche und basiert auf einigen Modellstudien von Sigal und Alberts. Es handelt sich um eine Isomerisation, wobei die Positionen jedes Teils der beiden Helices umgekehrt werden und die Struktur IV ergeben. Auf den ersten Blick erscheint dies unwahrscheinlich, aber die Isomerisation ist eigentlich nur eine Drehung der DNA-Stränge um die longitudinale Achse der gepaarten Helices wie in Abb. 13-6. Diese Drehung kann ohne Verdrängung irgendwelcher Basen aus der normalen helikalen Konfiguration erfolgen und sollte daher nur wenig oder gar keine Energie brauchen.

Die Bildung der Struktur IV ist besonders wichtig, denn sie zeigt einen Austausch der beiden DNA-Stränge entsprechend einem Modell, das zuerst von Holliday vorgeschlagen wurde, weshalb die Struktur auch als **Holliday-Struktur** bezeichnet wird. Diese Struktur kann immer noch Einzelstrangbrüche enthalten, und in der Region des ursprünglichen Austauschs waren die Vorgänge nicht-reziprok.

Die Strukturen V und VI stehen miteinander im Gleichgewicht und stellen einen Prozeß dar, der als **Branch-Migration** (engl. „branch" = Arm, „migration" = Wanderung) bekannt ist. Dieser Vorgang wurde ursprünglich für die Rekombination beim Phagen T4 von Broker und Lehman vorgeschlagen und besteht aus einer Wanderung der physikalischen Überkreuzungsstelle entlang den DNA-Duplices. Dies erfordert natürlich die Auflösung von Wasserstoffbrücken, aber für jede Base, die ihre Wasserstoffbrücken-Bindung verliert, weil sie von einer Helix zur anderen ausgetauscht wird, wird eine

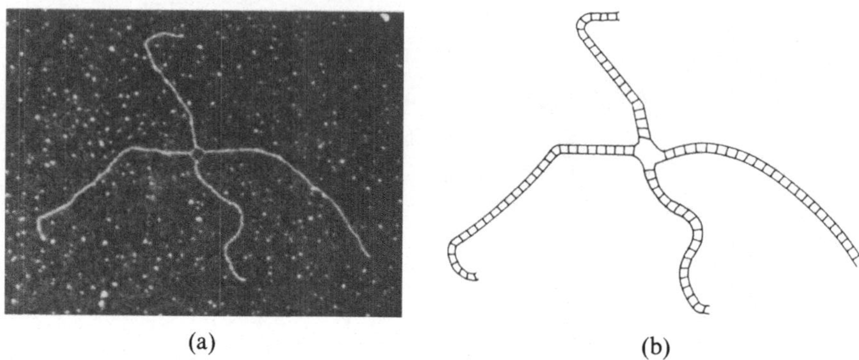

(a) (b)

Abb. 13-7a,b. Rekombinierende DNA-Moleküle. Wenn Plasmide aus rekombinationsfähigen *E. coli* isoliert werden, findet man mit einer Rate von 1% fusionierte Genome, die anscheinend Intermediate der genetischen Rekombination sind. Diese zirkulären verbundenen Moleküle haben die Form einer Acht. Wird eine solche Struktur mit einem Restriktionsenzym wie *Eco*RI geschnitten, das die Plasmid-DNA an einer einzigen bestimmten Stelle schneidet (14.I.A), so nimmt die Achterfigur die Form des griechischen Buchstabens Chi (χ) an, was zeigt, daß sie aus zwei Genomen besteht, die an einem Punkt mit DNA-Homologie zusammen gehalten werden. Die Länge der Arme der Chi-Struktur ist variabel und hängt vom Punkt des genetischen Austauschs ab. Innerhalb einer Struktur sind die Arme jedoch immer von ähnlicher Länge, oder beide kurze Arme sind gleich lang, und ebenso beide langen Arme. **a** Ein solches Molekül aus zwei rekombinanten pMB9-DNA-Molekülen; **b** Ein Diagramm, das zeigt, wie die DNA-Stränge wahrscheinlich assoziiert sind. Eine Struktur mit einem Einzelstrangbruch wie diese würde sich durch Branch-Migration mit oder ohne Isomerisation in zwei getrennte DNA-Moleküle auflösen. Aus Potter und Dressler (1978)

zweite Base so zur Verfügung gestellt, daß sie die Wasserstoffbrücke wieder ausbilden kann (wenn auch mit einem neuen Partner). Es gibt daher keine Netto-Energieveränderung im Zustand des Moleküls.

Bei der Branch-Migration sind zwei Dinge wichtig:

1. Die dadurch entstehenden Austausche sind alle reziprok.
2. Ist das Molekül linear (wie im Fall einzelner T4-Moleküle), so kann der „Arm" vollständig aus dem Ende des Moleküls herauslaufen, und die Struktur V löst sich in zwei intakte, aber rekombinante DNA-Moleküle auf. Dies kann natürlich nicht bei *E. coli* geschehen, da seine DNA zirkulär ist. Daher muß die Existenz einer oder mehrerer Nukleasen postuliert werden, die die Struktur V durch die Einführung entsprechender Einzelstrangbrüche in zwei getrennte Moleküle auflösen. Die Auflösung kann entweder reziprok oder nicht-reziprok erfolgen und verläuft vielleicht unter Beteiligung der Exonuklease V. Ein Hinweis darauf kommt daher, daß *recBC*-Stämme die Rekombination bis zu einem Stadium durchführen können, bei dem es möglich wird, von der rekombinanten DNA-Region mRNA zu transkribieren, während sie erst nach Zugabe von Exonuklease V zur Replikation fähig ist. Die Struktur V stimmt mit diesen Beobachtungen überein. Das Endergebnis der Rekombination in Abb. 13-5 sind zwei Moleküle, die eine große Region mit reziprokem Austausch und nicht-reziprokem Austausch an einem der beiden Enden zeigen.

Auch elektronenmikroskopische Beobachtungen stimmen mit diesem Modell im Grunde überein. Potter und Dressler untersuchten die Struktur rekombinierender ColE1-Moleküle. Diese kleinen zirkulären DNA-Moleküle bilden bei der Rekombination sicht-

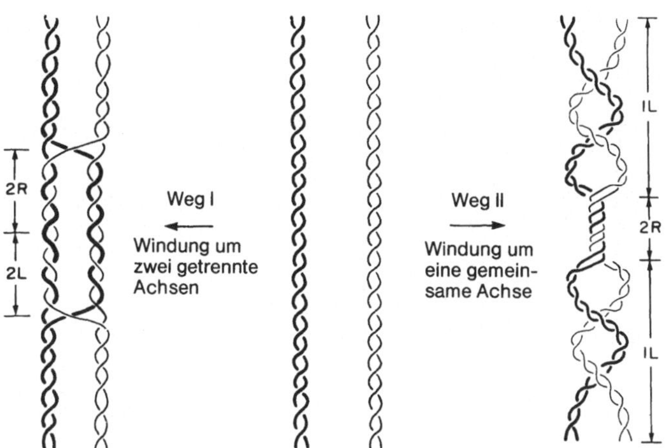

Abb. 13-8. Ein vorgeschlagener neuer Mechanismus zur Bildung reziproker DNA-Heteroduplices. Die beiden helikalen DNA-Moleküle sind in der Mitte des Diagramms dargestellt. Der Weg I führt zu einer konventionellen Struktur ähnlich denen in der Abb. 13-5, erfordert aber keine Einzelstrangbrüche in der DNA. Stattdessen wird die Aufwindung in der einen Richtung durch Aufwindung in die entgegengesetzte Richtung kompensiert. Weg II führt zu einer einzigartigen Verbindung, in der eine tetramere Struktur aus zwei rechtsgängigen superhelikalen Windungen durch die Einführung zweier linksgängiger superhelikaler Windungen in den Rest des Moleküls geschaffen wird, je eine Windung an jedem Ende der tetrameren Region. (Zeigt der Strang an der Vorderfläche einer vertikal orientierten Helix nach rechts oben, so ist die Helix rechtsgängig; zeigt er nach links oben, ist sie linksgängig). Der Weg II erfordert keinen Strangbruch zur Ausbildung der dicht gepaarten tetrameren Region. Molekulare Modelle zeigen, daß innerhalb solcher aufgewundener Heteroduplices verschiedene Änderungen der Wasserstoffbrückenpaarungen möglich sind. Aus Wilson (1979)

bare Achterstrukturen aus (Abb. 13-7), bei denen man Stränge sehen kann, die zwischen den Molekülen ausgetauscht werden. Solche Moleküle stimmen mit der Struktur V überein, sagen aber nichts über den Mechanismus ihrer Entstehung. Potter und Dressler berichteten in der Tat, daß solche Achterstrukturen ohne DNA-Replikation entstehen können, was mit dem Modell in Abb. 13-5 nicht übereinstimmt und damit Alternativen des Rekombinationsmechanismus vermuten läßt.

Eine von Wilson vorgeschlagene interessante Alternative verläuft über die Wechselwirkung zwischen zwei DNA-Molekülen und kommt ohne Einzelstrangbrüche aus. Wilson postulierte die Rückwindung der DNA-Stränge in eine umgekehrte Helix, wobei eine Quadrupel-strängige Struktur entsteht, die in eine Isomerisierung ähnlich der nach dem Modell von Meselson und Radding eintreten kann. Die zirkulären DNA-Moleküle kompensieren die zusätzlichen Windungen durch die Ausbildung entgegengesetzt orientierter, superhelikaler Aufwindungen (Abb. 13-8). Die notwendige Enzymologie für genetische Austausche über diese Art von Struktur gleicht wahrscheinlich der von Meselson und Radding benutzten, bleibt aber ein Objekt der Spekulation.

Wichtig ist, daß keines der Modelle für die generelle Rekombination die Möglichkeit von „Nachbarschaftseffekten" bei der Rekombination ausdrücklich mit erklärt. Sie neigen zu der Annahme, daß die Initiation der Rekombination an irgend einem Punkt entlang des DNA-Duplexes geschehen kann. Konsequenterweise wird dann ange-

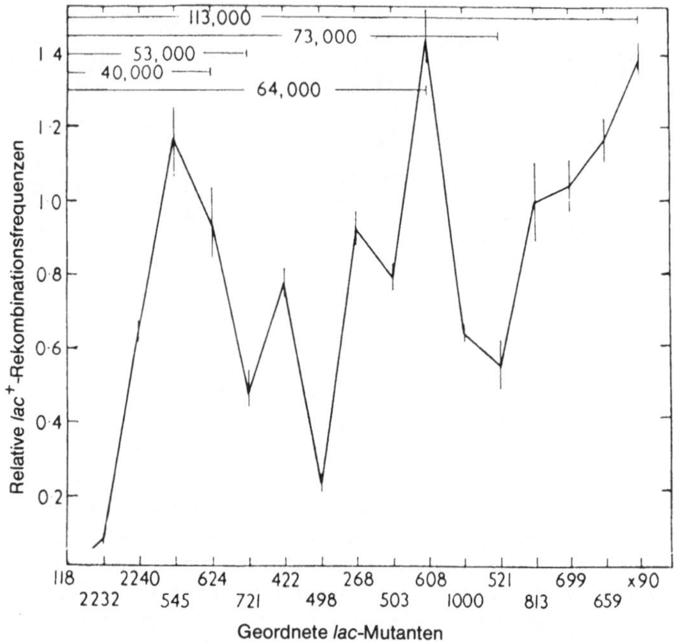

Abb. 13-9. Intracistronische Rekombinationsfrequenzen sind nicht unbedingt dem physikalischen Abstand zwischen den Merkmalen proportional. In diesem Versuch wurde ein Hfr-Stamm mit der *lacZ118*-Mutation, die sehr nahe an der *lac*-Operatorregion kartiert, mit verschiedenen F^--Stämmen gekreuzt, die andere *lacZ*-Mutationen trugen. Die genaue Anordnung der *lacZ*-Mutationen war aus Deletionskartierungsversuchen bekannt, allerdings nicht ihre relative räumliche Ausdehnung. Die relativen *lac*$^+$-Rekombinationsfrequenzen für jede Kreuzung wurden durch Normalisierung der auf den Selektionsplatten für Lac$^+$ beobachteten Kolonien und den Kolonien auf den Selektionsplatten für Leu$^+$ (ein Merkmal, das eine Minute nach *lacZ* übertragen wird) erhalten. Obwohl die allgemeine Tendenz besteht, daß die Rekombinationsfrequenz mit steigendem Abstand auf der Genkarte zunimmt, gibt es einige drastische Ausnahmen von dieser Regel. Ähnliche Ergebnisse erhielt man auch bei einem Hfr-Stamm, der die Mutation *X90* statt *118* trug. Im oberen Teil der Abbildung sind die Molekulargewichte der Polypeptidfragmente angegeben, die durch einige der in diesem Versuch benutzten Terminatormutationen entstehen. Diese Zahlen zeigen etwa den physikalischen Abstand zwischen den verschiedenen Merkmalen. Aus: Norkin, L.C. (1970) Marker specific effects in recombination. J. Mol. Biol. 51:633–655

nommen, daß, je größer der Abstand zwischen zwei Merkmalen ist, desto mehr genetische Austausche zwischen ihnen stattfinden. Es läßt sich leicht zeigen, daß diese Annahme für ansteigende Distanzen zwischen sehr eng gekoppelten Merkmalen (intracistronische Rekombination) falsch ist, wenn sie auch für die intercistronische Rekombination zutrifft. Norkin maß z.B. den Ertrag an Transkonjuganten nach Kreuzungen, in denen ein Hfr-Stamm mit einer *lacZ*-Mutation am Operator-proximalen Ende des Cistrons mit einem F^--Stamm mit verschiedenen *lacZ*-Mutationen konjugiert wurde. Die Ergebnisse sind in Abb. 13-9 graphisch dargestellt. Es ist leicht ersichtlich, daß es trotz einer allgemeinen Tendenz zum Anstieg der Zahl der Transkonjuganten mit Vergrößerung der Distanz zwischen den Merkmalen drastische Ausnahmen gibt. Diese Ausnahmen reflektieren vielleicht die Leichtigkeit, mit der D-Loops ausgebildet werden.

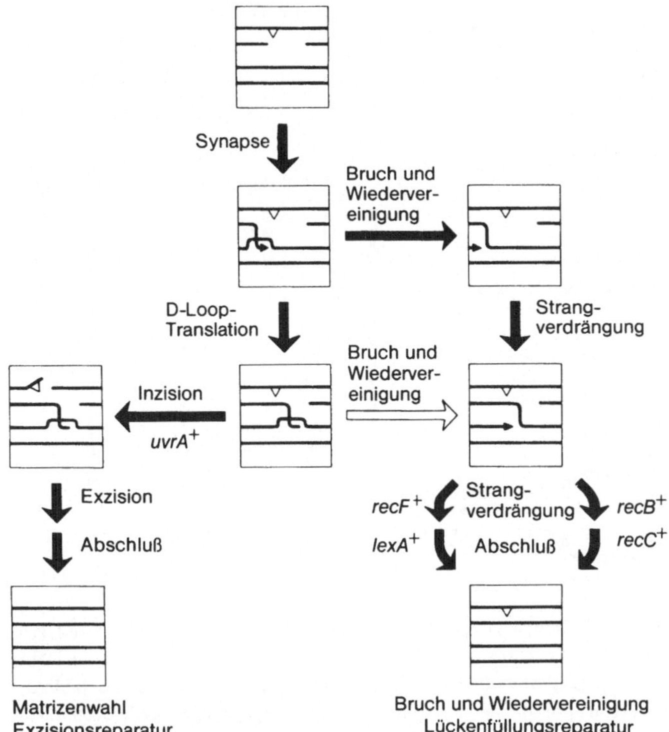

Abb. 13-10. Die beiden Alternativen der intrareplikationellen Reparatur: Matrizenwahl, Excision und Lückenfüllen nach „Bruch und Wiedervereinigung". Die kleinen Dreiecke sind Pyrimidindimere, und die Pfeile stellen die DNA-Replikation dar. Das obere Rechteck enthält beide Teile eines unvollständig replizierten Genophor-Segments, das ein einzelnes Pyrimidindimer enthält. Die offenen Pfeile geben einen hypothetischen Reaktionsweg an. Die kleinen Pfeile zeigen den Punkt, an dem die DNA-Synthese erfolgt. Der „Matrizenwahl"-Reaktionsweg füllt die Lücke mit neu synthetisierter DNA und beläßt den unteren DNA-Duplex so, wie er am Anfang war. Der „Bruch und Wiedervereinigungs"-Reaktionsweg dagegen füllt die Lücke mit alter DNA und bringt die neu synthetisierte DNA in den unteren DNA-Duplex. Aus Clark und Volkert (1978)

E Querverbindungen zwischen den Reparatur- und Rekombinationswegen

Zusätzlich zu den im Abschn. A diskutierten Reparaturmechanismen gibt es noch eine andere Reparatur, die Rekombinationsreparatur. Diese Art der Reparatur ist intrareplikationell und benutzt die Lücken, die beschädigten DNA-Regionen entsprechen und von der DNA-Polymerase III in der neu synthetisierten DNA geschaffen werden (postreplikationelle Reparatur, s. Abschn. II.B). Clark und Volkert schlugen vor, daß diese Lücken entweder durch einen „copy-choice"-Excisionsreparaturmechanismus oder durch eine „breakage and re-union"-Reparatur aufgefüllt werden können, was letztlich eine Langstreckenreparatur zur Folge hat. In beiden Fällen ähnelt das angenommene Intermediat der Struktur II aus Abb. 13-5, wobei die überbrückenden DNA-Stränge aus den Übergängen der Lücke in der neu synthetisierten DNA kommen (Abb. 13-10).

Wie in Abb. 13-10 gezeigt, ist die „breakage and re-union"-Reaktion eigentlich keine Reparatur im normalen Sinn, denn die Thymindimere bleiben vorhanden. Alles

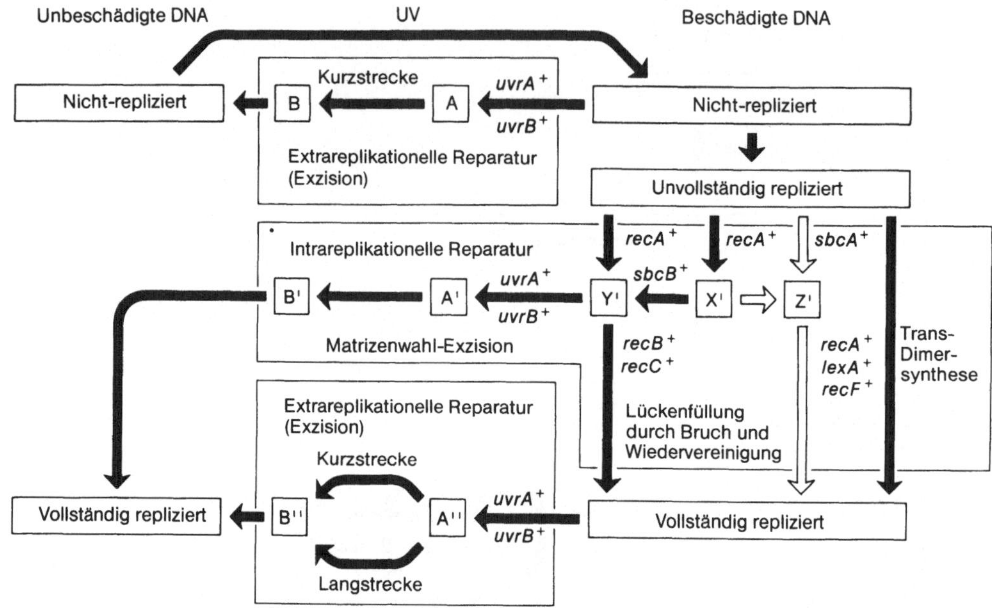

Abb. 13-11. Zusammenfassung der möglichen DNA-Reparaturwege in *E. coli.* Unbeschädigte DNA ist links gezeigt, beschädigte rechts. Zur Vereinfachung wird angenommen, der Schaden in der DNA sei durch UV-Bestrahlung verursacht. Es gibt zwei grundlegende Wege zur Reparatur des Schadens: die intrareplikationelle und die extrareplikationelle Reparatur. Die extrareplikationelle Reparatur kann erfolgen, bevor die beschädigte DNA-Region versucht hat, zu replizieren (oben), oder nachdem die Replikationsgabel die beschädigte Region durchlaufen und im neuen Strang gegenüber dem Dimer eine Lücke gelassen hat (unvollständige Replikation). Kann einer der rechts angegebenen Rekombinations-Reparaturprozesse die Lücke auffüllen, so kann die extrareplikationelle Reparatur das Dimer entfernen (unten). Die mit den offenen Pfeilen angegebenen Reaktionswege laufen nur in *sbcA*- oder *sbcB*-Zellen ab. Die Buchstaben A und B bezeichnen Klassen von Zwischenstufen der Excision, während die Buchstaben X, Y und Z dimerenthaltende Rekombinationsintermediate kennzeichnen. Die Transdimersynthese setzt ein, wenn die Kontroll-Lesefähigkeit der DNA-Polymerase gehemmt wird, so daß das Fehlen einer Wasserstoffbrücke an den Dimeren die Replikation nicht verhindert und gegenüber dem Dimer keine Lücke bleibt. Verändert nach Clark und Volkert (1978)

was erreicht wird, ist das Auffüllen der Lücke, so daß das DNA-Molekül wieder replizieren kann. Der „copy-choice"-Reaktionsweg führt dagegen zur Bildung zweier vollkommen normaler DNA-Duplices und stellt damit eine echte Reparatur dar. Da die Langstreckenreparatur von der *recA*-Funktion abhängt, ist dies ein Beispiel fehlerbehafteter Reparatur.

Starke Hinweise auf die Existenz eines Reaktionswegs, der dem postulierten „copy-choice"-Mechanismus ähnelt, kommen aus Versuchen von Howard-Flanders und Mitarbeitern. Sie zeigten, daß bei Infektion einer Zelle mit zwei Phagenpartikeln, von denen das eine nicht-radioaktive beschädigte DNA trug, das andere unbeschädigte radioaktive DNA, die radioaktive DNA bei der Reparatur geschnitten wird, obwohl sie keine Schäden aufweist. Dieser Prozeß wurde als **Schneiden-in-trans** bezeichnet. In vitro braucht er das recA-Protein.

Nach der vorangegangenen Diskussion scheint die Trennung zwischen Reparatur- und Rekombinationsreaktionen etwas künstlich. Einige Reparaturtypen geschehen eigentlich durch Rekombination, während alle Rekombinationsprozesse mit der Reparatur von Helices zur Bildung intakter DNA-Duplices abschließen. Abbildung 13-11 ist eine Zusammenfassung der verschiedenen Rekombinations- und Reparaturreaktionswege und ihrer Beziehungen untereinander.

III Die ortsspezifische Rekombination

An der generellen Rekombination sind ausgedehnte Regionen homologer DNA-Sequenzen beteiligt, während die ortsspezifische Rekombination dagegen an wesentlich kleineren DNA-Segmenten verläuft. Zu den wichtigen Komponenten der ortsspezifischen Rekombination gehören ein oder mehrere Enzyme, die für eine bestimmte DNA-Sequenz und zwei DNA-Duplices spezifisch sind, von denen zumindest einer die Erkennungssequenz für das Enzym trägt. Unter entsprechenden Bedingungen erfolgt die Rekombination in oder neben der Erkennungssequenz fast oder ganz reziprok. Müssen beide DNA-Duplices die Erkennungssequenz tragen, so beschreibt man den Vorgang als **doppelt ortsspezifische Rekombination.** Muß dagegen nur einer der Duplices die Erkennungssequenz besitzen, so wird nach Low und Porter der Ausdruck **einzel ortsspezifische Rekombination** verwendet.

A Die doppelt ortsspezifische Rekombination

Einige Beispiele doppelt ortsspezifischer Rekombination wurden schon früher besprochen. Ein gut untersuchtes Beispiel ist die Integration der lambda-DNA unter Bildung eines Prophagen. Die Erkennungssequenz ist in diesem Fall die *att*-Stelle, die in 6.II.B mit den Buchstaben PP′ bezeichnet wurde. Die entsprechende Stelle auf dem *E. coli*-Genom ist *att* λ, das mit BB′ (Abb. 6-3) dargestellt wurde. Die Analyse dieser beiden Regionen durch genetische und Heteroduplextechniken führte zu dem überraschenden Schluß, daß sie nicht wirklich homolog sind. Obwohl die minimale Größe der *att*-Stelle 240 Basenpaare beträgt, ist es nur eine darin eingebettete 15 Basenpaare lange Sequenz in beiden *att*-Stellen, an dem das Enzym Integrase wirkt.

Nach Auffinden dieser kleinen, zentral gelegenen Rekombinationsstelle wurde die Terminologie der *att*-Stellen in POP′ und BOB′ geändert, wobei O die kurze homologe Sequenz repräsentiert. Die Integration selbst führt zu Prophagenenden (POB′ und BOP′), die sich von den ursprünglichen leicht unterscheiden. In der Tat zeigten in vitro Versuche, daß die Integrase Schwierigkeiten hat, an das rechte Prophagenende (POB′) zu binden, und die Rolle des xis-Proteins liegt vielleicht darin, die Bindung der Integrase zu erleichtern. Dies würde mit den genetischen Beobachtungen übereinstimmen, daß nur die *int*-Funktion für die Integration, aber *int* und *xis* beide zur Excision des Prophagen notwendig sind.

Betrachtet man alle Rekombinationssysteme, so verfügt der Phage lambda über drei unabhängige Systeme: *rec,* das bakterielle System der generellen Rekombination; *red,* das Phagensystem der generellen Rekombination; und *int*, das Phagensystem der ortsspezifischen Rekombination. Der Beitrag jedes dieser Systeme kann mit entsprechenden Mutantenstämmen getestet werden. Die Daten aus einem solchen Experiment sind in Tabelle 13-1 gezeigt. Das Ausmaß der Rekombination im *cI-R*-Intervall ist spe-

Tabelle 13-1. Vergleich des Beitrags der *red-*, *int-* und *rec-* Systeme zur Phagenrekombination

Phage		Wirt	Rekombination (%)	
red	*int*	*rec*	*J-c*	*c-R*
+	+	+	7,5	3,6
+	–	–	4,1	3,0
–	+	–	2,0	0,05
–	–	+	1,3	1,3
+	+	–	7,8	3,1
–	–	–	0,05	0,05

Die mittleren Rekombinationswerte wurden in vier Sätzen von Kreuzungen des Typs *susJ* × *cI susR* in zwei verschiedenen Wirten bestimmt. Die J^+R^+-Rekombinanten wurden selektioniert und visuell auf *cI* überprüft (trübe oder klare Plaques). Der Prozentsatz der Rekombination wurde durch die Häufigkeit der J^+R^+ trüben (Überkreuzung im Intervall *J-c*) oder die Frequenz von J^+R^+ klaren (Überkreuzung im Intervall *c-r*) × 2 × 100 ermittelt. Das *J-c*-Intervall enthält *att* und zeigt sowohl generelle als auch ortsspezifische Rekombination, während das Intervall *c-R* nur generelle Rekombination zeigt. Aus: Signer, E.R., Weil, J. (1968) Site-specific recombination in bacteriophage λ. Cold Spring Harbor Symp. Quant. Biol. 33:715–719

zifisch für das *red-* oder *rec*-System. Daraus folgt, daß beide Systeme die Rekombination signifikant katalysieren können, wobei aber in diesem Bereich *red* effektiver ist als *rec*. Alle drei Systeme können Austausche zwischen *J* und *cI* katalysieren, wobei *int* die Austausche zwischen den POP′-Stellen freier Phagen-DNA verursacht. Etwa 26% aller Austausche zwischen *J* und *cI* sind durch *int* verursacht. Sind alle drei Rekombinationssysteme mutant, tritt kein genetischer Austausch auf.

Ein anderes, schon früher besprochenes Beispiel der doppelt ortsspezifischen Rekombination ist die Integration des F-Plasmids unter Entstehung von Hfr-Zellen. Die spezifischen Stellen für die Integration sind verschiedene Insertionssequenzen.

Obwohl kein für F spezifisches Enzym analog der lambda-Integrase identifiziert ist, wurde berichtet, daß die IS*1*-Elemente ein solches Enzym kodieren könnten. Da F einige verschiedene Insertionselemente enthält (aber kein IS*1*), wäre es möglich, daß mehrere unterschiedliche „Integrasen" in der normalen F-Funktion gebildet werden.

B Die einzel ortsspezifische Rekombination

Die im Abschn. A besprochenen doppelt ortsspezifischen Rekombinationsvorgänge brauchen nur eine begrenzte DNA-Homologie, aber die einzel ortsspezifische Rekombination braucht nur wenig oder gar keine Homologie. Ein interessantes Beispiel hierfür findet man beim Phagen lambda. Lambda läßt sich genetisch zu *red-gam* verändern und kann sich dann nur schwach vermehren, weil er unfähig ist, auf die „rolling-circle"-DNA-Replikation umzuschalten. Dadurch fehlen die konkatemeren DNA-Moleküle für die Verpackung (6.II.A). Mit solchen Phagen infizierte Zellen produzieren nur wenig Nachkommenphagen und ergeben nur kleine Plaques. Trotzdem findet man wiederum mutante Phagen, die unter diesen Bedingungen eine große Zahl von Nachkommenphagen bilden und große Plaques entstehen lassen. Diese Phagen tragen an einigen Stellen Mutationen, die alle mit *Chi* bezeichnet werden.

Stahl und Mitarbeiter zeigten, daß die Chi-Mutationen die Rekombinationsfrequenz in ihrer direkten Nachbarschaft (10 000–20 000 Basenpaare) erhöhen. Diese Steigerung tritt nur dann auf, wenn der *recA-recB*-Weg benutzt wird, nicht im Fall von *recF* oder *red*. Ist die DNA mit der Chi-Mutation eine Insertion und stellt damit eine nicht-homologe Region dar, ist die Rekombinationsfrequenz immer noch erhöht. Deshalb handelt es sich hier um ein Beispiel der einzel ortsspezifischen Rekombination.

Die Chi-Stellen sind nachgewiesenermaßen natürlich vorkommende Elemente in *E. coli*, aber nicht in lambda. Zu ihrer Beobachtung ist nur eine Selektion erforderlich, um sie zu identifizieren. Sie können aus nur einem einzelnen Basenaustausch entstehen und scheinen eine definierte funktionelle Orientierung zu besitzen, d.h. wenn sie invertiert sind, zeigen sie keine Hyperrekombination mehr. Stahl und Mitarbeiter schätzten, daß die Chi-Stellen so häufig wie eins auf 5 000 Basenpaare der *E. coli*-DNA auftreten. Über die Enzymologie des Chi-Prozesses ist jedoch noch nichts bekannt, und es werden noch beträchtliche Arbeiten zur Erklärung dieses Vorgangs notwendig sein.

Das andere grundlegende Beispiel der einzel ortsspezifischen Rekombination ist eigentlich eine ganze Gruppe von Beispielen, nämlich die der Transposons. Hierzu gehören auch die Phänomene wie die willkürliche Integration der Phagen-Mu-DNA (6.VI), die Integration des Plasmids R100 zur Bildung eines Hfr-Stamms (11.III), und die Wanderung einiger reiner Transposons (11.IV). All diese Phänomene reduzieren sich allerdings auf einzel ortsspezifische Rekombinationsvorgänge, katalysiert von den Insertionselementen, die die verschiedenen Transposons flankieren. Caro und Mitarbeiter zeigten z.B., daß R100 bei der Integration normalerweise sein Transposon Tn*10* verliert, was bedeutet, daß die ganze Transfer-Region des R-Plasmids, ebenso wie die R-Determinante, als kleines Transposon von einem DNA-Molekül (dem Plasmid R100) auf ein anderes (das *E. coli*-Genom) wandert. Zur Berücksichtigung der Größenunterschiede wurde der ganze Vorgang als inverse Transposition bezeichnet, d.h. das Transposon Tn*10* bleibt, wo es ist, während der Rest der DNA wandert.

Wegen der Ähnlichkeit aller Transposontypen wird in der restlichen Besprechung nur ein einfaches Transposon, Tn*10*, berücksichtigt, das im Kap. 11 diskutiert wurde und für Tetracyclinresistenz kodiert. Wie schon dort gesagt, wandert Tn*10* in die und aus der DNA verschiedener Bakterien und Phagen und muß daher ein extrem wendiges Rekombinationssystem benutzen. Diese Art der „Wanderung" stellt eine ungewöhnliche Art der Rekombination dar, denn Transposons können an einer neuen Stelle inserieren, während sie an der ursprünglichen bleiben. DNA-Replikation ist hierbei also irgendwie beteiligt. Die Analyse der Basensequenzen an den Transposonenden zeigt, daß fünf oder neun Basenpaare der „target"-DNA (target = Ziel) wiederholt sind. Diese kurzen Sequenzen sind keine Bindungsstellen in der „target"-DNA wie die BOB′-Sequenz für lambda (s.o.), denn wenn das gleiche Transposon in verschiedene Regionen des Genophors inseriert, kann es völlig verschiedene flankierende Sequenzen haben. Zur gleichen Zeit zeigte die Untersuchung der Tn*10*-Insertionen in das *cI*-Cistron von lambda (lambda *cI*::Tn*10* bezeichnet) von Kleckner und Mitarbeitern, daß die Insertionen dazu neigen, an speziellen Punkten gehäuft aufzutreten, und sogar eine bevorzugte Orientierung haben können. Dies läßt auf irgendeine Sequenz schließen, die vom Transposon erkannt wird, aber diese Sequenz liegt sicher nicht am eigentlichen Insertionspunkt.

Die Insertion von Tn*10* geschieht mit großer Präzision. Die Endpunkte der IS*10*-Sequenzen, die Tn*10* flankieren, sind immer identisch. Auch eine präzise Excision ist möglich, denn Tn*10* induzierte Mutationen können zum Wildtyp revertieren. Das Tn*10* kann jedoch noch andere Wirkungen auf die DNA ausüben. Es wurde gezeigt, daß sich ein Transposon entfernen kann und dabei einen Teil der bakteriellen DNA benachbart zur Insertionsstelle mitnimmt; es kann so Deletionen benachbart zu der Transposoninsertionsstelle induzieren, während es selbst intakt bleibt; oder es kann seine eigene Deletion zusammen mit der Inversion eines Teils der bakteriellen DNA verursachen. Manchmal schneidet sich Tn*10* in einer Weise aus, die Kleckner und Mitarbeiter als **fast präzise Excision** bezeichnet haben und wobei nur die letzten 50 Basenpaare der IS*10*-Sequenzen zurückbleiben. Da diese Basen Teil der identisch invertierten wiederholten Sequenzen sind, die an den Tn*10*-Termini liegen, könnte dies zu einfacher homologer Paarung und anschließender Rekombination führen. In allen Fällen handelt es sich nicht um normale generelle Rekombinationsvorgänge, da sie von der *recA*-Funktion unabhängig sind. Vor der Entdeckung der Insertionssequenzen wären diese Rekombinationsvorgänge als Beispiele der **illegitimen (nicht-homologen) Rekombination** klassifiziert worden.

Zur Erklärung der bei den Transposons beobachteten Phänomene wurden verschiedene Modelle entwickelt, und es gibt unter den verschiedenen Modellen viele ähnliche Elemente. Bei der Ausarbeitung von Modellen ist es jedoch gut, sich daran zu erinnern, was David Stadler (1973, Annu. Rev. Genet. 7) zur Geschichte der Modelle für die generelle Rekombination sagte:

> Der vorsichtige Wissenschaftler hält diese Hypothese einfach. Er versieht sie nur mit soviel Komplexität, wie zur Erklärung der Beobachtungen notwendig ist. Er steht standhaft zu dieser einfachen Hypothese und verwirft die komplizierten Ergebnisse der Experimente anderer Leute solange, bis an deren Gültigkeit keinerlei Zweifel mehr bestehen. Dann zieht er sich ein kurzes Stück zurück und nimmt eine neue Position ein, die nur soviel an Komplexität dazugewonnen hat, wie zur Berücksichtigung der unwillkommenen Befunde erforderlich ist. Hier vergräbt er sich und wartet auf die nächste Attacke von Anarchisten.

Es wird allgemein angenommen, daß die Enden der Insertionssequenzen, die ein Transposon flankieren, die spezifischen Rekombinationsstellen sind. Diese Sequenzen sind als umgekehrte Wiederholungen so angeordnet, daß die gleiche Basenfolge mit der „target"-DNA an beiden Transposonenden verbunden wird. Diese Polarität ist in der Abb. 13-12 durch die Pfeile in den Rechtecken dargestellt. Auf jedem Reaktionsweg in Abb. 13-12 wird angenommen, daß die Insertionssequenzen entweder am Punkt X oder am Übergang von der dicken zur dünnen Linie angreifen. Führen die äußeren Enden der beiden Insertionssequenzen den „Angriff" aus, so folgt daraus eine Transposition (oberer Teil). Erfolgt der Angriff durch eine oder beide innere Enden der Insertionssequenzen, so führt dies zur Deletion des Transposons und möglicherweise auch von etwas Wirts-DNA, je nach Art der DNA-Schlaufe. Wird die Wirts-DNA nicht deletiert, so bildet sich eine Inversion.

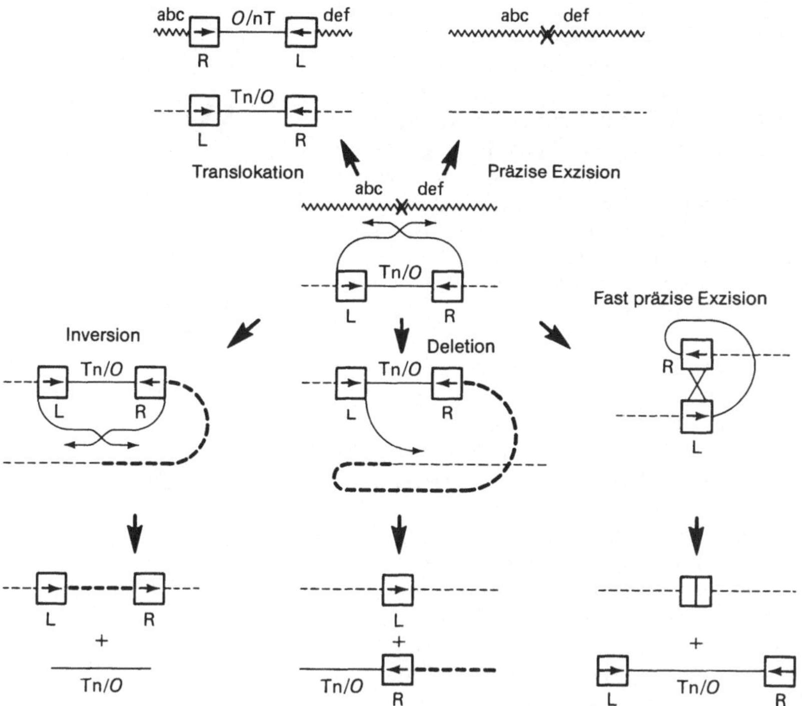

Abb. 13-12. Modell der verschiedenen von Tn*10* verursachten DNA-Umordnungen. Der obere Teil des Diagramms zeigt die Wechselwirkung zwischen zwei verschiedenen DNA-Duplices, wovon nur einer ein Tn*10* trägt. Der untere Diagrammteil zeigt die Wechselwirkungen, die innerhalb eines DNA-Duplexes mit Tn*10* erfolgen können. Die invertiert wiederholten Elemente an den Enden von Tn*10* sind durch kleine Rechtecke angegeben, wobei die Pfeile jeweils die Orientierung angeben. Die längeren Pfeile zeigen die „Angriffsrichtung" des Tn*10*-Teils des „Ziel"-Moleküls. Die Angriffsstellen sind durch ein „X" oder durch Veränderung in der Liniendicke gekennzeichnet. Verändert nach Ross et al. (1979)

Für Vorgänge wie die in Abb. 13-12 gezeigten hat Shapiro ein physikalisches Modell für die Integration des Phagen Mu vorgeschlagen, das in Abb. 13-13 wiedergegeben ist. Im Schritt I werden an den Enden des Transposons Einzelstrangbrüche gesetzt, und Einzelstrangbrüche erfolgen auch versetzt in der „target"-Region. Eine entsprechende Faltung der Helices schafft die X-förmige Struktur, die durch Ligierung der Transposonenden an die versetzten Schnitte in der „target"-DNA zusammengehalten wird. Diese Struktur enthält Lücken von fünf oder neun Basen, die nach ihrem Auffüllen die wiederholten „target"-Sequenzen darstellen, die an den Enden des Transposons lokalisiert sind. Unter Verwendung der Lücken in der „target"-DNA als Initiationsstellen der DNA-Synthese wird die X-förmige Struktur in zwei lineare Strukturen aufgelöst. Die linearen Produkte repräsentieren zugleich eine Rekombination zwischen der Donor und der „target"-DNA.

Tritt während oder nach der Replikation (Schritt IV) allerdings eine generelle Rekombination auf, so werden die Produkte in eine Helix umgebaut, die sich genetisch vom Donor nicht unterscheiden läßt (aber neu synthetisierte DNA trägt), und in eine

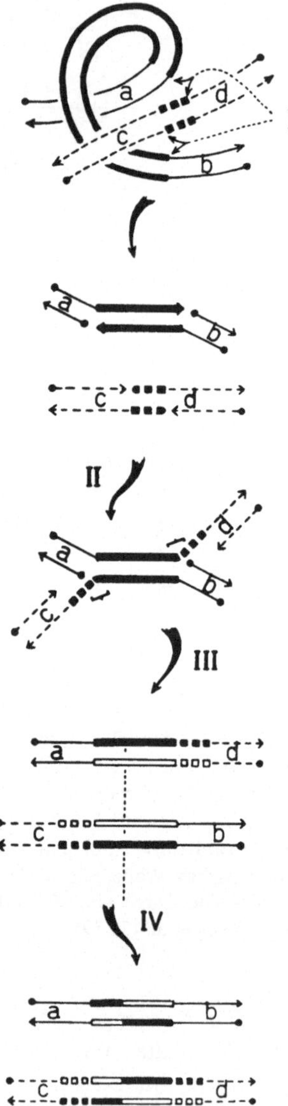

Abb. 13-13. Transposition und Replikation. Die obere Zeichnung zeigt, wie verschiedene Regionen doppelsträngiger DNA für die folgenden Schneide- und Ligierungsprozesse in enge räumliche Nachbarschaft gebracht werden können. Die vier unteren Zeichnungen zeigen die verschiedenen Schritte der Transposition. Durchgehende Linien entsprechen der Donor-DNA; gestrichelte Linien der „Ziel"-DNA („target"-DNA); die dicken Pfeile sind parentale DNA des transponierbaren Elements, offene Balken stellen neu synthetisierte DNA dar; die kleinen Rechtecke repräsentieren die Oligonukleotid-Ziel-Sequenz (ausgefüllt = parentale DNA, offen = neu synthetisierte DNA). Die Pfeile sind die 3'-Hydroxylenden der DNA-Ketten, die Punkte die 5'-Phosphatenden. Die Buchstaben a, b, c und d in den Duplex-Armen, die das transponierbare Element flankieren, und die Ziel-Oligonukleotide zeigen die genetische Struktur der verschiedenen Duplex-Produkte. Die numerierten Schritte in diesem Modell sind:

(*I*) Einführung versetzter Einzelstrangbrüche (durch Pfeile dargestellt). (*II*) Ligierung von Donor- und Ziel-Strängen zu einer X-förmigen Struktur mit dem transponierbaren Element im Zentrum. (*III*) Auffüllen der durch die Ligierung entstandenen Lücken und semikonservative Replikation des transponierbaren Elements. (*IV*) Einzel-ortsspezifische reziproke Rekombination zur Regeneration des ursprünglichen Donor-Moleküls (allerdings mit neu synthetisiertem Material). Das Ziel-Molekül hat das Transposon und eine kurze Duplikation (die „target"-Sequenz) erhalten. Aus Shapiro (1979)

Helix, die das neue Transposon erhalten hat. Wie für Rekombinationsmodelle üblich, stimmen alle enzymatischen Schritte mit bekannten Enzymeigenschaften überein, aber kein spezifisches Enzym konnte bisher mit einem der Schritte im Rekombinationsmodell in Verbindung gebracht werden.

IV Zusammenfassung

DNA-Rekombination und DNA-Reparatur sind einander überlappende Prozesse, von denen aber jeder seine eigenen Charakteristika hat. Die fehlerfreie Reparatur ist entweder durch die Aufhebung des Schadens in der DNA oder durch die Excision der beschädigten Region und Insertion einer kurzen Sequenz von etwa 20 Basen möglich. Die fehlerbehaftete Reparatur ist die Folge der Verwendung von Rekombinationsreaktionen, die effizienter, aber weniger präzise in ihrer Wirkung sind und einen „Flicken" von etwa 100 Basen ergeben. Die fehlerbehaftete Reparatur beruht auf einem induzierbaren System (SOS-Reparatur), das durch das Cistron *recA* kontrolliert wird. Die Kontrolle von *recA* erfolgt nach dem Muster des *lac*-Operons durch einen Proteinrepressor, lexA. Ein dereprimiertes *recA*-Cistron stellt große Mengen einer Protease her, die eine ganze Zahl von Repressoren (wie den lambda-Repressor und das lexA-Protein) inaktiviert und dabei verschiedene SOS-Funktionen induziert.

Die generelle Rekombination ist ebenfalls von *recA* abhängig, aber in diesem Fall ist eine Induktion nicht notwendig. Die Grundmengen an recA-Protein reichen hierzu aus. Das recA-Protein katalysiert die Bildung von D-Loops, die für Intermediate beim physikalischen Transfer eines einzelnen Strangs von einem DNA-Duplex zu einem anderen homologen Duplex gehalten werden und die zur nicht-reziproken Rekombination führen.

Nach dem Transfer des Strangs wird durch Isomerisation eine zur „Branch-Migration" geeignete Struktur gebildet, die zu reziproken Rekombinanten führt. Die generelle Rekombination läßt sich daher als reziprok oder nicht-reziprok betrachten, je nachdem, wo die genetischen Merkmale in bezug zum anfänglichen Strangsaustausch liegen. Für die generelle Rekombination sind zwei Wege bekannt, einer über Exonuklease V oder einen Ersatz, der andere über *recF*.

Die ortsspezifische Rekombination erfolgt an DNA-Duplices, die wenig oder gar keine Homologie aufweisen. Tritt die Rekombination immer an der gleichen Stelle auf beiden Duplices auf, so wird sie als doppelt ortsspezifisch klassifiziert. Erfolgt sie dagegen nur an einer spezifischen Stelle auf dem einen DNA-Duplex, aber willkürlich auf dem anderen Duplex, so spricht man von einzel ortsspezifischer Rekombination.

Spezifische Enzyme wie die lambda-Integrase stehen mit der doppelt ortsspezifischen Rekombination im Zusammenhang und eventuell auch mit der einzel ortsspezifischen. Die einzel ortsspezifische Rekombination ist für Insertionssequenzen maßgebend, die die physikalischen Orte darstellen, an denen Transposition, Deletion und/ oder Inversionen ablaufen. Der genaue Wirkungsmechanismus dafür ist noch unbekannt.

Literatur

Allgemein

Arber W (1979) Promotion and limitation of genetic exchange. Science 205:361–365

Calos MP, Miller JH (1980) Transposable elements. Cell 20:579–595

Carcheside DG (1977) The genetics of recombination. Arnold, London; University Park Press, Baltimore

Clark AJ, Volkert MR (1978) A new classification of pathways repairing pyrimidine dimer damage in DNA. In: Hanawalt PC, Friedberg EC, Fox CF (eds) DNA repair mechanisms. Academic Press, New York, pp 57–72

Eisenstark A (1977) Genetic recombination in bacteria. Annu Rev Genet 11:369–396

Fox MS (1978) Some features of genetic recombination in prokaryotes. Annu Rev Genet 12:47–68

Hanawalt PC, Cooper PK, Ganesan AK, Smith CA (1979) DNA repair in bacteria and mammalian cells. Annu Rev Biochem 48:783–836

Hofschneider PH, Starlinger P (eds) (1978) Integration and excision of DNA molecules. Springer, New York

Howard-Flanders P (1978) Historical perspectives and keynotes on DNA repair. In: Hanawalt PC, Friedberger EC, Fox CF (eds) DNA repair mechanisms. Academic Press, New York, pp 105–111

Low KB, Porter DD (1978) Mode of gene transfer and recombination in bacteria. Annu Rev Genet 12:249–287

Radding CM (1978) Genetic recombination: strand transfer and mismatch repair. Annu Rev Biochem 47:847–880

Shapiro JA (ed) (1983) Mobile genetic elements. Academic Press, New York

Stahl FW (1979) Genetic recombination: thinking about it in phage and fungi. Freeman, San Francisco

Starlinger P (1977) DNA rearrangements in prokaryotes. Annu Rev Genet 11:103–126

Toompuu OG, Scherbakov VP (1980) Genetic recombination: formal implications of a crossed strand-exchange between two homologous DNA molecules. J Theor Biol 82:497–520

Weisberg RA, Adhya S (1977) Illegitimate recombination in bacteria and bacteriophage. Annu Rev Genet 11:451–473

Speziell

Arthur A, Sherratt D (1979) Dissection of the transposition process: a transposon-encoded site-specific recombination system. Mol Gen Genet 175:267–274

Beck CF (1979) A genetic approach to analysis of transposons. Proc Nat Acad Sci USA 76:2376–2380

Chandler M, Roulet E, Silver L, Boy de la Tour E, Caro L (1979) Tn*10* mediated integration of the plasmid R100.1 into the bacterial chromosome: inverse transposition. Mol Gen Genet 173: 23–30

Cozzarelli NR (1980) DNA gyrase and the supercoiling of DNA. Science 207:953–960

Defais M, Jeggo P, Samson L, Schendel PF (1980) Effect of the adaptive response on the induction of the SOS pathway in *E. coli* K-12. Mol Gen Genet 177:653–660

Echols H, Green L (1979) Some properties of site-specific and general recombination inferred from *int*-initiated exchanges by bacteriophage lambda. Genetics 93:297–307

Howard-Flanders P, Cassuto E, Ross P (1979) Early steps in genetic recombination induced by damaged DNA: cutting in *trans* in *E. coli* cells and in protein extracts. Cold Spring Harbor Symp Quant Biol 43:1073–1082

Hsu P-L, Ross W, Landy A (1980) The lambda phage *att* site: functional limits and interaction with *int* protein. Nature 285:85–91

Kleckner N (1979) DNA sequence analysis of Tn*10* insertions: origin and role of 9bp flanking repetitions during Tn*10* translocation. Cell 16:711–720

Kleckner N, Steele DA, Reichardt K, Botstein D (1979) Specificity of insertion by the translocatable tetracycline-resistance element Tn*10*. Genetics 92:1023–1040

Little JW, Edmiston SH, Pacelli LZ, Mount DW (1980) Cleavage of the *E. coli lexA* protein by the *recA* protease. Proc Nat Acad Sci USA 77:3225–3229

McPartland A, Green L, Echols H (1980) Control of *recA* gene RNA in *E. coli:* regulatory and signal genes. Cell 20:731–737

Nisen P, Purucker M, Shapiro L (1979) DNA sequence homologies among bacterial insertion sequence elements and genomes of various organisms. J Bacteriol 140:588–596

Porter RD, McLaughlin T, Low B (1979) Transduction versus „conjuduction": evidence for multiple roles for exonuclease V in genetic recombination in *E. coli*. Cold Spring Harbor Symp Quant Biol 43:1043–1047

Potter H, Dressler D (1978) In vitro system from *E. coli* that catalyzes generalized genetic recombination. Proc Nat Acad Sci USA 75:3698–3702

Ross DG, Swan J, Kleckner N (1979) Physical structures of Tn*10*-promoted deletions and inversions: role of 1400 bp inverted repetitions. Cell 16:721–731

Ross DG, Swan J, Kleckner N (1979) Nearly precise excision: a new type of DNA alteration associated with the translocatable element Tn*10*. Cell 16:733–738

Shapiro JA (1979) Molecular model for the transposition and replication of bacteriophage Mu and other transposable elements. Proc Nat Acad Sci USA 76:1933–1937

Shibata T, DasGupta C, Cunningham RP, Radding CM (1980) Homologous pairing in genetic recombination: formation of D-loops by combined action of *recA* protein and a helix destabilizing protein. Proc Nat Acad Sci USA 77:2606–2610

Stahl FW, Stahl MM, Malone RE, Crasemann JM (1980) Directionality and nonreciprocality of Chi-stimulated recombination in phage λ. Genetics 94:235–248

Sutherland JC (1978) Mechanism of action of the photoreactivating enzyme from *E. coli:* recent results. In: Hanawalt PC, Friedberg EC, Fox CF (eds) DNA repair mechanisms. Academic Press, New York, pp 137–140

Warner RC, Fishel RA, Wheeler FC (1979) Branch migration in recombination. Cold Spring Harbor Symp Quant Biol 43:957–968

Wilson JH (1979) Nick-free formation of reciprocal heteroduplexes: a simple solution to the topological problem. Proc Nat Acad Sci USA 76:3641–3645

Kapitel 14

Das Gen-Spleißen und die Herstellung künstlicher DNA-Strukturen

Der Wunsch, phänotypische Merkmale zu manipulieren, ist der Menschheit länger bekannt als die Wissenschaft der Genetik selbst. Die selektive Zucht von Pflanzen und Tieren wird schon jahrhundertelang praktiziert; sie führte zu domestizierten Tieren und Pflanzen und zu solchen Eigenartigkeiten wie den verschiedenen Hunderassen. Mit dem Aufkommen der genetischen Wissenschaften stieg das Interesse an solchen Aktivitäten und erweiterte sich zum Wunsch, „angeborene Fehler des Stoffwechsels" ebenso zu korrigieren wie zur Möglichkeit bestimmter eugenischer Programme (Anwendung selektiver Zuchtprinzipien auf den Menschen). Die Diskussionen über die Manipulation genetischer Merkmale (die **Gentechnologie**) blieb zum großen Teil theoretisch, da es nicht möglich war, die Grundstruktur eines bestimmten Cistrons (Gens) in einem bestimmten Individuum zu verändern. Das hieß, daß genetische Kreuzungen benutzt werden mußten, um ein Individuum mit den gewünschten Merkmalen zu schaffen, und bestimmte Merkmalskombinationen ließen sich nicht herstellen, weil die verschiedenen Art-Barrieren den unkontrollierten Austausch zwischen Organismen verhindern. Diese Barrieren gehören zwei Grundtypen an: Einmal sind es mechanische Schwierigkeiten, die den Transfer der DNA verhindern, und zum anderen Erkennungsprobleme, die die Rekombination der übertragenen DNA unmöglich machen. In diesem Kapitel werden einige Wege der DNA-Erkennung besprochen, und es wird gezeigt, wie das Verständnis dieser Erkennungsmechanismen kurioserweise dazu führt, willkürliche, von genetischen Kreuzungen unabhängige DNA-Umordnungen zu ermöglichen.

I Die Restriktions- und Modifikationssysteme der DNA

Restriktions- und Modifikationssysteme scheinen bei allen prokaryontischen Organismen und ihren Viren vorzukommen. Im Zusammenhang mit den verschiedenen Bakteriophagen wurde schon eine ganze Reihe solcher Beispiele besprochen. Hierzu gehören T4, der Hydroxymethylcytosin, SPO1, der Hydroxymethyluracil in seiner DNA verwendet, und P1, der spezifisch die gesamte zelluläre DNA methyliert. Restriktions- und Modifikationssysteme sind jedoch nicht auf die Viren beschränkt. *E. coli* selbst besitzt solche Systeme, die vielleicht am besten an den Unterschieden zwischen K- und B-Stämmen verdeutlicht werden können. Jeder dieser Stämme baut alle DNA ab, die im andern Stamm synthetisiert wurde, wodurch die beiden Stämme wirkungsvoll genetisch voneinander isoliert sind, selbst wenn sie zur gleichen Art gehören.

Tabelle 14-1. Eigenschaften einiger allgemein verwendeter Restriktionsendonukleasen

Enzym	Quelle	Erkennungs-sequenz	Entstehende virale DNA-Fragmente	
			λ DNA	SV40 DNA
Typ I				
*Eco*B	*E. coli* B	TG*A (N_8)TGCT		0
Typ II				
Symmetrisch				
*Alu*I	*Arthrobacter luteus*	AG/CT	> 50	35
*Hae*III	*Haemophilus aegypticus*	GG/C*C	> 50	19
*Mbo*I	*Moraxella bovis*	/GATC	> 50	16
*Hin*fI	*Haemophilus influenzae* R_f	G/ANTC	> 50	10
*Bam*HI	*Bacillus amyloliquefaciens* H	G/GATCC	5	1
*Eco*RI	*Escherichia coli* RY13	G/AA*TTC	5	1
*Eca*I	*Enterobacter cloacus*	G/GTNACC	12	0
*Pst*I	*Providencia stuartii*	CTGCA/G	18	2
*Bgl*I	*Bacillus globigii*	GCC(N_4)/NGGC	22	1
Degeneriert symmetrisch				
*Hae*II	*Haemophilus aegypticus*	PuGCGC/Py	30	1
Assymetrisch				
*Eco*P1	*Escherichia coli* (P1-lysogen)	5'AGACC 3' 3'TCTGG 5'	7	4
*Hga*I	*Haemophilus gallinarum*	5'GACGC(N_5)/3' 3'CTGCT(N_{10})/5'	> 50	0

Die Erkennungssequenzen sind als Buchstabenserie an der 5'-Seite beginnend angegeben, wobei A, T, G und C die ersten Buchstaben der ensprechenden Basen sind, Py bedeutet ein Pyrimidin und Pu ein Purin, N kann jedes Nukleotid sein. Die Methylierungsstelle (falls bekannt) ist durch einen Stern markiert, die Schnittstelle durch einen Schrägstrich. Die Enzyme vom Typ II schneiden die DNA immer genau an einer Stelle relativ zur Erkennungssequenz, die Typ I-Enzyme dagegen nicht. Obwohl in der Tabelle nicht angegeben, schneidet *Eco*P1 24–26 Basen von der 3'-Seite der Erkennungssequenz entfernt. Eine vollständigere Zusammenstellung der bekannten Restriktionsendonukleasen findet man in Roberts (1980) und Smith (1979)

A Die Enzymologie der DNA-Restriktion

Wie schon an ihrem Namen deutlich wird, bestehen Restriktions- und Modifikationssysteme aus einem Paar enzymatischer Aktivitäten. Jedes Enzym dieses Paares erkennt die gleiche Basensequenz oder Sequenzen in der DNA, aber hier ist die Ähnlichkeit schon vorbei. Ein **Modifikationsenzym** erzeugt eine chemische Veränderung, normalerweise die Anheftung einer Methylgruppe an eine spezielle Stelle der DNA oder an Stellen in der Erkennungssequenz des Enzyms. Das *dam*-Cistron von *E. coli*-K12 z.B. kodiert ein Enzym, das bestimmte Adeninreste in der DNA methyliert. Ein **Restriktionsenzym** dagegen wird durch das Auftreten unmodifizierter Erkennungssequenzen dazu stimuliert, als Endonuklease zu fungieren und beide DNA-Stränge ein- oder mehrmals zu schneiden. Der Sinn dieses Schneidens liegt darin, die Rekombination einwandernder bakterieller DNA zu reduzieren und die Etablierung einer Infektion durch eintretende virale DNA zu vermeiden oder zu vermindern. Beide Enzymarten werden durch kursivgeschriebene Buchstaben gekennzeichnet, die die Gattung und den Artnamen des produzierenden Organismus kennzeichnen. Um zu zeigen, welcher Stamm ein bestimmtes Enzym herstellt, kann noch ein vierter Buchstabe zugefügt werden. Beispiele für diese Nomenklatur und die identifizierten Modifikationsarten sind in Tabelle 14-1 angegeben.

Restriktionsendonukleasen lassen sich in zwei große Klassen einteilen, in spezifische und unspezifische. Der letztere Typ (Typ I) wird z.B. von den Restriktions- und Modifikationssystemen von *E. coli*-B und -K repräsentiert. Diese Restriktionsenzyme (*Eco*B und *Eco*K genannt) bestehen aus nicht-identischen Untereinheiten mit einem sehr hohen Molekulargewicht von etwa 300 000 Dalton. Sie brauchen ATP, Magnesiumionen und S-Adenosyl-methionin (SAM) zur richtigen Funktion. Nach dem von Linn und Mitarbeitern entwickelten Modell (Abb. 14-1) bindet das Enzym in Gegenwart von SAM an zwei Erkennungssequenzen und einige benachbarte Basen. Während das eine Enzym gebunden bleibt, benutzt das andere die Energie aus ATP zur Bildung einer sich allmählich vergrößernden DNA-Schlaufe, indem es an der DNA, an die es gebunden ist, entlangwandert. Erreicht die Schlaufe eine Größe von 1 000 bis 6 000 Basenpaaren, so führt das Enzym eine Lücke von etwa 75 Nukleotiden im einen Duplexstrang ein und setzt die ausgeschnittenen Basen als Einzelnukleotide frei. Während das erste Enzym die DNA mit der Lücke in der Schlaufenkonfiguration hält, lagert sich ein zweites Enzym an und führt einen zweiten Schnitt ein, allerdings im andern (intakten) DNA-Strang. Das Ergebnis ist ein Doppelstrangbruch in der DNA mit einem Abstand von etwa 1 000 Nukleotiden von der ursprünglichen Erkennungssequenz.

Da der Doppelstrangbruch anscheinend zufällig an irgendeinem Punkt etwa 1 000 Basenpaare weit von der Erkennungssequenz weg liegt, wird dieser Vorgang als unspezifisch betrachtet.

Im Gegensatz dazu setzen die spezifischen (Typ II) Restriktionsendonukleasen ihre Schnitte immer an einem bestimmten Punkt relativ zur Erkennungssequenz. Wegen ihrer Spezifität war es einfacher, über die Wirkungsart dieser Enzyme Informationen zu erarbeiten, von denen einige in der Tabelle 14-1 zusammengefaßt sind. Räumliche Gründe verhindern eine vollständigere Auflistung der bekannten Restriktionsendonukleasen, deren Zahl inzwischen bei über 200 liegt. Die Erkennungssequenzen sind im allgemeinen nur vier bis sieben Basen lang. Daher wurden Enzyme, die die gleiche Sequenz erkennen, aus verschiedenen Organismen isoliert. Diese duplizierten Enzyme erhielten den Namen **Isochizomere**, wobei die erste benutzte Drei-Buchstaben-Abkürzung Priorität besitzt und der anderen vorgezogen werden sollte. Die einzelnen Restriktionsendonukleasen wurden nach der Art der Basensequenz, die jedes Enzym erkennt, in Untergruppen aufgeteilt. Im Fall von *Eco*RI (Tabelle 14-1) wird die Sequenz als symmetrisch betrachtet, da sie eine zweifache Rotationssymmetrie besitzt. Schreibt man die Basensequenzen beider Stränge heraus, läßt sich das leichter erkennen:

5′GAATTC 3′
3′CTTAAG 5′.

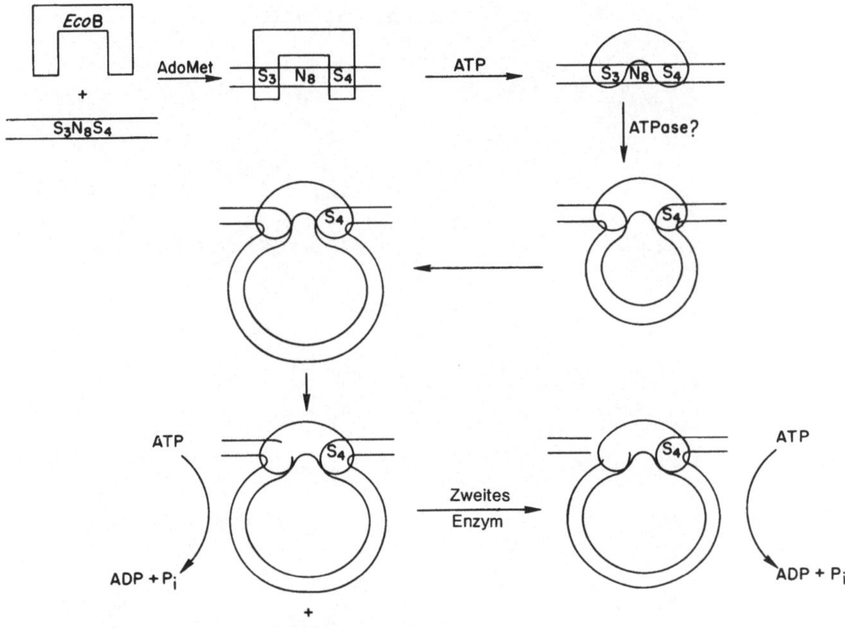

Abb. 14-1. Schematische Darstellung einer hypothetischen Abfolge von Vorgängen beim Schneiden unmodifizierter DNA durch *Eco*B. Die horizontalen Linien entsprechen einem Teil der unmodifizierten DNA mit einer zusammengesetzten Bindungsstelle für *Eco*B. Diese Stelle besteht aus einem trimeren und einem tetrameren Segment, die durch acht unspezifische Basenpaare voneinander getrennt sind. In Gegenwart von S-Adenosyl-methionin bindet *Eco*B spezifisch an das Trimer und das Tetramer. Der Zusatz von ATP löst eine Konformationsänderung des Enzyms aus und schwächt die Verbindung mit der trimeren Stelle. Die Energie des ATP wird dann zur Schaffung einer Schlaufe von 1 000 Basenpaaren in der DNA genutzt. Hat diese Schlaufe die richtige Größe, so wird eine zufällige Lücke von 75 Basen im einen Strang eingeführt. DNA und Enzym bleiben in dieser Konfiguration, bis ein zweites Enzymmolekül an den Komplex bindet und den anderen Strang spaltet. Dann werden beide Enzymmoleküle freigesetzt. Aus: Rosamund, J., Endlich, B., Linn, S. (1979) Electron microscopic studies of the mechanism of action of the restriction endonuclease of *E. coli* B. J. Mol. Biol. 129:619–635

Beginnt man jeweils mit dem 5'-Ende jedes Strangs, so ist die Basensequenz dieselbe (d.h. die Sequenz ist **palindromisch**). Enthält die Erkennungssequenz eine ungerade Zahl an Basen, so bleibt die Symmetrie erhalten, wenn die mittlere Base unspezifisch ist wie in den Fällen von *Eca*I oder *Hin*fI.

Die Klasse der symmetrischen Endonukleasen dominiert, aber es sind auch asymmetrische Enzyme bekannt wie z.B. *Eco*P1, das Restriktionsenzym, das von P1-Lysogenen hergestellt wird. Hier besteht die Erkennungssequenz aus fünf Basen, und die Basensequenz auf den beiden DNA-Strängen ist nicht gleich, wenn man sie vom 5'-Ende her liest (Tabelle 14-1).

Die Endonukleasen können beim Schneiden von DNA drei verschiedene Arten von Fragmenten herstellen. Schneiden sie in der Mitte der Erkennungssequenz (z.B. *Alu*I), so haben alle Fragmente glatte Enden. Schneiden sie an der einen und anderen Seite, hat jedes Fragment einen einzelsträngigen Schwanz. Liegt der Schnitt links von der

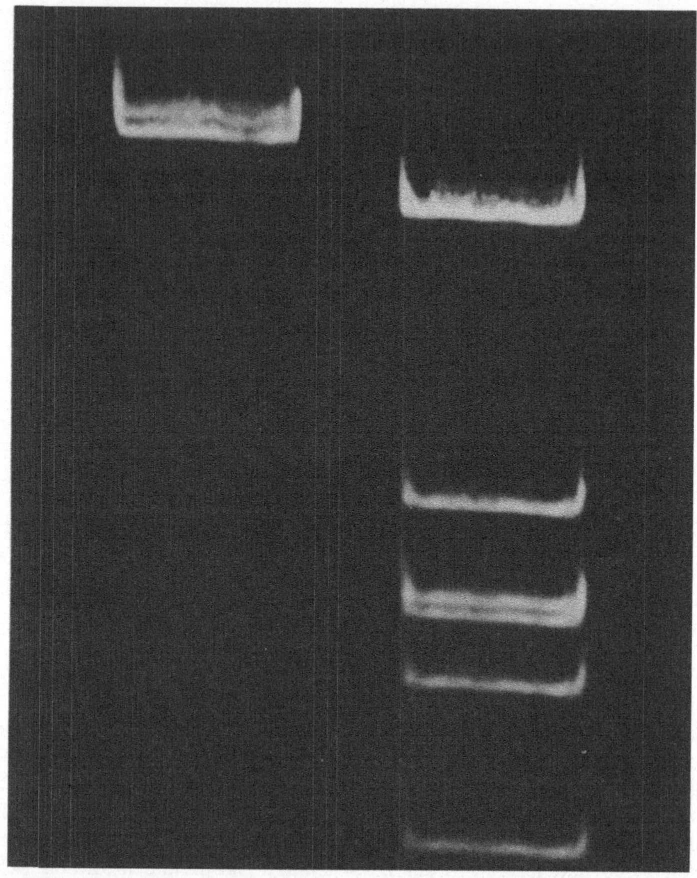

Abb. 14-2. Agarose-Gelelektrophorese von lambda-DNA. Intakte lambda-DNA (linke Seite) und die Fragmente nach dem Schneiden mit *Eco*RI (rechts) wurden auf ein 0,7%iges Agarosegel aufgetragen und zur positiv geladenen Elektrode wandern gelassen. Das Gel wurde mit Ethidiumbromid angefärbt und die DNA mittels ihrer eigenen Fluoreszenz photographiert. Bei dieser Technik erscheinen die größeren Banden heller als die Banden, die kleineren Fragmenten entsprechen, weil sie mehr Farbstoff binden. Die intakte DNA ergab im Gel zwei Banden, weil ein Teil der Moleküle über die kohäsiven Enden zirkularisiert ist und die Ringe etwas schneller durch das Gel laufen. Die sechs Banden rechts sind die in der Abb. 14-3 gezeigten. Vor der Elektrophorese wurden die Fragmente bei 65°C mit Natriumdodecylsulfat behandelt, um die Paarung der kohäsiven Enden zu vermeiden. Eine siebte Bande gibt es daher nicht

Mitte (z.B. *Bam*HI), so haben die Schwänze 5'-Enden, liegt er dagegen rechts von der Mitte (z.B. *Pst*I), so haben die Schwänze 3'-Enden. Diese einzelsträngigen Schwänze sind den kohäsiven Enden der lambda-DNA analog und können ähnlich funktionieren. Stellt ein symmetrisches Enzym einzelsträngige Schwänze her, so haben alle seine DNA-Fragmente identische Enden. Dies gilt nicht für asymmetrische Enzyme, die etwas entfernt von der Erkennungssequenz zu schneiden scheinen. Der Mechanismus für dieses unsymmetrische Schneiden ist nicht bekannt, aber seine Folge sind einzig-

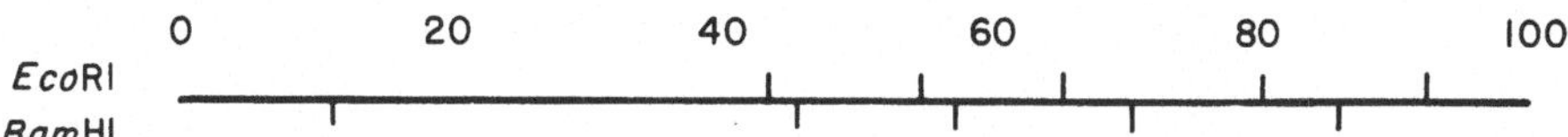

Abb. 14-3. Restriktionskarten der DNA des Phagen lambda. Die Phagen-DNA ist durch eine horizontale Linie dargestellt. Die numerische Skala oben zeigt den Abstand in Prozenten des Gesamtgenoms. Die kurzen vertikalen Linien zeigen die Schnittpunkte von *Eco*RI oder *Bam*HI. Die Schnittstellen überlappen sich nicht. Man darf nicht vergessen, daß die kohäsiven Enden der lambda-DNA ein zirkuläres Molekül schaffen können, wodurch die beiden Fragmente an den Enden der DNA zu einem einzigen größeren Fragment kombiniert würden

artige Enden an jedem Fragment (z.B. haben alle *Hga*I-Fragmente einzelsträngige Schwänze von fünf Basen mit unspezifischer Sequenz).

B Die Restriktionskartierung

Die Anwendung der verschiedenen Restriktionsendonukleasen führte zur Entwicklung einer neuen Art genetischer Karte, der **Restriktionskarte**. Da die Enzyme ortsspezifisch sind, sollten sie von einer bestimmten DNA ein einmaliges Fragmentmuster erstellen. Sind zwei DNA-Moleküle nah verwandt (d.h. haben sie ähnliche DNA-Sequenzen), dann sollte ein gegebenes Enzym von beiden auch ähnliche Fragmente entstehen lassen. Die DNA-Fragmente können nach ihrer Größe leicht in **Agarose-Gelen** getrennt werden. Agarose ist ein Polysaccharid mit hohem Molekulargewicht, das in verdünnter Lösung eine poröse Matrix bildet, die die DNA-Fragmente passieren können. Die Fragmente werden am einen Ende des Gels aufgetragen, und dann wird elektrische Spannung angelegt. Die geladenen DNA-Fragmente beginnen durch die Agarose zur Anode hin zu wandern, werden aber im Netzwerk des Polysaccharids aufgehalten. Die Folge ist, daß die kleinsten Fragmente, die am leichtesten durch die Maschen schlüpfen können, am schnellsten wandern. Jede Fragmentart bildet im Gel eine diskrete Bande, die durch Anfärben mit dem Fluoreszenzfarbstoff Ethidiumbromid leicht sichtbar gemacht werden kann. Ein Beispiel für ein solches Gel ist in Abb. 14-2 gezeigt.

Die Fragmente kann man aus dem Agarosegel eluieren und dann in verschiedenen Tests wie Heteroduplexanalysen, Transformation, Gen-Spleißen oder Southern-Blots (s.u.) einsetzen, um zu bestimmen, welches Cistron auf welchem Fragment liegt. Diese Aufgabe wird erleichtert, wenn das DNA-Molekül wie im Fall von lambda einen einmaligen Endpunkt besitzt. In Abb. 14-3 sind zwei Restriktionskarten von lambda gezeigt. Wie die Theorie vorhersagt, ergibt jedes Enzym einen einmaligen Satz von Fragmenten. Benutzt man dieses Enzympaar, so lassen sich kleine Fragmente mit den interessierenden Cistren erhalten.

Die Restriktionskartierung ist eine ausgezeichnete Methode zur schnellen und genauen Charakterisierung kleiner DNAs. Ergeben zwei DNA-Moleküle gleich große Fragmente, so können sie identisch sein; ergeben sie verschieden große Fragmente, so sind sie von der Definition her zumindest teilweise heterogen in der DNA-Sequenz. Die Restriktionskartierung ist allerdings, obwohl sicher nützlich, nicht der interessanteste Gesichtspunkt beim Studium der Restriktionsenzyme. Dies bleibt der Technik des Spleißens von DNA vorbehalten.

II Der Einsatz von Restriktionsfragmenten zur Herstellung neuer DNA-Moleküle

Die Ausdrücke **Spleißen** von **DNA** oder von **Genen** bedeuten die Konstruktion neuer DNA-Moleküle aus verschiedenen DNA-Fragmenten wie denen, die von den symmetrischen Restriktionsendonukleasen gebildet werden. Der Prozeß wird auch häufig als Herstellung rekombinanter DNA bezeichnet. Diese Art der DNA-Umordnung ist jedoch nicht der im Kap. 13 diskutierten gleich, weshalb es klarer ist, die Bezeichnung Rekombination für in vivo-Abläufe zu reservieren und den neuen Ausdruck Gen-Spleißen für die in vitro-Vorgänge zu benutzen.

A Die Präparation von DNA

Der Zweck, DNA-Fragmente zusammen zu spleißen, liegt in der Herstellung einer DNA, die für eine Kombination von Merkmalen kodiert, und die durch konventionellere Gentechniken nicht erhalten werden kann. Wenn das neue Molekül nützlich sein soll, sollte es selbst replizieren können (d.h. ein Plasmid sein). Der erste Schritt bei jedem Gen-Spleißen besteht deshalb darin, einen geeigneten Plasmid-Vektor (den Träger) auszusuchen, in den eines oder mehrere DNA-Fragmente inseriert werden können.

Typische Vektoren sind der Phage lambda (6.II), ColE1 (11.I.D) und verschiedene Derivate von R-Plasmiden (11.II.A). Sie alle werden ausgesucht, weil sie relaxiert replizieren und daher die in ihnen enthaltene DNA amplifizieren.

Zellen mit dem entsprechenden Plasmid werden hochgezogen und lysiert. Dann wird die Plasmid-DNA durch Techniken wie die Differentielle Salzpräzipitation, die die größere Löslichkeit kleinerer DNA-Moleküle in einer Lösung von Natriumchlorid nutzt, vom bakteriellen Genophor getrennt. Für beste Ergebnisse beim Gen-Spleißen darf die Plasmid-DNA keine Einzelstrangbrüche enthalten, d.h. sie muß noch kovalent geschlossen und zirkulär sein (ccc-Form). Intakte Ringe sind physikalisch gegen starke Drehungen ihrer Helix geschützt und lassen sich von den Ringen mit Einzelstrangbrüchen oder von linearer DNA mit Acridinfarbstoffen abtrennen. Diese versehen durch Interkalation des Farbstoffmoleküls zwischen die gestapelten Basen (3.IV.C) die Helix zusätzlich mit superhelikalen Windungen (13.I.A). Setzt man z.B. Ethidiumbromid (einen Acridinfarbstoff) der DNA zu, so bindet mehr davon an DNA mit Einzelstrangbrüchen oder an lineare DNA als an ccc-DNA. Da der Farbstoff weniger dicht als die DNA ist, wird die Dichte aller DNA in dem Maß reduziert, wie sie den Farbstoff bindet. Lineare und „genickte" DNA (DNA mit Einzelstrangbrüchen oder Nicks) bindet jedoch mehr Farbstoff und wird deshalb weniger dicht als die ccc-DNA. Diese Dichtedifferenz läßt sich in einem präparativen Cäsiumchlorid-Gradienten zeigen. Eine vor kurzem entwickelte Methode benutzt eine Chromatographiesäule mit Acridingelb zur wirkungsvollen Abtrennung der ccc-DNA. Auch diese Trennung beruht auf der differentiellen Bindung des Farbstoffs an ccc-DNA.

Im nächsten Schritt müssen die DNA-Fragmente erhalten werden, die in den Vektor eingebaut werden sollen. Diese Fragmente können von jedem Organismus stammen und müssen nicht replikativ sein. Sie lassen sich einfach durch Scheren der DNA in entsprechend große Stücke herstellen, oder sie können mit Hilfe einer oder mehrerer Restriktionsendonukleasen ausgeschnitten werden. Ein Gen-Spleißungsexperiment,

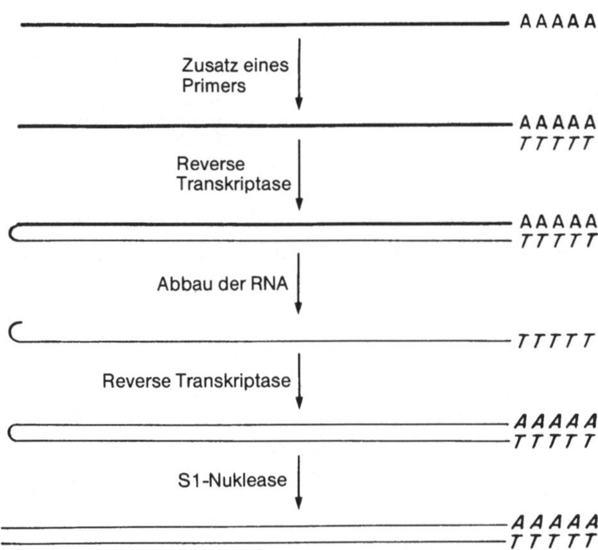

Abb. 14-4. Die Herstellung einer c-DNA-Kopie von einer mRNA. In diesem Beispiel wird angenommen, daß die mRNA (dicke Linie) ein eukaryontisches mRNA-Molekül mit einem Poly-A-Schwanz am 3'-Ende ist (1.II). Zum Start der DNA-Synthese wird ein kurzer Primer von Polydesoxythymidin (kursive Buchstaben) an den Poly-A-Schwanz gepaart. Die Reverse-Transkriptase nutzt diesen Primer zur Initiation und Ausführung der DNA-Synthese (dünne Linie) komplementär zur Basensequenz der mRNA. Es ist ein Charakteristikum dieses Enzyms, sich bei Erreichen des Endes der mRNA zurückzufalten und eine durchgehende haarnadelförmige Struktur zu bilden. Entfernt man die RNA, die den einen Arm der Haarnadelstruktur bildet, durch alkalische Hydrolyse, so kann die Reverse Transkriptase die Synthese des doppelsträngigen DNA-Moleküls abschließen. Die Schlaufe (an der Rückfaltungsstelle) der Haarnadel wird durch die Wirkung der S1-Nuklease geöffnet, wobei doppelsträngige DNA übrig bleibt, die all die im ursprünglichen RNA-Molekül enthaltenen Sequenzen hat, einschließlich des Poly-A-Schwanzes

das Fragmente aus dem ganzen Genom eines Organismus verwendet, wird als „**shotgun**"-**Experiment** bezeichnet.

Bei der Präparation der DNA, die gespleißt werden soll, läßt sich aber auch ein hoher Grad an Selektivität erreichen. Läßt sich vom interessierenden Protein die mRNA erhalten, so kann man unter Verwendung des Enzyms **reverse Transkriptase**, die aus Retroviren isoliert werden kann, eine DNA-Kopie herstellen. Da der neue DNA-Strang zur mRNA komplementär ist, wird er cDNA-Kopie der mRNA genannt. Durch hydrolytische Beseitigung der RNA-Primer läßt sich der einzelne cDNA-Strang in einen Doppstrang umwandeln, wenn man der Transkriptase eine „U-Windung" ermöglicht, um den komplementären Strang zu synthetisieren (Abb. 14-4). Das Hauptproblem bei diesem Verfahren liegt darin, daß die Transkriptase normalerweise eine cDNA herstellt, die nicht länger als 400 bis 600 Nukleotide ist, auch wenn die mRNA beträchtlich größer ist.

B Die Insertion des Fragments in den Vektor

Die Grundstrategie liegt darin, die Vektor-DNA an präzis bestimmten Schnitten mit einer symmetrischen Restriktionsendonuklease zu öffnen. Das Enzym wird meist so gewählt, daß es die Vektor-DNA nur einmal schneidet. Je nach Enzym kann die Vektor-DNA dann einzelsträngige Schwänze haben. Trifft dies zu, so enhalten DNA-Fragmente, die aus der Donor-DNA mit dem gleichen Enzym herausgeschnitten wurden, identische Sequenzen an den Enden, da der Schnitt immer in der gleichen Erkennungssequenz erfolgt.

Hat die Vektor-DNA keine Schwänze, oder passen die Schwänze der Donor-DNA nicht mit denen des Vektors zusammen, so kann man mit dem Enzym **terminale Transferase** künstlich homologe Regionen schaffen. Dieses Enzym synthetisiert einzelsträngige Homopolymere (alle Basen gleich) an die 3'-Enden der DNA. Bindet man so Thymidinreste an das eine Fragment und Adeninreste an das andere, so sind die Enden komplementär. Eine andere Möglichkeit besteht darin, Fragmente ohne Schwänze direkt an künstlich synthetisierte, kurze DNA-Sequenzen für das anschließende Schneiden mit einem entsprechenden Enzym zu ligieren (s.u.).

Sind die erforderlichen Homologien geschaffen, so werden die Fragmente und der Vektor vereinigt und mit dem Enzym **DNA-Ligase** kovalent verbunden. Dabei können drei Grundtypen an Molekülen entstehen: (1) Intakte Vektor-DNA-Moleküle, die sich selbst geschlossen und damit zirkuläre Moleküle regeneriert haben; (2) lineare Bereiche von Donor-DNA, die einen Ring bilden können oder nicht; und (3) Vektor-DNA-Moleküle, die durch die Insertion eines oder mehrerer Donor-DNA-Fragmente (Abb. 14-5) zirkularisiert wurden. Offensichtlich enthält nur die Klasse (3) selbstreplizierende Moleküle von Interesse. Die gleichen Ergebnisse lassen sich auch erhalten, wenn man Fragmente ohne Schwänze durch Zusatz des Enzyms DNA-Ligase mit den glatten Enden anderer Fragmente verbinden würde.

Die Ligierung glatter Enden erfordert allerdings eine höhere DNA-Konzentration, um häufige Kollision der Fragmente zu sichern, denn Fragmente ohne Schwänze können sich nicht ohne ein solches Enzym zusammenlagern, um kovalent miteinander verbunden zu werden. Der Eigenringschluß der Vektor-DNA ist eine Reaktion, die dem Zweck des Versuchs zuwiderläuft. Daher wurden Methoden entwickelt, sie zu reduzieren oder zu verhindern. Eine davon ist die oben beschriebene künstliche „tailing"-(engl. „tail" = Schwanz, „tailing" = das Versehen mit Schwänzen) Prozedur. Das Enzym Transferase macht Homopolymere, die nicht komplementär zu sich selbst sind und daher nicht aneinander binden können. Eine zweite Methode besteht in der Behandlung geschnittener DNA, entweder des Vektors oder des Donors, mit Phosphatase, um die terminale Phosphatgruppe von der DNA zu entfernen. Dies verhindert zwar nicht die Zirkularisation durch fehlende Homologie, aber die Bildung eines kovalent geschlossenen zirkulären Moleküls, denn die DNA-Ligase kann keine Phosphatgruppen an die DNA anheften. Eine dritte Methode besteht darin, entweder durch zwei Restriktionsendonukleasen ein Stück DNA aus dem Vektor herauszuschneiden oder zwei Restriktionsstellen im Vektor zu verwenden. Wird ein Mechanismus angewendet, der normal große DNA-Moleküle selektioniert (z.B. die Verpackung bei lambda, 6.II.A), läßt sich nur die Vektor-DNA mit den eingebauten Fragmenten auffinden.

C Die Klonierung neuer DNA-Moleküle

Ein **Klon** ist eine Gruppe von Zellen oder Molekülen, die alle von einem einzigen Vorgänger abstammen. Beim Gen-Spleißen bedeutet dies, eine große Zahl DNA-Moleküle

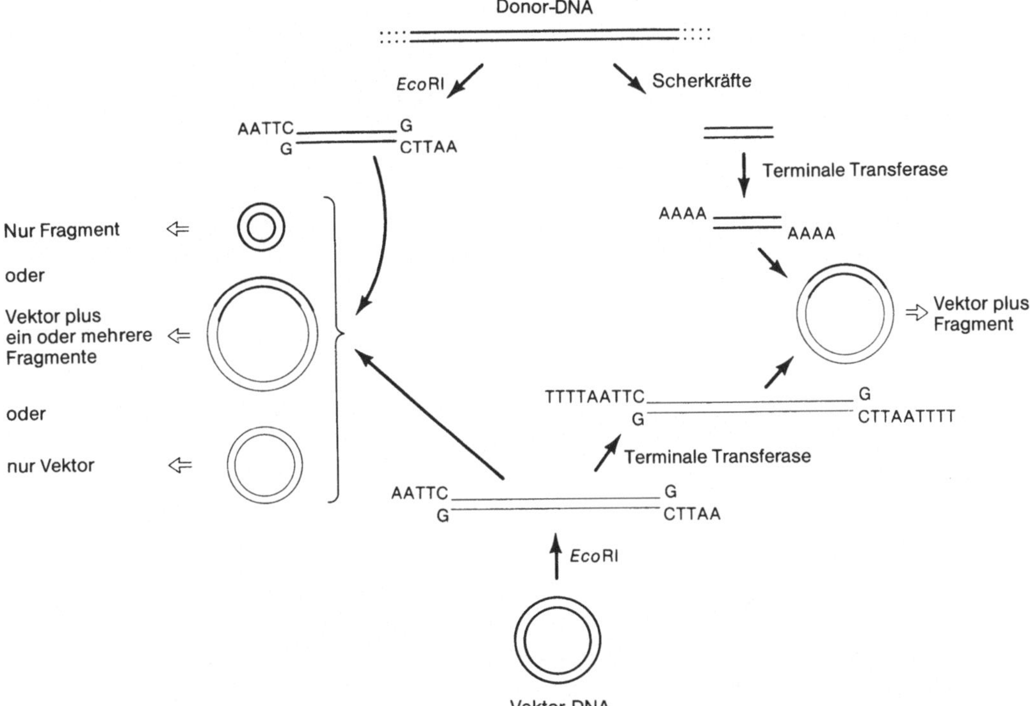

Abb. 14-5. DNA-Spleiß-Methoden mit Molekülen mit einzelsträngigen Enden. Die Vektor-DNA (dünne Linien) ist als doppelsträngiger Kreis im unteren Teil des Diagramms gezeigt, die Donor-DNA (dicke Linien) als Teil eines linearen oder zirkulären Moleküls im Diagramm oben. Donor-DNA-Fragmente lassen sich entweder durch Schneiden der DNA mit einer spezifischen Restriktionsendonuklease (in diesem Fall *Eco*RI) oder durch mechanisches Scheren zu zufällig großen DNA-Stücken herstellen. Die Vektor-DNA wird immer mit einem spezifischen Restriktionsenzym geschnitten, so daß die Insertionsstelle vorhergesagt werden kann. Wurde die gleiche Restriktionsendonuklease bei Donor- und Vektor-DNA zum Schneiden verwendet, so ist jedes einzelsträngige Ende eines Fragments zu jedem Ende der Vektor-DNA und zum entgegengesetzten Ende des gleichen Moleküls homolog und kann damit spontan paaren (linke Diagrammhälfte). Durch die Selbsthomologie ist es aber auch Vektor und Fragment möglich, sich zu zirkularisieren und selbst zu schließen. Dieser eigene Ringschluß führt zur Regeneration selbst-replizierender Vektor-DNA-Moleküle oder zur Entstehung zirkulärer Fragmente, die zur Replikation unfähig wären, außer sie enthielten den Startpunkt der Replikation der Donor-DNA. Solche selbstgeschlossenen Moleküle stören den Zweck des DNA-Spleißens und werden allgemein ignoriert. Das gewünschte Ergebnis ist erreicht, wenn sich ein oder mehrere Fragmente mit der Vektor-DNA zu einem neuen, größeren zirkulären Molekül verbinden, das unter Verwendung der Vektor-Funktionen zur Selbstreplikation fähig ist. Diese drei besprochenen Ergebnisse sind im Diagramm links durch geschlossene zirkuläre Moleküle dargestellt. Dabei wird angenommen, daß alle Lücken repariert und alle Einzelstrangbrüche durch Ligase geschlossen sind.

Sind die Enden der Donor- und Vektor-DNA nicht in der Sequenz identisch, oder haben die Donor-Fragmente keine einzelsträngigen Enden, muß eine künstliche Homologie eingeführt werden, bevor das Spleißen möglich ist. Die künstliche Homologie läßt sich unter Verwendung des Enzyms Terminale Transferase schnell schaffen. Dieses Enzym bildet kurze einzelsträngige Homopolymere an den 3′-Enden doppelsträniger DNA, wobei es die Desoxynukleosid-triphosphate nutzt, die gerade vorhanden sind (in der rechten Diagrammitte gezeigt). Erhält die Donor-DNA Poly-dA- und die Vektor-DNA Poly-dT-Schwänze, werden die Molekülenden einander homolog und das Spleißen möglich. Bei dieser Prozedur kann kein eigener Ringschluß passieren, weil die Enden jedes gegebenen Moleküls nicht homolog zu sich selbst sind. Jedes auftretende zirkuläre Molekül muß daher gespleißter DNA entsprechen. Rechts im Diagramm ist ein typisches gespleißtes Molekül nach Entfernung aller Lücken und Einzelstrangbrüche gezeigt

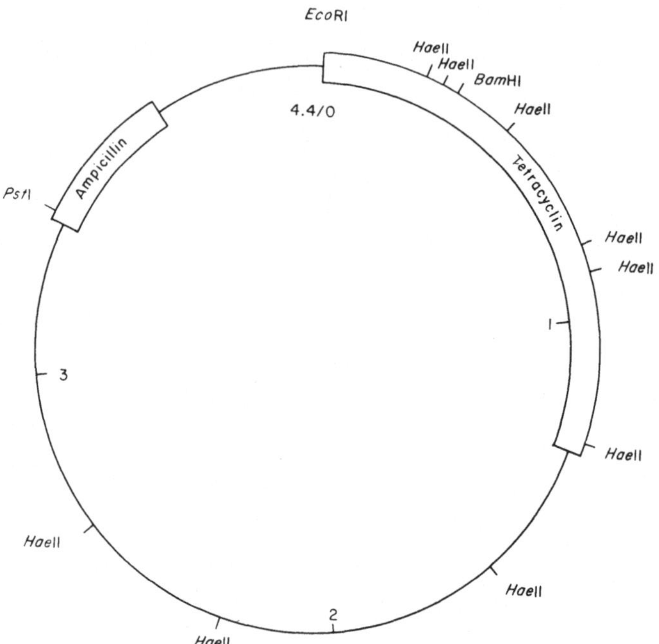

Abb. 14-6. Die Restriktionskarte des Plasmids pBR322. Die Plasmid-DNA ist als zirkuläre Struktur wiedergegeben. Die Balken stellen Sequenzen dar, die für die angegebenen Antibiotikaresistenzen kodieren. Die Schnittstellen einiger ausgewählter Restriktionsendonukleasen sind durch kurze Linien außerhalb des Kreises gezeigt. Die einzelne Schnittstelle von *Eco*RI wird in dem Koordinatensystem als Nullpunkt verwendet. Die Zahlen im Innern des Kreises geben den Abstand vom Nullpunkt in Kilobasen an. Die Gesamtlänge der DNA beträgt 4 362 Basenpaare.

Die Schnitte von *Bam*HI oder *Pst*I erfolgen mitten in den Antibiotikaresistenz-Sequenzen. DNA-Insertionen an diesen Stellen führen zur Inaktivierung des Resistenzcistrons. *Eco*RI schneidet dagegen an einem Punkt direkt vor der Tetracylin-Resistenz-Region, und Insertionen an dieser Stelle haben daher keine Auswirkung auf die Antibiotikumresistenz. Die Schnittstellen von *Hae*II wurden mit aufgenommen, um zu zeigen, daß dieses Enzym zum DNA-Spleißen mit pBR322 ungeeignet ist, da es die Plasmid-DNA in viele Stücke zerschneidet. Ein gleichzeitiges Schneiden mit *Eco*RI und *Bam*HI führt unter Entfernung eines Stücks der Tetracyclin-DNA zur Entstehung eines Fragments, das sich nicht selbst zu einem zirkulären Molekül schließen kann

mit einer bestimmten Sequenz herzustellen, wozu die DNA, am besten in vivo, repliziert wird. Cohen und Chang entwickelten ein für die Klonierung gespleißter DNA geeignetes Transformationssystem für *E. coli.* Die Zellen werden wie gewöhnlich mit Calziumchlorid behandelt (8.II.B), müssen aber nicht *recBC sbcB* sein, weil die Exonuklease V keine zirkuläre DNA angreift, auch keine mit Einzelstrangbrüchen (8.II.B).

Nach einer gelungenen Transformation hat man eine Kultur mit einem Gemisch von Plasmiden. Durch den gegenseitigen Ausschluß enthält jede Zelle nur ein Plasmid, das aber ein anderes sein kann. Im allgemeinen trägt die Vektor-DNA eine Antibiotikum-Resistenz, so daß sich ihr Vorhandensein in einer Zelle entdecken läßt. Es ist vorteilhaft, wenn die verwandte Restriktionsendonuklease in einem zweiten Merkmal geschnitten hat; die Insertion des DNA-Fragmentes in den Vektor inaktiviert dann nämlich das zweite Merkmal und führt zu einer phänotypischen Veränderung wie bei der Mutagenese durch Mu. Ein häufig benutzter Vektor ist z.B. pBR322 („p" bedeutet

Plasmid und „BR" die Namen derjenigen, die das Plasmid ursprünglich konstruierten). Abbildung 14-6 zeigt seine vereinfachte Karte. Das Plasmid kodiert normalerweise Resistenz gegen Ampicillin und Tetracyclin; Endonukleaseschnitte an der *Bam*HI-Stelle inaktivieren jedoch das Tetracyclinmerkmal, und Schnitte an der *Pst*I-Stelle die Ampicillinresistenz.

Sind die Zellen ohne Plasmid aus der Kultur eliminiert, so beginnt die Aufgabe, einen Klon mit dem gewünschten DNA-Fragment zu finden. Sind die Donor-DNA-Fragmente im Grund alle gleich (wie im Fall einer cDNA-Kopie), ist dies kein großes Problem. Sind die Donor-DNA-Fragmente dagegen Teil eines „shotgun"-Versuchs, so kann der gewünschte Klon sehr selten sein. Ist das DNA-Fragment funktionell, und verändert so das hergestellte Protein den Phänotyp des Bakteriums, können normale Selektionsmethoden (3.III.B) benutzt werden. Wenn das, wie häufig, jedoch nicht der Fall ist, müssen indirekte Selektionsmethoden angewandt werden.

Southern entwickelte eine Technik, bei der DNA eines bekannten Typs denaturiert und die einzelnen Stränge auf Nitrocellulose-Filter gebunden werden. Radioaktive klonierte DNA kann denaturiert und auf die Filter gebracht werden, die die immobilisierte bekannte DNA tragen. Sind irgendwelche Sequenzen in der klonierten und der bekannten DNA homolog, bindet die radioaktive DNA an die bekannte DNA und läßt sich durch Autoradiographie nachweisen. Bei Fehlen von Homologie bindet die radioaktive DNA nicht an die Filter. Diese Technik wurde so modifiziert, daß ganze Kolonien von einer Platte auf Nitrocellulose gebracht („geblottet"), deren Zellen lysiert und die DNA immobilisiert werden. Dann lassen sich radioaktive Proben zum Nachweis homologer Sequenzen durch Autoradiographie benutzen. Eine andere, als „Northern"-Test bekannte Methode wurde von Alwine und Mitarbeitern für RNA entwickelt. Dabei wird RNA kovalent mit einem Benzyloxymethyl-Derivat an Papier gebunden und dann genauso behandelt wie beim Southern-Blot. Bei Verwendung dieser Southern- oder Northern-Techniken läßt sich eine große Zahl von Kolonien rasch testen, und die Klone mit den Fragmenten des entsprechenden Typs können zur genauen Überprüfung herausgesucht werden.

III Die Anwendung der Gen-Spleiß-Techniken

A Sicherheitsbetrachtungen

Die Technik des Gen-Spleißens birgt interessante wissenschaftliche und ethische Probleme, denn sie bedarf ungewöhnlicher Standards an experimenteller Kontrolle. Wie in Abschn. II besprochen, kann jede DNA mit einer anderen, ohne Berücksichtigung von Speziesgrenzen oder anderer genetischer Schranken, vereinigt werden. Die gespleißte DNA kann außerdem durch Wahl des geeigneten Vektors mit eigentlich jedem Bakterium kompatibel gemacht werden. Dies bedeutet in der Theorie, daß jedes Bakterium mit jedem gewünschten genetischen Merkmal ausgestattet werden kann. Die Folgen wurden von den Forschern bei den frühen Arbeiten am Gen-Spleißen nicht vernachlässigt, und sie veranstalteten mehrere Tagungen zur Diskussion dieses Punktes. Schließlich stimmten alle Wissenschaftler, die an den frühen Arbeiten beteiligt waren, einem Moratorium für alle künftigen Versuche zu, bis entsprechende Sicherheitsrichtlinien ausgearbeitet wären.

Die möglichen Biounfälle fallen in zwei Klassen. Der erste Typ eines potentiellen „Unfalls" könnte eine bestimmte Bakterium-Plasmid-Kombination sein. Das Vorliegen eines gespleißten Plasmids könnte der Bakterienzelle neue und überraschende Eigenschaften bringen. Das Plasmid könnte z.B. die Produktion eines wirkungsvollen Toxins (ähnlich der lysogenen Konversion) verursachen oder Sequenzen von einem der Tumor-induzierenden Viren zur Kodierung von Proteinen nutzen, die die Transformation von Zellen in Tumorzellen verursachen, vorausgesetzt, das Wirtsbakterium kann im Darmtrakt eines Individuums kolonisieren. Entkäme eine solche Kombination von Plasmid und Bakterium dem Labor, so könnte es für die Population in der Umgebung des Labors, und auch für die Leute, die in dem Labor arbeiten, sehr gefährlich werden.

Das Problem, das sich hier stellt, ist das des physikalischen Verschlusses, d.h. Plasmid und Wirt müssen im Labor in bestimmten Kulturgefäßen gehalten werden.

Der zweite Typ eines biologischen „Unfalls" ist das mögliche Entkommen der gespleißten DNA aus dem ursprünglichen Wirt in irgendeine Laborverunreinigung. Das Plasmid kann in dem Bakterium, in dem es ursprünglich kloniert wurde, völlig harmlos sein, aber unerwünschte Antibiotikaresistenzen oder Pathogenitätsfaktoren etc. in andere Bakterien einschleusen. Das Problem liegt dann im biologischen Verschluß, d.h. das Plasmid im entsprechenden Wirt zu halten.

Richtlinien für diese Probleme wurden erstmals bei einem Treffen interessierter Wissenschaftler in Asilomar, Kalifornien, formuliert, und später als Richtlinien für die von den U.S. Regierungsagenturen unterstützten Forschungen übernommen. Die Richtlinien waren zuerst recht streng und in ihrer Anwendung konservativ. Als sich jedoch das Wissen über die Wirtsbakterien und die DNA-Wechselwirkungen vergrößerte, wurde deutlich, daß die biologischen Unfälle überschätzt worden waren, und einige Beschränkungen aus den Richtlinien wurden allmählich wieder aufgehoben oder vermindert. Die Grundphilosophie der Richtlinien blieb trotz dieser Änderungen gleich. Die physikalische „Verpackung" wird auf einer Skala von eins bis vier gemessen, wobei die Stufe eins ein normales mikrobiologisches Labor darstellt, und die Stufe P4 ein Labor für die Arbeit mit den gefährlichsten Pathogenen ist. In einem solchen Labor werden alle Luft, Flüssigkeiten und Feststoffe sterilisiert, und alle Personen müssen vor dem Verlassen des Labors duschen und die Kleidung wechseln. Die biologische „Verpackung" wird auf einer Skala von eins bis drei gemessen, wobei die Lebensfähigkeit des Wirtsbakteriums und die Sicherheit des Plasmids zusammen betrachtet werden.

Ein HV1-System birgt nur eine gemäßigt sichere Verpackung und benutzt normale Laborstämme von Bakterien und entsprechende Plasmide. Ein HV2-System dagegen bietet eine sicherere Verpackung durch die Einführung entsprechender Mutationen in das Wirtsstammbakterium, die seine Überlebensfähigkeit unter normalen Umweltbedingungen stark reduzieren, und durch eine Veränderung des Vektors, so daß er sich nicht mehr gut in anderen Wirtsbakterien repliziert, wenn er aus seiner biologischen „Haft" entkommt. Die allgemeine Überlebensrate für Wirt und Vektor muß nachgewiesenermaßen außerhalb des Labors niedriger als 10^{-8} sein. Auch ein HV3-System wurde vorgeschlagen, aber noch nicht konstruiert, und soll zu noch größerer Sicherheit führen. Die Tabelle 14-2 zeigt die Anwendung dieser Regelungen auf spezielle Fälle. Gegenwärtig laufen Diskussionen, um Richtlinien für Herstellung von Organismen mit gespleißter DNA im Großmaßstab (d.h. industriell) zu entwickeln.

Tabelle 14-2. Spezielle Beispiele für die Art von „Verpackung" für „shotgut"-DNA-Spleiß-Versuche nach den Richtlinien[a]

Art der Donor-DNA	Art der Verpackung physikalisch[b]	biologisch
E. coli	ausgenommen	ausgenommen
Salmonella	ausgenommen	ausgenommen (Austausche, die natürlich bei *E. coli* vorkommen)
Bacillus	P2	EK1
	P1	EK2
Drosophila	P2	EK1
	P1	EK2
Ungiftige Pflanzen	P2	EK1
	P1	EK2
Säugetiere	P2	EK2
	P3	EK1
Hepatitis B Virus		
Unsegmentiertes Genom	P2	EK2
	P3	EK1
Nichttransformierende subgenomische Segmente	P1	EK1

[a] In jedem Fall wird *E. coli* als Wirtsbakterium angenommen

[b] Die Verpackungsstufe P1 entspricht normal sicheren mikrobiologischen Techniken; P2 schreibt zusätzlich zu den P1-Techniken vor, daß die ausführende Person Laborkleidung trägt und in einem Biolabor arbeitet, zu dem nicht jeder Zugang hat; bei der Stufe P3 muß zusätzlich zu den oben genannten Bedingungen alles kontaminierte Material vor seiner Entfernung sterilisiert werden, und die beteiligten Personen müssen bei der Handhabung der Bakterien Handschuhe tragen

Für den speziellen Fall von *E. coli* sind die vom HV1 und HV2 äquivalenten Systeme EK1 bzw. EK2. Curtiss und Mitarbeiter entwickelten für das EK2-System einen geeigneten Wirtsstamm und nannten ihn χ1776. Sorgfältige Tests zeigten, daß dieser Stamm im Intestinaltrakt von Versuchstieren nicht kolonisiert, selbst wenn er in massiven Dosen verabreicht wird. Im Moment gibt es keine anderen HV2-Ssysteme, obwohl ein geeigneter Wirt mit *Bacillus subtilis* entwickelt wurde. Auch Vektoren für Klonierungen wurden speziell entwickelt. Normalerweise fällt die Wahl auf nicht-konjugative Plasmide. Eine sehr interessante Vektorserie wurde von Blattner und Mitarbeitern geschaffen. Es handelt sich hierbei um modifizierte Formen des Phagen lambda, die Charon-Phagen genannt wurden (nach dem Fährmann über den Hades-Flux Styx).

Sie tragen Deletionen, die Lysogenie verhindern, da Lysogene viele Sicherheitsprobleme durch die ständige Produktion und Freisetzung von Phagen mit sich bringen, und die einige Erkennungssequenzen für Restriktionsendonukleasen eliminieren, so daß der Vektor nicht in viele Stücke zerschnitten werden kann. Die Eigenschaften des Vektors basieren auf der Tatsache, daß ohne Lysogenie die ganze Region von *b2* bis *cI,* die die Cistren zu ihrer Ausbildung enthält (Abb. 12-7) überflüssig ist. Entsprechende Nukleasen können diese Region teilweise oder ganz herausschneiden und dabei geeignete Stellen für die Insertion von DNA zurücklassen. Wie oben erwähnt, macht das Erfordernis einer bestimmten Größe für die lambda-Verpackung dieses System auch zu einem nützlichen Selektionssystem.

B Schwierigkeiten bei der Expression klonierter DNA

Ein Grund, weshalb die Sicherheitsbestimmungen wieder gelockert werden konnten, liegt darin, daß sich herausstellte, daß die Expression fremder DNA-Sequenzen in Bakterien viel schwieriger ist als ursprünglich angenommen. Es wurden viele Versuche unternommen, eukaryontische DNA-Moleküle zu klonieren, aber nur in seltenen Fällen wurde ein funktioneller Klon (funktionell im Sinn der Herstellung des Proteins) erhalten. Das normale Ergebnis ist, daß die klonierte DNA entweder völlig unfunktionell ist oder nur Fragmente von RNA und/oder Proteinen herstellt.

Für die fehlende Expression klonierter DNA gibt es einige Gründe. Eine Möglichkeit, die lange verworfen wurde, ist die, daß der genetische Code nicht universell ist. Barell und Mitarbeiter berichteten jedoch vor kurzem, daß in menschlichen Mitochondrien die Codons UGA als Tryptophan und AUA als Methionin translatiert werden (vgl. Tabelle 3-3), was die Möglichkeit der Existenz multipler genetischer Codes erhöht. Die Nutzung des Codons UGA für Tryptophan wurde auch bei Hefe beschrieben. Solche Veränderungen in der DNA könnten die DNA-Spleißtechniken zu einer weniger nützlichen Methode machen, da die gespleißte DNA dann solange untranslatierbar wäre, bis der Wirtsbakterienstamm mit einer wirksamen mutanten tRNA modifiziert worden ist.

Eine andere Möglichkeit für das Versagen der Expression klonierter DNA ist die, daß dem klonierten Fragment die vollständigen Sequenzen zur richtigen Initiation und Termination der RNA- und Proteinsynthese fehlen (12.I.B). Dieses Problem läßt sich dadurch lösen, daß ein größeres Fragment mit den entsprechenden Interpunktionssignalen verwendet oder die gespleißte DNA an bakterielle Signalsequenzen fusioniert werden. Die letztere Methode wird im Teil C unten besprochen.

Eine weitere Möglichkeit für das Ausbleiben der Expression klonierter DNA liegt in der Anordnung der genetischen Information in eukaryontischer DNA. In vielen, aber nicht allen Fällen liegt die Information zur Kodierung eines einzelnen Polypeptids in zwei oder mehreren getrennten Segmenten vor, die durch nicht-informative DNA-Regionen, sogenannte „**intervening sequences**" (Zwischensequenzen, Introns), getrennt sind, und die sogar auf verschiedenen Chromosomen liegen können. Ein Extrembeispiel hierzu ist die Ovalbumin-DNA, die in acht getrennten Segmenten kodiert ist.

In eukaryontischen Zellen werden lange DNA-Regionen transkribiert, und die RNA wird dann unter Entfernung der Introns prozessiert. Dieses Phänomen tritt bei Bakterien offenbar nicht auf, weshalb ihnen die Maschinerie zur Prozessierung der RNA-Transkripte der klonierten eukaryontischen DNA fehlt. Das Problem der RNA-Prozessierung läßt sich durch Klonieren von cDNA-Kopien umgehen, nachdem die eukaryontische Zelle die RNA zur Translation vorbereitet hat; so wird normalerweise auch vorgegangen.

C Beispiele erfolgreicher Klonierungen

Es ist wichtig festzustellen, daß das Interesse an DNA-Klonierungen weniger dem Wunsch entspringt, DNA-Moleküle aus verschiedenen Organismen miteinander zu verbinden, sondern eher dem Bedürfnis, bestimmte Teile des normalen Genoms in einer zugänglicheren und/oder amplifizierten Form vorliegen zu haben. Ein gutes Beispiel hierfür ist das *recA*-Cistron von *E. coli* (13.II.B). Da dieses Cistron reprimierbar ist, stellen die Zellen normalerweise keine großen Mengen des recA-Proteins her. Die normalen Proteinmengen sind so niedrig, daß alle Versuche seiner Aufreinigung vergeblich blieben bis zur Einführung des Spleißens. Eine „shotgun"-Klonierung von *E. coli*-DNA mit lambda-DNA als Vektor ergab einen Phagen, der das *recA*-Cistron trug und es bei der lytischen Vermehrung konstitutiv exprimierte. Aus mit diesem Phagen infizierten Zellen konnte genug Material erhalten werden, um das Protein aufzureinigen. Das recA-Protein ist so heute leicht in großen Mengen zu präparieren, daß es als Vergleichsstandard für andere Proteine verwendet wird.

Aus der Sicht der Öffentlichkeit ist natürlich nicht die Klonierung bakterieller DNA wichtig, sondern die von DNAs, deren Produkte direkte Auswirkungen auf den Menschen und die Gesellschaft haben. Diese Arbeiten stecken zwar noch in den Kinderschuhen, aber beträchtliche Fortschritte sind schon gemacht worden. Ein wichtiger Punkt war die Präparation von Hormonen, d.h. von Proteinen, die tiefgreifende biochemische Wirkungen auf Menschen haben und doch nur in Spuren vorliegen müssen, um ihren Einfluß zu zeigen.

Eines dieser Proteine, das menschliche Wachstumshormon, zeigt die Probleme bei der Spleißung eukaryontischer DNA und ihrer Expression in Prokaryonten besonders gut.

Die mRNA des Wachstumshormons (Somatotropin) wird in der Hypophyse synthetisiert. Martial und Mitarbeiter klonierten davon eine cDNA-Kopie, die eine neue mRNA von insgesamt 788 Nukleotiden kodiert, von denen 29 am 5'- und 108 am 3'-Ende nicht translatiert werden. Das als **Prähormon** hergestellte Protein ist größer als das aktive Molekül und muß um 26 Aminosäuren am Aminoende zum eigentlichen Hormon verkürzt werden. Martial und Mitarbeitern gelang die Expression der cDNA mit einem Vektor-Plasmid, das den Tryptophan-Operator und -Promotor sowie das ganze *E*- und einen Teil des *D*-Cistrons enthielt (Abb. 12-3). Wurde der Kultur ein Induktor des Tryptophanoperons zugesetzt, so entstand ein Fusionsprotein, das aus dem Aminoende vom trpD-Protein, verbunden mit dem Prä-Wachstumshormon, bestand. Dieses Protein reagierte mit für das Wachstumshormon spezifischen Antikörpern.

Fusionsproteine sind in der Praxis nicht besonders nützlich, denn es ist nicht sicher, ob sie die gewünschte biologische Funktion haben. Selbst wenn es möglich wäre, das Prähormon als einzelnes Peptid zu synthetisieren, besitzen die Bakterien nicht das Enzym, das den Aminoterminus zur Bildung des aktiven Hormons abspalten könnte. Goeddel und Mitarbeiter entwickelten daher eine andere Methode zur Klonierung der DNA des Wachstumshormons, die das beschriebene Problem umgeht.

Sie begannen mit der Isolation eines cDNA-Fragments, das die Information für den größten Teil des Hormons enthielt, dem aber die Information für das Aminoende fehlte. Mit den Techniken, bei denen Khorana und Mitarbeiter Pionierarbeit geleistet haben, synthetisierten sie dann chemisch eine DNA, die das Codon für Methionin (TAC), gefolgt von 23 Basenpaaren zur Kodierung des Aminoendes des Wachstumshormons, enthielt. Durch Behandlung mit der gleichen Nuklease, die ursprünglich zur Herstellung des Fragments benutzt wurde, wurde die DNA aus dem Vektor herausgeschnitten, und die (früher) klonierte DNA wurde mit der synthetisierten zusammengespleißt. Die neue DNA, die nun die ganze Information zur Synthese des Wachstumshormons enthielt, wurde in ein Plasmid hinter zwei Laktose-Promotor-Regionen eingebaut. Diese neu gespleißte DNA wurde in *E. coli* kloniert, und man konnte tatsächlich die Produktion von reinem menschlichem Wachstumshormon nachweisen.

Wahrscheinlich wiederholt sich diese Szene noch viele Male in Zukunft. Mehrere Forschungsgruppen arbeiten daran, zusätzliche Plasmide mit Operon-Kontrollelementen zu entwickeln. Die Verwendung solcher Plasmide sollte zu Bakterien führen, die ein spezifisches Protein auf Wunsch synthetisieren, wie das Wachstumshormon als Antwort auf den Zusatz von Laktose ins Medium. Einige Bedeutungen dieser Art von Klonierung werden im nächsten Kapitel besprochen.

IV Zusammenfassung

Restriktions- und Modifikationsenzyme wirken bei der Unterscheidung von „eigen"- und „fremd"-DNA in einer Zelle paarweise zusammen. Jede DNA, die in einer Zelle mit einem Modifikationsenzym synthetisiert wird, ist an bestimmten sequenz-spezifischen Stellen methyliert. Jede DNA, die in eine solche Zelle übertragen wird, wird durch das entsprechende Restriktionsenzym abgebaut, wenn sie nicht das gleiche Methylierungsmuster besitzt wie die Wirts-DNA. Die Restriktionsendonukleasen untergliedern sich in zwei Typen: Typ I, der unspezifisch, und Typ II, der sehr spezifisch schneidet. Beide Enzymarten verursachen Doppelstrangbrüche oder Lücken in der DNA.

Die Endonukleasen vom Typ II wurden zur Konstruktion von Restriktionskarten verschiedener kleiner und großer DNA-Moleküle verwendet. Diese Karten bestehen aus der Größe und der Anordnung der Fragmente, die von dem Enzym geschaffen werden. Ergeben zwei DNA-Moleküle identisch große und gleich angeordnete Fragmente, wenn sie mit dem gleichen Enzym geschnitten werden, werden sie als sehr ähnlich, wenn auch nicht identisch betrachtet.

Die Endonukleasen vom Typ II werden zur Präparation von DNA für Spleiß-Versuche verwendet. Die Enzyme, die symmetrische Sequenzen erkennen, schaffen immer Fragmente mit identischen Enden. Diese Fragmente lassen sich bei drastischen Umordnungen in der DNA zusammen ligieren. Die Bedingungen, unter denen solche Versuche stattfinden, werden durch Richtlinien, die vom National Institute of Health erstellt wurden, sehr kontrolliert. Sowohl der Vektor (das Plasmid, in das die DNA gespleißt wird) als auch das Wirtsbakterium (in dem das Plasmid kloniert wird) müssen sorgfältig ausgewählt werden. Zusätzlich müssen die Laborbedingungen, unter denen solche Arbeiten erfolgen, spezifiziert sein.

Die Klonierung bakterieller DNA in Bakterien erwies sich nicht als schwierig, aber die Klonierung eukaryontischer DNA in Bakterien brachte unerwartete Probleme. Die größte Schwierigkeit liegt in den inserierten DNA-Regionen, die man mitten in kodierenden Sequenzen bei Eukaryonten findet, und im Fehlen erkennbarer Promotor- und ribosomaler Bindungsstellen auf der klonierten DNA. Diese Schwierigkeiten wurden durch die Verwendung von cDNA-Kopien prozessierter mRNA und durch das Spleißen in Vektoren, die zusätzliche Promotoren zur Initiation der Transkription der gespleißten DNA enthalten, überwunden.

Literatur

Allgemein

Abelson J (1980) A revolution in biology. Science 209:1319–1321

Chambon P (1981) Split genes. Sci Am 244:48

Ehrlich SD (1978) *Bacillus subtilis* and the cloning of DNA. Trends Biochem Sci 3:184–186

Ehrlich SD, Sgaramella V (1978) Barriers to the heterospecific gene expression among prokaryotes. Trends Biochem Sci 3:259–261

Gilbert W, Villa-Komaroff L (1980) Useful proteins from recombinant bacteria. Sci Am 242(4): 74–94

Helinski DR (1978) Plasmids as vehicles for gene cloning: impact on basic and applied research. Trends Biochem Sci 3:10–14

Jackson DA, Stich SP (eds) (1979) The recombinant DNA debate. Prentice Hall, Englewood-Cliffs

Levy SB, Marshall B, Rowse-Eagle D, Onderdonk A (1980) Survival of *E. coli* host-vector systems in the mammalian intestine. Science 209:391–394

Nathans D, Smith HO (1975) Restriction endonucleases in the analysis and restructuring of DNA molecules. Annu Rev Biochem 44:273–293

Research with Recombinant DNA (1977) An Academy Forum. National Academy of Sciences of the United States of America, Washington, DC

Roberts RJ (1980) Restriction and modification enzymes and their recognition sequences. Nucleic Acids Res 8:r63–r80

Robeson JP, Goldschmidt RM, Curtiss III R (1980) Potential of *E. coli* isolated from nature to propagate cloning vectors. Nature 283:104–106

Setlow JK, Hollaender A (eds) (1980) Genetic engineering, principles and methods, vol 2. Plenum Press, New York

Smith HO (1979) Nucleotide sequence specificity of restriction endonucleases. Science 205:455–462

Speziell

Alwine JC, Kemp DJ, Stark GR (1977) Method for detection of specific RNAs in agarose gels by transfer to diazobenzyloxymethyl-paper and hybridization with DNA probes. Proc Nat Acad Sci USA 74:5350–5354

Barrell BG, Bankier AT, Drouin J (1979) A different genetic code in human mitochondria. Nature 282:189–194

Bibb M, Schottel JL, Cohen SN (1980) A DNA cloning system for interspecies gene transfer in antibiotic-producing *Streptomyces.* Nature 284:526–531

Blattner FR, Williams BG, Blechl AE, Denniston-Thompson K, Faber HE, Furlong L-A, Grunwald DJ, Kiefer DO, Moore DD, Schumm JW, Sheldon EL, Smithies O (1977) Charon phages: safer derivatives of bacteriophage lambda for DNA cloning. Science 196:161–169

Curtiss R III, Pereira DA, Hsu JC, Hull CS, Clark JE, Maturin LJ Sr, Goldschmidt R, Moody R, Inoue M, Alexander L (1977) Biological containment: the subordination of *E. coli* K-12. In: Beers RF Jr, Bassett EG (eds) Recombinant molecules: impact on science and society. Raven Press, New York, pp 45–56

Department of Health, Education, and Welfare, National Institutes of Health (1978) Guidelines for research involving recombinant DNA molecules. Federal Register 45(20):6724–6749

Goeddel DV, Heyneker HL, Hozumi T, Arentzen R, Itakura K, Yansura DG, Ross MJ, Miozzari G, Crea R, Seeburg PH (1979) Direct expression in *E. coli* of a DNA sequence coding for human growth hormone. Nature 281:544–548

Guarente L, Roberts TM, Ptashne M (1980) A technique for expressing eukaryotic genes in bacteria. Science 209:1428–1430

Hardies SC, Patient RK, Klein RD, Ho F, Reznikoff WS, Wells RD (1979) Construction and mapping of recombinant plasmids used for the preparation of DNA fragments containing the *E. coli* lactose operator and promoter. J Biol Chem 254:5527–5534

Hautala JA, Bassett CL, Giles NH, Kushner SR (1979) Increased expression of a eukaryotic gene in *E. coli* through stabilization of its messenger RNA. Proc Nat Acad Sci USA 76:5774–5778

Herrmann R, Neugebauer K, Pirkl E, Zentgraf H, Schaller H (1980) Conversion of bacteriophage fd into an efficient single-stranded DNA vector system. Mol Gen Genet 177:231–242

Horinouchi S, Uozumi T, Beppu T (1980) Cloning of *Streptomyces* DNA into *E. coli:* absence of heterospecific gene expression of *Streptomyces* genes in *E. coli*. Agric Biol Chem 44:367–381

Ozaki LS, Maeda S, Shimada K, Takagi Y (1980) A novel ColE1::Tn*3* plasmid vector that allows direct selection of hybrid clones in *E. coli.* Gene 8:301–314

Southern EM (1975) Detection of specific sequences among DNA fragments separated by gel electrophoresis. J Mol Biol 98:503–517

Kapitel 15

Zukunftsentwicklungen

In der Geschichte der Bakteriengenetik herrscht im Augenblick eine aufregende Zeit. Viele Jahre lang war diese Wissenschaft das Gebiet der Grundlagenforschung. Die Bakteriengenetik lieferte einen enormen Beitrag zum Verständnis der genetischen und molekularbiologischen Vorgänge, aber das gewonnene Wissen fand nur wenig Anwendung. Dieses Bild änderte sich in den letzten vier oder fünf Jahren als Folge der Entwicklung der Gen-Spleiß-Techniken grundlegend, wodurch das Interesse an der Bakteriengenetik plötzlich sehr zunahm.

Die Bedeutungen dieser neuen Technik sind so groß und so weitreichend, daß sich ihre Wirkungen nicht abschätzen lassen. In den nächsten Jahren wird der Abgang einiger Forscher aus der Bakteriengenetik, der mit Benzer, Delbrück und anderen begann, die sich neue Wissenschaftgebieten zugewandt haben, vielleicht andauern. Der Verlust dieser Wissenschaftler, deren Beiträge hauptsächlich in der Grundlagenforschung lagen, sollte durch den Eintritt neuer Wissenschaftler jedoch ausgeglichen werden. Diese Wissenschaftler sollten an der Bakteriengenetik als Mittel zum Studium anderer genetischer Systeme interessiert sein oder Techniken entwickeln, die auf spezielle industrielle, ökologische, pharmazeutische und andere Probleme (z.B. die Gärungstechnologie und die Biochemie) anwendbar sind.

In diesem Kapitel werden die gegenwärtigen Trends in der Bakteriengenetik und ihre wahrscheinlichen Ziele betrachtet. Alte und neue Technologien werden besprochen, denn die Grundlagenforschung in der Bakteriengenetik bleibt nicht stehen, sondern wird weiter Phänomene aufklären, die für das Verständnis der Lebensvorgänge wichtig sind. Die Diskussionspunkte dieses Kapitels lassen sich als Zusammenfassung von Themen auffassen, die in einer künftigen Auflage dieses Buchs wahrscheinlich behandelt werden müssen.

I Trends in der klassischen Bakteriengenetik

Die in den früheren Kapiteln dieses Buchs besprochenen Forschungen sind aktive und lebendige wissenschaftliche Disziplinen, die sicher weitergeführt werden. Einiges wurde allerdings weggelassen, weil es zur Zeit für eine Betrachtung noch zu neu oder zu wenig verstanden ist. Dieser Abschnitt zeigt einige kurze Beispiele interessanter neuer Forschungsgebiete.

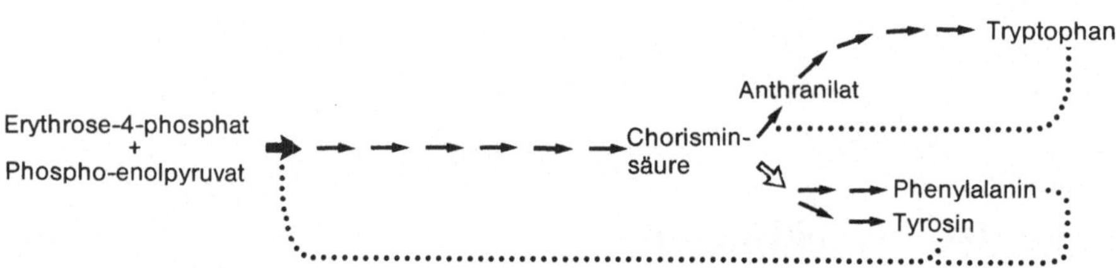

Abb. 15-1. Die von Tribe und Pittard benutzten regulatorischen Modifikationen des Trpytophan-Operons. Das Diagramm zeigt eine Darstellung des Biosynthesewegs zur Herstellung aller aromatischer Aminosäuren. Jeder Pfeil entspricht einem einzelnen enzymatischen Schritt. Die größeren Pfeile zeigen Schritte, die von verschiedenen Enzymen katalysiert werden, wobei jedes davon unabhängig reguliert wird. Der offene Pfeil gibt den Schritt an, der zur Verhinderung der Synthese von Phenylalanin und Tyrosin blockiert wird. Die gepunkteten Linien zeigen den Weg der Feedbackhemmung, der durch eine Mutation unterbrochen ist. Die Folge all dieser genetischen Veränderungen ist ein Organismus, der Phenylalanin und Tyrosin zu seiner Vermehrung braucht, dafür aber sehr große Mengen an Tryptophan herstellt

A Bakterien als Lieferanten biochemischer Produkte

Bakterien spielen in der biochemischen Industrie schon aus Tradition eine Rolle. Betrachtet man das ganze Spektrum der bakteriellen Stoffwechselaktivitäten, so läßt sich eine überraschende Zahl und Vielfalt an kommerziell wichtigen Produkten herstellen. Dies gilt besonders für das anaerobe Wachstum. So verschiedene Chemikalien wie Ethanol, Aceton und Glycerin haben eine lange Geschichte mikrobieller Produktion, aber auch viele andere Verbindungen lassen sich herstellen. Zur Zeit werden die meisten dieser Substanzen in rein chemischen Prozessen produziert; wenn aber die Energiekosten weiter steigen, werden bakterielle Gärungen wahrscheinlich kostengünstiger werden für die Herstellung vieler Chemikalien. Bei der Entwicklung biologischer Technologien werden die Bakteriengenetiker, die an verschiedenen Gärungssystemen arbeiten und versuchen, die Effizienz und die Ausbeute dieser Vorgänge zu verbessern, eine primäre Rolle spielen.

Ein neueres Beispiel, das diese Art von Forschung gut repäsentiert, ist der Versuch, die Aminosäure Tryptophan in großem Maßstab herzustellen. Diese Aminosäure ist für den Menschen ein essentieller Nährstoff und wird häufig als Diät-Zusatz verwendet, da es in pflanzlichem Protein nicht genügend vorhanden ist.

Bei Bakterien wird es als eine der aromatischen Aminosäuren synthetisiert, die bestimmte biochemische Zwischenstufen gemeinsam haben. Ein Satz von Enzymen stellt das Intermediat Chorisminsäure her, die dann über verschiedene weitere Wege zu Phenylalanin, Tryptophan und Tyrosin umgebaut wird. Wie in 12.I.D besprochen, werden die Enzyme für die Tryptophanbiosynthese koordiniert reguliert. Zusätzlich unterliegen der Tryptophansyntheseweg und der Syntheseweg der Chorisminsäure der **„feedback inhibition"** (negative Rückkopplung), der Inaktivierung des ersten Enzyms in der Reaktionsfolge durch das Endprodukt der Reaktion.

Tribe und Pittard entwickelten *E. coli*-Stämme, die pro Gramm an Zellen (Trockengewicht) bis zu 80 mg Tryptophan in einer Stunde im stationären Wachstum herstellen. Sie änderten dazu durch Transduktion das Kontrollsystem für Tryptophan (Abb. 15-1), indem sie zusätzliche Mutationen einführten, die die Kontrolle durch „feedback inhibition" der ersten Enzyme in den Synthesewegen von Chorisminsäure und Tryptophan eliminierten, und dies bei einem Stamm, der Tryptophan schon konstitutiv synthetisierte. Diese Modifikation erlaubte die Anhäufung großer Tryptophanmengen, ohne seine Synthese zu verlangsamen. Der nächste Schritt war, die Synthesewege, die zu Phenylalanin und Tyrosin führen zu blockieren.

Hätte man dies unterlassen, so wäre ein Teil der erhöhten Menge an Chorisminsäure in diese ungewünschten aromatischen Aminosäuren umgewandelt worden. Die Produktionskapazität der mutierten Zellen ist so um vieles größer als ihre biochemischen Bedürfnisse, indem auf molarer Basis mehr Tryptophan aus der Kultur gewonnen wird als man Phenylalanin und Tyrosin zusetzen muß, damit die Kultur wachsen kann. Als letzter Schritt wurde noch die Wirkung der Attenuator-Sequenz so verändert, daß alle initiierten mRNAs auch zu Ende synthetisiert werden. Das Endergebnis war schließlich ein Stamm, der ein bestimmtes Produkt unkontrolliert produziert, in diesem Fall das Tryptophan. Viele andere fermentative Vorgänge wurden oder werden ähnlich genetisch modifiziert. Das Endziel, einen erhöhten Ertrag pro Zelle, bleibt immer gleich, aber in die Berechnungen gehen auch andere Gesichtspunkte mit ein. Im Fall Antibiotika-produzierender Bakterienstämme werden z.B. manchmal Mutationen eingeführt, die zur Synthese eines chemisch modifizierten Antibiotikums führen. Solche Modifikationen können das Antibiotikum wirkungsvoller oder weniger anfällig gegen Inaktivierung durch die R-Plasmid-Enzyme machen. Manchmal muß die DNA, die für die Produkton des Antibiotikums kodiert, in ein anderes Bakterium transferiert werden, um eine effizientere Produktion zu erreichen. Aus diesen Gründen ist das Studium der Genetik der Aktinomyceten, der Hauptgruppe der Antibiotikaproduzenten, von großer Bedeutung.

B Bakterien als abbauende Organismen

Wie die Umwelt-Verschmutzungsprobleme der modernen Gesellschaft wachsen, nimmt das Interesse an Bakterien, die den Abbau von Abfällen beschleunigen, zu. Bakterien waren immer das letzte Glied in der Abbau-Kette, aber ihr praktischer Nutzen war auf die Abwasserklärung und die Kompostierung begrenzt. Nun läuft eine intensive Forschung, um Bakterienstämme zu gewissen, die schädliche oder toxische Substanzen zerstören. Zwei besonders wichtige Punkte sind der Abbau von Ölverschmutzungen in der Umwelt und der chlorierter Kohlenwasserstoffe wie DTT oder polychlorierter Biphenyle, die in die Erde oder das Wasser gelangt sind.

Alle Kohlenwasserstoffe sind in der Natur normalerweise recht stabil. Chakrabarty und Mitarbeiter konnten jedoch zeigen, daß bestimmte Stämme von *Pseudomonas* spezifische Kohlenwasserstoffe angreifen und abbauen können. Die DNA, die diese Fähigkeit kodiert, findet man meist auf Plasmiden. Durch die Herstellung verschiedener Plasmidkombinationen und durch die Selektion von Mutanten erhielten sie einen *Pseudomonas*-Stamm, der spezifisch Xylole, Toluole oder Trimethylbenzole abbaut.

Die normalen Methoden, die Evolution der Bakterien so zu „richten", daß eine spezielle Substanz genutzt wird, verläuft über die allmähliche Einführung des neuen Substrats in eine Kultur, gekoppelt mit der schrittweisen Entfernung der normalen Kohlenstoffquellen. In einem gut untersuchten Fall bei *E. coli* wurde eine Deletion des Cistrons für das Enzym β-Galaktosidase durch die allmähliche Anhäufung von

Mutationen im Cistron *ebg* (evolvierte β-Galaktosidase) kompensiert, so daß eine ähnliche Funktion ausgeführt wurde. Campbell und Mitarbeiter berichteten, daß fünf Zyklen selektiver Vermehrung bis zum Erreichen optimaler Aktivität notwendig sind, einschließlich einer anfänglichen Inkubation von 25 bis 40 Tagen. Diese Forschung ist daher recht langwierig.

Die Suche nach neuen Mutanten wird durch eine Entwicklung von Glaser und Mitarbeitern erleichtert. Ihre „Cyclops" genannte Maschine inokuliert automatisch Platten mit Flüssigkeitstropfen, die einzelne Bakterien enthalten (eine Poisson-Verteilung) in präzisem Muster, etwa 80 Tropfen pro Platte.

Die Platten werden dann unter entsprechenden Bedingungen inkubiert und automatisch in bestimmten Zeitabständen photographiert. Ein Computer mißt die Bilder aus und analysiert jede Kolonie auf Wachstum oder Nicht-Wachstum. Bis zu 100 000 Bakterien lassen sich so in einem Durchlauf testen. Dies macht eine Überprüfung der Inkubation möglich, die der Bakteriengenetik nie zuvor zur Verfügung stand. Theoretisch sollten alle Mutanten für einen vorhergesagten Phänotyp isolierbar sein, selbst wenn keine direkte Selektion möglich ist. Jeder Mutationsvorgang, der mit einer Häufigkeit von 10^{-6} oder mehr eintritt, sollte sich leicht in nur wenigen Testrunden in der „Glaser-Maschine" finden lassen.

Das Endziel all dieser Forschung ist die Herstellung von Bakterien, die bestimmte Substanzen abbauen können. Beim oben genannten Beispiel der Kohlenwasserstoffe könnten diese Bakterien dann über das Wasser oder die Erde verteilt werden, die durch das ausgelaufene Material verunreinigt sind. Die spezialisierten Bakterien würden dann die Kohlenwasserstoffe in Formen überführen, die für die normale Bakterienflora des Gebiets nutzbar sind. Sind die Spezialstämme richtig konstruiert, so würde die Kompetition mit den normalen Bakterien sie vielleicht aus dem Gebiet entfernen, wenn keine weiteren Verunreinigungen erfolgen. Das kommerzielle Potential solcher Spezialstämme ist schon klar, und Fortschritte in dieser Richtung sollten nun vorangetrieben werden, nachdem der Oberste Gerichtshof der USA die Patentierung eines ganzen Bakteriums zugelassen hat. Firmen verzögerten verständlicherweise das Angebot spezialisierter Bakterien, bis ihnen Mittel zur Verfügung standen, den nicht autorisierten Gebrauch und die Vermehrung dieser Stämme zu unterbinden.

II Trends in der Bakteriengenetik als Folge der Gen-Spleiß-Technologie

A Untersuchungen zur Evolution

Die Möglichkeit, spezifische DNA-Segmente in ein Plasmid zu spleißen und dann große Mengen des Plasmids durch Amplifikation (11.I.B) zu erhalten, ermöglicht die Herstellung großer Mengen homogener DNA-Moleküle. Diese lassen sich mit einer der Standardtechniken sequenzieren, und die Ergebnisse bei verschiedenen Organismen lassen sich vergleichen. Die genetische Organisation der Eukaryonten läßt sich daher wahrscheinlich am besten stückweise in *E. coli* untersuchen.

Ein Ziel solcher Untersuchungen ist das bessere Verständnis der spontanen genetischen Variation. Besonders interessant ist das Maß, in dem redundante Codons substituiert werden. Diese „stillen" Mutationen sind die Folge einzelner Basenaustausche, verursachen aber keine Änderungen in der Aminosäuresequenz des Produkts. Ein Beispiel für solche Forschungen findet sich im Bericht von Nichols und Yanoksky über die Nukleotidsequenzen der *trpA*-Cistren von *E. coli* und *Salmonella typhimurium.* Sie fanden, daß nur 14,9% der Aminosäuren in den beiden Proteinen verschieden sind, obwohl 24,8% der Nukleotidbasen substituiert sind. Die Verteilung der Nukleotidaustausche stimmte mit einer zufälligen Verteilung überein. In den Fällen, wo synonyme Codons verwendet wurden, gab es darüberhinaus keine Neigung zu häufigerem Vorkommen des einen oder anderen. Wenn diese Ergebnisse durch andere Untersuchungen bestätigt werden, unterstützen sie stark die Annahme der zufälligen Variationen, wie sie bei der Diskussion über mutagene Vorgänge immer miteingeschlossen werden.

B Die Produktion nützlicher Produkte durch Bakterien

Wie in 14.III.C besprochen, besteht ein erhebliches Interesse an der Nutzung von Bakterien zur Herstellung spezifischer Proteine wie dem menschlichen Wachstumhormon, dem menschlichen Insulin und dem menschlichen Interferon. Die erfolgreiche Klonierung all dieser Proteine ist gelungen, und die kommerzielle Produktion läßt wahrscheinlich nicht lange auf sich warten. Die Verwendbarkeit der Proteine wird jedoch von der Genehmigung durch die Nahrungsmittel- und Drogenkontrollbehörden abhängen.

Die Hauptfrage liegt darin, welche Kriterien auf solche Proteinpräparationen angewandt werden sollen. Die Reinheit ist natürlich eine Voraussetzung, aber Tests auf die Effizienz sind manchmal zweifelhaft. Wurde die Klonierung richtig durchgeführt, so sollte die Aminosäuresequenz des hergestellten Proteins mit der des gleichen menschlichen Proteins identisch sein. Es sollte keine Probleme mit Toxizität außer bei Anwendung sehr hoher Dosen, und es sollte keine immunologischen Schwierigkeiten geben. Die Begleiterscheinungen bei der Entwicklung von Therapeutika über klonierte DNA sind recht neu, und die Lösung solcher Probleme wird nicht so schnell kommen, wie es manche gerne hätten.

Proteine als therapeutische Substanzen sind jedoch nicht alles, was sich auf diese Art herstellen läßt. Theoretisch läßt sich jedes Enzym und jedes Protein so herstellen. In der Praxis ist jedes Enzym, das selten genug ist, ein guter Kandidat für die Produktion über die Klonierung von DNA (ein gutes Beispiel ist das in 14.III.C vorgestellte *recA*-Protein).

Außerdem ist es möglich, die betreffende DNA von einer Zelle, die schwierig zu kultivieren ist, in eine andere zu bringen, die leichter propagiert werden kann. Obwohl dieser Nutzen klonierter DNA weniger spektakulär ist als die Herstellung von Insulin oder Interferon, hat sie vielleicht eher erleichternde Effekte auf die weitere Forschung, auf lange Sicht auch in der Reduktion der Kosten.

C Das „Genetic Engineering"

Das **„Genetic Engineering"** (die Gentechnik) bezeichnet in diesem Buch die Veränderung zellulärer DNA mit anderen Mitteln als den normalen sexuellen, parasexuellen oder Mutationsprozessen. Das Ziel eines „Geningenieurs" läßt sich als die Fähigkeit beschreiben, den Phänotyp einer einzelnen Zelle oder eines Organismus durch Insertion eines entsprechenden DNA-Segments aus einem anderen Organismus oder aus einer chemischen Synthese zu verändern. Dies ist natürlich ein sehr komplexes Vorhaben, und nur die ersten paar Schritte auf diesem Weg sind zurückgelegt. Die bisher erhaltenen Ergebnisse zeigen dennoch, daß das Ganze durchführbar ist. Der Prozeß läßt sich analog dem in 14.II für die Klonierung in Bakterien beschriebenen Vorgang betrachten. Es wird ein geeigneter Vektor ausgewählt, die gewünschte DNA-Sequenz wird hineingespleißt, und das DNA-Konstrukt wird dann in eukaryontische Zellen eingeschleust. Es wird sichergestellt, daß die neue DNA zur Transkription fähig ist und damit ihre Funktionen erfüllen und den Phänotyp der Zelle verändern kann.

Ein vor kurzem aufgetretenes Problem, das viel Aufmerksamkeit erfordert, ist das des Vektors. Obwohl frühe Versuche mit Phagen wie lambda ausgeführt wurden, richtet sich die größte Aufmerksamkeit auf die Nutzung tierischer Viren, die ihre DNA in das Chromosom der Wirtszelle analog zu lambda integrieren. Primärer Kandidat hierzu ist ein DNA-Tumor-Virus, Simian-Virus-40 (SV40). Dieses Virus ist sehr gut untersucht, und viel genetische Information ist von ihm bekannt. Um es als Vektor sicher zu machen, sind entsprechende Deletionsmutanten verfügbar, d.h. es produziert dann keine Tumoren mehr. Große Anstrengungen wurden unternommen, Systeme für den Einsatz von SV40-DNA als Vektor für Gewebekulturen zu entwickeln. Zum Beispiel hat Muzyczka lambda-DNA in SV40 gespleißt und diese DNA zur Transformation von Mauszellen verwendet. Er konnte die kovalente Kopplung zwischen Maus-DNA, SV40-DNA und lambda-DNA zeigen, woraus er schloß, daß sich die SV40-DNA zusammen mit der lambda-DNA ins Chromosom integriert hatte, wenn auch nicht unbedingt an den gleichen Stellen. Dieses Verhalten ist genau das von einem Vektor gewünschte.

Neue Arbeiten von Axel und Mitarbeitern zeigten, daß ein Vektor für die Klonierung von DNA in Säugerzellen vielleicht gar nicht notwendig ist. Mauszellen in Gewebekultur nehmen gelegentlich freie DNA in einer Art analog der bakteriellen Transformation auf. Die seltene Mauszelle, die DNA aufnimmt, läßt sich entdecken, vorausgesetzt, den Zellen fehlte vorher das Enzym Thymidin-Kinase (TK^-) und die Donor-DNA war TK^+ (die ursprüngliche Quelle für die TK^+-DNA war das Herpes-Simplex-Virus). Wird der TK^+-DNA ein zweiter, nichtverwandter DNA-Typ wie ϕX174 oder pBR322 zugesetzt, so tragen 90% aller TK^+-Transformanten auch einen Teil der nichtverwandten DNA als Teil ihrer Chromosomen.

Die Aufnahme der DNA ist für einige bestimmte Zellen in der Population spezifisch, denn bei einem Test TK^--gebliebener Zellen trug nach Zusatz viraler DNA keiner von 15 Klonen irgendwelche Donor-DNA. Daraus folgt, daß bestimmte Zellen zu einer unspezifischen DNA-Aufnahme fähig sind, die dann die neue DNA kovalent in das Chromosom integrieren.

Ruddle und Mitarbeiter gingen einen Schritt weiter und berichteten, daß bei einem ähnlichen Versuch transformierte Mauszellen isoliert werden konnten, die ein autonomes Plasmid zu tragen schienen (aus pBR322 und einem Teil der DNA für β-Globin konstruiert). Bestätigen weitere Untersuchungen diesen Schluß, so ist dies ein besonders wichtiges Ergebnis. Es wäre der erste Hinweis darauf, daß es möglich ist, ein künstliches DNA-Molekül zu konstruieren, das sich in einer Säugerzelle selbst repliziert, eine Vorbedingung zum „Genetic Engineering" in der Praxis. pBR322 ist darüberhinaus auch Bestandteil des Klonierungssystems HV2 (14.II) und kann deshalb als

Vektor bei einem weiten Spektrum von Organismen bei Spleiß-Versuchen verwendet werden. Nachdem entsprechende Klone in Bakterien isoliert und charakterisiert wurden, ist es vielleicht möglich, die DNA direkt in Säugerzellen zu inserieren. Bisher gibt es allerdings noch keine Hinweise für die Expression irgendwelcher genetischer Information auf Plasmiden in Säugerzellen.

Obwohl die Forschung für die Anwendung der Klonierungstechniken auf Pflanzen noch nicht so weit fortgeschritten ist wie bei Säugerzellkulturen, gibt es einiger Analogien.

Hooyjaas und Mitarbeiter zeigten, daß das Ti-Plasmid von *Agrobacterium tumefaciens* (11.III.B) Eigenschaften besitzt, die es zum idealen Kandidaten für einen Klonierungsvektor machen. Das Plasmid transferiert spontan Teile von sich bei der Tumorinduktion in Pflanzenzellen. Die übertragende DNA wird in die Pflanzenzellchromosomen stabil eingebaut, stellt aber kein Transposon dar, weil sie keine einmaligen Entpunkte hat. Es wäre daher möglich, DNA in die Mitte der übertragbaren Region des Ti-Plasmids zu spleißen und dann die Übertragung und den Einbau der DNA in eine Pflanzenzelle zuzulassen. Die üblichen Expressionsprobleme der DNA müssen allerdings noch gelöst werden.

Nach dem gegenwärtigen Stand scheint es nur eine Frage der Zeit zu sein, bis praktische Geningenieurtechniken verfügbar sind. Solche Techniken werden für Individuen mit genetischen Krankheiten sehr bedeutsam sein und sicher zu einem erneuten Ruf nach eugenischen Programmen führen. Die philosophischen und ethischen Fragen der Eugenik und des „Genetic Engineering" überschreiten die Absicht dieses Buchs. Sie sind dennoch der sorgfältigen Betrachtung wert, gerade jetzt, wo es noch Zeit ist für ausgiebige Diskussionen. In einigen Jahren müssen die Diskussionen vielleicht viel schneller einen Abschluß finden, um mit der fortschreitenden Forschung noch Schritt halten zu können.

D Die Stickstoff-Fixierung

Betrachtet man die Energiekosten, so ist der Prozeß der Stickstoffixierung, die Reduktion von N_2 zu NH_3, sehr teuer, ob sie in einem chemischen Labor mit der Haber-Reaktion, oder in einer Bakterienzelle wie *Rhizobium* oder *Azotobacter* durchgeführt wird. Vom gesellschaftlichen Standpunkt aus sollte die biologische Stickstoffixierung der industriellen mit fossilen Brennstoffen weit vorgezogen werden.

Die Entwicklung praktischer Methoden für die Düngung kommerzieller Pflanzen mit natürlichen Mitteln ist daher von großem Interesse.

Um fixierten Stickstoff zu erhalten, sind schon eine Reihe von Methoden bekannt, aber sie sind in ihrer Anwendung begrenzt. In dem Maß, wie die Bauern Haustiere züchten, läßt sich Dünger zur Steigerung der Erträge verwenden, obwohl kein Stickstoff erhalten wird, der nicht schon in der tierischen Nahrung in fixierter Form vorlag. Die Leguminosen unter den Pflanzen (und einige andere) können symbiontische Beziehungen mit Stickstoff-fixierenden Bakterien eingehen, die einen exogenen Vorrat an Stickstoff ergänzen oder ersetzen können. Beim Reis (oder jedem anderen aquatischen Getreide) lassen sich blau-grüne Bakterien in das Wasser einbringen. Nach dem Abtrocknen der Wasservoräte sterben die blau-grünen Bakterien ab und können den Pflanzen als Stickstoffquelle dienen.

Es gibt einige langfristige Programme zur Ausweitung der Nützlichkeit der Stickstoff-fixierenden Bakterien. Dazu gehören: (1) die genetische Modifikation der Mitglieder der Gattung *Rhizobium,* so daß sie auch mit anderen Pflanzenarten Symbiosen eingehen; und (2) die Entwicklung von Plasmiden mit den Stickstoff-fixierenden Cistren (*nif*). Diese Plasmide könnten in normalen Bodenbakterien kultiviert werden, die dann die Erde, in der sie sich vermehren, stark mit Stickstoff anreichern würden. Die ersten Schritte in diesen Richtungen wurden vor kurzem von Pühler und Mitarbeitern unternommen, die die *nif*-Cistren von *Klebsiella* in *E. coli* kloniert haben. Allerdings gibt es noch viele Schwierigkeiten, einschließlich der Veränderung des Stoffwechsels der Wirtszelle, um genügend ATP für den normalen Metabolismus und die Stickstoff-Fixierung herzustellen.

III Zusammenfassung

Die Wissenschaft der Bakteriengenetik ist in ihrer Geschichte an einem Wendepunkt. Bis jetzt befaßte sie sich hauptsächlich mit Grundlagenforschung, d.h. dem Verständnis der Prinzipien und Methoden des genetischen Austauschs und der genetischen Expression in Prokaryonten. Obwohl diese Art Forschung sicher weiterläuft, wird mit neuer Begeisterung die Nutzung der Bakteriengenetik angestrebt. Zu den praktischen Anwendungen gehören die Entwicklung von Bakterien zum Abbau bestimmter Umweltgifte und zur Synthese benötigter Biochemikalien. Die aufregendsten Entwicklungen in der Bakteriengenetik kommen allerdings aus der Anwendung der DNA-Spleißtechniken, die das richtige „Genetic Engineering" ermöglichen.

Schon können Bakterien dazu gebracht werden, alle oder einen Teil so verschiedener menschlicher Proteine wie Insulin, das Wachstumshormon und Interferon zu synthetisieren. Darüberhinaus wurde gezeigt, daß es möglich ist, DNA aus Bakterien in Pflanzen- oder tierische Zellen zu übertragen, wobei die DNA stabil in chromosomale DNA integriert wird. Obwohl noch viel getan werden muß, sind die Bedeutung dieser Technik und ihre Möglichkeiten enorm, und die Auswirkungen auf die menschliche Gesellschaft werden sicher groß sein.

Literatur

Allgemein

Brill WJ (1980) Biochemical genetics of nitrogen fixation. Microbiol Rev 44:449–467

Bullock JD (1979) Process needs and the scope for genetic methods. In: Sebek OK, Laskin AI (eds) Genetics of industrial microorganisms. American Society for Microbiology, Washington. DC, pp 105–111

Chakrabarty AM (1976) Plasmids in *Pseudomonas.* Annu Rev Genet 10:7–30

Clarke PH (1978) Experiments in microbial evolution. In: Ornston LN, Sokatch JR (eds) The bacteria. A treatise on structure and function, vol 6. Academic Press, New York, pp 137–218

Doolittle WF, Sapienza C (1980) Selfish genes, the phenotype paradigm and genome evolution. Nature 284:601–603

Hegeman GD (1979) Acquisition of new metabolic capabilities: what we know and some questions that remain. In: Sebek OK, Laskin AI (eds) Genetics of industrial microorganisms. American Society for Microbiology, Washington, DC, pp 263–267

Hooykaas PJJ, Schilperoort RA, Rörsch A (1979) *Agrobacterium* tumor inducing plasmids: potential vectors for the genetic engineering of plants. In: Setlow JK, Hollaender A (eds) Genetic engineering, principles and methods, vol 1. Plenum Press, New York, pp 151–179

Hopwood DA (1978) Extrachromosomally determined antibiotic production. Annu Rev Microbiol 32:373–392

Klingmüller W (1979) Genetic engineering for practical application. Naturwissenschaften 66:182–189

Malik VS (1979) Genetics of applied microbiology. Adv Genet 20:37–126

Nüesch J (1979) Contribution of genetics to the biosynthesis of antibiotics. In: Sebek OK, Laskin AI (eds) Genetics of industrial microorganisms. American Society for Microbiology, Washington, DC, pp 77–82

Timmis KN, Cohen SN, Cabello FC (1978) DNA cloning and the analysis of plasmid structure and function. Prog Mol Subcell Biol 6:1–58

Williams PA (1979) Plasmids involved in the catabolism of aromatic hydrocarbons. In: Sebek OK, Laskin AI (eds) Genetics of industrial microorganisms. American Society for Microbiology, Washington, DC, pp 154–159

Speziell

Campbell JH, Lengyel JA, Langridge J (1973) Evolution of a second gene for β-galactosidase in *E. coli.* Proc Nat Acad Sci USA 70:1841–1845

Casadaban MJ, Cohen SN (1980) Analysis of gene control signals by DNA fusion and cloning in *E. coli.* J Mol Biol 138:179–207

Chakrabarty AM, Friello DA, Bopp LH (1978) Transposition of plasmid DNA segments specifying hydrocarbon degradation and their expression in various microorganisms. Proc Nat Acad Sci USA 75:3109–3112

Ho YL, Ho SK (1979) The induction of amutant prophage lambda in *E. coli:* a rapid screening test for carcinogens. Virology 99:257–264

Holmquist R (1979) β-galactosidase and selective neutrality. Science 203:1012–1014

Huttner KM, Scangos GA, Ruddle FH (1979) DNA-mediated gene transfer of a circular plasmid into murine cells. Proc Nat Acad Sci USA 76:5820–5824

Muzyczka N (1979) Persistence of phage λ DNA in genomes of mouse cells transformed by λ-carrying SV40 vectors. Gene 6:107–122

Nichols BP, Yanofsky C (1979) Nucleotide sequences of *trpA* of *S. typhimurium* and *E. coli*: an evolutionary comparison. Proc Nat Acad Sci USA 76:5244–5248

Pellicer A, Robins D, Wold B, Sweet R, Jackson J, Lowy I, Roberts JM, Sim GK, Silverstein S, Axel R (1980) Altering genotype and phenotype by DNA-mediated gene transfer. Science 209: 1414–1422

Sevastopoulos CG, Wehr CT, Glaser DA (1977) Large-scale automated isolation of *E. coli* mutants with thermosensitive DNA replication. Proc Nat Acad Sci USA 74:3485–3489

Tribe DE, Pittard J (1979) Hyperproduction of tryptophan by *E. coli:* genetic manipulation of the pathways leading to tryptophan formation. Appl Environ Microbiol 38:181–190

Sachverzeichnis

F. E. Würgler, U. Graf

Drosophila-Genetik

Mit einem Anhang von O. Pongs

1983. 30 Abbildungen. XI, 291 Seiten
(Praktikum der Genetik, Band 2)
DM 29,80. ISBN 3-540-12758-5

Inhaltsübersicht: Allgemeines. - Morphologische Untersuchungen. - Kreuzungsgenetik. - Phänogenetik. - Mutationsgenetik. - Populationsgenetik. - Chromosomen. - Anhang: Molekulargenetik. - Versuchsergebnisse. - Sachregister.

Nach dem erfolgreichen ersten Band der Reihe „Praktikum der Genetik" erscheint nun der lang erwartete 2. Band, der sich der in der Genetik so wichtigen Taufliege **Drosophila melanogaster** widmet. Die Autoren haben darin eine Auswahl von Versuchen zusammengestellt, die größtenteils mit sehr geringem technischen Aufwand Einblicke in die verschiedensten Gebiete der Genetik erlauben. Sie reichen von den einfachen Mendel-Kreuzungen bis zur Mutationsauslösung in DNA-Reparatur defekter Mutanten und zu zytogenetischen Analysen. Alle Experimente sind im Unterricht praktisch erprobt; sie wurden in verschiedenen Praktika im Rahmen des Biologie-Grundstudiums eingesetzt.

Dieses „Praktikum" wird Studenten, Dozenten und Lehrern den experimentellen Zugang zum faszinierenden Gebiet der **Drosophila**-Genetik erleichtern. Einige Versuche sind ebenfalls für die gymnasialen Leistungskurse im Fach Biologie geeignet.

Springer-Verlag
Berlin
Heidelberg
New York
Tokyo

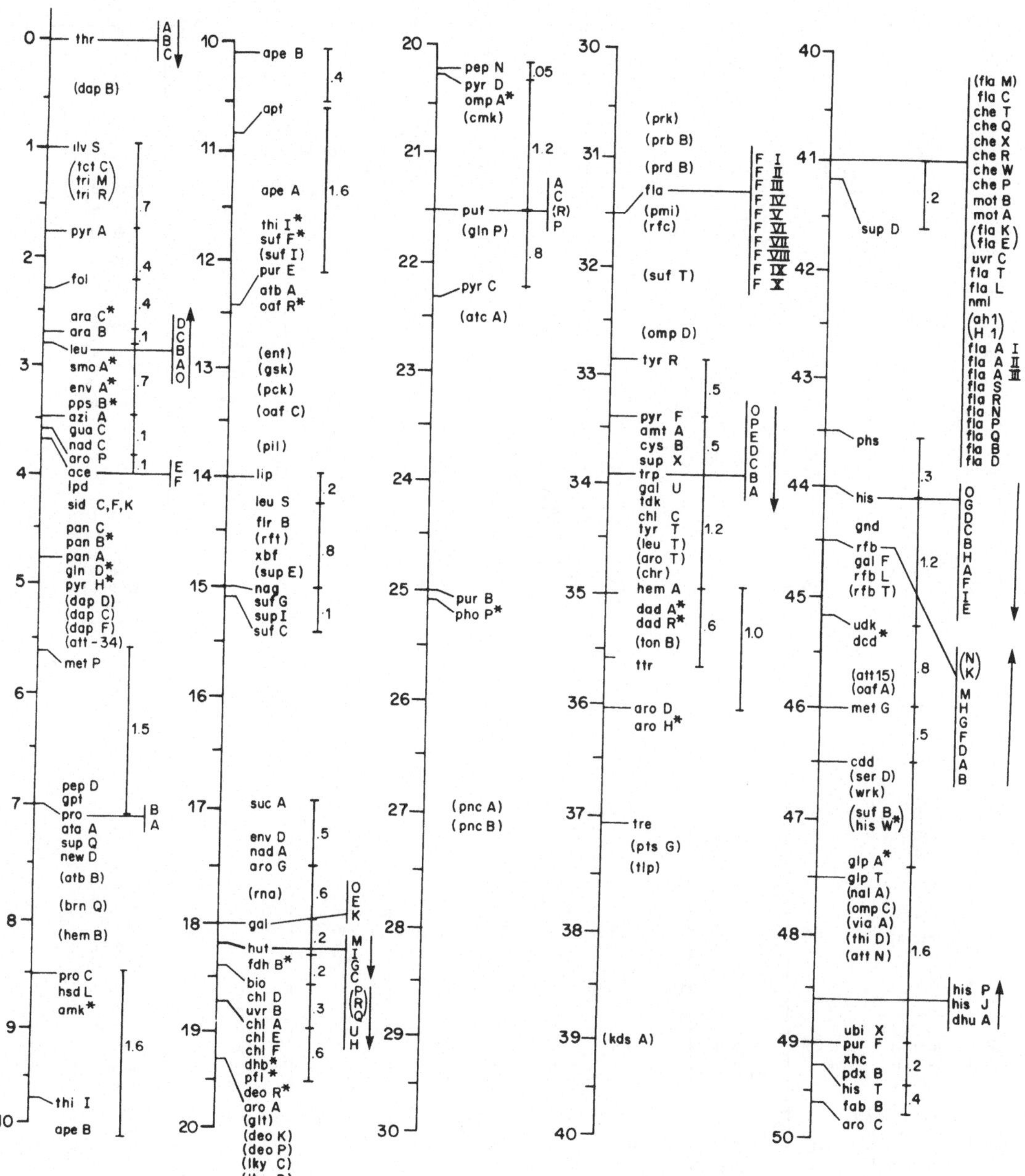

Kopplungskarten. Legende s. Seite XI

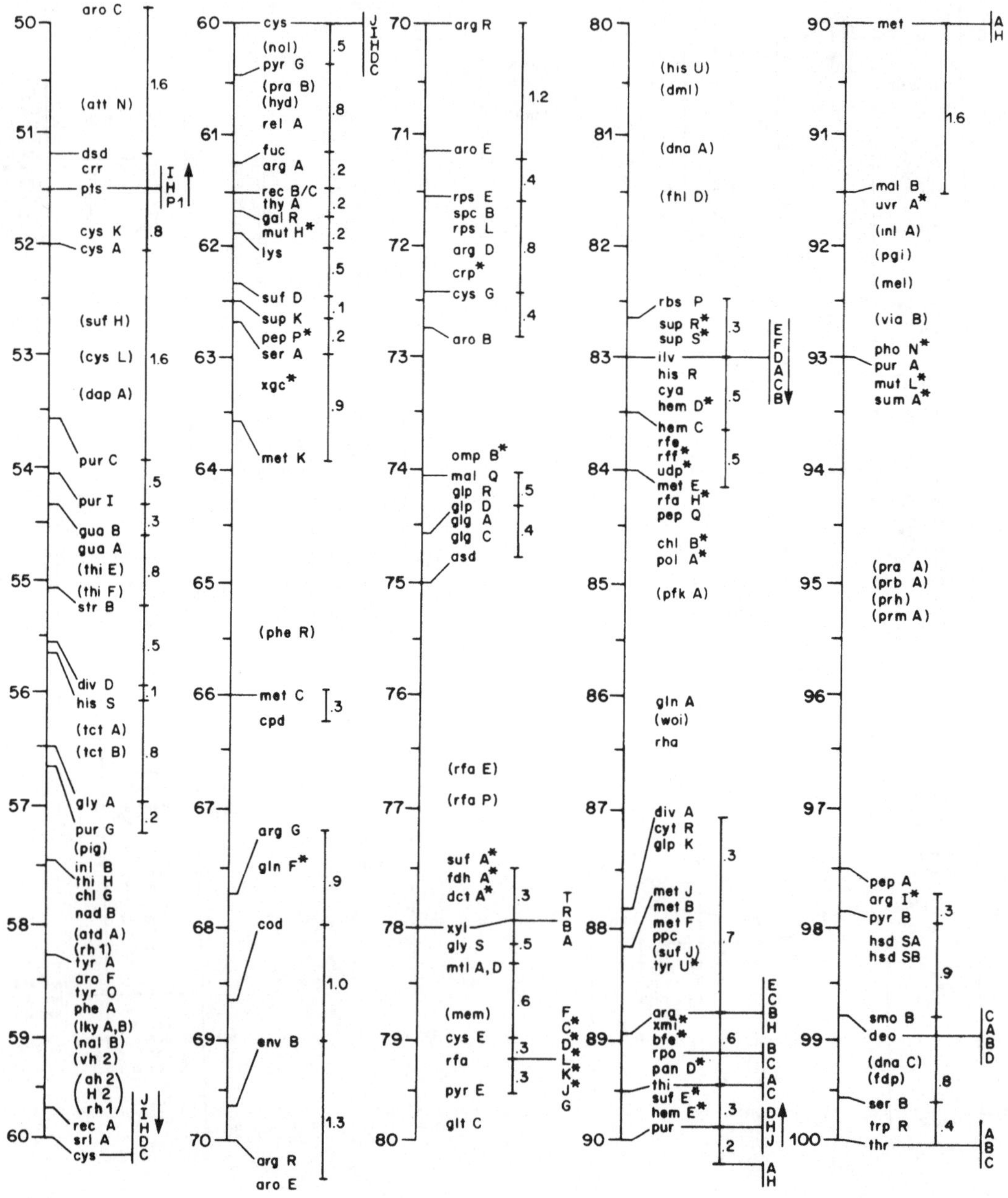

aro C
50
(att N)
51
dsd
crr
pts
I
H
P1
cys K
52
cys A
(suf H)
53
(cys L)
(dap A)
pur C
54
pur I
gua B
gua A
(thi E)
55
(thi F)
str B
div D
56
his S
(tct A)
(tct B)
gly A
57
pur G
(pig)
inl B
thi H
chl G
nad B
58
(atd A)
(rh 1)
tyr A
aro F
tyr O
phe A
(lky A,B)
59
(nal B)
(vh 2)
ah 2
H 2
rh 1
rec A
60
srl A
cys
J
I
H
D
C
1.6
.8
1.6
.5
.3
.8
.5
.1
.8
.2
60
cys
(nol)
pyr G
(pra B)
(hyd)
rel A
61
fuc
arg A
rec B/C
thy A
gal R
mut H*
62
lys
suf D
sup K
pep P*
63
ser A
xgc*
met K
64
65
(phe R)
66
met C
cpd
67
arg G
gln F*
68
cod
69
env B
70
arg R
aro E
.5
.8
.2
.2
.2
.5
.1
.2
.9
.3
.9
1.0
1.3
70
arg R
71
aro E
rps E
spc B
rps L
72
arg D
crp*
cys G
73
aro B
omp B*
74
mal Q
glp R
glp D
glg A
glg C
75
asd
76
(rfa E)
77
(rfa P)
suf A*
fdh A*
dct A*
78
xyl
gly S
mtl A,D
(mem)
79
cys E
rfa
pyr E
80
glt C
1.2
.4
.8
.4
.5
.4
.3
.5
.6
.3
.3
T
R
B
A
F
C*
D*
L*
K*
J*
G
80
(his U)
(dml)
81
(dna A)
(fhl D)
82
rbs P
sup R*
sup S*
83
ilv
his R
cya
hem D*
hem C
rfe
rff*
udp*
84
met E
rfa H*
pep Q
chl B*
pol A*
85
(pfk A)
86
gln A
(woi)
rha
87
div A
cyt R
glp K
met J
met B
88
met F
ppc
(suf J)
tyr U*
arg
xmi*
89
bfe*
rpo
pan D*
thi
suf E*
hem E*
90
pur
.3
.5
.5
.3
.7
.6
.3
.2
E
F
D
A
C
B
E
C
B
H
B
C
A
C
D
H
J
A
H
90
met
91
mal B
uvr A*
(inl A)
92
(pgi)
(mel)
(via B)
93
pho N*
pur A
mut L*
sum A*
94
95
(pra A)
(prb A)
(prh)
(prm A)
96
97
pep A
arg I*
98
pyr B
hsd SA
hsd SB
smo B
99
deo
(dna C)
(fdp)
ser B
trp R
100
thr
1.6
.3
.9
.8
.4
A
H
C
A
B
D
A
B
C